Radial- und Axialpumpen

Theorie, Entwurf, Anwendung

Von

A. J. Stepanoff

Ph. D., Melville Medalist, A. S. M. E.
Ingersoll-Rand Company

Deutsche durchgearbeitete Übersetzung der zweiten Auflage

von

Dr.-Ing. Alexander Haltmeier

Mit 321 Abbildungen

Springer-Verlag Berlin Heidelberg GmbH 1959

ISBN 978-3-662-23128-9 ISBN 978-3-662-25101-0 (eBook)
DOI 10.1007/978-3-662-25101-0

Authorized translation
from the second English-language edition:
Centrifugal and Axial Flow Pumps
by A. J. Stepanoff

Published by Springer-Verlag Berlin Heidelberg 1957
Ursprünglich erschienen bei Springer-Verlag Berlin Heidelberg New York 1957

Vorwort zur englischen Ausgabe

Seit Veröffentlichung der ersten Auflage dieses Buches wurde die Anwendung der Kreiselpumpen auf weitere Gebiete ausgedehnt. Gleichzeitig haben sich die Bereiche von Stufenhöhe, Gesamthöhe, Temperatur, Drehzahl und Größe erweitert. Diese Entwicklung warf neue Probleme hydraulischer, mechanischer, metallurgischer und fertigungstechnischer Art auf. Ein beachtlicher Fortschritt wurde in der Zwischenzeit auch hinsichtlich der theoretischen Behandlungsweise und der Entwurfsverfahren erzielt, der auf einem besseren Verständnis der Vorgänge beim Durchströmen der verschiedenen Pumpenteile beruht. So erschien eine neue Auflage des Buches wünschenswert.

Die theoretische Behandlung der Wirkungsweise von Laufrad und Leitorganen und die Art der Darstellung von Versuchsergebnissen sind von der ersten Auflage übernommen, da sich die dort angewandten Methoden in der Zwischenzeit gut bewährt haben. Auch die im letzten Jahrzehnt auf dem Sektor der Turbogebläse gesammelten Erfahrungen zeigten, daß die gewählte Behandlungsweise richtig ist. Einige Abschnitte theoretischen, konstruktiven und anwendungstechnischen Inhalts sind neu aufgenommen worden, während andererseits verschiedene andere Abschnitte gestrichen oder gekürzt wurden, um Raum zu sparen.

Die hauptsächlichen Änderungen bzw. Zusätze sind hier aufgeführt:

Ein neues Kapitel über „Wasserschlag in Kreiselpumpensystemen" wurde hinzugefügt. Bei der immer weiter zunehmenden Größe und den wachsenden Drehzahlen der Einheiten ist es für den Konstrukteur und den anwendenden Ingenieur unmöglich, sich diesem Problem zu verschließen. Das Kapitel ist zur Einführung in den genannten Fragenkreis gedacht. Kap. 18, das sich mit der Kombination von Kreiselpumpe und Strahlpumpe befaßt, wurde erweitert und zum großen Teil neu geschrieben. Dieses Kapitel brachte mehr Kommentare aus Leserkreisen als irgendein anderes. Die Mehrzahl der Abbildungen in den Kap. 16 und 17 wurde durch neue ersetzt. Die Frage der Förderhöhe von axialen und halbaxialen Maschinen bei geschlossenem Schieber ist an Hand neuer Versuchsergebnisse behandelt. Die Richtlinien zur Ausbildung des Sumpfes bei vertikalen Propellerpumpen wurden ergänzt. Ein neues Korrekturdiagramm für Zähigkeiten ist in Kap. 16 aufgenommen, das einen weiteren Bereich von Pumpentypen erfaßt. Kap. 13 enthält neue vollständige Charakteristiken von halbaxialen und axialen Pumpen. Auch ein Abriß über den Fortschritt auf dem Gebiet der Speicherpumpen ist in diesem Kapitel enthalten. In Kap. 12 ist ein thermisches Kavitationskriterium eingeführt, um das Kavitationsverhalten beim Pumpen verschiedener Flüssigkeiten miteinander vergleichen zu können. Neue Diagramme für den Entwurf des Laufrades bei beliebigem Austrittswinkel sind in Kap. 9 enthalten. Gleichzeitig ist eine Methode zur Wahl der Entwurfsgrößen für das Gehäuse angegeben. Kap. 5 enthält eine bewährte Methode zur Konstruktion des Eintrittsdreieckes.

Eine große Zahl von kleineren Verbesserungen sind im ganzen Buch zu finden. Die alte Numerierung der Kapitel wurde zur leichteren Orientierung für den mit der ersten Ausgabe vertrauten Leser beibehalten. Die erste Auflage des Buches ist in das Japanische übersetzt und eine deutsche Ausgabe der zweiten Auflage ist in Vorbereitung.

Zu Dank verpflichtet bin ich der Ingersoll-Rand Company, besonders dem Präsidenten, Herrn R. H. Johnson, sowie dem Chefingenieur, Herrn Hanns Hornschuch, der Abteilung Pumpen und Gebläse, deren Unterstützung die Entstehung dieses Bandes ermöglichte. Professor A. Hollander vom „California Institute of Technology" und Mr. H. A. Stahl von der Ingersoll-Rand Company haben mir durch Verbesserungen und Vorschläge zur Seite gestanden.

Obwohl bei der Korrektur des Manuskriptes große Sorgfalt aufgewandt wurde, könnten Fehler entdeckt werden. Ich bitte, mich auf diese Fehler aufmerksam zu machen, ebenso wie ich bitte, an der Darstellungsweise Kritik zu üben oder Verbesserungsvorschläge anzubringen.

Phillipsburg, N. J., im April 1957

A. J. Stepanoff

Vorwort des Übersetzers

Das Werk „Centrifugal and Axial Flow Pumps“ ist seit langer Zeit nicht nur in der amerikanischen, sondern auch in der deutschen und europäischen Fachliteratur bekannt. Die erste Auflage ist bereits in russischer und japanischer Übersetzung erschienen, und eine französische Ausgabe der zweiten Auflage befindet sich in Vorbereitung.

Der Autor sieht entsprechend seiner Position als Entwicklungsingenieur eines bedeutenden Industrieunternehmens die Probleme im wesentlichen von der praktischen und der versuchstechnischen Seite. Zur Lösung der Aufgaben und zur Darstellung des Versuchsmaterials bedient er sich soweit wie möglich der Theorie, ohne ihr jedoch zuviel Platz einzuräumen. Eine derartige Behandlungsweise ist insofern begrüßenswert, als besonders über die Strömung in rotierenden Kanälen noch sehr wenige Erkenntnisse vorliegen. Die Grenzen der üblicherweise benutzten hydraulischen Theorie sind gleich eingangs in Kap. 1 hervorgehoben.

Um nicht nur den Text, sondern auch die graphischen Darstellungen dem deutschen Ingenieur leichter zugänglich zu machen, habe ich in Zusammenarbeit mit dem Springer-Verlag eine Übertragung in die deutsche Sprache und in das metrische Maßsystem vorgenommen. Einige kleine Änderungen, die sich nach der Drucklegung der Originalausgabe als notwendig erwiesen, sind bereits eingearbeitet.

Ich hoffe, auf diese Weise das Werk einem weiteren Leserkreis zugänglich gemacht zu haben. Herrn Dr. Stepanoff, dem Verlag John Wiley & Sons, Inc. sowie dem Springer-Verlag möchte ich an dieser Stelle für die bisher erwiesene Unterstützung danken.

Frankfurt am Main, im April 1959

A. Haltmeier

Inhaltsverzeichnis

Seite

1. Ausgewählte Kapitel aus der Hydraulik 1
1.1. Die Bernoullische Gleichung 1
1.2. Die Reynoldssche Zahl 3
1.3. Strömung durch Krümmer 6
1.4. Der Abfall der Energie 8
1.5. Druckverhältnisse in bewegter Flüssigkeit 9
1.6. Druckenergie 10
1.7. Wirbel 10
1.8. Verluste 13
Literatur 15

2. Definitionen und Terminologie 16
2.1. Einleitung 16
2.2. Einteilung und Terminologie 16
2.3. Anwendungsgebiete und Grenzen 19
2.4. Die Charakteristik der Pumpe 20
2.5. Spezifische Drehzahl 22

3. Die Theorie der Radialpumpe 23
3.1. Geschwindigkeitsdreiecke 23
3.2. Theoretische Förderhöhe der Radialpumpen 24
3.3. Die Charakteristik der verlustlosen Pumpe 27
3.4. Wirkungsgrade 29
3.5. Laufradeinlauf und Vordrall 31
3.6. Diskussion der Eulerschen Charakteristik und der Eulerschen Geschwindigkeitsdreiecke 34
3.7. Strömung durch das Laufrad 36
Literatur 41

4. Eulersche Förderhöhe und Wirbel 41
4.1. Radialrad 41
4.2. Axialrad 45
4.3. Das Axialrad mit erzwungenem Wirbel 46
4.4. Das Axialrad mit Potentialwirbel 50
4.5. Bemerkungen 52
Literatur 53

5. Spezifische Drehzahl und Entwurfskenngrößen 53
5.1. Kenngrößen von Kreiselpumpen 53
5.2. Vorgehen beim Entwurf 58
5.3. Verkleinerung des Laufraddurchmessers 67

Seite

6. Entwurf des Laufrades . . . 71

6.1. Problemstellung . . . 71
6.2. Geometrische Beziehungen . . . 72
6.3. Einfach gekrümmte Schaufel . . . 73
6.4. Halbaxiale Laufräder . . . 74
6.5. Die KAPLANsche Methode . . . 76
6.6. Anwendung der KAPLANschen Dreieckmethode auf die ebene Schaufel 83
6.7. Auslegung des Leitrades vertikaler Pumpen . . . 84
Literatur . . . 86

7. Das Pumpengehäuse . . . 86

7.1. Das Saugrohr . . . 86
7.2. Die Spirale . . . 87
7.3. Druckverteilung im Spiralgehäuse und Radialkraft auf die Welle . . 92
7.4. Die Übergangsstufen mehrstufiger Pumpen . . . 99
7.5. Die Leitvorrichtung . . . 101
Literatur . . . 111

8. Axialpumpen . . . 112

8.1. Einführung . . . 112
8.2. Terminologie und Geometrie axialer Laufschaufeln . . . 112
8.3. Experimentell festgelegte Entwurfsgrößen . . . 117
8.4. Vorgehen beim Entwurf von Axialrädern . . . 123
8.5. Tragflügeltheorie . . . 124
8.6. Das Gehäuse der Axialpumpe . . . 128
Literatur . . . 131

9. Das hydraulische Verhalten von Kreiselpumpen . . . 131

9.1. Die hydraulischen Verluste . . . 132
9.2. Die Drosselkurve . . . 136
9.3. Der hydraulische Wirkungsgrad . . . 138
9.4. Das Pumpendiagramm des Autors . . . 141
Literatur . . . 148

10. Leckverluste, Scheibenreibung, Mechanische Verluste . . . 148

10.1. Leckverluste . . . 148
10.2. Scheibenreibung . . . 155
10.3. Mechanische Verluste . . . 158
10.4. Die Verluste über dem Durchsatz bei konstanter Drehzahl . . . 161
10.5. Das offene Laufrad . . . 165
Literatur . . . 167

11. Axialschub . . . 168

11.1. Einstufige Pumpen . . . 168
11.2. Mehrstufige Pumpen . . . 172
11.3. Offene Laufräder . . . 180
Literatur . . . 184

12. Kavitation in Kreiselpumpen . . . 184

12.1. Einführung und Definitionen . . . 184
12.2. Anzeichen von Kavitation . . . 185
12.3. Kavitationsbeständiges Material . . . 191
12.4. Theoretische Beziehungen bei eintretender Kavitation . . . 196

Seite

12.5. Faktoren, die die Kavitation beeinflussen 197
12.6. Vorhersagen über das Kavitationsverhalten aus Geschwindigkeitsbetrachtungen 200
12.7. Die Kavitationskonstante von THOMA 201
12.8. Thermodynamische Aspekte der Kavitation 211
12.9. Mittel zur Unterdrückung der Kavitation 220
Literatur 221

13. Besondere Betriebsbedingungen von Kreiselpumpen 223

13.1. Einführung 223
13.2. Die Darstellung der vollständigen Charakteristik 225
13.3. Mechanische Probleme 225
13.4. Hydraulische Probleme bei abnormalen Betriebsbedingungen . . . 233
13.5. Das Anfahren von Kreiselpumpen 241
13.6. Einfluß der spezifischen Drehzahl auf das Verhalten von Pumpen unter besonderen Betriebsbedingungen 245
Literatur 246

14. Spezielle Probleme bei Konstruktion und Betrieb von Pumpen . . 247

14.1. Instabile Drosselkurven 247
14.2. Bestimmung des Betriebspunktes von Systemen mit Kreiselpumpen 253
14.3. Zusammenarbeit von Pumpe und Verbrennungsmotor 258
14.4. Das Fördern von zähen Flüssigkeiten durch Kreiselpumpen . . . 261
14.5. Die Mengenregelung bei Kreiselpumpen 270
14.6. Modellversuche 275
Literatur 276

15. Kritische Drehzahl 277

15.1. Theoretische Beziehungen 277
15.2. Faktoren, die die kritische Drehzahl beeinflussen 282
15.3. Die Berechnung der kritischen Drehzahl 284
15.4. Beispiel der graphischen Bestimmung der kritischen Drehzahl . . . 286
15.5. Die Welle mit drei Lagern 295
15.6. Kritische Drehzahlen höherer Ordnung 296
15.7. Kritische Drehzahlen sekundärer Art 297
15.8. Faktoren mit sekundärem Einfluß auf die kritische Drehzahl . . . 299
15.9. Wahl der kritischen Drehzahl 302
Literatur 303

16. Spezielle Probleme und Anwendungsbeispiele für vertikale Pumpen 303

16.1. Leistungsaufnahme bei geschlossenem Schieber 303
16.2. Ausbildung des Sumpfes 308
16.3. Vertikale Propellerpumpen und horizontale Pumpen 313
16.4. Die Charakteristik der vertikalen Pumpanlage 315
16.5. Axialpumpen mit einstellbaren Schaufeln 316
16.6. Beispiele vertikaler Pumpen 321
Literatur 324

17. Spezielle Probleme und Anwendungsbeispiele für Radialpumpen . 324

17.1. Pumpen für heißes Öl 324
17.2. Kesselspeisepumpen 332
17.3. Beispiele für Konstruktion und Einbau von Radialpumpen . . . 341
Literatur 348

Seite

18. Die Kombination von Kreiselpumpe und Wasserstrahlpumpe . . . 348

18.1. Allgemeines über die Anlage 348
18.2. Strahlpumpen 349
18.3. Die Charakteristik der Kombination Kreiselpumpe–Strahlpumpe . 360
18.4. Ähnlichkeitsgesetze 363
18.5. Bestimmung der Windkesselabmessungen für automatische Systeme 365
Literatur 367

19. Wasserschlag in Kreiselpumpensystemen 367

19.1. Wasserschlag in einfachen Rohren 367
19.2. Graphische Lösung 375
19.3. Beispiele für Wasserschlagprobleme in Systemen mit Kreiselpumpen 382
19.4. Spezielle Probleme 388
19.5. Beispiele für Schäden durch Wasserschlag 392
Literatur 396

Sachverzeichnis 398

Zusammenstellung der Bezeichnungen

a	[m/s]	Schallgeschwindigkeit in der Rohrleitung
A		Rechengröße
b	[m; mm]	Laufradbreite
B	[m; mm]	Breite
B		Rechengröße
c	[kg/m]	Federkonstante
c	[m/s]	Absolutgeschwindigkeit
c_A	[1]	Auftriebsbeiwert am Tragflügel
c_m	[m/s]	Meridiankomponente der Geschwindigkeit
c_u	[m/s]	Umfangskomponente der Geschwindigkeit
c_W	[1]	Widerstandsbeiwert am Tragflügel
c'	[m/s]	Absolute Strömungsgeschwindigkeit im Gegensatz zur EULERschen Absolutgeschwindigkeit
C		Konstante
C		Rechengröße
d	[m]	Durchmesser (einer Rohrleitung)
D	[m]	Durchmesser (eines Pumpenrades)
D_h	[m]	hydraulischer Durchmesser
e	[m; mm]	Exzentrizität
e_{Sch}	[1]	Schaufelwirkungsgrad
E	[m²/s²]	Energieinhalt je Masseneinheit
E	[kg/m²; kg/cm²]	Elastizitätsmodul
f	[1]	Längenverhältnis
f	[m; mm]	Skeletthöhe eines Tragflügels
f	[m²]	Durchtrittsfläche, Rohrquerschnitt
f_F	[1]	kennzeichnendes Flächenverhältnis
f_H	[1]	kennzeichnendes Höhenverhältnis
f_Q	[1]	kennzeichnendes Mengenverhältnis
F	[m²]	Querschnitt, Fläche
F_H	[1]	Korrekturfaktor für Höhe
F_N	[m²; cm²]	Nabenquerschnitt
F_Q	[1]	Korrekturfaktor für Menge
F_r	[m²]	vom Dichtring gebildete Kreisfläche
F_R	[m²]	mit Rippen ausgestattete Kreisfläche des Radrückens
F_W	[m²; cm²]	Wellenquerschnitt
F_γ	[1]	Korrekturfaktor für spezifisches Gewicht
g	[m/s²]	Erdbeschleunigung
h	[m]	geodätische Höhe
h_s	[m]	geodätische Saughöhe
h_s'	[m]	geodätische Zulaufhöhe
h_v	[m]	Verlusthöhe
Δh	[m]	dynamische Drucksenkung in der Pumpe
δh	[m]	Druckabsenkung unter Dampfdruck
H	[m]	Förderhöhe

H_0	[m]	Förderhöhe bei Fördermenge null
H_d	[m]	Gesamtdruckhöhe auf der Druckseite
H_D	[m]	Dampfdruckhöhe
H_e	[m]	EULERsche Förderhöhe
H_{kin}	[m]	kinetischer Anteil der Förderhöhe
H_M	[m]	Förderhöhe entsprechend dem von den Schaufeln übertragenen Moment
H_s	[m]	Gesamte Saughöhe
H_s'	[m]	Gesamtdruckhöhe auf der Saugseite
H_{St}	[m]	Statischer Anteil der Förderhöhe
H_{th}	[m]	theoretische Förderhöhe
H_v	[m]	hydraulischer Verlust in der Pumpe
ΔH	[m]	Haltedruck der Anlage
δi_f	[kcal/kg; m]	Enthalpiedifferenz entsprechend Druckabsenkung δ_h
I	[m^4; cm^4]	Flächenträgheitsmoment
k	[kg/m^2; kg/cm^2]	Kompressibilitätskoeffizient
k	[1]	Konstante
K_m	[1]	Kenngröße für die Meridiangeschwindigkeit
K_u	[1]	Kenngröße für die Umfangsgeschwindigkeit
l	[m]	Länge (einer Rohrleitung)
l	[m]	Länge eines Schaufelprofils
L	[m]	Länge eines Tragflügels
L	[mkg]	mechanische Leistung
m	[1]	Exponent
m	[kg s^2/m]	Masse
M	[mkg]	Moment
n	[1]	Zahl, Exponent
n	[U/min; U/s]	Drehzahl
n'	[U/s]	Drehzahl
n_k	[U/min]	kritische Drehzahl
n_q		spezifische Drehzahl
N	[kW; PS]	mechanische Leistung
p	[kg/m^2; kg/cm^2]	statischer Druck
p_s	[kg/m^2; kg/cm^2]	statischer Saugdruck
P	[kg]	Radialkraft, Axialschub
Q	[m^3/s; l/s]	Fördermenge
Q_M	[m^3/s; l/s]	Fördermenge entsprechend dem von den Schaufeln übertragenen Moment
Q_v	[m^3/s; l/s; cm^3/s]	Verlustmenge
r	[m]	Radius
R	[1]	Geschwindigkeitsverhältnis
R	[1]	Reaktionsgrad
R_h	[m]	hydraulischer Radius
s	[m]	Ganghöhe einer Schraubenlinie
s'	[m/s]	Steiggeschwindigkeit einer Schraubenlinie
S		mit dem Haltedruck gebildete spezifische Drehzahl
t	[s; h]	Zeit
t	[m]	Teilung eines Flügelgitters
δT	[grad C]	Temperaturdifferenz entsprechend Druckabsenkung δh

u	[m/s]	Umfangsgeschwindigkeit des Laufrades
U	[m]	Umfang
v	[m/s]	Geschwindigkeit
v_d	[m/s]	Geschwindigkeit auf der Druckseite der Pumpe
v_D	[m³/kg]	spezifisches Volumen des Dampfes
v_f	[m³/kg]	spezifisches Volumen der Flüssigkeit
v_s	[m/s]	Geschwindigkeit auf der Saugseite der Pumpe
V_0	[m/s]	Anfangsgeschwindigkeit in der Rohrleitung
V_D	[m³]	Volumen des Dampfes
V_f	[m³]	Volumen der Flüssigkeit
w	[m/s]	Relativgeschwindigkeit
w_u	[m/s]	Umfangskomponente der Relativgeschwindigkeit
w'	[m/s]	Relative Strömungsgeschwindigkeit im Gegensatz zur EULERschen Relativgeschwindigkeit
x	[m]	Laufradbreite
x		Exponent
y	[m]	Auslenkung
y		Exponent
z		Exponent
α	[grad; 1]	Absolutwinkel im EULERschen Dreieck
α'	[grad; 1]	Absolutwinkel im Strömungsdreieck
α_S	[grad; 1]	Spiralenwinkel
β	[grad; 1]	Relativer Schaufelwinkel (EULERsches Dreieck)
β'	[grad; 1]	Relativer Strömungswinkel (Strömungsdreieck)
γ	[kg/m³]	spezifisches Gewicht
δ	[grad; 1]	Winkel im Meridianschnitt
η	[1; %]	Wirkungsgrad
η_h	[1; %]	hydraulischer Wirkungsgrad
η_m	[1; %]	mechanischer Wirkungsgrad
η_v	[1; %]	volumetrischer Wirkungsgrad
λ	[1]	Druckverlustzahl
λ	[1]	Dynamischer Druckabsenkungskoeffizient
μ	[kg s/m²	dynamische Zähigkeit
μ	[s]	Laufzeit einer Druckwelle
ν	[m²/s]	kinematische Zähigkeit
Π	[1]	Produkt, Kenngröße
ϱ	[kg s²/m⁴]	Dichte
σ	[1]	Kavitationszahl
σ_c	[1]	kritische Kavitationszahl
ζ	[1]	Widerstandszahl
Φ	[1]	Durchflußkoeffizient $\Phi = c_m/u$
Ψ	[1]	Koeffizient der Förderhöhe $\Psi = g\ H/u^2$
ω	[1/s]	Kreisfrequenz
ω'	[1/s]	Kreisfrequenz der Absolutströmung
ω''	[1/s]	Kreisfrequenz der Relativströmung
ω_k	[1/s]	kritische Kreisfrequenz

1. Ausgewählte Kapitel aus der Hydraulik

Eine theoretische Behandlung der Strömung durch hydraulische Maschinen ist sehr schwierig, weil meistens die Schaufelkanäle solcher Maschinen einen veränderlichen und unregelmäßigen Querschnitt haben und der mittlere Stromfaden gekrümmt ist. Ein Teil der Kanäle befindet sich in drehender Bewegung, und es wird der Strömung entweder Energie zugeführt oder entzogen. Wendet man einfache Beziehungen, wie sie in der Hydraulik für idealisierte Bedingungen aufgestellt worden sind, auf eine derartige Strömung an, so erhält man unter Umständen nicht nur quantitativ unrichtige Aussagen, sondern kann auch zu einer vollständig verkehrten Vorstellung über das Strömungsbild gelangen.

Eine übermäßig vereinfachte Betrachtung einiger Strömungsprobleme in der Hydraulik führte bisher gelegentlich zu irrigen Anschauungen, die immer noch bestehen, obwohl genügend experimentelle Untersuchungen vorliegen, die die Unzulänglichkeit derartiger Betrachtungsweisen vor Augen führen.

In diesem Kapitel sollen einige Punkte behandelt werden, die gewöhnlich in Büchern über Hydraulik entweder ganz fehlen oder nicht genügend hervorgehoben werden. In verschiedenen Beispielen wird gezeigt, daß manche Beziehungen, die in der Hydraulik normalerweise benutzt werden, für die Strömungsverhältnisse in hydraulischen Maschinen nur beschränkt gültig sind. Einige sehr weit verbreitete Unklarheiten werden beseitigt.

1.1. Die Bernoullische Gleichung

Bei der Anwendung der Bernoullischen Gleichung auf die Strömung durch die einzelnen Teile von hydraulischen Maschinen sind gewisse Grenzen in ihrer Gültigkeit zu beachten, die oft übersehen werden. Die Bernoullische Gleichung

$$h + \frac{p}{\gamma} + \frac{v^2}{2g} = H = \text{konst} \tag{1.1}$$

stellt für die Strömung den Satz von der Erhaltung der Energie, bezogen auf die Gewichtseinheit der strömenden Flüssigkeit, dar. Dabei ist h die Energie der Lage, $\frac{p}{\gamma}$ die Druck- und $\frac{v^2}{2g}$ die Geschwindigkeitsenergie. Alle Größen haben die Dimension einer Länge. Die Größe H ist die

Gesamtenergie der Strömung. In der Form von (1.1) mit $H =$ konst gilt die Gleichung streng nur in einer idealen Flüssigkeit längs eines Stromfadens. In wirklichen Flüssigkeiten bewirkt vor allem die innere Reibung die Umwandlung eines Teiles der Energie in Reibungswärme und damit ein Abfallen von H längs des Stromfadens. Welche weiteren Einschränkungen besonders im Hinblick auf die Anwendung in Strömungsmaschinen gemacht werden müssen, zeigen die folgenden Abschnitte.

a) Gl. (1.1) erhält man aus dem Energiesatz

$$Q\gamma h + Q p + Q\gamma \frac{v^2}{2g} = \text{konst} \tag{1.2}$$

durch Dividieren durch den Durchsatz Q und das spezifische Gewicht γ.

Wendet man (1.2) auf zwei Querschnitte einer Stromröhre an, dann ist das Eliminieren von Q nur dann zulässig, wenn die Kontinuitätsbedingung erfüllt ist, das heißt, wenn keine Flüssigkeit entsteht oder verschwindet. Die BERNOULLIsche Konstante gilt auch nur längs einer Stromlinie, weil die Konstante H auf verschiedenen Stromlinien verschieden sein kann. Sie ist beispielsweise bei Durchströnung eines geraden Rohres in der Achse größer als in jedem anderen Punkt des Querschnitts.

b) Gl. (1.2) ist nur für inkompressible Medien aufgestellt. Bei der Strömung kompressibler Medien spielen thermodynamische Vorgänge mit, die in der Beziehung (1.2), die sich nur mit mechanischer Energie befaßt, nicht enthalten sind. Die BERNOULLIsche Gleichung gilt nur für inkompressible Medien. Sie ist auch nicht anzuwenden in Fällen, in denen Gase aus der Flüssigkeit entweichen oder absorbiert werden.

c) Eine Stromlinie ist definiert als Linie, die durch Aneinanderreihen der momentan herrschenden Strömungsrichtungen in jedem Punkt des Strömungsfeldes entsteht. Eine Flüssigkeit befindet sich in stationärer Bewegung, wenn die Stromlinien ihre Lage zur Umgebung und zueinander beibehalten und die Geschwindigkeiten sich nicht mit der Zeit ändern. Die BERNOULLIsche Gleichung gilt nur für stationäre Strömungen.

d) Die BERNOULLIsche Gleichung kann nur auf eine „Absolutströmung“ angewandt werden. Bei Relativströmung in einem bewegten Kanal wird Energie zugeführt oder entzogen. Damit verändert sich die BERNOULLIsche Konstante H entlang der Stromlinie und beim Übergang von einer Stromlinie zur anderen.

e) Bei wirklichen Flüssigkeiten kann die BERNOULLIsche Gleichung nicht auf Strömungen mit gekrümmten Bahnen angewandt werden. Corioliskräfte, die wegen der Geschwindigkeitsunterschiede nicht auf alle Stromlinien gleichmäßig wirken, rufen sogenannte Sekundärströmungen hervor, die die Strömung verlagern. Die Ström ung löst sich in vielen Fällen von der Wand ab.

f) Auch wenn man die Strömung in einem Kanal summarisch betrachtet, ist die BERNOULLIsche Gleichung nicht gültig, wenn dieser Kanal gekrümmt ist oder sich in Bewegung befindet. Die örtlichen Drücke und Geschwindigkeiten können erheblich von den durchschnittlichen Werten abweichen. Außerdem stellt die Geschwindigkeitshöhe, die aus der mittleren Geschwindigkeit errechnet wird, nicht die wirkliche Energie der Strömung dar. Diese ist aus der Summe der Energien der örtlichen Geschwindigkeiten zu bilden [*1*]. Es gilt

$$\frac{v_m^2}{2g} < \frac{1}{n} \sum \frac{v^2}{2g},$$

da das Quadrat des Mittelwertes immer kleiner ist als der Mittelwert der Quadrate.

1.2. Die Reynoldssche Zahl

Ein charakteristischer Parameter für die Strömung in Rohren oder Kanälen ist die auf den Rohrdurchmesser bezogene REYNOLDSsche Zahl $Re = vd/\nu$. Sind die REYNOLDSschen Zahlen zweier sonst unterschiedlicher Strömungen gleich, dann ist die Art (laminar oder turbulent) der Strömungen gleich, die Geschwindigkeitsverteilung bei geometrisch ähnlichen Abmessungen der Rohre ähnlich, und die Reibungsverluste können mit dem gleichen Reibungswert λ errechnet werden.

$$h_v = \lambda \frac{L}{D} \frac{v^2}{2g}.$$

Eine große Menge von Daten über Reibungsverluste wurde bisher gesammelt und durch den dimensionslosen Reibungsbeiwert λ als Funktion der REYNOLDSschen Zahl dargestellt. In der Abschätzung der Rauhigkeit liegt die einzige Ungenauigkeit, die bis zu Fehlern von etwa $\pm$ 10% führen kann.

a) Der hydraulische Radius. Zur Berechnung von Druckverlusten in Kanälen mit nicht kreisförmigem Querschnitt ist es üblich, den hydraulischen Radius einzuführen. Er ist der Quotient aus der Querschnittsfläche und dem benetzten Umfang

$$R_h = \frac{F}{U}.$$

Man nimmt gewöhnlich an, daß der Reibungsbeiwert λ bei gleichem hydraulischen Durchmesser $D_h = 4\,R_h$, der beim Kreis mit dem geometrischen Durchmesser identisch ist, bei beliebigem Rohrquerschnitt gleich dem Reibungsbeiwert im Rohr mit Kreisquerschnitt ist. Diese Annahme stützt sich auf die Vorstellung, daß irgendeine Ähnlichkeit der Strömungsbilder in beiden Fällen bestehen müßte. Es gibt jedoch keine theoretische Begründung für eine derartige Annahme, denn geometrische Ähnlichkeit ist die erste Voraussetzung für Ähnlichkeit von Strömungen. Für Laminarströmung wurde theoretisch und experimentell gezeigt, daß die Reibungszahl in Kanälen mit rechteckigen Querschnitten vom Seitenverhältnis des Rechteckes abhängt und von der Zahl für Kreisrohre verschieden ist [2].

$$\lambda = \frac{64}{Re} \quad \text{für Kreisquerschnitt,}$$

$$\lambda = 0{,}89\,\frac{64}{Re} \quad \text{für quadratischen Querschnitt,}$$

$$\lambda = 1{,}5\,\frac{64}{Re} \quad \text{für sehr engen Spalt oder Kreisringquerschnitt.}$$

Schiller [2] untersuchte die Strömung durch Kanäle verschiedenartiger Querschnitte. Für kreisförmige, quadratische, rechteckige, dreieckige und sternförmige Formen fand er, daß die Reibungsbeiwerte λ bei gleichem hydraulischem Durchmesser nicht miteinander übereinstimmen. Im Bereich turbulenter Strömung ist die Differenz nicht sehr groß, und in Ermangelung anderer Methoden werden die für das Kreisrohr gefundenen Daten auf Kanäle anderer Querschnitte übertragen, obwohl es keine theoretische Rechtfertigung dafür gibt.

b) Gekrümmte Stromlinien und Kanäle mit veränderlichem Querschnitt. Alle Störungen der Strömung, wie Richtungs- oder Querschnittsänderungen eines Kanals, verändern das Stromlinienbild, so daß die auf die mittlere Geschwindigkeit bezogene Reynoldssche Zahl nicht mehr in dem Maße als ein Kriterium für den Zustand der Strömung angesehen werden kann wie dies bei Strömung durch ein gerades Rohr möglich ist. Das heißt, gleiche Reynoldssche Zahl ist nicht mehr gleichbedeutend mit Ähnlichkeit der Geschwindigkeitsverteilung. Der Umschlag von laminarer in turbulente Strömung erfolgt in gekrümmten Kanälen bei Reynoldsschen Zahlen, die ganz verschieden sein können von derjenigen, bei der der Umschlag im geraden Rohr stattfindet. Es ist nicht möglich, den Reibungsbeiwert λ für eine derartige Strömung auf Grund von Erfahrungen mit geraden Rohren abzuschätzen, es ist sogar nicht immer möglich, eine exakte Kanallänge oder einen genauen Querschnitt zu definieren (zum Beispiel Laufradkanäle oder Spirale). Aber die Wandreibung wird in solchen Fällen unbedeutend gegenüber zusätzlichen Verlusten durch Wirbel, die sich meistens infolge der genannten Störung bilden. Die Wirbelverluste folgen anderen Gesetzmäßigkeiten als die Wandreibungsverluste.

Im geraden Rohr erreicht die Strömung erst nach einer Strecke von 20 bis 40 Rohrdurchmessern (nach einigen Forschern sogar mehr) ihre endgültige Geschwindigkeitsverteilung. In Pumpen sind die Kanäle immer kürzer, es besteht also immer eine Anlaufströmung. Die meisten

Kanäle haben veränderlichen Querschnitt, sie sind im allgemeinen divergent, einige stehen fest, andere laufen um. Es gibt verschiedene Möglichkeiten, Reynoldssche Zahlen für eine vorliegende Pumpe zu definieren, je nachdem, welche Geschwindigkeit und welche charakteristische Länge man einsetzt. Bei Benutzung irgendeiner dieser verschiedenen Möglichkeiten als Kriterium für die Arbeitsweise einer vorliegenden Pumpe wird man ein summarisches Ergebnis für alle Kanäle der Pumpe erhalten. Wie sich die Strömung im einzelnen Kanal verhält

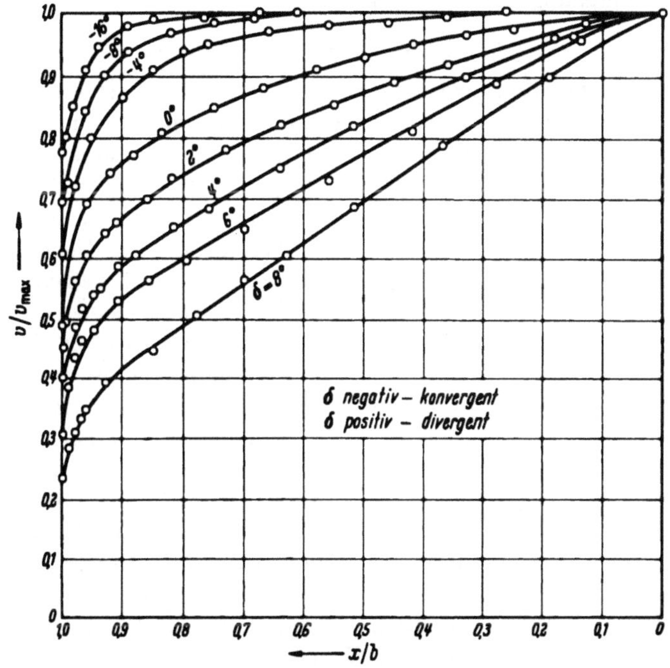

Abb. 1.1. Geschwindigkeitsverteilung in konvergenten und divergenten rechteckigen Kanälen nach Nikuradse [4] (b halbe Kanalbreite; x Achsabstand)

weiß man nicht, fest steht nur, daß das Verhalten im geraden Rohr kein Maßstab dafür ist. Glücklicherweise machen die hydraulischen Verluste in modernen Pumpen nur einen verhältnismäßig kleinen Bruchteil der aufgebrachten Leistung aus und beeinflussen die Ähnlichkeitsgesetze über die jeweils erzeugten Druckhöhen, die wichtigsten Gesetze für den Entwurf, nur wenig. Deshalb hat der Mangel an genauer Kenntnis der hydraulischen Verluste in Pumpen den Fortschritt in der Konstruktion nicht wesentlich behindert.

c) Konvergente und divergente Kanäle. Abb. 1.1 ist übernommen aus der Arbeit von Nikuradse, um den Einfluß von Querschnittsveränderungen auf die Geschwindigkeitsverteilung zu zeigen. Bei konvergenten

Kanälen stellt man eine fast als konstant anzusehende Geschwindigkeit über die Breite fest. Diesen Effekt beschleunigter Strömung nutzt man bei der Konstruktion der Zulaufrohre aus, um die Flüssigkeit mit möglichst konstanter Geschwindigkeit ins Laufrad eintreten zu lassen. Der Autor hat festgestellt, daß ein verengter Saugkrümmer einen ebensoguten Wirkungsgrad hat wie ein verengtes gerades Rohr, ein Beweis dafür, daß der schlechte Einfluß eines Krümmers auf die Geschwindigkeitsverteilung durch den ausgleichenden Einfluß eines konvergenten Kanals vollständig aufgehoben wird.

1.3. Strömung durch Krümmer

a) Geschwindigkeit und Druck. Die Mehrzahl der Untersuchungen über Strömung in Krümmern befaßt sich nur mit den auftretenden Druckverlusten. Bis vor einiger Zeit wurde angenommen, daß das Gesetz für die theoretische Geschwindigkeitsverteilung in der idealen Flüssigkeit, nach dem das Produkt aus Geschwindigkeit und Radius konstant sein müßte, gültig wäre. Neuere Untersuchungen haben jedoch gezeigt, daß ein derartiges Strömungsfeld nur bei sehr kleinen Geschwindigkeiten oder bei sehr großen Verhältnissen R/d des mittleren Krümmungsradius zum Rohrdurchmesser möglich ist. Bei normalen Geschwindigkeiten und kleineren Verhältnissen R/d löst sich in der zweiten Hälfte des Bogens die Strömung von der Innenseite ab und verlagert sich nach außen (Abb. 1.2 und 1.3). Bei einer idealen Flüssigkeit müßte eine Veränderung der Geschwindigkeitsverteilung mit einer entsprechenden Druckverteilung verbunden sein, in der Weise, daß die Geschwindigkeitserhöhung auf der Innenseite eine Drucksenkung und die Geschwindigkeitsverminderung auf der Außen-

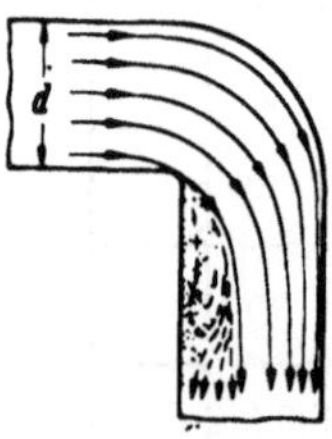

Abb. 1.2. Stromlinienbild im Krümmer nach NIPPERT [5]

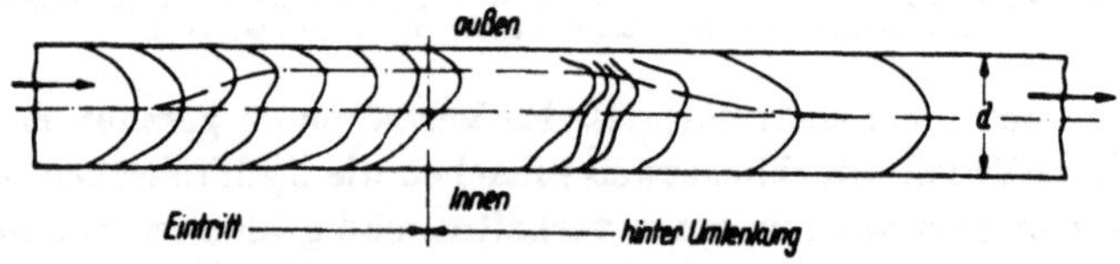

Abb. 1.3. Geschwindigkeitsverteilung im Krümmer nach NIPPERT [5]

seite eine Drucksteigerung hervorrufen würde. Eine derartige Geschwindigkeits- und Druckverteilung bildet sich bei kleinen Geschwindigkeiten am Eintritt von schlanken Bogen aus.

Bei hohen Geschwindigkeiten und schärferen Umlenkungen wird die Druckverteilung bei Verlagerung der Strömung nach außen nicht im entsprechenden Sinne beeinflußt. Hier ist sowohl ein Druck- wie ein

Geschwindigkeitsmaximum auf der Außenseite. Die Strömung löst sich auf der Innenseite ab und bildet Wirbel (Abb. 1.4 und 1.5). Da die Geschwindigkeit in der Mitte des Rohres größer ist als in der Nähe der Wand, sind die nach der Krümmeraußenseite gerichteten Fliehkräfte in der Mitte größer als an der Wand. Die mittleren, schnelleren Teile der Strömung drängen in dem stärkeren Fliehkraftfeld nach außen und verdrängen die wandnahen Schichten nach innen, ebenso wie eine schwere

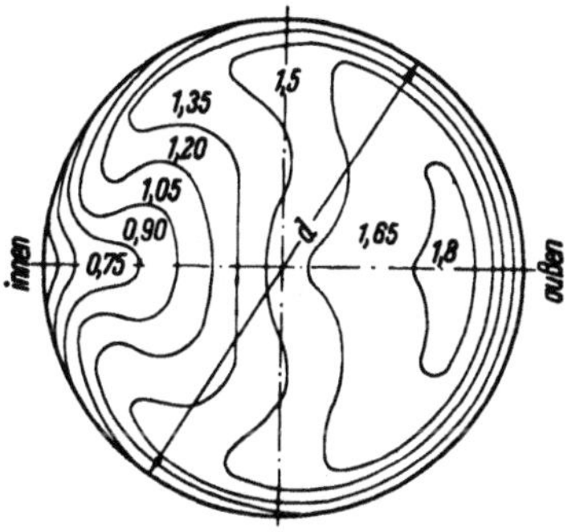

Abb. 1.4. Geschwindigkeitsverteilung in der Mitte der Umlenkung nach Nippert [5]. Geschwindigkeiten in m/s

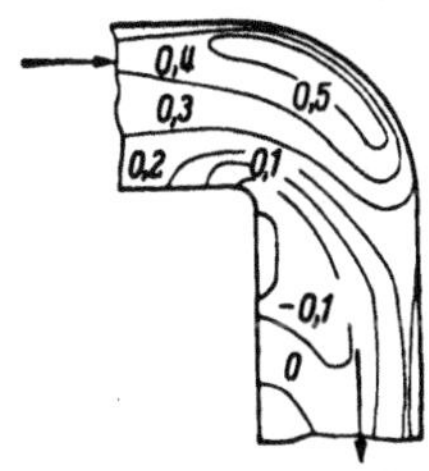

Abb. 1.5. Druckverteilung in einem Krümmer nach Nippert [5]. Druck in m Wassersäule

Flüssigkeit, die in einem Gefäß über einer leichteren lagert, sich selbst nach unten schiebt und die leichtere Flüssigkeit nach oben verdrängt. So entsteht eine Sekundärströmung, die an den Wänden von außen nach innen und aus Kontinuitätsgründen in der Mitte von innen nach außen verläuft (Abb. 1.6). Die so entstehenden Strombahnen bilden zwei gegenläufige Schraubenlinien.

Yarnell [6] hat bei einem normalen 6″-Krümmer ähnliche Geschwindigkeits- und Druckverteilungen beobachtet. Hoher Druck und hohe Geschwindigkeit traten am Ende des 90°-Bogens an der Außenwand auf, während am Anfang hohe Geschwindigkeiten und niedriger Druck an der Innenwand festgestellt wurden. In einer Entfernung von 1,5 m hinter dem Bogen ist der Druck ausgeglichen, jedoch wird die normale Geschwindigkeitsverteilung erst nach etwa 3 m wieder erreicht.

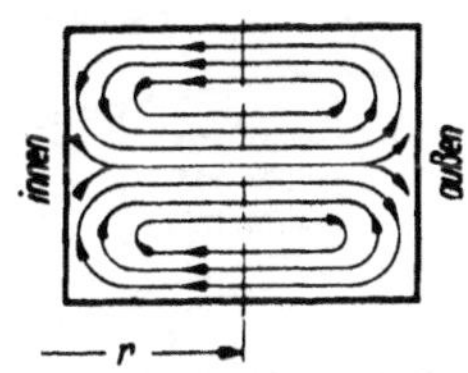

Abb. 1.6. Sekundärströmung in einem Krümmer

Adler [7] stellte bei laminarer Strömung hohe Geschwindigkeiten und Drücke an der Außenwand des Bogens fest, obwohl die Krümmung mit R/d von 25, 50 und 100 sehr klein war; die Reynoldsschen Zahlen lagen zwischen $Re = 1930$ und $Re = 3220$. Die kritischen Werte der Geschwindigkeiten oder des Verhältnisses R/d, bei welchem die theoretische Geschwindigkeits- und Druckverteilung zerstört wird, bei denen also Ablösung eintritt, wurden nicht festgestellt.

In Pumpen sind alle Bahnen in Laufrad und Gehäuse gekrümmt, deshalb ist eine theoretische Geschwindigkeitsverteilung praktisch nie zu erwarten.

b) Mehrere Umlenkungen hintereinander. Wenn eine Strömung mehrere Umlenkungen in verschiedenen Ebenen erfährt, wie in Abb. 1.7 gezeigt wird, überlagert sich eine Umlaufströmung senkrecht zur Hauptströmungsrichtung, die sich mit dieser zu einer einfachen Schraubenlinie als Strombahn zusammensetzt [*8*]. Eine solche Bewegung verursacht im allgemeinen in Kanälen mit Kreisquerschnitt keine großen zusätzlichen Verluste, sie hat sogar die Tendenz, die Strömung zu stabilisieren. Falls aber rechteckige Kanäle vorliegen, treten Verluste auf, weil in den Ecken starke Wirbel gebildet werden. Bei mehrstufigen Pumpen tritt eine derartige Folge von Umlenkungen in den Rückführkanälen auf. Runde Querschnitte dieser Kanäle sollten zur Verringerung der Verluste eingeführt werden.

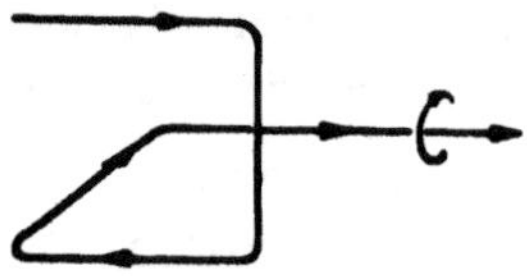

Abb. 1.7. Mehrere Krümmer hintereinander rufen einen Wirbel hervor

1.4. Der Abfall der Energie

Um eine Strömung in einem bewegten oder ruhenden Kanal aufrechtzuhalten, muß ein Gefälle der Gesamtenergie in Strömungsrichtung vorhanden sein. Dieser Abfall der Gesamtenergie muß unterschieden werden von den Veränderungen der potentiellen Energie, Summe aus Druck- und Lageenergie. Die potentielle Energie kann örtlich fallen und steigen, aber die Gesamtenergie muß immer in Richtung der Strömung abnehmen. Das Energiegefälle ist gleich bedeutend mit den hydraulischen Verlusten der Strömung in Kanälen.

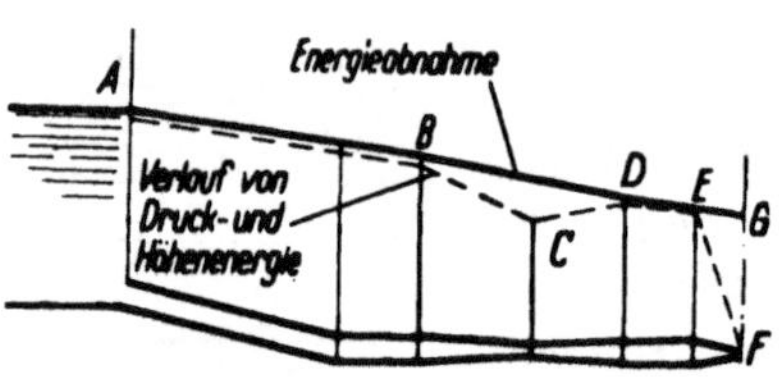

Abb. 1.8. Energieabnahme und Druckverlauf

Man kann sich vorstellen, daß eine ideale Flüssigkeit ohne Gefälle der Gesamtenergie strömen kann, so daß der ganze Vorgang umkehrbar ist. Bei wirklichen Flüssigkeiten ist aber immer ein, wenn auch nur geringer Abfall der Gesamtenergie vorhanden, so daß der Vorgang mit den gleichen Geschwindigkeiten, Drücken und Höhen nur in einer Richtung verlaufen kann, also nicht vollständig umkehrbar verläuft.

Ist eine Pumpe in ein Leitungssystem eingebaut, so entsteht ein Sprung in dem Energiegehalt der Strömung. Man kann aber als Bewegungsursache vor, in und nach der Pumpe auch wieder das Gefälle der Gesamtenergie ansehen. In einem beweglichen Kanal, zum Beispiel eines Pumpenlaufrades, wird der Energieabfall auf die Energiehöhe im Zustand ohne Strömung als Null-Linie bezogen. Setzt die Strömung ein, so wird durch die Strömung mechanische Energie in Wärme umgewandelt, das heißt verbraucht; die Gesamtenergie liegt dann dauernd in allen Punkten unter dem Energiegehalt ohne Durchströmung. Die Vorstellung des Energieabfalls vereinfacht das Verständnis einer Reihe von Problemen und wird in später folgenden Kapiteln weiter ausgebaut werden.

1.5. Druckverhältnisse in bewegter Flüssigkeit

In ruhenden flüssigen Körpern herrscht an jeder Stelle gleicher Druck, wenn Änderungen der Höhe als vernachlässigbar betrachtet werden. In bewegten Flüssigkeiten können Druckdifferenzen längs der Strombahn und quer dazu auftreten als Folge der durch die Strömung entwickelten Massenkräfte. Druckänderungen längs eines Stromfadens ergeben sich im wesentlichen durch Veränderung der kinetischen Energie aus der Bernoullischen Gleichung, wobei die Gesamtenergie etwa konstant bleibt, wenn man von dem eben besprochenen meist geringen Energieabfall in Strömungsrichtung absieht.

Druckänderungen quer zur Stromrichtung jedoch können in der Weise entstehen, daß die Geschwindigkeit zunimmt, ohne daß der Druck entsprechend absinkt, das heißt, daß die Bernoullische Konstante zunimmt. Diese Erscheinungen treten dann auf, wenn außer dem Gewicht, das schon in der Bernoullischen Gleichung berücksichtigt ist, Massenkräfte irgendwelcher Art auf die Flüssigkeit ausgeübt werden, was im allgemeinen nur in Fliehkraftfeldern vorkommt. Wird aus einer Strömung mit Drall die tangentiale Komponente durch eine Einrichtung wie die Leitschaufeln herausgenommen, dann verschwinden die Druckunterschiede in dem gleichen Maße wie ihre Ursache, das Beschleunigungsfeld, verschwindet.

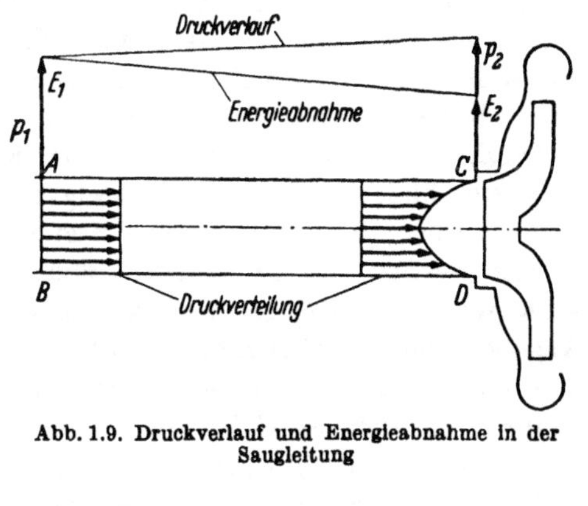

Abb. 1.9. Druckverlauf und Energieabnahme in der Saugleitung

Abb. 1.9 stellt ein gerades Zuleitungsrohr zum Laufrad einer Pumpe dar. Im Querschnitt AB, weit genug vor der Pumpe, ist der Druck konstant und die Geschwindigkeitsverteilung entspricht der normalen Rohrströmung. Im Querschnitt CD, wo sich infolge Rückwirkung vom Laufrad eine mehr oder weniger starke Rotation der Flüssigkeit ausbildet, muß der Druck an der Wand größer sein als der Druck in AB.

Da die Gesamtenergie der Durchflußströmung etwas absinkt und die Durchtrittsgeschwindigkeit als konstant zu betrachten ist, muß der Druck in der Mitte entsprechend kleiner sein als in AB. Der Druckverlauf ist parabolisch. Aus den gemessenen Werten des Druckes an der Wand kann die Rotationsgeschwindigkeit bestimmt werden. Die Energie zur Erzeugung der Rotationsgeschwindigkeit stammt nicht aus der ursprünglich drallfreien Strömung, da keine Vorrichtung zur Umformung in Drallenergie vorhanden ist, sondern aus dem Laufrad.

In Kap. 3 wird gezeigt, daß der Drall im Saugrohr bedingt ist durch die Tendenz der Flüssigkeit, den Weg des geringsten Widerstandes beim Eintritt in das Laufrad zu nehmen. Dies wird am deutlichsten, wenn die Rotation entgegengesetzt der Laufraddrehung verläuft, wie es beobachtet wird, wenn die Pumpe Mengen fördert, die über der Menge ihres Auslegepunktes liegen.

Ein anderes Beispiel zur Veranschaulichung möglicher Druckverhältnisse in geraden Rohren bietet die Druckseite der Axialpumpe. Druck und Geschwindigkeit sind hier am Umfang höher als an der Nabe. Hinter dem Laufrad wird die kinetische Energie teilweise in Druck umgewandelt und mit der Rotation verschwinden die Druckunterschiede. Von SCHMIDT [9] wurde beobachtet, daß keine Sekundärströmungen mit diesem Vorgang verbunden sind, wie man vielleicht annehmen könnte.

1.6. Druckenergie

Die Bezeichnung Druckenergie oder Druckhöhe wird in dem Sinne gebraucht, wie sie in der BERNOULLIschen Gl. (1.1) mit der Größe p/γ eingeführt ist. Sie ist nicht zu verwechseln mit der bei elastischen Körpern, besonders bei Gasen wichtigen Kompressionsarbeit, die bei Flüssigkeiten praktisch immer vernachlässigbar klein ist. Die Druckhöhe p/γ bildet in ruhenden Flüssigkeitssäulen mit der geodätischen Höhe h über einer willkürlichen Bezugsebene eine konstante Summe.

Oft werden Drücke in Form von Druckhöhen einer bestimmten Flüssigkeitssäule angegeben, zum Beispiel in m WS oder mm Hg. Diese Angaben sind Druckangaben, nicht Angaben über die Druckhöhe und lassen sich in dem technischen Druckmaß kg/m² ausdrücken. Wegen der in ihnen enthaltenen Höhenangabe werden sie jedoch gelegentlich mit dem Maß für die Druckhöhe, das die Dimension einer Länge hat (im technischen Maßsystem m), verwechselt.

1.7. Wirbel

Flüssigkeitsbewegungen auf einer Kreisbahn werden als Wirbel bezeichnet. Alle Flüssigkeitsteilchen, die sich auf einem Kreis mit bestimmten Radius bewegen, bilden einen Zylinder. Teilchen auf dem gleichen Stromlinienzylinder haben die gleiche Umfangs- und Winkelgeschwindigkeit. Diese Geschwindigkeiten sind im allgemeinen von einem zum anderen Zylinder verschieden. Die Verteilung der Umfangs- bzw. Winkelgeschwindigkeiten längs des Radius bestimmt den Druckverlauf oder die Gestalt der freien Oberfläche, falls die Flüssigkeit den Behälter, in dem sie sich befindet, nicht ganz ausfüllt.

Die Druckkräfte stellen sich so ein, daß sie den Zentrifugalkräften der einzelnen Flüssigkeitselemente gleich sind.

$$\frac{dp}{dr} = \frac{\gamma}{g}\frac{v^2}{r} = \frac{\gamma}{g}\omega^2 r. \tag{1.3}$$

Dabei ist p der Druck am Radius r, v die Tangentialgeschwindigkeit und ω die Winkelgeschwindigkeit.

Bei bekanntem Geschwindigkeitsverlauf über dem Radius kann die Druckverteilung nach Gl. (1.3) berechnet werden. In Tab. 1.1 sind die

Tabelle 1.1. *Wirbelbewegung*

Nummer der Kurve in Abb. 1.10a und 1.10b	Verlauf der Winkelgeschwindigkeit $\omega = C r^m$	Verlauf der Umfangsgeschwindigkeit $v r^n = C$	Druckverlauf $\int dp = \int \frac{\gamma}{g}\omega^2 r\, dr$	Art des Wirbels	Bemerkungen
1	$\omega = C_1 r^{-\infty}$	$v r^{\infty} = C_1$	$\frac{p}{\gamma} = C_1^2 - h_1$	$\omega = 0$ kein Wirbel	
2	$\omega = C_2 r^{-5/2}$	$v r^{3/2} = C_2$	$\frac{p}{\gamma} = -\frac{C_2^2}{3 g r^3} - h_2$		
3	$\omega = C_3 r^{-2}$	$v r = C_3$	$\frac{p}{\gamma} = -\frac{C_3^2}{2 g r^2} - h_3$	$h_3 + \frac{p}{\gamma} + \frac{v^2}{2g} =$ konst Potentialwirbel	ω nimmt ab mit zunehmendem Radius
4	$\omega = C_4 r^{-3/2}$	$v r^{1/2} = C_4$	$\frac{p}{\gamma} = -\frac{C_4^2}{g r} - h_4$		
5	$\omega = C_5 r^{-1}$	$v r^0 = C_5$	$\frac{p}{\gamma} = \frac{C_5^2 \log r}{g} - h_5$	$v =$ konst	
6	$\omega = C_6 r^{-1/2}$	$v r^{-1/2} = C_6$	$\frac{p}{\gamma} = \frac{C_6^2 r}{g} - h_6$	$\frac{v^2}{r} =$ konst	
7	$\omega = C_7 r^0$	$v r^{-1} = C_7$	$\frac{p}{\gamma} = \frac{C_7^2 r^2}{2g} - h_7$	$\omega =$ konst Erzwungener Wirbel	$\omega =$ konst
8	$\omega = C_8 r^{1/2}$	$v r^{-3/2} = C_8$	$\frac{p}{\gamma} = \frac{C_8^2 r^3}{3g} - h_8$		ω nimmt zu mit zunehmendem Radius
9	$\omega = C_9 r$	$v r^{-2} = C_9$	$\frac{p}{\gamma} = \frac{C_9^2 r^4}{4g} - h_9$		
10	$\omega = C r^m$	$v r^{-(m+1)} = C$	$\frac{p}{\gamma} = \frac{C^2 r^{2(m+1)}}{2(m+1) g} - h$	Allgemeine Form	

Ergebnisse der Integration für verschiedene Varianten des allgemeinen Ausdrucks für die Geschwindigkeitsverteilung

$$\omega = C\, r^m \tag{1.4}$$

bzw.

$$v\, r^n = C \tag{1.5}$$

mit

$$n = -(m + 1)$$

wiedergegeben.

Verschiedene Werte von m ergeben verschiedene Arten von Wirbeln. Der Potentialwirbel und der erzwungene Wirbel, der sich wie ein fester Körper mit konstanter Winkelgeschwindigkeit dreht, sind spezielle

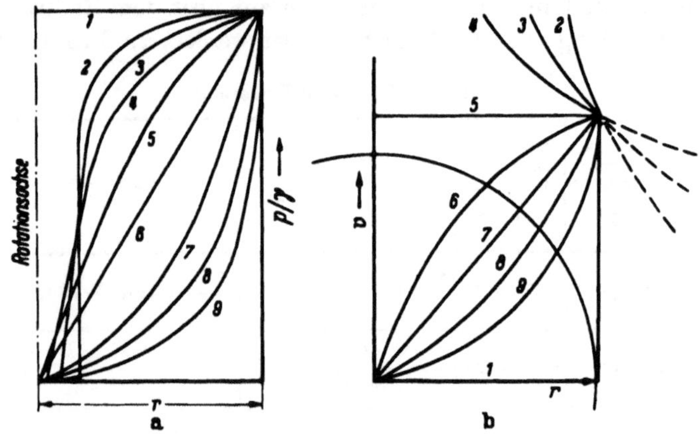

Abb. 1.10. a) Druck- bzw. Oberflächenverlauf. b) Geschwindigkeitsverlauf im Wirbel $v r^n = C$

Fälle der insgesamt bestehenden Möglichkeiten. Der Potentialwirbel ist definiert durch die Bedingung

$$v\, r = C_3 . \tag{1.6}$$

Er genügt der Bernoullischen Gleichung

$$h + \frac{p}{\gamma} + \frac{v^2}{2g} = E = \text{konst}, \tag{1.7}$$

das heißt, alle Teilchen haben die gleiche Energie. Soll ein solcher Wirbel einer Parallelströmung konstanter Geschwindigkeit überlagert werden, dann muß dies dadurch geschehen, daß die zugeführte Energie über dem Radius konstant ist. Strömungen dieser Art treten oft bei Axialpumpen auf.

In einem erzwungenen Wirbel ist die Winkelgeschwindigkeit konstant.

$$\omega = \text{konst}, \tag{1.8}$$

Der Druck verläuft nach einer quadratischen Parabel (Abb. 1.10a, Kurve 7). Überlagert man einen erzwungenen Wirbel und eine radial nach außen gerichtete Strömung, so erhält man eine spiralig nach außen strebende Strömung, wie sie in Radialpumpen auftritt. Bei Vernachlässigung der Verluste müßten die Teilchen am äußeren Umfang die gesamte aufgewendete Energie enthalten. In Wirklichkeit ist die Strömung nach außen aber auch hier mit einer Abnahme der Gesamtenergie verbunden, so daß die Energie der Strömung unter der Energie des reinen, erzwungenen Wirbels liegt (Abb. 1.11). Durch Überlagerung eines erzwungenen Wirbels über eine Parallelströmung konstanter Geschwindigkeit in einem zylindrischen Rohr erhält man eine schraubenlinig bewegte Strömung, deren Drall dem des Wirbels entspricht. Auch diese Art von Strömung tritt bei Axialpumpen auf. Die Flüssigkeitsteilchen enthalten auf verschiedenen Radien verschiedene Mengen von Energie, die am Außenradius am größten ist.

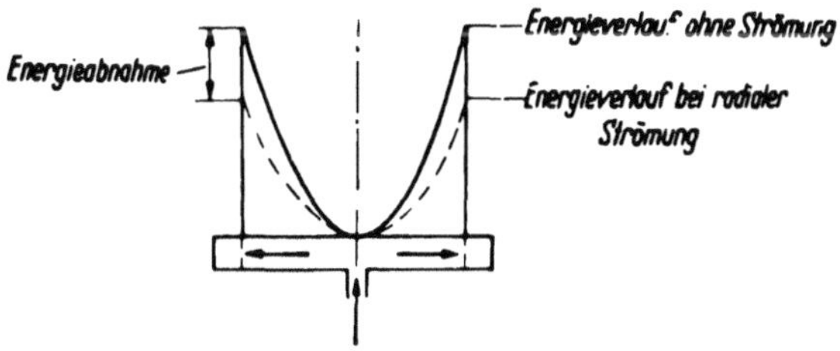

Abb. 1.11. Energieverlauf beim erzwungenen Wirbel

Ein freier Spiralwirbel kann beobachtet werden, wenn Wasser durch ein Loch im Boden eines Behälters ausströmt. Nachdem der Wirbel einmal durch nicht vollständig radiales Zuströmen entstanden ist, nähern sich die folgenden Wasserteilchen immer weiter auf Spiralbahnen dem Abfluß. Da alle Teilchen gleiche Anfangsenergie haben, entsteht angenähert der Potentialwirbel, dessen Geschwindigkeiten in der Nähe der Achse natürlich durch erhöhte Reibung einen endlichen Wert. behalten. Sind Saugrohre von Pumpen nicht weit genug in das Wasser eingetaucht, so bilden sich im Sumpf freie Spiralwirbel, die Luft von der Wasseroberfläche in die Pumpe saugen. Einbauten im Sumpf oder in der Saugleitung verhindern meistens die Ausbildung solcher Wirbel. Alle genannten Arten von Wirbeln sind stabil und bestehen ohne Querströmungen irgendwelcher Art, da sie Gl. (1.3) befriedigen.

1.8. Verluste

a) Verluste in Umlenkungen. Abb. 1.12 gibt eine Zusammenstellung von Daten über Verluste in verschiedenen Arten von Krümmern. Die Verluste werden ausgedrückt durch den dimensionslosen Koeffizienten C in der Gleichung

$$h_v = C\frac{v^2}{2g}. \tag{1.9}$$

Die von verschiedenen Forschern unabhängig voneinander gefundenen Werte stimmen überein, und ihre Genauigkeit ist vergleichbar mit derjenigen, die bei den Experimenten über Rohrreibung erzielt wurde. Ein Vergleich zwischen Werten verschiedener Ausführungen ist mindestens ebenso aufschlußreich wie die Betrachtung ihres absoluten Wertes. Es zeigt sich beispielsweise, daß ein scharfer 90°-Winkel mit gewöhnlichen Schaufeln konstanter Dicke (Abb. 1.12b) keinen Vorteil vor einem normalen Krümmer mit einem Radienverhältnis $R/d = 1.25$

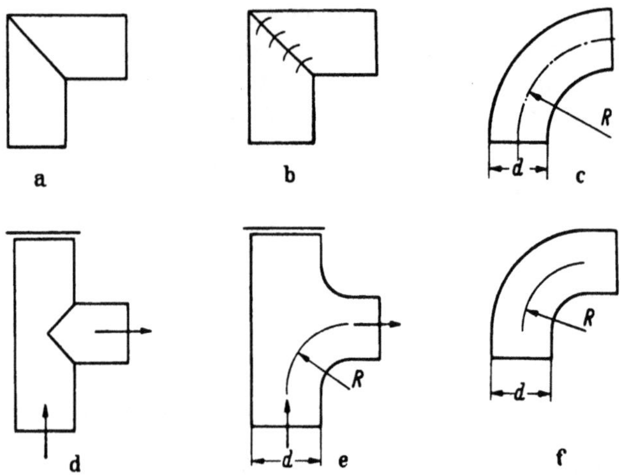

(a) $C = 1.0$

(b) $C = 0.136$ profilierte Einbauten
0.24 einfache Einbauten
0.40 nach STUART [*14*]

(c)

R/d	C
1.0	0.27
1.25	0.22
1.5	0.17
2.0	0.13

(d) $C = 0.88$ (e) $R/\mathrm{d} = 1.5$; $C = 0.40$ (f) $R/d = 1$; $C = 0.24$

Abb. 1.12. Krümmerverluste. Daten nach N.A.C.A. [*13*], STUART [*14*], FREEMANN [*15*], NORDELL [*16*] und MADISON [*17*]

oder mehr hat (Abb. 1.12c). Die primäre Bedeutung der Einbauten ist, eine möglichst einheitliche Geschwindigkeit im ganzen Querschnitt zu erzielen.

Eine größere Schaufel in der Mittellinie eines normalen Krümmers mit dem Radienverhältnis $R/d = 1.5$ oder mehr (Abb. 1.12f) hat nur wenig oder gar keine Vorteile gegenüber einem einfachen Bogen nach (Abb. 1.12c). Die Wirkung von Führungseinbauten in diesem Fall besteht in der Verringerung des Radienverhältnisses.

NORDELL [*16*] fand, daß Bogen mit quadratischem oder rechteckigem Querschnitt etwa den gleichen Energieverlust aufweisen wie Bogen mit rundem Querschnitt, die im gleichen Verhältnis gekrümmt sind.

b) Sprunghafte Erweiterung oder Verengung des Querschnitts von Kanälen. Ändert sich die Querschnittsfläche eines Kanals sprunghaft, wie in Abb. 1.13 gezeigt, so kann der Verlust ausgedrückt werden durch die Beziehung

$$h_v = C\,\frac{(v_1 - v_2)^2}{2\,g}\,. \qquad (1.10)$$

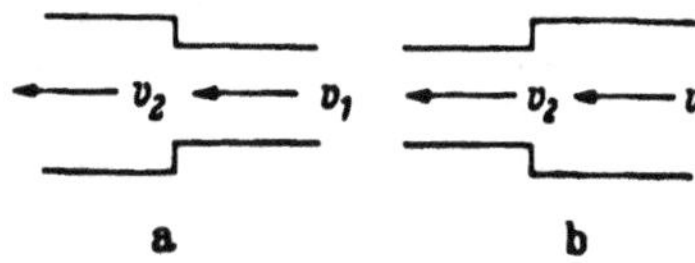

Abb. 1.13. Plötzliche Erweiterung und plötzliche Verengung

Für die Erweiterung erhält man etwa $C = 1$, für die Verengung $C = 0{,}4$ bis $0{,}5$ [*12*].

Der Verlust bei einer plötzlichen Rohrverengung ist also nur halb so groß wie bei einer plötzlichen Erweiterung. Früher war es üblich, beim Aneinanderstoßen von zwei Kanälen, die nicht exakt ausgerichtet werden konnten, den Querschnitt des zweiten Teilkanals etwas größer auszuführen als den des ersten, damit die Flüssigkeit sich beim Übergang nicht stoßen sollte (Abb. 1.14a). Offensichtlich macht eine solche Einrichtung die Strömungsverluste größer anstatt kleiner. Haben die beiden Teilkanäle gleichen Querschnitt, so sind die Verluste auch dann, wenn sie nicht exakt aneinandergestoßen werden können, kleiner als im zuerst geschilderten Fall.

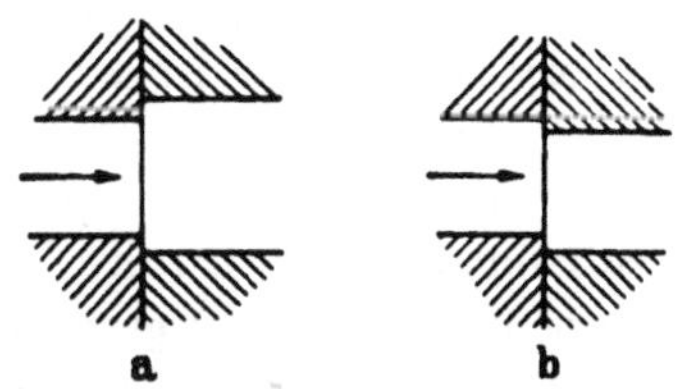

Abb. 1.14. Ungenau aneinandergestoßene Kanäle

Literatur

[*1*] Bakhmeteff, B.: Hydraulics. Trans. A.S.M.E., Bd. 54 15. Aug. 1932, S. 57.
[*2*] Richter, H.: Rohrhydraulik. S. 124—130. Berlin: Springer 1934.
[*3*] Prandtl, L., u. O. G. Tietjens: Hydro- und Aeromechanik, S. 43, 52, 53. Berlin: Springer 1931.
[*4*] Nikuradse, J.: Untersuchung über die Strömung des Wassers in konvergenten und divergenten Kanälen. VDI-Forsch.-Heft 289. Berlin: VDI 1929.
[*5*] Nippert, H.: Über den Strömungsverlust in gekrümmten Kanälen. VDI-Forsch.-Heft 320, S. 1, 2. Berlin: VDI 1929.
[*6*] Yarnell, D. L.: Flow of Water through 6 Inch Pipe Bends. Techn. Bull. Bd. 577 (Okt. 1937) U. S. Dept. of Agriculture, Washington, D.C.
[*7*] Adler, M.: Strömung in gekrümmten Rohren. Z. angew. Math. Mech. Bd. 14 (Okt. 1934) S. 257.
[*8*] Föttinger, H.: Hydraulische Probleme, Diskussion über Kavitation, S. 110. Berlin: VDI 1926.
[*9*] Schmidt, H. F.: Some Screw Propeller Experiments. J. Amer. Soc. nav. Engrs. Bd. 40 (1928) Nr. 1, S. 15.
[*10*] Sherzer, A. F.: Trans. A.S.M.E. Bd. 64 (1942) S. 592.
[*11*] Rouse, H.: Elementary Mechanics of Fluids, S. 114. New York: John Wiley and Sons 1946.
[*12*] Pfleiderer, C.: Die Kreiselpumpen, S. 29. Berlin/Göttingen/Heidelberg: Springer 1955.

[13] N. A. C. A., Techn. Mem. Bd. 722, S. 28.
[14] Stuart, M. C. et al: ASHEVE Meeting, Juni 1942.
[15] Freeman, J. F.: Experiments upon the Flow of Water in Pipes. Trans. A.S.M.E. (1941) S. 173.
[16] Nordell, C. H.: Curved Flow in Conduits of Constant Cross Section. Oil Gas J., 16. Mai u. 13. Juni 1940.
[17] Madison, R. D., u. J. R. Parker: Pressure Losses in Rectangular Elbows. Trans. A.S.M.E. Bd. 58 (April 1936) Nr. 3, S. 167.

2. Definitionen und Terminologie

2.1. Einleitung

Unter Kreiselpumpen versteht man alle diejenigen Pumpen, deren Wirkung durch die rotierende Bewegung eines oder mehrerer Laufräder hervorgerufen wird. In der ersten Zeit der Pumpenentwicklung wurde die Wirkung im wesentlichen den Zentrifugalkräften zugeschrieben. Später kamen auch Axialpumpen auf, deren Wirkungsweise nicht auf Zentrifugalkräften beruht. Eine gesonderte Behandlung der Axialpumpen ist aber nicht gerechtfertigt, weil sie nur das eine Extrem einer Reihe von Pumpentypen darstellt, an deren anderem Ende die reine Radialpumpe steht. Die Typen, die zwischen den beiden Extremen liegen, werden halbaxiale Pumpen genannt. Die Strömung durch das Laufrad weist sowohl radiale wie axiale Komponenten auf; das Laufrad ähnelt einer Schiffsschraube.

2.2. Einteilung und Terminologie

Die große Mannigfaltigkeit der für die verschiedenartigsten Anwendungen gebauten Pumpen soll hier auf einige sich hydraulisch wesentlich unterscheidende Typen beschränkt werden. Die Unterschiede in Einzelheiten der Konstruktion sind meist bedingt durch die Anwendungsbedingungen und mechanische Erfordernisse. Pumpen bestehen immer aus zwei Hauptteilen: einem Laufrad, das der Flüssigkeit eine rotierende Bewegung aufzwingt, und dem Gehäuse, das dem Laufrad die Flüssigkeit zuführt und sie unter höherem Druck wieder vom Laufrad wegführt (Abb. 2.1). Das Laufrad sitzt auf der Welle, die von Lagern getragen und die von einem Motor über eine geeignete Kupplung angetrieben wird. Das Gehäuse enthält Saug- und Druckstutzen, trägt die Lager und umschließt das Laufrad. Die Stelle, an der die Welle durch das Gehäuse geführt ist, muß abgedichtet werden, um Austreten von Flüssigkeit nach außen zu verhindern. Eng gepaßte Dichtringe (Abb. 2.2) beschränken das Überströmen von Flüssigkeit von der Druckseite zur Saugseite auf das geringstmögliche Maß. Der Saugstutzen führt die Flüssigkeit zum Laufradeintritt, und die Schaufeln des Laufrades erzeugen die Umlaufbewegung. Die Schaufeln zusammen mit den Stirnwänden des Rades bilden die Kanäle. In einem doppelflutigen Rad wird die Flüssigkeit auf beiden Seiten zugeführt (Abb. 2.3). Die Räder werden

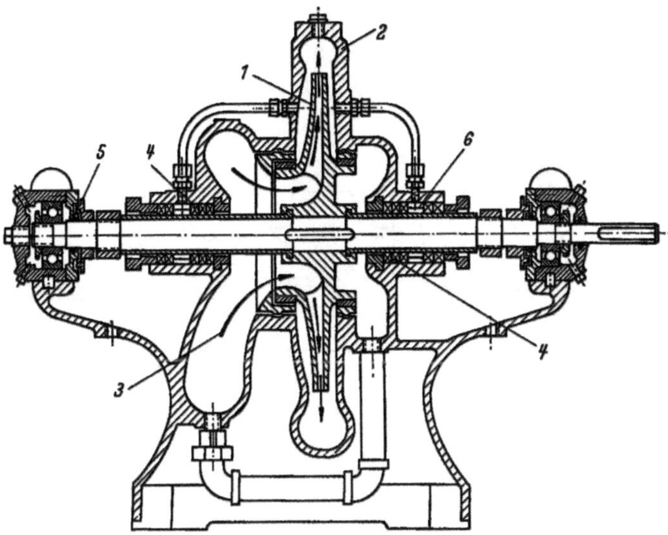

Abb. 2.1. Beispiel einer einflutigen Pumpe
1 Laufrad, 2 Spiralgehäuse, 3 Saugseite, 4 Stopfbüchspackung, 5 Wasser-Abweisring, 6 Laternenring

oft offen gebaut, das heißt ohne die Vorderwand. Die Schaufeln sind fast immer nach rückwärts gerichtet. Man unterscheidet die rein radialen Pumpen, bei denen die Strömung praktisch nur zwischen zwei radial liegenden Ebenen verläuft mit einfach gekrümmten Schaufeln und die Pumpen mit doppelt gekrümmten Schaufeln, die in sehr breiten Kanälen und in halbaxialen Laufrädern benutzt werden. Räder mit doppelt gekrümmten Schaufeln werden nach James B. Francis, der sie bei Turbinen einführte, Francisräder genannt.

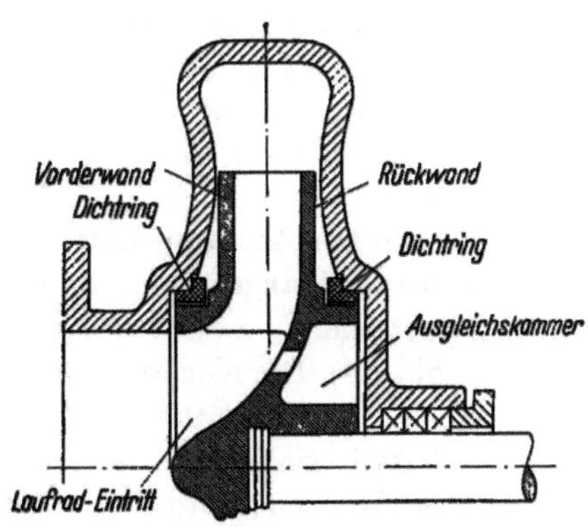

Abb. 2.2. Einflutige Pumpe mit Ausgleichsraum auf der Rückseite des Laufrades

Laufräder werden als radial bezeichnet, wenn die Stirnwände im wesentlichen senkrecht auf der Welle stehen und nur am Eintritt leicht gekrümmt sind. Diese Räder haben gewöhnlich einfach gekrümmte Schaufeln. In Axialpumpen wird die Flüssigkeit dem Laufrad axial zugeführt, und die Durchtrittskomponente der Geschwindigkeit liegt parallel zur Achse. Halbaxiale Räder nehmen eine Zwischenstellung in dem ganzen Bereich der Typen vom rein radialen bis zum rein axialen Rad ein. Sie haben immer doppelt gekrümmte Schaufeln. Extreme Halbaxial- und Axialmaschinen werden auch Propellerpumpen genannt. Beide werden fast nur offen ausgeführt.

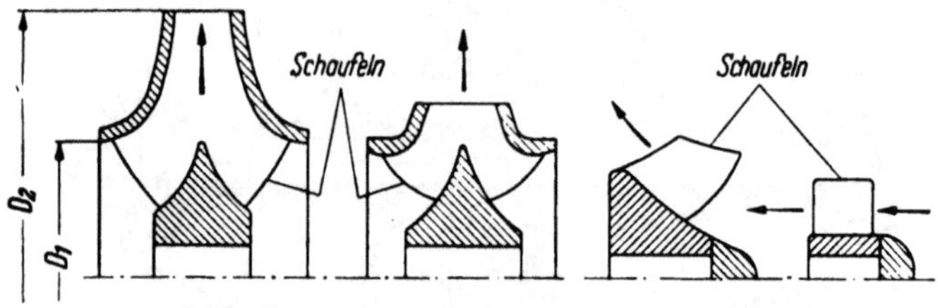

Typ	Radial zweiflutig	Halbaxial zweiflutig	Halbaxial Propeller	Axial Propeller
n_q* ●	25	44	130	270
Q[m³/s]	0,150	0,150	0,150	0,150
H[m]	21	15	10	6
n[U/min]	870	1160	1750	2600
D_2[m]	0,480	0,305	0,255	0,180
D_1/D_2	0,5	0,7	0,9	1,0

* S. Abschn. 2.5.

Abb. 2.3. Laufräder verschiedener Form und verschiedener spezifischer Drehzahl

Das Laufrad bewirkt, daß die absolute Geschwindigkeit am Austritt größer ist als am Eintritt. Die Geschwindigkeit wird im Pumpengehäuse teilweise in Druck umgewandelt. Diese Umwandlung vollzieht sich entweder im Spiralgehäuse bzw. im anschließenden Druckstutzen oder im Leitrad. Ist kein Leitrad vorhanden, so tritt die Flüssigkeit aus dem Laufrad direkt in einen einzigen Kanal wachsenden Querschnitts, die Spirale; der größte Teil der Druckumsetzung findet in diesem Falle in dem konischen Druckstutzen statt. Ist um das Laufrad herum ein Kranz von Leitschaufeln angeordnet, so wird ein wesentlicher Teil der Geschwindigkeitsenergie zwischen den Leitschaufeln in Druckenergie umgesetzt (Abb. 2.4). Die Konstruktion mit Leitschaufeln stammt aus dem Turbinenbau, wo Eintrittsleiträder unerläßlich sind. Bei vertikalen Axial- und Halbaxialpumpen ergibt die Konstruktion mit Leitrad eine kompaktere Form und wird meist bevorzugt.

Gegenwärtig wird die große Mehrzahl aller horizontalen, einstufigen Pumpen meist ohne Leitrad gebaut. In Europa gibt es Beispiele großer einstufiger Pumpen, die mit Leitrad ausgeführt wurden. An mehrstufigen Pumpen werden in den USA größenordnungsmäßig gleich viele des einen wie des anderen Typs hergestellt, wogegen in Europa Mehrstufenpumpen praktisch nur mit Leitrad gebaut werden.

Kann der benötigte Druck nicht wirtschaftlich genug in einem Laufrad erzeugt werden, so werden mehrere Räder hintereinander angeordnet, so daß eine mehrstufige Pumpe entsteht (Abb. 17.9 und 17.20). In einigen Konstruktionen wird aus hydraulisch bedingten Gründen der Gesamtdurchsatz auf zwei oder drei parallel arbeitende Laufräder aufgeteilt. Jedoch werden heute solche Pumpen selten gebraucht, weil die modernen Propellerpumpen, die speziell für große Fördermengen und niedrigen Druck geeignet sind, zur Verfügung stehen.

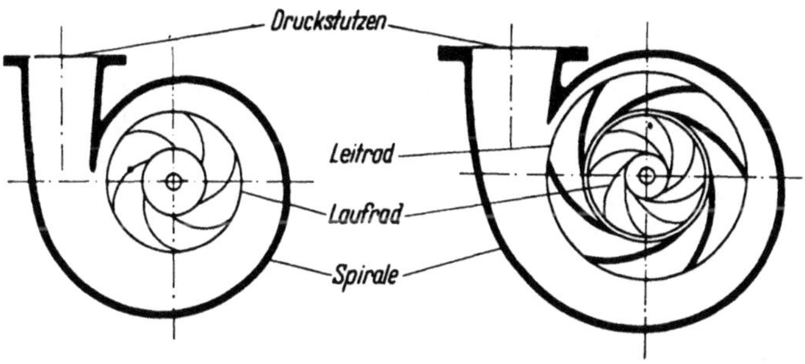

Abb. 2.4. Spiralgehäuse- und Leitradpumpe

Jede Kreiselpumpe kann mit horizontaler oder vertikaler Welle angeordnet werden, je nach Art des vorgesehenen Antriebes oder nach den Anforderungen, die an sie gestellt werden. Es gibt jedoch auch Pumpen, die speziell für vertikale Anordnung entwickelt sind, wie die Bohrlochpumpen in Abb. 7.25 und Abb. 16.17. Diese Pumpen, deren Entwicklung sehr weit fortgeschritten ist, werden heute auch in Fällen eingesetzt, wo sonst Pumpen mit horizontaler Welle benutzt wurden.

2.3. Anwendungsgebiete und Grenzen

Bei modernen Kreiselpumpen gibt es nur wenige Grenzen in bezug auf maximal oder minimal erzeugten Druck bzw. maximalen oder minimalen Durchsatz. Zur Speisung von hydraulischen Pressen werden beispielsweise Pumpen benutzt, die Drücke bis zu 380 at entwickeln.

Die größten Pumpen der USA befinden sich im Grand Coulée-Kraftwerk (Abb. 17.23) am Columbiariver. Es sind 12 Einheiten, jede fördert $Q = 38$ m³/s auf $H = 93$ m. Die Leistung eines Antriebsmotors beträgt $N = 50000$ kW bei $n = 200$ U/min. Diese Leistungen werden nur von den sowohl als Pumpen wie als Turbinen arbeitenden Einheiten von Hiwassee-Dam, North Carolina, überboten, die für eine Menge $Q = 110$ m³/s bei $H = 63$ m ausgelegt sind und einen Antriebsmotor von 75000 kW bei 105 U/min erfordern. Kreiselpumpen lassen für Verdrängerpumpen nur ein sehr kleines Feld frei, und zwar den Bereich zu kleiner Fördermenge und zu großer Drucke, in dem Kreiselpumpen zu unwirtschaftlich arbeiten würden. Aber dieser Bereich wird immer weiter eingeengt.

Die weite Verbreitung der Kreiselpumpen ist verschiedenen Faktoren zuzuschreiben: erstens ihrer Eignung zur Zusammenarbeit mit hochtourigen Elektromotoren oder Dampfturbinen; zweitens der Tatsache, daß sie so wenig wie möglich bewegte Teile haben, und drittens ihrer verhältnismäßig geringen Größe und den geringen Kosten für die Flüssigkeitsmengen, die durchgesetzt werden können.

2.4. Die Charakteristik der Pumpe

a) Durchsatz. Der Durchsatz, das je Zeiteinheit durchgesetzte Volumen, wird in m^3/s oder l/s gemessen. Die Höhe, auf die die Flüssigkeit ohne Verluste im Leitungssystem höchstens gepumpt werden kann, heißt Förderhöhe. Sie hängt bei einer gegebenen Pumpe und fester Drehzahl nicht von der Beschaffenheit des Stoffes, d. h. von seinem spezifischen Gewicht ab, solange die Zähigkeiten der verglichenen Medien nicht sehr stark voneinander abweichen. Als Testflüssigkeit für Kreiselpumpen wird meistens Wasser benutzt. Der Druck wird auch als Höhe angegeben, wenn er nicht direkt in Form einer über dem Druckstutzen stehenden Wassersäule auftritt.

b) Förderhöhe. Die gesamte Förderhöhe einer Pumpe mit horizontaler Welle ist definiert als

$$H = H_d - H_s' + \frac{v_d^2}{2g} - \frac{v_s^2}{2g}. \tag{2.1}$$

H_d ist die Druckhöhe in m, gemessen auf der Druckseite und bezogen auf die Mittellinie der Pumpenwelle, H_s' die auf der Saugseite gemessene Druckhöhe, bezogen auf das gleiche Niveau. Man kann auch (wie in der deutschen Literatur üblich *Anmerkung des Herausgebers*) den Unterdruck unter Atmosphäre mit der Bezeichnung Saughöhe H_s einführen, wobei $H_s = -H_s'$ ist.

Die beiden ersten Terme der Gl. (2.1) stellen den Zuwachs an statischer, die beiden letzten an kinetischer Energie der Strömung zwischen Saug- und Druckstutzen dar. Wie Gl. (2.1) zeigt, wird nur der Energieunterschied zwischen Saug- und Druckstutzen in Betracht gezogen (Abb. 2.5). Druckverluste in der Saugleitung werden nicht als Verluste der Pumpe angesehen.

Bei der Pumpe mit vertikaler Welle, bei der die Saughöhe zum überwiegenden Teil aus der geodätischen Saughöhe h_s besteht, definiert man

$$H = H_d + h_s + \frac{v_d^2}{2g}, \tag{2.2}$$

wobei h_s der Abstand zwischen Unterwasserspiegel und Mitte des Druckstutzens ist (Abb. 2.6). Die Verluste in der Saugleitung und in der

Steigleitung bis zur Druckmeßstelle werden hier als Verluste der Pumpe betrachtet.

c) Wirkungsgrad. Die Wirtschaftlichkeit der Arbeitsweise von Pumpen wird ausgedrückt durch ihren Wirkungsgrad. Er ist definiert als das Verhältnis der Energie, um die die Flüssigkeitsenergie beim Durch-

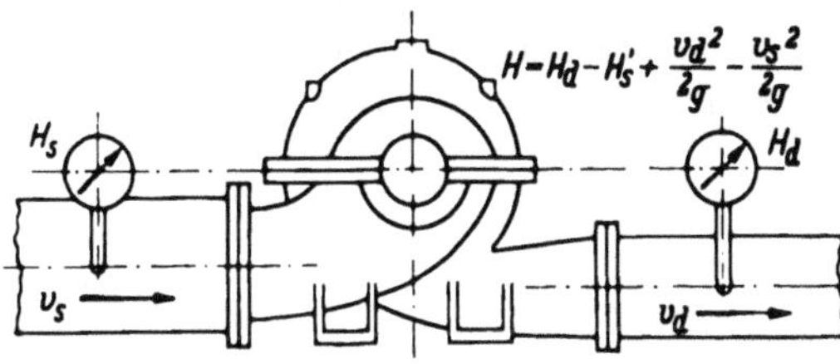

Abb. 2.5. Förderhöhe einer Pumpe mit horizontaler Welle

gang durch die Pumpe erhöht wurde zu der an der Welle zugeführten mechanischen Arbeit, die der vom Antrieb geleisteten Arbeit gleich ist.

$$\eta = \frac{Q \gamma H}{L}. \qquad (2.3)$$

Dabei wird die Antriebsleistung, d. h. die je Zeiteinheit zugeführte mechanische Arbeit L in mkg/s gemessen. Führt man an Stelle von L die in kW gemessene Leistung N ein, so erhält man für den Wirkungsgrad

$$\eta = \frac{Q \gamma H}{102\, N}. \qquad (2.4)$$

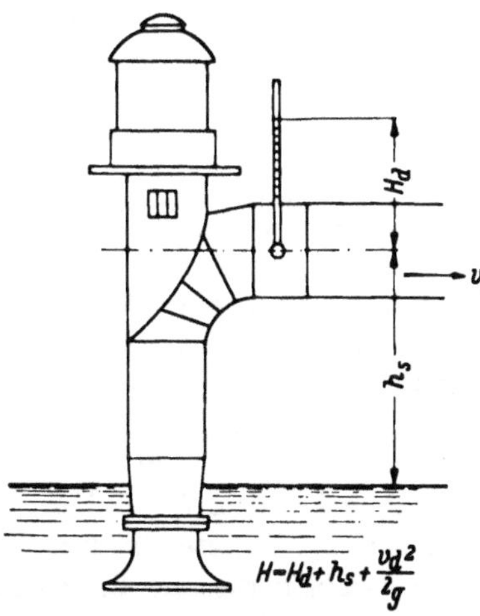

Abb. 2.6. Förderhöhe einer Pumpe mit vertikaler Welle

Der so definierte Wirkungsgrad ist für die Pumpe als Ganzes gültig und interessiert im allgemeinen den Abnehmer. Für Pumpenkonstrukteure sind daneben die Teilwirkungsgrade, der hydraulische, der mechanische und der volumetrische Wirkungsgrad interessant, die Aufschluß über die Arbeitsweise der Pumpe geben. Diese Teilwirkungsgrade werden weiter unten definiert werden.

d) Charakteristik. Der Verlauf der Förderhöhe in Abhängigkeit von der Fördermenge mit der Drehzahl als Parameter wird als Charakteristik der Pumpe bezeichnet (Abb. 2.7). Eine vollständige Charakteristik enthält auch die Kurve für den Wirkungsgrad, aus der sich zusammen mit der Q—H-Linie auch die Kurve für die aufgenommene Leistung ergibt. Förderhöhe und Durchsatz ändern sich mit der Drehzahl nach bestimmten Gesetzmäßigkeiten, die als Ähnlichkeitsgesetze bekannt sind. Dabei behalten die Kurven ihre charakteristischen Eigenschaften bei (s. Kap. 5). Die Gesetzmäßigkeiten, die zunächst empirisch festgestellt wurden, jedoch theoretisch begründet sind, besagen folgendes: Verändert man die Drehzahl einer in einem beliebigen Punkt ihrer Charakteristik arbeitenden Pumpe und ändert ihre Fördermenge im gleichen Verhältnis, dann ändert sich ihre Förderhöhe etwa quadratisch und die aufgenommene Leistung etwa mit der dritten Potenz der Drehzahl. Die Aussagen treffen exakt zu, wenn der Wirkungsgrad der Pumpe

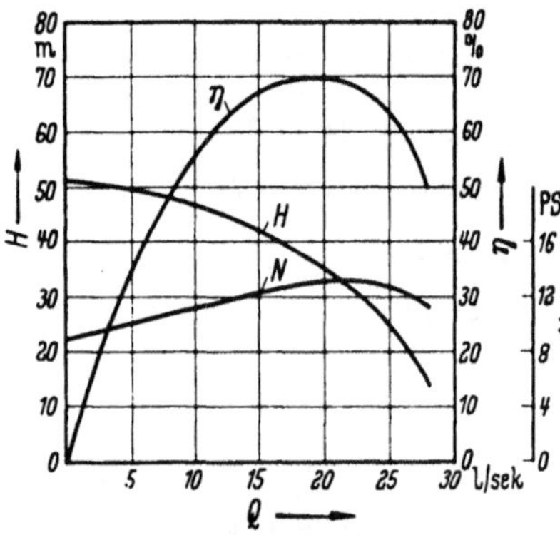

Abb. 2.7. Charakteristik einer Kreiselpumpe NW 75, $n = 1750$ U/min

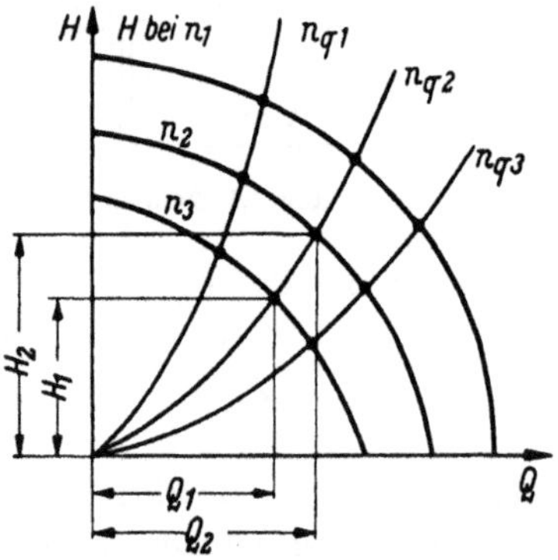

Abb. 2.8. Änderung von Förderhöhe und Fördermenge mit der Drehzahl

sich mit der Drehzahl nicht ändert. In Wirklichkeit wird er sich wenig ändern. Die Ähnlichkeitsgesetze werden kurz ausgedrückt durch die Beziehungen

$$\frac{Q_1}{Q_2} = \frac{n_1}{n_2}\,; \quad \frac{H_1}{H_2} = \left(\frac{n_1}{n_2}\right)^2; \quad \frac{N_1}{N_2} = \left(\frac{n_1}{n_2}\right)^3. \tag{2.5}$$

Abb. 2.8 zeigt drei Q—H-Kurven für drei verschiedene Drehzahlen n_1, n_2 und n_3. Punkte, die durch das Ähnlichkeitsgesetz verknüpft sind, bilden Parabeln, die auch Linien gleicher spezifischer Drehzahl darstellen (spezifische Drehzahl s. Kap. 2.5).

2.5. Spezifische Drehzahl

In den Anfängen der Pumpenentwicklung war es üblich, die Pumpen nach charakteristischen, geometrischen Verhältnissen wie dem Verhältnis von Radbreite zu Außendurchmesser b_2/D_2 oder von Innendurchmesser zu Außendurchmesser D_1/D_2 zu klassifizieren. Camerer[1] führte eine neue charakteristische Größe zur hydraulischen Klassifikation von Wasserturbinen ein, die später auf Kreiselpumpen übertragen wurde. Sie wird spezifische Drehzahl genannt und ist definiert

[1] Camerer, R.: Z. ges. Turbinenw., 1915, S. 217.

durch

$$n_q = \frac{n\sqrt{Q}}{H^{3/4}}, \tag{2.6}$$

wobei n in U/min, Q in m³/s und H in m einzusetzen ist. Die spezifische Drehzahl ist die Drehzahl, bei der eine der betrachteten Pumpe geometrisch ähnliche Maschine eine Fördermenge von 1 m³ auf eine Förderhöhe von 1 m pumpt. Die Zahl ist eine für eine bestimmte Pumpe charakteristische Größe; daher ist sie konstant für ähnliche Pumpen und ändert sich bei einer gegebenen Pumpe nicht mit der Drehzahl. Abb. 2.3 zeigte verschiedene Laufräder mit verschiedenen spezifischen Drehzahlen. Jeder dieser Zahlen sind bestimmte Verhältnisse charakteristischer Laufradabmessungen zugeordnet.

Beim Studium der Pumpencharakteristik und bei der Klassifikation aller wichtigen Konstruktionskonstanten ist die spezifische Drehzahl ein Ähnlichkeitsparameter für Kreiselpumpen, der für diese Maschinen etwa die gleiche Bedeutung hat wie die REYNOLDSsche Zahl für Strömungen. Bei mehrstufigen Pumpen wird sie auf die Förderhöhe einer Stufe bezogen, bei doppelflutigen Pumpen wird der Durchsatz des Einzelrades zugrunde gelegt. Alle für den Entwurf und die Arbeitsweise wichtigen charakteristischen Größen sind so eng mit der spezifischen Drehzahl verknüpft, daß sie zur Behandlung fast aller Fragen herangezogen werden muß.

Aus Beziehung (2.6) folgt, daß zur Erzielung der gleichen Q—H-Kurve die Drehzahlen um so größer und die Abmessungen um so kleiner sein müssen, je höher die spezifische Drehzahl ist. Bei gleicher Drehzahl und Fördermenge sinkt die Förderhöhe bei wachsender spezifischer Drehzahl, und bei gleicher Drehzahl und Förderhöhe wächst der Durchsatz mit größer werdender spezifischer Drehzahl.

Die Entwicklung des Ausdruckes (2.6) für die spezifische Drehzahl und weitere Diskussion folgt in Kap. 5.

3. Die Theorie der Radialpumpe

3.1. Geschwindigkeitsdreiecke

Die Betrachtung der mehrere Komponenten umfassenden Geschwindigkeiten der Strömung durch das Laufrad erfolgt am besten graphisch durch Geschwindigkeitsvektoren. Solche Vektordiagramme werden als Geschwindigkeitsdreiecke bezeichnet. Sie können für jeden Punkt der Strombahn im Schaufelrad gezeichnet werden, doch wird im allgemeinen die Aufmerksamkeit besonders auf Eintritt und Austritt der Schaufelkanäle gerichtet; die zugeordneten Dreiecke heißen Eintritts- und Austrittsdreiecke.

Man unterscheidet die Absolut- und die Relativgeschwindigkeit der Strömung. Die Relativgeschwindigkeit ist die Geschwindigkeit relativ zum umlaufenden Schaufelrad, die Absolutgeschwindigkeit ist auf das ruhende Pumpengehäuse bezogen und ist die vektorielle Summe aus Relativ- und Umfangsgeschwindigkeit des Laufrades an dem jeweiligen Radius. Jeder Punkt des Laufrades beschreibt einen Kreis um die Wellenmitte mit der Umfangsgeschwindigkeit

$$u = \omega r = \frac{n \pi d}{60},$$

wobei d der jeweilige Durchmesser des betrachteten Kreises in m ist.

Abb. 3.1 zeigt Eintritts- und Austrittsdreiecke einer Radialpumpe. Folgende Bezeichnungen sind allgemein üblich:

- u Umfangsgeschwindigkeit des Laufrades,
- w Relativgeschwindigkeit der Strömung,
- c Absolutgeschwindigkeit der Strömung.

Index 1 bezeichnet den Eintritt, Index 2 den Austritt. Die Umfangskomponenten der Absolut- und Relativgeschwindigkeiten erhalten den

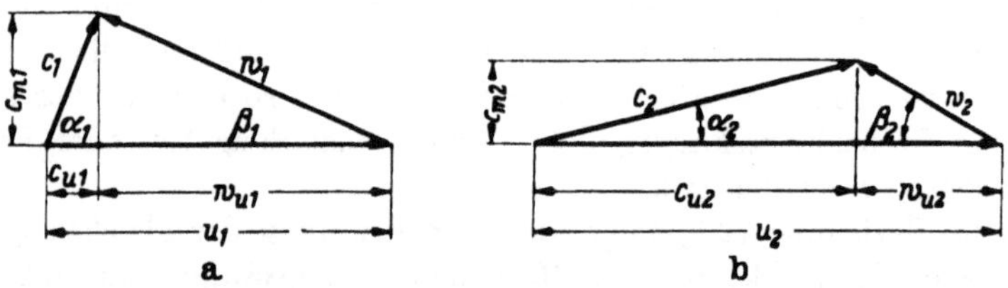

Abb. 3.1. Geschwindigkeitsdreiecke a) für Eintritt, b) für Austritt

Index u, Komponenten der Absolutgeschwindigkeit, die senkrecht auf der Umfangsgeschwindigkeitstehen, werden mit dem Index m versehen. Diese Komponente ist in einem Radialrad radial und in einem axialen Rad axial gerichtet und wird im allgemeinen als Meridiangeschwindigkeit bezeichnet.

Falls nichts Gegenteiliges vermerkt ist, sind alle Geschwindigkeiten Mittelwerte, die über den betrachteten Querschnitt senkrecht zu den Stromlinien gebildet sind. Dies ist eine der Vereinfachungen, die bei theoretischen Betrachtungen und bei der Konstruktion von Kreiselmaschinen meist gemacht werden, und die nicht mit der Wirklichkeit übereinstimmen. Eine über dem Querschnitt konstante Geschwindigkeit gibt es bei wirklichen Flüssigkeiten nicht einmal im Falle der Strömung durch ein gerades Rohr.

3.2. Theoretische Förderhöhe der Radialpumpen

Durch Anwendung des Satzes vom Drehimpuls auf das Laufrad einer Kreiselpumpe erhält man eine Beziehung für die theoretische Förderhöhe. Der Satz vom Drehimpuls sagt aus, daß die auf die Zeiteinheit bezogene Änderung des Drehimpulses eines Körpers dem auf ihn ausgeübten Drehmoment gleich ist.

Zur Anwendung des Drallsatzes auf das Laufrad wird die in einem Schaufelkanal eingeschlossene Flüssigkeitsmasse betrachtet (Abb. 3.2). Zur Zeit $t = 0$ nimmt sie den Raum *abcd* ein, nach einer sehr kurzen Zeit dt hat sie sich nach *efgh* verschoben. Die Masse im Raum *abef*, die während der Zeit dt aus dem Laufrad austritt, ist gleich der Masse, die während der gleichen Zeit in den Raum *cdgh* nachströmt. Die jeweils im Raum *abgh* zwischen den Schaufeln eingeschlossene Flüssigkeit hat vor und nach Ablauf des Zeitelementes dt den gleichen Drehimpuls, so daß die gesamte Änderung des Drehimpulses durch den Unterschied zwischen dem Drehimpuls der eintretenden und der austretenden Masse gegeben ist. Diese Änderung, bezogen auf die Zeit dt, ist dem Moment der äußeren Kräfte, die auf die Flüssigkeit zwischen den Schaufeln ausgeübt werden, gleich. Bezeichnet man dieses Moment mit M, so erhält man

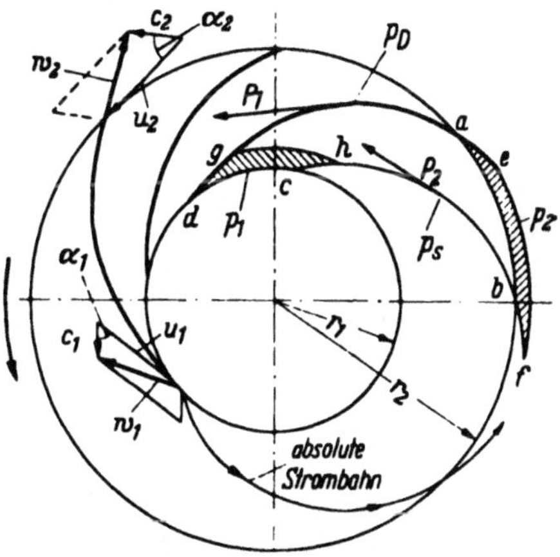

Abb. 3.2. Kräfte und Geschwindigkeiten im Laufrad

$$M = \frac{dm}{dt}(r_2 c_2 \cos\alpha_2 - r_1 c_1 \cos\alpha_1). \quad (3.1)$$

Die äußeren Kräfte auf die im Schaufelkanal eingeschlossene Flüssigkeitsmenge sind: 1. Die Druckkräfte, die durch den Unterschied der Drücke p_S und p_D auf der Saug- und Druckseite der Schaufel entstehen; 2. die den Drücken p_1 und p_2 entsprechenden Kräfte auf die Eintritts- und Austrittsflächen *ab* und *cd*; 3. die Reibungskräfte P_1 und P_2, die der Relativströmung entgegen wirken und ein zusätzliches Moment erfordern. Sie werden bei Behandlung der idealisierten Strömung vernachlässigt.

Der Ausdruck dm/dt bedeutet für das ganze Laufrad den Massenstrom $Q\gamma/g$. Durch Einsetzen in die Gl. (3.1) und durch Multiplikation mit der Winkelgeschwindigkeit ω erhält man

$$\omega M = \frac{Q\gamma}{g}\omega(r_2 c_2 \cos\alpha_2 - r_1 c_1 \cos\alpha_1). \quad (3.2)$$

Die linke Seite von Gl. (3.2) stellt die dem Laufrad zugeführte Leistung L dar. Führt man die Umfangsgeschwindigkeit $u = \omega r$ und die Umfangskomponenten $c_u = c \cos\alpha$ ein, so kann an Stelle von Gl. (3.2) auch geschrieben werden:

$$L = \frac{Q\gamma}{g}(u_2 c_{u2} - u_1 c_{u1}). \tag{3.3}$$

Unter der Annahme, daß der ganze Vorgang der Umsetzung mechanischer Energie in Strömungsenergie verlustlos verläuft, muß der ganze Betrag der zugeführten Leistung L in der Strömung enthalten sein.

$$Q\gamma H_M = \frac{Q\gamma}{g}(u_2 c_{u2} - u_1 c_{u1}). \tag{3.4}$$

Kürzt man den Faktor $Q\gamma$ heraus, so erhält man die unter dem Namen „Eulersche Turbinengleichung" bekannte Beziehung für die Förderhöhe

$$H_M = \frac{u_2 c_{u2} - u_1 c_{u1}}{g}. \tag{3.5}$$

Dabei ist H_M die Förderhöhe, die bei einer verlustlos arbeitenden Maschine dem am Schaufelrad angreifenden Drehmoment M entspricht.

Tritt die Flüssigkeit ohne Umfangskomponente ins Laufrad ein, d. h., ist $c_{u1} = 0$ (radiale Strömung bei Radialmaschinen und axiale Strömung bei Axialmaschinen), dann vereinfacht sich die Eulersche Gleichung zu

$$H_M = \frac{u_2 c_{u2}}{g}. \tag{3.6}$$

Durch Einführen der Relativgeschwindigkeiten ergibt sich eine für manche Betrachtungen bequemere Schreibweise. Aus den Geschwindigkeitsdreiecken (Abb. 3.1) findet man:

$$w_2^2 = c_2^2 + u_2^2 - 2\,u_2 c_2 \cos\alpha_2,$$
$$w_1^2 = c_1^2 + u_1^2 - 2\,u_1 c_1 \cos\alpha_1$$

und damit

$$H_M = \frac{c_2^2 - c_1^2}{2g} + \frac{u_2^2 - u_1^2}{2g} + \frac{w_1^2 - w_2^2}{2g}. \tag{3.7}$$

Der erste Summand der rechten Seite stellt den Zuwachs an kinetischer Energie der Strömung zwischen Ein- und Austritt des Laufrades dar. Infolgedessen entsprechen der zweite und dritte Summand zusammen der Zunahme an Druckenergie. Der zweite Ausdruck allein kann, wie man auch bei oberflächlicher Betrachtung sieht, nicht die Zunahme an statischem Druck darstellen, da die Flüssigkeitsteilchen sich im durchströmten Laufrad nicht mit Umfangsgeschwindigkeit bewegen. Faßt man die beiden letzten Ausdrücke von Gl. (3.7) zusammen, so erhält man für die Zunahme des statischen Druckes im Laufrad

$$H_{St} = H_M - H_{kin} = \frac{u_2^2 - w_2^2}{2g} - \frac{u_1^2 - w_1^2}{2g}$$
$$= \frac{w_1^2 - u_1^2}{2g} - \frac{w_2^2 - u_2^2}{2g}.$$

Bei Axialmaschinen ist $u_1 = u_2$. Der statische Druck verhält sich hier wie in einer Absolutströmung ohne Umfangskomponente, d. h., er steigt bei Verzögerung der Relativgeschwindigkeit entsprechend der mit dieser Geschwindigkeit gebildeten BERNOULLIschen Gleichung an.

Sind in den Gln. (3.1) und (3.2) die Geschwindigkeiten c_1 und c_2 die tatsächlichen Geschwindigkeiten aller Flüssigkeitsteilchen in den zugehörigen Querschnitten und geben die Winkel α_1 und α_2 ihre Richtungen an, dann ist bei Vernachlässigung der Verluste die Leistung L aus Gl. (3.3) die tatsächlich zugeführte Leistung und die Förderhöhe H_M aus den Gln. (3.5), (3.6), (3.7) die wirkliche theoretische Förderhöhe. In der Praxis sind die wirklichen Geschwindigkeiten der Strömung und ihre Richtungen nicht bekannt. Deshalb vereinfacht man theoretische Rechnungen so weit, daß man an Stelle der Strömungswinkel die Schaufelwinkel einsetzt. Berechnet man mit den so entstehenden fiktiven Strömungsgeschwindigkeiten die Förderhöhe, so erhält man ein manchmal beträchtlich höheres Ergebnis. Um die beiden Möglichkeiten der Bildung einer „theoretischen Förderhöhe" deutlich genug auseinander zu halten, sollen die Geschwindigkeitsdreiecke und Förderhöhen, die den Schaufelwinkeln, nicht den tatsächlichen Strömungswinkeln, entsprechen, die EULERschen Dreiecke bzw. die EULERsche Förderhöhe genannt werden und durch den Index e gekennzeichnet werden.

Setzt man die Geschwindigkeiten aus den EULERschen Dreiecken in Gl. (3.3) ein, so stellt L nicht die wahre Eingangsleistung dar, sondern eine nicht existierende Größe höheren Zahlenwertes. Die EULERschen Geschwindigkeitsdreiecke werden meistens zur graphischen Bestimmung des Schaufelverlaufes, besonders bei halbaxialen Rädern, herangezogen.

3.3. Die Charakteristik der verlustlosen Pumpe

Die EULERsche Turbinengleichung in der einfachsten Form nach Gl. (3.6) ergibt eine lineare Abhängigkeit der EULERschen Förderhöhe H_e von der Fördermenge Q. Ersetzt man c_{u2} in Gl. (3.6) durch

$$c_{u2} = u_2 - w_{u2} = u_2 - \frac{c_{m2}}{\operatorname{tg}\beta_2},$$

dann erhält man

$$H_e = \frac{u_2^2}{g} - \frac{u_2\, c_{m2}}{g \operatorname{tg}\beta_2}. \tag{3.8}$$

Die Meridiangeschwindigkeit ist proportional der Fördermenge, da Q das Produkt aus c_m und der Fläche senkrecht dazu ist. Die Gerade für die Förderhöhe in Abhängigkeit vom Durchsatz (Abb. 3.3) schneidet die Ordinate in u_2^2/g und die Abszisse in $u_2 \operatorname{tg}\beta_2$. Die Steigung der Geraden hängt vom Winkel β_2 ab. Ist $\beta_2 = 90°$, dann verläuft die Linie parallel zur Abszisse mit $H_e = u_2^2/g =$ konst. Bei Winkeln $\beta_2 < 90°$ nimmt die Höhe mit zunehmendem Durchsatz ab, bei $\beta_2 > 90°$ wächst sie mit dem Durchsatz. Die Strömung am Schaufelaustritt ist dann nach vorne gerichtet und die Umfangskomponente der absoluten Austrittsgeschwindigkeit ist größer als die Umfangsgeschwindigkeit (Abb. 3.4). Da die Umwandlung der hohen Geschwindigkeitsenergie in Druck mit entsprechend hohen Verlusten verbunden ist, werden Maschinen mit nach vorne gerichteten Schaufeln als Pumpen praktisch nicht gebaut.

Hat die Flüssigkeit schon vor Eintritt in das Laufrad einen Drall, der nicht vom Laufrad herrührt, dann ist der zweite Ausdruck auf der rechten Seite von Gl. (3.5) nicht Null und die Q—H-Linie verläuft wie folgt: Als Hilfsgröße wird $u_1 c_{u1}/g = H_1$ eingeführt. Durch eine entsprechende Umformung wie in Gl. (3.8) bekommen wir

$$H_1 = \frac{u_1^2}{g} - \frac{u_1 c_{m1}}{g \operatorname{tg} \beta_1}. \quad (3.9)$$

Eine Linie konstanten relativen Eintrittswinkels β_1

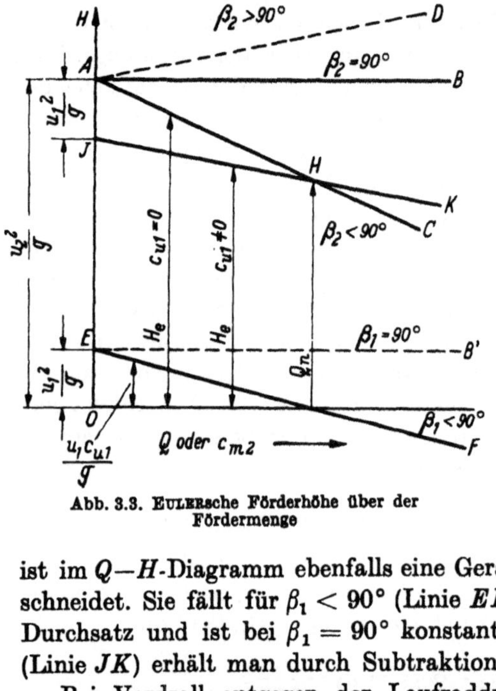

Abb. 3.3. Eulersche Förderhöhe über der Fördermenge

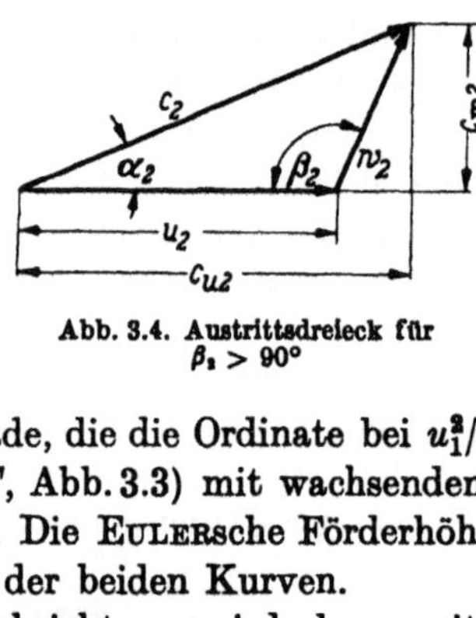

Abb. 3.4. Austrittsdreieck für $\beta_2 > 90°$

ist im Q—H-Diagramm ebenfalls eine Gerade, die die Ordinate bei u_1^2/g schneidet. Sie fällt für $\beta_1 < 90°$ (Linie EF, Abb. 3.3) mit wachsendem Durchsatz und ist bei $\beta_1 = 90°$ konstant. Die Eulersche Förderhöhe (Linie JK) erhält man durch Subtraktion der beiden Kurven.

Bei Vordrall entgegen der Laufraddrehrichtung wird der zweite Ausdruck der Gl. (3.5) negativ und die Gesamthöhe wird größer als bei meridionalem Eintritt. Vorteile sind mit Vordrall in einer der beiden Richtungen nicht verbunden; er wird gelegentlich durch die Form der Saugleitung zwangsläufig hervorgerufen, jedoch nicht absichtlich, etwa durch Leiträder, erzeugt.

In der Praxis liegen die Austrittswinkel der Laufschaufeln bei $35° > \beta_2 > 15°$, wobei die gebräuchlichsten Winkel zwischen 25° und 20° liegen. Der Eintrittswinkel bewegt sich zwischen $50° > \beta_1 > 15°$.

In einer verlustlos arbeitenden Maschine ist die aufgewandte Leistung gleich der Nutzleistung. Man erhält die Leistungskurve durch Multiplikation der Förderhöhe [Gl. (3.8)] mit der Fördermenge Q bzw. mit der Meridiangeschwindigkeit c_{m2}.

$$\frac{N}{k} = c_{m2} H = \frac{u_2^2 c_{m2}}{g} - \frac{u_2 c_{m2}^2}{g \operatorname{tg}\beta_2}. \tag{3.10}$$

Dabei ist k für eine gegebene Pumpe eine Konstante. Ist $\beta_2 = 90°$, dann stellt Beziehung (3.10) eine Gerade durch den Nullpunkt dar (Abb. 3.5). Mit $\beta_2 < 90°$ erhält man eine nach oben konvexe, mit $\beta_2 > 90°$ eine nach oben konkave Parabel. Beide tangieren die Gerade im Koordinaten-Nullpunkt des Leistungs-Durchsatzdiagramms. Wie erwähnt, kommen jedoch Austrittswinkel $\beta_2 > 90°$ für Pumpen nicht in Betracht. Der Austrittswinkel wird entsprechend der geforderten Charakteristik gewählt, der Eintrittswinkel β_1 bestimmt sich aus dem Eintrittsdreieck und hängt von der Fördermenge, der Gestalt und der Drehzahl des Laufrades ab, wie in Kap. 5 näher gezeigt werden wird.

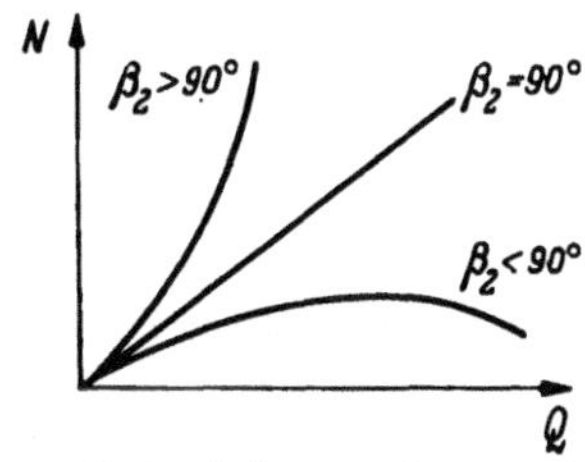

Abb. 3.5. Leistungsaufnahme entsprechend der Eulerschen Förderhöhe

3.4. Wirkungsgrade

Die gesamte Förderhöhe einer Pumpe wird im Laufrad erzeugt. Alle anderen Teile tragen nicht zur Erzeugung der Förderhöhe bei, sondern nur zur Umwandlung von Geschwindigkeits- in Druckenergie. Sie verursachen unvermeidliche Verluste, und zwar hydraulische, mechanische und Leckverluste. Alle Verluste an Förderhöhe, die auf dem Weg zwischen den Druckmeßstellen auf Saug- und Druckseite der Pumpe entstehen, werden hydraulische Verluste genannt. Sie bestehen aus Wandreibungsverlusten entlang den Begrenzungswänden zwischen Saug- und Druckstutzen und Verlusten durch plötzliche Änderung des Querschnitts oder der Strömungsrichtung sowie anderen Wirbelverlusten. Der hydraulische Wirkungsgrad η_h ist definiert als das Verhältnis der tatsächlichen Förderhöhe H zu der dem an den Schaufeln angreifenden Moment entsprechenden Förderhöhe H_M.

$$\eta_h = \frac{H}{H_M} = \frac{H_M - H_{vh}}{H_M}, \tag{3.11}$$

Das Verhältnis der dem Moment an den Schaufeln entsprechenden Höhe H_M zur Eulerschen Höhe H_e (die Förderhöhe, die aus den mit den Schaufelwinkeln gebildeten Strömungsdreiecken errechnet wird) wird als Schaufelwirkungsgrad bezeichnet.

$$\frac{H_M}{H_e} = e_{Sch}. \tag{3.12}$$

Allerdings ist dies kein echter Wirkungsgrad, da das Verhältnis nur eine

Minderleistung, jedoch nicht einen Energieverlust kennzeichnet. Aus diesem Grunde wurde zur Bezeichnung nicht der übliche Buchstabe η gewählt.

In Abb. (3.6) ist AED das EULERsche Geschwindigkeitsdreieck, während AFD das dem Moment an den Schaufeln entsprechende Dreieck darstellt. Die Fläche AFB ist proportional der Eingangsleistung, da $H_M = u_2 c'_{u2}/g$ und $Q = c_{m2} f_2$ ist, wobei f_2 die senkrecht auf der Meridiangeschwindigkeit stehende Fläche am Laufradaustritt ist. Es ist also

$$L = Q \gamma H_M = \frac{u_2 c'_{u2}}{g} c_{m2} \gamma f_2 = \frac{c'_{u2} c_{m2}}{2} k,$$

wobei k für eine gegebene Pumpe mit fester Drehzahl eine Konstante ist.

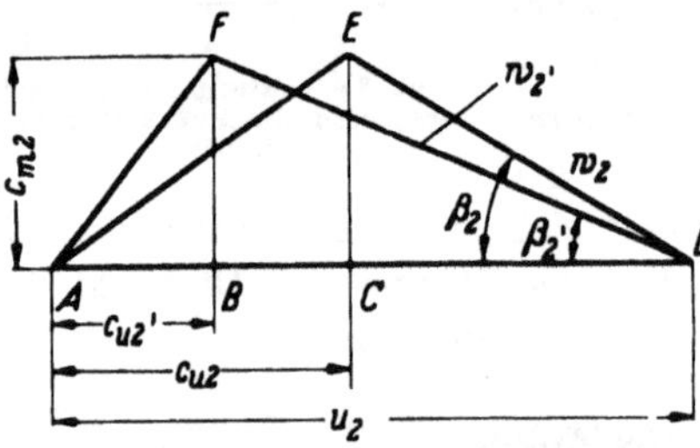

Abb. 3.6. EULERsches und tatsächliches Geschwindigkeitsdreieck

Ebenso ist die Fläche AEC proportional der zur Erzeugung der EULERschen Höhe notwendigen Leistung. Das Verhältnis der beiden Flächen bzw. der Umfangskomponenten der Absolutströmung ist dem Schaufelwirkungsgrad gleich.

$$\frac{AFB}{AEC} = \frac{H_M}{H_e} = \frac{c'_{u2}}{c_{u2}}. \qquad (3.12\,a)$$

Die Mengen- oder Leckverluste sind bedingt durch die unvermeidlichen Spalte zwischen den bewegten und den ruhenden Teilen der Pumpe. Der Durchsatz am Austritt aus der Pumpe ist um die Leckmenge kleiner als der am Saugstutzen gemessene. Das Verhältnis der beiden Mengen wird der *volumetrische Wirkungsgrad* genannt.

$$\frac{Q}{Q_M} = \frac{Q}{Q + Q_V} = \eta_v. \qquad (3.13)$$

Dabei ist Q_V die Leckmenge und Q_M die Fördermenge, die dem an den Schaufeln angreifenden Moment entspricht.

Als mechanische Verluste gelten Leistungsverluste in Lagern und Stopfbüchse und die Scheibenreibungsverluste. Die letztgenannte Gruppe ist ihrer Natur nach zwar ein Strömungsverlust, wird jedoch besser zu den mechanischen Verlusten gerechnet, da sie nicht bei der Durchströmung der Pumpe entsteht und keinen Verlust an Förderhöhe zur Folge hat. Der mechanische Wirkungsgrad ist das Verhältnis der von den Schaufeln des Laufrades aufgenommenen zu der an der Welle angreifenden Leistung.

$$\eta_m = \frac{L_W - L_{Vm}}{L_W} = \frac{Q_M \gamma H_M}{L_W}, \qquad (3.14)$$

L_{Vm} ist die mechanische Verlustleistung, L_W die auf die Welle wirkende Antriebsleistung.

Die Beziehung zwischen Gesamtwirkungsgrad und den Einzelwirkungsgraden folgt aus der Definition des Wirkungsgrades

$$\eta = \frac{Q \gamma H}{L_W}, \tag{3.15}$$

wenn man $Q = \eta_v Q_M$, $H = \eta_h H_M$ und nach (3.14) $L_W = Q_M \gamma H_M / \eta_m$ einsetzt, zu

$$\eta = \eta_v \eta_h \eta_m. \tag{3.16}$$

3.5. Laufradeinlauf und Vordrall

Um den Einfluß der Ausbildung des Laufradeinlaufes auf die Wirkungsweise der Pumpe zu untersuchen, bezieht man zweckmäßigerweise den letzten Teil des Saugrohres in die Betrachtung ein, da Rückwirkungen des Laufrades bereits in beträchtlicher Entfernung vor dem Eintritt spürbar sein können. Mit der Strömung zum Laufrad, durch dieses hindurch und nach dem Laufrad ist ein Absinken der gesamten Energiehöhe unter das Niveau, das sich ohne Durchströmung einstellt, verbunden[1]. Die Strömung folgt der Richtung des Energiegefälles und verläuft dabei entlang dem Weg des geringsten Widerstandes durch alle Teile der Pumpe. Auf diese Weise kann die Flüssigkeit bereits vor Eintritt in das Laufrad einen Drall erhalten, ebenso, wie sie bereits vor Eintritt in ein ruhendes Schaufelgitter eine entsprechende Ablenkung erfährt. Die Richtung, mit der die Flüssigkeit in das Laufrad eintritt, hängt vom Schaufelwinkel β_1, vom Durchsatz und von der Umfangsgeschwindigkeit des Rades ab. Alle drei Faktoren beeinflussen den Eintrittswinkel der Strömung durch das Bestreben der Flüssigkeit, dem Weg des geringsten Widerstandes zu folgen[2].

Es ist einleuchtend, daß der Strömungswiderstand um so kleiner ist, je weniger der relative Strömungswinkel von dem Schaufelwinkel β_1 abweicht. Für eine bestimmte Drehzahl gibt es nur eine Fördermenge, bei der die Strömung unter dem Winkel β_1 in das Laufrad eintritt (Abb. 3.7a). Arbeitet die Pumpe bei einer Menge, die unter dieser normalen Fördermenge liegt, dann muß die Flüssigkeit mit Vordrall in Drehrichtung des Laufrades einströmen, um der Richtung der Schaufel möglichst nahe zu kommen (Abb. 3.7b). Ist die Fördermenge größer als die Auslegemenge, dann muß die Flüssigkeit einen der Drehrichtung entgegengesetzte Vordrall annehmen, um das Gesetz des kleinsten Wider-

[1] Man muß sich vergegenwärtigen, daß Flüssigkeiten keine Zugspannungen aufnehmen können, daß sie also eigentlich nicht „gesaugt", sondern immer nur „gedrückt" werden können. Alle Anordnungen, die Flüssigkeiten saugen, schaffen nur örtlich einen Druck, der unter dem Druck am Eintritt der Saugleitung, d. h. unter Umgebungsdruck liegt.

[2] Das Prinzip des geringsten Widerstandes ist auf allen Gebieten der Physik allgemein üblich. Es kann als gewisse Analogie zum zweiten Hauptsatz der Thermodynamik aufgefaßt werden.

standes zu befriedigen (Abb. 3.7c). Die Strömung in Pumpen folgt tatsächlich diesen Regeln, wenn auch das Bild gelegentlich durch die Ausbildung des Saugstutzens und des Saugrohres etwas abgewandelt wird. Es ist zu beachten, daß der Vordrall nicht durch Reibung vom Laufrad

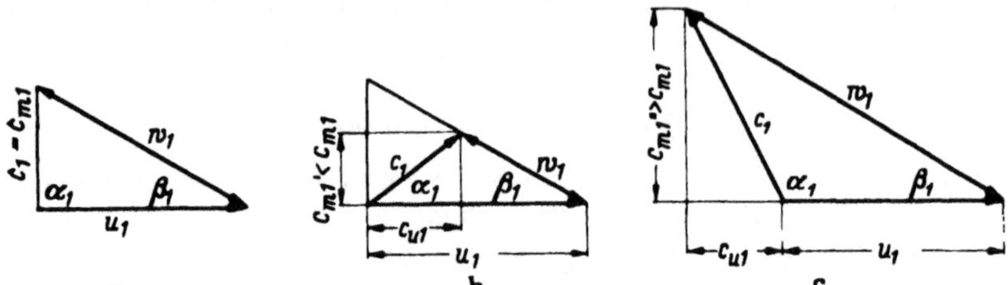

Abb. 3.7. Eintrittsdreiecke

her übertragen wird, denn dann könnte kein Gegendrall, wie er bei zu großen Fördermengen beobachtet wird, entstehen [1].

Stewart [2] stellte mit einem Spezialinstrument, dem „Rotometer", in einem Rohr von 150 mm lichtem Durchmesser in einer Entfernung von 460 mm vor dem Laufrad noch Vordrall fest. Ohne Förderung zeigte der Rotometer 233 U/min bei einer Laufraddrehzahl von 1135 U/min. Die Drehzahl des Rotometers nahm bis auf Null ab, als die Fördermenge bis auf die Auslegemenge vergrößert wurde. Bei weiterer Vergrößerung des Durchsatzes fing er wieder an zu rotieren und erreichte 40 U/min. Zu dieser Zeit (1909) rechnete man noch nicht damit, daß die Richtung des Vordralles sich ändern könnte, wenn man eine über der Auslegemenge liegende Flüssigkeitsmenge förderte. Der Rotometer zeigte nur die Zahl der Umdrehungen, jedoch nicht die Richtung der Drehung an.

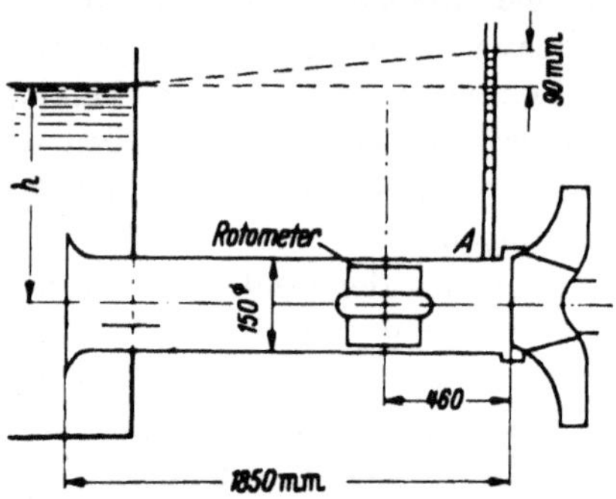

Abb. 3.8. Messung von Vordrall im Saugrohr nach Stewart [2]

Bei diesen Versuchen wurde beobachtet, daß der Druck am Saugstutzen etwa 90 mm höher war als der Druck in dem Behälter auf der Saugseite in gleicher Höhe (Abb. 3.8). Aus dem gemessenen Vordrall von 233 U/min und dem Rohrdurchmesser von 150 mm ergibt sich eine Druckdifferenz zwischen einem Punkt an der Rohrwand und einem Punkt auf der Achse von $u^2/2\,g = 176$ mm. Der Druckverlauf längs des Radius ist parabolisch wie in Abb. 3.9 gezeigt. Die Druckdifferenz bildet sich um den Druck des Behälters als Mittelwert, so daß je die Hälfte des Betrages, also 88 mm als Über- bzw. Unterdruck an der Wand bzw. in der Rohrmitte erscheint.

Rotiert die der Pumpe zuströmende Flüssigkeit einer einstufigen Pumpe wie ein erzwungener Wirbel, so ist die mit der Druckmessung am Saugflansch gebildete Förderhöhe kleiner als die wirkliche. Der Fehler ist bei kleinen Fördermengen bedeutender als bei großen und beeinflußt den Verlauf der Charakteristik in diesem Sinne. Bei großen Pumpen mit Francisrädern, in deren Saugrohr kleine Geschwindigkeiten auftreten, können sich derartige Wirbel entwickeln, wenn keine Maßnahmen zu ihrer Verhütung getroffen werden. Beispielsweise wurden erzwungene Wirbel vor den großen Bewässerungspumpen am Colorado River bei an Ort und Stelle durchgeführten Versuchen festgestellt. Das Wasser fließt den Pumpen aus einem See über einen schwachgekrümmten Bogen zu. Die am Saugflansch durch vier Druckmeßstellen festgestellte Gesamtdruckhöhe war höher als die statische Höhe im See, eine Erscheinung, die nur durch eine parabelartige Druckverteilung, also einen Wirbel, erklärt werden kann.

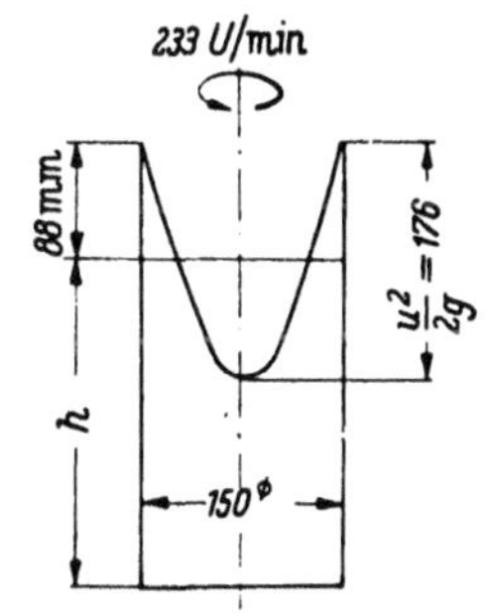

Abb. 3.9. Druckverteilung in einem Rohr mit rotierender Flüssigkeit

Wie die Abb. 3.8, 3.9 und 1.9 zeigen, ist die Abnahme der Gesamtenergie der Strömung längs des Saugrohres in der Mitte desselben größer als an der Rohrwand, so daß man in der Mitte größere Durchflußgeschwindigkeiten zu erwarten hat. Die Differenz der Geschwindigkeiten wird mit abnehmendem Durchsatz stärker hervortreten, weil dann auch durch Zähigkeitskräfte die Rotation der Flüssigkeit in der Drehrichtung des Laufrades unterstützt wird. Infolgedessen kann die Energie der Strömung in der Nähe der Wand beim Fortschreiten in Richtung der Gesamtströmung sogar zunehmen, wenn die Fördermenge sehr klein wird. Nach dem weiter oben Gesagten ist dies aber gleichbedeutend mit einer örtlichen Rückströmung in den äußeren Teilen des Laufradeintritts. Eine solche Rückströmung ist von mehreren Forschern beobachtet worden [*3*].

Beim Entwurf der Saugleitung von modernen Pumpen wird darauf geachtet, daß Vordrall weitgehend vermieden wird. Die Flüssigkeit hat dann zwar weniger Zeit und Raum, sich bei zu großen oder zu kleinen Fördermengen von selbst der stoßfreien Anströmrichtung zu nähern, doch ist das Gesamtverhalten günstiger.

3.6. Diskussion der Eulerschen Charakteristik und der Eulerschen Geschwindigkeitsdreiecke

a) Beziehung zwischen Förderhöhe und Fördermenge. Wenn die Strömung ohne Vordrall eintritt, stellt die EULERsche Gl. (3.8) eine Gerade im H—Q-Diagramm dar, die die Ordinate bei $H_e = u_2^2/g$ und die Abszisse bei $Q_{\max} = f_2 u_2 \operatorname{tg} \beta_2$ schneidet. Dabei ist f_2 die Austrittsfläche senkrecht auf der Meridiangeschwindigkeit c_{m2}, also für eine gegebene Pumpe eine konstante Größe. Abb. 3.10a zeigt die dimensionslose Darstellung der H—Q-Linien, die für alle Pumpen mit gleichem Austrittswinkel β_2 beliebiger spezifischer Drehzahl die gleiche ist.

Die spezifische Drehzahl ist hier als eine den Typ einer Pumpe charakterisierende Größe aufzufassen. Sie ist für den Punkt der geringsten hydraulischen Verluste definiert. Alle Punkte, die bei verschiedenen spezifischen Drehzahlen n_{q1}, n_{q2}, n_{q3} dem besten hydraulischen Wirkungsgrad entsprechen, liegen auf der Linie BA, wobei die spezifischen Drehzahlen von B nach A zunehmen. Abb. 3.10b zeigt die zugehörigen EULERschen Austrittsdreiecke OCB, ODB, OEB von Pumpen mit verschieden großen Fördermengen und entsprechenden spezifischen Drehzahlen für den jeweiligen Punkt besten Wirkungsgrades. Jeder Punkt auf der Geraden AB ist einer spezifischen Drehzahl zugeordnet, die alle charakteristischen Laufradgrößen festlegt.

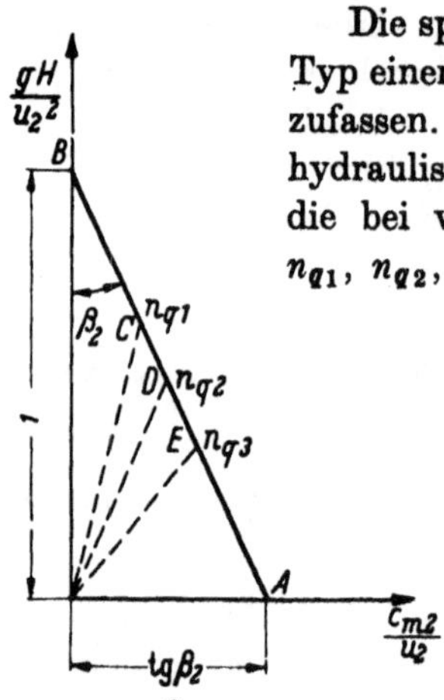

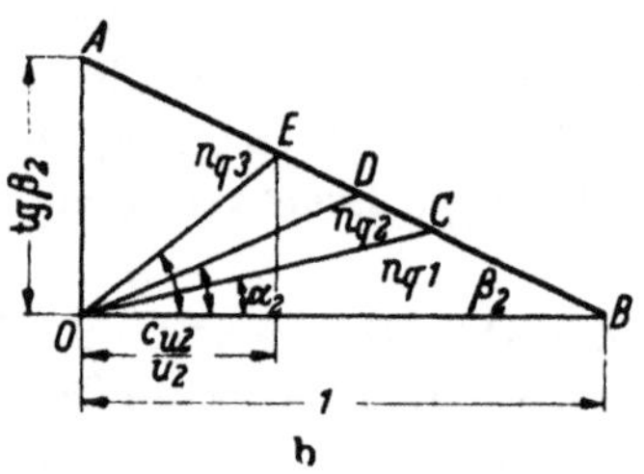

Abb. 3.10.
a) Dimensionslose EULERsche H—Q-Linie, b) Dimensionslose EULERsche Austrittsdreiecke

b) Dimensionslose Darstellung. Die folgenden Beziehungen zeigen, daß Geschwindigkeitsdreieck und H—Q-Linie in der in den Abb. 3.10a und b dargestellten dimensionslosen Form identisch sind. Die Förderhöhe (Abb. 3.10a) wird ausgedrückt durch ihr Verhältnis zur Förderhöhe ohne Durchsatz, den Koeffizienten der Förderhöhe

$$\Psi_e = \frac{H_e}{u_2^2/g} = \frac{u_2 c_{u2} g}{g u_2^2} = \frac{c_{u2}}{u_2} \tag{3.17}$$

Zeichnet man die Geschwindigkeitsdreiecke wie in Abb. 3.10b so, daß die Geschwindigkeiten auf die Umfangsgeschwindigkeit u_2 bezogen sind, dann erhält man auf der Abszisse (Umfangskomponenten) zu den Punkten C, D, E die jeweiligen Verhältnisse c_{u2}/u_2, die dem in Abb. 3.10a auf der Ordinate abgetragenen Koeffizienten Ψ_e gleich sind. Ebenso ist im Geschwindigkeitsdreieck die Meridiangeschwindigkeit auf die Umfangsgeschwindigkeit bezogen, so daß man den Koeffizienten der Fördermenge

$$\Phi_e = \frac{c_{m2}}{u_2} \tag{3.18}$$

erhält, der sich aus Beziehung (3.8) auch als die die dimensionslose Förderhöhe bei festem Winkel β_2 bestimmende Größe, also die Abszisse von Abb. 3.10a ergibt.

Die bezogene Umfangskomponente und damit auch der Koeffizient der Förderhöhe hat bei Förderung $Q = 0$ den Größtwert

$$\Psi_{e\,\max} = 1\,. \tag{3.19}$$

Der Größtwert der bezogenen Meridiangeschwindigkeit und damit des Durchsatzkoeffizienten beträgt

$$\Phi_{e\,\max} = \operatorname{tg}\beta_2\,. \tag{3.20}$$

Durch Wahl geeigneter Maßstäbe bzw. bei dimensionsloser Darstellung sind das EULERsche H—Q-Diagramm und die Geschwindigkeitsdreiecke identisch. Dies ist eine wichtige Eigenschaft, weil manche Erscheinungen, die an dem einen Diagramm nicht so deutlich hervortreten, an dem anderen besser gezeigt werden können und umgekehrt.

c) Schaufelwirkungsgrad. Wie bereits erwähnt, sind infolge der unvollständigen Ablenkung der Strömung durch die Schaufeln die theoretische Förderhöhe und das Moment der verlustlos arbeitenden Pumpe kleiner als die den EULERschen Dreiecken entsprechenden Größen. Die dem hydraulischen, d. h. dem auf die Schaufeln ausgeübten Moment der verlustlos arbeitenden Pumpe entsprechende Förderhöhe für einen festen Austrittswinkel β_2 ist durch die Linie DA in Abb. 3.11a dargestellt. Die Linien für die EULERsche und für die hydraulische Förderhöhe schneiden sich im Punkte größten Durchsatzes bei Förderhöhe $H = O$. Jedenfalls wird diese Annahme von mehreren Autoren gemacht [*4*].

Die Richtung der Geraden DA kann festgelegt werden, wenn ein Punkt bekannt ist. Dieser Punkt kann beispielsweise abgeschätzt werden, indem man den Wirkungsgrad einer bestehenden Pumpe einer beliebigen spezifischen Drehzahl im Punkt der geringsten Verluste annimmt oder ausrechnet. Daraus und aus dem zugehörigen Punkt der wirklichen H—Q-Linie ergibt sich ein Punkt auf der Geraden DA und damit diese selbst. Diese Gerade stellt nicht nur die verlustlose H—Q-Linie der betreffenden Pumpe, sondern — in dimensionsloser Form aufgetragen — auch die Charakteristik aller Pumpen mit gleichem Austrittswinkel β_2 dar.

Das Verhältnis der Ordinaten in Abb. 3.11a bei einer beliebigen Fördermenge wird als der Schaufelwirkungsgrad $e_{sch} = DO/BO$ bezeichnet. Abb. 3.11b zeigt das EULERsche Geschwindigkeitsdreieck in der gleichen Größe wie die Darstellung in Abb. 3.11a. Durch Übertragung des Punktes D von (a) nach (b) erhält man die Linie DA als geometrischen Ort der Endpunkte C' aller vom Punkt O aus zu ziehenden Linien für die Absolutgeschwindigkeit c_2. Die so entstehenden Geschwindigkeiten sind die wirklichen Austrittsgeschwindigkeiten im Gegensatz zu den den Schaufelwinkeln entsprechenden EULERschen Geschwindigkeiten. Der Schaufelwirkungsgrad, der, wie bereits gesagt, keine Verluste, sondern eine Minderleistung kennzeichnet, beträgt

$$e_{sch} = \frac{H_M}{H_e} = \frac{c'_{u2}}{c_{u2}}. \tag{3.21}$$

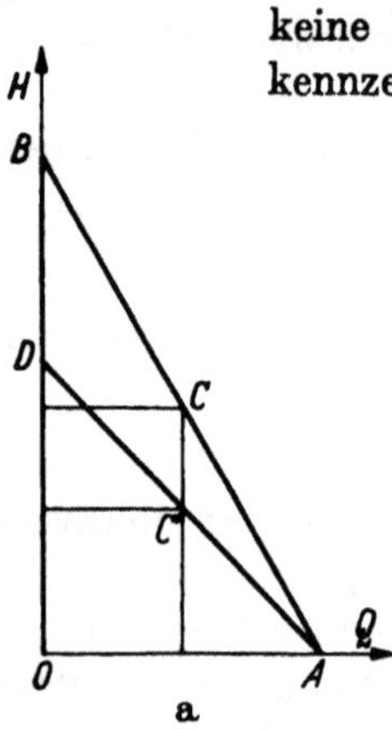

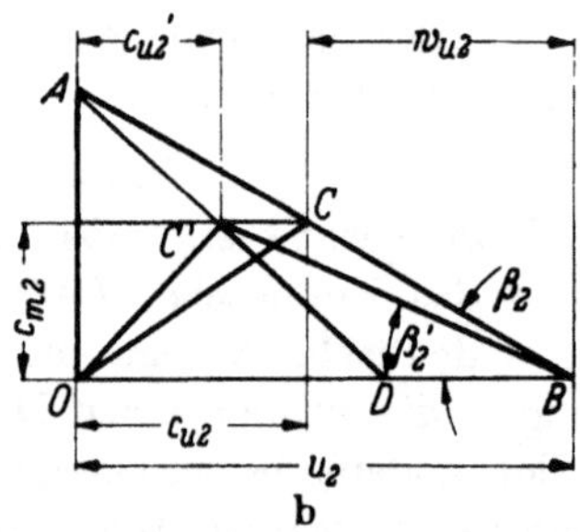

Abb. 3.11. a) EULERsche und hydraulische Förderhöhe über der Fördermenge, b) EULERsche Dreiecke und Strömungsdreiecke

Er ist konstant für beliebige Fördermengen und für Pumpen aller spezifischen Drehzahlen, die nach einem einheitlichen Prinzip konstruiert sind.

3.7. Strömung durch das Laufrad

Die Gründe, warum die Schaufeln nicht die der EULERschen Förderhöhe entsprechende Energie auf die Strömung übertragen können bzw. warum diese nicht vollständig abgelenkt wird, können aus den folgenden Betrachtungen entnommen werden.

a) Druckverteilung. Wenn über die Schaufeln Leistung an die Flüssigkeit übertragen werden soll, muß der Druck p_D auf der Vorderseite der Schaufel, der Druckseite, größer sein als der Druck p_S auf der Rückseite oder Saugseite (Abb. 3.12). Jeder Kraft von der Schaufel auf die Flüssigkeit entspricht eine entgegengesetzt gerichtete Reaktionskraft von der Flüssigkeit auf die Schaufel, die nur durch die Differenz der Druckkräfte auf dieselbe gegeben sein kann. Die direkte Folge einer derartigen

Druckverteilung ist die, daß die Relativgeschwindigkeiten nahe der Schaufelrückseite höher als nahe der Vorderseite sind. Die Geschwindigkeitsdreiecke zeigen, daß mit wachsender Relativgeschwindigkeit bzw. Meridiangeschwindigkeit bei gleichem Strömungswinkel die Förderhöhe abnimmt. Den verschiedenen Geschwindigkeiten im Kanal nach Abb. 3.12 entsprechen also verschiedene Förderhöhen, deren Mittelwert unter der mit der mittleren Geschwindigkeit gebildeten Förderhöhe liegt, wie weiter unten in diesem Kapitel gezeigt wird.

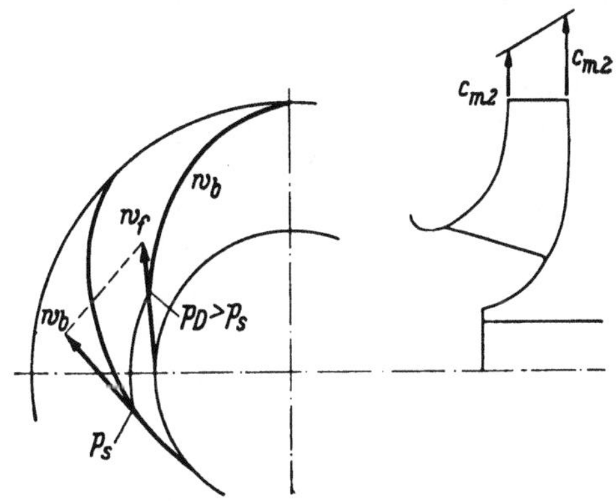

Abb. 3.12. Geschwindigkeitsverteilung im Laufradkanal

b) Geschwindigkeitsverteilung. Ein weiterer Grund für Geschwindigkeitsunterschiede, die sogar in idealer Strömung auftreten, ist die Auswirkung der Umlenkung vom Pumpeneintritt in das Schaufelrad. Bei radialen und halbaxialen Rädern muß die Flüssigkeit um fast 90° von der axialen in die radiale Richtung umgelenkt werden. In Kap. 1 wurde die Wirkung einer Umlenkung erörtert. Die hier auftretende Verteilung der Meridiangeschwindigkeit (Abb. 3.12) resultiert auch wieder in einer geringeren Förderhöhe als die mit dem Mittelwert errechnete.

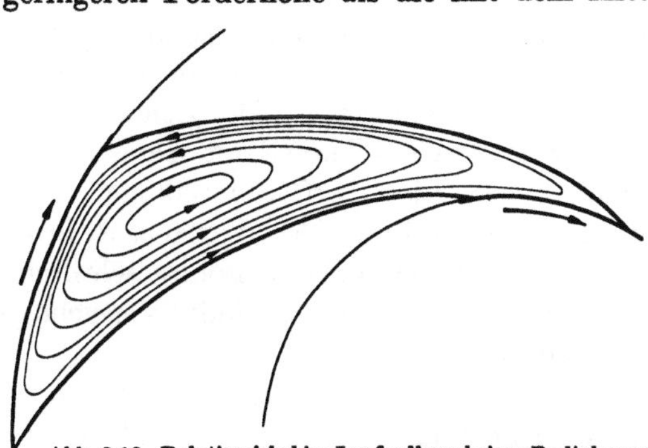
Abb. 3.13. Relativwirbel im Laufradkanal einer Radialpumpe

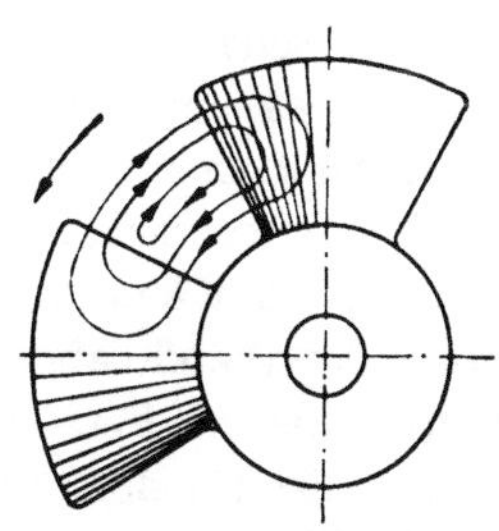
Abb. 3.14. Relativwirbel im Laufradkanal einer Axialpumpe

c) Relativdrehung. Die Verteilung der Relativgeschwindigkeit in dem Kanal eines Laufrades wird durch den sogenannten Relativwirbel beeinflußt, der bei der idealen Flüssigkeit dadurch entsteht, daß diese absolut gesehen drehungsfrei bleibt, daß sie also relativ zum Kanal eine Drehung haben muß, deren Winkelgeschwindigkeit derjenigen des Rades entgegengesetzt gleich ist. Die Abb. 3.13 und 3.14 zeigen den Relativwirbel, der sich der Relativströmung überlagert, für je einen Kanal der Radial- und der Axialpumpe.

Abb. 3.15 veranschaulicht den Vorgang an einem einfachen Modell. Eine Kugel, die durch einen Pfeil *AB* markiert ist, wird reibungsfrei auf einer rotierenden Unterlage gehalten. In Stellung *1* zeigt der Pfeil radial nach außen; im Verlauf der Drehung behält er absolut gesehen infolge der Trägheit der Kugel seine Richtung bei. Nach einer halben Umdrehung der Unterlage zeigt der Pfeil nach innen, nach einer weiteren halben Umdrehung hat er wieder die gleiche Stellung zur Unterlage wie zu Beginn, jedoch hat er sich relativ zu dieser einmal gedreht. Das Teilchen, das reibungsfrei gelagert war, konnte ebenso wie die reibungsfreie Flüssigkeit, zwar eine Bewegung auf gekrümmter Bahn, jedoch keine Drehbewegung ausführen. Überlagert man den Relativwirbel der Relativgeschwindigkeit im Kanal einer Radialpumpe, so erhält man erhöhte Geschwindigkeit auf der Saugseite und entsprechend verringerte Geschwindigkeit auf der Druckseite der Schaufel. Am Austritt erhält man eine tangentiale Komponente in entgegengesetzter Richtung von c_{u2} (Abb. 3.16). Dadurch ergibt sich eine Verringerung der Förderhöhe und des aufgenommenen Momentes.

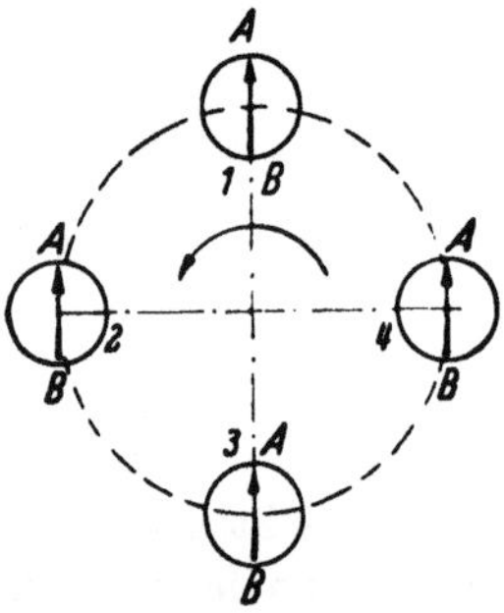

Abb. 3.15. Relativbewegung der Teilchen entgegengesetzt der Laufraddrehung

Offensichtlich ist der Relativwirbel um so weniger wirksam, je größer die Schaufelzahl ist. Die Förderhöhe und das Moment steigen mit der Schaufelzahl. Ebenso ist zu erwarten, daß er in einem schmalen Rad schwächer ausgeprägt ist als in einem breiten. Bei gleichem Laufraddurchmesser ist also die Förderhöhe einer Pumpe mit schmalem Rad (kleiner spezifischer Drehzahl) höher. Die Oberflächenreibung an den Scheiben hat eine deutlich spürbare Wirkung. Der Wirbel wird in der Nähe der Wände abgeschwächt, so daß hier höhere Absolutgeschwindigkeiten als in der Hauptströmung auftreten. Spezielle Versuche [*5*] haben dies für den Austritt bestätigt.

d) Wirklicher Austrittswinkel. Wie Abb. 3.16 zeigt, äußert sich der Relativwirbel der Strömung im Kanal darin, daß der tatsächliche Austrittswinkel β_2' kleiner ist als der Schaufelwinkel β_2, während der Eintrittswinkel β_1' größer als der Schaufelwinkel β_1 ist. Mit einer endlichen Zahl von Schaufeln kann nur Leistung auf die Flüssigkeit übertragen werden, wenn eine Differenz zwischen Schaufelwinkel und Strömungswinkel besteht. Ganz allgemein kann von einem bewegten Körper nur dann eine Kraft auf eine stationäre Strömung ausgeübt werden, wenn sich der Körper schneller als die Strömung bewegt.

e) Nicht aktive Zonen der Schaufel. Sowohl in wirklichen wie idealisierten Pumpen verschwindet die Druckdifferenz zwischen Vorder- und Rückseite der Schaufel am Ende derselben, wo sich die beiden Ströme aus zwei angrenzenden Kanälen wieder vereinigen. Das bedeutet, daß nicht alle Teile der Schaufel gleichmäßig wirksam sind; denn wenn an den Schaufelenden keine Druckdifferenz besteht, wird dort auch keine Leistung übertragen.

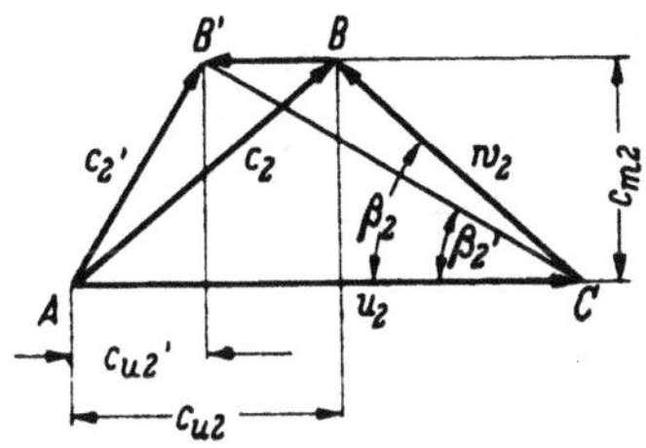

Abb. 3.16. Austrittsdreieck

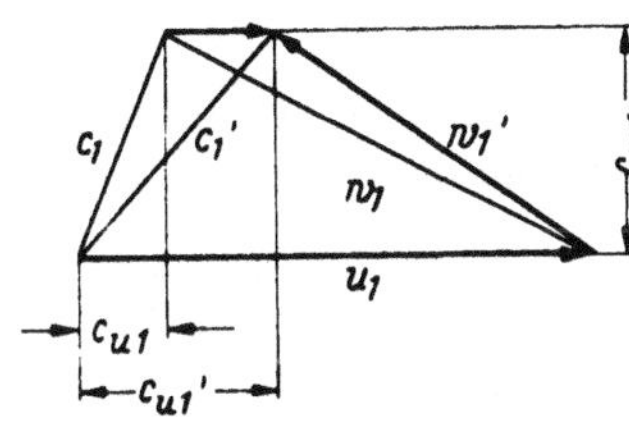

Abb. 3.17. Eintrittsdreieck

Will man zur Vermeidung von Umströmung der Kanten die Schaufelenden entlasten, so muß man den Schaufelwinkel β_2 verkleinern. In der Praxis hat es sich als günstig erwiesen, zu diesem Zwecke die Schaufelenden auf der Rückseite abzuschrägen.

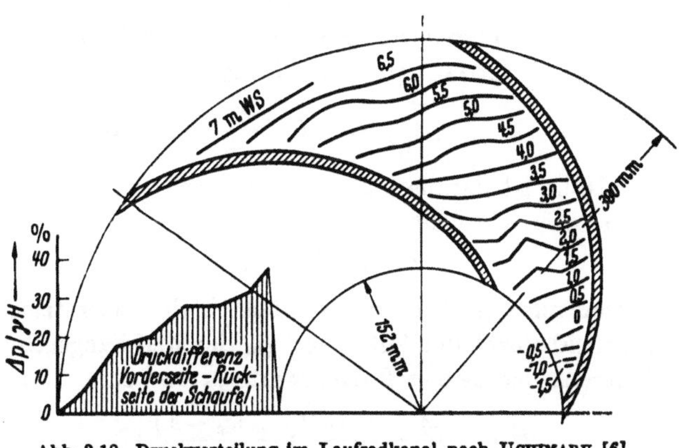

Abb. 3.18. Druckverteilung im Laufradkanal nach UCHIMARU [6]. $Q = 20$ l/s, $H = 8{,}7$ m, $n = 700$ U/min, Auslegemenge $Q^* = 25$ l/s

Die von UCHIMARU [6] gemessene Druckverteilung zeigt, daß die Druckdifferenz auf den beiden Seiten der Schaufel in der Nähe des Eintritts ein Maximum hat und daß sie nach außen bis auf den Wert Null absinkt (Abb. 3.18). Eine derartige Druckverteilung hat keine zusätzlichen Verluste zur Folge. Sie zeigt, daß die Schaufeln nur einen begrenzten Betrag an Leistung übertragen können, die kleiner ist als die durch die EULERsche Gleichung angegebene.

f) Theoretische Förderhöhe mit ungleichmäßiger Meridiangeschwindigkeit. Es wurde gezeigt, daß in einer verlustlos arbeitenden Maschine die Geschwindigkeit nicht im ganzen Kanalquerschnitt gleich ist. Die unter dieser Bedingung erzielte theoretische Förderhöhe H_{th} ist niedriger als die mit einer mittleren Geschwindigkeit errechnete.

Mit der Annahne einer linearen Verteilung der Meridiangeschwindigkeit nach Abb. 3.19 erhält man $c = c_1 + ax$, $a = (c_2 - c_1)/b_2$ und

$$H_{th} = \frac{u_2 c_{u2}}{g} = \frac{u_2}{g}\left(u_2 - \frac{c}{\operatorname{tg}\beta_2}\right) = \frac{u_2^2}{g} - \frac{u_2 c}{g \operatorname{tg}\beta_2}. \qquad (3.22)$$

Die Fördermenge, die durch ein Element der Breite dx aus dem Laufrad austritt, ist

$$dQ = c\pi D_2\, dx. \qquad (3.23)$$

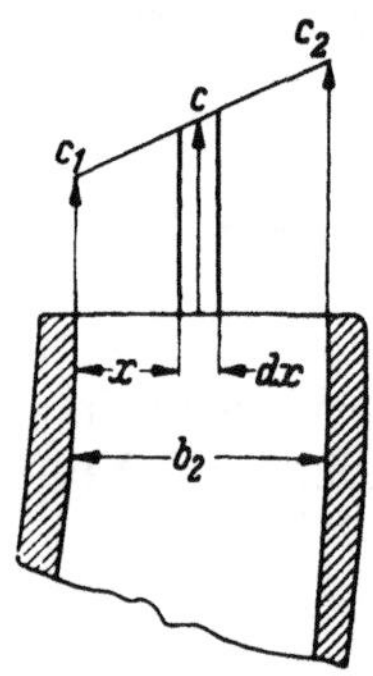

Abb. 3.19. Geschwindigkeitsverteilung am Laufradaustritt

Die Energie dieser Flüssigkeit beträgt

$$dL = \gamma H_{th}\, dQ = \gamma H_{th}\, c\pi D_2\, dx. \qquad (3.24)$$

Durch Einsetzen von H_{th} aus 3.22 ergibt sich

$$dL = \left(\frac{u_2^2}{g} - \frac{u_2 c}{g \operatorname{tg}\beta_2}\right)\gamma\pi D_2\, c\, dx. \qquad (3.25)$$

Zur Abkürzung werden die Konstanten

$$\frac{u_2^2}{g} = A, \quad \frac{u_2}{g \operatorname{tg}\beta_2} = B, \quad \gamma\pi D_2 = C$$

eingeführt. Die Leistung erhält man durch Einsetzen von c und Integrieren von 0 bis b_2 zu

$$L = CA\frac{c_2^2 - c_1^2}{2a} - CB\frac{c_2^3 - c_1^3}{3a} \qquad (3.26)$$

Die mittlere Höhe ist definiert als der Quotient aus der Leistung und dem durchgesetzten Gewicht

$$Q\gamma = C b_2 c_m. \qquad (3.27)$$

Nach Einsetzen aller Größen wird schließlich die theoretische Förderhöhe, ausgedrückt durch den Mittelwert c_m der Meridiangeschwindigkeit und die Differenz der beiden Extremwerte c_2 und c_1:

$$H_{th} = \frac{u_2^2}{g} - \frac{u_2 c_m}{g \operatorname{tg}\beta_2}\left(1 + \frac{(c_2 - c_1)^2}{12 c_m^2}\right). \qquad (3.28)$$

Ein Vergleich mit Gl. (3.22) zeigt, daß die tatsächlich mittlere Höhe Gl. (3.28) kleiner ist als die mit der mittleren Geschwindigkeit c_m ausgerechnete Höhe.

Der Unterschied ist um so größer, je größer die Differenz der beiden Meridiangeschwindigkeiten c_2 und c_1 ist. Die Auswirkung der ungleichmäßigen Radialgeschwindigkeit auf die Förderhöhe ist rein qualitativ zu verstehen, wenn man bedenkt, daß an Stellen größerer Geschwindigkeit einerseits mehr Menge durchgesetzt wird, andererseits aber die

Förderhöhe nach Gl. (3.22) geringer ist. Bei der Mittelwertbildung über die Teilmengen erhält man dann eine geringere Höhe als ohne Berücksichtigung der „Wertigkeit" der einzelnen Teilströme.

Aus Gl. (3.28) ist ersichtlich, daß der Einfluß des Korrekturgliedes auf die Förderhöhe bei gleichem Verhältnis von der Differenz der Extremgeschwindigkeiten zum Mittelwert von der Größe des zweiten Ausdruckes $u_2 c_m/g \operatorname{tg}\beta_2$ im Vergleich zum ersten abhängt. Bei üblichen Konstruktionen ist der zweite Term im Falle hoher spezifischer Drehzahlen verhältnismäßig groß, daher ist in solchen Rädern der Korrekturfaktor von größerer Bedeutung als bei kleiner spezifischer Drehzahl. Dazu kommt, daß der Faktor selbst im Falle breiter Räder verhältnismäßig groß wird, weil die Geschwindigkeitsunterschiede wegen der Kürze des Stromfadens und der großen Breite des Kanals erheblich sind. Auch dies trägt zu der größeren Diskrepanz zwischen der theoretischen und der tatsächlich erreichten Förderhöhe bei Pumpen hoher spezifischer Drehzahl bei.

Gl. (3.28) gilt in dieser Form nur für die lineare Verteilung. Für andere Funktionen ergeben sich andere Verhältnisse, jedoch sind die Ergebnisse der Tendenz nach gleich.

Literatur

[1] Schmidt, H. F.: Some Screw Propeller Experiments. J. Amer. Soc. nav. Engrs. Bd. XL (Febr. 1928) S. 16.

[2] Stewart, C. B.: Investigation of Centrifugal Pumps. Univ. of Wisc. (Sept. 1909) H. 318, S. 119.

[3] Fischer, K.: Untersuchung der Strömung in einer Zentrifugalpumpe. Mitt. Hydr. Inst. Techn. Hochschule München H. 4, S. 13. Berlin: Oldenbourg.

[4] Lichtenstein, J.: Method of Analyzing the Performance Curves of Centrifugal Pumps. Trans. A.S.M.E. Bd. 50 (1928) Nr. 3, S. 3.

[5] Binder, R. C., u. R. T. Knapp: Experimental Determination of the Flow Characteristics in the Volutes of Centrifugal Pumps. Trans. A.S.M.E. Bd. 58 (Nov. 1936) Nr. 8, S. 649.

[6] Uchimaru, S.: Experimental Research on the Distribution of Water Pressure in a Centrifugal Pump Impeller. J. Faculty Eng. Tokyo Imp. Univ. Bd. XVI (1925) Nr. 6.

[7] Stepanoff, A. J.: Turboblowers Theory, Design, and Application of Centrifugal and Axial Flow Compressors and Fans. New York: John Wiley & Sons, Inc. 1955.

4. Eulersche Förderhöhe und Wirbel

4.1. Radialrad

Die Strömung durch das Laufrad kann in zwei Komponenten zerlegt werden; eine Kreisströmung um die Achse, hervorgerufen durch den vom Laufrad ausgehenden Drehimpuls und eine Durchfluß- oder Meridiankomponente, die man sich wieder durch das Energiegefälle in Richtung der Strömung verursacht denken kann. Die Umfangskomponente bildet einen Wirbel. Die Art des entstehenden Wirbels hängt von der Geschwindigkeits- und Druckverteilung ab und kann aus der EULERschen Gleichung abgeleitet werden. Für den einfachsten Fall des reinen Radialrades mit drehungsfreier Zuströmung ist

$$H_e = \frac{u_2\,c_{u\,2}}{g} = \frac{u_2^2}{g} - \frac{u_2\,c_{m\,2}}{g\,\mathrm{tg}\beta} = \frac{u_2^2}{g} - \frac{u_2\,w_{u\,2}}{g}. \qquad (4.1)$$

Beziehung (4.1) enthält nur Umfangskomponenten; das bedeutet, daß die Förderhöhe nur durch Drehbewegung in Ebenen senkrecht zur Achse erzeugt wird. Es wird gezeigt, daß dies für alle Formen, auch für die reine Axialmaschine zutrifft.

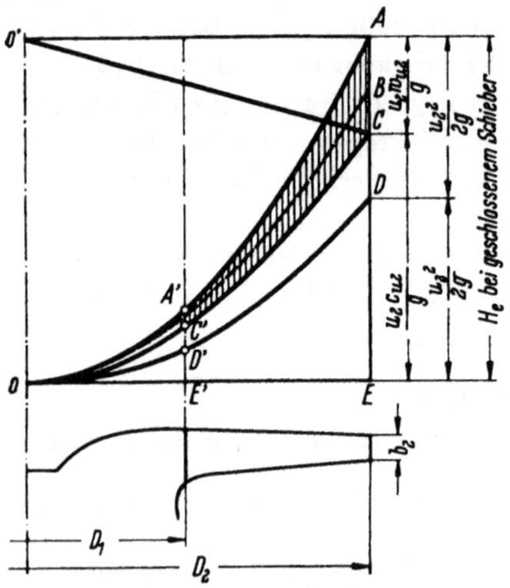

Abb. 4.1. EULERsche Förderhöhe über dem Radius

Ist keine Durchströmung vorhanden, so erhält man für die EULERsche Förderhöhe

$$H_{e0} = \frac{u_2^2}{g} = 2\,\frac{u_2^2}{2g}; \qquad (4.2)$$

die Gesamtdruckhöhe an einem beliebigen Radius r ist dann

$$H_0 = 2\,\frac{u^2}{2g}. \qquad (4.2\,\mathrm{a})$$

wenn mit u die Umfangsgeschwindigkeit an diesem Radius bezeichnet wird. Die Höhe H_0 besteht je zur Hälfte aus einem statischen und einem kinetischen Anteil. Eine derartige Geschwindigkeits- und Druckverteilung ist die eines erzwungenen Wirbels und wird in Abb. 4.1 durch die Kurve OA dargestellt.

Findet eine Durchströmung statt, so verringert sich der genannte Ausdruck um den Betrag $u_2 w_{u\,2}/g$, wenn — wie fast immer — Räder mit rückwärts gerichteten Schaufeln benutzt werden. Dabei ist $w_{u\,2}$ proportional dem Durchsatz. Der Förderhöhe mit Durchflußströmung entspricht die Kurve OC in Abb. 4.1. Da sich in einem Radialrad Relativgeschwindigkeit und Schaufelwinkel nur wenig mit dem Radius ändern, wird sich die Relativgeschwindigkeit w_u ebenfalls nur wenig ändern. Ist w_u konstant, dann wächst die Höhenabnahme $u w_u/g$ proportional mit dem Radius r. Abb. 4.1 ist für den allgemeinen Fall der Einbeziehung von Vordrall entworfen. Die Punkte A', C', D', E' stellen die Verhältnisse am Eintritt dar. Ist kein Vordrall vorhanden, dann fallen alle vier Punkte zusammen auf die Abszisse. Die Höhendifferenz $u_2 w_{u\,2}/g$ kann man sich als Folge einer Turbinenrückwirkung der Strömung vorstellen (Abb. 4.2). Wird eine ebenso wie die Pumpe gebaute Turbine an der Nabe mit der Druckhöhe $u_2 w_{u\,2}/g$ beaufschlagt und von innen nach außen durchströmt, so ist auch die Wirkung die gleiche wie bei der Pumpe. Da das Turbinenmoment das Pumpenmoment entlastet, ist das von der Pumpe aufgenommene Gesamtmoment entsprechend der Höhenabnahme $u_2 w_{u\,2}/g$ kleiner als das zur Förderhöhe H_0 gehörige Moment.

Die Turbinenreaktion des Pumpenrades ist analog der Ankerrückwirkung eines Gleichstromgenerators. Abb. 4.3 zeigt die Beziehung zwischen der Spannung E, die der Förderhöhe entspricht, und dem Strom I, der an Stelle der Fördermenge steht. Grundsätzlich verläuft die E—I-Kurve eines Gleichstromgenerators ähnlich wie die H—Q-Linie einer Pumpe. Dem Spannungsabfall durch Ankerrückwirkung entspricht die bereits behandelte Abnahme der Förderhöhe mit zunehmender Fördermenge. (Beide Erscheinungen können vermieden werden; bei der Pumpe durch radiale oder vorwärts gerichtete Schaufeln, eine Bauweise, die jedoch andere wesentliche Nachteile aufweist, beim Generator durch die sogenannte Gegenkompoundierung.)

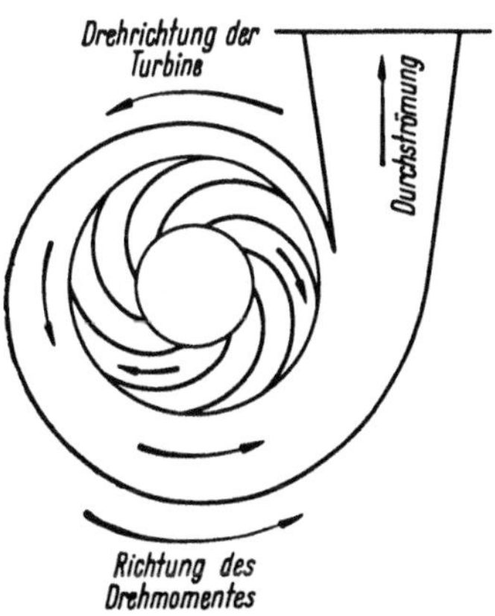

Abb. 4.2. Turbinenrückwirkung der Strömung im Pumpenrad

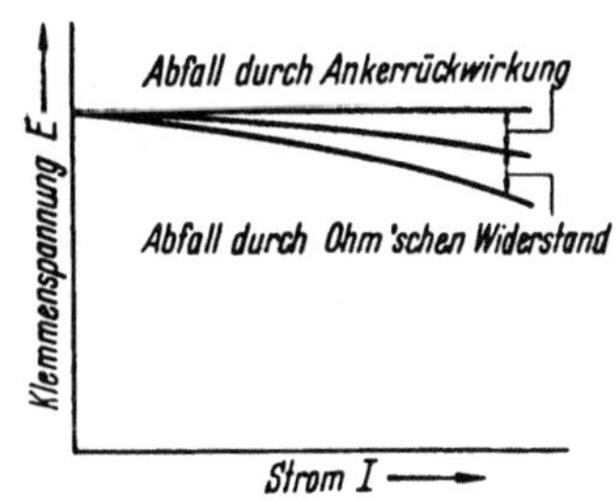

Abb. 4.3. Spannung eines Gleichstromgenerators über dem Strom

Beziehung (4.1) kann auch in der Form der Beziehung (4.3) geschrieben werden,

$$\frac{u_2^2}{g} = \frac{u_2 c_{u\,2}}{g} + \frac{u_2 w_{u\,2}}{g}, \qquad (4.3)$$

$$= \text{Pumpenwirkung} + \text{Turbinenwirkung}$$

wobei die Ähnlichkeit der algebraischen Ausdrücke auf der rechten Seite von (4.3) auffällt.

Bezieht man Vordrall mit ein, so entsteht aus der Eulerschen Gleichung

$$H_e = \frac{u_2 c_{u\,2}}{g} - \frac{u_1 c_{u\,1}}{g} = \frac{u_2^2}{g} - \frac{u_2 w_{u\,2}}{g} - \frac{u_1 c_{u\,1}}{g}$$

der Ausdruck

$$\frac{u_2^2}{g} = \left(\frac{u_2 c_{u2}}{g} - \frac{u_1 c_{u1}}{g}\right) + \left(\frac{u_2 w_{u2}}{g} + \frac{u_1 c_{u1}}{g}\right) \tag{4.4}$$

= Pumpenwirkung + Turbinenrückwirkung,

der in Abb. 4.4 für konstanten relativen Eintrittswinkel β_1 dargestellt ist.

An Hand der EULERschen Gleichung in der erweiterten Form

$$H_e = \frac{u_2^2 - u_1^2}{2g} + \frac{c_2^2 - c_1^2}{2g} + \frac{w_1^2 - w_2^2}{2g} \tag{4.5}$$

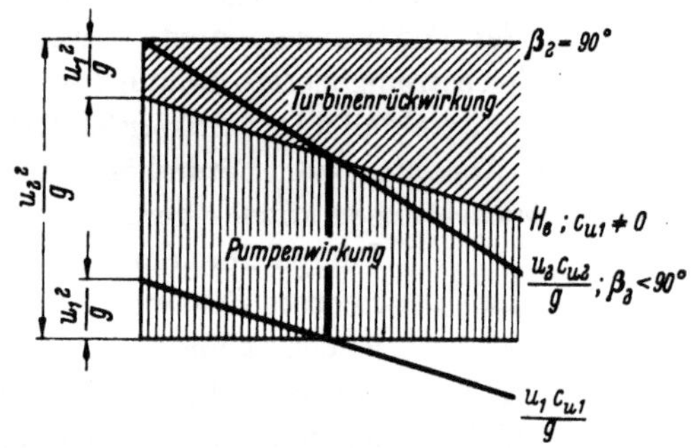

Abb. 4.4. Pumpen- und Turbinenrückwirkung bei Vordrall

kann die Förderhöhe als Folge von drei Wirbelkomponenten angesehen werden. Durch die geometrischen Umformungen

$$c_1^2 = c_{u1}^2 + c_{m1}^2\,, \qquad w_1^2 = w_{u1}^2 + c_{m1}^2\,,$$
$$c_2^2 = c_{u2}^2 + c_{m2}^2\,, \qquad w_2^2 = w_{u2}^2 + c_{m2}^2$$

ergibt sich aus Gl. (4.5)

$$H_e = \frac{u_2^2 - u_1^2}{2g} + \frac{c_{u2}^2 - c_{u1}^2}{2g} + \frac{w_{u1}^2 - w_{u2}^2}{2g}\,. \tag{4.6}$$

Es erscheinen wieder nur Umfangskomponenten, während die Meridiankomponenten, die im allgemeinen Fall an Austritt und Eintritt nicht gleich zu sein brauchen, verschwinden. Bei drallfreier Zuströmung, also $c_{u1} = 0$ bzw. $w_{u1} = u_1$, vereinfacht sich Gl. (4.6) zu Gl. (4.7)

$$H_e = \frac{u_2^2}{2g} + \frac{c_{u2}^2}{2g} - \frac{w_{u2}^2}{2g}\,. \tag{4.7}$$

Geht die Fördermenge gegen null, so wird auch w_{u2} null, und c_{u2} nähert sich u_2, so daß im Grenzfall

$$H_{e0} = \frac{u_2^2}{g} = \frac{u_2^2}{2g} + \frac{c_u^2}{2g}\,. \tag{4.7a}$$

Diese Beziehung zeigt, daß bei Fördermenge null die gesamte Druckhöhe je zur Hälfte aus statischer und kinetischer Energie besteht. Wird die Förderhöhe null, also bei $c_{u2} = 0$ und $w_{u2} = u_2$,

$$H_e = \frac{u_2^2}{2g} - \frac{w_{u2}^2}{2g} = 0, \tag{4.7b}$$

dann verläuft die Strömung meridional, es wird weder Druckhöhe noch ein Wirbel erzeugt.

4.2. Axialrad

Bei einer Axialpumpe verlassen die Flüssigkeitsteilchen das Laufrad am selben Radius, an dem sie in das Rad eingetreten sind. Die Umfangsgeschwindigkeit ist also am Austritt und Eintritt gleich. Die Beziehung (4.6) vereinfacht sich damit zu

$$H_e = \frac{c_{u2}^2 - c_{u1}^2}{2g} + \frac{w_{u1}^2 - w_{u2}^2}{2g}. \tag{4.8}$$

Bei drallfreier Zuströmung erhält man

$$H_e = \frac{u_2^2}{2g} + \frac{c_{u2}^2}{2g} - \frac{w_{u2}^2}{2g} \tag{4.9}$$

und durch Einsetzen von $c_{u2} = u_2 - w_{u2}$

$$H_e = \frac{u_2^2}{g} - \frac{u_2 w_{u2}}{g}, \tag{4.10}$$

ebenso wie bei der Radialpumpe.

Der wesentliche Unterschied zwischen Radial- und Axialmaschine ist der, daß beim Radialrad Geschwindigkeit und Druckhöhe auf der ganzen Austrittsfläche gleich sind, was beim Axialrad nicht der Fall ist. Es gibt hier verschiedene Möglichkeiten der Verteilung der Umfangskomponente und damit der Druckhöhe längs des Radius. Die Durchtrittskomponente wird immer als unabhängig von diesem angenommen. Die beiden Möglichkeiten der Verteilung der Umfangskomponenten sind einmal der erzwungene Wirbel, eine Verteilung, bei der die Umfangskomponente dem Radius direkt, zum anderen der Potentialwirbel, bei dem dieselbe dem Radius umgekehrt proportional ist. Im ersten Falle steigt die Förderhöhe quadratisch mit demselben, im zweiten ist sie konstant. Beide Formen sind, ebenso wie alle dazwischenliegenden, stabil.

Abb. 4.5 zeigt den Verlauf der Förderhöhe über dem Radius für den erstgenannten Fall, daß die Flüssigkeit am Austritt mit konstanter Winkelgeschwindigkeit rotiert. Ebenso wie in Abb. 4.1 gibt Kurve AA' den Verlauf ohne Förderung, eine quadratische Parabel, wieder. Kurve CC' zeigt die Förderhöhe bei einer konstanten Menge, die Strecke AC ist die Abnahme der Förderhöhe bei Förderung. Weiter unten in diesem Kapitel wird gezeigt, daß sowohl u_2 wie w_{u2} in dem hier behandelten Fall linear mit dem Radius wachsen, so daß die die Höhendifferenz

$u_2 w_{u2}/g$ darstellende Kurve $O'C$ eine quadratische Parabel ist. Damit ist auch die Kurve $C'C$ eine Parabel.

Obwohl bei den beiden Pumpentypen, der Axialmaschine mit konstanter Winkelgeschwindigkeit der Strömung und der Radialmaschine, die Druckhöhe über dem Radius ähnlich verläuft, so besteht doch ein entscheidender Unterschied zwischen den beiden Typen. In dem Radialrad erreichen alle Flüssigkeitsteilchen die gleiche maximale Druckhöhe am größten Radius. Im Axialrad betreten und verlassen sie das Rad am jeweils gleichen Radius, wobei ihre Energiezunahme am Außenradius am größten und an der Nabe am kleinsten ist. Die gesamte Förderhöhe der Pumpe ist das integrale Mittel.

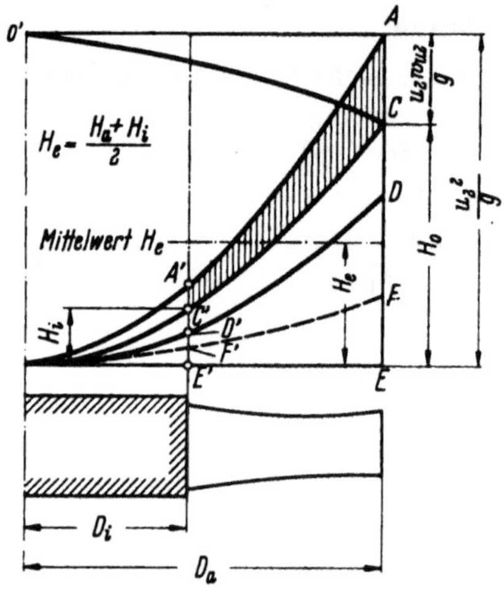

Abb. 4.5. EULERsche Förderhöhe im Axialrad. Konstante Winkelgeschwindigkeit der Strömung

Der Ausgleich der Höhe über die ganze Fläche erfolgt im Leitrad, in dem die tangentiale Komponente herausgenommen wird. Da keine Druckdifferenz quer zur Stromrichtung in der hinter dem Leitrad bestehenden Parallelströmung auftreten kann, andererseits die BERNOULLIsche Gleichung für die einzelne Stromlinie erfüllt sein muß, ist die Energie der Meridiangeschwindigkeit und damit diese selbst direkt hinter dem Leitrad außen größer als an der Nabe. Die Geschwindigkeitsunterschiede sind in einiger Entfernung ausgeglichen. An Gebläsen wurde durch Zugabe von Rauch und Funken gezeigt, daß keine Verwirbelung mit diesem Vorgang verbunden ist [*1*].

Tritt die Flüssigkeit bereits mit Vordrall in das Laufrad ein, dann muß von den genannten Größen ein ähnlich gebauter Ausdruck abgezogen werden. Die entsprechende Parabel konstanten relativen Eintrittswinkels ist die Linie FF' in Abb. 4.5. Die EULERsche Förderhöhe ist dann durch die Differenz der Kurven CC' und FF' gegeben und wächst ebenfalls quadratisch mit dem Radius.

4.3. Das Axialrad mit erzwungenem Wirbel

a) Ganghöhe. Theoretische Überlegungen und praktischer Entwurf von Axialpumpen basieren auf der Annahme konstanter Meridiangeschwindigkeit im Laufrad. Ebenso soll die Komponente vor und hinter dem Laufrad die gleiche sein wie in diesem selbst. Die Annahme trifft im wesentlichen zu, wie an Gebläsen festgestellt wurde. Um den Eintrittswinkel diesen Gegebenheiten anzupassen, muß die „Ganghöhe" der Tangente am Eintritt längs des Radius konstant sein. Diese ist definiert als $s_1 = 2\pi r \operatorname{tg}\beta_1$. (S. Abb. 4.6a.)

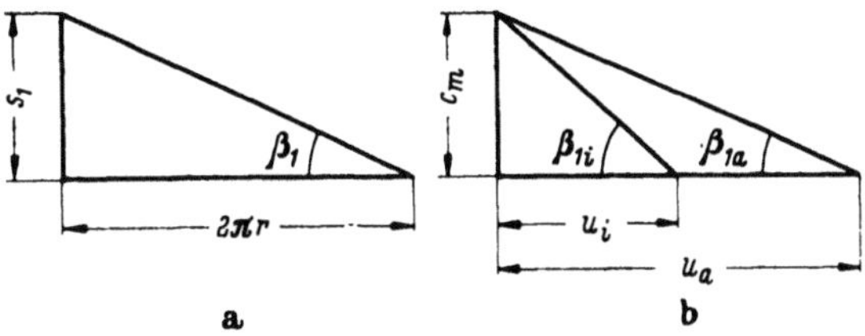

Abb. 4.6. a) Ganghöhe des Stromfadens am Eintritt, b) Geschwindigkeitsdreiecke am Eintritt

Die Beziehung zwischen der Ganghöhe und der Meridiangeschwindigkeit ergibt sich aus dem Geschwindigkeitsdreieck (Abb. 4.6b):

$$\frac{c_m}{u_a} = \operatorname{tg}\beta_{1a}\,; \qquad \frac{c_m}{u_i} = \operatorname{tg}\beta_{1i}\,; \tag{4.11}$$

$$u_a = n\,\pi\,d_a/60\,; \qquad u_i = n\,\pi\,d_i/60\,. \tag{4.12}$$

Mit

$$\operatorname{tg}\beta_{1a} = \frac{s_a}{\pi\,d_a}\,; \qquad \operatorname{tg}\beta_{1i} = \frac{s_i}{\pi\,d_i} \tag{4.13}$$

ergibt sich

$$c_m = s_{1i}\,n/60 = s_{1a}\cdot n/60 = s_1\,n/60 = s_1' \tag{4.14}$$

Die Ganghöhe der Eintrittstangente an die Schaufel, multipliziert mit der Drehzahl je Sekunde ist also gleich der Meridiangeschwindigkeit. Da diese unabhängig vom Radius ist, muß auch s_1 konstant sein. Abb. 4.7 zeigt die Verhältnisse bei Eintritt mit Vordrall für den Fall, daß die Ganghöhe über den Radius konstant ist. Der Wert s_1' ist größer als die Meridiangeschwindigkeit.

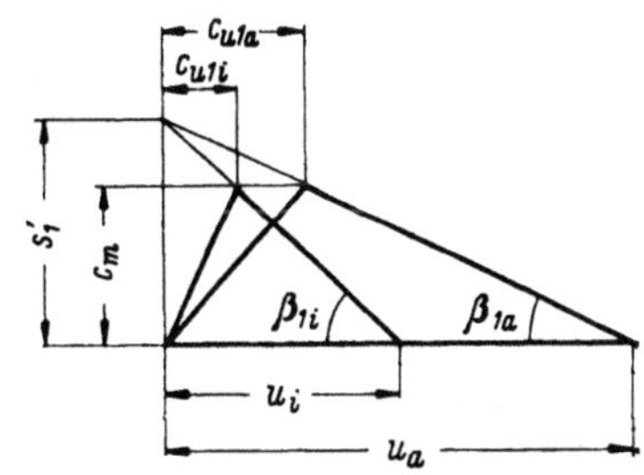

Abb. 4.7. Eintrittsdreiecke mit Vordrall

Will man das Verhältnis zwischen äußerer und innerer Förderhöhe bei verschiedenen Fördermengen, also verschiedenen Meridiangeschwindigkeiten konstant halten, dann muß man auch die Ganghöhe der Schaufelendtangente konstant halten (s. Abb. 4.8; 4.9), also

$$s_2 = 2\,\pi\,r_a \operatorname{tg}\beta_{2a} = 2\,\pi\,r_i \operatorname{tg}\beta_{2i} \tag{4.15}$$

und durch Multiplikation mit der Umdrehungszahl je Sekunde

$$s_2\,n/60 = u_a \operatorname{tg}\beta_{2a} = u_i \operatorname{tg}\beta_{2i} = s_2' \tag{4.16}$$

Unter den Größen s_1' und s_2' kann man sich die Geschwindigkeiten vorstellen, mit der eine Schraube der Ganghöhe s_1 bzw. s_2 steigt, wenn sie mit der Winkelgeschwindigkeit ω der Pumpenwelle rotiert. Diese Steiggeschwindigkeit ist am Eintritt gleich der Meridiangeschwindigkeit, am Austritt größer (Abb. 4.9).

Die Differenz $(s_1' - c_m)$ bzw. $(s_2' - c_m)$ wird gelegentlich als „axialer Schlupf" bezeichnet. Dieser Ausdruck ist aber irreführend, da ein Schlupf gewöhnlich mit einem Verlust verbunden ist, so daß man in diesem Falle an eine Einbuße an volumetrischem Wirkungsgrad denken könnte. Die hier behandelte Erscheinung hat jedoch nichts mit einem Verlust zu tun.

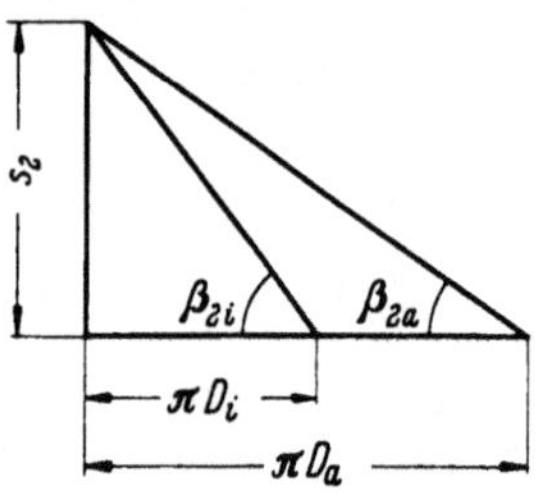

Abb. 4.8. Ganghöhe des Stromfadens am Austritt

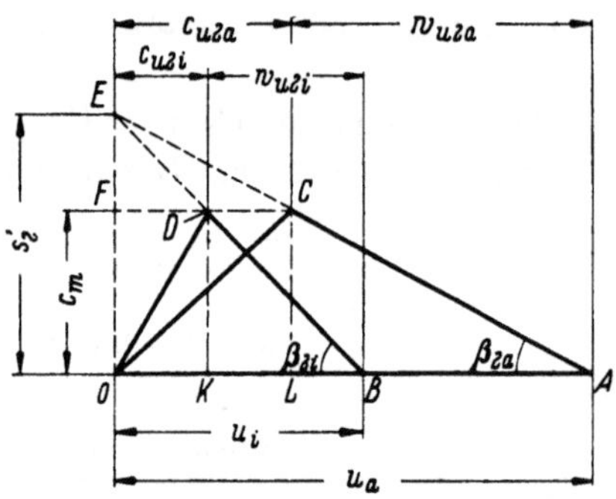

Abb. 4.9. Austrittsdreiecke innen und außen

b) Die Wirkungsweise. Konstante Ganghöhen s_2 und s_1 der Stromfäden an Eintritt und Austritt, wobei $s_2 > s_1$ ist, sind gleichbedeutend mit Rotation der Flüssigkeit wie ein erzwungener Wirbel. Unter der Voraussetzung drallfreier Zuströmung folgt aus der Betrachtung der beiden Paare ähnlicher Dreiecke *EOB—EFD* und *EOA—EFC* in Abb. 4.9, daß

$$\frac{c_{u2a}}{u_a} = \frac{c_{u2i}}{u_i} = \frac{s_2' - c_m}{s_2'} \tag{4.17}$$

und daraus

$$\frac{c_{u2a}}{r_a} = \frac{c_{u2i}}{r_i} = \omega' . \tag{4.18}$$

Dabei ist ω' die Winkelgeschwindigkeit der Absolutströmung hinter dem Laufrad. Sie ist konstant, das heißt, die Flüssigkeit rotiert wie ein erzwungener Wirbel.

Aus der Ähnlichkeit der Dreiecke *EOB—DKB* und *EOA—CLA* ergibt sich entsprechend

$$\frac{w_{u2a}}{u_a} = \frac{w_{u2i}}{u_i} = \frac{c_m}{s_2'}$$

bzw.

$$\frac{w_{u2a}}{r_a} = \frac{w_{u2i}}{r_i} = \omega'' ,$$

wobei ω'' die Winkelgeschwindigkeit der Relativströmung ist, die ebenfalls für alle Stromlinien gleich ist. Die Summe aus beiden Winkelgeschwindigkeiten ist gleich derjenigen des Rades

$$\omega' + \omega'' = \omega . \tag{4.19}$$

Der Charakter eines erzwungenen Wirbels bleibt bei allen Fördermengen einer Pumpe erhalten. Die Förderhöhe null wird für alle Stromlinien gleichzeitig bei $c_m = s_2'$ erreicht. Ebenso ist die Fördermenge an allen Radien gleichzeitig null, wenn $c_m = 0$ ist.

Zusammenfassend ist zu sagen: Die EULERsche Förderhöhe in einer Axialpumpe kann durch einen erzwungenen Wirbel erzeugt werden. Um ihn zu erzeugen, muß die Ganghöhe der Schaufeltangente über dem Radius konstant sein. Sie muß zwischen Saugseite und Druckseite kontinuierlich zunehmen. Die Ganghöhe an der Eintrittskante legt die Axialgeschwindigkeit bei normalem Durchsatz fest. Das Verhältnis der der Drehzahl des Rades zugeordneten Steiggeschwindigkeit der Austrittstangente zu der Axialgeschwindigkeit c_m ist maßgeblich für die Übertragung von Energie auf die Strömung. Es ist bei drallfreier Zuströmung gleich dem Verhältnis der Ganghöhen an Ein- und Austritt

$$\frac{s_2'}{c_m} = \frac{s_2'}{s_1'} = \frac{s_2}{s_1} . \tag{4.20}$$

Das Verhältnis ändert sich mit der Fördermenge. Es wird der Zahl 1 gleich, wenn der Punkt erreicht ist, in dem die Förderhöhe null ist. Die Meridiangeschwindigkeit ist in diesem Punkt gleich der Steiggeschwindigkeit; es kann nur Energie auf die Strömung übertragen werden, wenn der „Schlupf“ $(s_2' - c_m)$ nicht null ist. Die Förderhöhe wächst mit dieser Größe.

c) Halbaxiale Räder. Es wurde gezeigt, daß die Wirkungsweise in reinen Axial- und in reinen Radialrädern die gleiche sein kann. Sie besteht in der Erzeugung eines erzwungenen Wirbels, der einem nach außen gerichteten Strom im einen Fall und einer gleichförmigen Axialströmung in anderen Fall überlagert wird. Die halbaxialen Typen nehmen eine Zwischenstellung ein. Deshalb sind alle Ableitungen, die für die beiden extremen Formen gelten, auch für diese Form gültig. Die Meridiangeschwindigkeiten an Ein- und Austritt sind nicht gleich. Normalerweise wählt man $c_{m1} > c_{m2}$. Beim Zeichnen der Austrittsdreiecke geht man ebenso vor wie bei der Axialpumpe (Abb. 4.9), das heißt, man geht aus von dem Verhältnis s_2'/c_m. Es muß vermerkt werden, daß bei einem halbaxialen Rad mit festgelegtem Verhältnis s_2'/c_{m2} der Austrittswinkel an der Nabe kleiner sein kann als der Eintrittswinkel, $\beta_{2i} < \beta_{1i}$. Dies hängt ab vom Unterschied zwischen c_{m1} und c_{m2} und dem Meridianschnitt durch das Laufrad.

Bei Radialrädern ist $\beta_2 < \beta_1$ der übliche Fall. Das durch Gl. (4.20) dargestellte Verhältnis behält auch für Radialmaschinen seinen Sinn. Die „Steiggeschwindigkeit" ist ebenso definiert wie beim Axialrad durch

$$s_2' = u_2 \operatorname{tg} \beta_2 ,$$

und ihr Verhältnis zur Meridiangeschwindigkeit ist

$$\frac{s_2'}{c_{m\,2}} = \frac{u_2 \operatorname{tg} \beta_2}{c_{m\,2}} = \frac{\operatorname{tg} \beta_2}{\Phi_e}, \tag{4.20a}$$

wobei Φ_e der in Gl. (3.19) definierte Durchsatzkoeffizient ist.

Das Verhältnis $s_2'/c_{m\,2}$ wächst mit abnehmender spezifischer Drehzahl im Punkte besten Wirkungsgrades. In Kap. 9 wird im Zusammenhang mit dem Diagramm des Autors über die Charakteristik von Pumpen Näheres mitgeteilt.

4.4. Das Axialrad mit Potentialwirbel

Die Erzeugung eines Wirbels mit konstanter Winkelgeschwindigkeit ist nicht die einzige Möglichkeit der Erzeugung von Förderhöhe im Axialrad. Viele Autoren nehmen einen Potentialwirbel an, meist im Zusammenhang mit der Tragflügeltheorie. Die Verteilung der Umfangsgeschwindigkeit über dem Radius folgt dann dem Gesetz

$$c_{u\,2}\, r = \text{konst}. \tag{4.21}$$

Diese Verteilung ist dann notwendig, wenn die Förderhöhe konstant sein soll.

$$u\, c_{u\,2} = g H = \text{konst}. \tag{4.21a}$$

Die Forderung wird dadurch begründet, daß nur unter dieser Bedingung die Strömung stabil bzw. frei von Querströmung sein könne. Es wurde

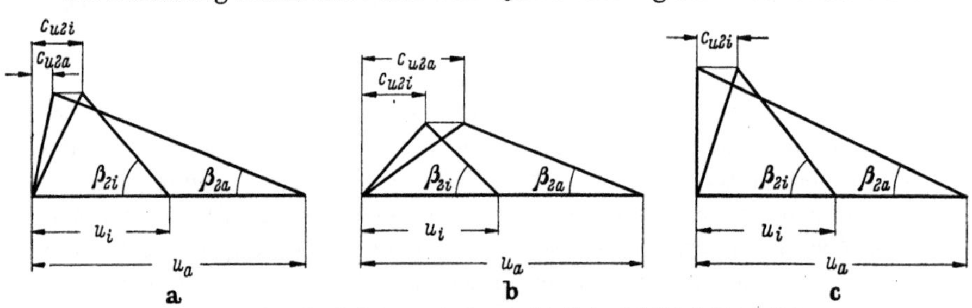

Abb. 4.10. a) Austrittsdreieck am Auslegepunkt, Potentialwirbel, b) bei Teilmenge, c) bei Fördermenge über Auslegemenge

jedoch schon in Kap. 1 gezeigt, daß der Potentialwirbel nur eine von vielen möglichen Arten der Kreisbewegung ist, die alle stabil sind. Es gibt einige Nachteile der Anwendung des Potentialwirbels, von denen einige in neueren Aufsätzen hervorgehoben wurden [2]:

1. Kreisbewegung nach dem Gesetz des Potentialwirbels kann nur in einem Punkt der H—Q-Kurve erzeugt werden. Abb. 4.10a zeigt die

EULERschen Austrittsdreiecke im Auslegepunkt. Es ist

$$c_{u2i} r_i = c_{u2a} r_a = \text{konst} = C, \tag{4.22}$$

das heißt, die Umfangskomponente ist dem Radius umgekehrt proportional. Bei kleinerem Durchsatz wird $c_{u2a} > c_{u2i}$, der Strömungszustand nähert sich dem des erzwungenen Wirbels (Abb. 4.10b), den er bei Förderung null erreicht. Bei größerem Durchsatz wird $c_{u2a} = 0$ und nimmt bei weiterer Vergrößerung der Menge negative Werte an, während c_{u2i} noch positiv ist.

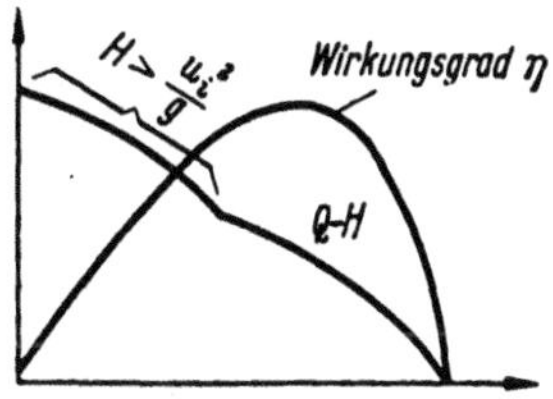

Abb. 4.11. Charakteristik einer Axialpumpe

2. Gemessene Drosselkurven zeigen, daß bei Fördermengen, die unter der Hälfte der Auslegemenge liegen (Abb. 4.11), die Gesamthöhe gleich oder größer als der theoretisch größte Wert u_i^2/g der Förderhöhe an der Nabe ist. Offensichtlich stimmt die Theorie der konstanten Förderhöhe bei Mengen unter der Auslegemenge nicht mehr, so daß eine andere Annahme gemacht werden muß.

3. Da die Umfangskomponente dem Radius umgekehrt proportional ist, sinkt die Winkelgeschwindigkeit der Absolutströmung quadratisch mit zunehmendem Radius:

$$\omega_a = \frac{c_{u2a}}{r_a} = \frac{C}{r_a^2} \qquad \omega_i = \frac{c_{u2i}}{r_i} = \frac{C}{r_i^2}. \tag{4.23}$$

Eine derartige Verteilung ist schlecht zu vereinbaren mit der konstanten Winkelgeschwindigkeit des Laufrades, das ja die Flüssigkeitsbewegung hervorruft.

4. Die Befürworter des Potentialwirbels benutzen meist Tragflügelschnitte als Schaufelschnitte und übernehmen die an den Flügeln gemessenen Werte. Diese Handhabe ist aber bei halbaxialen Rädern nicht möglich, so daß der Pumpenkonstrukteur auf sich selbst angewiesen ist, um die Lücke zwischen reiner Radial- und reiner Axialmaschine auszufüllen.

Die Anwendung des erzwungenen Wirbels bringt solche Nachteile nicht mit sich:

1. Er kann für reine Radial-, für Halbaxial- und für reine Axialpumpen angewendet werden.

2. Bei Axialpumpen bleibt der erzwungene Wirbel bei allen Fördermengen erhalten. Die Punkte für Förderhöhe und für Fördermenge null werden für alle Radien gleichzeitig erreicht.

3. Eine über dem Radius konstante absolute Winkelgeschwindigkeit herrscht bei allen Fördermengen. Sie ist proportional dem Durchsatz.

4. Die auf den maximalen Wert bezogene Förderhöhe ist unabhängig vom Radius:

$$\Psi_e = \frac{H}{u_2^2/g} = \frac{c_{u2}}{u_2} = \text{konst},$$

wobei Ψ_e der Koeffizient der Förderhöhe ist, wie er in Gl. (3.17) definiert ist.

5. Legt man einen erzwungenen Wirbel zugrunde, so ist die Methode der Auslegung des Laufrades für alle Pumpentypen gleich.

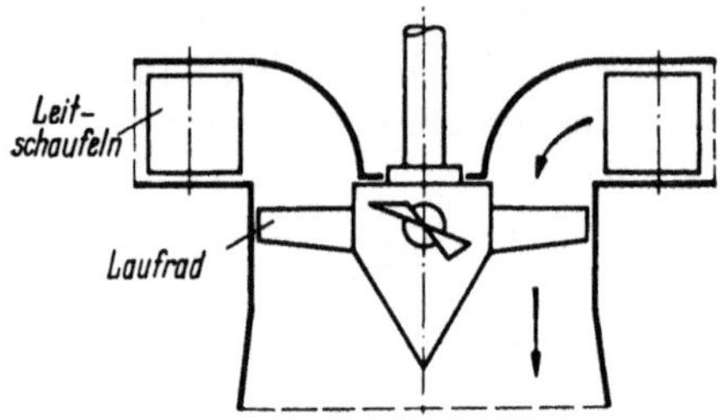

Abb. 4.12. Axialturbine

Bei der Axialturbine, der Umkehrung der Axialpumpe ist dagegen nur die Anwendung des Potentialwirbels möglich, da hier alle Stromfäden mit gleicher Energie in die Maschine eintreten. Radiale Leitschaufeln erteilen allen Stromlinien den gleichen Drall. Die Strömung am Eintritt in das Laufrad folgt annähernd dem Gesetz $c_u \cdot r = \text{konst}$ (Abb. 4.12).

4.5. Bemerkungen

a) Umgekehrte Drehrichtung. Da die theoretische Förderhöhe bei geschlossenem Druckschieber nicht vom Schaufelwinkel abhängt, könnte man erwarten, daß die Pumpe in diesem Falle in beiden Drehrichtungen den gleichen Druck entwickeln würde. Es zeigte sich jedoch, daß bei umgekehrter Drehrichtung nur die Hälfte der normalen Höhe bei geschlossenem Schieber erzeugt wird. Der Unterschied rührt jedoch nicht von einer unterschiedlichen Wirkungsweise des Laufrades, sondern ist durch die Gehäuseform und die Meßmethode bedingt. In einer Pumpe mit normaler Drehrichtung mißt ein Manometer in A (Abb. 4.13a) die statische Höhe $u_2^2/2\,g$, auf einem Manometer in B erscheint außerdem der Staudruck der Umfangsgeschwindigkeit, so daß dieses u_2^2/g anzeigt.

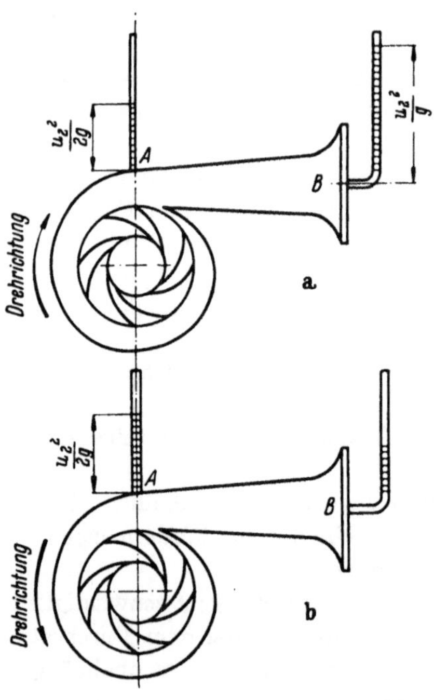

Abb. 4.13. Förderhöhe bei geschlossenem Schieber bei normaler und umgekehrter Drehrichtung

Dreht sich das Laufrad in entgegengesetzter Richtung, so bleibt die Anzeige in A die gleiche wie vorher. Das Instrument in B zeigt weniger, da die Druckhöhe im Druckstutzen durch die Saugwirkung der umgekehrt rotierenden Strömung noch unter dem statischen Druck in A liegt.

b) Pumpen von Feststoffaufschlämmungen. Werden mit einer Flüssigkeit Feststoffe bewegt, so folgen die Feststoffteilchen einer beschleunigten Bewegung der Flüssigkeit nicht sofort, sondern mit einem Schlupf. Dieser Schlupf bedingt Reibungsverluste. Die Strömung durch die Pumpe ist mit Beschleunigungen und Verzögerungen verbunden, so daß erhöhte Verluste auftreten, sobald die Flüssigkeit mit Feststoff beladen ist. Der Gesamtwirkungsgrad sinkt beträchtlich mit wachsender Konzentration [3].

Literatur

[1] SCHMIDT, H. F.: Some Screw Propeller Experiments with Particular Reference to Pumps and Blowers. J. Amer. Soc. nav. Engrs. Bd. XL (Febr. 1928) Nr. 1, S. 15.

[2] SMITH, C. W.: Minutes of Axial Flow Compressor Meeting vom 26. Juni, Group P 40, Code 445 A, Navy Department, an deutschen Beiträgen hauptsächlich der von B. Eckert; Washington D.C., 1946.

[3] O'BRIEN, M. P., u. D. G. FOLSON: The Transportation of Sand in Pipe Lines. Univ. of Calif. Publ. Eng. Bd. 3 (1937) Nr. 7, S. 343.

5. Spezifische Drehzahl und Entwurfskenngrößen

5.1. Kenngrößen von Kreiselpumpen

Die Dimensionsanalyse hat sich in der Anwendung auf die Hydraulik in vielen Beispielen als zweckmäßig erwiesen. Sie zeigt den funktionalen Zusammenhang zwischen den an einem Vorgang beteiligten Größen, und man kann mit ihrer Hilfe dimensionslose Kenngrößen, die für alle dynamisch ähnlichen Vorgänge gleich sind, aufstellen; diese Kenngrößen sind teilweise bereits experimentell festgestellt worden. Die Dimensionsanalyse lieferte einen wichtigen Beitrag zur Technik des Modellversuchs, sie zeigte die Grenzen der Ähnlichkeitstheorie und wies den Weg, die die Strömung beeinflussenden Parameter aufzustellen. In der Anwendung auf Kreiselpumpen brachte sie keine neuen Ergebnisse, sondern ergab an Stelle der allgemeinen Kenngrößen spezielle Parameter für Pumpen.

Es soll die von BUCKINGHAM[1] vorgeschlagene Methode angewandt werden. Die Ähnlichkeitstheorie geht davon aus, daß ein unbekannter funktionaler Zusammenhang zwischen allen den Vorgang beeinflussenden Größen besteht, und daß diese Größen demzufolge alle die gleiche Dimension haben. Das setzt voraus, daß der Vorgang, der durch Dimensionsanalyse behandelt werden soll, so weit erfaßbar ist, daß bekannt ist, von welchen physikalischen Größen er abhängt. Im Fall der Kreiselpumpen sind die beteiligten Größen

[1] BUCKINGHAM, E.: On Model Experiments and the Form of Empirical Equation. Trans. A.S.M.E. Bd. 37 (1915) S. 263. Oder: CHICK, A. C.: Hydraulic Laboratory Practice, Appendix 15. A.S.M.E. 1929.

H	Förderhöhe : Länge	l
Q	Fördermenge : Volumen je Zeiteinheit	l^3/t
n	Drehzahl : Zahl je Zeiteinheit	$1/t$
D	Laufraddurchmesser, charakteristische Länge zur Kennzeichnung der Größe ähnlicher Pumpen	l
g	Erdbeschleunigung, Konstante	l/t^2
ϱ	Flüssigkeitsdichte : Masse je Volumeneinheit	m/l^3
μ	dynamische Zähigkeit	m/lt
E	Energie je Masseneinheit; $E = gH$	l^2/t^2

Die Energie E je Masseneinheit wird an Stelle der auf die Gewichtseinheit bezogenen Energie H wegen ihres allgemeineren Charakters und wegen der Unabhängigkeit von der Erdbeschleunigung benutzt. Die Eulersche Gleichung für die Förderhöhe, die von einem Laufrad entwickelt wird, ist auf den Satz von der Erhaltung der Energie gegründet. Die Energie wird bei einer inkompressiblen Flüssigkeit und konstanter Erdbeschleunigung durch die Höhe, auf die die Flüssigkeit gehoben werden kann, ausgedrückt. Die Zahl der Größen, die zur Beschreibung der Wirkungsweise einer Pumpe notwendig sind, reduziert sich auf sechs, wenn die Erdbeschleunigung als Konstante betrachtet wird: Q, E, n, D, ϱ, μ. Sie werden gemessen in den drei Grundeinheiten: Länge (l), Zeit (t), Masse (m). Die Beziehung zwischen den Größen muß durch eine allgemeine Funktion auszudrücken sein:

$$f(Q;\, E;\, n;\, D;\, \varrho;\, \mu) = 0\,. \tag{5.1}$$

Nach einem Satz der Ähnlichkeitstheorie kann eine Funktion zwischen n Größen (hier: $n = 6$), die durch k Grundeinheiten (hier: $k = 3$) gemessen werden, zurückgeführt werden auf die Form

$$f(\pi_1,\, \pi_2,\, \ldots\, \pi_{n-k}) = 0\,,$$

Im vorliegenden Fall erhält man

$$f(\pi_1,\, \pi_2,\, \pi_3) = 0\,, \tag{5.2}$$

wobei die Zahl π jeweils ein dimensionsloses Produkt der Form

$$\pi = Q^a\, E^b\, n^c\, D^d\, \varrho^e\, \mu^g$$

darstellt. Die Zahlen a, b, c, d, e, g sind ganze oder gebrochene rationale Zahlen oder null; im letztgenannten Fall hat der zugehörige Faktor den Wert 1; f ist die unbekannte Funktion, die durch Versuch festgestellt werden soll. Wählt man E, D, ϱ als die drei unabhängigen Veränderlichen, dann können die dimensionslosen Größen π_1, π_2, π_3 in die folgende Form gebracht werden:

$$\left.\begin{aligned} \pi_1 &= E^{x_1} D^{y_1} \varrho^{z_1} Q\,, \\ \pi_2 &= E^{x_2} D^{y_2} \varrho^{z_2} n\,, \\ \pi_3 &= E^{x_3} D^{y_3} \varrho^{z_3} \mu\,. \end{aligned}\right\} \tag{5.3}$$

Dabei sind x_1, y_1, z_1; x_2 usw. die zu bestimmenden unbekannten Exponenten. Zu diesem Zwecke drücken wir E, D, ϱ, Q, n, μ durch ihre Dimensionen aus:

$$\left.\begin{aligned}
\pi_1 &= \left(\frac{l^2}{t^2}\right)^{x_1} (l)^{y_1} \left(\frac{m}{l^3}\right)^{z_1} \left(\frac{l^3}{t}\right) = l^{2x_1+y_1-3z_1+3}\, t^{-2x_1-1}\, m^{z_1}\,,\\
\pi_2 &= \left(\frac{l^2}{t^2}\right)^{x_2} (l)^{y_2} \left(\frac{m}{l^3}\right)^{z_2} \left(\frac{1}{t}\right) = l^{2x_2+y_2-3z_2}\, t^{-2x_2-1}\, m^{z_2}\,,\\
\pi_3 &= \left(\frac{l^2}{t^2}\right)^{x_3} (l)^{y_3} \left(\frac{m}{l^3}\right)^{z_3} \left(\frac{m}{l\,t}\right) = l^{2x_3+y_3-3z_3-1}\, t^{-2x_3-1}\, m^{z_3+1}\,.
\end{aligned}\right\} \tag{5.4}$$

Um π_1, π_2, π_3 dimensionslos zu machen, müssen die Exponenten von l, t, m jeweils null sein. Bei π_1 erhält man drei Gleichungen mit den drei Unbekannten x_1, y_1, z_1:

$$\begin{aligned}
2\,x_1 + y_1 - 3\,z_1 + 3 &= 0\,,\\
-2\,x_1 \qquad\qquad - 1 &= 0\,,\\
z_1 \qquad &= 0
\end{aligned}$$

mit den Lösungen

$$x_1 = -\frac{1}{2} \qquad y_1 = -2 \qquad z_1 = 0\,.$$

Setzt man die gefundenen Werte in Beziehung (5.3) ein, so erhält man

$$\pi_1 = E^{-1/2}\, D^{-2}\, \varrho^0\, Q = \frac{Q}{(g\,H)^{1/2}\, D^2}\,. \tag{5.5}$$

Ebenso ergibt sich

$$\pi_2 = \frac{n\,D}{(g\,H)^{1/2}} \tag{5.6}$$

und

$$\pi_3 = \frac{\nu}{D\,(g\,H)^{1/2}}\,, \tag{5.7}$$

wobei ν die kinematische Zähigkeit $\nu = \eta/\varrho$ ist.

Die Ähnlichkeitstheorie sagt aus, daß die gesuchte Beziehung zwischen den oben aufgeführten Größen durch eine Funktion zwischen den genannten Parametern π_1, π_2, π_3 eindeutig ausgedrückt werden kann. Sie sagt nichts darüber aus, wie die Parameter verknüpft sind; die Funktion selbst kann nur aus Modellversuchen ermittelt werden.

Die Parameter π bleiben bei ähnlichen Laufrädern und dynamischer Ähnlichkeit der Strömung konstant, auch wenn sich Drehzahl oder Größe des Läufers ändern; sie sind Kennwerte der Strömung. Für den praktischen Gebrauch werden sie meist umgeformt. Sind die Parameter π für ähnliche Strömungen konstant, dann sind auch ihre Produkte untereinander und ihre Potenzen konstant und stellen ebenfalls Kennwerte dar. So entstanden

$$\pi_4 = \frac{\pi_2}{\pi_3} = \frac{Q}{\nu\,D}\,, \tag{5.8}$$

$$\pi_5 = \pi_2^{1/2}\,\pi_3 = \frac{n\,Q^{1/2}}{(g\,H)^{3/4}}\,, \tag{5.9}$$

$$\pi_6 = \pi_2/\pi_3 = \frac{Q}{n\,D^3}\,. \tag{5.10}$$

Diese Parameter bilden einen weiteren Satz voneinander unabhängiger, dimensionsloser Kennwerte, die die Wirkungsweise der Pumpe beschreiben. Ein weiterer Wert

$$\pi_7 = \frac{1}{\pi_2^2} = \frac{g\,H}{n^2\,D^2} \tag{5.11}$$

ist gebräuchlich, jedoch ist dieser von den zuletzt genannten nicht mehr unabhängig. Er kann an Stelle von π_5 oder π_6 benutzt werden.

Offensichtlich ist es möglich, eine unendliche Zahl von dimensionslosen Kennwerten aufzustellen, jedoch sind nur drei davon unabhängig voneinander. Die Ausdrücke π_4, π_5, π_6 sowie π_7 wurden herausgegriffen, weil sie — allerdings nicht dimensionslos — in Gebrauch waren, lange bevor sie durch die Dimensionsanalyse begründet wurden.

a) Die Reynoldssche Zahl. Der Ausdruck Gl. (5.8) ist eine Form der REYNOLDSschen Zahl; der Laufraddurchmesser D kennzeichnet die Pumpengröße und an Stelle der charakteristischen Geschwindigkeit steht die Größe Q/D^2, da diese bei ähnlichen Pumpen den Geschwindigkeiten an jedem beliebigen Punkte des Schaufelkanals oder des Gehäuses jeweils proportional ist. Es ist wichtig festzustellen, daß weder die so gebildete REYNOLDSsche Zahl noch die auf den Zustand im Kanal bezogene Zahl in der gleichen Weise wie bei der Strömung im Rohr ein direktes Kriterium für die Form der Strömung ist. So gewährleistet die Übereinstimmung der REYNOLDSschen Zahlen zweier Maschinen allein nicht, daß auch das Stromlinienbild und die Art der Strömung (laminar oder turbulent) übereinstimmen. Über die Bedeutung der REYNOLDSschen Zahl für die Strömung in gekrümmten, divergenten, rotierenden Kanälen mit Energiezufuhr oder -abfuhr ist sehr wenig bekannt. Deshalb sind bisher alle Versuche, die hydraulischen Verluste der Strömung in Pumpen aus den an ruhenden Kanälen gewonnenen Ergebnissen auszurechnen, fehlgeschlagen. Die Wandreibungsverluste treten sogar hinter den durch Wirbel in Laufrad und Gehäuse bedingten Verlusten zurück. Es ist auch zu beachten, daß Pumpen verschiedener Gestalt und verschiedener spezifischer Drehzahl bei gleicher REYNOLDSscher Zahl arbeiten können; ihre Übereinstimmung allein gewährleistet nicht dynamisch ähnliche Strömungen.

b) Spezifische Drehzahl. Der Parameter π_5, Gl. (5.9), ist ein dimensionsloser Ausdruck für die in Kap. 2.5 zuerst erwähnte spezifische Drehzahl:

$$n_q = n\,Q^{1/2}/H^{3/4}\,. \tag{5.12}$$

Um π_5 dimensionslos zu erhalten, müssen alle Größen in den Grundeinheiten gemessen werden, d. h. n in U/s, Q in m^3/s, H in m und g in m/s^2. Für den praktischen Gebrauch wird aber meist die spezifische Drehzahl in der Form (5.12) benutzt.

c) Spezifische Fördermenge. Der Parameter π_6 wird als „spezifische Fördermenge" bezeichnet.

$$\pi_6 = q_s = Q/n\,D^3\,. \tag{5.13}$$

Sie ist dimensionslos, wenn die Größen in Grundeinheiten ausgedrückt werden. Physikalisch stellt der Parameter q_s das Volumen dar, das ein Laufrad von 1 m Durchmesser pro Umdrehung fördert. Er bleibt für alle ähnlichen Laufräder und ähnliche Strömungsdreiecke eine Konstante. Daraus folgen das Ähnlichkeitsgesetz, daß bei einer gegebenen Pumpe die Fördermenge der Drehzahl direkt und der dritten Potenz des Durchmessers proportional ist. Die spezifische Fördermenge wird gelegentlich zur Auftragung der dimensionslosen Pumpencharakteristik benutzt.

d) Spezifische Förderhöhe. Gl. (5.11) ist ein dimensionsloser Ausdruck für die Förderhöhe und soll als spezifische Höhe bezeichnet werden.

$$\pi_7 = h_s = g\,H/n^2\,D^2\,. \tag{5.14}$$

Die Kenngröße bedeutet die je Masseneinheit während einer Umdrehung eines Laufrades von 1 m Durchmesser der Strömung zugeführte Energie. Sie ist konstant für alle ähnlichen Laufräder und ähnliche Geschwindigkeitsdreiecke. Das hieraus resultierende Ähnlichkeitsgesetz sagt aus, daß die Höhe dem Quadrat von Durchmesser und Drehzahl proportional ist.

Als Koeffizient der Höhe ist eine Modifikation der spezifischen Förderhöhe bereits eingeführt:

$$\psi = \frac{H}{u_2^2/g} = \frac{g\,H}{n^2\,\pi^2\,D^2} = \frac{h_s}{\pi^2}\,. \tag{5.15}$$

Er ist das Verhältnis der theoretischen Förderhöhe zu derjenigen bei Fördermenge null.

Will man die Strömung exakt ähnlich erhalten, während Drehzahl, Größe und Zähigkeit sich ändern, dann ist es notwendig, daß alle drei Kenngrößen, die der Fördermenge, der Förderhöhe und die Reynoldssche Zahl konstant gehalten werden. In der Praxis ist es meist nicht möglich, diese Forderung zu erfüllen; bleibt die Viskosität gleich, während Größe und Drehzahl verändert werden, so ändert sich die Reynoldssche Zahl, während π_2 und π_3 konstant bleiben. Da die Reynoldssche Zahl jedoch die Strömung nur bezüglich der Geschwindigkeitsverteilung und der Verluste beeinflußt und in einer guten Pumpe die Verluste klein sind, hat eine Änderung im allgemeinen nur eine verhältnismäßig geringe Wirkung auf die Gesamtcharakteristik. Die einfachen Ähnlichkeitsgesetze gelten mit genügender Genauigkeit über einen weiten Bereich von Drehzahlen und Durchmessern und stellen die Basis für den Entwurf von Pumpen dar.

e) Bemerkungen. 1. Die in Gl. (5.2) ausgedrückte Funktion kann nur experimentell aufgestellt werden. Sie stellt für ein gegebenes Laufrad konstanter Drehzahl (D, n, ν, g konst) eine gewöhnliche Drosselkurve dar. Werden Flüssigkeiten verschiedener Viskosität gepumpt, dann liefert die gleiche Funktion eine Reihe von Kurven, die durch Versuch zu ermitteln sind. Die Frage des Pumpens von zähen Flüssigkeiten ist in Kap. 14.4 behandelt.

2. Für ein bestimmtes Laufrad ändert sich die spezifische Drehzahl von 0 bis ∞ für verschiedene Punkte auf der Drosselkurve. Sie ist null, wenn die Fördermenge null ist und unendlich, wenn die Höhe null ist. Als typisierende Größe jedoch kennzeichnet die spezifische Drehzahl nur den Zustand im Punkte besten Wirkungsgrades.

5.2. Vorgehen beim Entwurf

Der Entwurf eines Pumpenlaufrades umfaßt die folgenden Schritte; der Entwurf des Gehäuses wird in Kap. 7 besprochen.

a) Wahl der Drehzahl. Um eine geforderte Menge auf die geforderte Höhe zu fördern, wählt man zuerst die Drehzahl. Damit liegt dann auch die spezifische Drehzahl, das heißt, der Typ des Rades fest. Verschiedene Faktoren bestimmen die Wahl der Drehzahl:

1. Die Art des vorgesehenen Motors.

2. Höhere Drehzahl hat kleinere Pumpen und billigere Antriebe zur Folge.

3. Der optimale hydraulische Wirkungsgrad, der mit jedem Typ erreicht werden kann, ändert sich mit der spezifischen Drehzahl. Abb. 5.1 zeigt Wirkungsgrade, die bei verschiedenen spezifischen Drehzahlen von einstufigen, einflutigen Pumpen mit verschiedenen Maschinengrößen erzielt wurden.

4. Kann die geforderte Höhe nicht in einer Stufe erreicht werden, wird sie auf mehrere Stufen aufgeteilt. Die Förderhöhe je Stufe bestimmt die spezifische Drehzahl und damit den erwarteten Wirkungsgrad.

Nach Festlegung der spezifischen Drehzahl sucht sich der Konstrukteur ein geeignetes „Modell" aus den bereits existierenden Rädern aus, das die gleiche spezifische Drehzahl hat und einen günstigen Verlauf der Charakteristik (günstige Steigung der H—Q-Linie und guten Wirkungsgrad) aufweist. Das Modell soll nicht nur die gleiche spezifische Drehzahl haben wie die gewünschte Ausführung, sondern soll auch demselben Typ angehören und gleichen mechanischen Aufbau haben. Beispielsweise wäre das Laufrad einer vielstufigen Pumpe, die eine dicke Welle und eine große Nabe besitzt, kein geeignetes Modell für ein einstufiges, fliegend gelagertes Rad. Den Faktor zur Umrechnung der Größen vom Modell auf die neue Ausführung erhält man aus den einfachen Ähnlichkeitsgesetzen. Der Entwurf von Rädern, von deren Typ kein bereits bestehendes Modell zur Verfügung steht, wird mit Hilfe der weiter unten in diesem Kapitel behandelten Entwurfskenngrößen durchgeführt.

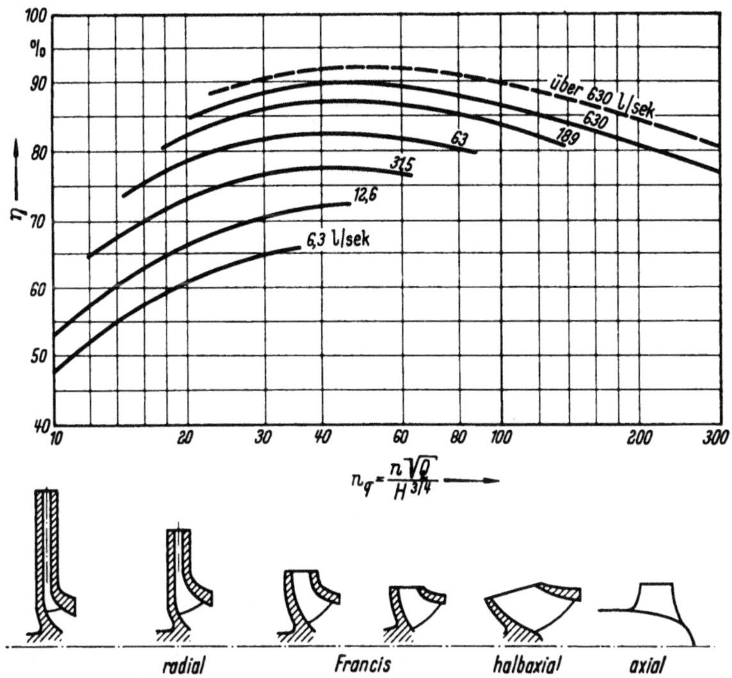

Abb. 5.1. Pumpenwirkungsgrad in Abhängigkeit von der spezifischen Drehzahl und der Pumpengröße (WORTHINGTON)

b) Der Umrechnungsfaktor. Die spezifischen Drehzahlen des gewählten Modells und des zur Ausführung vorgesehenen Rades müssen gleich sein, also

$$n_1 Q_1^{1/2}/H_1^{3/4} = n_2 Q_2^{1/2}/H_2^{3/4}, \tag{5.16}$$

wenn Index 1 das Modell und Index 2 die auszuführende Größe bezeichnen.

Die einfachen Ähnlichkeitsgesetze zur Umrechnung lauten:

$$Q_2 = Q_1 f^3 (n_2/n_1), \tag{5.17}$$

$$H_2 = H_1 f^2 (n_2/n_1)^2 \tag{5.18}$$

mit $f = D_2/D_1$ als dem Umrechnungsfaktor. Die Umrechnungsformeln Gl. (5.17) und (5.18) entsprechen der Konstanz der Kennwerte nach Gl. (5.10) und (5.11). Sie treffen nur exakt zu, wenn auch noch die REYNOLDSschen Zahlen [Gl. (5.8)] beider Ausführungen gleich sind. Die Abweichungen bei nicht zu großer Veränderung dieser Kenngröße sind jedoch verhältnismäßig klein, so daß sie entweder vernachlässigt oder durch einen Korrekturfaktor berücksichtigt werden können.

Aus Gl. (5.18) erhält man den folgenden Ausdruck für den Umrechnungsfaktor:

$$f = \frac{n_1/\sqrt{H_1}}{n_2/\sqrt{H_2}} = \frac{n_1}{n_2}\left(\frac{H_2}{H_1}\right)^{1/2}. \tag{5.19}$$

Der Ausdruck $n/\sqrt{H}$ wird als Einheitsdrehzahl bezeichnet; er bedeutet die Drehzahl, bei der das betreffende Rad eine Höhe von 1 m erzeugt. Durch die Menge ausgedrückt lautet der Umrechnungsfaktor nach Gl. (5.17)

$$f^3 = \frac{Q_2/n_2}{Q_1/n_1} = \frac{n_1}{n_2}\frac{Q_2}{Q_1}. \tag{5.20}$$

Q/n wird als Einheitsmenge bezeichnet und stellt die Menge dar, die je Umdrehung gefördert wird.

c) Entwurf neuer Modelle. Zum Entwurf neuer Laufräder, für die kein passendes Modell zur Verfügung steht, benutzt der Konstrukteur Entwurfskenngrößen, die experimentell aus guten Konstruktionen gewonnen sind, also Erfahrungswerte. Sie geben Beziehungen zwischen Förderhöhe und -menge im Auslegepunkt und Geschwindigkeitsverhältnissen im Eulerschen Dreieck an, die unabhängig von Größe und Drehzahl des Laufrades sind, und die an Hand der spezifischen Drehzahl auf die verschiedenen Austrittswinkel bezogen werden. Außerdem erwiesen sich einige Verhältnisse wichtiger Abmessungen, die keinen direkten Bezug zu den Geschwindigkeiten haben, als nützlich beim Entwurf. Diese Werte sind auch reine Erfahrungswerte und lehnen sich nicht an theoretische Überlegungen an. Die Güte der Ausführung einer Pumpe drückt sich im hydraulischen Wirkungsgrad aus.

Der Meridianschnitt des Rades und der Schaufelverlauf liegen fest, wenn die folgenden Elemente bekannt sind:

1. Meridiangeschwindigkeiten an Ein- und Austritt.
2. Außendurchmesser des Rades.
3. Eintritts- und Austrittswinkel.

Die gleichen Größen legen die Eulerschen Eintritts- und Austrittsdreiecke fest. Im Falle rein radialer Schaufeln treten alle Flüssigkeitsteilchen auf dem gleichen Durchmesser in die Schaufelkanäle ein und verlassen sie auch auf einem Durchmesser. Die Schaufel ist einfach gekrümmt. Es gibt nur je ein Strömungsdreieck für Eintritt und Austritt. Bei halbaxialen und axialen Rädern müssen Dreiecke für die verschiedenen Stromlinien gezeichnet werden. Drei Stromlinien genügen im allgemeinen für das durchschnittliche axiale oder halbaxiale Rad. Der Verlauf des Schaufelwinkels längs des Radius bestimmt die Krümmung und Verwindung der Schaufel. Die mit dem Entwurf einer räumlich gekrümmten Schaufel verbundenen graphischen Probleme sind in Kap. 6 erläutert. Hier wird nur die Festlegung der oben angeführten Entwurfsgrößen besprochen. Sie werden nur für den Auslegepunkt gewählt. Die H—Q-Kurve wird aus Erfahrungswerten geschätzt und stützt sich im wesentlichen auf typische Kurven bei den verschiedenen spezifischen Drehzahlen.

d) Der Austrittswinkel. Dieser Winkel ist die einflußreichste Entwurfsgröße. Es wurde bereits gezeigt, daß die theoretische Charakteristik von ihr allein bestimmt wird. Auch in wirklichen Pumpen ist β_2 die entscheidende Größe. Alle Entwurfsgrößen hängen vom Austrittswinkel ab; deshalb ist seine Wahl der erste Schritt bei der Konstruktion des Rades. Die Wahl beruht auf der gewünschten Steilheit der Charakteristik und wird beeinflußt von den Forderungen bezüglich der Laufradleistung; bekanntlich wachsen sowohl Fördermenge wie Förderhöhe mit zunehmendem Winkel β_2. Wenn keine extremen Forderungen auf Leistung gestellt werden, wählt man den Winkel für den optimalen Wirkungsgrad. Die sogenannte normale Konstruktion weist im Durchschnitt bei allen spezifischen Drehzahlen einen Winkel von etwa $\beta_2 = 22{,}5°$ auf. Zur Erzielung erhöhter Leistung kann er bis auf $\beta_2 = 27{,}5°$ gesteigert werden, ohne daß dabei der Wirkungsgrad erheblich verschlechtert wird. Die untere Grenze, die mit wirtschaftlicher Arbeitsweise vereinbar ist, ist $\beta_2 = 17{,}5°$.

e) Geschwindigkeitskenngrößen. Eine Geschwindigkeitskenngröße ist eine Zahl, die ein Verhältnis zwischen der Förderhöhe der Pumpe und der Umfangsgeschwindigkeit angibt. Mehrere solcher Größen sind in Gebrauch.

Die am meisten benutzte Geschwindigkeitskenngröße ist definiert als

$$K_u = \frac{u_2}{\sqrt{2\,g\,H}}$$

oder durch

$$u_2 = K_u\,\sqrt{2\,g\,H} \quad \text{bzw.} \quad H = \frac{1}{K_u^2}\,\frac{u_2^2}{2\,g}\,. \tag{5.21}$$

Sie wurde ursprünglich für hydraulische Turbinen eingeführt und später von Pumpenkonstrukteuren übernommen. Nach dieser Definition ist K_u das Verhältnis der Umfangsgeschwindigkeit zu der freien Düsengeschwindigkeit, die zur Höhe H gehört. Die Konstante wird zur Berechnung des Laufraddurchmesser benutzt, wenn die Förderhöhe gegeben und die Drehzahl bereits gewählt ist. Sie wächst mit zunehmender Drehzahl.

In Abb. 5.2 sind Kurven von K_u für eine normale Konstruktion und einen Laufradaustrittswinkel von etwa $\beta_2 = 22{,}5°$ gegeben. Die Größe wird von verschiedenen Größen beeinflußt: 1. K_u wächst mit kleiner werdendem Winkel β_2, da die Förderhöhe kleiner wird. 2. Ein größeres Verhältnis D_1/D_{2a} erfordert einen höheren Wert der Konstanten. Abb. 5.2 gibt für die normale Ausführung die Verhältnisse des Eintrittsdurchmessers D_1 zum Austrittsdurchmesser D_{2a} oder D_{2m} wieder. 3. K_u wird durch die Schaufelzahl beeinflußt, die wiederum von der Schaufelbelastung abhängt. Bei kleinen Winkeln β_2 braucht man ein Minimum von etwa sechs Schaufeln für spezifische Drehzahlen bis hinauf zu $n_q = 100$, wogegen acht Schaufeln als die normale Zahl in dem genannten Bereich der spezifischen Drehzahlen angesehen werden kann. Für noch höhere Werte derselben ist die Schaufelzahl geringer. Abb. 8.7 zeigt die

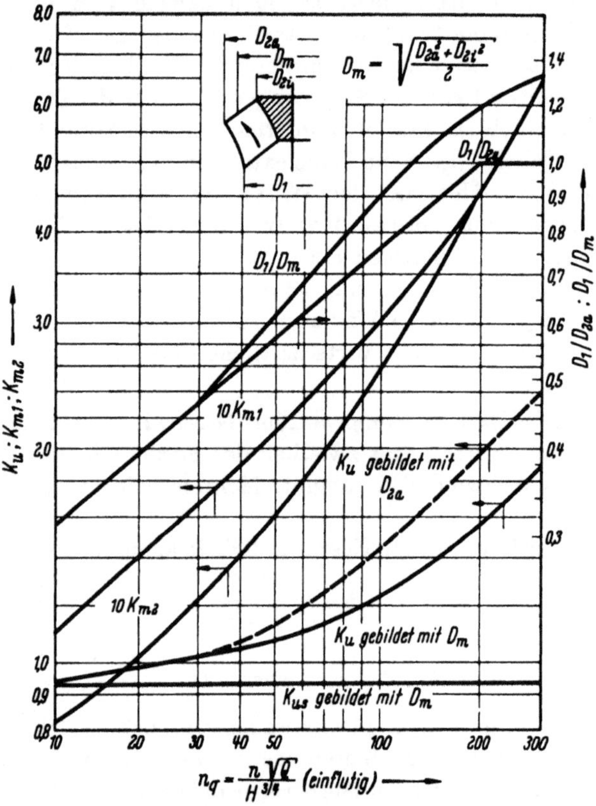

Abb. 5.2. Konstanten des Laufrades

üblicherweise benutzten Schaufelzahlen für axiale und halbaxiale Räder. Die Zahl hängt auch von der Pumpengröße und der Förderhöhe ab, wobei sie bei kleinen Pumpen und solchen mit niedriger Förderhöhe kleiner ist als bei großen. Für spezielle Erfordernisse wie das Fördern von Papiermasse oder Schmutzwasser werden nicht verstopfende Räder, die sogenannten Kanalräder, mit oft nur zwei Schaufeln verwendet[1].

[1] Bei Gebläsen, die Austrittswinkel zwischen 25° und 90° haben, gilt die Daumenregel, daß die Zahl der Schaufeln gleich einem Drittel des Austrittswinkel in Grad ist: $z = \beta_2/3$. Sie ist auch für Kreiselpumpen brauchbar.

Der Wert von K_u hängt ab von der Pumpengröße; er ist um so größer, je kleiner die Pumpe ist. Da der Gesamtwirkungsgrad bei kleinen Pumpen schlechter ist als bei großen, ist ihre Förderhöhe entsprechend klein. Man wählt daher einen größeren Laufraddurchmesser oder einen höheren Wert von K_u.

f) Der Koeffizient der Druckhöhe. Der durch Gl. (5.15) definierte Koeffizient der Druckhöhe steht in festem Zusammenhang mit der Geschwindigkeitskenngröße K_u:

$$\Psi = \frac{1}{2\,K_u^2}. \tag{5.22}$$

Abb. 9.15 in Kap. 9 zeigt die Werte des Koeffizienten Ψ bis zu spezifischen Drehzahlen von $n_q = 80$ und für Winkel zwischen $\beta_2 = 20°$ und $\beta_2 = 90°$.

g) Mittlerer wirksamer Laufraddurchmesser. Die Auftragung der Entwurfskenngrößen für den ganzen Bereich von Laufrädern vom reinen Radialrad bis zum Axialrad ist möglich, wenn die Größen auf die mittleren Durchmesser bezogen werden. Der mittlere wirksame Austrittsdurchmesser (Abb. 5.3) ist definiert durch

$$2\,D_m^2 = (D_{2a}^2 + D_{2i}^2). \tag{5.23}$$

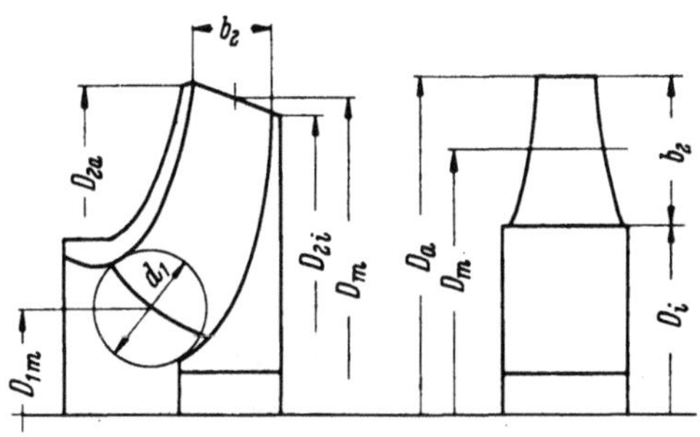

Abb. 5.3. Mittlere wirksame Durchmesser

Für axiale Räder lautet Gl. (5.23)

$$2\,D_m^2 = D_a^2\,(1 + x_i^2), \tag{5.24}$$

wobei x_i das Nabenverhältnis ist; $\left(x_i = \frac{D_i}{D_a}\right)$.

Der mittlere Durchmesser ist so definiert, daß er bei der axialen und halbaxialen Maschine den Flüssigkeitsstrom in zwei gleiche Teile teilt.

h) Die Kenngröße der Fördermenge. Diese Größe ist definiert als

$$K_{m2} = \frac{c_{m2}}{\sqrt{2\,g\,H}}. \tag{5.25}$$

Bei der Berechnung der meridionalen Austrittskomponente c_{m2} aus Ergebnissen von Versuchen im Punkt besten Wirkungsgrades wurde die Leckmenge nicht berücksichtigt. Man braucht also auch bei der Benutzung des Wertes K_{m2} keine Leckmenge in Betracht zu ziehen.

Zum praktischen Gebrauch sind die günstigsten Werte für K_{m2} über der spezifischen Drehzahl für eine kontinuierliche Reihe von Pumpentypen aufgetragen. Die Kontinuität erstreckt sich bis zur Konstruktion der Dichtringe. Diesbezügliche Abweichungen können Fehler von der der Leckmenge entsprechenden Größenordnung bedeuten.

Bei der Berechnung von c_{m2} bzw. K_{m2} sollte die Schaufeldicke berücksichtigt werden. Die auf der Meridiangeschwindigkeit c_{m2} senkrecht stehende Fläche ist um die der Schaufelstärke s_u in tangentialer Richtung entsprechende Fläche kleiner als die Gesamtfläche (Abb. 5.4)

$$c_{m2} = \frac{Q}{F_2} = \frac{Q}{\left[\frac{1}{2}(D_{2a} + D_{2i})\,\pi - z\,s_u\right] d_2}. \tag{5.26}$$

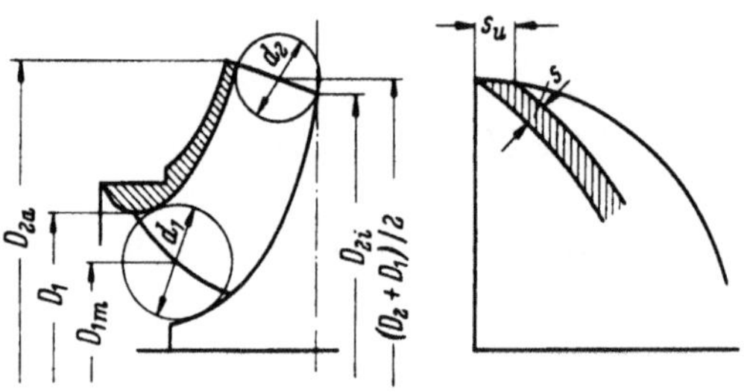

Abb. 5.4. Austritts- und Eintrittsflächen

i) Der Fortschrittsgrad. Der Fortschrittsgrad ist die auf die Umfangsgeschwindigkeit bezogene Meridiangeschwindigkeit.

$$\Phi = c_{m2}/u_2. \tag{5.27}$$

Er ist als Entwurfskenngröße aufzufassen, wenn er für den Punkt besten Wirkungsgrades gebildet wird. Die Meridiangeschwindigkeit ist hier auf die tatsächliche Austrittsfläche bezogen. Die Leckmenge ist vernachlässigt. Nachdem der Koeffizient der Förderhöhe gewählt ist und die Umfangsgeschwindigkeit u_2 feststeht, kann c_{m2} ausgerechnet werden. Der Fortschrittsgrad nimmt bei konstantem Winkel β_2 mit höher werdender spezifischer Drehzahl zu. Bei konstanter spezifischer Drehzahl wächst er mit zunehmendem Winkel β_2 (Abb. 9.15). Aus den bereits genannten Größen ergibt sich Φ zu:

$$\Phi = \frac{K_{m2}}{K_u}. \tag{5.28}$$

i) Die Eintrittsgeschwindigkeit. Zur Vervollkommnung des Laufrades muß die Eintrittsgeschwindigkeit bekannt sein. Sie ist gegeben durch das Verhältnis

$$K_{m1} = \frac{c_{m1}}{\sqrt{2\,g\,H}}. \tag{5.29}$$

Man vernachlässigt hier meist die Schaufelstärke, da die Schaufeln im allgemeinen zugeschärft sind; c_{m1} ist genau genommen die Geschwindigkeit direkt vor dem Eintritt in den Schaufelkanal. Die Leckmenge bleibt wieder unberücksichtigt. Nach Abb. 5.3 ist

$$c_{m1} = \frac{Q}{\pi\,D_{1m}\,d_1}. \tag{5.30}$$

Die Vernachlässigung der Leckmenge bringt einen Fehler in den Winkeln, der bei üblichen Ausführungen unter 1° liegt. Dieser Fehler ist bestimmt weit kleiner als die Ungenauigkeit, die durch die Annahme gleichmäßig verteilter Meridiangeschwindigkeit entsteht.

Abb. 5.2 zeigt, daß üblicherweise die Meridiangeschwindigkeit am Eintritt bei kleinen spezifischen Drehzahlen etwa 1,5mal so groß ist wie am Austritt, während beide Komponenten bei großer spezifischer Drehzahl — also im reinen Axialrad — gleich sind. Diese Regel gilt für durchschnittliche Ansaugbedingungen. Abweichungen in beiden Richtungen sind möglich ohne oder mit nur geringer Einbuße am Wirkungsgrad. Bei vielstufigen Pumpen geht man mit dem Verhältnis von Eintritts- zu Austrittsgeschwindigkeit in Meridianrichtung bis $c_{m1}/c_{m2} = 1{,}625$. Ist dagegen die Druckreserve bis zum Dampfdruck vor Eintritt in die Pumpe nur klein, so hält man die Eintrittsgeschwindigkeit klein, um die Kavitationsgefahr zu vermindern. In diesem Fall ist auch

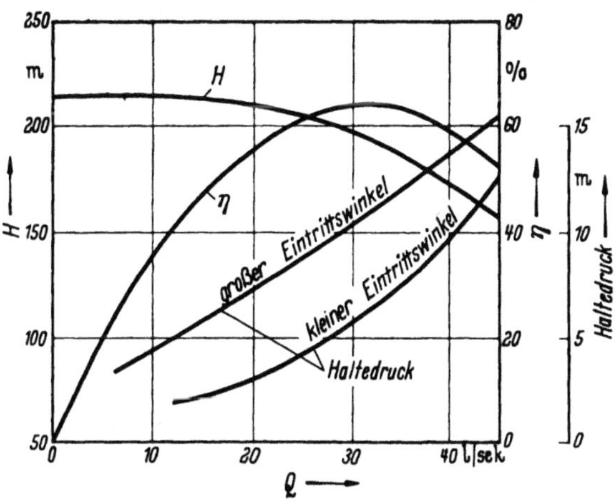

Abb. 5.5. Einfluß des Eintrittswinkels auf die erforderliche Druckreserve (Haltedruck) einer Pumpe. Weite des Saugstutzens 80 mm ⌀; Drehzahl 3550 U/min

bei Radialpumpen die Eintrittsgeschwindigkeit gleich oder sogar kleiner als die Meridiankomponente am Austritt. Die Eintrittswinkel werden in diesem Fall entsprechend klein. Früher war es üblich, die Eintrittswinkel zu „übertreiben"; man hoffte, durch die geringere Schaufelversperrung und die damit verbundenen geringeren Geschwindigkeiten den erforderlichen Haltedruck verkleinern zu können. Es zeigte sich jedoch, daß nicht größere, sondern kleinere Schaufelwinkel zu diesem Ergebnis führen. Die Erscheinung zeigt, daß beim großen Schaufelwinkel am Eintritt Ablösung an der ohnehin empfindlichen Saugseite der Schaufel eintritt, und daß nur noch ein Teil des Kanals für die aktive Strömung zur Verfügung steht. Abb. 5.5 zeigt das Ergebnis von Versuchen mit zwei Laufrädern mit verschieden großen Eintrittswinkeln, die jedoch sonst genau übereinstimmten.

k) Das Eintrittsdreieck. Die Schaufelwinkel am Eintritt richten sich nach den Strömungsdreiecken am Eintritt. Man kann im allgemeinen, wenn die Pumpe nicht besonders kavitationsgefährdet ist, einen „nominellen Vordrall" zulassen, d. h. die Schaufeln steiler stellen als dem „stoßfreien" Eintritt entspricht (Abb. 5.6). Man verschiebt damit den dem stoßfreien Eintritt entsprechenden Punkt im H—Q-Diagramm vom Punkt besten Wirkungsgrades nach rechts. Legt man einen erzwungenen Wirbel zugrunde, so kann der Grad der Winkelabweichung durch das Verhältnis der oben definierten „Steigungsgeschwindigkeit" der Schaufeltangente am Eintritt zur Meridiangeschwindigkeit ausgedrückt werden.

Er liegt in engen Grenzen und beträgt

$$R_1 = s_1'/c_{m1} = 1{,}15 \ldots 1{,}25$$

für fliegend gelagerte einflutige Räder. Bei doppelflutigen Pumpen, wo die Form des Saugrohres etwas Vordrall erzeugt, können etwas höhere Werte zugelassen werden ($R_1 = 1{,}25 \ldots 1{,}35$). Bei kavitationsgefährdeten Anlagen muß R_1 niedrigere Werte haben, wie bereits gezeigt wurde. Durch Wahl eines zu kleinen oder zu großen Verhältnisses R_1 erhält man schlechtere Wirkungsgrade. Aus Abb. 5.6 geht hervor, daß R_1 das Verhältnis der stoßfreien zur tatsächlichen Fördermenge ist. Bei Berücksichtigung der Schaufelverdrängung wird das wahre Verhältnis etwas unter R_1 liegen. Die Verhältnisse am Laufradeintritt sind nur ein Teil der Bedingungen, die die Lage des Punktes besten Wirkungsgrades auf der H—Q-Kurve bestimmen.

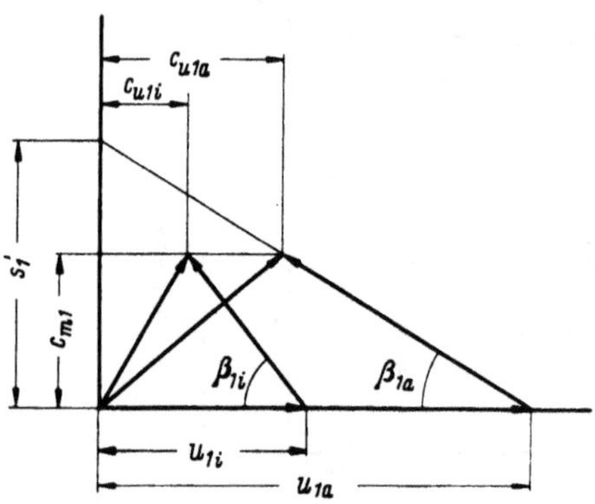

Abb. 5.6. Eingangsdreiecke

l) Die dimensionslose spezifische Drehzahl. Um deutlicher zum Ausdruck zu bringen, daß die spezifische Drehzahl eine dimensionslose Kenngröße ist, die nicht von der absoluten Drehzahl, Menge oder Höhe abhängt, drückt man sie zweckmäßig auch durch dimensionslose Kenngrößen aus. Wir setzen in Gl. (2.6)

$$Q = c_{m2} b_2 \pi (D_{2a} + D_{2i}) \cdot \frac{1}{2}, \tag{5.31}$$

$$n = 60\, u_2/\pi D_m, \tag{5.32}$$

$$H = \Psi u_2^2/g, \tag{5.33}$$

$$\Phi = c_{m2}/u_2 \tag{5.34}$$

und erhalten

$$n \frac{Q^{1/2}}{H^{3/4}} = n_q = 186 \frac{\Phi^{1/2}}{\Psi^{3/4}} \left(\frac{b_2}{D_m}\right)^{1/2} \left(\frac{D_{2a} + D_{2i}}{2 D_m}\right)^{1/2}. \tag{5.35}$$

Dabei sind b_2 die Laufradbreite am Austritt, D_m der wirksame, mittlere Austrittsdurchmesser, $(D_{2a} + D_{2i})/2$ das arithmetische Mittel der Austrittsdurchmesser. Das Verhältnis $(D_{2a} + D_{2i})/2\,D_m$ hat für reine Radialräder den Wert 1 und wird nur für Axialräder mit sehr hohen spezifischen Drehzahlen merklich kleiner als 1, beispielsweise

$$[(D_{2a} + D_{2i})/2\,D_m]^{1/2} = 0{,}965 \text{ für } n_q = 240\,.$$

Bei Axialpumpen ist $b_2 = (D_a - D_i)/2$, so daß man

$$n_q = 132\left(\frac{1 - x_i^2}{1 + x_i^2}\right)^{1/2} \frac{\Phi^{1/2}}{\Psi^{3/4}} \tag{5.35a}$$

erhält, wobei $x_i = \dfrac{D_i}{D_a}$ das sogenannte Nabenverhältnis ist, eine wichtige Kenngröße für Axialräder.

Da für ähnliche Räder das Verhältnis b_2/D_m konstant ist, kann die Kenngröße

$$\omega_s = \Phi^{1/2}\,\Psi^{3/4} \tag{5.36}$$

als weitere Kenngröße zum Vergleich ähnlicher Räder benutzt werden. In Abb. 9.13 können Linien konstanter Werte ω_s gezeichnet werden, indem man Ψ variiert und Φ ausrechnet. Die Linien konstanten Wertes ω_s sind also ein Teil des Koordinatensystems und hängen nicht von absoluten Größen ab. Bei gegebenem Meridianschnitt des Laufrades, also konstantem Verhältnis b_2/D_m sind diese Linien auch gleichzeitig Linien konstanter spezifischer Drehzahl, wie aus Gl. (5.35) ersichtlich ist.

5.3. Verkleinerung des Laufraddurchmessers

Um Förderhöhe und Fördermenge einer vorliegenden Kreiselpumpe herabzusetzen, verkleinert man gewöhnlich den Laufraddurchmesser durch Abdrehen. Die Regeln zur Abschätzung der Kennlinie einer gegebenen Pumpe bei verkleinertem Laufraddurchmesser ergeben sich aus den Ähnlichkeitsgesetzen. Die Wirkung der Verkleinerung ist nicht gleich für Radial-, Halbaxial- und Axialmaschinen; jeder Typ wird für sich behandelt.

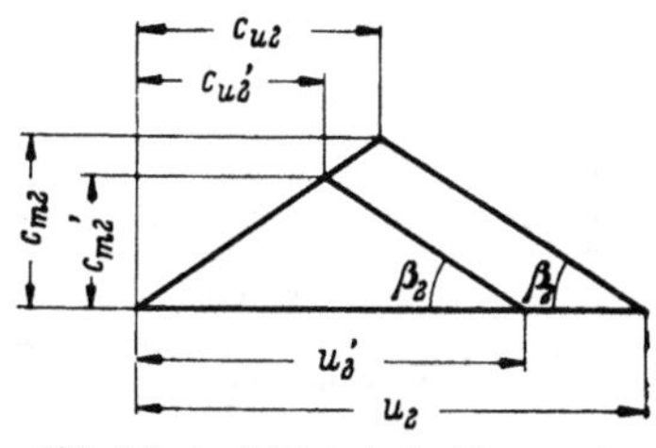

Abb. 5.7. Austrittsdreiecke für ursprüngliches und verkleinertes Laufrad

a) Radialräder. Verkleinert man den Außendurchmesser eines Radialrades, so erhält man ein neues Eulersches Austrittsdreieck, das dem alten ähnlich ist (Abb. 5.7).

Die Geschwindigkeiten sind im Verhältnis der Durchmesser D_2'/D_2 reduziert. Ist kein Vordrall vorhanden, so erhält man die folgenden Regeln zur Voraussage der neuen Kennlinie. Nach den Ähnlichkeitsgesetzen verändert sich die Fördermenge linear, die Förderhöhe quadratisch und die Leistung mit der dritten Potenz des Durchmessers. Jedoch gelten diese Regeln nur annähernd, da der Wirkungsgrad abnimmt, anstatt — wie angenommen — konstant zu bleiben. Die Verkleinerung des Wirkungsgrades hat die folgenden Ursachen:

1. Im ursprünglichen Zustand sind die Schaufeln zugeschärft. Die abgedrehten, stumpfen Schaufelenden verursachen größere Wirbel-

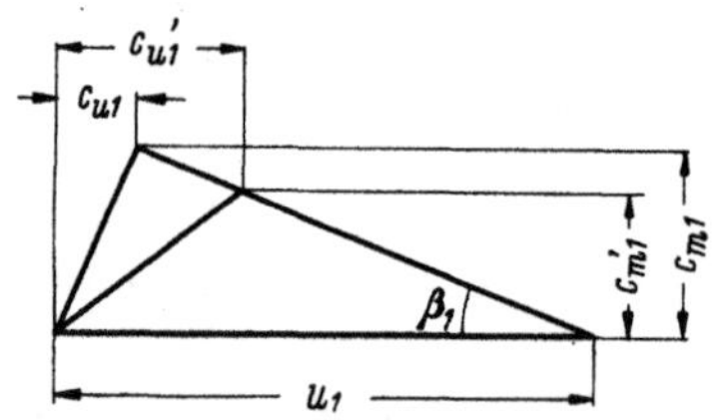

Abb. 5.8. Eintrittsdreiecke für ursprüngliches und verkleinertes Laufrad

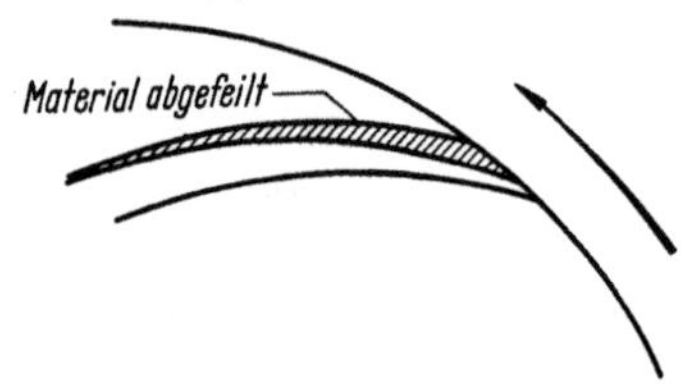

Abb. 5.9. Anschärfen der Schaufeln

verluste in der Spirale. Dieser Effekt kann teilweise oder ganz beseitigt werden durch erneutes Anschärfen der Schaufeln durch Überfeilen (Abb. 5.9).

2. Die Verkleinerung des Raddurchmessers hat zur Folge, daß der Weg der Flüssigkeitsteilchen bis zum Erreichen des Austrittsstutzens länger als im Normalfall ist.

3. Ist der Eintrittswinkel β_1 übertrieben, dann verschiebt sich der Punkt besten Wirkungsgrades vom Punkt stoßfreien Eintritts weg, was in Abb. 5.8 durch den erhöhten nominellen — d. h. dem Schaufelwinkel entsprechenden — Vordrall zum Ausdruck kommt.

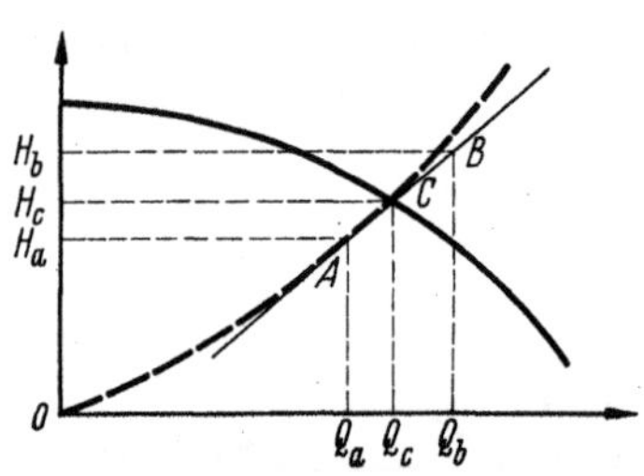

Abb. 5.10. Bestimmung der Durchmesserverkleinerung

4. Der mechanische Wirkungsgrad nimmt ab, da die mechanischen Verluste, z. B. von Stopfbüchse und Lagern, absolut gleichbleiben, während die Ausgangsleistung mit der dritten Potenz des Durchmessers abnimmt.

Die in Abb. 5.10 dargestellte Methode zeigt die Ermittlung des benötigten neuen Durchmessers, wenn die Drosselkurve der Pumpe, die mit dem Originalrad erzeugt wird, bekannt ist. Die verlangten Daten sind H_a und Q_a entsprechend dem Punkt A unter der Drosselkurve. Man nimmt eine weitere beliebige Fördermenge Q_b wenig oberhalb der Kurve und rechnet die zugehörige Höhe H_b aus den einfachen Ähnlichkeitsgesetzen aus.

$$H_b = H_a \left(\frac{Q_b}{Q_a}\right)^2 .$$

Verbindet man A mit B, so erhält man den Punkt C auf der ursprünglichen Drosselkurve, in dem die Pumpe annähernd mit gleichem Wirkungsgrad arbeitet wie im verlangten Punkt A. Abweichungen, die bei nicht zu großer Abnahme nicht bedeutend sind, entstehen durch die oben angeführten Einschränkungen. Das Durchmesserverhältnis, mit dem das Laufrad zu verkleinern ist, beträgt Q_a/Q_c. Die Linie AB ist eine Parabel, die Punkte ähnlicher Geschwindigkeitsdreiecke oder gleicher spezifischer Drehzahl miteinander verbindet. Sie kann genau genug durch eine Gerade ersetzt werden, wenn die Punkte nicht zu weit auseinander liegen. Das so ausgerechnete Verhältnis Q_a/Q_c ist wegen Wirkungsgradverschlechterung und Förderhöhenminderung etwas zu klein. Abb. 5.11 gibt das am zweckmäßigsten zu wählende Reduktionsverhältnis in Abhängigkeit vom errechneten wieder. Die Korrektur gilt auch nur angenähert genau, die Genauigkeit sinkt mit steigender spezifischer Drehzahl.

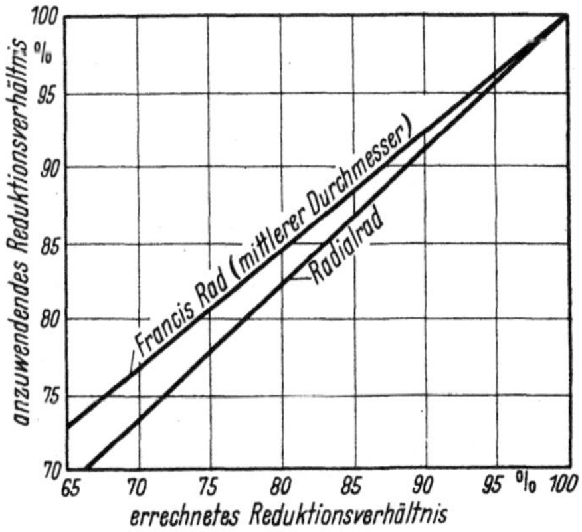

Abb. 5.11. Korrektur zur Berechnung der Laufradverkleinerung

b) Axialräder. Eine Verkleinerung des Außendurchmessers eines Axialrades würde ein neues Gehäuse oder ein Füllstück zur Anpassung des Laufrades an das unverändert gebliebene Rohr erfordern. Aus diesem Grunde wendet man dieses Mittel in der Praxis selten an. Bezugnehmend auf das vorige Kapitel und die Abb. 4.5 kann folgendes festgestellt werden: 1. die Fördermenge ändert sich linear wie die effektive Schaufelradfläche, wenn die Axialgeschwindigkeit gleichbleibt; 2. die Förderhöhe am Außenradius verhält sich wie das Quadrat der Durchmesser. Die neue Höhe H' ist das Mittel aus der Höhe an der Nabe und an dem neuen Außenradius.

$$2\,H' = H_i + H_a \left(\frac{D_a'}{D_a}\right)^2. \tag{5.37}$$

Axialräder, deren Förderhöhe über dem Radius konstant ist, behalten dieselbe bei Verkleinerung des Rades bei.

In Kap. 8 wird gezeigt werden, daß die Förderhöhe eines Axialrades mit der Schaufellänge verknüpft ist. Eine Verminderung der Schaufellänge ist jedoch unpraktisch, weil der Wirkungsgrad dabei meist untragbar schlecht wird.

c) Halbaxiale Räder. Halbaxiale Räder verhalten sich bei Durchmesserverkleinerung nicht so günstig wie Radialräder, da die Schaufelüberdeckung kleiner ist. Es ist zweckmäßig, nur den Außendurchmesser zu reduzieren und die Schaufeln an der Nabe stehenzulassen. Linie *AD* in Abb. 5.12 ist die ursprüngliche Austrittskante der Schaufel, *BD* oder *CD* entstehen durch Abdrehen. Die Umrechnung von Förderhöhe und Fördermenge an Hand des Verhältnisses der Außendurchmesser ist nicht zuverlässig. Für ein gegebenes Schaufelprofil kann das Verhältnis *BE*/*AE* bzw. *CE*/*AE* der Schaufellängen als Richtlinie für die notwendige Reduzierung dienen.

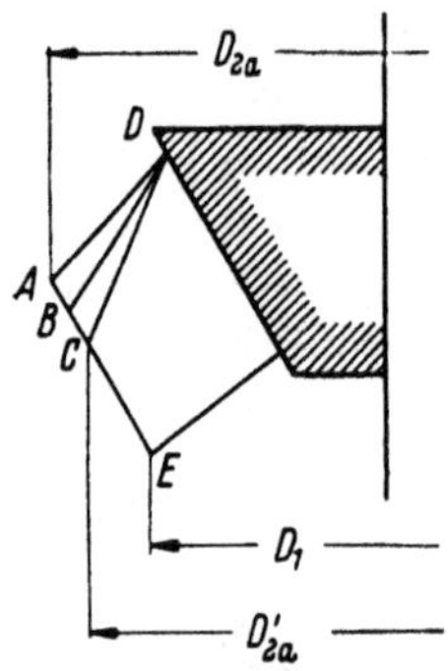

Abb. 5.12. Abdrehen eines halbaxialen Rades

Bemerkungen: 1. Im Zusammenhang mit den in diesem Kapitel gegebenen Richtlinien zum Pumpenentwurf soll darauf hingewiesen werden, daß ein Fortschritt in der Arbeitsweise der Pumpen nur erzielt werden kann, wenn man aus den grundlegenden Größen neue Formen entwickelt. Diese Art des Entwerfens ist in gewissem Sinne eine Art Experimentieren. Es hängt vom Geschick des Konstrukteurs ab, die Entwicklung nach der Seite besseren Wirkungsgrades zu lenken. Gewinnt man die verlangten Räder dagegen immer nur durch Verkleinern oder Vergrößern bereits vorhandener Typen, so kann man dabei natürlich keine Verbesserung erwarten.

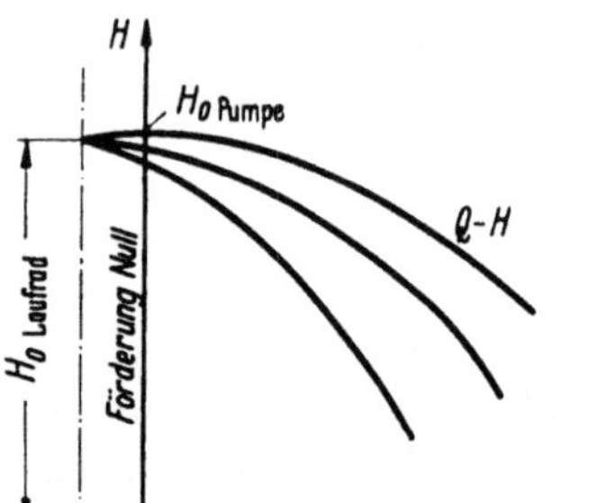

Abb. 5.13. Einfluß der Leckmenge auf die Höhe bei Förderung null

2. Den in den Abb. 5.2, 9.13 und 9.14 wiedergegebenen Entwurfskenngrößen liegen Versuchsergebnisse einer großen Anzahl von Kreiselpumpen und Kreiselgebläsen über einen weiten Bereich spezifischer Drehzahlen und Austrittswinkel zugrunde. Gewisse Abweichungen von diesen Kurven sind zu erwarten, da nicht alle die Charakteristik beeinflussenden Größen erfaßt werden konnten, wie sie besonders bei Maschinen hoher spezifischer Drehzahlen der axialen und halbaxialen Bauweise auftreten. Diese Größen sind beispielsweise: Nabenverhältnis, Schaufelzahl, Schaufellänge und der Winkel, den die Nabe im Meridianschnitt mit der Achse bildet.

3. Die gemessene Förderhöhe H_{0P} bei geschlossenem Schieber ist von der Förderhöhe H_{0L} ohne Förderung durch das Laufrad verschieden. Der Unterschied wird hervorgerufen durch die Leckmenge. Abb. 5.13

zeigt dies deutlich; hier sind drei Kurven verschiedener Laufräder mit gleichem Durchmesser gezeichnet. Der Schnittpunkt der steilsten Kurve mit der Ordinate der Pumpe liegt am tiefsten, der der flachsten hat den höchsten Wert. Außerdem weisen Pumpen mit einem Maximum in der Charakteristik (sogenannte instabile Kennlinien) bei geschlossenem Schieber eine kleinere Förderhöhe auf als Pumpen mit einsinnig steigender Kennlinie, was mit den besonders hohen Verlusten dieser Pumpenart bei sehr kleiner Förderung zu erklären ist. Dies sind die Gründe für die Streuung des Wertes K_{u0}.

4. Die Förderhöhe bei geschlossenem Schieber wird durch die Form des Gehäuses beeinflußt. Das gleiche Laufrad in einer kleinen Spirale erzeugt eine größere Höhe H_0 als in einer größeren. Ebenso ergibt ein kleinerer Leitradwinkel eine größere Höhe bei Fördermenge null. Dem entspricht eine Verschiebung des Punktes besten Wirkungsgrades zu kleineren Fördermengen. In dem in Abb. 14.19 dargestellten Beispiel ist das Gehäuse mit verstellbaren Schaufeln ausgerüstet. Die Förderhöhe des Laufrades ist selbstverständlich in allen Fällen gleich. Bei flacheren Leitradwinkeln wird lediglich ein größerer Betrag an dynamischer Druckhöhe angezeigt.

6. Entwurf des Laufrades

6.1. Problemstellung

Die Auslegung des halbaxialen Rades ist die schwierigste zeichnerische Aufgabe beim Pumpenentwurf. Zwei Methoden sind in Gebrauch. Bei der ersten, älteren Art werden Austritts- und Eintrittsende wie bei einer ebenen Schaufel auf dem die Deckfläche jeweils tangierenden Kegel konstruiert. Die Konstruktion wird in die Draufsicht übertragen, aus dem die für den Modellbau benötigten Schaufelschnitte gewonnen werden. In der zweiten neueren Methode werden zuerst die wahren Größen wie Winkel, Längen und Dicke festgelegt und daraus die Stromlinien in der Draufsicht konstruiert. Diese von Kaplan angegebene Methode soll in diesem Kapitel allein behandelt werden, da sie entschiedene Vorteile vor der alten Kegelmethode hat.

Der Entwurf eines Laufrades kann in zwei Phasen eingeteilt werden. Die erste besteht in der Wahl geeigneter Geschwindigkeiten und Schaufelwinkel, die die vorgeschriebene Leistung mit dem besten Wirkungsgrad umsetzen. Der zweite Teil ist die Konstruktion des Rades mit den gewählten Winkeln und Flächen. Die erste Phase des Entwurfs wird hier nicht diskutiert. Liegt eine Zusammenstellung von Grundgrößen vor, so ist es möglich, mehrere, in der Charakteristik verschiedene Räder damit auszulegen. Deshalb sind Geschick und Erfahrung notwendig, die Forderungen zur Erzielung des besten Wirkungsgrades jeweils zu erkennen.

Im folgenden sind die zum Entwurf unbedingt notwendigen Grundgrößen aufgezählt (Abb. 3.1):

1. Meridiangeschwindigkeit c_{m1} am Laufradeintritt.
2. Meridiangeschwindigkeit c_{m2} am Laufradaustritt.
3. Umfangsgeschwindigkeit u_2 am Austritt.
4. Schaufelwinkel β_1 am Eintritt.
5. Schaufelwinkel β_2 am Austritt.

Diese Größen reichen aus, um die EULERschen Geschwindigkeitsdreiecke, den Meridianschnitt und die Draufsicht auf das Laufrad zu konstruieren.

6.2. Geometrische Beziehungen

Bevor die Entwicklung der räumlich gekrümmten Schaufel besprochen wird, sollen einige für die weitere Diskussion notwendige geometrische Beziehungen festgestellt werden.

a) Der Winkel α zwischen zwei sich schneidenden Ebenen A und B (Abb. 6.1) ist gleich dem Winkel zwischen den Normalen CO und DO auf den Ebenen, die in einem beliebigen Punkt der Schnittgeraden errichtet werden. Offensichtlich liegen beide Normalen in einer Ebene, die sowohl auf A wie auf B senkrecht steht. Die Schnittlinien EO und FO dieser Ebene mit A und B bilden ebenfalls den Winkel α.

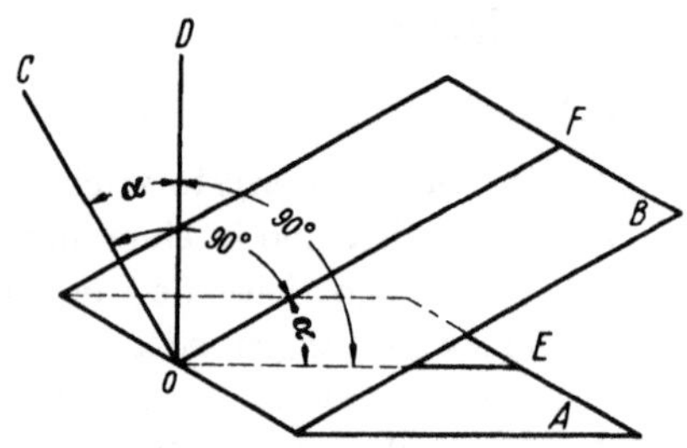

Abb. 6.1. Winkel zwischen zwei Ebenen

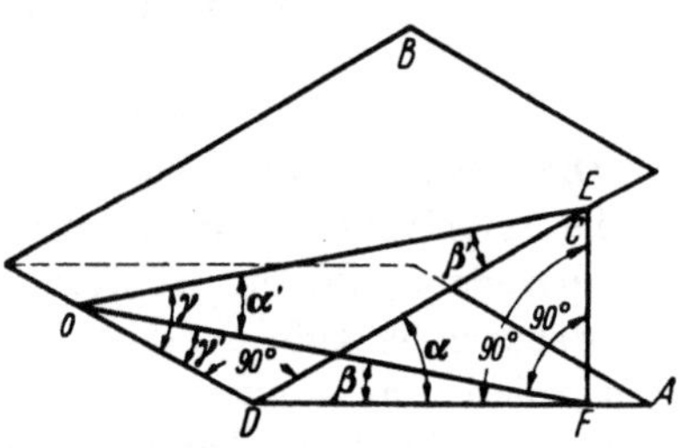

Abb. 6.2. Projektion von Winkeln auf eine Ebene

b) Wenn zwei Ebenen A und B (Abb. 6.2), die einen Winkel α einschließen, von einer dritten Ebene C senkrecht auf A geschnitten werden, dann bilden die Schnittlinien von C mit A und B einen Winkel α', der mit α in folgender Beziehung steht

$$\operatorname{tg}\alpha' = \operatorname{tg}\alpha \cos\beta\,. \tag{6.1}$$

Dabei ist β der Winkel zwischen C und einer Ebene, die sowohl auf A wie auf B senkrecht steht. Bildet das Dreieck EFD eine solche Ebene, dann ist

$$\operatorname{tg}\alpha = \frac{EF}{DF}\,; \qquad \operatorname{tg}\alpha' = \frac{EF}{OF}\,; \qquad \frac{DF}{OF} = \cos\beta\,;$$

$$\frac{\operatorname{tg}\alpha'}{\operatorname{tg}\alpha} = \cos\beta\,.$$

c) Ein Winkel γ soll so in der Ebene B liegen, daß sein einer Schenkel der Schnittlinie OD von A und B parallel ist oder mit dieser zusammenfällt (Abb. 6.2). Dann ergibt sich der in die Ebene A projizierte Winkel γ' zu

$$\mathrm{tg}\gamma' = \mathrm{tg}\gamma \cdot \cos\alpha, \tag{6.2}$$

weil

$$\frac{DE}{OD} = \mathrm{tg}\gamma; \qquad \frac{DF}{OD} = \mathrm{tg}\gamma'; \qquad \frac{DF}{DE} = \cos\alpha.$$

d) In ähnlicher Weise kann gezeigt werden, daß der Winkel β', dessen einer Schenkel senkrecht auf der Schnittlinie OD steht, zu seiner Projektion in folgender Beziehung steht:

$$\mathrm{tg}\beta = \mathrm{tg}\beta'/\cos\alpha. \tag{6.3}$$

Spitze Winkel werden also durch Projektion verkleinert, wenn ihr einer Schenkel der Schnittlinie der betrachteten Ebenen parallel ist und vergrößert, wenn er senkrecht darauf steht.

6.3. Einfach gekrümmte Schaufel

Wird eine Schaufel einfach gekrümmt, das heißt so ausgelegt, daß der Winkel β_1, der in der Draufsicht erscheint, an der vorderen und hinteren Deckscheibe gleich ist (Abb. 6.3), dann ist der wirkliche Winkel

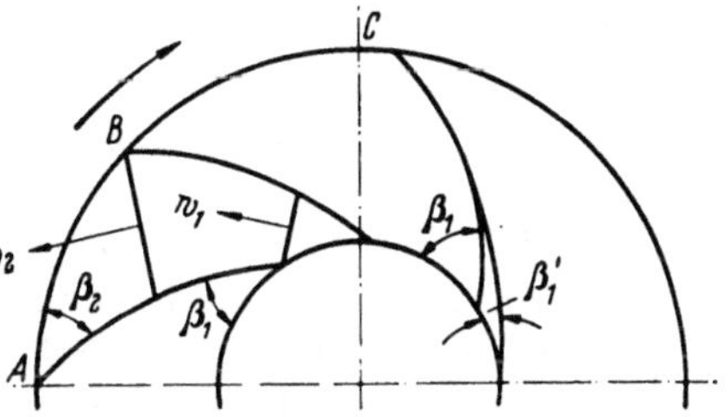

Abb. 6.3. Einfach gekrümmte Schaufel

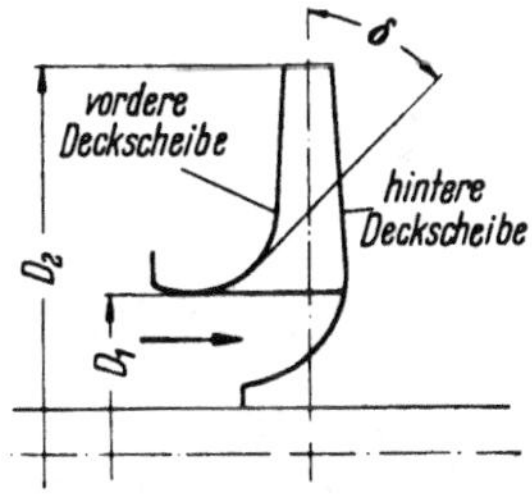

Abb. 6.4. Meridianschnitt eines Rades mit einfach gekrümmten Schaufeln

zwischen der Schaufel in Richtung der Relativströmung und der Umfangsgeschwindigkeit an der Vorderseite beträchtlich größer als β_1. Der wahre Winkel β_{1f} ergibt sich aus dem in die Meridianebene projizierten Winkel β_1 nach Ziff. *c)* des vorigen Abschnitts zu

$$\mathrm{tg}\beta_{1f} = \mathrm{tg}\beta_1/\cos\delta; \tag{6.4}$$

dabei ist δ der Winkel zwischen der die vordere Deckscheibe am Schaufeleintritt tangierenden Ebene und der Ebene senkrecht zur Achse; beide Ebenen stehen senkrecht auf der Meridianebene (Papierebene in Abb. 6.4). Die Schnittlinie beider Ebenen, der der eine Schenkel von β_1 parallel ist, ist die durch den vordersten Punkt der Eintrittskante gelegte Linie in Umfangsrichtung.

Ist beispielsweise der Winkel in der Draufsicht $\beta_1 = 20°$ und $\delta = 45°$, ein Wert, der für Räder mit einfach gekrümmten Schaufeln durchaus gebräuchlich ist, dann ergibt sich der wahre Wert zu $\beta_{1f} = 27°$. Da jedoch die Umfangsgeschwindigkeit für alle Punkte längs der Eintrittskante (Abb. 6.4) konstant ist, sollte der wahre Schaufelwinkel ebenfalls konstant sein, um dem Strömungsdreieck überall gleichmäßig entsprechen zu können. Das bedeutet, daß die Projektion, also der Winkel β_1' an der vorderen Ecke in der Draufsicht kleiner sein muß als der wahre Winkel β_{1f}. An der hinteren Ecke stimmt der Winkel β_1 in der Projektion mit dem wahren Winkel β_{1f} überein, da hier $\delta = 90°$ ist, so daß

$$\operatorname{tg}\beta_1' = \operatorname{tg}\beta_1 \cos\delta \text{ ist.} \tag{6.5}$$

Dies ist dargestellt in Abb. 6.3. Es bedeutet, daß eine Schaufel im allgemeinen doppelt gekrümmt sein müßte, auch wenn die Schaufelkante achsparallel verläuft. Eine einfach gekrümmte Schaufel ist strenggenommen nur möglich, wenn beide Deckscheiben rein radial verlaufen.

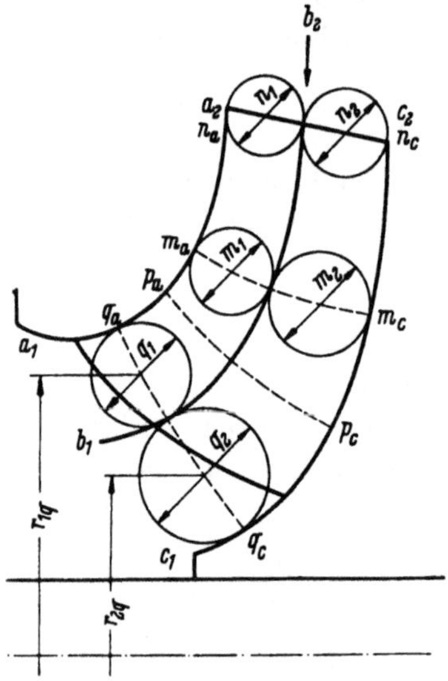

Abb. 6.5. Meridianschnitt durch ein Rad mit doppelt gekrümmter Schaufel

Außerdem sind spitze Winkel zwischen Schaufel und Deckscheibe bei Verwendung einfach gekrümmter Schaufeln nicht zu vermeiden; deshalb wird die Schaufel vorgezogen (Bild 6.5), so daß die Eintrittskante nicht mehr achsparallel verläuft und die doppelt gekrümmte Schaufel entsteht, die mit den Deckscheiben jeweils einen Winkel von annähernd 90° bilden soll.

Da hier verschiedene Stromlinien $a_1 a_2$, $b_1 b_2$, $c_1 c_2$ (Abb. 6.5) auf verschiedenen Radien in den Schaufelkanal eintreten, müssen auch die wahren Schaufelwinkel für stoßfreien Eintritt verschieden groß sein. Die notwendige Änderung der Schaufelwinkel wirkt sich erleichternd auf die Aufgabe aus, die Schaufel möglichst rechtwinklig auf beide Deckscheiben zu stellen.

6.4. Halbaxiale Laufräder

Zur Herstellung des Modells eines halbaxialen Rades braucht man Zeichnungen vom Meridianschnitt, der die Form der Deckscheiben zeigt, von der Schaufeleintritts- und -austrittskante und von den sogenannten „Schreinerschnitten", d. h. Schnitten in mehreren Ebenen senkrecht zur Achse.

Folgende Punkte sollen bei der Entwicklung eines halbaxialen Laufrades beachtet werden.

a) Das Vorziehen der Schaufeln in den Laufradeintritt verbessert den Wirkungsgrad und verringert die Minderleistung durch größere Überdeckung der Schaufeln; der erforderliche Außendurchmesser wird bei fester Förderhöhe kleiner. Die Stoßverluste verbrauchen weniger Leistung, da sie an einem kleineren Radius auftreten, und die Scheibenreibung ist kleiner.

Der Einfluß des Eintrittsdurchmessers auf die Gesamtförderung ist aus der Betrachtung der Turbinengleichung für die verlustlose Förderhöhe

$$H_M = \frac{u_2\, c_{u2} - u_1\, c_{u1}}{g}$$

zu ersehen.

In normalen Pumpenkonstruktionen ist es nicht möglich, Vordrall vollständig zu unterdrücken. c_{u1} ist also nicht null. Der leistungsmindernde Ausdruck $u_1\, c_{u1}$ nimmt mit kleiner werdendem Eintrittsdurchmesser ab. Jedoch gibt es eine Grenze, über die hinaus man im Interesse eines guten Wirkungsgrades die Schaufeln nicht in den Radeintritt vorziehen sollte. Wirkungsgradverschlechterung tritt ein, wenn spitze Winkel zwischen Deckscheiben und Schaufeln auftreten, wenn unnötige Schaufelreibung auftritt und wenn die Reinigung des Gußstückes nicht sauber genug erfolgen kann.

b) Der Meridianschnitt des Rades wird so festgelegt, daß sich die Meridiangeschwindigkeit von ihrem Anfangswert c_{m1} bis zum Endwert c_{m2} stetig ändert.

c) Die Darstellung der Eintrittskante im Meridianschnitt geschieht in der Zirkularprojektion. Hierbei werden Punkte, die sich nicht in einer Ebene befinden, durch Drehung um die Achse in die Zeichenebene gebracht. Ebenso sind die Stromlinien $a_1 a_2$, $b_1 b_2$, $c_1 c_2$ (Abb. 6.5) Zirkularprojektionen der räumlichen Flüssigkeitswege. Die Projektionen der Stromlinien $a_1 a_2$ und $c_1 c_2$ sind gleichzeitig die wirklichen Schnittlinien mit den Innenseiten der Deckscheiben. Die Krümmung der Scheiben sollte so gleichmäßig wie möglich sein, um Unstetigkeiten im Geschwindigkeits- und Druckverlauf möglichst klein zu halten.

Die Schaufelkante am Eintritt wird so eingezeichnet, daß sie im Meridianschnitt auf beiden Deckscheiben etwa senkrecht steht.

d) Die Stromlinien bilden eine Schar von Konstruktionslinien. Die Zahl der zur genauen Bestimmung der Oberfläche notwendigen Stromlinien hängt von der Laufradbreite und seiner jeweiligen Größe ab und ist ein Erfahrungswert. Die Stromlinien werden so entworfen, daß die Drehflächen, die durch sie erzeugt werden, die Strömung in Teile gleichen Durchsatzes zerlegen. Ebenso wie bei der Turbinentheorie, die zuerst halbaxiale Räder entwickelte, nimmt man an, daß die Meridiangeschwindigkeit längs der Normalen auf den Stromlinien konstant ist ($n_a n_c$, $m_a m_c$, $p_a p_c$, $q_a q_c$; Abb. 6.5). Daraus folgt auch, daß die Meridiangeschwindigkeiten längs der Eintrittskante nur dann konstant sind, wenn diese eine Normale zu den Stromlinien bildet.

Die Normalen werden zuerst nach Augenmaß in den Meridianschnitt eingezeichnet und geteilt in n_1, n_2; m_1, m_2; q_1, q_2 (Abb. 6.5); so daß

$$2\pi r_{1q} q_1 = 2\pi r_{2q} q_2$$

oder

$$r_{1q} q_1 = r_{2q} q_2 \,. \tag{6.6}$$

Dabei sind r_{1q} und r_{2q} die Radien der Schwerpunkte der Abschnitte q_1 und q_2. Dies wird für jede Normale wiederholt.

Bei breiten und großen Rädern, die vier oder fünf Stromlinien erfordern, benötigt man für die Einteilung der Normalen in Abschnitte nach Gl. (6.6) viel Zeit und Geduld. Eine Genauigkeit zwischen 3% und 5% ist als zufriedenstellend anzusehen.

6.5. Die Kaplansche Methode

Das Prinzip, nach dem die Stromlinien im Aufriß gezeichnet werden, wird jetzt beschrieben. In Abb. 6.6a sei eine Stromlinie $c_1 c_2$ auf der

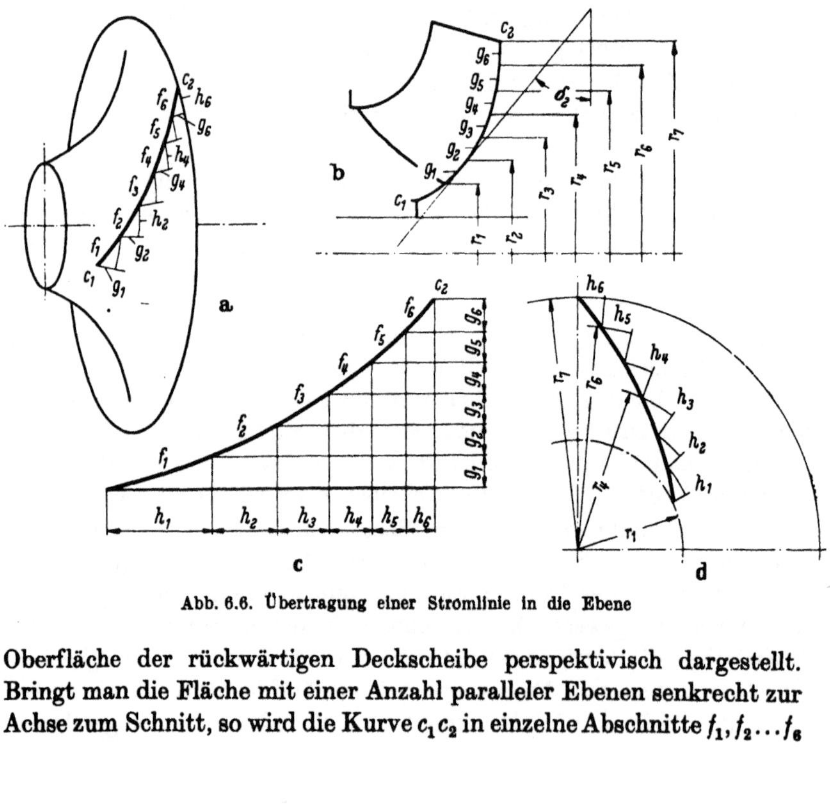

Abb. 6.6. Übertragung einer Stromlinie in die Ebene

Oberfläche der rückwärtigen Deckscheibe perspektivisch dargestellt. Bringt man die Fläche mit einer Anzahl paralleler Ebenen senkrecht zur Achse zum Schnitt, so wird die Kurve $c_1 c_2$ in einzelne Abschnitte $f_1, f_2 \dots f_6$

zerlegt. Die Schnittkurven der Deckscheibe mit den Ebenen bilden eine Schar konzentrischer Kreise (h_1, $h_2 \dots h_6$). Durch die Schnittpunkte der Kurve $c_1 c_2$ mit den konzentrischen Kreisen sind Meridianebenen gezeichnet, die die Fläche der Deckscheibe in den Kurvenstücken g_1, $g_2 \dots g_6$ schneiden. Diese Kurvenstücke bilden zusammen mit den Kreisbögen $h_1 \dots h_6$ und den Abschnitten $f_1 \dots f_6$ der Kurve $c_1 c_2$ eine entsprechende Anzahl von krummlinigen Dreiecken, die mit einer Annäherung, die um so besser ist, je kleiner die Dreiecke sind, wie ebene Dreiecke behandelt werden können (s. auch Abb. 6.6b und d). Nun stellt man sich alle Dreiecke auseinandergeschnitten und auf eine Ebene übertragen vor, so daß die Kreisabschnitte $h_1 \dots h_6$ durch parallele Geraden und die Kurvenstücke $g_1 \dots g_6$ durch darauf senkrecht stehende gerade Strecken ersetzt werden. Dann bildet der Kurvenzug $f_1 \dots f_6$ eine Abbildung der räumlichen Kurve $c_1 c_2$ (Abb. 6.6c), deren Winkel zur Richtung der Parallelen h überall angenähert mit dem entsprechenden Winkel der räumlichen Kurve übereinstimmt und die auch etwa die gleiche Länge hat. Offensichtlich ist die Annäherung um so besser, je feiner die Unterteilung gewählt wird.

Im Meridianschnitt erscheint die Stromlinie $c_1 c_2$ wie in Abb. 6.6b gezeigt, $r_1 \dots r_6$ sind die Radien der Kreisschar. Die Draufsicht auf die Stromlinie kann gezeichnet werden (Abb. 6.6d). Die Abstände $h_1 \dots h_6$ der Meridianebenen erscheinen unverzerrt in der ebenen Abbildung der Stromlinie und in der Draufsicht. Die Schnitte der Meridianebenen mit den Kreisbögen ergeben den Kurvenverlauf in der Draufsicht.

Zur Anwendung der Methode auf die Schaufelauslegung geht man wie folgt vor:

a) Der Meridianschnitt mit den drei Stromlinien wird, wie bereits beschrieben, gezeichnet (Abb. 6.7a).

b) Die ebene Abbildung der Schaufel (Abb. 6.7b) erfolgt entsprechend dem Meridianschnitt und den gewählten Ein- und Austrittswinkeln. Die Schaufeldicke s erscheint ebenfalls in dieser Abbildung.

Zur Konstruktion der Abbildung teilt man eine der Stromlinien ($a_1 a_2$) in eine Anzahl Abschnitte und trägt die gleichen Abschnitte auf den anderen Stromlinien ab (*1a* ... *8a*; *1b* ... *10b*; *1c* ... *11c*). Auf diese Weise erhalten die Teildreiecke für verschiedene Stromlinien gleiche Höhe g. Dann zeichnet man Parallelen im Abstande $g_1 \dots g_6$ und trägt die Abbildung ein. Die Schaufeldicke ist bei $c_1 c_2$ ebenfalls mit eingetragen. Sie braucht nicht längs einer Stromlinie oder quer dazu konstant zu sein, sondern kann je nach strömungstechnischen oder gußtechnischen Anforderungen variiert werden. Obwohl es einerseits bequemer ist, Schaufelschnitte zur Entwicklung mit einem Abstand voneinander zu zeichnen, so ist es andererseits doch nützlich, die Abbildung verschiedener Stromlinien in ihrer tatsächlichen gegenseitigen Lage vorzunehmen, wie es in Abb. 6.7 b dargestellt ist. Die Stromlinien sollen in der Abbildung nicht zu große Unterschiede ihres gegenseitigen Abstandes aufweisen und

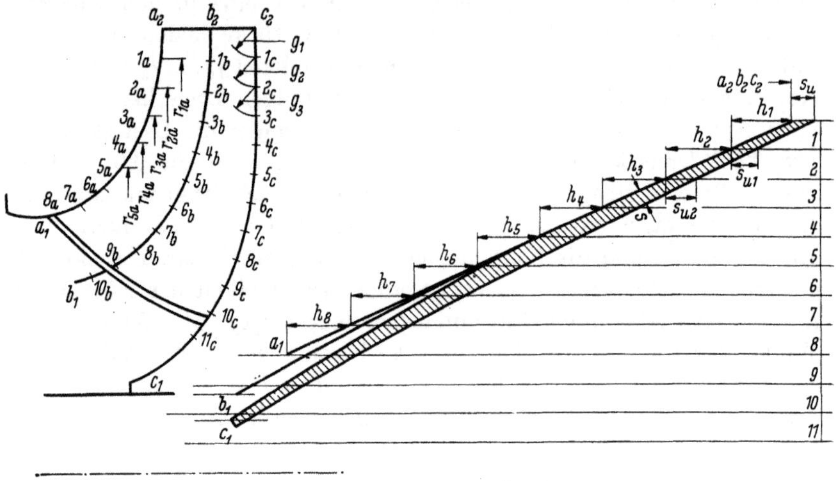

a b

Abb. 6.7 a u. b. Meridianschnitt und ebene Abbildung einer Schaufel

ihre Endpunkte sollen eine glatte Kurve bilden. Damit wird erreicht, daß die räumliche Schaufelkante selbst auch eine glatte Kurve ist. Die Dreiecke werden nur für eine Seite der Schaufel, hier die Vorderseite, gezeichnet (Abb. 6.7 b).

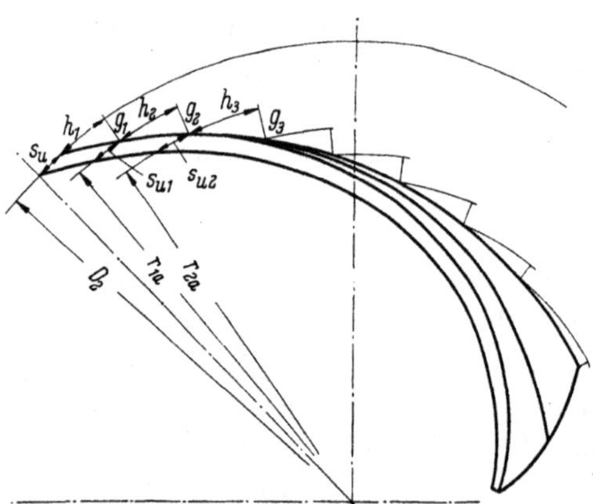

c

Abb. 6.7 c. Draufsicht auf Schaufelrad

c) Die durch die Einteilung gewonnenen Abschnitte einer Stromlinie (hier $a_1 a_2$) werden in die Draufsicht übertragen (Abbildung 6.7 c). Von einem beliebigen Punkt des Umfangs aus werden die Dreiecke, deren eine Seite jeweils ein Kreisbogen ist, gezeichnet. Die Radien der Kreisbögen werden aus dem Meridianschnitt (Abb. 6.7 a) übernommen. Die Abstände $h_1 \ldots h_8$ der Punkte auf den Kreisbögen werden aus der Abbildung der Schaufel übernommen. Durch Verbinden der erhaltenen Punkte zu einer Kurve erhält man die Projektion der Stromlinie.

Zum Zeichnen der Schaufelrückseite trägt man die aus der Abbildung zu entnehmende Schaufelstärke in Umfangsrichtsrichtung s_u von den Punkten *1a* . . . *8a* ausgehend auf den Kreisbogen ab. Die übrigen Stromlinien (hier $b_1 b_2$ und $c_1 c_2$) werden in der gleichen Weise aufgezeichnet.

d) Die Stromlinien in Meridianschnitt und Draufsicht bilden eine Schar von Konstruktionslinien, durch die die Schaufel festgelegt ist. Als zweite Kurvenschar können Radialschnitte in gleichmäßigem Abstand eingezeichnet werden (*I*, *II* . . . Abb. 6.7d und 6.7e). Man beginnt mit der Draufsicht und überträgt die Schnittpunkte mit den Stromlinien — sowohl auf der Vorder- wie auf der Rückseite der Schaufel — in den Meridianschnitt (Abb. 6.7d). Bilden die Radialschnitte im Meridianschnitt keine glatten Kurven, so ist dies ein Anzeichen dafür, daß beim Aufzeichnen der ebenen Schaufelabbildung zu scharfe Umlenkungen gewählt wurden.

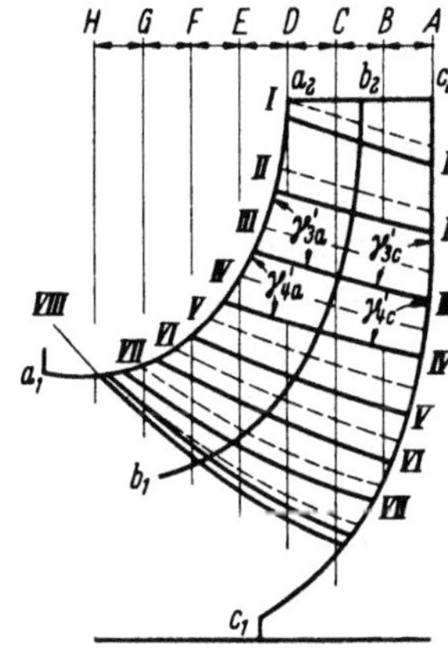

Abb. 6.7d. Radialschnitte im Meridianschnitt

Eine andere Methode der Konstruktion einer zweiten Schar von Konstruktionslinien soll erwähnt werden. Danach werden die bereits gefundenen Punkte *1a*, *1b*, *1c* bzw. *2a*, *2b*, *2c* usw. (Abb. 6.7a) ver-

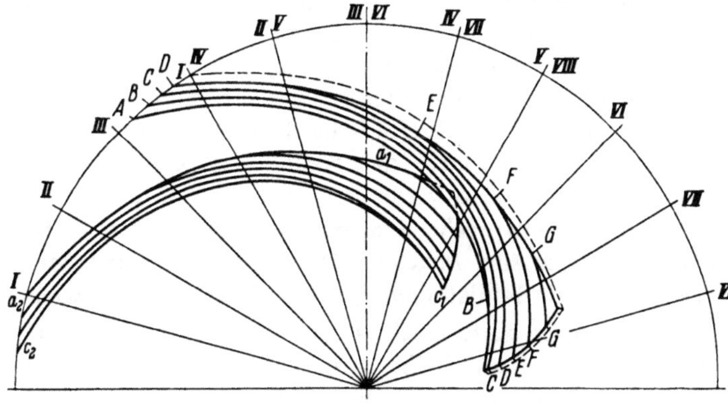

Abb. 6.7e. Schreinerschnitte

bunden. Die entstehenden Kurven sollen auch hier in der Draufsicht glatt verlaufen. Der Vorteil dieser Kurvenschar ist der, daß zu ihrer Konstruktion bereits benutzte Punkte herangezogen werden können.

e) Der nächste Schritt ist die Konstruktion der sogenannten Schreinerschnitte (*A*, *B* . . . *H*) senkrecht zur Achse (Abb. 6.7d und 6.7e). Die

Schaufel wird in eine geeignete Zahl von Brettern zerlegt, wobei die Zahl von der Größe der Schaufel abhängt. Die Schnitte zwischen den einzelnen Brettern werden im Aufriß gezeichnet und in die Draufsicht übertragen, wobei die Schnittpunkte mit den Radialschnitten oder anderen Kurvenscharen benutzt werden. Um Konfusion zu vermeiden, ist es ratsam, Vorder- und Rückseite der Schaufel zu trennen, indem man die Schar auf der Vorderseite auf eine Schaufel und die Schar auf der Rückseite auf die nächste Schaufel zeichnet (Abb. 6.7e). Auf diese Weise erhält man auch gleich die Darstellung des Schaufelkanals.

Die Umrißlinien oder Schreinerschnitte legen ebenfalls die Form der Schaufel vollständig fest. Werden Bretter der entsprechenden Dicke entlang dieser Linien ausgeschnitten, zusammengeleimt und an den Kanten geglättet, so erhält man die Schaufeloberflächen.

Es gibt zwei Wege, die so erhaltenen Schaufelschnitte beim Bau des Modells auszuwerten. Im einen Fall wird für den einzelnen Kanal ein Kernkasten angefertigt. Es werden so viele Kerne geformt, wie Schaufeln entstehen sollen, und diese Kerne zu einem einzigen für das ganze Laufrad zusammengesetzt. Für dieses Vorgehen genügen die Umrißlinien für Vorder- und Rückseite in der in Abb. 6.7e gegebenen Form.

Im zweiten Fall wird ein Kern für das ganze Laufrad hergestellt. Diese Methode wird meist bei kleinen Laufrädern angewandt. An die Stellen, an die die Schaufeln treten sollen, werden Metallschaufeln gelegt. Der Kern wird nach seiner Fertigstellung auseinandergebrochen, um die Metallschaufeln herausnehmen zu können und anschließend wieder zusammengeklebt. Zur Herstellung der Metallschaufelmodelle wird zuerst eine Holzschaufel angefertigt. Man muß dazu die Umrißlinien von Vorder- und Rückseite jeden Schnittes zusammenzeichnen, so daß man aus dem Umriß des Kanals den Umriß der Schaufel erhält. Die Schaufelschnitte werden aus Brettern der dem Abstand der gelegten Schnitte entsprechenden Stärke ausgeschnitten. Die ausgeschnittenen Stücke sind in Abb. 6.7f perspektivisch dargestellt. Zur Orientierung sind die Radiallinien *I, II ... VIII* mit eingezeichnet.

f) Ein hydraulisch gutes Laufrad soll nach Möglichkeit Winkel zwischen Schaufel und Deckscheibe von etwa 90° aufweisen. Sind die Stromlinien im Meridianschnitt beträchtlich gekrümmt (weit vorgezogene Schaufeln), so läßt sich dies schwierig verwirklichen. Der Kanalquerschnitt kann nach Vollendung der Schaufelentwicklung noch abgeändert werden, wenn man die Neigung der Schaufel gegen die Deckflächen ändert. Dies geschieht dadurch, daß man die Stromlinien in der Draufsicht (Abb. 6.7c) um je einen bestimmten Winkel um den Durchstoßpunkt der Achse dreht, wobei die Schaufelwinkel selbst nicht geändert werden.

Sind die Schaufeln sehr stark und am Austritt nicht zugeschärft, so bewirkt eine gewisse Schrägstellung an dieser Stelle ein ruhigeres Arbeiten, da dann der Stoß der aus den einzelnen Kanälen austretenden Strömung gegen die Zunge der Spirale schwächer ist. Bei dünnen, profilierten Schaufeln und genügendem Abstand zwischen Laufrad und Zunge ist der Effekt unbedeutend.

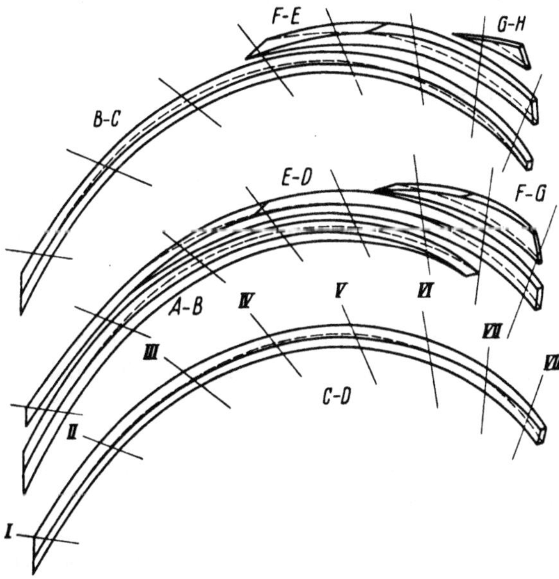

Abb. 6.7f. Schreinerschnitte der Schaufel

Um ein wahres Bild des Kanalquerschnitts senkrecht zur Stromrichtung zu erhalten, sollte man sich diesen für den mittleren Stromfaden konstruieren. Dieser Querschnitt steht weder auf einer der beiden Deckscheiben noch auf der Schaufel senkrecht, da weder die Scheiben noch die beiden den Kanal begrenzenden Schaufeln parallel sind. Es ist schwierig, einen solchen Querschnitt darzustellen, jedoch geben schon die Winkel zwischen den Radialschnitten und den Deckscheiben im Meridianschnitt eine gute Annäherung (Abb. 6.7d). Sind beispielsweise γ_{4a} und γ_{4c} die wahren Winkel, gemessen in der Ebene senkrecht auf dem betreffenden Stromfaden, und γ'_{4a} bzw. γ'_{4c} die Projektionen in die Radialebene, so gilt

$$\left.\begin{aligned} \operatorname{tg}\gamma'_{4a} &= \operatorname{tg}\gamma_{4a}\cos\beta_{4a}, \\ \operatorname{tg}\gamma'_{4c} &= \operatorname{tg}\gamma_{4c}\cos\beta_{4c}. \end{aligned}\right\} \qquad (6.7)$$

Dies folgt daraus, daß die Ebene senkrecht zum Stromfaden die auf der Umfangsgeschwindigkeit senkrecht stehende Radialebene unter dem Winkel β schneidet. In Abb. 6.7d ist die Radialebene die Papierebene.

Der wirkliche Winkel γ_{4a} entspricht dem Winkel γ der Abb. 6.2, die Ebene senkrecht zum Stromfaden, in der dieser gemessen wird, der Ebene B, der Winkel β dem Winkel α und die Radialebene der Ebene A dieser Darstellung. Beziehung Gl. (6.7) ergibt sich dann analog zu der abgeleiteten Beziehung Gl. (6.2).

Liegen die Winkel γ nicht sehr weit entfernt vom rechten Winkel, dann wirkt sich eine Änderung im Tangens des Winkels auf diesen selbst verhältnismäßig wenig aus, so daß bei nicht übermäßig großen Winkeln β $\gamma' \approx \gamma$ ist. Hier sind einige Werte von γ' für verschiedene Schaufelwinkel β und Winkel γ tabelliert:

Winkel γ' im Radialschnitt zwischen Schaufel und Deckfläche

γ	$\beta = 20°$	$\beta = 30°$	$\beta = 45°$	$\beta = 60°$
85°	84,7°	84,3°	83,0°	80,0°
80°	79,4°	78,5°	76,0°	70,6°
75°	74,1°	72,8°	69,3°	61,8°

Die beiden Deckflächen sind nicht parallel, so daß es im allgemeinen nicht leicht ist, ohne wesentliche Krümmung der Schaufel den Winkel γ an beiden Flächen 90° werden zu lassen. Da jedoch bei Pumpen der Winkel β selten 30° übersteigt und γ selten kleiner als 75° ist, so stimmt bis auf einige Grad der im Radialschnitt erscheinende Winkel γ' mit dem wirklichen Winkel γ überein.

Hat man es dagegen mit Pumpen mit großen Austrittswinkeln zu tun, z. B. Leitradpumpen, dann wird der in der Projektion erscheinende Winkel γ' wesentlich kleiner sein als der wirkliche Winkel γ. In diesem Fall ist es allerdings meist einfach, die Schaufel in die gewünschte Stellung zu bringen, da diese nur oder fast nur im rein radialen Teil des Rades verlaufen.

g) Der wirkliche Schaufelwinkel β, also der Winkel zwischen der Stromlinie und der Umfangsrichtung, erscheint in der Draufsicht als Winkel β', der zum Winkel β in der Beziehung Gl. (6.8) steht:

$$\operatorname{tg}\beta' = \operatorname{tg}\beta \cos\delta , \tag{6.8}$$

wobei δ der im Meridianschnitt gemessene Winkel zwischen Deckfläche und der Senkrechten zur Achse ist. Beispielsweise ist in den Abb. 6.7a, b, c, und d für das Dreieck (3)

$$\operatorname{tg}\beta = \frac{g_3}{h_3}; \qquad \operatorname{tg}\beta' = \frac{r_{2a} - r_{3a}}{h_3}$$

und

$$\frac{r_{2a} - r_{3a}}{g_3} = \cos\delta_3 ,$$

also

$$\operatorname{tg}\beta' = \operatorname{tg}\beta \cdot \cos\delta_3 .$$

Es hat sich gezeigt, daß zur Auslegung von Kreiselpumpen drei Stromfäden in den meisten Fällen ausreichend sind. Darüber hinaus kann die Konstruktion dahin vereinfacht werden, daß man den mittleren Stromfaden in die Mitte zwischen die beiden äußeren legt. Bei kleinen und engen Rädern kann die mittlere Stromlinie überhaupt weggelassen werden. In diesem Fall werden die Radialschnitte *I*, *II* ... *VIII* im Meridianschnitt der Schaufel als Geraden oder schwach gekrümmte Kurven eingezeichnet (Abb. 6.7d). Die Genauigkeit der Schaufelkonstruktion wird durch diese Vereinfachungen nicht beeinträchtigt.

6.6. Anwendung der Kaplanschen Dreieckmethode auf die ebene Schaufel

An einem Beispiel soll gezeigt werden, wie der Schaufelwinkel sich unstetig ändern kann, obwohl die Schaufel regelmäßig verläuft. Das Beispiel ist die ebene Kreisbogenschaufel, eine Konstruktion, die bis-

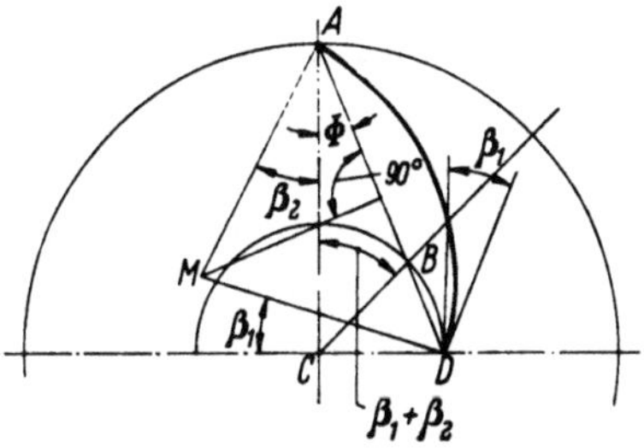

Abb. 6.8. Ebene Kreisbogenschaufel

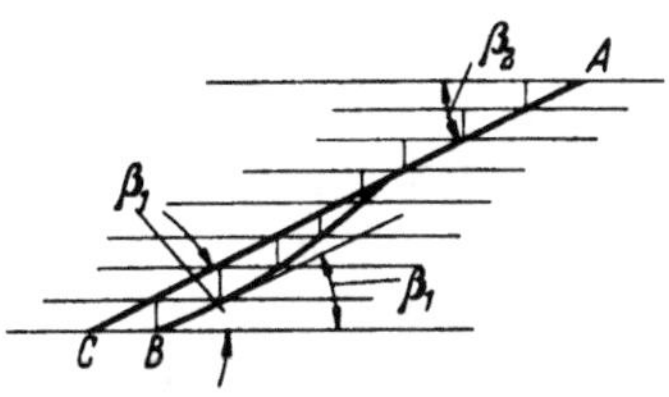

Abb. 6.9. Abbildung der Kreisbogenschaufel

weilen gewählt wird. Es ist immer möglich, zu einem gegebenen Eintrittswinkel β_1 und einem gegebenen Austrittswinkel β_2 eine Schaufel mit konstantem Krümmungsradius zu konstruieren, wie Abb. 6.8 zeigt. Von einem beliebigen Punkt A am Außenradius des Laufrades zieht man eine Gerade AM unter dem Winkel β_2 zum Radius AC. Im Mittelpunkt C trägt man den Winkel $\beta_2 + \beta_1$ an den Radius AC an, dessen Schenkel den Kreis der Eintrittsöffnung in B schneidet. Die Verlängerung von AB schneidet den Eintrittskreis in D, dem Anfangspunkt der Schaufel. Die Mittelsenkrechte auf der Sehne schneidet die anfangs von A aus gezogene Gerade in M, dem Mittelpunkt der gesuchten Kreisbogenschaufel.

Zum Beweis:

$$\begin{aligned} \beta_1 + \beta_2 + \Phi &= \sphericalangle CBD = \sphericalangle CDB \\ \beta_2 + \Phi &= \sphericalangle MAD = \sphericalangle MDA \\ \hline \beta_1 \qquad &= \sphericalangle CDB = \sphericalangle MDA = \sphericalangle MDC \end{aligned}$$

Wendet man die Methode der Dreiecke auf diese Schaufel an, so erhält man die in Abb. 6.9 gezeigte Abbildungskurve. Die Unstetigkeit in der Winkeländerung ist schädlich und bringt zusätzliche Verluste. Man bevorzugt Schaufeln mit stetiger Winkeländerung, also nach Kurve *AC* in Abb. 6.9. Es ist also auch im Falle der ebenen Schaufel zweckmäßig, sich zunächst die Abbildung aufzureißen und danach die Schaufel punktweise zu konstruieren. Obwohl diese Methode etwas mehr Zeit beansprucht, bringt ihr regelmäßiger Gebrauch Vorteile bei der Entwicklung guter Schaufelformen.

6.7. Auslegung des Leitrades vertikaler Pumpen

Abb. 6.10a zeigt den Meridianschnitt durch ein Leitrad einer Bohrlochpumpe, ähnlich der in Abb. 7.25 gezeigten Ausführung. Abb. 6.10b stellt die Draufsicht einer Schaufel in Pfeilrichtung, Abb. 6.10c die winkel- und längengetreue Abbildung dreier Stromlinien a_1a_2, b_1b_2, c_1c_2 dar. Die Schaufelstärke ist nur für a_1a_2 dargestellt. *AA*, *BB* . . . *MM* in Abb. 6.10a und b sind die Schreinerschnitte, Schnittebenen zwischen den zum Modellbau benutzten Brettern, die alle die gleiche Dicke haben. Folgt man genau der in Abschn. 6.5 angegebenen Methode, so findet man, daß die Radialschnitte *I*, *II* usw. in Abb. 6.10b nicht genügend Schnitte mit den Schreinerschnitten *AA*, *BB* usw. liefern und daher nicht als Hilfslinien zur Konstruktion derselben benutzt werden können. (Die Konstruktion der Stromfäden allein in der Draufsicht wäre in der gleichen Weise wie beim Laufrad möglich.) Folgende Abwandlung des obigen Verfahrens wird empfohlen:

1. Die Brettstärken werden im Meridianschnitt (Abb. 6.10a) eingetragen; alle Bretter sind gleichmäßig stark, also ist der Abstand zwischen den Schnitten *AA*, *BB*, *CC* usw. jeweils gleich.

2. Die Brettdicke *ab*, *bc*, *cd* . . . *lm* gemessen längs der Stromlinie a_1a_2 werden als Höhen der Dreiecke in der Schaufelabbildung (Abb. 6.10c) benutzt. Dementsprechend ist der Abstand zwischen *AA*, *BB*, *CC* usw. in dieser Darstellung nicht einheitlich.

3. Die Dreiecke für die übrigen Stromlinien b_1b_2 und c_1c_2 werden in der gleichen Weise aufgezeichnet. Die Höhen der Dreiecke sind für die drei Stromlinien verschieden.

4. Die Stromlinien in der Draufsicht werden jetzt ebenso wie beim Laufrad konstruiert, indem man in einem beliebigen Punkt *A* beginnt und die Abstände *a*, *b*, *c* usw. auf den Kreisbögen mit den Radien r_a, r_b, r_c usw. abträgt. Man erhält so die dick gezeichneten Punkte längs der Stromfäden a_1a_2, b_1b_2, c_1c_2 in Abb. 6.10b.

5. Durch Verbinden der drei zusammengehörigen Punkte auf den drei Stromfäden, die jeweils durch den gleichen Buchstaben *A*, *B*, *C* usw. gekennzeichnet sind, erhält man die Schreinerschnitte für die eine Schaufelseite, hier für die durch ausgezogene Linien gekennzeichnete Rückseite.

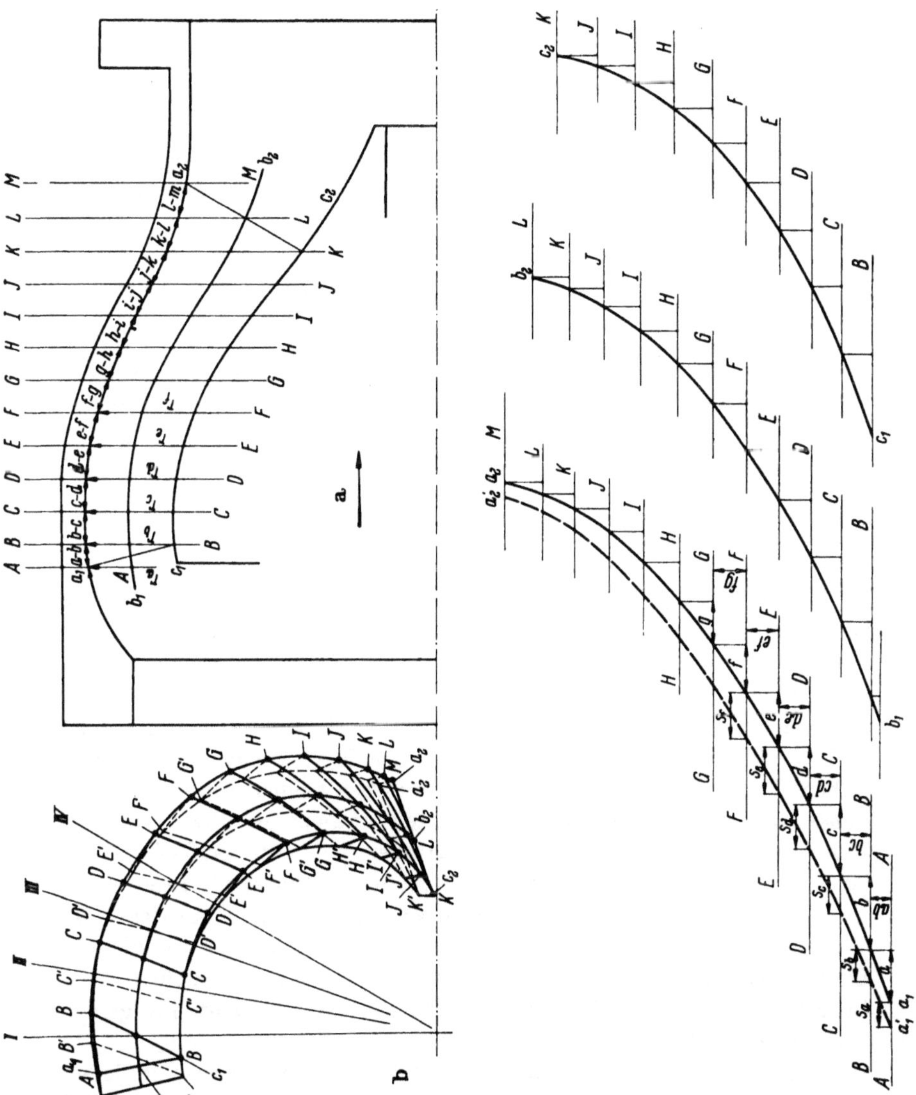

Abb. 6.10. Auslegung der Leitschaufel. a) Meridianschnitt, b) Draufsicht, c) Abbildung der Schaufel

6. Dann wird die Schaufeldicke für die drei Stromlinien in Abb. 6.10c eingezeichnet (im Beispiel ist sie nur für die Stromlinie $a_1 a_2$ gezeichnet) und durch Abtragen der tangentialen Komponente s_a, s_b, s_c usw. längs der entsprechenden Kreisbögen übertragen. Es entstehen die gestrichelt eingezeichneten Stromfäden auf der Vorderseite (Abb. 6.10b); wie auf der Rückseite erhält man die Schreinerschnitte durch Verbinden zusammengehöriger Punkte, die mit A', B', C' usw. gekennzeichnet sind.

Literatur

[1] KAPLAN, V., u. A. LECHNER: Theorie und Bau von Turbinen-Schnelläufern, S. 125. München: R. Oldenbourg 1931.
[2] SCHAEFER, H.: Kreiselmaschinen, S. 29. Berlin: Springer 1930.
[3] QUANTZ, L.: Kreiselpumpen, S. 18. Berlin: Springer 1930.
[4] PFLEIDERER, C.: Die Kreiselpumpen, S. 266. Berlin: Springer 1932.
[5] CAMERER, R.: Vorlesungen über Wasserkraftmaschinen, S. 274, 275, 369. Leipzig: Wilhelm Engelmann 1929.

7. Das Pumpengehäuse

Die Aufgabe des Gehäuses ist es, die Flüssigkeit dem Laufrad zuzuführen, die hohe kinetische Energie der Strömung am Laufradaustritt weitgehend in statischen Druck umzuwandeln und die Flüssigkeit vom Laufrad wieder wegzuführen. Das Gehäuse nimmt nicht an der Erzeugung von Förderhöhe teil; die strömungstechnische Behandlung befaßt sich nur mit den Verlusten.

7.1. Das Saugrohr

Da der Flüssigkeitsweg zwischen der Ansaugöffnung und dem Laufradeintritt kurz und die Geschwindigkeit im Saugrohr verhältnismäßig klein ist, ist der Verlust an Förderhöhe durch Reibung auf dieser Strecke sehr klein. Jedoch hat die Form des Saugrohres einen entscheidenden Einfluß auf die Geschwindigkeitsverteilung direkt vor dem Laufrad und damit auf den Wirkungsgrad und das Kavitationsverhalten desselben. Eine derartige Wirkung ist bei Pumpen kleiner Förderhöhe und hoher spezifischer Drehzahl am meisten ausgeprägt. Bei vertikalen Pumpen, die nur einen kurzen Saugstutzen vor dem Laufrad haben, ist der Sumpf als ein Teil der Stromführung aufzufassen, dessen Form sich ebenfalls auf das Betriebsverhalten der Maschine auswirkt. Es sind zahlreiche Fälle bekannt, in denen große Propellerpumpen die auf Grund von Modellversuchen gemachten Voraussagen bezüglich ihrer Charakteristik nicht erfüllten, nur weil der Sumpf nicht gut genug ausgebildet war [1].

Ein gerades, konisches Saugrohr ist hydraulisch gesehen in jeder Hinsicht am günstigsten für einflutige Pumpen. Es wirkt ausgleichend und gewährleistet gleiche Geschwindigkeit vor dem Laufrad.

Ein verjüngter Bogen mit nicht zu kleinem Krümmungsradius ist die nächstbeste Form (Abb. 7.1). Bei kleinen spezifischen Drehzahlen ($n_q < 30$) sind beide Formen hydraulisch gleichwertig; bei großen spezifischen Drehzahlen, besonders bei Propellerpumpen, werden Wirkungsgrad und maximale Förderhöhe durch einen Saugkrümmer wesentlich herabgesetzt. Eine saugseitige Spirale mit flachem Saugkrümmer, wie sie bei geteilten Gehäusen mehrstufiger Pumpen benutzt wird, ist im

Bereich kleiner spezifischer Drehzahlen fast so gut wie ein verjüngter Saugkrümmer, während sich bei hohen Werten dieser Kennzahl die scharfe Umlenkung von 90° bemerkbar macht (Abb. 7.2). Propellerpumpen werden deshalb nicht in einer solchen Anordnung gebaut.

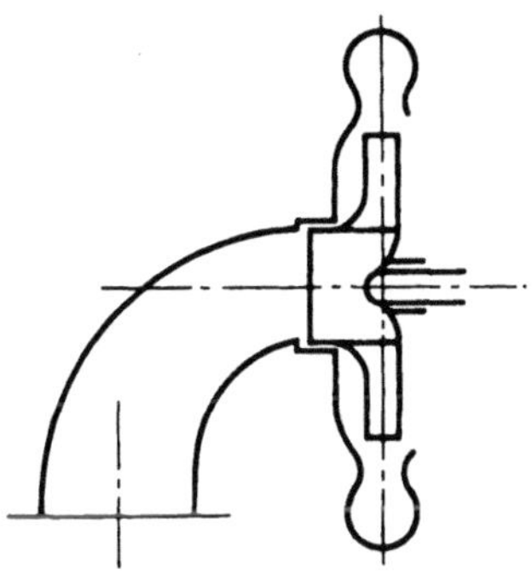

Abb. 7.1. Verjüngter Saugkrümmer

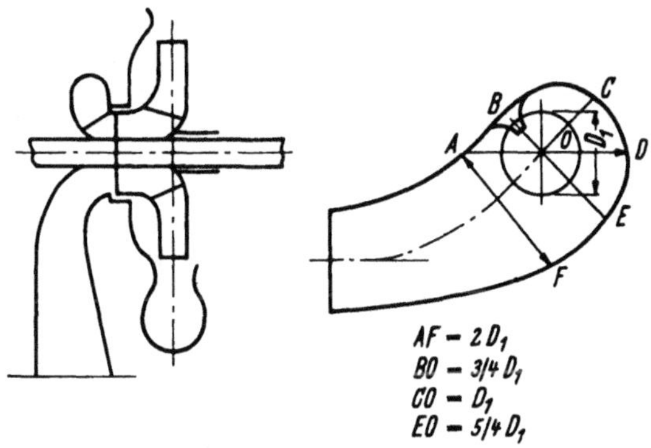

Abb. 7.2. Saugseitige Spirale

Es ist wichtig, daß die Strömung in derartigen Saugrohren kontinuierlich beschleunigt wird, um die Tendenz zur Verwirbelung infolge zweimaliger Umlenkung direkt vor dem Laufradeintritt zu unterdrücken. Um eine befriedigende Geschwindigkeitsverteilung zu erzielen, macht man die Fläche des Schnittes *AF* (Abb. 7.2) etwa 50% größer als diejenige des Laufradeintrittes, während die Kanalbreite bei *AF* etwa doppelt so groß wie der Eintrittsdurchmesser D_1 ist. Durch die Umlenkung würde die Strömung an die Außenwand gedrückt. Um das zu verhindern, ist bei *B*, etwa 90° hinter der Mittellinie *OC* des Krümmers, ein Einbau angebracht.

7.2. Die Spirale

Die Mehrzahl aller in den Vereinigten Staaten hergestellten Pumpen hat — mit Ausnahme derjenigen mit senkrechter Welle — kein Leitrad, sondern nur ein Spiralgehäuse. Der Hauptvorteil dieser Konstruktion ist ihre Einfachheit. Dagegen hat die Form mit Leitschaufeln bessere Wirkungsgrade, wie experimentell für einstufige Pumpen und Gebläse gezeigt wurde [*2*, *3*]. Aus diesem Grunde werden in Europa größere einstufige und sämtliche mehrstufigen Pumpen mit Leitschaufeln ausgeführt.

Verschiedene Entwurfsgrößen des Spiralgehäuses bestimmen sein hydraulisches Verhalten; diese sind: die Querschnitte, der Winkel α_s, die Breite b_3 und der Durchmesser D_3 des Grundkreises der Spirale. Die Wahl der einzelnen Größen wird unten theoretisch behandelt, jedoch wurden die besten Werte zuerst experimentell bestimmt.

a) Querschnitte. Die gesamte von der Pumpe geförderte Menge tritt durch den Schnitt *AB* (Schnitt 8) am Ende der Spirale (Abb. 7.3) hindurch. Durch alle anderen Schnitte fließt eine kleinere Menge, und zwar um so weniger, je weiter rückwärts — bezogen auf die Strömungsrichtung — der betrachtete Schnitt liegt. Dementsprechend nehmen die Querschnittflächen vom Punkt *A*, der theoretischen Spitze der sogenannten Zunge ausgehend, kontinuierlich zu, um sich dem längs des Laufradumfanges wachsenden Durchsatz anzupassen[1]. Ein gewisser

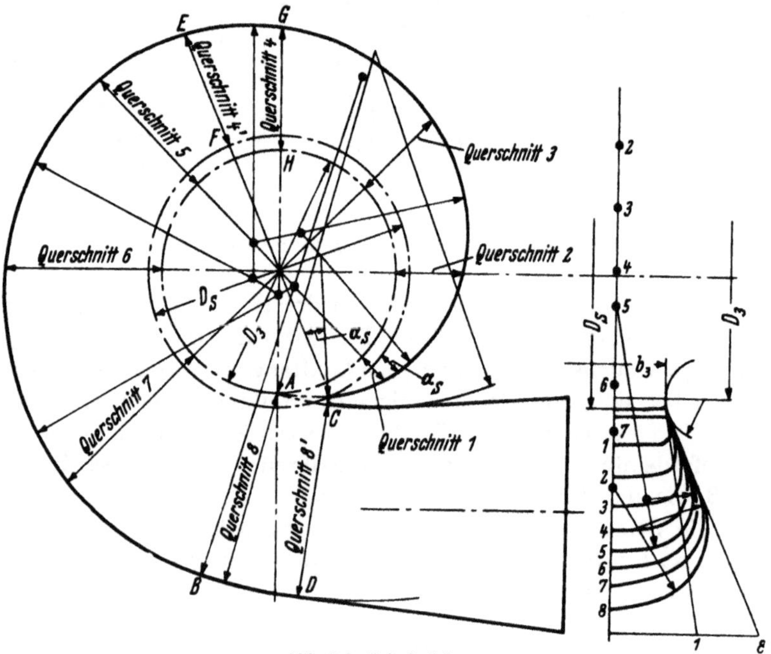

Abb. 7.3. Spiralgehäuse

Teil der Flüssigkeit läuft zwischen der Zunge und dem Laufrad hindurch, so daß man sich um das Rad herum einen Ring dauernd mitrotierender Flüssigkeit denken kann; ebenso strömt ein Teil der durch das Laufrad geförderten Flüssigkeit zwischen den Deckscheiben und den seitlichen Gehäusewänden von der Druckseite zurück auf die Saugseite. Die Geschwindigkeit in der Spirale ändert sich mit der Fördermenge. Deshalb kann die Spirale nur für einen Punkt der Charakteristik, den Auslegepunkt berechnet werden. Die Leckmenge wird zunächst vernachlässigt und erst später in einem experimentell gefundenen Faktor berücksichtigt.

[1] Wegen der aus herstellungstechnischen Gründen erforderlichen Abrundung der Zunge beginnt diese in Wirklichkeit erst bei *C* (Abb. 7.3).

Die Geschwindigkeit über einen Querschnitt der Spirale ist nicht einheitlich. Man kann sich dies vorstellen, wenn man bedenkt, daß selbst in einem geraden Rohr unter günstigsten Bedingungen verhältnismäßig große Geschwindigkeitsunterschiede auftreten. Hier liegt das Verhältnis zwischen mittlerer und maximaler Geschwindigkeit zwischen 0,78 und 0,92; bei kleinen Rohrdurchmessern sind sogar noch kleinere Verhältnisse möglich. Das Maximum der Geschwindigkeit in der Spirale liegt am Laufradumfang; jedoch ist die Geschwindigkeit nicht konstant über die Radbreite. Wie im geraden Rohr nimmt sie nach den Wänden hin ab. Der Unterschied zwischen mittlerer und maximaler Geschwindigkeit ist hier größer als im geraden Rohr. Das Strombild wird weiter kompliziert durch die der Hauptströmung überlagerte Sekundärströmung nach Abb. 7.4. Diese verläuft in der Mitte nach außen und an den Wänden nach innen, so daß als Resultierende eine Schraubenbewegung längs der Spirale entsteht. Von KRANZ [4] wurde eine solche Bewegung sichtbar gemacht.

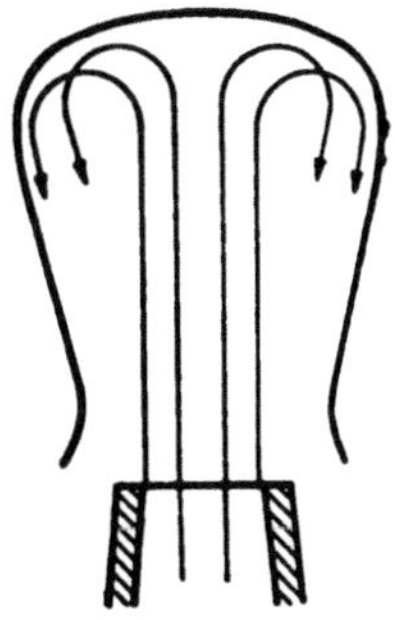

Abb. 7.4. Sekundärströmung im Spiralgehäuse

Das Verhältnis der mittleren Geschwindigkeit c_3 der Spirale zur Laufrad-Austrittsgeschwindigkeit c_2' ist um so kleiner, je höher die spezifische Drehzahl ist, wie Abb. 9.14 zeigt und wie später in Kap. 9 weiter ausgeführt wird. Der absolute Austrittswinkel α_2' ist ein Maß für die spezifische Drehzahl; er steigt mit Zunahme dieser Kenngröße. Die besten modernen Pumpen sind für konstante, mittlere Geschwindigkeit längs der Spirale ausgelegt, das heißt, daß der Querschnitt dem von der Zunge aus gerechneten Winkel proportional ist. Bezüglich der Geschwindigkeitsverteilung im einzelnen Querschnitt zeigen Messungen von POLIKOVSKY und ABRAMOVITSCH, Zentrales Aerodynamisches Institut, UdSSR [5], an Kreiselgebläsen, daß die Umfangskomponente nicht dem Gesetz vom konstanten Drehimpuls folgt. Statt dessen zeigte sich, abgesehen von den wandnahen Zonen, ein fast konstanter Wert der Tangentialgeschwindigkeit. Die Ergebnisse wurden später von KRISAM [6] bestätigt.

Die mittlere Spiralengeschwindigkeit c_3 kann durch eine Konstante K_3 ausgedrückt werden

$$c_3 = K_3 \sqrt{2 g H} . \tag{7.1}$$

K_3 ist eine Erfahrungszahl, die sich mit der spezifischen Drehzahl ändert. Abb. 7.5 zeigt Werte von K_3 für Pumpen mit Spiralgehäuse. Beträchtliche Abweichungen von den dort gegebenen durchschnittlichen Werten sind möglich, wenn das Laufrad abgedreht ist oder wenn verschiedene Räder im gleichen Gehäuse eingesetzt werden. Liegen die Querschnitte unter den optimalen, so sinkt das Wirkungsgradmaximum etwas ab und verschiebt sich zu kleineren Fördermengen, sind sie größer als die dem Optimum entsprechenden Werte, dann liegt das Maximum etwas höher und verschiebt sich zu größeren Durchsätzen. Der Wirkungsgrad bei Teilmengen ist in diesem Fall beträchtlich kleiner.

Die Querschnitte der Spirale werden von ihrem Grundkreis D_3 aus gerechnet. Die Tatsache, daß ein zusätzlicher Spalt zwischen der abgerundeten Zunge und diesem Kreis besteht, ist belanglos, da hier nur der Flächenzuwachs interessiert.

b) Der Spiralenwinkel. Um Stoßverluste bzw. Ablösung an der Zunge der Spirale zu vermeiden, gleicht man den Spiralenwinkel etwa dem

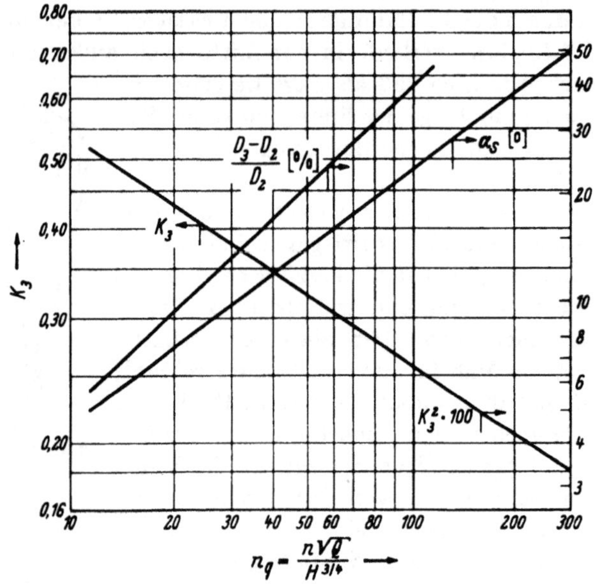

Abb. 7.5. Die Konstanten der Spirale

absoluten Austrittswinkel α_2' der aus dem Laufrad austretenden Strömung an (Abb. 7.5). Jedoch ist eine beträchtliche Abweichung ohne schädliche Auswirkung auf den Wirkungsgrad bei kleinen und mittleren spezifischen Drehzahlen möglich. Denn es ist nicht zu erwarten, daß eine Schaufel, wie sie die Zunge ja darstellt, der Gesamtströmung eine wesentliche Ablenkung erteilen kann; außerdem treten keine Verluste auf, wenn der Anströmwinkel klein ist. Üblicherweise läßt man einen Zwischenraum zwischen Laufrad und Zunge, um der Strömung Gelegenheit zu geben, sich in Richtung der kleinstmöglichen Verluste einzustellen.

Bei höheren spezifischen Drehzahlen spielen der Spiralenwinkel α_s und Länge und Form der Zunge eine größere Rolle. So fand der Autor bei einer halbaxialen Pumpe mit einer spezifischen Drehzahl von $n_q = 145$, daß der Wirkungsgrad von 85% auf 81% absank, wenn man die steilere Spitze der Zunge wegnahm und wieder auf den alten Wert anstieg, als die Spitze wieder eingesetzt wurde.

In Querschnitten hinter der Zunge wird die aus dem Laufrad austretende Strömung in Richtung der Spirale umgelenkt. An der äußeren Wand wird die in der Mitte auswärts gerichtete Komponente umgelenkt und ergibt so die bereits erwähnte doppelte, schraubenlinige Bahn. Die kinetische Energie der aus dem Rad austretenden Radialkomponente $c_{m2}^2/2g$ ist nicht etwa verloren; ihr Betrag ist größer als die gesamten hydraulischen Verluste der Pumpe.

c) Die Breite der Spirale. Die Breite b_3 (Abb. 7.3) wird nach folgenden Betrachtungen bestimmt:

1. Entsprechend dem oben dargelegten Stromlinienbild in der Spirale erfährt die Strömung weniger Verluste, wenn sie aus dem Rad auf einen rotierenden Flüssigkeitsring auftritt, als wenn sie auf eine feste Wand stößt.

2. Das Spiralgehäuse soll Räder verschiedener Breite und verschiedener Durchmesser aufnehmen können.

3. In mehrstufigen Pumpen muß genügend Platz zwischen Deckscheiben und Gehäusewänden gelassen werden, um die Ungenauigkeiten des Gusses zu berücksichtigen. Man wählt im allgemeinen bei mittleren spezifischen Drehzahlen $b_3 = 1{,}75\,b_2$, bei kleinen Pumpen niedriger spezifischer Drehzahlen (b_2 klein) geht man bis $b_3 = 2{,}0\,b_2$, während bei großen Werten derselben ($n_q > 60$, doppelflutige Maschinen) $b_3 = 1{,}6\,b_2$ genügt.

d) Der Grundkreis. Nach dem Grundkreis wird die Spirale gezeichnet; der damit ebenfalls festgelegte Durchmesser D_s, der zur Zunge gehört, ist die äußerste Grenze des Laufraddurchmessers. Wird jedoch ein gewisser minimaler Spalt zwischen Laufrad und Gehäuse nicht eingehalten, dann arbeitet die Pumpe geräuschvoll und der Wirkungsgrad kann schlechter werden. Abb. 7.5 zeigt den minimalen Durchmesserunterschied

$$\varrho = \frac{D_3 - D_2}{D_2}, \tag{7.2}$$

aufgetragen über der spezifischen Drehzahl. Diese Werte werden größer, wenn das Rad abgedreht wird. Es wurde an speziellen Versuchen gezeigt, daß ein unnötig großer Grundkreis der Spirale bei gegebenem Raddurchmesser zur Wirkungsgradverschlechterung führt.

Um die Kontinuitätsgleichung zu befriedigen, sind die verschiedenen Größen der Spirale durch die Beziehung (7.3) verknüpft:

$$F_S = b_3 D_3 \pi \sin\alpha_s, \tag{7.3}$$

wobei F_S der Endquerschnitt der Spirale ist.

e) Spiralenquerschnitte in Abhängigkeit von der spezifischen Drehzahl. Aus Abb. 7.5 ist zu ersehen, daß bei gegebener Höhe die günstigste Geschwindigkeit in der Spirale mit wachsender spezifischer Drehzahl abfällt. Dies ist bereits aus den EULERschen Geschwindigkeitsdreiecken (Abb. 3.12b) zu erkennen und wird in Kap. 9, Abb. 9.13, für „wirkliche" Geschwindigkeitsdreiecke gezeigt werden. Die Tatsache bedeutet, daß die Querschnitte um so größer sein müssen, je höher die spezifische Drehzahl gewählt wird, entsprechend dem Verlauf von K_3 in Abb. 7.5 und den Beziehungen

$$c_3 = K_3 \sqrt{2gH} \quad \text{und} \quad A_s = \frac{Q}{c_3}.$$

Der Anteil der der Geschwindigkeit c_3 in der Spirale entsprechenden kinetischen Energie an der gesamten Förderhöhe sinkt ebenfalls mit wachsender spezifischer Drehzahl:

$$\frac{c_3^2}{2gH} = K_3^2. \tag{7.4}$$

Auch dieser Wert ist in Abb. 7.5 angegeben. Der mittlere Druck im Spiralgehäuse über dem Saugdruck ist im Punkt besten Wirkungsgrades

$$p_s - p_1 \simeq H\gamma(1 - K_3^2),$$

wobei die Reibungsverluste in der Spirale und die Geschwindigkeitshöhe im Saugrohr vernachlässigt sind.

Die äußeren Abmessungen des Pumpengehäuses werden bestimmt durch die Größe der Spiralenquerschnitte und den Durchmesser des Grundkreises. Bei gegebener Förderhöhe und -menge wachsen die Querschnitte mit der spezifischen Drehzahl, während Grundkreis und Laufrad kleiner werden. Bei einem bestimmten Wert der spezifischen Drehzahl werden sich beide Änderungen kompensieren, so daß eine weitere Erhöhung der spezifischen Drehzahl keine Verkleinerung und damit Verbilligung des Gehäuses mehr mit sich bringt.

Der Abstand zwischen Laufrad und Zunge nimmt mit wachsender spezifischer Drehzahl zu. Man trifft diese Maßnahme, um die Umlenkung der dann unter verhältnismäßig steilem Winkel α_2' eintretenden Strömung nicht zu plötzlich zu gestalten und um die Reibungsverluste bei der Verzögerung der Strömung von der Radaustrittsgeschwindigkeit c_2' auf die mittlere Spiralengeschwindigkeit möglichst klein zu halten. Das Verhältnis $R_{c3} = c_3/c_2'$ ist um so kleiner, je höher die spezifische Drehzahl der Pumpe ist (Abb. 9.14).

7.3. Druckverteilung im Spiralgehäuse und Radialkraft auf die Welle

a) Radialkraft. Ausgeführte Pumpen zeigen konstanten Druck und konstante mittlere Geschwindigkeit in allen Querschnitten der Spirale, sofern sie im Punkt besten Wirkungsgrades arbeiten. Offensichtlich ist dieser Zustand für die austretende Strömung am günstigsten. Auf beiden Seiten (Abb. 7.6) des Auslegepunktes ist jedoch dieses Gleichgewicht der Druckkräfte in der Spirale gestört. Abb. 7.6 zeigt eine typische Druckverteilung. In Abb. 7.7a sind die Resultate von Messungen der Radialkraft auf die Welle einer Pumpe NW 100 dargestellt. Die Kräfte wurden gemessen durch die Durchbiegung der Welle bzw. durch die

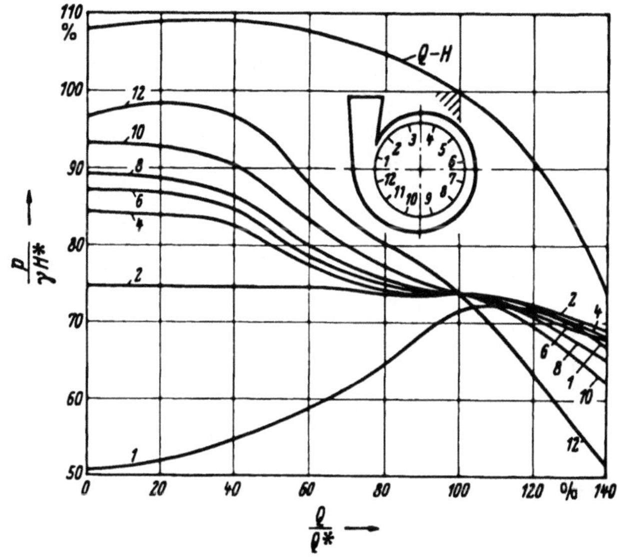

Abb. 7.6. Druckverteilung in der Spirale einer einflutigen Pumpe NW 150, $n_s = 33$

Gewichte, die zum Rückgängigmachen der Durchbiegung notwendig waren. Die Radialkraft kann ausgedrückt werden durch

$$P = K \gamma H D_2 B_2, \tag{7.5}$$

dabei sind:

P	Resultierende Radialkraft	in kg
H	Förderhöhe	in m
D_2	Laufraddurchmesser	in m
B_2	Gesamtbreite des Rades einschließlich Deckscheiben.	in m
γ	spezifisches Gewicht	in kg/m³
K	eine dimensionslose Konstante, die von der Fördermenge wie folgt abhängt	

$$K = 0{,}36\left(1 - \left(\frac{Q}{Q^*}\right)^2\right) \tag{7.6}$$

mit Q als der betrachteten Fördermenge und Q^* als Auslegemenge. Daraus ergibt sich für die Radialkraft null, wenn $Q = Q^*$ ist. Wird $Q = 0$, so ist $K_0 = 0{,}36$. Jedoch hängt der Absolutwert dieses Faktors vom Pumpentyp ab. Es wurden schon höhere Werte als nach Gl. (7.6) beobachtet ($K_0 = 0{,}6$).

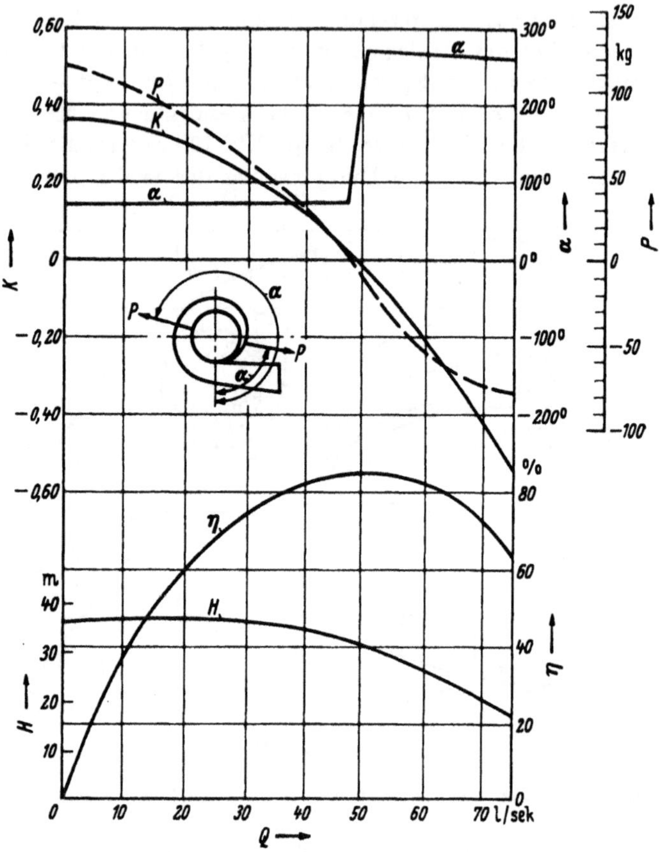

Abb. 7.7a. Radialkraft auf die Welle einer Pumpe NW 100 mit einfacher Spirale $D_2 = 260$ mm, $B_2 = 31$ mm, $n = 1760$ U/min

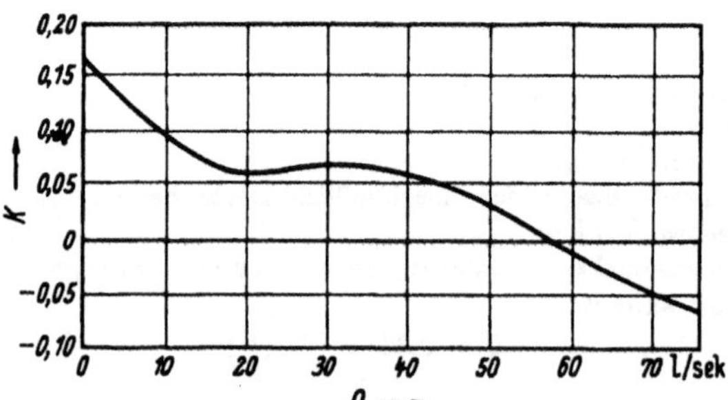

Abb. 7.7b. Radialkraft auf die Welle einer Pumpe NW 100 mit doppelter Spirale

Als Folge der Radialkraft können übermäßige Verbiegung der Welle und als Folge davon schneller Verschleiß der Dichtringe und Dauerbruch der Welle eintreten. Wellenbrüche treten meist in zweiflutigen

Pumpen, die einen größeren Lagerabstand haben, auf. Ein besonderes Kennzeichen für Brüche dieser Art ist der oft beobachtete Fall, daß die Welle direkt neben dem Laufrad auf der der Kupplung abgewandten Seite bricht, an einer Stelle also, an der keine Belastung durch Drehmoment vorhanden ist. Dieses Phänomen ist so zu erklären, daß das Einspannmoment der Kupplung, das der Auslenkung immer entgegenwirkt, das Momentenmaximum nach links, also etwa in die Ebene GH verschiebt. In allen beobachteten Fällen von Wellenbrüchen der beschriebenen Art wurde die Pumpe bei Teilmengen betrieben. Bei modernen Pumpen sind die Drehzahlen und Förderhöhen, die Zahl der Lastwechsel in der Welle und damit die Materialbelastung sehr hoch. Das Material der Welle sollte aus Material hoher Dauerstandfestigkeit sein; Gewinde in dem mittleren Teil der Welle sind zu vermeiden, Keilnuten sollten zur Vermeidung von Kerbwirkung mit Hohlkehle ausgeführt werden. Auch das Aufschrumpfen des Läufers auf die Welle setzt die Dauerfestigkeit herab [7].

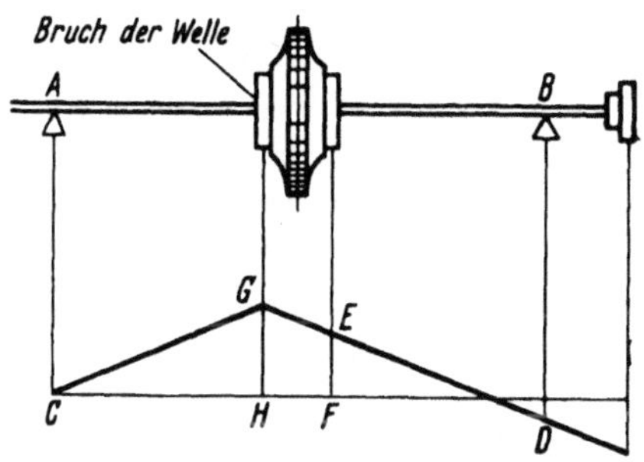

Abb. 7.8. Momentenlinie einer Pumpenwelle

b) Die Doppelspirale. Zur Vermeidung einer Radialkraft führte man das Doppelspiralgehäuse ein. In solchen Gehäusen wird die Strömung in zwei gleiche Teile aufgespalten, indem eine zweite Zunge um 180° gegen die erste versetzt angeordnet wird (Abb. 7.9). Trotz der Ungleichmäßigkeit des Druckes über die Spirale heben sich aus Symmetriegründen die Radialkräfte — jedenfalls zum großen Teil — auf.

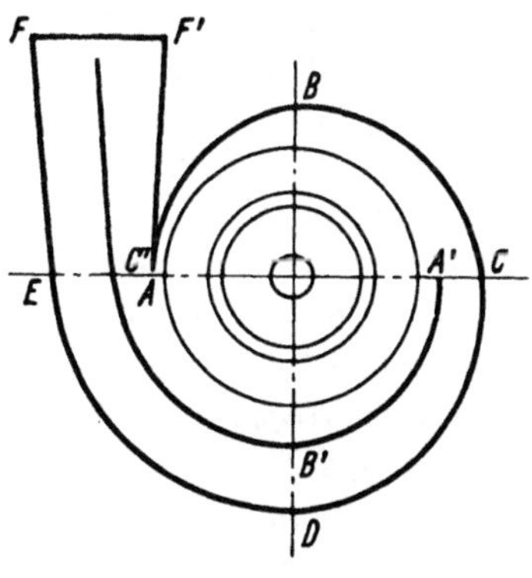

Abb. 7.9. Doppelspiralgehäuse

Messungen der Druckverteilung längs der Spirale an einem Doppelspiralgehäuse von Knapp [8] und direkte Messungen der Radialkraft von der Ingersoll-Rand Company (1936, nicht veröffentlicht) zeigen, daß ein vollständiger Ausgleich durch die Doppelspirale nicht zu erzielen ist.

Abb. 7.7b zeigt die Werte des Faktors K für eine Pumpe mit gleichen Daten wie bei Abb. 7.7a, jedoch mit Doppelspirale. Es zeigt sich, daß die Radialkraft etwa im gleichen Sinn verläuft, daß jedoch die Absolutwerte kleiner sind als mit einfacher Spirale. Die Richtung der Radialkraft ist in beiden Fällen etwa gleich. Der Grund für das Verbleiben einer Restkraft liegt in der Verschiedenheit des Druckniveaus der beiden Ströme. Die Länge des Stromfadens $ABCDEF$ ist etwa doppelt so groß wie die Länge des Stromfadens $A'B'C'F'$. Der Druckverlust entlang der ersten Spirale ist also größer als in der zweiten. Da die Drücke und Geschwindigkeiten am Austritt gleich sind, liegen die Drücke in der Spirale ABC niedriger als in der Spirale $A'B'C'$.

Um möglichst weitgehende Symmetrie des Austrittsdruckes zu erreichen, sollte die Saugseite auch symmetrisch sein. Jede Abweichung von der Symmetrie am Laufradeintritt kann zu einer Ungleichmäßigkeit der Förderhöhe über den Laufradumfang führen. Es sind Fälle von Wellenbrüchen in großen hochtourigen, doppelflutigen Pumpen mit Doppelspiralgehäuse bekannt.

Der Wirkungsgrad von Pumpen mit Doppelspirale ist im allgemeinen besser als von solchen mit einfacher Spirale. Andererseits erfordert das Aufeinanderpassen von geteilten Doppelspiralgehäusen viel Arbeit, während das Putzen der Doppelspiralen sehr schwierig ist. Die Kurve des Wirkungsgrades über der Fördermenge verläuft flacher als bei der Einspiralenpumpe, die Verbesserung des Wirkungsgrades ist auf der Seite der Fördermengen über dem Auslegepunkt größer als bei Teilmengen. Der Grund für die Verbesserung ist durch die gleichmäßigere Druckverteilung über den Laufradaustritt gegeben.

Auch bei Doppelspiralen nimmt man die Umwandlung von Geschwindigkeits- in Druckenergie nur im Austrittstutzen vor. Der Kanal, der die Flüssigkeit von der ersten Spirale um die zweite herumführt, hat konstanten Querschnitt. Versuche, diesen Kanal zur Energieumwandlung heranzuziehen, ergaben einen schlechteren Wirkungsgrad, abgesehen von den mechanischen Schwierigkeiten, wie Schwingungen des Druckrohres oder sogar Bruch der Scheidewand, die sich durch die ungleichen Drücke ergeben können [*9*].

c) Das Ringgehäuse. Abb. 7.10 zeigt Charakteristik und Radialkraft einer Pumpe NW 100 mit einem Ringgehäuse, also konstantem Querschnitt im Raum zwischen Laufrad und Gehäuse. Solche Konstruktionen sind für kleinere Pumpen gewählt worden. Die größten Radialkräfte werden im Punkt besten Wirkungsgrades entwickelt; sie sind nach der von der Zunge abgewandten Seite gerichtet. Der Faktor K in Beziehung 7.5 kann hier nach Erfahrungswerten dargestellt werden durch:

$$K = 0{,}36 \frac{Q}{Q^*}. \tag{7.6a}$$

Pumpen mit Kreisringquerschnitt waren größer und hatten schlechteren Wirkungsgrad als Spiralpumpen und werden deshalb praktisch nicht mehr gebaut.

d) Nähere Behandlung der Radialkraft im Spiralgehäuse. Die Druckverteilung im Spiralgehäuse und die Größe und Richtung der daraus resultierenden Radialkraft auf den Läufer können aus dem Druckverlauf längs der Stromfäden ermittelt werden. In Abb. 7.11 stellt die Linie AF den Verlauf des statischen Druckes bei geschlossenem Druckschieber über dem abgewickelten Umfang des Laufrades dar. Punkt A entspricht der Zunge. Die Drücke steigen bei Lauf ohne Förderung kontinuierlich bis zum Druckflansch, da der Staudruck der aus den Kanälen austretenden Strömung in statischen Druck umgewandelt wird. Der Druck

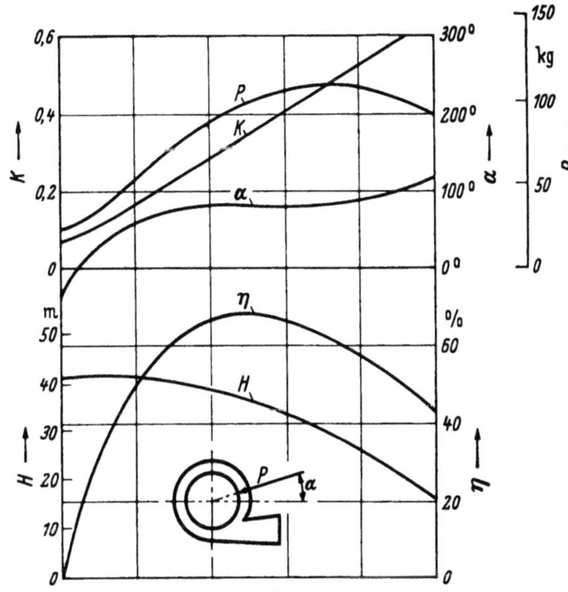

Abb. 7.10. Radialkraft im Ringgehäuse. D_2 = 260 mm B_2 = 31 mm, n = 1760 U/min

längs AC wirkt in umgekehrter Richtung des Druckes längs CE, da die beiden Teile um 180° versetzt sind. Die Druckkräfte sind den Flächen unter den Drucklinien (Abb. 7.11) proportional ($AA_3\,CC_3$ und $CC_3\,EE_3$). Die Fläche $C_1C_3\,E_1'E_3$ ist ebenso groß wie AA_3CC_3, so daß als Differenzkraft $CC_1\,EE_1'$ übrigbleibt. Sie ist auf den Mittelpunkt gerichtet und liegt etwa auf dem von der Zunge um 270° entfernten Radius DO.

Wird die Spirale durchströmt, so wird der Druckverlauf mit zunehmender Menge flacher, bis er bei der Auslegemenge konstant bleibt (Linie AF_1 in Abb. 7.11). Die Resultierende aller Radialkräfte ist null.

Bei weiterer Zunahme des Durchsatzes ($Q > Q_n$) fällt der Druck wegen der Beschleunigung der Strömung mit Fortschreiten in Spiralenrichtung ab. Jetzt sind die Drücke auf dem Stück AC größer als entlang CE und die Resultierende wird dargestellt durch die Differenzfläche

$AA_1\ C_2C_2'$. Sie liegt in Richtung von der kleineren zur größeren Spiralenhälfte.

Abb. 7.7a zeigt, daß die tatsächliche Richtung etwas von der im Diagramm nach Abb. 7.11 gefundenen abweicht. Abb. 7.12 zeigt die

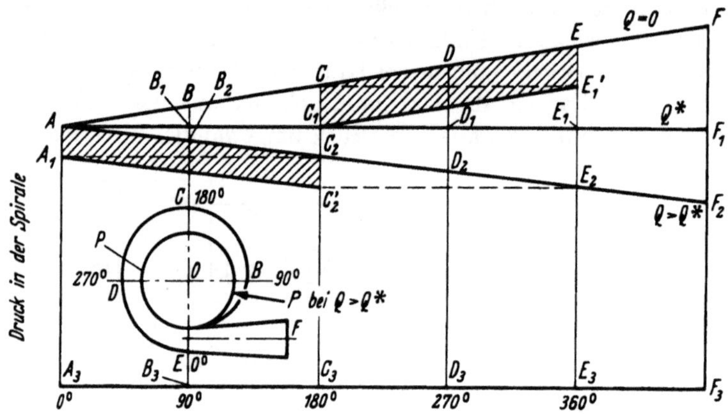

Abb. 7.11. Energieverlust und Radialkraft im einfachen Spiralgehäuse

am California Institute of Technology gemessene Druckverteilung einer Pumpe NW 200, 2500 U/min [*10*]. Die Tendenz des Verlaufes stimmt mit der Konstruktion in Abb. 7.11 überein, wenn auch gewisse Abweichungen auftreten.

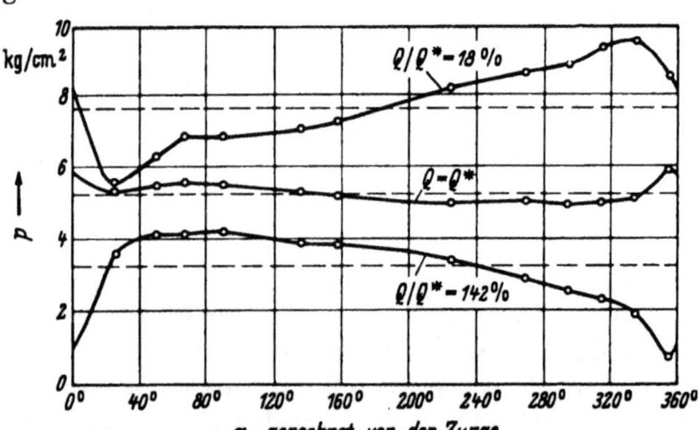

Abb. 7.12. Druckverteilung im Spiralgehäuse einer Pumpe NW 200, 2500 U/min

Die gleichen Überlegungen wie hier für die Einzelspirale können für die Doppelspirale angestellt werden. Durch die Bedingungen, daß die Drücke in beiden Spiralen am Austrittsflansch sowie an der zweiten Zunge A' jeweils gleich sein müssen, ergibt sich ein ähnliches Diagramm wie nach Abb. 7.11. Es herrschen bis auf die absolute Größe die gleichen Verhältnisse wie bei der einfachen Spirale.

7.4. Die Übergangskrümmer mehrstufiger Pumpen

Die Kanäle, in denen die Strömung vom Ende der Spirale einer Stufe in den Eintritt des nächsten Rades einer mehrstufigen Pumpe mit Spiralgehäuse geleitet wird, werden Übergangskrümmer genannt. Sie werden in Europa praktisch nicht benutzt, da hier mehrstufige Pumpen stets mit Leitrad ausgeführt werden (s. Kap. 7.5). Die Kanäle haben folgende Aufgaben:

1. Weitere Umwandlung von Geschwindigkeits- in Druckenergie.
2. Umlenkung der Strömung um 180°.
3. Gleichmäßige Verteilung der Strömung auf das folgende Laufrad durch passende Stromführung (Abb. 7.13).

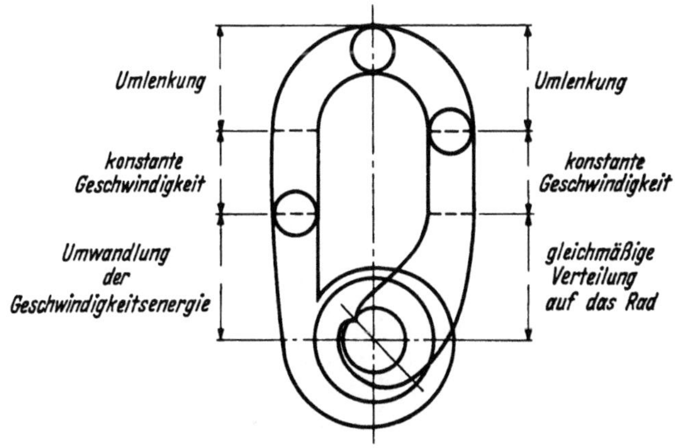

Abb. 7.13. Schema eines Rückführkanals

Um einen günstigen Wirkungsgrad zu erreichen, sollte jede dieser verschiedenen Funktionen von den anderen getrennt ausgeführt werden. So kann beispielsweise Geschwindigkeitsenergie nicht wirtschaftlich in Druck umgewandelt werden, wenn die Strömung gleichzeitig umgelenkt wird; denn in der Umlenkung löst sich dann die Strömung hoher Geschwindigkeit von der Innenwand des Krümmers ab, so daß kaum eine Umwandlung möglich ist. Ebenso herrscht in einem gekrümmten Kanal gleicher Fläche auch nicht überall gleiche Geschwindigkeit. Die Querschnittserweiterung muß in zulässigen Grenzen gehalten werden. In den Rückführkanälen liegen die Umlenkungen nicht in einer Ebene, d. h., es ergeben sich schraubenförmige Strombahnen. Ein Kreisquerschnitt ist für den Krümmer am besten geeignet. Abb. 7.13 zeigt das Schema eines idealen Übergangskrümmers. Der Einlauf unmittelbar vor dem Laufrad ist in der gleichen Weise ausgebildet wie der in Abschn. 7.1 diskutierte Saugstutzen der ersten Stufe.

Wirkungsgrade von 85% wurden mit drei- und vierstufigen Serienpumpen dieser Art bei einer Fördermenge von 75 l/s und einer Drehzahl von 3500 U/min und spezifischen Drehzahlen von $n_q = 30$ bis $n_q = 35$ erreicht. Mit sechs- und achtstufigen Pumpen und spezifischen Drehzahlen um $n_q = 25$ kann man bei gleicher Pumpengröße Wirkungsgrade bis 81% oder 82% erhalten.

In der Praxis ist acht die höchstmögliche Stufenzahl bei Pumpen dieser Bauweise. Schon bei acht Stufen wird die Herstellung des Modells und der Kerne sehr schwierig. Jede Biegung, die sich rein geometrisch

Abb. 7.14. Achtstufige Pumpe mit getrennten Übergangskrümmern

als notwendig erweist, jedoch strömungstechnisch nicht gerechtfertigt ist, verschlechtert dann den Wirkungsgrad.

Abb. 7.14 stellt eine achtstufige Pumpe mit separaten Umführungskrümmern dar. Die vier kurzen Bogen in der oberen Hälfte verbinden je zwei nebeneinanderliegende Stufen, die langen Bogen in der unteren Hälfte überbrücken größere Abstände. Ein Schnitt durch die Pumpe ist in Abb. 17.19 dargestellt. Die Anordnung der Stufen von rechts nach links ist: *1—2—5—6—8—7—4—3*. Der Bogen *4—5* wird verdeckt von den Krümmern *2—3* und *6—7*. In Europa ist die Bauweise mit separaten Krümmern praktisch unbekannt. Die dort ausschließlich benutzten modernen mehrstufigen Leitradpumpen mit Rückführschaufeln ergeben gleiche Wirkungsgrade.

Mehrstufige Pumpen mit kleiner Spirale werden oft mit angegossenen Übergangskrümmern ausgeführt (Abb. 7.15). Eine Wirkungsgradeinbuße von 2% oder mehr muß für diese Vereinfachung in Kauf genommen werden. Um einen Rückgewinn von Geschwindigkeitsenergie in einem

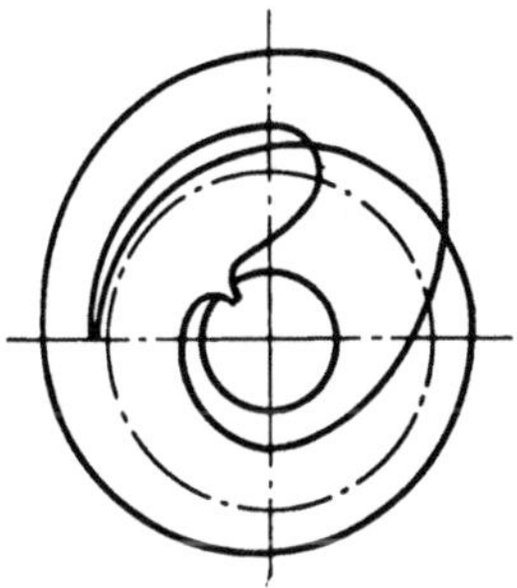

Abb. 7.15. Angegossener Umführungskrümmer

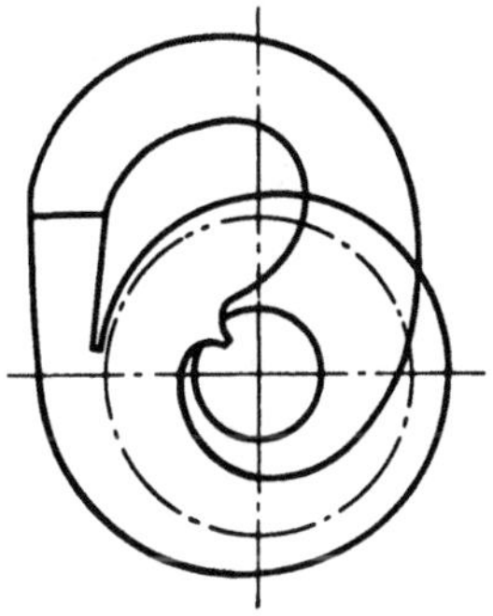

Abb. 7.16. Angegossener Umführungskrümmer mit geradem Diffusor

angegossenen Bogen zu erhalten, muß direkt im Anschluß an die Spirale ein kurzer, gerader Konus eingeschaltet werden (Abb. 7.16). Kreisförmige Kanalquerschnitte sollten, soweit möglich, vorgesehen werden.

7.5. Die Leitvorrichtung

a) Einstufige Pumpen. Das Leitrad, der beschaufelte Raum um das Laufrad herum, hat erweiterte Kanäle und wirkt wie ein Diffusor. Es dient zur Verzögerung der Strömung, also zur Umwandlung der Geschwindigkeitsenergie in Druck. Obwohl das Wirkungsgradmaximum einstufiger Leitradpumpen um etwa 2% höher liegt als dasjenige von Pumpen mit Spiralgehäuse, bevorzugt man in den USA die letzteren wegen ihrer geringeren Kosten und der einfacheren Konstruktion. In Europa dagegen wird — entsprechend der höheren Einschätzung des Wirkungsgrades — die Mehrheit der großen Pumpen mit Leitrad ausgerüstet [*11*]. Die Pumpen am Grand Coulee Dam (Columbia River), die in Kap. 2.3 erwähnt und in Abb. 17.23 gezeigt sind, haben zusätzlich zu ihrem Doppelspiralgehäuse vier Schaufeln, die den Anschein eines Leitapparates geben. Jedoch ist ihre Zahl zur Erfassung der gesamten Strömung viel zu gering und die Abmessungen sind zu klein; sie dienen tatsächlich nur als Stützschaufeln, also zur Erhöhung der Festigkeit. Die Umwandlung der Geschwindigkeitsenergie findet in dem langen Austrittsstutzen statt.

b) Mehrstufige horizontale Pumpen. Die Abb. 17.9, 17.10, 17.13 zeigen drei Typen von mehrstufigen Hochdruckpumpen mit Leitschaufelgehäuse. Die hydraulischen Elemente aller drei Typen sind die Leitschaufelringe um jedes Laufrad und die beschaufelten Rückführkanäle.

Im ersten Fall liegt der Läufer in einem horizontal geteilten Gehäuse, das den Austrittsdruck allein aufnimmt. Im zweiten Fall sind die einzelnen Stufenelemente mit kräftigen Bolzen zusammengezogen, während der Läufer des dritten Typs in einer Trommel mit je einem Deckel an jeder Seite untergebracht ist. Die beiden Ausführungen nach Abb. 17.10 und 17.13 werden als Kesselspeisepumpen für die höchsten auf diesem Gebiet auftretenden Drücke verwandt. Die Konstruktion von Abb. 19.7 ist nur für Drücke bis 80 atü geeignet.

Der hydraulische Entwurf des Leitrades wird durch die gleichen Erwägungen geleitet wie die Konstruktion des Spiralgehäuses. Die gesamte Eingangsfläche ist ebenso groß wie die bei dem entsprechenden Entwurf mit Spirale, obwohl die Verdrängung durch die Schaufeln dann etwas höhere Durchtrittsgeschwindigkeiten bewirkt. Die Strömung durch das Leitrad und den anschließenden Sammelraum verläuft besser geordnet als in Gehäusen ohne Leitschaufeln.

Der Grundkreis D_3 und der Eintrittswinkel in dem Leitkanal werden in der gleichen Weise wie bei der Spirale bzw. der Zunge ermittelt. Die lichte Leitradbreite wird etwa 10% größer als die lichte Radbreite gewählt, also $b_3 = 1{,}1\,b_2$. Für kleine, vielstufige Pumpen muß man einen Mindestzuschlag von 1,5 mm geben, also $b_3 = b_2 + 1{,}5$ mm. Die Zahl der Schaufeln sollte so gewählt werden, daß die weiter unten behandelte Kanalform mit einer möglichst kleinen Schaufelzahl erreicht wird. Der Außendurchmesser des Leitrades ist kein Kriterium für sich, sondern hängt von der Schaufelzahl, den Verhältnissen der Kanalabmessungen und dem Spalt zwischen Lauf- und Leitrad ab. Der Außendurchmesser guter Leitapparate liegt zwischen $1{,}35\,D_2$ und $1{,}6\,D_2$.

Die beste Form des Kanals zwischen zwei Leitschaufeln wurde von verschiedenen Forschern sowohl in Europa wie in Amerika ermittelt. Sie sollte folgende Bedingungen erfüllen:

1. Bei vorgegebener Fläche soll der hydraulische Radius des Kanals ein Minimum sein. Die beste Näherung dafür ist ein quadratischer Querschnitt in der Nähe des Eintritts. Kreisförmige Querschnitte erwiesen sich als besser, sind jedoch in der Praxis, mit Ausnahme von gewissen Spezialkonstruktionen, schwierig zu verwirklichen.

2. Der Teil des Kanals, der zwischen den beiden begrenzenden Schaufeln liegt, soll ein geradliniger Konus sein (Abb. 7.17).

3. Die Schaufelzahl soll bei den vorgeschriebenen Verhältnissen des Kanals ein Minimum sein.

4. Der Öffnungswinkel des Diffusors soll kleiner oder höchstens gleich dem bei Diffusoren mit gleichmäßiger Zuströmung zulässigen Winkel sein. Für den Konus am Spiralenausgang wurde bereits ein ganzer Öffnungswinkel von 8° als zulässig festgestellt. Bei quadratischem

Querschnitt liegt der günstigste Winkel bei 6°, für einen rechteckigen Diffusorquerschnitt zwischen parallelen Wänden bei 11°.

5. Die genaue Einhaltung des Schaufeleintrittswinkels ist nur von sekundärer Bedeutung auf die optimalen Verhältnisse; trotzdem sollte dieser Winkel, um einen Anfangspunkt zu erhalten, aus dem Austrittsdreieck übernommen werden.

6. Die radiale Erstreckung $(D_4 - D_3)/2$ des Diffusors oder das Verhältnis D_4/D_2 (Abb. 7.17) ist kein entscheidender Faktor. Der Durchmesser D_4 wird an Hand der Richtlinien auf die Schaufelzahl abgestimmt.

Umfangreiche Versuche mit Luft zeigten, daß die Länge l des geradlinigen Diffusors viermal so groß sein muß wie die Öffnung am Eintritt,

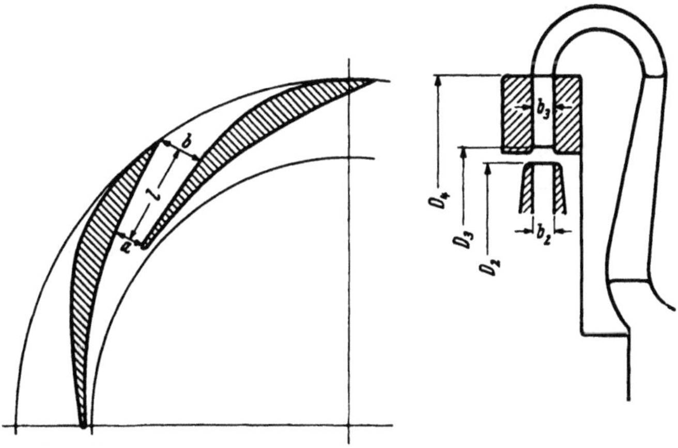

Abb. 7.17. Verhältnisse am Diffusor

$l = 4a$ (Abb. 7.17). Das meist gewählte Verhältnis von Austritts- zu Eintrittsfläche ist $b/a = 1{,}6$ entsprechend einem Öffnungswinkel von $8^1/_2{}^\circ$ bei parallelen Seitenwänden.

Eine Vergrößerung der relativen Kanallänge über $l/a = 4$ hinaus verbessert die Wirkungsweise des Diffusors nicht mehr. Offensichtlich wird dann die weitere Umwandlung der Geschwindigkeitsenergie durch zusätzliche Reibungs- und Wirbelverluste, die bei der Mischung der Ströme aus zwei aneinandergrenzenden Kanälen entstehen, kompensiert[1].

Lange, gekrümmte Diffusoren können die Energieumwandlung nur mit schlechtem Wirkungsgrad vornehmen; beide Einzelvorgänge für sich, die Verzögerung und die Umlenkung einer Strömung, sind bekanntlich durch Ablösung gefährdet. Bei einer Kombination tritt praktisch

[1] In einem Fall beobachtete der Autor, daß durch Erhöhung der Schaufelzahl von sieben auf neun der Wirkungsgrad der Einheit um 3% absank.

immer Ablösung und damit nur geringer Rückgewinn von Geschwindigkeitsenergie ein.

Es muß herausgehoben werden, daß die gegenseitige Stellung von Lauf- und Leiträdern einer mehrstufigen Pumpe einen deutlichen Einfluß auf den Wirkungsgrad und die Form der Drosselkurve nahe der Fördermenge null hat. Der beste Wirkungsgrad wird erreicht, wenn die Innenseite der vorderen Deckscheibe bündig steht mit der Innenseite der Leitradwand. Gleichzeitig liegt die Förderhöhe bei geschlossenem Schieber am höchsten. Steht dagegen die Rückseite des Laufrades mit der des Leitrades bündig, dann fällt die Drosselkurve gegen die Nullfördermenge stärker ab und der Wirkungsgrad liegt merklich schlechter. Steht das Laufrad in einer Zwischenstellung, dann liegt auch der Wirkungsgrad und die Förderhöhe bei kleiner Menge zwischen den Extremwerten. Diese Beobachtungen lassen vermuten, daß die Strömung im Laufrad sich nach dessen Rückseite hin verlagert. In einem Beispiel, einer Pumpe mit einer spezifischen Drehzahl von $n_q = 33$, betrug der Unterschied im Gesamtwirkungsgrad 2%, und die Nullförderhöhe änderte sich um 10%. Die Effekte sind bei Pumpen kleinerer spezifischer Drehzahl weniger ausgeprägt.

c) Die Rückführkanäle. Die Rückführkanäle nehmen die Strömung, deren Geschwindigkeit bereits im Leitrad herabgesetzt war, auf, lenken sie um 180° um und führen sie dem Laufrad der nächsten Stufe zu. Dabei wird der noch verbliebene Drall herausgenommen. Um diesen Vorgang mit möglichst geringen Verlusten durchzuführen, soll die Strömung etwas beschleunigt werden. Um einen möglichst glatten Verlauf der Stromlinien zu erhalten, zeichnet man sich am besten die ebene Abbildung zunächst für Leitschaufel und Rückführschaufel zusammen (Abb. 7.18) und überträgt dann die Kurve je zur Hälfte in das Leitrad und in den Rückführkanal nach der in Kap. 6 angegebenen Methode. Die Leitradschaufeln werden zweckmäßigerweise nach den oben angegebenen Richtlinien modifiziert. Die Zahl der Rückführschaufeln wird durch die gleichen Überlegungen wie beim Laufrad bestimmt; sie ist um zwei oder drei kleiner.

Bei Experimenten mit Rückführkanälen verschiedener Ausführung fand der Autor Wirkungsgradunterschiede von 8,5% zwischen Pumpen mit den besten und den schlechtesten Rückführschaufeln.

Die Ausnutzung der kinetischen Energie einer Stufe in der folgenden ist ein wichtiges Prinzip. Der Druckrückgewinn soll nicht über das zu leichter Beschleunigung im 180°-Bogen und im Einlauf der nächsten Stufe erforderliche Maß hinausgetrieben werden. Ein allgemein gemachter Fehler bei älteren Rückführbeschaufelungen war der, daß die Strömung aus dem Leitkanal in dem Rückführkanal „gestoßen“ wurde, ohne jeden Versuch, sie zu führen oder die Geschwindigkeiten zu kontrollieren.

d) Durchgehender Diffusor. Ein Vergleich der Charakteristiken mehrstufiger und einstufiger Pumpen gleicher spezifischer Drehzahl mit Leitrad zeigt, daß bei der scharfen Umlenkung um 180° zwischen Leit- und Rückführschaufel ein übermäßig großer Ablösungsverlust entsteht. Wegen der geringen Länge sind die Reibungsverluste in diesem Teil der Stromführung unbedeutend. Die Aufteilung des gesamten Kanals zwischen den beiden Laufrädern in Leit- und Rückführkanal mit einer

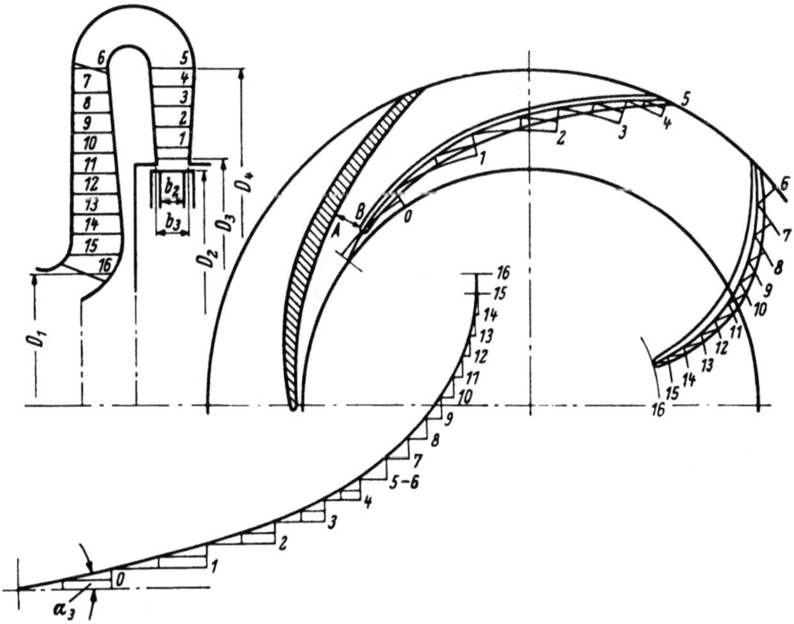

Abb. 7.18. Auslegung von Leit- und Rückführschaufeln

schaufelfreien Umlenkung um 180° dazwischen wird bei Pumpen und Gebläsen aus Gründen der einfacheren Herstellung vorgenommen und geht auf Kosten von etwa 2 bis 3% Wirkungsgrad.

Abb. 7.19 zeigt eine Anordnung einer einstufigen Pumpe von Sulzer [*12*] von 550 mm ⌀, ein Modell einer fünfstufigen Speicherpumpe für $Q = 2{,}7\ \mathrm{m^3/s}$, $H = 500$ m, $n = 500$ U/min, $N = 20000$ PS, $n_q = 27$. Sie enthält durchgehende Rückführschaufeln nach Abb. 7.20, die in drei Teilen hergestellt sind. Bei Versuchen mit Wasser und Luft zeigte dieses Modell einen maximalen Wirkungsgrad von 85% (Abb. 7.21). Diese Konstruktion ist typisch für die jüngste Entwicklung mehrstufiger Pumpen in Europa. Sie bringt eine bemerkenswerte Wirkungsgradverbesserung gegenüber den älteren Typen mit separaten Leit- und Rückführkanälen und der unbeschaufelten Umlenkung.

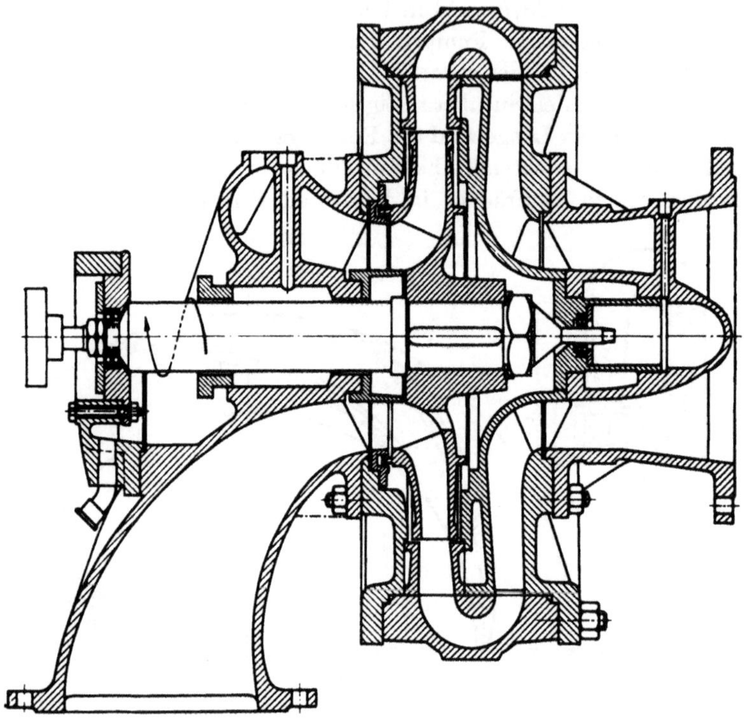

Abb. 7.19. Pumpenmodell von Sulzer

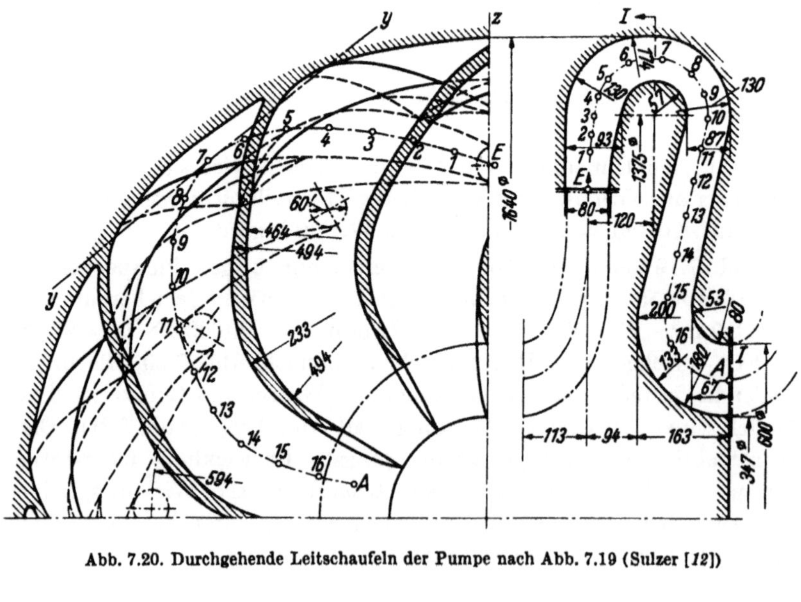

Abb. 7.20. Durchgehende Leitschaufeln der Pumpe nach Abb. 7.19 (Sulzer [*12*])

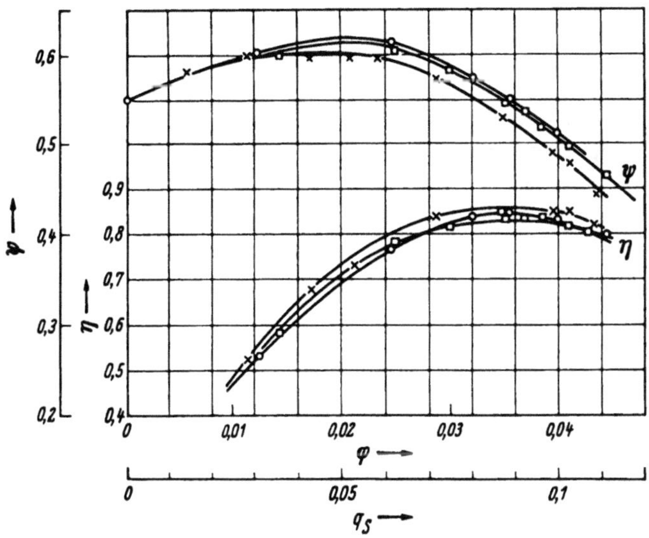

Abb. 7.21. Charakteristik des Pumpenmodells, Laufraddurchmesser 550 mm, von Sulzer [12].

× Wasser; $Re = 24 \cdot 10^6$;

○ Wasser; $Re = 12 \cdot 10^6$;

□ Luft; $Re = 3{,}4 \cdot 10^6$;

Luft: $\eta = N_{ad}\, N_{Welle}$; $\psi = g\, H_{ad}/u_2^2$;

Wasser: $\eta = N_{Man}\, N_{Welle}$; $\psi = g\, H_{Man}/u_2^2$;

$q_s = V/n'\, D_2^3$ (n' in U/s);

$\varphi = V \Big/ \frac{\pi}{4} D_2^2\, u_2$;

$Re = V/\nu\, D_2$

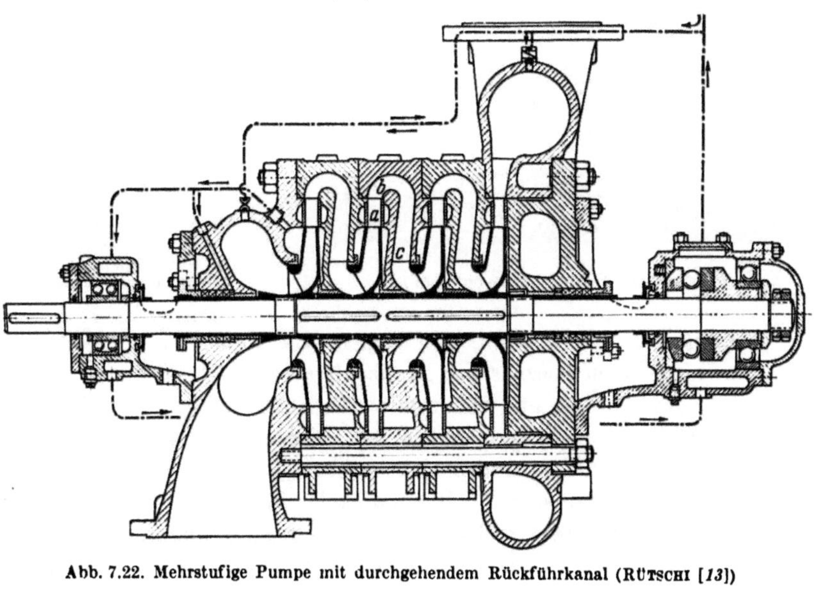

Abb. 7.22. Mehrstufige Pumpe mit durchgehendem Rückführkanal (Rütschi [13])

Abb. 7.22 stellt ein weiteres Beispiel einer mehrstufigen Pumpe mit durchgehendem Leit- und Rückführkanal dar. Abb. 7.23 zeigt den Kern und Abb. 7.24 eine Ansicht des Leitrades. Bei einer Fördermenge von 65 l/s und einer spezifischen Drehzahl von $n_q = 30$ wurden 82% bis 83% Wirkungsgrad erzielt.

Abb. 7.23. Kern für Leitrad und Rückführbeschaufelung der Pumpe von Abb. 7.22

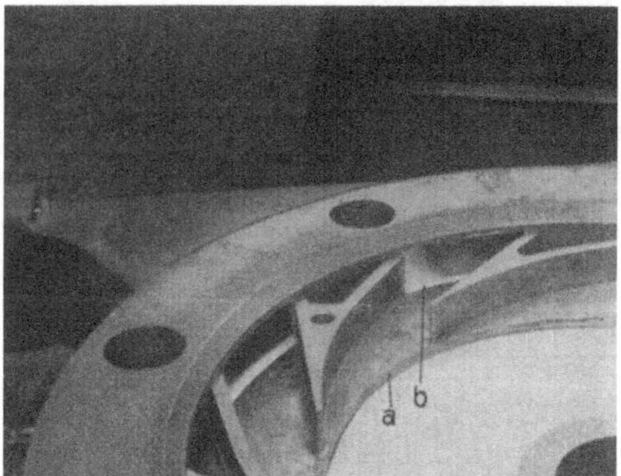

Abb. 7.24. Leitrad der Pumpe von Abb. 7.22

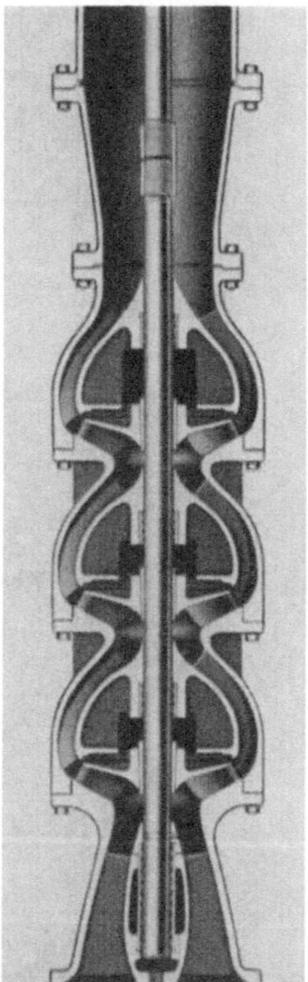

Abb. 7.25. Vertikale Bohrlochpumpe (Ingersoll-Rand)

e) Leitkanäle von vertikalen Pumpen. Zu dieser Klasse gehören Pumpen im Bereich spezifischer Drehzahlen von $n_q = 20$ bis $n_q = 300$. In kleiner Ausführung und im unteren Teil des Bereiches spezifischer Drehzahlen, etwa zwischen 30 und 90, wurden sie meist als Bohrlochpumpen bei Bewässerungsprojekten im Westen der USA eingesetzt (Abb. 7.25). Sie sind sehr hoch entwickelt und stellen zur Zeit den wirkungsgradmäßig besten Typ mehrstufiger Kreiselpumpen dar. Im Laboratorium wurden Gesamtwirkungsgrade bis 90% bei Einheiten für

75 l/s und 1760 U/min festgestellt. Zu diesem Fortschritt trugen verschiedene Faktoren bei: 1. Wahl günstiger spezifischer Drehzahlen zwischen 50 und 80, die in anderen mehrstufigen Pumpen nicht benutzt werden; 2. Konstruktion mit offenem Laufrad, wodurch die Scheibenreibung herabgesetzt wird und die Möglichkeit gegeben ist, die Kanäle gut zu reinigen und zu polieren; 3. verbesserte Gehäusekonstruktion mit

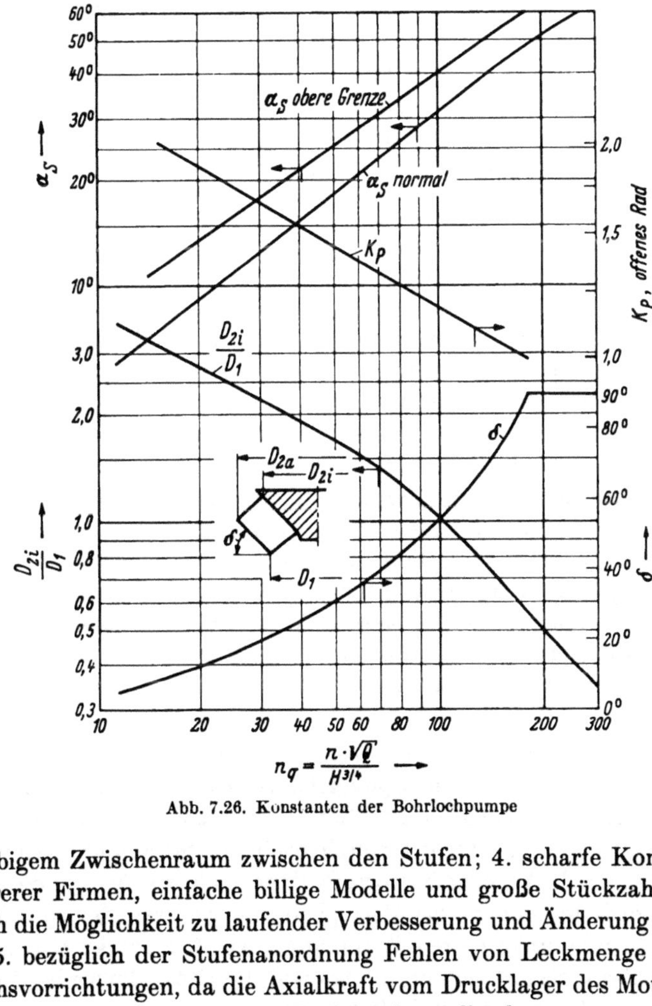

Abb. 7.26. Konstanten der Bohrlochpumpe

beliebigem Zwischenraum zwischen den Stufen; 4. scharfe Konkurrenz mehrerer Firmen, einfache billige Modelle und große Stückzahlen, wodurch die Möglichkeit zu laufender Verbesserung und Änderung gegeben ist; 5. bezüglich der Stufenanordnung Fehlen von Leckmenge an Ausgleichsvorrichtungen, da die Axialkraft vom Drucklager des Motors aufgenommen wird; Fehlen von Hochdruckstopfbüchsen.

In hydraulischer Hinsicht ergeben sich verschiedene Vorteile aus der vertikalen Anordnung; 1. Die Leitschaufeln sind mehr axial gerichtet; 2. sie sind durchgehend konstruiert und haben keine scharfen Umlenkungen (Abb. 7.25); der Raum zwischen Laufrad und Leitrad kann größer gemacht werden; 3. es ist möglich, Laufräder mit verschiedenen Durchmessern und Breiten einzusetzen. Mit wachsender spezifischer Drehzahl ändert sich das Rad kontinuierlich vom fast radialen über ein halbaxiales bis zum rein axialen Laufrad (Abb. 7.26).

Im Leitrad sind wesentlich höhere Geschwindigkeiten zulässig als bei Spiralgehäusen von anderen Pumpen gleicher spezifischer Drehzahl, besonders bei hohen Werten derselben, da die Umlenkungen allmählich sind und bei rein axialer Anordnung ganz wegfallen.

Um eine möglichst große Fördermenge bei vorgegebenem Pumpendurchmesser zu erzielen, werden an Bohrlochpumpen wesentlich größere Winkel α_8 der Leitschaufeln gegen die Meridianrichtung gewählt als bei Spiralgehäusen üblich. Abb. 7.26 gibt die Grenzwerte für α_8 an.

f) Einfluß der Drehzahl auf die Wirkungsweise der Stromführung. Wird die Drehzahl einer Pumpe und damit ihre Förderhöhe und Fördermenge vergrößert, so steigt der Wirkungsgrad — unter der Voraussetzung, daß der vorhandene Haltedruck zur Vermeidung von Kavitation ausreicht — zunächst allmählich bis zu einem Optimum an und fällt dann bei weiterer Vergrößerung der Drehzahl wieder ab. Das Ansteigen ist durch die bei Erhöhung der REYNOLDSschen Zahl eintretende Verringerung der Reibungsverluste zu erklären; der Abfall nach dem Maximum zeigt, daß man bei derartig hohen Geschwindigkeiten wie sie bei den hohen Drehzahlen auftreten, größere Sorgfalt in der Konstruktion der Stromführung anwenden muß, als dies im Bereich mittlerer Drehzahlen geschieht. Folgende Punkte sind diesbezüglich zu beachten: 1. weniger Krümmung in der Laufradzuführung; 2. weniger Krümmung der Stromlinien im Meridianschnitt; 3. bessere Profilierung der Schaufeln ähnlich den Tragflügelprofilen; 4. größerer Zwischenraum zwischen Lauf- und Leitschaufeln bzw. Spiralenzunge; 5. kleinerer Öffnungswinkel des Austrittsstutzens.

Es gibt auf dem Gebiet der Gebläse genügend Beispiele dafür, daß das Leitrad gegenüber dem Spiralgehäuse bei hohen Drehzahlen und Stufendrücken vorteilhafter ist. Man nimmt an, daß die Schraubenbewegung nach Abb. 7.4 in der Spirale bei hohen Strömungsgeschwindigkeiten zusätzliche Verluste hervorruft. Daneben beeinträchtigt die gegenläufige doppelte Drehung der Flüssigkeit in der Spirale den spezifischen Durchfluß im Punkt besten Wirkungsgrades. Der Punkt besten Wirkungsgrades verlagert sich nach links und die Drosselkurve bei Mengen über der Auslegemenge wird steiler.

g) Bemerkungen über Spiralgehäuse. Obwohl es für Spiralgehäuse nur einige Entwurfskonstanten zur Kontrolle gibt und die Stromführung sehr einfach ist, muß bei der Herstellung sehr sorgfältig vorgegangen werden, um den bestmöglichen hydraulischen Wirkungsgrad bei hochtourigen

Pumpen mit großer Förderhöhe zu erreichen. Die am meisten verbreiteten Fehler bei der Gehäuseherstellung sind:

1. Gelingt es nicht, die Spirale gut genug zu reinigen, so verschlechtert sich der Wirkungsgrad um maximal 4% in kleinen Pumpen. Das Säubern der Seitenwände des Gehäuses verkleinert den Scheibenreibungsverlust beträchtlich.

2. Exzentrizität der mittleren Laufradebene bezüglich der Symmetrieebene der Spirale (Abb. 7.27a) oder Winkeldifferenz zwischen Laufrad und Gehäuse (Abb. 7.27b) beeinträchtigen den Wirkungsgrad deutlich. So ergab sich beispielsweise für eine Winkeldifferenz von 1° eine Wirkungsgradverminderung um 1,5% in einem und um 2,7% in einem anderen Fall.

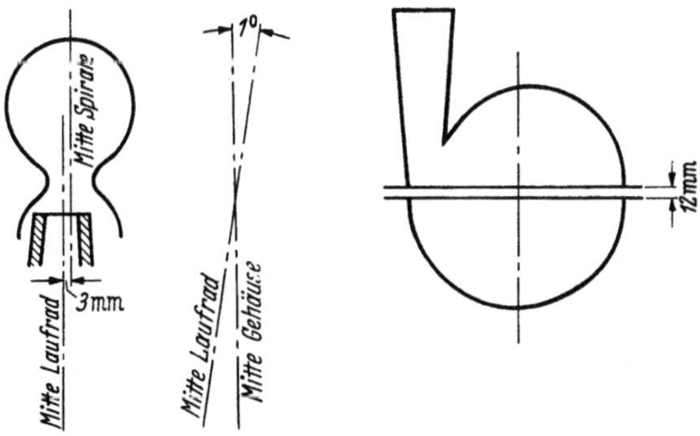

Abb. 7.27. Fehler bei der Gehäuseherstellung

3. Werden geteilte Gehäuse nicht sorgfältig genug aufeinandergepaßt oder wird an den Flanschen nicht die Bearbeitungszugabe ausgenutzt, so daß beide Hälften zu weit auseinanderstehen, dann wird der Wirkungsgrad beeinträchtigt (Abb. 7.27c).

Die Umwandlung von Geschwindigkeits- in Druckenergie kann — wie bereits erwähnt — nur in einem geraden Austrittsstutzen vorgenommen werden. Wird dieser Diffusor um die Spirale herumgezogen, so daß der Flansch in der Mitte der Pumpe steht, um diese symmetrisch zu gestalten, dann kann man keine wirksame Verzögerung erwarten.

Literatur

[1] Allen, R. W.: Some Experiences of the Use of Scale Models in General Engineering. Engineering (9. September 1938) S. 313.
[2] Stepanoff, A. J.: Volute vs. Diffuser Casings for Centrifugal Pumps. Proc. nat. Conf. Ind. Hydraulics (1950) S. 55.
[3] — Turboblowers, S. 166. New York: John Wiley and Sons 1955.
[4] Kranz, H.: Strömung in Spiralgehäusen. VDI-Forsch.-Heft 370 (1935) Berlin.
[5] Polikovsky u. Abramovitsch: Centrales Aero-Hydrodynamisches Institut UdSSR. Bericht von A. Nekrassov. Mech. Engng. (August 1937) S. 628.

[6] Krisam, F.: Neue Erkenntnisse im Kreiselpumpenbau. Z. VDI Bd. 95 (15. April 1953) Nr. 11—12, S. 320.
[7] Batelle Memorial Institute, Prevention of the Failure of Metals under Repeated Stress, S. 44. New York: John Willey and Sons 1941. *Vergriffen.*
[8] Knapp, R. T.: Centrifugal Pump Performance as Affected by Design Features. Trans. A.S.M.E. Bd. 63 (April 1941) Nr. 3, S. 254.
[9] Parmakian, J.: Vibration of the Grand Coulee Pump-Discharge Lines. Trans. A.S.M.E. Bd. 76 (1954) S. 873.
[10] Binder, R. C., u. R. T. Knapp: Experimental Determination of the Flow Characteristics in the Volutes of Centrifugal Pumps. Trans. A.S.M.E. Bd. 58 (November 1936) S. 659.
[11] Lepique, H.: Kreiselpumpen im Wasserwerk-Betrieb. Z. Wasserwirtsch. (1942) Nr. 12.
[12] Sulzer: Schweiz. Mitteilungen (1951) Nr. 3.
[13] Stingelin, A., u. K. Rütschi: Hochdruck-Zentrifugalpumpe von hohem Wirkungsgrad. Schweiz. Bauztg. Bd. 106 (9. November 1935) Nr. 19.

8. Axialpumpen

8.1. Einführung

Der Bereich von spezifischen Drehzahlen, in dem Axialmaschinen vorteilhaft eingesetzt werden können, liegt zwischen $n_q = 200$ und $n_q = 300$. Axialpumpen mit spezifischen Drehzahlen unter 200 wurden gebaut, können jedoch bezüglich des Wirkungsgrades nicht mit Maschinen der halbaxialen Bauweise konkurrieren [*1*]. Dazu kommt, daß sie sehr hohe Leistungsaufnahme bei geschlossenem Druckschieber haben und schlechtes Kavitationsverhalten zeigen. Spezifische Drehzahlen über 300 sind möglich, jedoch liegt der maximale Wirkungsgrad nicht höher als derjenige einer Pumpe mit $n_q = 300$, die bei zu großer Fördermenge arbeitet. Axialgebläse werden in der mehrstufigen Bauweise bis herab zu $n_q = 100$ gebaut. Mehrstufige Axialpumpen dagegen werden nicht gebaut.

8.2. Terminologie und Geometrie axialer Laufschaufeln

a) Schaufelgitter. Zur Diskussion der Laufschaufelwirkung ist es zweckmäßig, die Schaufel in mehreren „Zylinderschnitten" darzustellen. Drei solcher Schnitte sind von besonderem Interesse, der Schnitt im Außendurchmesser D_a; im Nabendurchmesser D_i; im repräsentativen Durchmesser D_m. Der repräsentative Durchmesser ist durch die Gln. (5.23) und (5.24) definiert.

Im Zylinderschnitt erscheinen die Schaufeln in konstantem Abstand $t = \pi D/z$ voneinander, wobei z die Schaufelzahl und D der Durchmesser des Schnittzylinders ist. Das Verhältnis l/t der Sehnenlänge l des Schaufelschnittes zur Teilung t ist eine wichtige Größe, die das Verhältnis von Schaufelfläche zu Kreisringfläche senkrecht zur Durchflußströmung kennzeichnet. Sie nimmt im allgemeinen vom Schaufelende nach der Nabe hin zu.

Zur Erzielung der Antriebswirkung auf die Flüssigkeit wächst der Schaufelwinkel stetig von β_1 bis β_2 (Abb. 8.1). Die Differenz beider ist ein Maß für die Krümmung der Schaufel in jedem Schnitt. Aus der Geometrie nach Abb. 8.1 können folgende Beziehungen hergeleitet werden:

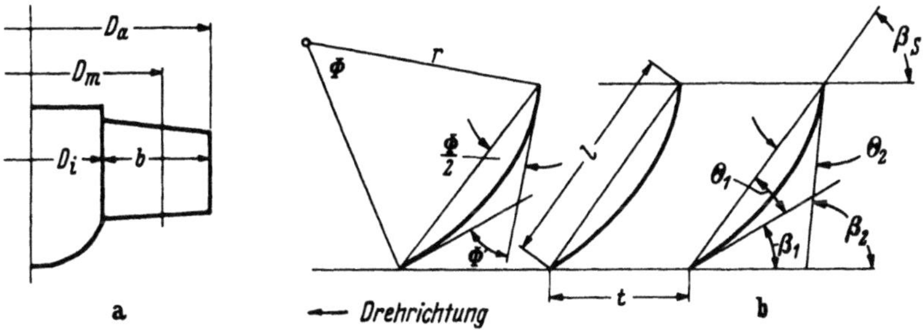

Abb. 8.1. Schaufelgitter

a) Differenzwinkel

$$\beta_2 - \beta_1 = \Phi = \Theta_1 + \Theta_2, \tag{8.1}$$

b) Sehnenwinkel

$$\left.\begin{aligned}\beta_s &= \beta_1 + \Theta_1,\\ \beta_s &= \beta_2 - \Theta_2,\end{aligned}\right\} \tag{8.2}$$

c) für Kreisbogenschaufel

$$\left.\begin{aligned}\Theta_1 = \Theta_2 &= \Theta = \Phi/2,\\ \beta_2 = \beta_1 &= \Phi = \text{Mittelpunktswinkel},\\ 1 &= 2\,r \sin\Theta.\end{aligned}\right\} \tag{8.3}$$

b) Tragflügel. Angesichts der geringen erzeugten Förderhöhe erlangt der Wandreibungsverlust in Axialpumpen größere Bedeutung als in radialen oder halbaxialen Pumpen. Deshalb ist große Sorgfalt bei der Konstruktion und Herstellung der Schaufel auf störungsfreie Stromführung zu verwenden, um die bestmöglichen Wirkungsgrade zu erzielen. Zur Erfüllung dieser Forderung und zur Erlangung von genügender Festigkeit erhalten die Schaufelschnitte die Gestalt von Tragflügelprofilen. Die Tragflügelprofile, die aus dem Flugzeugbau übernommen wurden, haben ein weites Anwendungsfeld im Axialmaschinenbau gefunden. Deshalb ist es wesentlich, mit den Begriffen vertraut zu werden.

In den letzten dreißig Jahren ist in verschiedenen Ländern eine große Anzahl von Flügelprofilen untersucht worden, um die Profile, die einem Tragflügel den größtmöglichen Auftrieb bei kleinstem Widerstand geben, herauszufinden. Im N.A.C.A.-Bericht 460 (1935) wurden alle nutzbaren Profile nach ihrer Krümmung und Dicke klassifiziert. Zu diesem Zweck stellt man sich vor, daß das Profil durch Aufbringen von Material veränderlicher Dicke auf ein „Skelett" (Abb. 8.2) entstanden ist. Die Form der Skelettlinie bestimmt die meisten hydraulischen Eigenschaften des Profils vollständig, die Dicke ist durch die Forderung nach ausreichender Festigkeit bedingt. Alle guten Profile haben etwa den gleichen Verlauf der Dicke längs der Skelettlinie, wobei die maximale Dicke zur

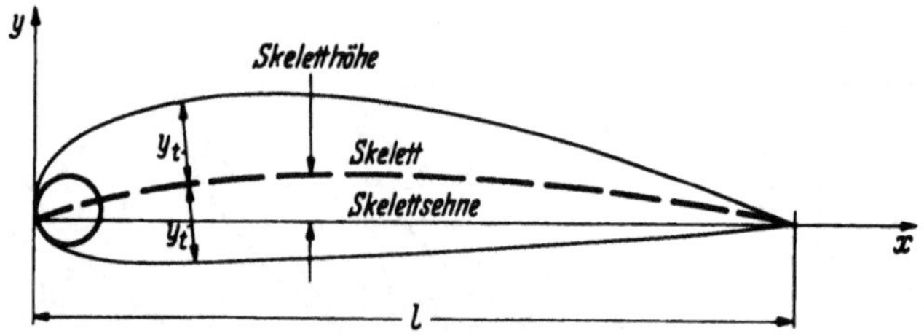

Abb. 8.2. Tragflügelnomenklatur

Nabe hin zunimmt. Die maximale Entfernung zwischen der Skelettsehne und dem Skelett ist die Skeletthöhe f; sie wird gewöhnlich als Verhältnis f/l zur Schaufellänge ausgedrückt (Abb. 8.2).

Jedes N.A.C.A.-Profil ist durch eine vierstellige Nummer gekennzeichnet. Die erste Ziffer bezeichnet die relative Höhe f/l in Prozent, die zweite die Lage der maximalen Höhe in Zehnteln der Sehnenlänge. Die beiden letzten Ziffern geben die maximale Profildicke in Prozent der Länge an.

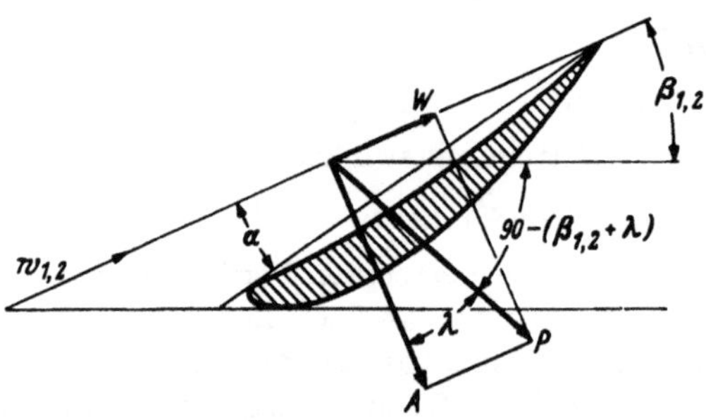

Abb. 8.3. Kräfte auf einen Tragflügel

Als Angriffswinkel α bezeichnet man den Winkel zwischen der Profilsehne und der mittleren relativen Anströmrichtung. Das Flügellängenverhältnis ist das Verhältnis der Flügellänge L zur Sehnenlänge l. Alle N.A.C.A.-Profile wurden bei einem Verhältnis $L/l = 6$ untersucht, jedoch wurden die Ergebnisse auch umgerechnet auf $L/l = \infty$. Da die Schaufeln in einer Axialpumpe durch Nabe und Gehäuse begrenzt sind und die Flüssigkeit am Ende der Schaufel nicht in radialer Richtung entweichen kann, ist die Verwendung der Daten für ein Flügellängenverhältnis $L/l = \infty$ gerechtfertigt.

c) Auftrieb und Widerstand. Die bei der Umströmung eines Profiles entstehende Reaktionskraft kann in zwei Komponenten aufgeteilt werden: Die Komponente A senkrecht auf der ungestörten Anströmrichtung, die als Auftrieb bezeichnet wird, und die Komponente W in Strömungsrichtung, den sogenannten Widerstand (Abb. 8.3). Die Kräfte werden im allgemeinen ausgedrückt durch die folgenden Beziehungen

$$A = c_A L l \varrho \frac{w_{1,2}^2}{2}, \tag{8.4}$$

$$W = c_W L l \varrho \frac{w_{1,2}^2}{2}, \tag{8.5}$$

wobei c_A und c_W experimentell festzustellende Koeffizienten für Auftrieb und Widerstand sind.

L ist die Länge des Flügels,
l die Länge der Profilsehne,
$w_{1,2}$ die ungestörte relative Anströmrichtung,
ϱ die Dichte des Mediums.

Sowohl c_A wie c_W hängen von der Profilform, vom Anstellwinkel α, vom Längenverhältnis L/l des Flügels und von der REYNOLDSschen Zahl ab. Ihre Werte sind für eine große Anzahl von Profilen festgestellt. Der Widerstandsbeiwert c_W ist sehr klein gegenüber dem Auftriebsbeiwert c_A. Das Verhältnis c_W/c_A bestimmt den Winkel λ; er wird als Gleitwinkel bezeichnet, weil er der gegen die Horizontale gemessene Winkel der Bahn eines im Gleitflug befindlichen Flugzeuges ist. Der Widerstand ist bedingt durch Oberflächenreibung, deren Größe sehr stark von der Oberflächenbeschaffenheit abhängt, sowie Wirbelverluste im Totraum hinter dem Profil. Der letztgenannte Teil wächst mit der Profildicke. Eine gut abgerundete Nase und eine scharfe Hinterkante wirken verkleinernd.

In Abb. 8.4 sind die Charakteristiken der Profile 4306 und 4312 aus dem N.A.C.A.-Bericht Nr. 460 dargestellt, um den Dickeneinfluß auf Auftriebs- und Widerstandsbeiwert zu zeigen. In dem zur Anwendung kommenden Bereich ist c_A für beide Formen gleich. Das Verhältnis A/W ist eine den Wirkungsgrad des Profils kennzeichnende Größe. Es ist für das dünnere Profil größer, also günstiger. Das Maximum des Auftriebsbeiwertes wird mit dem Flügel von 12% Dicke erreicht. Die Profile 4315, 4318, 4321 haben einen kleineren maximalen Auftriebsbeiwert.

Bei dieser Auftragung abweichend von der üblichen Darstellungsweise wurde der Winkel α in umgekehrter Richtung aufgetragen, um die zur Fördercharakteristik einer Axialpumpe bestehende Beziehung zu verdeutlichen. Der Auftriebsbeiwert c_A steht an Stelle der Höhe, α an Stelle der Menge und das Verhältnis $1/\lambda = A/W$ an Stelle des Wirkungsgrades.

In Abb. 8.5 ist der Einfluß der Profilhöhe bzw. seiner Krümmung gezeigt. Mit einer Profilhöhe von 6% erreicht man beim besten Verhältnis A/W bei kleinerem Anstellwinkel einen größeren Auftriebsbeiwert als mit 2%, jedoch hat der 2% hohe Flügel den günstigeren optimalen Gleitwinkel.

d) Profile nach der Munk*schen Methode.* Munk [2] zeigte, daß das Skelett eines N.A.C.A.-Profiles und seine aerodynamischen Eigenschaften durch die beiden Endtangenten vollständig definiert sind (*AC* und *BC*

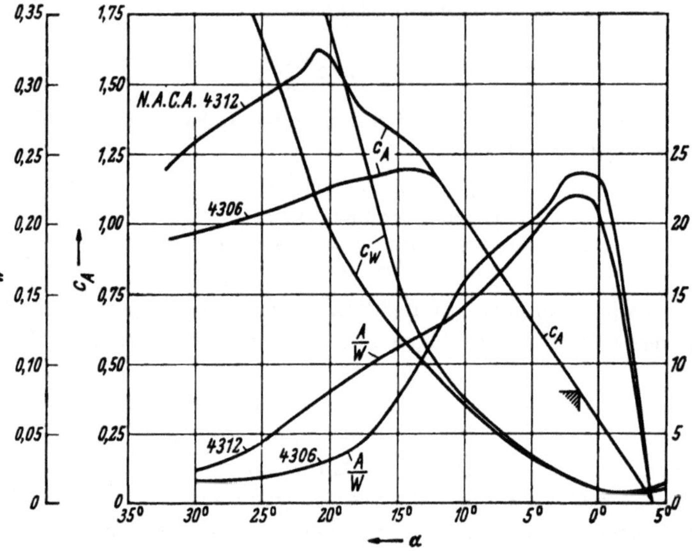

Abb. 8.4. Einfluß der Dicke auf die Charakteristik des Profils (N.A.C.A.-Bericht 460)

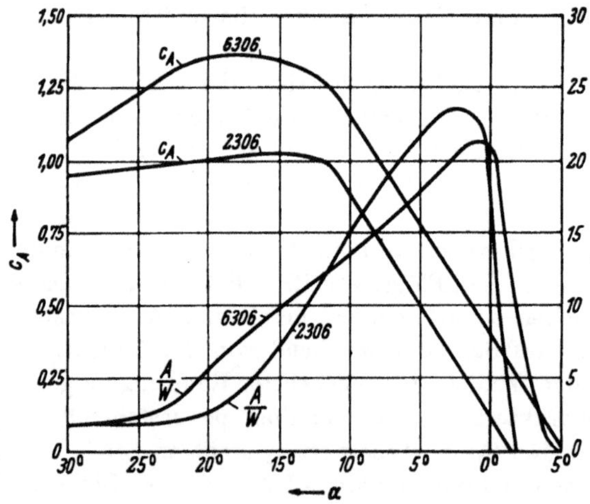

Abb. 8.5. Einfluß der Profilhöhe (Krümmung) auf die Charakteristik (N.A.C.A.-Bericht 460)

in Abb. 8.6). Dies folgt aus den Eigenschaften parabolischer Kurven, aus denen die Skelette derartiger Profile alle bestehen. Die Tangenten *AC* und *BC* sollen durch Festlegung der Winkel Θ_1 und Θ_2 zwischen Skelettsehne und Tangente gegeben sein. Weitere Tangenten können dann durch Teilen der ursprünglichen Tangente in gleiche Teile und Verbinden zusammengehöriger Punkte gewonnen werden (*1*, *2*, *3*, *4*). Der Schnittpunkt C der beiden Tangenten bestimmt die Lage des Maximums der Skelettlinie, und der Abstand ED derselben von der Sehne ist die Hälfte der Strecke EC. Die Kurve AB kann danach als Einhüllende der Tangentenschar gezeichnet werden. MUNKS geometrische Methode des Entwurfes von Profilskeletten ist dem Vorgehen des Autors beim Zeichnen

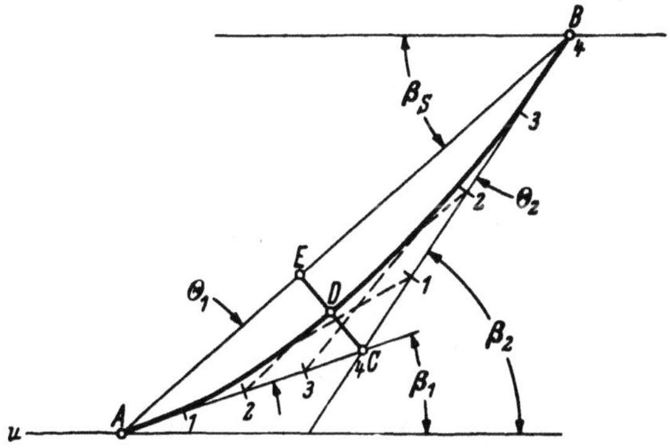

Abb. 8.6. Skeletthöhe und Krümmung

von Flügelschnitten aus Ein- und Austrittswinkel ähnlich. Aus Abb. 8.6 ist folgende Beziehung zu entnehmen:

$$\beta_2 - \beta_1 = \Theta_2 + \Theta_1 . \tag{8.6}$$

Die Winkeldifferenz $\beta_2 - \beta_1$ kann durch die Skeletthöhe und seine Lage wie folgt ausgedrückt werden: Nach Abb. 8.6 ist

$$\operatorname{tg}\Theta_1 = 2\,ED/AE = 2\,f/l_f$$

und

$$\operatorname{tg}\Theta_2 = 2\,ED/EB = 2\,f\,(l - l_f) ,$$

wobei f die Skeletthöhe und l_f die auf die Sehne projizierte Länge des ersten Abschnittes des Skelettes bis zum Maximum ist. Da die Winkel Θ_1 und Θ_2 gewöhnlich klein sind, ist der Tangens des Winkels diesem selbst gleich zu setzen. Damit wird

$$\beta_2 - \beta_1 = \frac{2\,f}{l_f} + \frac{2\,f}{l - l_f} = \frac{2\,f\,l}{l_f\,(l - l_f)} . \tag{8.7}$$

8.3. Experimentell festgelegte Entwurfsgrößen

Folgende Entwurfsgrößen, deren optimale Werte hauptsächlich experimentell festgestellt wurden, bestimmen die Charakteristik von Axialrädern: 1. Das Nabenverhältnis, 2. die Schaufelzahl, 3. die Schaufeldicke, 4. der Schaufelverdrehwinkel von Rädern mit einstellbaren

Schaufeln, 5. die Ausführung des Gehäuses, mit oder ohne Leitbeschaufelung. Diese Größen werden nach Erfahrung gewählt.

a) Nabenverhältnis. Bei Axialpumpen ist das Verhältnis von innerem zu äußerem Durchmesser direkt verknüpft mit der spezifischen Drehzahl. Pumpen höherer spezifischer Drehzahl haben kleinere Nabenverhältnisse als solche mit geringer und geben so eine größere Fläche für die Strömung frei bzw. haben einen kleineren repräsentativen Durchmesser, so daß der Durchsatz größer und die Höhe kleiner ist. Abb. 8.7

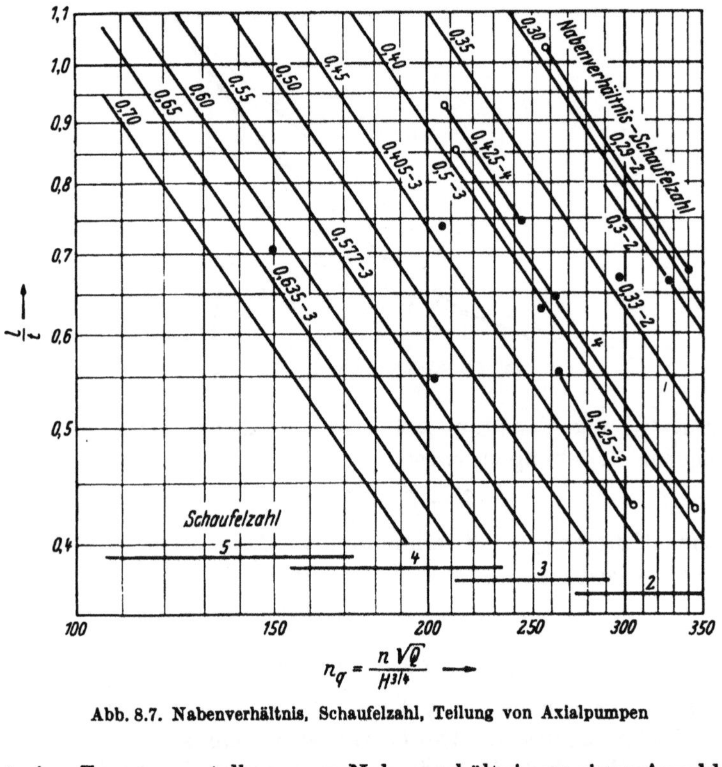

Abb. 8.7. Nabenverhältnis, Schaufelzahl, Teilung von Axialpumpen

gibt eine Zusammenstellung von Nabenverhältnissen einer Anzahl moderner Axialpumpen und Gebläse verschiedener spezifischer Drehzahlen wieder. Es ist zu beachten, daß der Ausdruck D_{2i}/D_1 aus Abb. 7.26 im Fall von Axialmaschinen ($n_q > 180$) identisch wird mit dem Nabenverhältnis. Das Nabenverhältnis ist das wichtigste Konstruktionselement zur Beeinflussung der spezifischen Drehzahl von Axialpumpen. Die Streuung der Punkte in Abb. 8.7 rührt von dem Versuch her, verschiedene Räder in dem gleichen Gehäuse zu benutzen. Wird für ein Nabenverhältnis mehr als ein Punkt gezeigt, so kennzeichnet der schwarz markierte den besseren Wert.

Abb. 8.8 gibt die $\Psi-\Phi$-Charakteristik von drei Gebläsen wieder, die alle gleiche Schaufelzahl und etwa gleiche mittlere Schaufelneigung (20° bis 23° am Außenradius) haben. Die Punkte besten Gesamtwirkungsgrades sind mit A, B, C bezeichnet. Nabenverhältnis, Wirkungsgrad und spezifische Drehzahl sind in der folgenden Tabelle zusammengestellt. Die Beziehung zwischen den dimensionslosen Koeffizienten Ψ und Φ und der spezifischen Drehzahl ist durch Gl. (5.35a) gegeben.

Es muß darauf hingewiesen werden, daß das Nabenverhältnis auch von der Wahl des Durchsatzkoeffizienten Φ abhängt, der wiederum vom Laufradaustrittswinkel und der spezifischen Drehzahl abhängig ist (Abb. 9.13), da die Kontinuitätsgleichung

$$Q = c_m \pi D_a^2 (1 - x_i^2)/4 \quad (8.8)$$

befriedigt werden muß. So müssen beim Entwurf mehrere Veränderliche berücksichtigt und in Einklang mit den oben aufgestellten Forderungen gebracht werden.

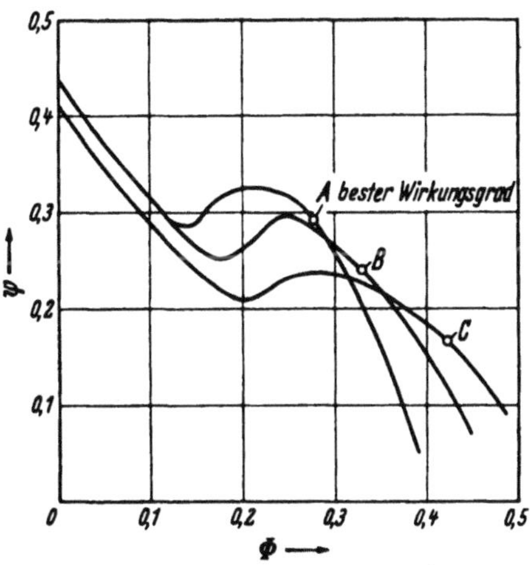

Abb. 8.8. Einfluß des Nabenverhältnisses auf die spezifische Drehzahl; Daten von „Buffalo Forge"

Daten zu Abb. 8.8

Punkte besten Wirkungsgrades	*A*	*B*	*C*
Nabenverhältnis [*1*]	0,702	0,573	0,426
Gesamtwirkungsgrad [%]	84	85	82
Neigung β_s der Sehne am Außendurchmesser [°]	20	21	23
Spezifische Drehzahl n_q	106	164	285
Dimensionslose spezifische Drehzahl ω_s nach (5.36) [*1*]	1,133	1,70	2,46

b) Die Teilung. Eine weitere wichtige Größe, die nach gesammelten Erfahrungen gewählt wird, ist das Verhältnis l/t, die auf die Teilung bezogene Schaufellänge. Die relative Schaufellänge von Pumpen mit spezifischen Drehzahlen $n_q > 200$ ist $l/t \leq 1$. Bei Rädern, die in einem Stück gegossen werden, werden nach Möglichkeit nicht überdeckende Schaufeln benutzt, da das Einformen hier sehr einfach ist und ohne Kerne vorgenommen werden kann. Das Verhältnis l/t ändert sich mit dem Radius und wächst nach der Nabe zu, was aus mechanischen Gründen wünschenswert ist.

Abb. 8.7 zeigt Werte von l/t am Außenradius für verschiedene Nabenverhältnisse. Sie sind an der Nabe 1,25- bis 1,3mal so groß wie außen, je nach Nabenverhältnis. Noch höhere Werte an der Nabe werden benutzt, sind jedoch für einstellbare Schaufeln weniger geeignet und können eine Komplizierung des Formvorganges für den Guß des ganzen Rades bringen. Es ist möglich, gleiche Verhältnisse l/t mit verschiedenen Schaufelzahlen zu erhalten. Beide Werte sind als Parameter für die einzelnen Punkte angegeben.

c) Schaufelzahl. Kaplan [3] fand auf Grund umfangreicher Versuche an Turbinen, daß bei gegebenem Verhältnis l/t die Schaufelzahl möglichst klein sein soll. Dies wurde von Schmidt [4] bestätigt, der zeigte, daß ein Läufer mit zwei Schaufeln bei $l/t = 0{,}63$ am günstigsten arbeitete.

Bei starken Schaufeln und einem kleinen Winkel β_s liegt die größtmögliche Zahl schon fest, da weitere Schaufeln die Durchtrittsfläche zu stark reduzieren würden. Die Auslegemenge wird abnehmen und der Wirkungsgrad fallen. In einem Beispiel wurde eine vorteilhafte Arbeitsweise nur mit vier Schaufeln erzielt. Bei zwei Schaufeln war das Verhältnis l/t zu klein, um einen günstigen Wirkungsgrad zu erzielen, und bei fünf Schaufeln sanken sowohl Förderhöhe wie -menge und Wirkungsgrad wieder ab. Abb. 8.9 zeigt das Ergebnis von Versuchen mit einer Pumpe mit gleichen Schaufeln, wobei die Schaufelzahl zwischen zwei und fünf variiert wurde. Beachte, daß

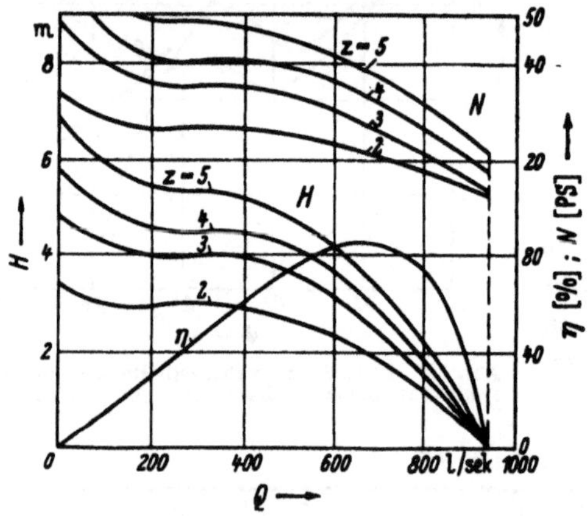

Abb. 8.9. Einfluß der Schaufelzahl auf die Charakteristik nach Schlimbach [5]

1. die Fördermengen im Auslegepunkt und bei Förderhöhe null übereinstimmen, da diese Werte im wesentlichen durch den Eintrittswinkel festgelegt werden,

2. die Förderhöhe mit der Schaufelzahl zunimmt. Da die Schaufeln gleich sind, wächst das Verhältnis l/t im gleichen Maß wie die Schaufelzahl. Die Erhöhung der Höhe ist auf die Zunahme von l/t zurückzuführen.

Abb. 8.10 zeigt Versuche mit drei Rädern gleicher Schaufelzahl, bei denen das Verhältnis l/t jeweils zu 0,4; 0,6; 0,8 gewählt wurde. Die Kurven ähneln denjenigen von Abb. 8.9, da in beiden Fällen l/t variiert wird.

Abb. 8.11 gibt die Versuche von Schmidt mit einem Zweischaufelläufer bezüglich des Wirkungsgrades wieder. Eintritts- und Austrittswinkel sind gleich, variiert wurde die projizierte Schaufelfläche, die — bezogen auf die freie Ringfläche — nur wenig vom Verhältnis l/t abweicht. Es ist zu beachten, daß es eine optimale Schaufelfläche gibt; bei Abweichung nach beiden Seiten sinkt der Wirkungsgrad. Dies war zu erwarten, obwohl es nicht aus SCHLIMBACHS [5] Versuchen hervorging.

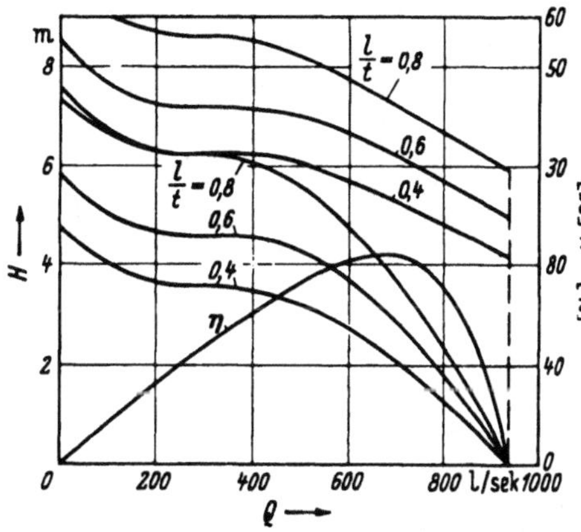

Abb. 8.10. Einfluß der relativen Schaufellänge l/t auf die Charakteristik nach SCHLIMBACH [5]. $n = 730$ U/min; $\beta_2 = 20°$ im Mittel

d) Schaufelkrümmung und Schaufeleinstellung. Abbildung 8.12 zeigt die Charakteristik eines Rades mit vier Schaufeln mit verschiedenen Schaufeleinstellungen; d. h., die Winkeldifferenz $\beta_2 - \beta_1$ und damit die Höhe f der Skelettlinie ist in allen Fällen die gleiche, der Eintrittswinkel β_1 und der Austrittswinkel β_2 sind jeweils um den gleichen Betrag verändert. Interessant ist, daß im optimalen Punkt die Förderhöhe praktisch gleich, also nur eine Funktion der Winkeldifferenz ist. Betrachtet man die Strömungsrichtungen direkt vor und hinter der Schaufel, so kann man daraus ableiten, daß sich beim Vergleich der Punkte besten Wirkungsgrades die tangentialen Eintrittskomponenten um etwa den gleichen Betrag wie die tangentialen Austrittskomponenten verändern, so daß ihre Differenz angenähert gleichbleibt. Der Wirkungsgrad ist über einen weiten Bereich der Fördermenge gut. Könnten die Leitschaufeln auch verstellt werden, so wäre der Abfall der Linie optimaler Wirkungsgrade zu beiden Seiten des absoluten Optimums noch geringer. Die Menge ändert sich angenähert wie der Tangens des Eintrittswinkels. Dieser Punkt wurde durch die Versuche von SCHMIDT [4] bestätigt.

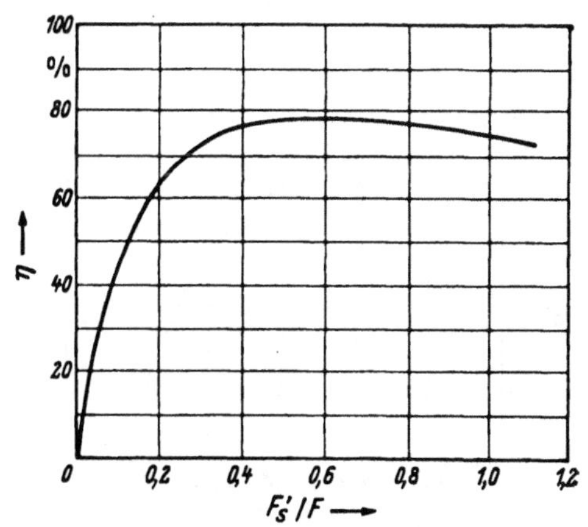

Abb. 8.11. Einfluß der relativen projizierten Schaufelfläche auf den Wirkungsgrad nach SCHMIDT [4]

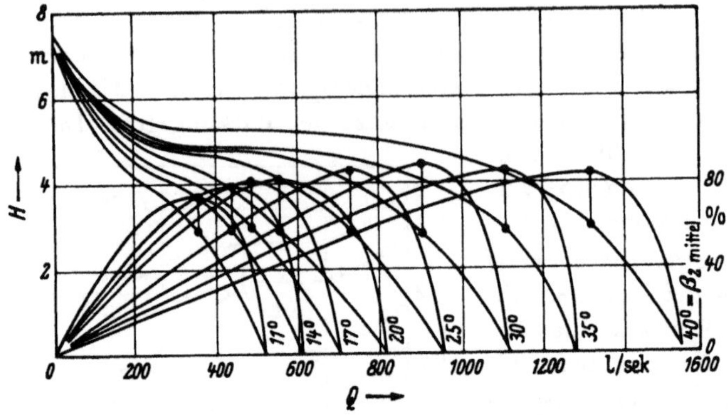

Abb. 8.12. Charakteristik einer KAPLAN-Pumpe.
$z = 5$, $D_a = 500$ mm, $n = 650$ U/min. Verschiedene Einstellwinkel nach SCHLIMBACH [5]

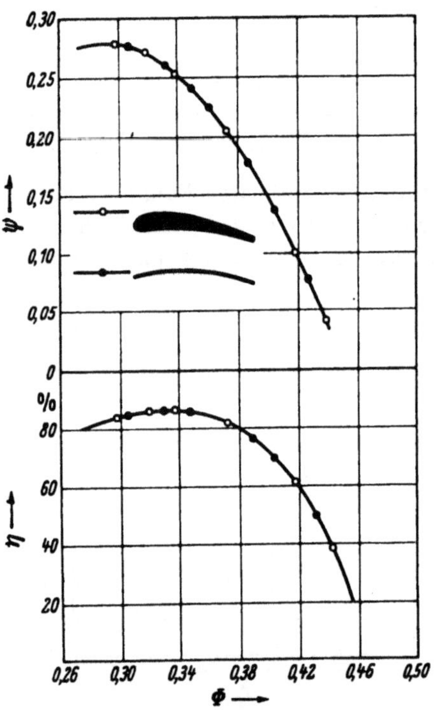

Abb. 8.13. Vergleich der Charakteristik zweier Pumpen mit profilierten Schaufeln und Blechschaufeln (ECKERT [6])

e) Schaufeldicke. Abb. 8.13 stellt Versuchsergebnisse von ECKERT [6] dar, der zwei Laufräder, eines mit gut polierten, profilierten Schaufeln und eines mit Blechschaufeln gleicher Skelettlinie, untersuchte. Die Charakteristiken beider Räder stimmen überein. Ähnliche Ergebnisse wurden von verschiedenen anderen Forschern gefunden.

ECKERT fand auch, daß ein weiteres Rad mit dem gleichen Profil wie nach Abb. 8.13, jedoch aus unbearbeitetem Gußeisen und mit einer Hinterkantenstärke von 3 mm einen 5% schlechteren Wirkungsgrad brachte. Ein Teil der Verschlechterung ist auf die größere relative Rauhigkeit des Gußeisens zurückzuführen, ein Teil auf die schädliche Wirkung des vergrößerten Totraumes hinter dem Flügel. Gegossene Schaufeln müssen an der Hinterkante mechanisch nachbearbeitet werden. Übermäßige Schaufeldicke hat Ablösung und Geräuschbildung bei hochtourigen Rädern zur Folge. Der Vorteil von profilierten Schaufelschnitten liegt in der Tatsache, daß diese die erforderliche Festigkeit aufbringen, ohne einen schlechteren Wirkungsgrad zu haben als dünne Schaufeln[1].

8.4. Vorgehen beim Entwurf von Axialrädern

Beim Entwurf von einstufigen Axialrädern geht man in der gleichen Weise wie bei Radialrädern vor. Das rein axiale Laufrad ist tatsächlich nur das eine Ende einer kontinuierlichen Reihe, die bei niedrigen spezifischen Drehzahlen mit dem rein radialen Rad beginnt und über das halbaxiale Rad mit konischer Nabe zum rein axialen Rad mit den höchsten spezifischen Drehzahlen führt. Der Entwurf umfaßt folgende Schritte:

1. Die Drehzahl wird festgelegt, wodurch bei einer bestimmten Forderung bezüglich Menge und Höhe die spezifische Drehzahl festliegt.

2. Mit der so erhaltenen spezifischen Drehzahl werden das Nabenverhältnis und das Verhältnis l/t gewählt, wobei Abb. 8.7 herangezogen wird. Gleichzeitig wird die Schaufelzahl angenommen.

3. Drehzahl- und Durchsatzbeiwert werden als nächstes bestimmt. Das Diagramm in Abb. 5.2 ergibt diese Werte für einen mittleren Austrittswinkel von etwa $22^1/_2°$. Hat man wesentlich andere Austrittswinkel, so kann Abb. 9.13 (s. Kap. 9) benutzt werden. Sind die Konstanten festgelegt, so kann die Meridiangeschwindigkeit und damit der Laufraddurchmesser festgelegt und der Meridianschnitt gezeichnet werden.

4. Die Schaufeln, sowohl ihr Verlauf wie ihr Anstellwinkel, werden gezeichnet, nachdem die Austritts- und Eintrittswinkel für verschiedene Stromlinien aus den EULERschen Dreiecken bekannt sind. In Kap. 4 sind Hinweise zur Konstruktion dieser von den Strömungswinkeln abweichenden die Schaufelwinkel enthaltenden Dreiecke gegeben. Beim Aufzeichnen der Profilform kann von Tragflügelprofilen ausgegangen werden, jedoch sollte man die Schaufeln nicht stärker machen, als zum Erreichen der geforderten Festigkeit notwendig ist bzw. als es die Gießtechnik erfordert.

Das hier angegebene Vorgehen beim Entwurf kann auch ebenso auf Radial- wie halbaxiale Räder angewandt werden. Die EULERschen Dreiecke bestimmen in jedem Falle die Schaufelprofile.

---

[1] Auf Seite 3 des N.A.C.A.-Berichtes 460 wird dies ebenfalls zum Ausdruck gebracht: „The thickness form is of particular importance from a structural standpoint. On the other hand, the form of the mean line determines almost independently some of the most important aerodynamic properties of the airfoil section.“

8.5. Tragflügeltheorie

a) Einführung. Ein Mangel an zuverlässigen Versuchsergebnissen und Entwurfsunterlagen über Axialpumpen hat in den Anfängen der Entwicklung verschiedene Forscher zu Versuchen geführt, die ausführlichen Versuchsergebnisse über Flugzeugflügel auf Axialmaschinen anzuwenden. Die Tragflügeltheorie der Axialräder stellt eine Beziehung zwischen Förderhöhe und Auftriebsbeiwert auf. Die Konstruktion nach dieser Methode besteht in der Auswahl passender Tragflügelprofile für die verschiedenen Radien des Laufrades und der Bestimmung der zugehörigen Anstellwinkel. Meist wird hierbei konstante Förderhöhe über dem Radius angenommen, obwohl auch andere Annahmen möglich sind. Die übrigen Größen, wie Nabenverhältnis, Verhältnis von Schaufellänge zu Teilung an den verschiedenen Radien, Drehzahl bzw. spezifische Drehzahl, Axialgeschwindigkeit und Laufraddurchmesser werden nach Erfahrungswerten gewählt. Diesbezüglich bietet die Tragflügeltheorie keinerlei Hilfe. So wird das Laufrad im wesentlichen doch empirisch entworfen und die Ergebnisse der Tragflügelforschung werden lediglich zur Festlegung der Schaufelkrümmung herangezogen. Es ist natürlich, daß die Bedeutung der Tragflügeltheorie für die Axialmaschinenentwicklung abnahm, als man genügend Erfahrung an günstig arbeitenden Gebläsen, Verdichtern und Pumpen gesammelt hatte. In der Zwischenzeit wurden andere, direkt arbeitende Methoden, die auf den an rotierenden Profilen in geeigneten Gehäusen gemachten Erfahrungen beruhen, entwickelt.

b) Gleichung für Förderhöhe. Führt man einen Zylinderschnitt durch ein Laufrad einer Axialmaschine und breitet diesen in die Ebene aus, so erhält man ein in einer Reihe angeordnetes, ebenes Schaufelgitter. Die Wirkung der Strömung auf das Profil ist ähnlich der auf ein Einzelprofil im Windkanal ausgeübten Wirkung, vorausgesetzt, daß die mittlere Geschwindigkeit $w_{1,2}$ ein Mittelwert der Relativgeschwindigkeiten w_1 und w_2 weit vor und weit hinter der Schaufel ist. Über den Einfluß der Gitteranordnung auf den Auftriebsbeiwert ist nicht viel bekannt. Von manchen Befürwortern der Theorie wurde er ganz vernachlässigt [7].

Die Gesamtkraft P, die die Strömung auf das Profil ausübt, ist als Resultierende aus Auftrieb A und Widerstand W aufzufassen. Sie bildet den Winkel λ mit A (Abb. 8.3). Gegen die Umfangsrichtung ist sie unter dem Winkel $90 - (\beta_{1,2} + \lambda)$ geneigt. Die tangentiale Komponente ist also

$$P_t = P\cos(90^\circ - (\beta_{1,2} + \lambda)) = P\sin(\beta_{1,2} + \lambda)\,. \tag{8.9}$$

Die aufgenommene Leistung ist

$$L = P\,u\sin(\beta_{1,2} + \lambda)\,. \tag{8.10}$$

Betrachtet man eine dünne Scheibe zwischen zwei benachbarten Zylinderschnitten mit den Radien r und $(r + dr)$, so wird die von den z

Schaufeln aufgenommene Energie

$$z\,dL = z\,dP\,u \sin(\beta_{1,2} + \lambda)\,.$$

Ist dQ die zwischen den betrachteten Zylinderschnitten hindurchströmende Menge, so ist die auf die Gewichtseinheit bezogene Arbeit

$$H_{th} = \frac{z\,dL}{dQ\,\gamma} = \frac{z\,dP\,u \sin(\beta_{1,2} + \lambda)}{dQ\,\gamma}. \qquad (8.12)$$

Mit

$$dQ = z\,t\,dr\,c_m,\; dP = dA/\cos\lambda,\; A = c_A = \gamma\,w_{1,2}^2\,dF/2\,g = c_A\gamma\,w_{1,2}^2\,l\,dr/2\,g$$

wird

$$P = c_A\,\gamma\,l\,dr\,w_{1,2}^2/2\,g\cos\lambda \qquad (8.13)$$

und Beziehung (8.12) lautet

$$H_{th} = c_A\,\frac{l}{t}\cdot\frac{u}{c_m}\cdot\frac{w_{1,2}^2}{2\,g}\cdot\frac{\sin(\beta_{1,2} + \lambda)}{\cos\lambda} \qquad (8.14)$$

oder

$$c_A\cdot\frac{l}{t} = H_{th}\,\frac{2\,g}{w_{1,2}^2}\cdot\frac{c_m}{u}\cdot\frac{\cos\lambda}{\sin(\beta_{1,2} + \lambda)}\,. \qquad (8.15)$$

Die theoretische Höhe H_{th} ergibt sich aus der tatsächlich geforderten Höhe H und dem hydraulischen Wirkungsgrad η_h, wobei dieser angenommen werden muß, zu $H_{th} = H/\eta_h$.

Die Größen $w_{1,2}$ und $\beta_{1,2}$ erhält man aus dem Geschwindigkeitsdreieck (Abb. 8.14) für eine mittlere tangentiale Komponente $(c_{u2} + c_{u1})/2$. Der Wert von c_{u2} ergibt sich aus der Eulerschen Gleichung:

$$c_{u2} - c_{u1} = g\,H_{th}/u\,. \qquad (8.16)$$

Normalerweise wird c_{u1} mit null angenommen.

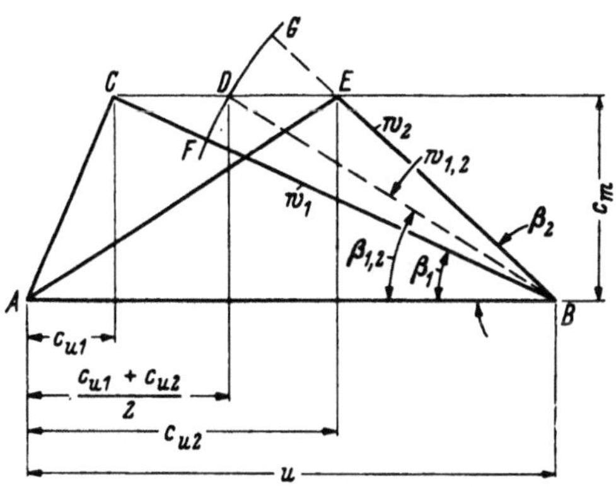

Abb. 8.14. Geschwindigkeitsdreiecke der Strömung vor und hinter der Schaufel

Aus Gl. (8.15) ist zu ersehen, daß mit wachsenden Werten von u und w bei sonst gleichen Größen der Wert $c_A \cdot l/t$ abnimmt. Deshalb ist $c_A \cdot l/t$ am Außenradius kleiner als an der Nabe. Gl. (8.15) enthält das Verhältnis l/t, sie macht keine Aussage über die Schaufelzahl. Je größer die Förderhöhe sein soll, um so größer müssen c_A und l/t werden, d. h., um so stärker muß die Schaufel gewölbt sein und um so mehr Schaufelfläche wird benötigt.

Gl. (8.15) wird gebraucht zur Berechnung des Wertes $c_A \cdot l/t$ für verschiedene Radien. Man nimmt konstante Höhe und konstante Durchflußgeschwindigkeit für alle Radien an. Danach wird l/t und c_A angenommen. Bei gegebenem Nabenverhältnis und gegebener spezifischer Drehzahl kann das Verhältnis l/t nur in verhältnismäßig engen Grenzen variiert werden. Zur Auswahl geeigneter Werte l/t und c_A ist Erfahrung notwendig, um eine gute Charakteristik zu erzielen.

c) Auftriebsbeiwert und Koeffizient der Förderhöhe. Die rechte Seite der Gl. (8.15) kann durch folgende Annäherungen vereinfacht werden:

$$\cos\lambda \cong 1\,; \quad c_m/w_{1,2} \simeq \sin\beta_{1,2}\,;$$

der Winkel λ liegt in der Größenordnung von 1°. Durch Einführen von $H_{th} = u c_{u2}/g$ erhält man aus Gl. (8.15)

$$c_A \cdot l/t = 2\, c_{u2}/w_{1,2}. \tag{8.17}$$

Die rechte Seite dieser Beziehung kann umgeformt werden, um den Ausdruck $c_A \cdot l/t$ auszudrücken durch: 1. die Winkeldifferenz $(\beta_2 - \beta_1)$; 2. die maximale Höhe f der Skelettlinie und ihre Lage und 3. die Koeffizienten Ψ und Φ von Förderhöhe und Fördermenge.

In Abb. 8.14 ist die Fläche des Dreieckes $CEB = 1/2\, c_m(c_{u2} - c_{u1}) = 1/2\, c_m c_{u2}$, falls $c_{u1} = 0$ ist. Diese Fläche ist angenähert, jedoch mit sehr geringer Abweichung, gleich dem Sektor $FGB = 1/2\, w_{1,2}^2\,(\beta_2 - \beta_1)$. Damit ist

$$c_m\, c_{u2} = w_{1,2}^2\,(\beta_2 - \beta_1)$$

und

$$c_A \cdot l/t = 2\,(\beta_2 - \beta_1)/\sin\beta_{1,2}. \tag{8.18}$$

Aus Abb. 8.6 ergab sich $\mathrm{tg}\,\Theta_1 = 2\,ED/AE = 2\,f/l_f$ und $\mathrm{tg}\,\Theta_2 = 2\,ED/EB = 2\,f/l - l_f)$. Da die Winkel Θ_1 und Θ_2 im allgemeinen klein sind, können ihre Tangenten dem Argument gleichgesetzt werden. Dann wird die Winkeldifferenz

$$\beta_2 - \beta_1 = 2\,f\,l/l_f\,(l - l_f) \tag{8.19}$$

und Gl. (8.18) kann auch wie folgt modifiziert werden:

$$c_A \cdot l/t = \frac{4\,f\,l}{l_f\,(l - l_f)\sin\beta_{1,2}}. \tag{8.20}$$

Um den Auftriebsbeiwert durch die Faktoren Ψ und Φ auszudrücken, werden in Gl. (8.17) folgende Substitutionen vorgenommen:

$$\frac{c_{u2}}{u} = \Psi\,; \quad w_{1,2} = \frac{c_m}{\sin\beta_{1,2}} = \frac{u \cdot \Phi}{\sin\beta_{1,2}}.$$

Damit erhält man

$$c_A\, l/t = \frac{2\,\Psi \sin\beta_{1,2}}{\Phi}. \tag{8.21}$$

Es ist zu beachten, daß $w_{1,2}$ nicht der exakte Mittelwert von w_1 und w_2 ist, ebenso ist $\beta_{1,2}$ nicht genau das Mittel der Winkel β_1 und β_2. Es kann gezeigt werden, daß

$$\beta_{1,2} = \beta_S + \frac{\Theta_2 - \Theta_1}{2} \tag{8.22}$$

ist.

Es ist also $\beta_{1,2} = \beta_S$, wenn das Skelett des Profils ein Kreisbogen, d. h. $\Theta_1 = \Theta_2$ ist. Allgemein stellt $\beta_{1,2} \simeq \beta_S$ die Neigung der Schaufel in jedem Radius dar. Ersetzt man Ψ nach Gl. (5.22) und Φ nach Gl. (5.28), so erhält man

$$c_A \cdot l/t = \sin\beta_{1,2}/K_u \, K_{m2} \,. \tag{8.21 a}$$

So ist die Wahl von c_A und l/t gleichbedeutend mit der Wahl der Konstanten K_u und K_{m2} bzw. anderer Koeffizienten, die beim Entwurf radialer und halbaxialer Räder üblich sind.

d) Diskussion der Tragflügeltheorie. Die Daten über Profile, die zur Auslegung von Axialmaschinen nach der Tragflügeltheorie vorhanden waren, sind unter gänzlich von der Strömung in Maschinen abweichenden Bedingungen gewonnen. Eine Anzahl von Vereinfachungen war notwendig, um einen Vergleich der beiden Strömungen durchzuführen. In der Praxis mußten Korrekturfaktoren eingeführt werden, um Ergebnisse von Versuchen mit Maschinen, die nach dieser Theorie entworfen waren mit den vorausgesagten Eigenschaften einigermaßen in Einklang zu bringen. Verschiedene Faktoren,deren wichtigste unten aufgezählt sind, sind für die Diskrepanz verantwortlich:

1. Die gegenseitige Schaufelbeeinflussung unter den im Rad herrschenden Bedingungen sind nicht genügend bekannt. Selbst wenn Versuche mit Gittern aus mehreren Profilen vorhanden sind, so weicht doch das Verhalten einer Schaufel mit veränderlichem Profil und Anstellwinkel längs des Radius erheblich vom Verhalten der Schaufel in einem in einer Parallelströmung eines Windkanals befindlichen Gitter ab.

2. Die Meridiangeschwindigkeit ergibt sich aus der passenden Wahl der Laufradeintritts- und -austrittswinkel. Sie hängt außerdem — ebenso wie der spezifischen Durchfluß q_s — vom Nabenverhältnis und der Schaufelstärke ab. Alle diese Faktoren legen die spezifische Drehzahl fest. In der Tragflügeltheorie werden sie wenig oder überhaupt nicht berücksichtigt.

3. Die N.A.C.A.-Daten sind auf Skeletthöhen der Profile von 0; 2%; 4%; 6% beschränkt. In der Praxis könnten höhere Werte und Zwischenwerte verlangt werden. Entweder müssen neue Profile gezeichnet werden, für die keine Werte vorliegen, oder es muß das nächstliegende Profil genommen werden.

4. Versuche an Gittern berücksichtigen nicht die wirklichen Verhältnisse in der Stromführung vor und hinter dem Laufrad. Der gleiche Läufer in zwei verschiedenen Gehäusen wird verschiedene Charakeristiken haben.

5. Der Einfluß der Randstörungen am Spalt zwischen dem umlaufenden Rad und dem stehenden Gehäuse und an der Nabe können nicht aus Gitterversuchen abgeschätzt werden.

6. Die Genauigkeit der Methode sinkt mit abnehmender spezifischer Drehzahl und wird beim Übergang auf halbaxiale Räder ganz unbrauchbar. Auf eine gewisse Kontinuität in der Vorstellung des Strömungsbildes bei der theoretischen Argumentation und beim geometrischen Entwerfen für das ganze Feld spezifischer Drehzahlen und Pumpentypen kann der Konstrukteur aber nicht verzichten, da er erst dadurch in der Lage ist, Versuchsergebnisse zu interpretieren und die Zusammenhänge zu erkennen. Die Tragflügeltheorie erfüllt diese Forderung nicht.

7. Die Verwendung der Tragflügeltheorie wird an die Annahme gleicher Förderhöhe über den Radius gebunden. Zwei Gründe für diese Handhabung können angeführt werden:

a) Als man die Tragflügeltheorie beim Axialmaschinenbau hinzuzog, glaubte man, daß nur das Strombild des freien Wirbels stabile Verhältnisse schaffen könne.

b) Die Theorie war ursprünglich für Wasserturbinen vorgeschlagen, wo tatsächlich die Höhe über den Radius konstant ist. Es gibt jedoch keine Forderung in der Tragflügeltheorie der Axialmaschinen, die nicht jede beliebige Förderhöhenverteilung zuließ; spätere Entwürfe wiederum, die eine andere Verteilung der Höhe zugrunde legten, wurden mit einer anderen Theorie behandelt. An die mehrstufigen axialen Hochdruckkompressoren für Gasturbinen wurden so hohe Anforderungen bezüglich Charakteristik, Größe und Gewicht gestellt, daß alle Theorie und Praxis, die bisher üblich waren, kritisch überprüft wurden.

In der Folge wurden neue Entwurfsmethoden entwickelt, die auf den Eintritts- und Austrittsdreiecken basieren, und Korrekturfaktoren aus Parallelversuchen mit Gittern und Laufrädern, die in Gehäusen rotierten, berücksichtigt. Man entfernte sich dabei mehr und mehr vom Potentialwirbel und ging zum erzwungenen Wirbel über. Eine nähere Beschreibung dieser Methoden zum Entwurf mehrstufiger Axialkompressoren ist in der Literaturstelle [*8*] gegeben.

8.6. Das Gehäuse der Axialpumpe

Der Zweck des Leitrades einer Axialpumpe ist es, die Umfangskomponente aus der das Laufrad verlassenden Strömung herauszunehmen. Der Verlauf der Leitschaufeln wird so gewählt, daß die Strömung mit dem geringstmöglichen Verlust in das Leitrad eintritt und es axial verläßt. Bei einem für erzwungenen Wirbel entworfenen Laufrad ist die Winkelgeschwindigkeit der Strömung am Austritt desselben konstant. Die Eintrittswinkel des Leitrades sind so ausgebildet, daß die Strömung ohne Stoß eintritt. Die Ganghöhe der Schaufeltangente am Eintritt ist längs des Radius konstant (Abb. 8.15).

a) Der repräsentative Durchmesser. Man geht im allgemeinen so vor, daß man zuerst die Absolutgeschwindigkeit am Laufradaustritt an einem

Radius bestimmt. Es ist vorteilhaft, dafür den repräsentativen Durchmesser zu benutzen, der wie folgt definiert ist:

$$D_m = \sqrt{\frac{D_a^2 + D_i^2}{2}}. \qquad (8.23)$$

Es wird gezeigt, daß die an diesem Radius erzeugte Höhe der Gesamthöhe der Pumpe gleich ist. In Kap. 4, Gl. (4.10) und Abb. 4.5 wurde bewiesen, daß das Integral über die Förderhöhe dem arithmetischen Mittel der Förderhöhen an Nabe und Außenradius gleich ist:

$$H_e = \frac{u_a c_{ua} + u_i c_{ui}}{2g} = \frac{u_m c_{um}}{g}. \qquad (8.24)$$

Dabei sind die Größen u_m und c_{um} dem Durchmesser D_m zugeordnet. Im erzwungenen Wirbel verhalten sich die Umfangskomponenten wie die Durchmesser, also

$$\frac{D_a^2}{D_m^2} + \frac{D_i^2}{D_m^2} = 2 \qquad (8.25)$$

oder

$$D_m = \sqrt{\frac{D_a^2 + D_i^2}{2}}. \qquad (8.26)$$

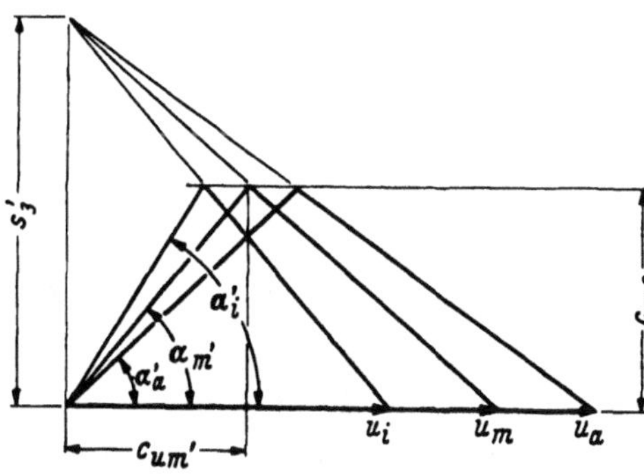

Abb. 8.15. Geschwindigkeitsdreiecke am Leitradeintritt

Der in Gl. (8.26) definierte wirksame Durchmesser ist nur für das Strombild des erzwungenen Wirbels gültig.

b) Höhe am Laufradaustritt. Als nächstes wird die Höhe am Laufradaustritt abgeschätzt. Die Förderhöhe der Pumpe und ihr Gesamtwirkungsgrad η werden als bekannt vorausgesetzt. Nimmt man den hydraulischen Wirkungsgrad zu etwa $\eta_h = \sqrt{\eta}$ an, so ergibt sich die der Eingangsleistung entsprechende Förderhöhe H_M zu

$$H_M = \frac{H}{\sqrt{\eta}}. \qquad (8.27)$$

Die am Laufradaustritt vorhandene Höhe ist um den Betrag der hydraulischen Verluste im Laufrad geringer. Sind die Leitradverluste den Laufradverlusten gleich, eine Annahme die dadurch gerechtfertigt ist, daß jedes Rad einen etwa gleich gebauten Satz von Schaufeln darstellt, so ist die Höhe am Laufradaustritt

$$H_d = \frac{H_M + H}{2} = \frac{H/\sqrt{\eta} + H}{2}. \qquad (8.28)$$

Diese Höhe kann ausgedrückt werden durch

$$H_d = \frac{u_m c_{um}'}{g}. \qquad (8.29)$$

Damit kann c'_{um} am wirksamen Durchmesser und damit die Richtung der Strömung am Laufradaustritt bestimmt werden. Die Richtung der Strömung an jedem anderen Durchmesser findet man aus der Beziehung

$$\frac{c'_{ua}}{D_a} = \frac{c'_{ui}}{D_i} = \frac{c'_{um}}{D_m} = \frac{\omega'}{2} \tag{8.30}$$

oder graphisch nach Abb. 8.15, wo die absoluten Strömungswinkel α'_a, α'_m, α'_i eingetragen sind.

Die Leitschaufelwinkel können etwas steiler anfangen als diese Winkel, da ein kleiner Angriffswinkel zugelassen werden kann. Trotzdem soll auch beim Leitrad die „Ganghöhe" der Eintrittstangente längs des Radius konstant sein.

Zusätzlich zur Umwandlung der kinetischen Energie der Drallgeschwindigkeit in Druck wird auch noch die Axialgeschwindigkeit vermindert.

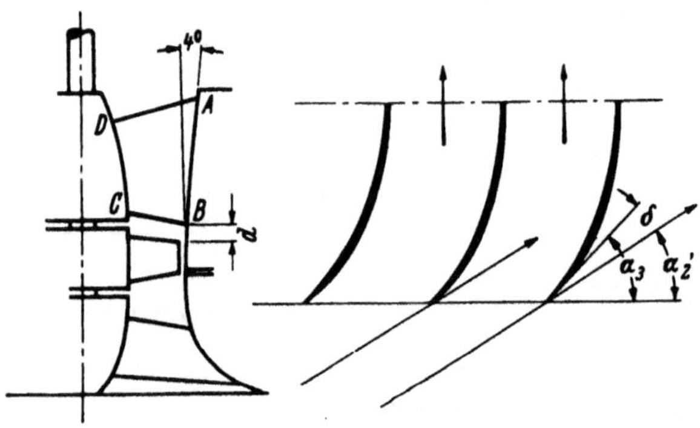

Abb. 8.16. Leitrad einer Axialpumpe

Der Durchmesser des Leitrades wird vergrößert. Ein kleiner Öffnungswinkel, nicht mehr als insgesamt 8°, ist die wesentliche Voraussetzung für eine wirksame Umwandlung.

Die Schaufelzahl in Leiträdern liegt zwischen fünf und acht, wobei die kleinere Schaufelzahl für kleine Pumpen in Betracht kommt. Die Schaufellänge an der Nabe kann kleiner sein als am Außenradius ($DC < AB$, Abb. 8.16), da innen die Teilung kleiner ist als außen. Die axiale Entfernung d zwischen Lauf- und Leitrad hat Einfluß auf die Charakteristik; der günstigste Wert liegt bei dem Verhältnis $d/D_a = 0{,}05$. Bei der Wahl des Abstandes ist zu berücksichtigen, daß die axiale Erstreckung des Laufrades größer wird, wenn — bei einer einstellbaren Schaufel — der Anstellwinkel vergrößert wird. Die Länge der Laufradnabe sollte im Hinblick darauf gewählt werden.

Die Einhaltung der Größe des Eintrittswinkels in das Leitrad ist nicht sehr wichtig; Abweichungen von $\pm 5°$ vom optimalen Wert haben kaum spürbaren Einfluß auf das Verhalten der Pumpe. Dies ist ein glücklicher Umstand, da normalerweise ein und dasselbe Gehäuse für verschiedene Laufräder benutzt wird. Ist der Leitradwinkel zu klein, so verschiebt sich der Punkt besten Wirkungsgrades zu kleineren Mengen. Abb. 7.26 gibt durchschnittliche Werte für den Leitradeintrittswinkel an dem wirksamen Durchmesser bei verschiedenen spezifischen Drehzahlen an. In Kap. 9 ist eine neue Methode der graphischen Bestimmung des Leitrad- bzw. Spiralenwinkels angegeben (Abb. 9.13).

Literatur

[1] O'Brien, M. P., u. R. G. Folsom: The Design of Propeller Pumps and Fans. Univ. Calif. Publ. Bd. 4 (1939) Nr. 1, S. 1.
[2] Munk, M. M.: On the Geometry of Streamlining, Theodore von Kármán, Anniversary Volume (1941) S. 8. Calif. Inst. of Techn.
[3] Kaplan, V., u. A. Lechner: Theorie und Bau von Turbinen-Schnelläufern, S. 145. München: R. Oldenbourg 1931.
[4] Schmidt, H. F.: Some Screw Propeller Experiments with Particular Reference to Pumps and Blowers. J. Amer. Soc. nav. Engrs. Bd. XL (Febr. 1928) Nr. 1.
[5] Schlimbach, A.: Der MAN-Schraubenschaufler. Mitt. Forsch.-Anst. Gutehoffn.-Konzern (Okt. 1935) S. 54.
[6] Eckert, B.: Neuere Erfahrungen an Überdruck-Axialgebläsen. VDI-Forsch.-Heft 88 (16. Sept. 1944) Nr. 37/38, S. 516, Berlin.
[7] Pfleiderer, C.: Die Kreiselpumpen, S. 320. Berlin/Göttingen/Heidelberg: Springer 1955.
[8] Stepanoff, A. J.: Turboblowers, S. 277. New York: John Wiley and Sons, Inc. 1955.

9. Das hydraulische Verhalten von Kreiselpumpen

Eine Untersuchung der Verluste von Kreiselpumpen kann aus folgenden Gründen unternommen werden:

1. Die Kenntnis der Natur und Größe der Verluste zeigt unter Umständen den Weg, diese zu verringern; 2. wenn die Verluste bekannt sind, ist es möglich, die Förchercharakteristik einer geplanten Pumpe aus der Charakteristik der idealen Pumpe vorauszuberechnen; 3. da die Form der Drosselkurve weitgehend durch die Verluste bestimmt wird, ist es unter Umständen möglich bei Kenntnis ihrer Ursachen, die Form der Drosselkurve in einem gewünschten Sinne zu beeinflussen.

In Anbetracht der hohen Vollkommenheit (Gesamtwirkungsgrade über 90°), zu der heutige Pumpen entwickelt wurden, ist es erstaunlich, wie wenig über die Verluste in Pumpen tatsächlich bekannt ist. Keines der drei obengenannten Ziele wurde bisher auch nur annähernd erreicht.

Der Fortschritt im Pumpenbau hat sich fast nur auf experimenteller Basis vollzogen, wobei der Gesamtwirkungsgrad das einzige Kriterium für die Güte der Charakteristik war. Im vorliegenden Buch sind die Verluste eingeteilt in hydraulische Verluste, d. h. Druckverluste infolge

Durchströmung, Leckverluste, mechanische Verluste und Scheibenreibungsverluste. In diesem Kapitel werden nur die hydraulischen Verluste behandelt.

9.1. Die hydraulischen Verluste

Über diese Gruppe ist am wenigsten bekannt, während sie zur Erlangung der drei obengenannten Ziele gerade am wichtigsten ist. Der Grund dafür ist, daß so viele Faktoren zu den hydraulischen Verlusten beitragen. Die summarische Wirkung dieser Faktoren kann nicht mit Bestimmtheit vorausgesagt werden. Im allgemeinen kann gesagt werden, daß hydraulische Verluste bedingt sind durch: 1. Wandreibung und 2. Wirbel- und Ablösungsverluste, die infolge von Richtungsänderungen und Verzögerungen der Strömung auftreten. Die zweite Gruppe schließt die sogenannten „Stoßverluste" ein.

Auf der ganzen Strombahn zwischen Saug- und Druckstutzen ist nicht eine einzige Strecke, auf der entweder die Stromrichtung oder der durchströmte Querschnitt konstant wäre; außerdem befindet sich ein Teil der Stromführung — das Laufrad — in rotierender Bewegung, so daß eine weitere Störung der Geschwindigkeitsverhältnisse und eine Erschwerung der Beobachtung eintritt. Unter diesen Bedingungen ist es unmöglich, die bei der Durchströmung von Pumpen auftretenden Verluste mit einer für praktische Zwecke ausreichenden Genauigkeit zu berechnen.

In der folgenden Betrachtung wird auf die Angabe von Methoden zur Berechnung der Verluste in den verschiedenen Teilen der Pumpe verzichtet. Es ist auch heute nicht mehr notwendig, den Verlauf der Drosselkurve auf Grund von derartigen Einzelberechnungen vorherzusagen, da dem Konstrukteur genügend Daten von bereits ausgeführten Pumpen zur Verfügung stehen, aus denen die charakteristischen Größen abgeschätzt werden können.

Abb. 9.1 zeigt typische Drosselkurven, Abb. 9.2 die zugehörigen Wirkungsgrade und Abb. 9.3 die aufgenommene Leistung von Pumpen verschiedener spezifischer Drehzahl. Die drei Kurven für Förderhöhe, Wirkungsgrad und Leistung sind so miteinander verknüpft, daß eine Veränderung in der Form einer Kurve entsprechende Veränderungen der beiden anderen zur Folge hat. Es hängt von der Geschicklichkeit des Konstrukteurs ab, die Drosselkurve so zu legen, daß die gerade gewünschte Charakteristik mit dem bestmöglichen Wirkungsgrad erreicht wird. Dieser Teil des Entwurfsverfahrens wird in Kap. 14 behandelt. Hier soll eine generelle Behandlung der hydraulischen Verluste ohne Berechnung der Einzelverluste die Beziehungen zwischen der Charakteristik der idealen Pumpe und der Drosselkurve herstellen und zeigen, wie man verschiedene Arten von Drosselkurven erhält.

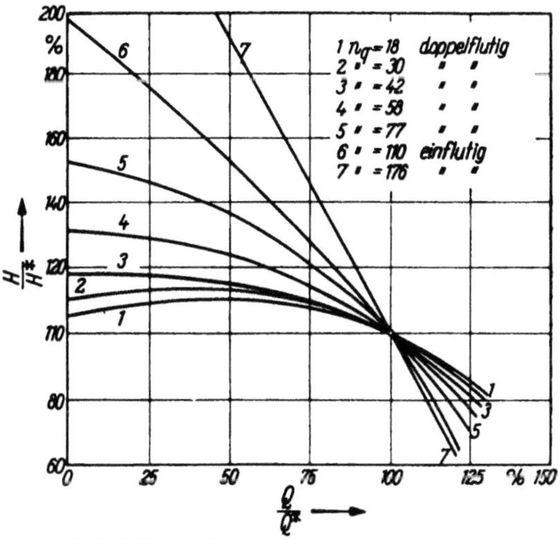

Abb. 9.1. Drosselkurven von Pumpen verschiedener spezifischer Drehzahl

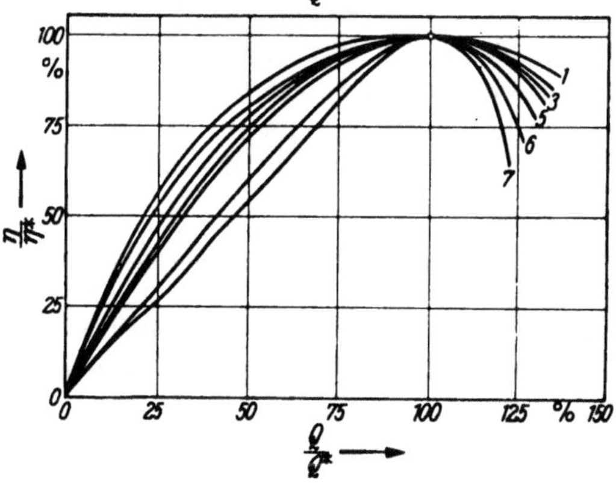

Abb. 9.2. Wirkungsgradkurven von Pumpen verschiedener spezifischer Drehzahl

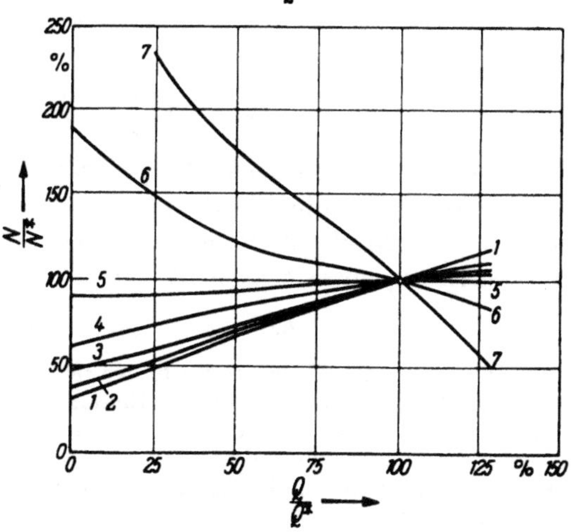

Abb. 9.3. Leistungskurven von Pumpen verschiedener spezifischer Drehzahl

a) Reibungs- und Diffusorverluste. Im allgemeinen macht man für den Reibungsverlust den Ansatz

$$h_{vR} = \lambda \frac{l}{d_h} \cdot \frac{v^2}{2g}, \tag{9.1}$$

wobei

λ die Druckverlustzahl,
l die Länge des Kanals,
d_h sein hydraulischer Durchmesser,
v die Geschwindigkeit relativ zum Kanal

ist. Die Beziehung Gl. (9.1) könnte auf eine Druckverlustrechnung der Pumpe angewandt werden, indem man die einzelnen Anteile von Saugrohr, Laufradkanal, Spirale und Austrittsstutzen addiert. Jedoch besteht die ganze Strombahn aus Anlaufstrecken; Längen und hydraulische Durchmesser sind schwer zu bestimmen, und die Druckverlustzahl λ ist für derartige Kanäle nicht genau genug bekannt. Dazu kommt die Tatsache, daß ein wesentlicher Teil der Stromführung rotiert; die Widerstandszahl rotierender Kanäle liegt unter Umständen eine Größenordnung höher als entsprechende Werte eines ruhenden Kanals. Versuchsergebnisse liegen bisher nur für Einzelprobleme vor[1]. Aus diesem Grunde faßt man heute meist alle Reibungsverluste in einem Ausdruck zusammen und vereinfacht die Beziehung Gl. (9.1) zu

$$h_{vR} = K_1' \frac{v^2}{2g} = K_1 Q^2. \tag{9.2}$$

Dabei ist K_1 für eine gegebene Pumpe eine Konstante, die alle Längen, Flächen und Druckverlustzahlen einschließt. Ebenso kann man einen Ausdruck für die Diffusorverluste in den verschiedenen Kanälen aufstellen:

$$h_{vD} = \zeta_D \cdot \frac{v^2}{2g}. \tag{9.3}$$

Ebenso wie bei der Wandreibung bereitet die Bestimmung von ζ Schwierigkeiten, und man setzt wie dort

$$h_{vD} = K_2' \frac{v^2}{2g} = K_2 Q^2, \tag{9.4}$$

wobei K_2 für eine gegebene Pumpe ebenfalls eine Konstante ist.

Da die beiden unter Gl. (9.4) und Gl. (9.5) angegebenen Ausdrücke beide dem Quadrat der Fördermenge porportional sind, können sie in eine Gleichung zusammengefaßt werden:

$$h_{v1} = h_{vR} + h_{vD} = K_3 Q^2. \tag{9.5}$$

[1] Anmerkung des Herausgebers: In der 1957 an der Technischen Hochschule Darmstadt erschienenen Dissertation: „Einfluß von Betriebsgrößen auf das Übertragungsverhalten hydrodynamischer Kupplungen" hat der Herausgeber unter anderem die Widerstandszahl in rotierenden Kanälen in Abhängigkeit vom Verhältnis der Durchtritts- zur Umfangsgeschwindigkeit und von der REYNOLDSschen Zahl untersucht.

Im $H-Q$-Diagramm wird Beziehung Gl. (9.5) durch eine quadratische Parabel mit dem Scheitel im Nullpunkt dargestellt (Abb. 9.4).

b) Wirbel- und Ablösungsverluste. Verluste, die am Laufradeintritt und -austritt entstehen, werden im allgemeinen als Stoßverluste bezeichnet. Der Autor übernimmt diesen Ausdruck nicht gern, da der hier behandelte Verlust nicht von der gleichen Natur ist wie derjenige, der beim Aufeinanderstoßen zweier Körper auftritt. Die Strömung in der Pumpe verläuft so, daß die Stoßverluste am Laufradeintritt nach Möglichkeit vermieden werden, indem sie Vordrall annimmt, und daß sie im Spiralgehäuse eine Geschwindigkeitsverteilung entwickelt, die den kleinstmöglichen Stoßverlust ergibt.

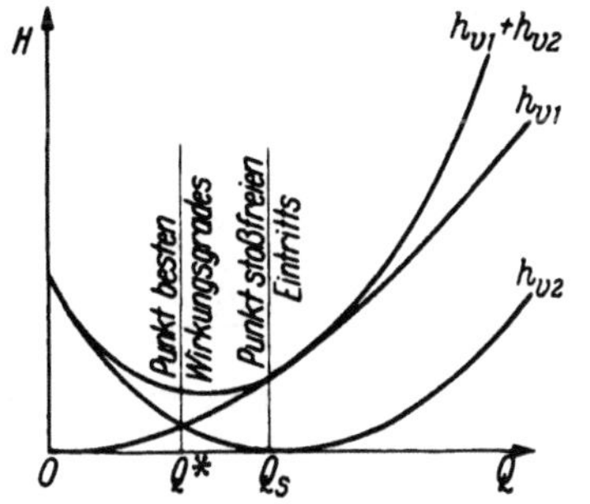

Abb. 9.4. Hydraulische Verluste

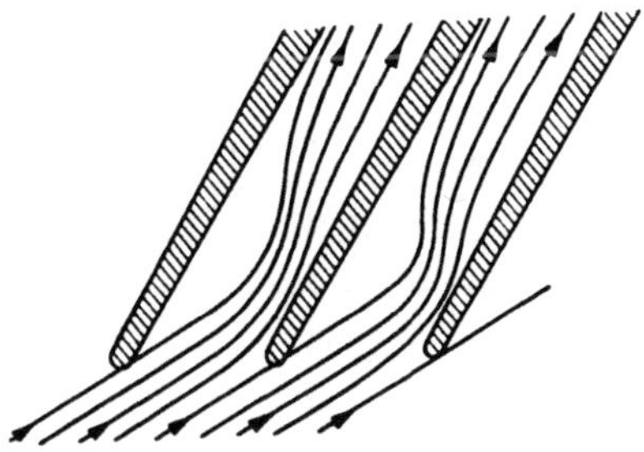

Abb. 9.5. Stoßverlust als Erweiterungsverlust

Seiner Natur nach ist der Eintrittsstoß, der bei einem großen relativen Angriffswinkel entsteht, der gleiche wie der bei plötzlicher Erweiterung auftretende (Abb. 9.5). Am Laufradaustritt wird der Verlust meist durch die Schubkraft zwischen der langsameren Spiralenströmung und der schnelleren Strömung aus den Laufradkanälen (c'_{u2}) verursacht. Trotzdem hat es keinen Zweck, die Verhältnisse zu ändern, da diese sich durch den Einfluß anderer Vorgänge schon als Optimum erwiesen haben (Kap. 7).

Nimmt man an, daß bei der Menge Q_s kein Stoß an Ein- und Austritt erfolgt, dann wird bei Fördermengen, die größer oder kleiner als die Menge Q_s sind, ein plötzlicher Wechsel in der Richtung und der Querschnittsfläche der Stromführung auftreten. Diese plötzlichen Änderungen führen zu Verlusten, die ausgedrückt werden können als

$$h_{vs1} = K_4 \cdot \frac{\Delta c_{u1}^2}{2g} \tag{9.6}$$

für den Laufradeintritt beziehungsweise

$$h_{vs2} = K_5 \cdot \frac{\Delta c_{u2}^2}{2g} \tag{9.7}$$

für den Austritt.

In Abb. 9.6 soll c_{m1} die Meridiangeschwindigkeit bei stoßfreiem Eintritt und c_{u1} die zugehörige Umfangskomponente sein. Wird der Durchsatz verkleinert, so müßte die Umfangskomponente c'_{u1} sein, wenn die Strömung die Schaufel unter dem gleichen Anströmwinkel β_1 treffen soll wie im ersten Fall. Die Differenz zwischen der stoßfreien und der tatsächlichen Komponente ist

$$\Delta c_{u1} = c'_{u1} - c_{u1}.$$

Entsprechend ist die Komponente c_{m2} (Abb. 9.7) die Meridiangeschwindigkeit bei der Menge Q_s und c_{u2} die zugehörige Umfangskomponente. Bei Verringerung der Menge steigt diese um

$$\Delta c_{u2} = c'_{u2} - c_{u2}.$$

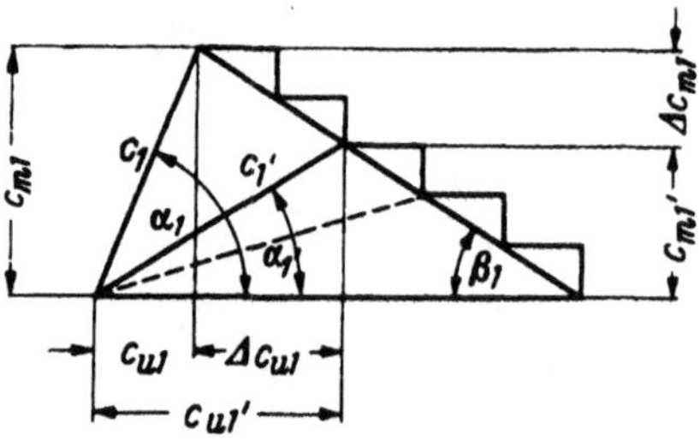

Abb. 9.6. Stoßkomponente am Laufradeintritt

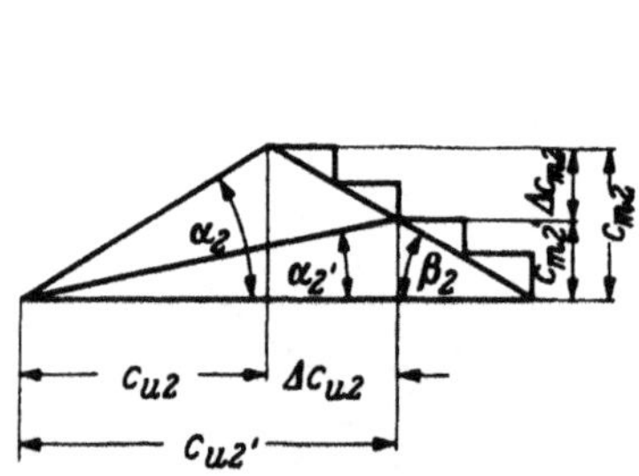

Abb. 9.7. Stoßkomponente am Laufradaustritt

Bei Fördermengen $Q > Q_s$ sind Δc_{u1} und Δc_{u2} negativ. Sowohl im Eintritt wie im Austritt wachsen die Umfangskomponenten im gleichen Verhältnis wie die Meridiangeschwindigkeiten, also wie die Fördermengen. Deshalb ist es möglich, Gl. (9.6) und Gl. (9.7) zusammenzufassen zu

$$h_{v2} = K_6 (Q - Q_s)^2. \tag{9.8}$$

Diese Beziehung wird durch eine quadratische Parabel mit dem Scheitel bei der Fördermenge $Q = Q_s$ auf der Abszisse dargestellt (Abb. 9.4).

9.2. Die Drosselkurve

a) Die Gleichung der Drosselkurve. Die Charakteristik einer idealen Pumpe ist eine Gerade. Trägt man diese Charakteristik in dimensionsloser Form auf, so werden alle Pumpen mit gleichem Austrittswinkel, jedoch verschiedener spezifischer Drehzahl, durch eine einzige Linie erfaßt. Sind die wesentlichen Entwurfsgrößen gewählt, so liegen der Punkt besten Wirkungsgrades und die spezifische Drehzahl fest. Die hydraulischen Verluste bestimmen den Verlauf der Drosselkurve. Man erhält diese, indem man die Druckverluste von der dem Eingangsmoment entsprechenden Förderhöhe H_M subtrahiert. Die wirkliche Förderhöhe H ist also

$$H = H_M - K_3 Q^2 - K_6 (Q - Q_s)^2. \tag{9.9}$$

Zum Aufzeichnen der Geraden für H_M wird nur ein Punkt derselben benötigt, da der Schnittpunkt mit der Abszisse der gleiche ist wie bei der EULERschen Förderhöhe H_e, also bekannt ist. Er ergibt sich durch $\Phi = c_{m2}/u_2 = \operatorname{tg} \beta_2$. Das Vorgehen zum Auffinden eines Punktes der Geraden H_M ist in Kap. 10 näher erläutert.

Die Konstanten K_3 und K_6 werden aus einer gemessenen Drosselkurve an Hand von Gl. (9.9) an verschiedenen Punkten bestimmt. Wie erwartet, sind die Werte K entlang einer Drosselkurve nicht tatsächlich konstant, sondern verändern sich. Ebenso sind sie für verschiedene Pumpen verschieden. Aus diesem Grunde wurde bisher kein ernsthafter Versuch unternommen, derartige Konstanten aufzustellen. Umgekehrt könnte man bei bekannten Werten der Verluste durch Subtraktion derselben von H_M die Drosselkurve bestimmen (Abb. 9.8). Aus Abb. 9.4 ist zu erkennen, daß der Punkt besten Wirkungsgrades immer bei Mengen unter derjenigen des stoßfreien Eintrittes liegt. Die Summe von Reibungs- und Stoßverlusten nimmt mit abnehmender Menge zunächst ab. Im Punkt besten Wirkungsgrades sind die Eintrittswinkel dann zu groß, d. h., die Schaufeln sind auf Vordrall eingestellt.

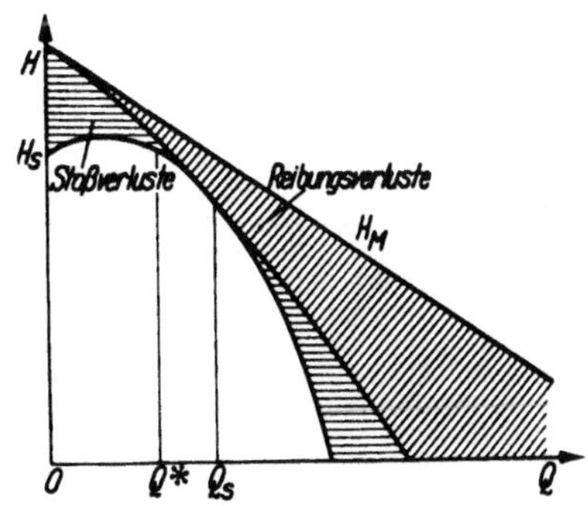

Abb. 9.8. Konstruktion der Drosselkurve

Die H—Q-Kurve in Abb. 9.8 ist eine Parabel mit dem Scheitel rechts der Ordinate. Falls erwünscht, kann der Abfall vom Maximum auf die Nullförderhöhe auch vermieden werden. Bei Pumpen mittlerer und hoher spezifischer Drehzahl steigt die Drosselkurve mit abnehmender Menge monoton bis auf die Nullförderhöhe an, eine Tatsache, die die Ungenauigkeit der besprochenen Methode veranschaulicht.

b) Allgemeine Pumpencharakteristik. Drückt man die Konstanten K_3 und K_6 von Beziehung (9.9) durch die Verhältnisse charakteristischer Maschinengrößen aus, so ist es möglich, diese Gleichung in die Beziehung (9.10) umzuwandeln

$$H = A n^2 + B n Q + C Q^2, \tag{9.10}$$

wobei A, B, C Konstanten sind, die von der Ausführung der Maschine abhängen. Ist die Drehzahl konstant, so erhält man einen Ausdruck für die Drosselkurve. Da die genannte Beziehung jedoch für die Praxis nicht verwendbar ist und ihre Herleitung nichts Neues bringt, wird auf diese verzichtet[1].

[1] Die Gleichung ist bei PFLEIDERER [*1*], SPANNHAKE [*2*], LE CONTE [*3*] und anderen hergeleitet.

In Kap. 13 wird die allgemeine Gleichung für die Pumpenkennlinie weiter behandelt. Die Abb. 13.1 und 13.2 stellen gemessene Kennlinien für konstante Werte von n, Q und H dar.

9.3. Der hydraulische Wirkungsgrad

a) Der hydraulische Wirkungsgrad bei Förderhöhe Null. In Kap. 5 wurde gezeigt, daß die Förderhöhe bei geschlossenem Schieber, dimensionslos ausgedrückt, für alle spezifischen Drehzahlen konstant ist (Punkt D in Abb. 9.10). Das bedeutet, daß auch der hydraulische Wirkungsgrad bei geschlossenem Schieber bei allen spezifischen Drehzahlen und allen Winkeln β_2 den gleichen Wert hat, und zwar:

$$H_0 = 0{,}585 \cdot u_2^2/g\,; \quad \eta_{h0} = H_0/H_{M0}\,.$$

Nach Abb. 9.13:

$$\eta_{h0} = DO/BO = 0{,}585/0{,}725 = 0{,}808 = \text{konst.} \tag{9.11}$$

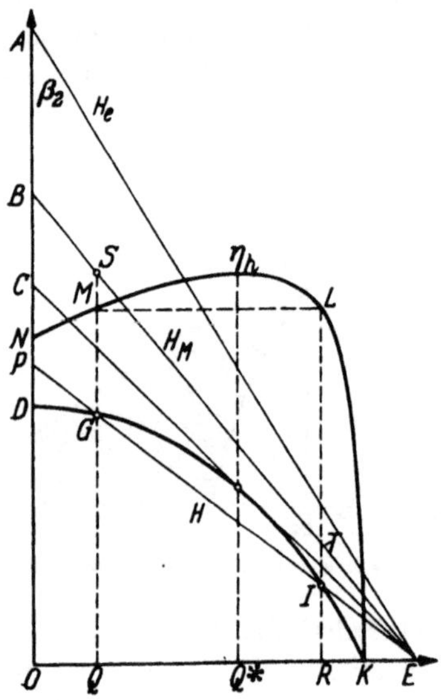

Abb. 9.9. Hydraulischer Wirkungsgrad

b) Der hydraulische Wirkungsgrad, abhängig von der spezifischen Drehzahl. In Abb. 9.9 ist BE die dem Eingangsmoment entsprechende Linie der Förderhöhe H_M. Die Kurve $DGHJK$ ist die tatsächliche Drosselkurve, $NMLK$ die Wirkungsgradkurve. Zieht man eine Gerade PE durch E, so sind die Schnittpunkte G und J mit der Drosselkurve Punkte gleichen Wirkungsgrades, weil

$$GQ/SQ = JR/TR$$

ist.

Im Grenzfall der Tangente erhält man nur einen Schnittpunkt, der die Stelle des maximalen Wirkungsgrades bezeichnet [4].

Werden die Drosselkurven mehrerer Pumpen mit gleichem Austrittswinkel β_2 und verschiedenen spezifischen Drehzahlen von derselben Geraden PE geschnitten, so sind alle Schnittpunkte Punkte gleichen hydraulischen Wirkungsgrades [Q, R, S, T, U, V (Abb. 9.10)]. Die Tangente an eine Kurve ist gleichzeitig auch die Tangente an die anderen Kurven. Die Berührungspunkte K, L, M sind die Punkte besten hydraulischen Wirkungsgrades.

Experimente mit Kreiselpumpen zeigen, daß die Drosselkurven im ganzen nutzbaren Bereich spezifischer Drehzahlen eine gemeinsame Tangente CE an die Punkte besten hydraulischen Wirkungsgrades haben.

In Abb. 9.11 sind für verschiedene spezifische Drehzahlen die Punkte besten Wirkungsgrades aufgetragen. Die Pumpen sind einheitlich aufgebaut, der Austrittswinkel beträgt immer $\beta_2 = 22^1/_2{}^\circ$.

Die Punkte zeigen eine eindeutige Tendenz, sich auf einer Geraden durch den Punkt der drucklosen Fördermenge ($\Phi_0 = \operatorname{tg} \beta_2$) anzuordnen. Auch hieraus kann wieder geschlossen werden, daß der hydraulische Wirkungsgrad für alle spezifischen Drehzahlen gleich ist. Ein solches Verhalten ist durch folgende Argumente zu erklären:

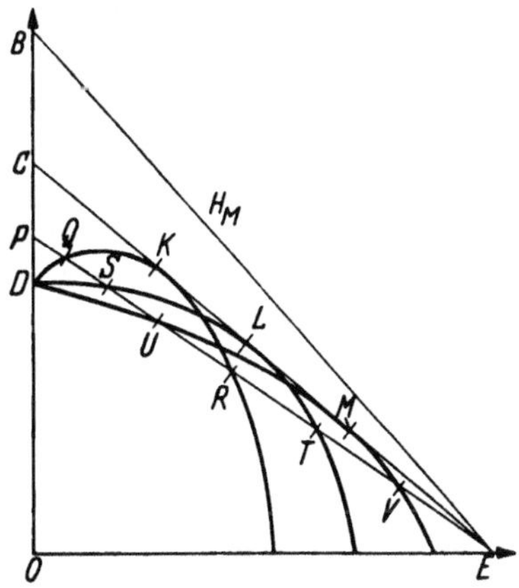

Abb. 9.10. Hydraulischer Wirkungsgrad bei verschiedenen spezifischen Drehzahlen

1. Es wird angenommen, daß die REYNOLDSschen Zahlen groß genug sind, so daß ein Einfluß dieser Größe vernachlässigt werden kann.

2. Für eine kontinuierliche, einheitlich aufgebaute Reihe von Pumpen kann angenommen werden, daß die hydraulischen Verluste in Laufrad und Gehäuse sich jeweils im gleichen Verhältnis aufteilen. Beschränkt man dann die obige Aussage auf das Laufrad, so lautet sie dementsprechend, daß der beste hydraulische Wirkungsgrad des Laufrades jeweils gleich ist, eine Behauptung, die einleuchtend ist. Im Optimalpunkt bestehen die Verluste hauptsächlich aus Reibungsverlusten. Diese sind proportional der Schaufelzahl und der Kanallänge,

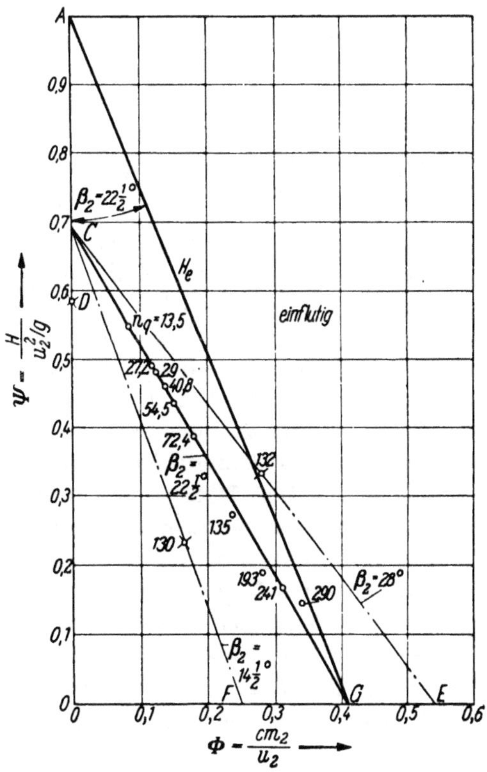

Abb. 9.11. Punkte besten Wirkungsgrades bei verschiedenen spezifischen Drehzahlen

jedoch wächst die Förderhöhe ebenso mit der Schaufelzahl und der Länge. Wenn beide Größen das gleiche Verhältnis beibehalten, wird auch der hydraulische Wirkungsgrad des Laufrades konstant bleiben. Ist die Fördermenge null, so sind die Reibungsverluste fast null, und nur die Stoßverluste treten auf. Das Verhältnis des Druckverlustes durch Stoß im Verhältnis zur Gesamtförderhöhe und damit der hydraulische Wirkungsgrad bleiben bei verschiedenen spezifischen Drehzahlen konstant.

3. Im Falle von axialen und halbaxialen Pumpen ist der Winkel β_2 am mittleren wirksamen Durchmesser $D_m = \sqrt{(D_{2a}^2 + D_{2i}^2)/2}$ eingesetzt. Ebenso ist die Umfangsgeschwindigkeit u_2, die zur Bildung der dimensionslosen Größen herangezogen ist, auf diesen Durchmesser bezogen.

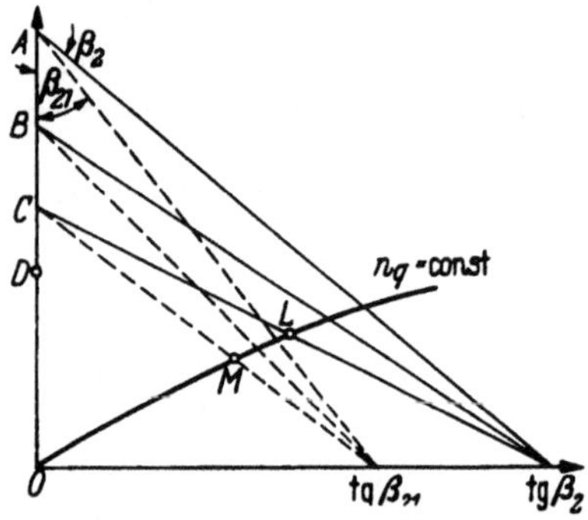

Abb. 9.12. Schaufelwirkungsgrad und hydraulischer Wirkungsgrad bei verschiedenen Austrittswinkeln

c) Einfluß des Austrittswinkels β_2 auf den hydraulischen Wirkungsgrad. Abb. 9.12 zeigt die Eulersche Förderhöhe H_e und die dem Eingangsmoment entsprechende Förderhöhe H_M, die Linien AE und BE, für einen gegebenen Winkel β_2. Die Gerade CE ist wieder der geometrische Ort der optimalen Punkte auf der Drosselkurve. Der Punkt D, die Förderhöhe bei geschlossenem Schieber ist allen H—Q-Kurven gemeinsam. Die Lage des Punktes E auf der Abszisse ist durch den Winkel β_2 gegeben. Der Wert des optimalen Wirkungsgrades ist CO/BO = konst.

Wird der Austrittswinkel von β_2 auf $\beta_{2,1}$ geändert, so ist der Punkt druckloser Förderung durch den Abstand $OF = \operatorname{tg} \beta_{2,1}$ vom Nullpunkt gegeben. Die Punkte A, B, C, D auf der Ordinate bleiben die gleichen, die Linien für H_e, H_M und H sind in Abb. 9.12 gestrichelt gezeichnet. Die Gerade CF ist jetzt die Verbindungslinie der Optimalpunkte auf der Drosselkurve. Der Maximalwert des hydraulischen Wirkungsgrades bleibt unverändert auf dem Wert CO/BO, verändert sich also nicht mit dem Austrittswinkel β_2. Es liegen genügend experimentelle Ergebnisse vor, die dies bestätigen.

Ebenso bleibt bei Veränderung von β_2 der Schaufelwirkungsgrad $e_{Sch} = BO/AO$ bei verschiedenen spezifischen Drehzahlen und Fördermengen konstant. Es hat sich gezeigt, daß sich dabei der Punkt besten Wirkungsgrades so verschiebt, daß die Größe

$$\omega_s = \Phi^{1/2} / \Psi^{3/4} \tag{9.12}$$

konstant bleibt. Bei gleichem Breitenverhältnis b_2/D_2 ist dann auch

$$n_q = \text{konst}.$$

9.4. Das Pumpendiagramm des Autors

a) Die Konstruktion des Diagramms. In Abb. 9.13 hat der Autor ein Diagramm für die wesentlichen Leistungs- und Entwurfsdaten von Lauf-

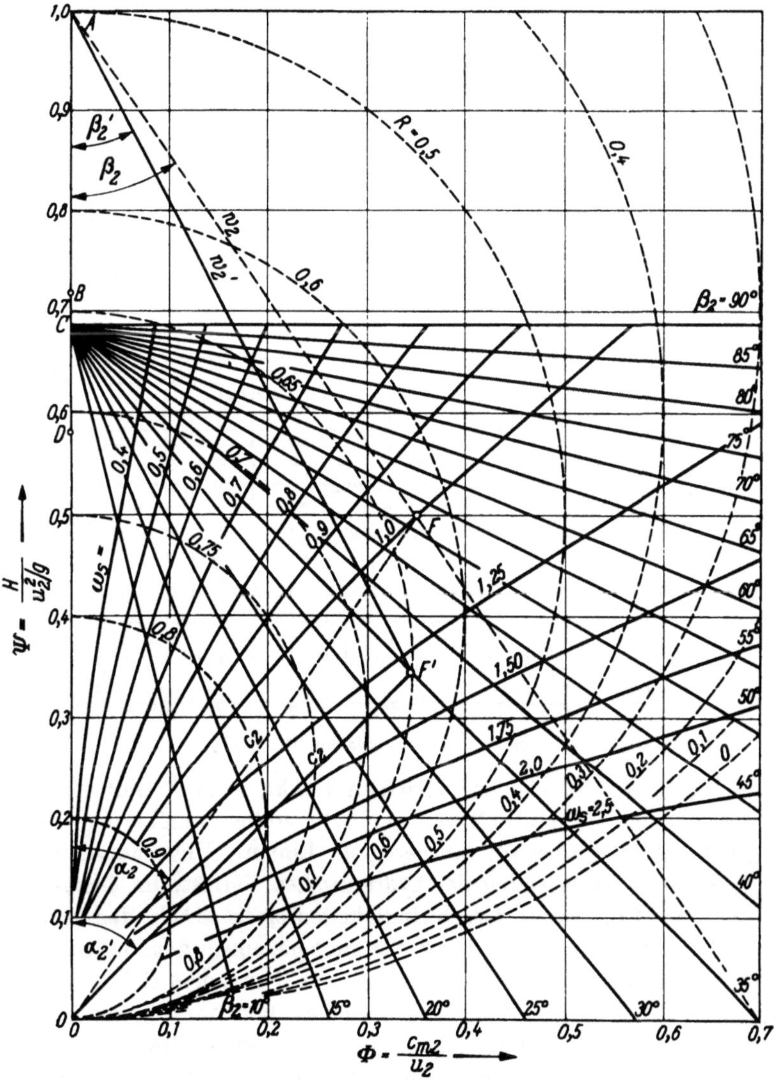

Abb. 9.13. Diagramm des Autors für Radial- und Axialpumpen

rädern aller spezifischer Drehzahlen zusammengestellt. Die Tatsache, daß in Abb. 9.11 für den Winkel $\beta_2 = 22{,}5°$ alle Punkte auf einer Geraden durch den Punkt $\Phi = \text{tg}\,\beta_2 = \text{tg}\,22{,}5°$ auf der Abszisse liegen, legte dem Autor die Vermutung nahe, daß die Verhältnisse bei anderen

Austrittswinkeln entsprechend liegen. Die Vermutung wurde durch Versuche an Radial- und Axialpumpen und Gebläsen bestätigt.

Punkt B in Abb. 9.13 ergibt sich durch Berechnung des maximalen hydraulischen Wirkungsgrades CO/BO aus den Daten einer repräsentativen Pumpe, nach dem in Kap. 10 näher ausgeführten Verfahren. Punkt D bezeichnet die Förderhöhe bei geschlossenem Schieber. Der Wert Ψ_0 ist bekanntlich für alle Pumpen gleich.

b) Eigenschaften des Diagramms. 1. Die vom Punkt C ausgehenden Geraden sind die Verbindungslinien der Punkte besten Wirkungsgrades von Drosselkurven. Der Austrittswinkel β_2 ist längs einer Linie konstant, die spezifische Drehzahl nimmt von oben nach unten zu. Der Punkt D ist allen Drosselkurven gemeinsam, so daß mit diesem und dem Punkt besten Wirkungsgrades der Verlauf der H—Q-Kurve festgelegt ist.

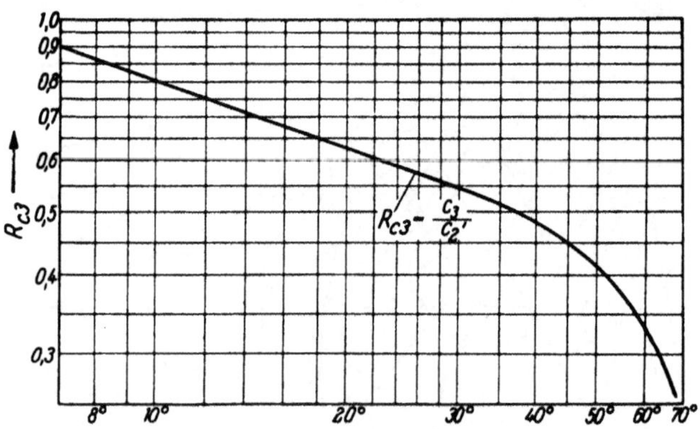

Abb. 9.14. Verteilungsfaktor für Spirale

2. Verbindet man einen beliebigen Punkt, etwa F' mit den Festpunkten O und A, so erhält man mit sehr großer Annäherung das tatsächliche Austrittsdreieck (ausgezogene Linien). Ungenauigkeiten resultieren aus der Wirkung der hydraulischen Verluste im Gehäuse.

3. Das Eulersche Geschwindigkeitsdreieck AFO, das mit den Schaufelwinkeln anstatt mit den Strömungswinkeln gebildet ist, erhält man, indem man die Verbindungslinie von A mit dem Schnittpunkt E zwischen CF und der Abszisse einzeichnet und darauf den Punkt F bei dem gleichen Koeffizienten Φ aufsucht (gestrichelte Linien).

4. Das Diagramm liefert die grundlegenden Daten zum Entwurf des Laufrades, den Laufraddurchmesser, die Breite und den Austrittswinkel; auch die Geschwindigkeit und der Strömungswinkel in Spirale bzw. Leitrad können nach dem Diagramm bestimmt werden. Das Zusatzdiagramm, Abb. 9.14, gibt den Verteilungsfaktor R_{c3} in Abhängigkeit des absoluten Austrittswinkels α_2' wieder, mit dem die tatsäch-

liche Austrittsgeschwindigkeit c_2' multipliziert werden muß, um die mittlere Spiralengeschwindigkeit zu erhalten.

5. Der funktionelle Zusammenhang der Entwurfsgrößen tritt im Diagramm klar zutage. a) Wird der Schaufelwinkel β_2 am Austritt bei gleichbleibendem Meridianschnitt geändert, so bewegt sich der günstige Betriebspunkt längs einer Kurve konstanter, spezifischer Drehzahl. b) Bewegt sich bei konstanter Umfangsgeschwindigkeit der Betriebspunkt längs einer Linie konstanter Förderhöhe ($\Psi =$ konst), so kann man die Änderung der Meridiangeschwindigkeit bei verschiedenen Werten des Winkels β_2 und damit der zur Förderung der gegebenen Menge notwendigen Breite verfolgen. c) Wird bei gleichem Laufrad die Spirale verändert, so läuft der Betriebspunkt auf einer Linie $\beta_2 =$ konst, bis die Fördermenge des Laufrades ($f_2 c_{m2}$) mit der für die Spirale geeigneten Menge ($f_S\, c_2'\, R_{c3}$) übereinstimmt, wobei f_S der Querschnitt der Spiralmündung und $c_2' R_{c3}$ die mittlere Spiralengeschwindigkeit ist. d) Liegen die Form des Gehäuses und der Meridianschnitt des Laufrades fest, so verschiebt sich der optimale Punkt auf einer Linie konstanten absoluten Strömungswinkels α_2'. e) Das Verhältnis $OE/\Phi = \operatorname{tg}\beta_2/\Phi$ ist dem in Gl. (4.20a) definierten Verhältnis s_2'/c_{m2} gleich. Bei verschiedenen Stromlinien von axialen und halbaxialen Maschinen muß diese Größe gleich sein.

6. Das Diagramm in Abb. 9.13 liefert nur die wesentlichsten Entwurfsgrößen. Zusätzlich zu diesen gibt es andere, die nicht berücksichtigt sind, die aber ebenfalls einen Einfluß auf die Gesamtwirkungsweise ausüben, wie Nabenverhältnis, Schaufelzahl und Gehäuseform. Wenn diese sekundären Entwurfsgrößen beträchtlich von den normalen Durchschnittswerten abweichen, dann weichen auch die Werte Φ und Ψ von den im Diagramm angegebenen Werten ab. Es ist Aufgabe des Konstrukteurs solche Abweichungen vom normalen Entwurf richtig zu beurteilen und ihre Auswirkungen abzuschätzen.

7. Abb. 9.13 ist für solche Pumpen entworfen, die keine Vorrichtungen zur Erzeugung oder Vermeidung von Vordrall besitzen. Wird Vordrall erzeugt, so kann Abb. 9.13 ebenfalls benutzt werden, jedoch muß die Förderhöhe um den Betrag $u_1\, c_{u1}'/g$ verkleinert bzw. vergrößert werden. Den Wert c_{u1}' erhält man aus der dem Schaufelwinkel α_1 des Eintrittsleitrades entsprechenden fiktiven Umfangskomponente c_{u1} durch Multiplikation mit dem gleichen Schaufelwirkungsgrad $e_{Sch} = CO/AO = 0{,}691$, wie er für das Laufrad angenommen wurde.

8. Linien für die dem aufgebrachten Moment entsprechende Förderhöhe H_M entstehen durch Verbindung der Punkte $\Phi = \operatorname{tg}\beta_2$ auf der Abszisse mit dem Punkt B oder aus den gezeichneten Geraden zwischen den Punkten $\Phi = \operatorname{tg}\beta_2$ und Punkt C durch Division durch den konstanten besten Wirkungsgrad. Diese Linien sind jedoch nur von akade-

mischem Interesse; der Wert von Abb. 9.13 liegt darin, daß es die tatsächliche Förderhöhe, die Fördermenge, die Geschwindigkeiten und die Winkel liefert.

9. Die Halbkreise, die in Abb. 9.13 mit $R = 0{,}1,\ 0{,}2 \ldots 0{,}9$ bezeichnet sind, stellen Linien gleichen Reaktionsgrades dar. Der Reaktionsgrad ist definiert als das Verhältnis des im Laufrad erzeugten statischen Druckes zum Gesamtdruck. $(1-R)$ ist ein Ausdruck für den Anteil an kinetischer Energie. Der Begriff des Reaktionsgrades wird im Pumpenbau nicht benutzt. Das Diagramm in Abb. 9.13 ist jedoch auch für Gebläse zu verwenden.

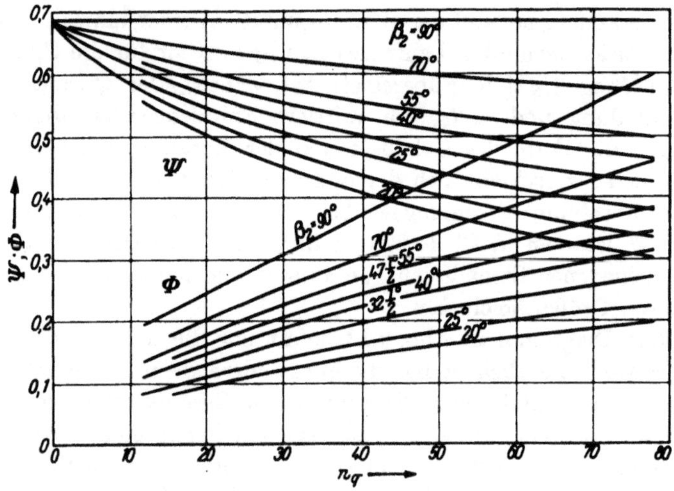

Abb. 9.15. Koeffizienten Φ und Ψ in Abhängigkeit von der spezifischen Drehzahl

c) Die Benutzung des Diagrammes. Abb. 9.13 kann zur Wahl der Koeffizienten (Φ und Ψ) für Fördermenge und Förderhöhe sowie zur Bestimmung der mittleren Spiralengeschwindigkeit herangezogen werden. Für den praktischen Gebrauch sind die Koeffizienten Φ und Ψ in Abb. 9.15 als Funktion der spezifischen Drehzahl n_q für verschiedene Austrittswinkel β_2 zusammengestellt.

Die Einzelheiten des Vorgehens beim Auftragen von Abb. 9.15 sind im Literaturhinweis [5] gegeben. Hat man spezifische Drehzahlen über $n_q = 80$, so kann man in das Diagramm mit dem Wert von ω_s eingehen, der sich nach Gl. (5.35) ergibt. Die relative Breite b_2/D_m bzw. das Nabenverhältnis $x_i = D_i/D_a$ werden angenommen. Das Verfahren muß iterativ durchgeführt werden.

Ist das Verhalten einer Pumpe bei einem bestimmten Winkel β_2 bekannt, so können die Entwurfskonstanten für Pumpen mit anderen

Austrittswinkeln, jedoch gleichem Wert ω_s durch Fortschreiten auf der Linie ω_s = konst gefunden werden.

d) Dimensionslose Kenngrößen für das Gehäuse. Durch reine algebraische Substitution kann gezeigt werden, daß die Koeffizienten Φ und Ψ sowie die dimensionslose spezifische Geschwindigkeit ω_s nur Funktionen vom relativen Austrittswinkel β_2' und vom absoluten Austrittswinkel α_2' sind. Entsprechend Abb. 9.16 kann geschrieben werden:

$$\Psi = \frac{c_{u2}'}{u_2} = \frac{c_2' \cos\alpha_2'}{u_2} = \frac{\sin\beta_2' \cos\alpha_2'}{\sin(\alpha_2' + \beta_2')}$$

oder

$$\Psi = \frac{1}{1 + \operatorname{tg}\alpha_2' \operatorname{ctg}\beta_2'} \tag{9.13}$$

und

$$\Phi = \frac{c_{m2}}{u_2} = \frac{c_2' \sin\alpha_2'}{u_2} = \frac{1}{\operatorname{ctg}\alpha_2' + \operatorname{ctg}\beta_2'}\,. \tag{9.14}$$

Damit ist auch

$$\omega_s = \Phi^{1/2}/\Psi^{3/4} = f(\alpha_2', \beta_2')\,. \tag{9.15}$$

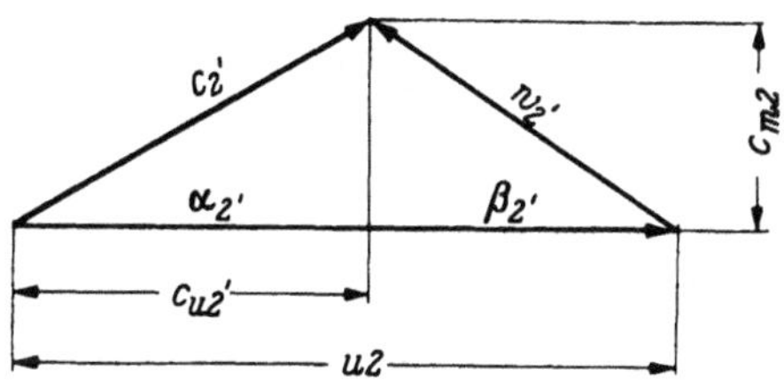

Abb. 9.16. Austrittsdreieck

Die Wichtigkeit des Winkels β_2 als Konstruktionselement wurde bereits hervorgehoben. Hier soll darauf aufmerksam gemacht werden, daß der absolute Austrittswinkel α_2' die Eigenschaften des Gehäuses in den obigen Beziehungen darstellt.

Die in Kap. 5 erläuterten Ähnlichkeitsgesetze beziehen sich nur auf das Laufrad. Der Entwurf des Gehäuses wird von zwei Größen bestimmt, der Geschwindigkeit der aus dem Laufrad austretenden Strömung und ihrer Richtung. Da sich die Geschwindigkeit mit der Drehzahl ändert, ist der Winkel α_2' die einzige Größe, die als unabhängige Veränderliche zum Vergleich von Gehäusen von Pumpen verschiedener spezifischer Drehzahlen benutzt werden kann. Abb. 9.14 zeigt den „Verteilungsfaktor" über α_2', nicht über der spezifischen Drehzahl, aufgetragen.

e) Absolutgeschwindigkeit am Laufradaustritt. Die im Diagramm Abb. 9.13 angegebenen Werte der Koeffizienten Φ und Ψ gründen sich auf Messungen von Menge und Förderhöhe. Der Durchfluß durch das Laufrad ist um die Leckmenge höher als die gemessene Menge. Ebenso ist die tatsächliche Tangentialkomponente c_{u2}' der Absolutgeschwindigkeit größer als der Wert, der dem durch Messung bestimmten Koeffizienten Ψ entspricht, da die Strömung auch zwischen Laufradaustritt und Austritt aus der Pumpe noch hydraulische Verluste decken muß. Der wahre Wert des absoluten Strömungswinkels α_2' weicht sehr wenig von dem im Diagramm entnommenen Wert ab.

Zusammenfassend kann gesagt werden, daß das Diagramm kaum nennenswerte Abweichungen ergibt, solange man es zur Auslegung von Pumpen mit Spiralen oder Leiträdern benutzt, die nicht aus dem Rahmen des üblichen fallen und auf denen es basiert.

f) Der beste Wirkungsgrad der Pumpe. Die Entwurfskonstanten, die aus Abb. 9.13 entnommen werden, gründen sich auf Versuchsdaten einer großen Zahl von erfolgreichen Pumpen und Gebläsen über einen weiten Bereich spezifischer Drehzahlen. Man erwartet, daß die sich aus dem Diagramm ergebenden Entwurfsgrößen zu optimalen Wirkungsgraden führen. Kombiniert man Größen von Laufrad und Leitvorrichtung anders als im Diagramm vorgesehen, so kann man die optimalen Betriebspunkte bei anderen Durchflußkoeffizienten Φ erhalten, jedoch unter Einbuße an Wirkungsgrad. Derartige Abweichungen von der Standardkonstruktion werden in der Praxis oft erforderlich, wenn im gleichen Gehäuse verschiedene Laufräder oder das gleiche Laufrad in verschiedenen Gehäusen laufen sollen. In beiden Fällen paßt der Läufer schlecht in das Gehäuse. Es wurde in Absatz 9.4 b gezeigt, wo der optimale Betriebspunkt dann zu vermuten ist. Im folgenden sind einige Beispiele gegeben.

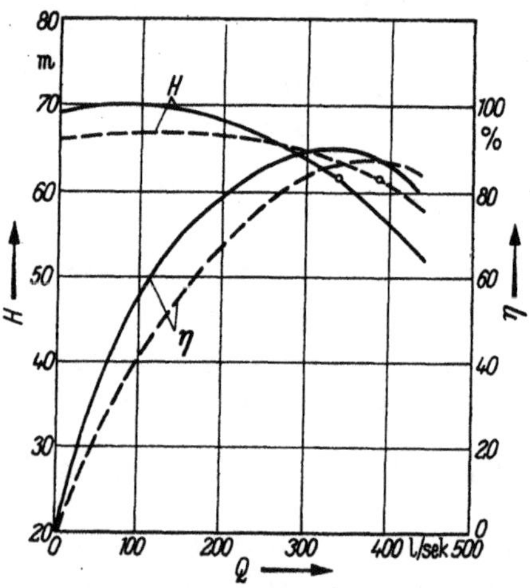

Abb. 9.17. Charakteristik des gleichen Laufrades in zwei verschiedenen Gehäusen. n = 1450 U/min

Abb. 9.17 zeigt die Charakteristik des gleichen Laufrades in zwei verschiedenen Spiralgehäusen. Das Verhältnis der Flächen der beiden Spiralenmündungen beträgt 1,3. Die Pumpe mit der kleineren Spirale bringt größere Förderhöhe bei geschlossenem Schieber und einen steileren Verlauf der Drosselkurve.

In Abb. 9.18 ist die Charakteristik von zwei Laufrädern im gleichen Gehäuse wiedergegeben. Beide Räder haben den gleichen Außendurchmesser von $D_2 = 340$ mm, den gleichen Austrittswinkel von $\beta_2 = 20°$ und die gleiche Schaufelzahl $z = 7$. Die Kanalbreite am Austritt des einen Rades ist $b_2 = 25$ mm und am Austritt des zweiten $b_2 = 12{,}5$ mm. Nach Abb. 9.13 müßten die optimalen Betriebspunkte in beiden Fällen auf eine Linie für $\beta_2 =$ konst fallen. Der Verlust an Höhe und Wirkungsgrad bei dem engen Laufrad ist auf den Verlust beim Austritt der schnellen Strömung in die zu weite Spirale zurückzuführen. Es ist zu beachten, daß beim engen Rad die Fördermenge am Punkt besten Wirkungsgrades etwa 75% derjenigen des normalen Rades ist, und nicht 50%, wie man aus dem Verhältnis der Kanalbreiten schließen könnte. Die Lage des besten Wirkungsgrades wird vom Laufrad und vom Gehäuse bestimmt.

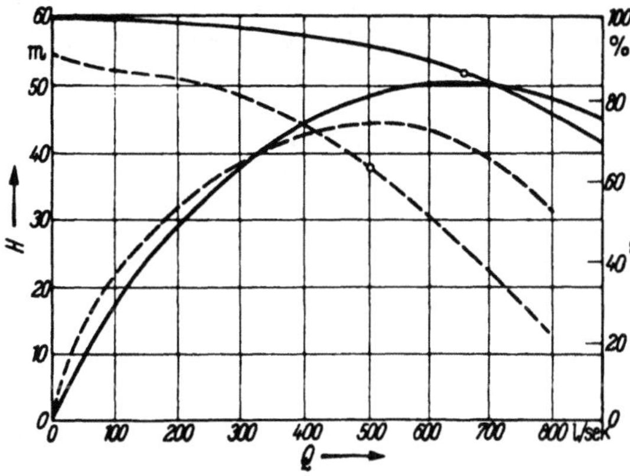

Abb. 9.18. Charakteristik einer doppelflutigen Pumpe NW 125; $n = 1750$ U/min. Ausgezogene Kurven: Kanalweite $b_2 = 25$ mm; gestrichelte Kurven: Kanalweite $b_2 = 12{,}5$ mm

Der Fall der Änderung des Austrittswinkels β_2 bei gleichem Meridianschnitt ist in Kap. 17 behandelt.

Abb. 9.19 zeigt die Auswirkung einer Verkleinerung des Spaltes zwischen dem Laufrad und der Zunge. Die ausgezogenen Kurven be-

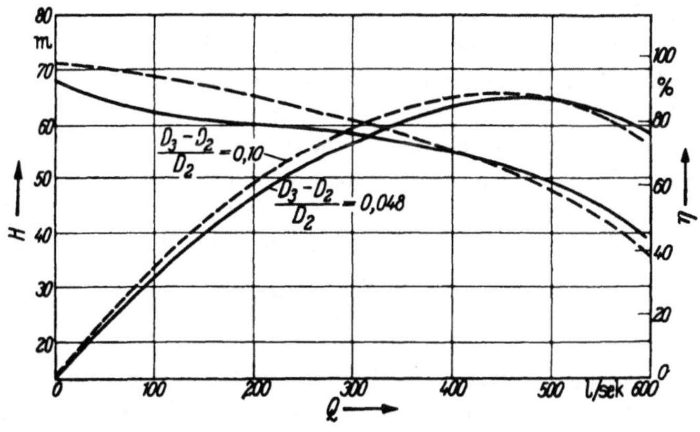

Abb. 9.19. Einfluß der Spaltweite zwischen Laufrad und Zunge: $n_1 = 1200$ U/min

ziehen sich auf eine Pumpe mit einem relativen Spalt von $(D_3 - D_2)/D_2 = 0{,}048$, wobei nach Abb. 7.5 ein Spaltverhältnis von 0,135 bei der spezifischen Drehzahl von $n_q = 30$ als normal anzusehen ist. Die gestrichelten Kurven stellen die Charakteristik einer Pumpe mit dem gleichen Läufer, jedoch mit gekürzter Zunge dar, so daß der relative

Spalt jetzt 0,10 beträgt. Eine weitere Vergrößerung des Spaltes hat wenig oder keinen Einfluß mehr auf das Verhalten. Ein übermäßig großer Spalt führt dann wieder zu einer Wirkungsgradverschlechterung. In Absatz 7.2. b war gezeigt worden, daß in einem Fall eine Kürzung der Zunge bei Pumpen mit hohen spezifischen Drehzahlen ($n_q = 150$, doppelflutig) eine Verschlechterung des Wirkungsgrades zur Folge hatte.

Literatur

[1] Pfleiderer, C.: Die Kreiselpumpen, S. 376. Berlin/Göttingen/Heidelberg: Springer 1955.
[2] Spannhake, W.: Centrifugal Pumps, S. 152 (Übersetzung). Cambridge: Mass. Inst. of Tech. 1934.
[3] Le Conte, J. N.: Hydraulics, S. 314. New York: McGraw-Hill Book Company 1926.
[4] Lichtenstein, J.: Method of Analyzing the Performance Curves of Centrifugal Pumps. Trans. A.S.M.E. Bd. 50 (1928) Nr. 3, S. 3.
[5] Stepanoff, A. J.: Turboblowers, Kap. 6. New York: John Wiley and Sons 1955.

10. Leckverluste, Scheibenreibung, Mechanische Verluste

10.1. Leckverluste

a) Volumetrischer Wirkungsgrad. Der Leckverlust ist ein Verlust an bereits auf Druck geförderter Menge, die durch die Spalte zwischen dem umlaufenden und dem stehenden Teil der Pumpe strömt. Leckverluste können an folgenden Stellen auftreten: 1. zwischen Laufrad und Gehäuse an den Dichtringen am Laufradeintritt; 2. zwischen zwei aneinandergrenzenden Stufen einer mehrstufigen Pumpe; 3. an der Stopfbüchse; 4. an den Ausgleichsorganen für die Axialkraft; 5. durch Labyrinthe, die zur Verringerung des Druckes an den Stopfbüchsen angeordnet sind; 6. zwischen Schaufeln und Gehäuse bei offenen Rädern.

Die vom Laufrad geförderte Menge ist um die Leckmenge größer als der am Austritt aus der Pumpe gemessene Durchsatz; das Verhältnis der beiden Fördermengen ist der volumetrische Wirkungsgrad

$$\frac{Q}{Q + Q_L} = \eta_v . \tag{10.1}$$

Normalerweise zieht der volumetrische Wirkungsgrad nur die Leckmenge zwischen Laufrad und Gehäuse bei ein- und mehrstufigen Pumpen in Betracht. Die Leckmenge zwischen den Stufen, durch die Ausgleichsorgane oder an anderen Punkten sollte getrennt behandelt werden. In jedem Falle ist die Leckmenge mit dem Druckabfall an dem betreffenden Spalt zu multiplizieren, um den Leistungsverlust am Spalt selbst zu erhalten. Andererseits war aber die Flüssigkeit auf den Gesamtdruck der Stufe gebracht worden, so daß insgesamt der Leckverlust

$$L_L = Q_L \gamma H / \eta_h$$

ist.

Abb. 10.1 zeigt verschiedene übliche Ausführungen der Ringe an Laufrad und Gehäuse. Sperrstrecken (Abb. 10.2) werden als lange, drosselnde Oberflächen oder Labyrinthe ausgebildet.

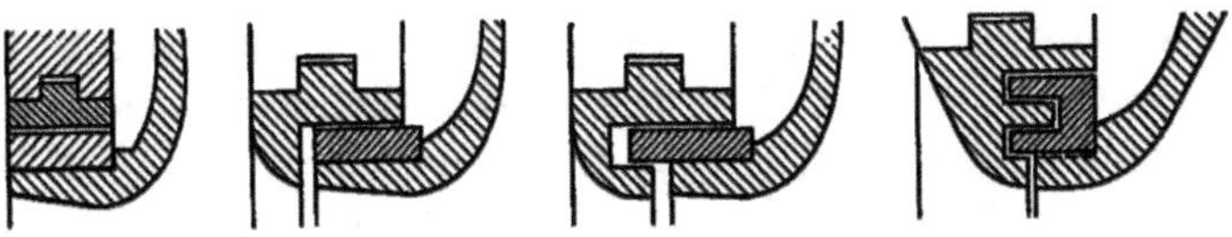

Abb. 10.1. Verschiedene Typen von Dichtringen

Für einen bekannten Druckabfall längs des Spaltes kann die Leckmenge nach der Formel

$$H_L = \lambda \frac{L}{d_h} \frac{v^2}{2g} + 0{,}5 \frac{v^2}{2g} + \frac{v^2}{2g} = \left(\lambda \frac{L}{d_h} + 1{,}5\right) \frac{v^2}{2g} \qquad (10.2)$$

ausgerechnet werden.

Dabei ist:

H_L die Druckhöhendifferenz am Spalt,
λ die Druckabfallzahl,
v die Strömungsgeschwindigkeit im Spalt,
L die Länge und
d_h der hydraulische Durchmesser des Spaltes.

Abb. 10.2. Sperrstrecken

Bei engen Spalten errechnet sich der hydraulische Durchmesser zu

$$d_h = \frac{4F}{U} = \frac{4 \cdot \pi D a}{2 \cdot \pi D} = 2a. \qquad (10.3)$$

Der erste Ausdruck in Beziehung (10.2) stellt den Reibungsverlust, der zweite den Eintrittsverlust und der dritte den Austrittsverlust dar. Der Verlust am Eintritt ergibt sich durch die mit der plötzlichen Verengung verbundene Einschnürung, der Austrittsverlust dadurch, daß die Geschwindigkeitsenergie der aus dem Spalt austretenden Strömung nicht in Druck umgesetzt, sondern totgewirbelt wird. Der hydraulische Durchmesser ist eingeführt, um Vergleiche zwischen Reibungskoeffizienten von Rohren und denjenigen von engen Spalten anstellen zu können. Abb. 10.3 zeigt die aus Meßergebnissen einiger Forscher nach Beziehung (10.2) errechneten Widerstandszahlen λ in Abhängigkeit von der REYNOLDSschen Zahl. Im Bereich turbulenter Strömung ($Re > 2500$) fallen die Werte von λ für ringförmige Kanäle mit einem rotierenden Ring auf die Kurve für glatte Rohre [*1*]. Diese gute Übereinstimmung ist reiner Zufall, da keine geometrische Ähnlichkeit der Kanäle und der Geschwindigkeitsverteilung zwischen beiden Anordnungen besteht. Im turbulenten Bereich hängt der Widerstand des Ringkanals nicht von der Geschwindigkeit der Welle ab (Versuche von Ingersoll-Rand mit einer Welle von 115 mm ⌀ von 0 bis 3600 U/min).

Im laminaren Bereich liegen die Meßpunkte sowohl bei stehenden wie bei umlaufenden Ringen näher an der Kurve $\lambda = 64/Re$, die sich theoretisch für Rohre ergibt als bei der Kurve $\lambda = 96/Re$, die man rechnerisch für die Spalte erhält. Der Wert der Widerstandszahl wird

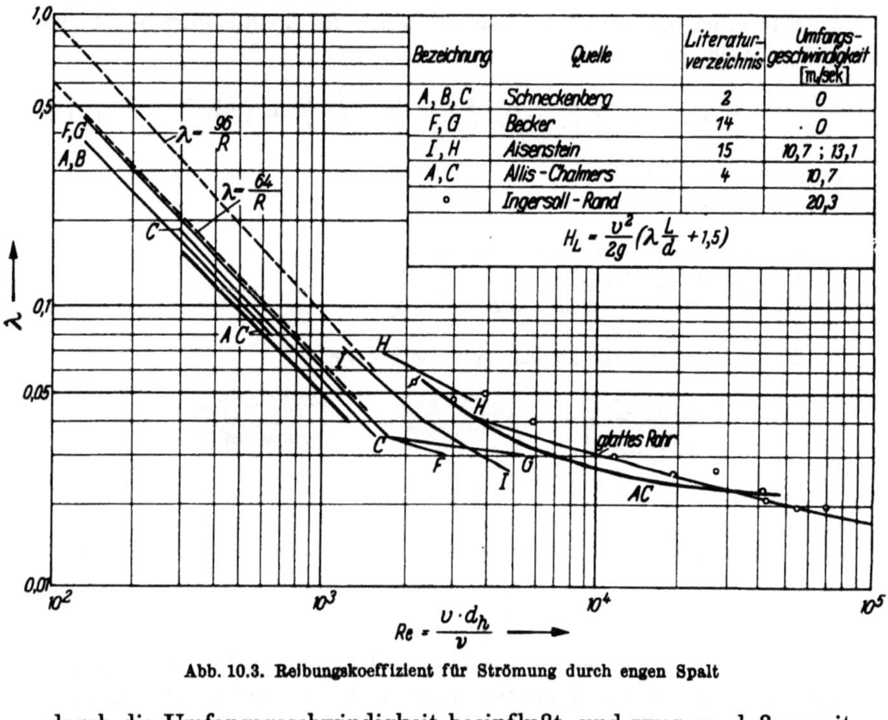

Abb. 10.3. Reibungskoeffizient für Strömung durch engen Spalt

durch die Umfangsgeschwindigkeit beeinflußt, und zwar so, daß er mit der Drehzahl wächst. Auch eine Exzentrizität des Spaltes macht sich bemerkbar. So kann bei der maximal möglichen Exzentrizität des Spaltes nach Angaben von SCHNECKENBERG [2] die Leckmenge auf den 2,5fachen Betrag der Leckmenge bei konzentrischer Anordnung ansteigen. Im turbulenten Bereich wächst die Menge im gleichen Fall nur um 30%.

Bei verhältnismäßig schmalen Ringen sind die gefundenen Werte höher als nach Abb. 10.3, da dann noch die Anlaufströmung vorherrscht. Bei Rohren ist das Geschwindigkeitsprofil nach Durchlaufen einer Strecke von 30 bis 40 Rohrdurchmessern ausgebildet. Die Vorausberechnung der Leckmenge wird weiter kompliziert durch den Einfluß der Reibungswärme bzw. der Temperatur auf die Zähigkeit. Dieser Einfluß wird vor allem bei zähen Flüssigkeiten und langen, engen Spalten bedeutend. Die Berechnung wird in solchen Fällen sehr unzuverlässig. Der Autor hat sehr umfangreiche Versuche über Leckmengen durch Ringspalte verschiedener Ausführung angestellt. Die Tabelle in Abb. 10.4 ist aus dem Originalaufsatz [*3*] zusammengestellt; die Vorzüge der einzelnen Konstruktionen gehen eindeutig aus der Tabelle hervor. Blackwells und Murdocks Versuche [*4*] zeigen, daß die Leckmenge auf 20 bis 25% heruntergedrückt werden kann, wenn entweder der umlaufende oder der steilstehende Teil des Ringpaares mit Nuten versehen ist.

b) Der Druck an den Dichtringen. Der Druckabfall H_L entlang dem Spalt am Laufradeintritt ist kleiner als der Druck in der Spirale. Die Differenz ist durch die Drehung der Flüssigkeit zwischen Laufrad und Gehäuse bedingt. Man nimmt im allgemeinen an, daß die Drehungsgeschwindigkeit etwa der halben Winkelgeschwindigkeit des Rades gleich ist. Der statische Druck H_{StS} in der Spirale ergibt sich als Differenz zwischen der Gesamtenergie und der kinetischen Energie, während der Reibungsverlust in der Spirale und die kinetische Energie am Pumpeneintritt vernachlässigt werden

$$H_{StS} \cong H - \frac{c_3^2}{2g} \cong H(1 - K_3^2)\,; \qquad (10.4)$$

c_3 ist die Geschwindigkeit in der Spirale, K_3 ist bereits früher durch die Beziehung $c_3 = K_3\sqrt{2gH}$ definiert worden. Die statische Druckhöhe am Dichtring ergibt sich dann zu

$$H_L = H(1 - K_3^2) - \frac{1}{4}\,\frac{u_2^2 - u_r^2}{2g}\,; \qquad (10.5)$$

wobei u_r die Umfangsgeschwindigkeit des Läufers am Ring ist. Aus Druckmessungen an einer Pumpe mit zwei Läufern verschiedener Durchmesser bei $n_q = 21$ hat der Autor eine empirische Formel für den Dichtringdruck im optimalen Betriebspunkt gefunden. Sie lautet:

$$H_L = \frac{3}{4}\,\frac{u_2^2 - u_1^2}{2g}\,, \qquad (10.6)$$

wobei u_1 die Umfangsgeschwindigkeit am äußeren Schaufelbeginn ist. Die Entwicklung der Beziehung ist im Originalaufsatz gegeben [*3*].

c) Leckverlust als Funktion der spezifischen Drehzahl. Unter Benutzung der Koeffizienten von Abb. 10.3 hat der Autor die Leckverluste mehrerer doppelflutiger, horizontal geteilter Pumpen berechnet und das Ergebnis in Abb. 10.5 über der spezifischen Drehzahl aufgetragen. Der Berechnung sind Maße für Spaltweite und Breite der glatten Ringe zugrunde gelegt, die bei normalen Pumpen üblich sind. Es ist zu beobachten, daß die Leckverluste mit wachsender spezifischer Drehzahl rapide abnehmen.

		a [mm]	b [mm]	Q/Q^* [%] bei n [U/min]			
				1400	1700	2000	2500
1	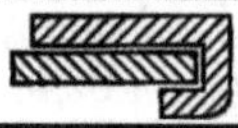	0,15	27	1,52	1,80	2,00	2,18
2	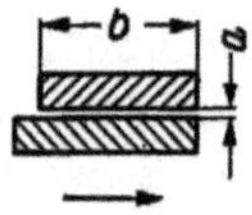 $a = \Delta D/2$	0,15	27	2,85	3,32	3,52	3,70
3		0,15	17,4	3,52	4,03	4,33	4,50
4		0,22	17,4	6,06	6,65	6,70	6,70
5		0,25	17,4	7,92	8,62	8,86	8,60
6		0,37	17,4	13,2	13,9	14,0	14,0
7		0,50	17,4	18,7	19,6	19,8	20,0
8	 Parallelnuten 1,6 × 1,6 3,2 mm auseinander	0,22	17,4	4,83	5,38	5,58	5,52
9		0,37	17,4	12,7	13,5	13,7	13,6
10	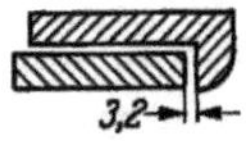	0,14	17,4	3,18	36,8	3,94	4,08
11		0,27	17,4	8,53	9,04	9,15	9,19
12	 Spiralnuten 1,6 × 1,6	0,14	17,4	2,52	2,88	2,92	2,98
13		0,27	17,4	6,24	6,68	6,89	6,82
14		0,13	17,4	2,55	3,03	3,28	3,44
15		0,13	17,4	2,07	2,34	2,45	2,52

Abb. 10.4. Leckverluste in Prozent der Auslegemenge bei verschiedenen Drehzahlen einer Pumpe NW 75; $n_q = 21$; $D_2 = 255$ mm; Durchmesser der Dichtringe 105 mm

Zur weiteren Diskussion ist es wichtig, einige allgemeine Beziehungen zwischen Leckverlust und spezifischer Drehzahl aufzustellen. Im folgenden wird gezeigt, daß der relative Leistungsverlust nur von der spezifischen Drehzahl, nicht von der absoluten Pumpengröße und Drehzahl abhängt. Beziehung Gl. (10.2) wird zur Berechnung der Leckmenge herangezogen. Es ist

$$Q_L = C \cdot F \sqrt{2\,g\,H_L}\,, \tag{10.7}$$

wobei

$$C = \frac{1}{\sqrt{\lambda \frac{L}{d_h} + 1{,}5}}\,,$$

$$F = a\,\pi\,D$$

und

$$H_L = K_R \cdot H$$

sind.

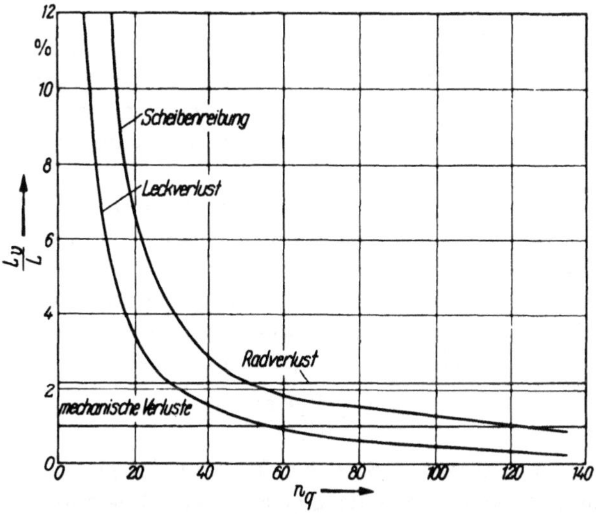

Abb. 10.5. Verluste von zweiflutigen Pumpen über der spezifischen Drehzahl

Der Durchflußkoeffizient C und der Faktor K_R, der den Druck am Spalt im Verhältnis zur Förderhöhe bezeichnet, werden bei ähnlichen Pumpen als konstant angenommen. Damit wird der Leistungsverlust infolge Rückfluß bereits geförderter Flüssigkeit

$$L_L = \frac{Q_L\,\gamma\,H}{\eta_h}\,. \tag{10.8}$$

Das Verhältnis der Leistungsverluste zweier ähnlicher Pumpen verschiedener Größe ist

$$\frac{L_{L1}}{L_{L2}} = \frac{a_1\,D_1\,H_1^{3/2}}{a_2\,D_2\,H_2^{3/2}}\,. \tag{10.9}$$

Erstreckt sich die Ähnlichkeit der Pumpen auch auf die Abmessungen der Dichtringe und der Spalte, so ist

$$\frac{a_1 D_1}{a_2 D_2} = \frac{D_{1a}^2}{D_{2a}^2}, \tag{10.10}$$

wobei D_{1a} und D_{2a} die Außendurchmesser der beiden Laufräder sind. Durch Einsetzen in Gl. (10.9) erhält man

$$\frac{L_{L1}}{L_{L2}} = \frac{D_{1a}^2 H_1^{3/2}}{D_{2a}^2 H_2^{3/2}}. \tag{10.11}$$

Durch Benutzung des in Kap. 5, Gl. (5.5) abgeleiteten Parameters π_1, der für ähnliche Pumpen und ähnliche Strömungsdreiecke konstant ist, nämlich

$$\frac{Q_1}{\sqrt{H_1}\, D_{1a}^2} = \frac{Q_2}{\sqrt{H_2}\, D_{2a}^2} = \text{konst} \tag{10.12}$$

erhält man

$$\frac{L_{L1}}{L_{L2}} = \frac{Q_1 H_1}{Q_2 H_2}. \tag{10.13}$$

Die Beziehung (10.13) sagt aus, daß der Leistungsverlust durch Leckmengen proportional der Ausgangsleistung der Pumpe ist. Das heißt, er ist — bezogen auf die Ausgangsleistung — bei geometrisch ähnlichen Pumpen beim Arbeiten in entsprechenden Betriebspunkten und damit bei gleicher spezifischer Drehzahl konstant[1]. In der Praxis ist der Leckverlust kleinerer Pumpen größer, da die Spaltweiten ein Minimum nicht unterschreiten können; ebenso sind die Dichtringe größerer Pumpen größer und die Konstanten C kleiner.

Will man den Leckverlust von Pumpen gleicher Ausgangsleistung bei verschiedenen spezifischen Drehzahlen und verschiedenen Größen vergleichen, kann Beziehung (10.9) geschrieben werden.

$$\frac{L_{L1}}{L_{L2}} = \frac{D_1^2 H_1^{3/2}}{D_2^2 H_2^{3/2}}, \tag{10.14}$$

wenn man wieder annimmt, daß der Koeffizient C den gleichen Wert hat und daß die Spaltweiten sich im gleichen Verhältnis wie die Durchmesser verändern. Die Meridiangeschwindigkeit am Laufradeintritt ändert sich mit der spezifischen Drehzahl, wobei die Abhängigkeit durch folgende Beziehung ausgedrückt werden kann

$$\frac{c_{m1}}{c_{m2}} = \frac{K_{m1} H_1^{1/2}}{K_{m2} H_2^{1/2}}. \tag{10.15}$$

Kann man als Eintrittsquerschnitt die volle Kreisfläche $\pi D^2/4$ zugrunde

[1] Die hier abgeleiteten Beziehungen gelten nur näherungsweise; sie sollen nur die Tendenz der Änderung der Leckverluste mit der Pumpengröße, der spezifischen Drehzahl und der Drehzahl selbst zeigen. In Wirklichkeit kommen noch Abhängigkeiten von der Oberflächenbeschaffenheit der Dichtringe und von der REYNOLDSschen Zahl der Strömung im Spalt hinzu.

legen, also bei Vernachlässigung des Wellenquerschnittes und bei fliegender Anordnung des Laufrades, so ist

$$\frac{Q_1}{Q_2} = \frac{c_{m1} D_1^2}{c_{m2} D_2^2} = \frac{K_{m1} H_1^{1/2} D_1^2}{K_{m2} H_2^{1/2} D_2^2}. \tag{10.16}$$

Durch Einsetzen von Gl. (10.16) in Gl. (10.14) erhält man

$$\frac{L_{L1}}{L_{L2}} = \frac{Q_1 H_1 K_{m2}}{Q_2 H_2 K_{m1}} = \frac{K_{m2}}{K_{m1}}. \tag{10.17}$$

Der Leistungsverlust durch Leckmengen verhält sich dann umgekehrt proportional dem Durchsatzkoeffizienten K_m. Da dieser mit wachsender spezifischer Drehzahl wächst, nimmt der Leistungsverlust entsprechend ab. Bei einer spezifischen Drehzahl von $n_q = 20$ beispielsweise ist der Faktor $K_{m1} = 0{,}14$, bei $n_q = 40$ beträgt er $K_{m2} = 0{,}19$ (Abb. 5.2); das Verhältnis der Leistungsverluste in beiden Fällen ist

$$\frac{I_{L1}}{L_{L2}} = \frac{0{,}19}{0{,}14} = 1{,}35.$$

10.2. Scheibenreibung

a) Formeln zur Erfassung des Verlustes. Von allen äußeren Verlusten ist der durch die Scheibenreibung entstehende bei weitem der wichtigste. Große Mengen von Versuchsdaten liegen für kaltes Wasser vor; verschiedene Formeln zur Berechnung sind in Gebrauch. Sie alle stammen von der Grundgleichung

$$L_{Sch} = K n^3 D^5, \tag{10.18}$$

ab, wobei L_{Sch} die durch Scheibenreibung in Wärme umgesetzte Leistung ist.

- K ist ein experimentell zu bestimmender dimensionsbehafteter Faktor,
- n die minutliche Umdrehungszahl,
- D der Scheibendurchmesser.

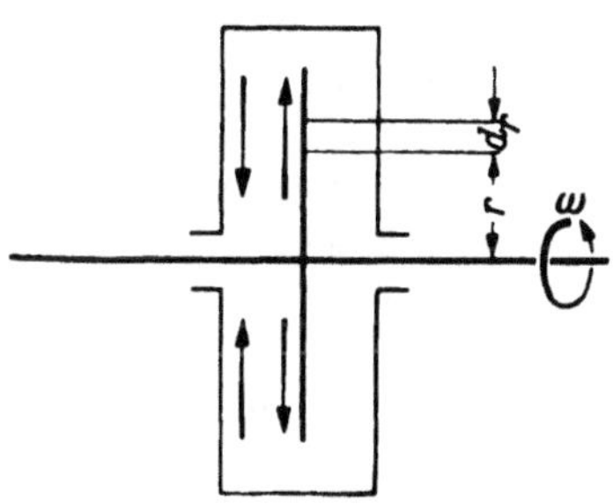

Abb. 10.6. Verlust durch Scheibenreibung

In manchen Formeln werden gebrochene Exponenten für n und D benutzt unter Hinweis darauf, daß nur so der Faktor K eine wirkliche Konstante sein könne.

Im folgenden ist die Herleitung der Gl. (10.18) gegeben: Eine Scheibe vom Durchmesser D bzw. Radius r dreht sich in einem Gehäuse mit der Winkelgeschwindigkeit ω (Abb. 10.6). Unter Annahme turbulenter Strömung an der Oberfläche kann die Reibungskraft am Radius r auf ein Ringelement der Breite dr ausgedrückt werden durch

$$dP = K\,dF\,v^2 = K\,2\pi r\,dr\,v^2.$$

Die Leistung, die an der Welle aufgebracht werden muß, um die Reibungskräfte zu überwinden, ist

$$L_{Sch} = K\,2\pi\int_0^r v^3\,r\,dr = K\,2\pi\,\omega^3\int_0^r r^4\,dr = \frac{K\,2\,\pi\,\omega^3\,r^5}{5}.$$

Durch Zusammenfassen der Konstanten, Einführen des Durchmessers anstatt des Radius und der Drehzahl statt der Winkelgeschwindigkeit erhält man für beide Seiten der Scheibe die bereits angegebene Beziehung (10.18).

Die Flüssigkeit im Raum zwischen der Scheibe und der festen Wand nimmt eine Rotationsbewegung an. In der nächsten Nachbarschaft der rotierenden Scheibe ist die Umfangsgeschwindigkeit der Flüssigkeit am größten, so daß hier das stärkste Fliehkraftfeld herrscht. Dementsprechend wandert hier die Flüssigkeit nach außen, ebenso wie sie an der stationären Wand nach innen fließt, so daß eine Umlaufbewegung auch in der Meridianebene entsteht. Ist der Umlaufweg kurz, also das die Scheibe umgebende Flüssigkeitsvolumen klein, so werden die Flüssigkeitsteilchen, die der Scheibe in der Mitte zufließen, einen Teil ihrer Drehenergie wieder mitbringen und so weniger Leistung aufnehmen. GIBSON [*5*] und RYAN sowie LE CONTE [*6*] fanden experimentell, daß die zum Antrieb einer Scheibe notwendige Leistung mit dem Spalt zwischen Rad und Gehäuse wächst. Bei einer Zunahme des Spaltes von 1,03% auf 17,7% des Scheibendurchmessers stieg die Leistung um 4% bis 12%. Die gleichen Forscher stellten folgendes fest: 1. das Anstreichen eines gegossenen Gehäuses verkleinert die Verlustleistung um 16% bis 20%; 2. das Polieren der Scheibe verkleinert sie um 13% bis 20%; 3. stark verrostete Gußscheiben nehmen 30% mehr Leistung auf als die gleichen Scheiben, wenn sie neu bearbeitet sind; 4. eine Erhöhung der Wassertemperatur von 18° C auf 65° C setzt den Reibungsverlust um 7% bis 19% herab, je nach Anordnung von Scheibe und Gehäuse.

Unter Zugrundelegung der Arbeiten von ZUMBUSCH und SCHULTZ-GRUNOW [*7*] hat PFLEIDERER [*8*] ein Diagramm zur Berechnung des Scheibenreibungsverlustes zusammengestellt (Abb. 10.7), das in Verbindung mit der folgenden Gleichung (für beide Seiten gültig) zu benutzen ist:

$$N_{Sch} = K\,D^2\,\gamma\,u^3. \tag{10.19}$$

Dabei sind:

N_{Sch} die Verlustleistung der Scheibe in PS,
K ein Faktor, aufgetragen über der REYNOLDSschen Zahl,
Re $= ur/\nu$ die REYNOLDSsche Zahl,
u die äußere Umfangsgeschwindigkeit in m/s,
r der Laufradradius in m,
ν die kinematische Zähigkeit in m²/s,
D der Laufraddurchmesser in m,
γ das spezifische Gewicht der Flüssigkeit in kg/m³,
B die Spaltweite zwischen Scheibe und Gehäuse.

Die Werte des Faktors K sind für drei Werte der relativen Spaltweite B/D zwischen Scheibe und Gehäuse gegeben. Bei üblichen Entwürfen beträgt B/D zwischen 2% und 5%. Dieser Wert liegt im Bereich des Minimums, wie aus der in Abb. 10.7 wiedergegebenen Kurve von K über B/D für $Re = 1{,}8 \cdot 10^6$ ersichtlich ist.

Üblicherweise nimmt man an, daß die Flüssigkeit zwischen Scheibe und Gehäuse mit der halben Winkelgeschwindigkeit der Scheibe rotiert. Dies kann theoretisch begründet werden und wurde durch die bereits erwähnten Experimente von SCHULTZ-GRUNOW [7] bestätigt.

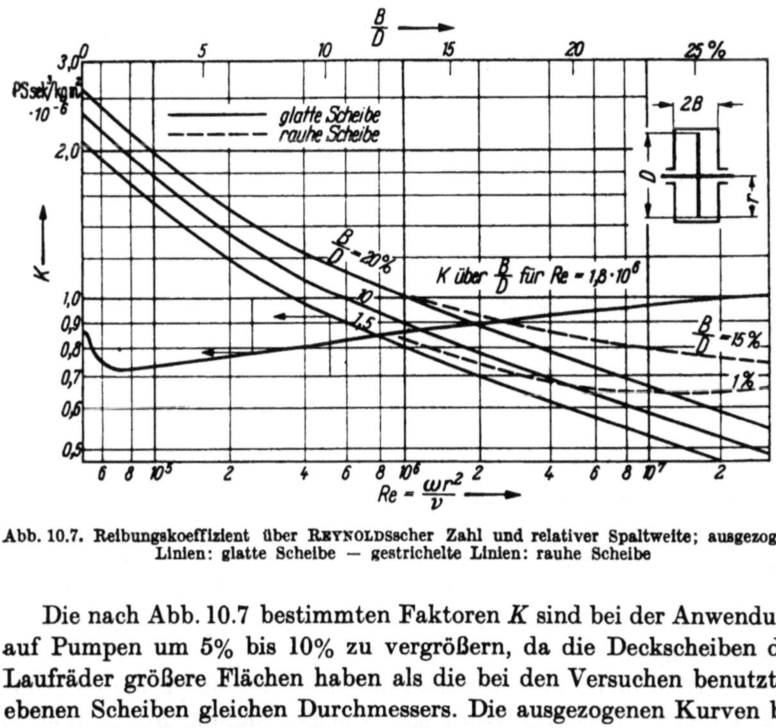

Abb. 10.7. Reibungskoeffizient über REYNOLDSscher Zahl und relativer Spaltweite; ausgezogene Linien: glatte Scheibe — gestrichelte Linien: rauhe Scheibe

Die nach Abb. 10.7 bestimmten Faktoren K sind bei der Anwendung auf Pumpen um 5% bis 10% zu vergrößern, da die Deckscheiben der Laufräder größere Flächen haben als die bei den Versuchen benutzten ebenen Scheiben gleichen Durchmessers. Die ausgezogenen Kurven beziehen sich auf die glatte, die gestrichelten auf die rauhe Scheibe. Ein beträchtliches Anwachsen des Faktors infolge der Rauhigkeit ist im Bereich der höheren REYNOLDSschen Zahlen zu erkennen, wo die Grenzschichten sehr dünn werden.

b) Scheibenreibung über spezifischer Drehzahl. Unter Benutzung von PFLEIDERERS Gl. (10.19) wurde der Scheibenreibungsverlust mehrerer doppelflutiger Pumpen verschiedener spezifischer Drehzahlen berechnet. Dieser Verlust, ausgedrückt in Prozent der Eingangsleistung, ist in Abb. 10.5 aufgetragen. Auffällig ist der starke Anstieg der Verlustleistung bei spezifischen Drehzahlen unter $n_q = 40$. Es ist interessant, daß fast im ganzen Bereich von spezifischen Drehzahlen der Leckverlust etwa halb so groß ist wie der Scheibenreibungsverlust.

Abgesehen vom Einfluß der REYNOLDSschen Zahl auf den Faktor K wie auf den hydraulischen Wirkungsgrad der Pumpe ist sowohl die Ausgangsleistung als auch die durch Scheibenreibung verbrauchte Leistung ähnlicher Pumpen bei gleicher spezifischer Drehzahl dem Produkt n^3D^3 proportional. Infolgedessen bleibt das Verhältnis beider Größen in diesem Falle konstant.

10.3. Mechanische Verluste

a) Verluste in Stopfbüchse und Lagern. Obwohl diese Art von Verlusten ihrer Natur nach verstanden wird, sind nur sehr wenige wirkliche Daten bekannt. Die Schwierigkeit liegt darin, daß sie klein und mit den üblichen Meßeinrichtungen schlecht bestimmbar sind. Andererseits ist man sich bewußt, daß solche Versuche für den Pumpenhersteller hinsichtlich der Verbesserung der Charakteristik nur wenig Bedeutung haben. Die Konstruktion der Stopfbüchse und des Lagers wird durch die Forderung nach befriedigendem mechanischem Verhalten bestimmt, während die Frage der Verluste in beiden Fällen zurücktritt. Außerdem hängt der Reibungsverlust in der Stopfbüchse von sehr vielen Faktoren ab, zum Beispiel von der Größe und Länge der Stopfbüchse, der Pumpendrehzahl, dem Anpreßdruck und der Art der Packung und Schmierung, so daß Meßwerte immer nur für ein bestimmtes Anwendungsbeispiel gültig sind.

Obgleich die Größen der Wälzlager genormt sind, hängt ihr Reibungsverlust bei gleicher Größe und Belastung des Lagers von dem Fabrikat ab. Ebenso beeinflußt die Art der Schmierung die Verluste von Wälzlagern. Es hat sich gezeigt, daß die Art der Kupplung zwischen Pumpe und Antrieb einen Einfluß auf das Verhalten der Lager und damit der Verluste ausübt, da einige Kupplungen die Lager in Axialrichtung belasten können.

Die Abb. 10.8 und 10.9 zeigen die von der Stopfbüchse ausgeübte Reibungskraft nach Beobachtungen von MOCKRIDGE [*9*]. Wichtig ist, daß das Reibungsmoment bei starkem Anpreßdruck, also geringer Leckmenge an der Stopfbüchse, sehr hoch ist, jedoch bei Lockerung und der damit verbundenen Vergrößerung der Leckmenge sehr schnell abnimmt. Bei weiterer Lockerung steigt das Reibungsmoment wieder etwas an, da sich die Packung vom Boden der Stopfbüchse abhebt. Nach Abb. 10.9 ändert sich der Leistungsverlust an der Stopfbüchse annähernd mit dem Quadrat der Drehzahl. Mit der Annahme, daß die untersuchte Welle für die Übertragung einer Leistung von 1250 PS bei 3000 U/min geeignet ist, beträgt der relative Stopfbüchsenverlust bei dieser Drehzahl nur 0,22%. Bei einer Drehzahl von 1500 U/min würde die Pumpe nur etwa den achten Teil der Leistung, also 156 PS, aufnehmen; der relative Verlust wäre dann 0,48%. Läßt man ebensoviel für die Lagerverluste zu, so erhält man in dem ungünstigeren zweiten Fall den mechanischen Verlust zu etwa 1%. Jedoch können die mechanischen Verluste in kleinen Pumpen unter ungünstigen Bedingungen sehr viel größere Werte annehmen.

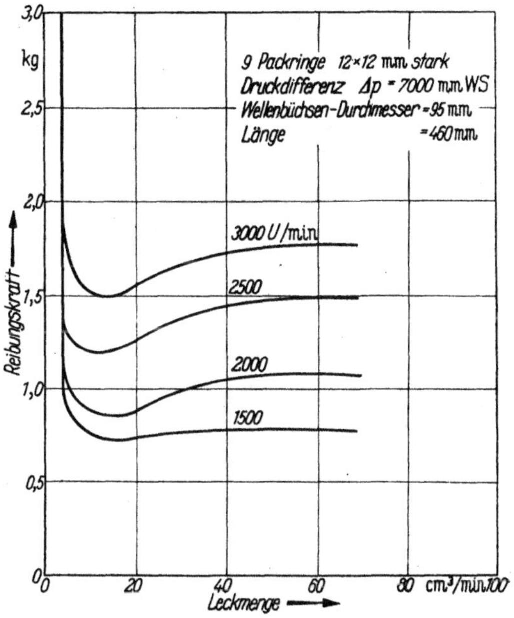

Abb. 10.8. Reibungskraft von zwei wassergekühlten Stopfbüchsen nach MOCKRIDGE [9]

Kürzlich wurden bei der Ingersoll-Rand-Company Versuche mit einem speziellen, mit zwei Stopfbüchsen ausgerüsteten Rotor durchgeführt. Die Packung bestand aus neun Ringen, 12 × 12 mm, der Durchmesser der Wellenbüchsen in den Stopfbüchsen betrug 124 mm; die Pumpe hatte zwei Radiallager und ein Kingsbury-Drucklager. Die Stopfbüchsen dichteten gegen Wasser von 20 atü und 180° C ab, wobei die Leckmenge an beiden Büchsen 1900 cm³/min betrug. Bei einer Drehzahl von 3500 U/min wurde die aufgenommene Leistung zu 7,5 PS bei Beginn des Laufes gefunden. Nach mehreren hundert Betriebsstunden ging jedoch dieser Wert auf 2,5 PS zurück. Die Reibungsverluste ohne Axialbelastung wurden zu 1,5 PS gefunden. Eine Welle der untersuchten Größe wurde benötigt für eine Hochdruck-Kesselspeisepumpe mit 1500 PS Eingangsleistung. Die Stopfbüchsenreibung einer solchen Pumpe würde also zwischen 0,5% und 0,2% der Wellenleistung variieren, der Leistungsverlust im Lager würde 0,2% betragen, das ist das Dop-

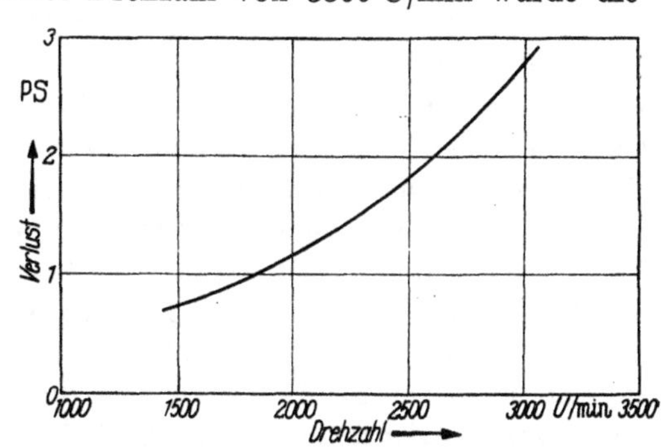

Abb. 10.9. Leistungsaufnahme der Stopfbüchse nach Abb. 10.8

pelte des selbst bei einiger Axialbelastung zulässigen Wertes. Bei den genannten Versuchen waren die Wellenbüchsen neu, die Packung sorgfältig eingelegt und die Stopfbüchsen wassergekühlt. Auf Grund der angeführten Werte erscheint die Annahme eines Verlustes von 1% der Eingangsleistung in Stopfbüchsen und Lagern hochtouriger Pumpen als Durchschnittswert gerechtfertigt. Von der spezifischen Drehzahl hängen diese Verluste ihrer Natur entsprechend nicht ab. Der Wert von 1% für die mechanischen Verluste als Diskussionsgrundlage ist auch in Abb. 10.5 zugrunde gelegt.

b) Leistungsbilanz und spezifische Drehzahl. Sind die mechanischen Verluste, die Scheibenreibungs- und die Leckverluste bekannt, so ist es möglich, die hydraulischen Verluste in dem betreffenden Betriebspunkt aus dem Betriebsverhalten zu bestimmen. Hier sollen doppelflutige Pumpen mit den in Abb. 16.12 gegebenen optimalen Wirkungsgraden für verschiedene spezifische Drehzahlen betrachtet werden. Nimmt man die niedrigste spezifische Drehzahl an, bei der ein maximaler Wirkungsgrad über 90% erreicht wird, also $n_q = 40$, dann betragen nach Abb. 10.5 die bekannten Verluste: Scheibenreibung 3%; Leckverluste 1,5% und mechanische Verluste 1%; das sind ingesamt 5,5% der aufgewandten Leistung. Da 90% der Eingangsleistung als Ausgangsleistung erscheinen, bleibt für alle hydraulischen Verluste nur 4,5% übrig. Diese bestehen im wesentlichen aus Reibungsverlusten; es wird angenommen, daß sie sich gleichmäßig auf Laufrad und Gehäuse verteilen. Ein hydraulischer Verlust von 2,25% im Laufrad wird daher als unabhängig von der spezifischen Drehzahl angenommen.

In Abb. 10.10 ist eine Leistungsbilanz für doppelflutige Pumpen verschiedener spezifischer Drehzahlen gezeichnet. Den hydraulischen Verlust des Gehäuses erhält man durch Abziehen aller bekannten Verluste und der Ausgangsleistung von der Eingangsleistung. Für spezifische Drehzahlen unter $n_q = 40$ sind die Gehäuseverluste konstant; sie sind laut Annahme ebenso groß wie die Laufradverluste. Bei höheren spezifischen Drehzahlen wachsen die Gehäuseverluste an. Die Ausgangsleistung vertikaler Pumpen ist durch die gestrichelte Linie dargestellt. Der Unterschied im Gehäuseverlust der beiden Typen wird dem Einfluß der Saugleitung doppelflutiger Pumpen zugeschrieben. Das bedeutet nicht unbedingt, daß im Saugrohr zusätzliche Verluste auftreten; der Wirkungsgrad im Laufrad kann sich durch die Umlenkung um 90° direkt vor Eintritt in dasselbe ebenfalls ändern. Dieser Effekt zeigt sich auch durch das schlechtere Kavitationsverhalten im Vergleich mit Pumpen gleicher spezifischer Drehzahl, jedoch mit geradem Saugrohr. Der hydraulische Wirkungsgrad ist

$$\eta_h = \frac{Q\gamma H}{Q\gamma H + (Q + Q_L)\gamma h_v} = \frac{H}{H + h_v/\eta_{vol}}, \tag{10.20}$$

wobei h_v den hydraulischen Verlust darstellt. Bei der spezifischen Drehzahl von $n_q = 40$ ergibt sich der hydraulische Wirkungsgrad aus Abb. 10.10 zu $\eta_h = 95{,}3\%$. Dies ist der beste überhaupt mögliche Wert bei allen spezifischen Drehzahlen. Es folgt aus Abb. 10.10, daß er für

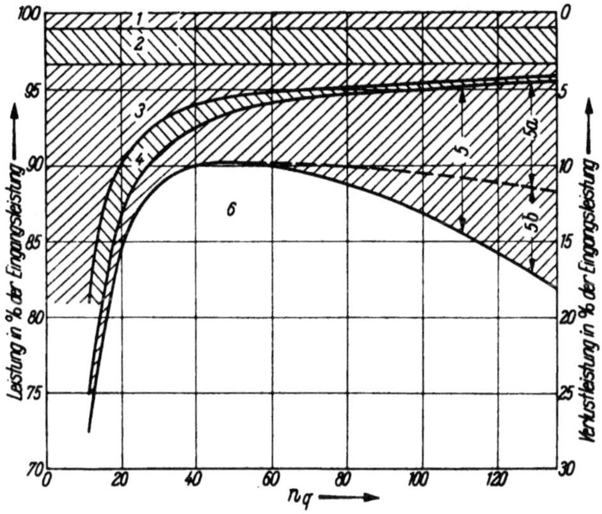

Abb. 10.10. Leistungsbilanz für doppelflutige Pumpen im optimalen Betriebspunkt.
1 Mechanische Verluste 1%; *2* Radverluste 2,25%; *3* Scheibenreibungsverluste; *4* Leckverluste; *5* Hydraulische Verluste im Gehäuse, zweiflutig; *5a* Gehäuseverluste vertikaler Pumpen; *5b* Verluste im Einlauf, zweiflutig; *6* Ausgangsleistung der Pumpe

spezifische Drehzahlen $n_q > 40$ wieder abfällt, eine Erscheinung, die auf eine Vergrößerung der Verluste im Gehäuse zurückzuführen ist. Der Abfall des Gesamtwirkungsgrades bei spezifischen Drehzahlen unter 40 ist dem Ansteigen des Scheibenreibungs- und Leckverlustes zuzuschreiben.

10.4. Die Verluste über dem Durchsatz bei konstanter Drehzahl

Eine Leistungsbilanz für eine bei konstanter Drehzahl und variierendem Durchsatz arbeitende Pumpe kann nach Abb. 10.11 in der folgenden Weise gezeichnet werden. Dies soll geschehen für eine zweiflutige Pumpe NW 300, $n_q = 37$, deren Charakteristik in Abb. 10.12 gezeigt ist, in dem auch die Kurve des hydraulischen Wirkungsgrades enthalten ist. Für diese Kurve sind drei Punkte bekannt: Für den optimalen Betriebspunkt wurde der hydraulische Wirkungsgrad oben zu $\eta_h = 95{,}3\%$ abgeschätzt. Bei geschlossenem Schieber erhält man nach Abb. 9.13 — wie bereits erwähnt — den Wert

$$\eta_{h0} = \frac{DO}{BO} = 0{,}808\,. \tag{10.21}$$

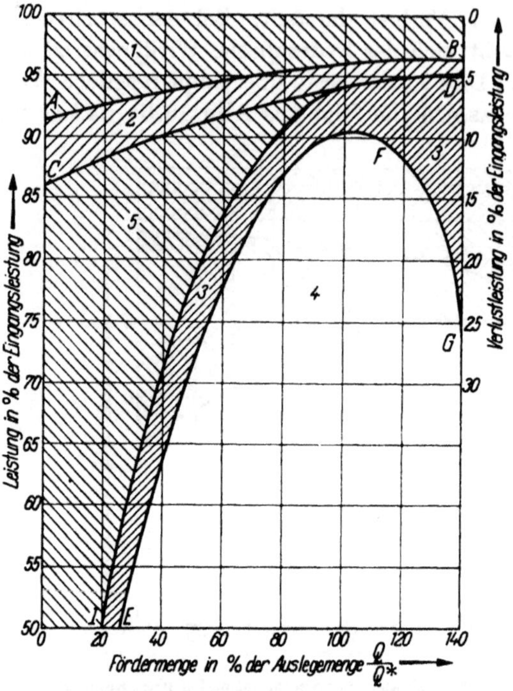

Abb. 10.11. Leistungsbilanz bei konstanter spezifischer Drehzahl als Funktion des Durchsatzes einer Pumpe. Zweiflutige Pumpe NW 300, $n_q = 37$.

1 Mechanische Verluste; *2* Leckverluste; *3* Hydraulische Verluste; *4* Ausgangsleistung; *5* Rückströmungsverluste

Der dritte Punkt ist derjenige, in dem der hydraulische Wirkungsgrad den Wert Null erreicht; dieser Punkt fällt mit dem Punkt zusammen, in dem die Drosselkurve die Abszisse schneidet. Ist der hydraulische Wirkungsgrad für zwei Punkte A und B (Abb. 10.12) bekannt, so kann die Gerade DE der dem Drehmoment entsprechenden Höhe H_M gezeichnet und der hydraulische Wirkungsgrad $\eta_h = H/H_M$ für alle Punkte berechnet werden. Zur Festlegung der Geraden DE für H_M kann auch der Schnittpunkt dieser Geraden mit der Abszisse dienen. Der Ko-

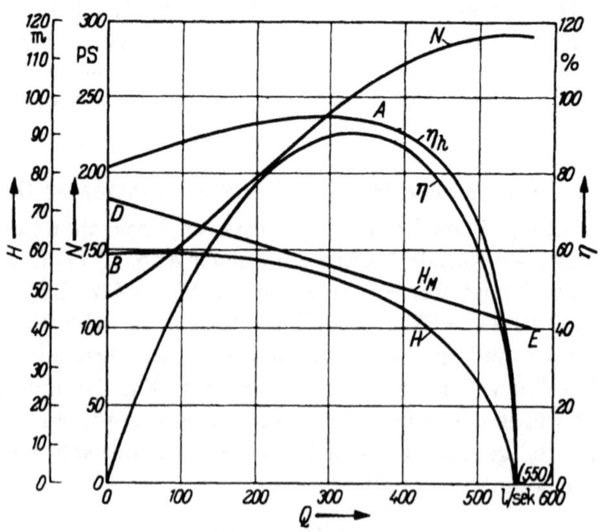

Abb. 10.12. Charakteristik einer zweiflutigen Pumpe, NW 300, 1180 U/min, $n_q = 37$

effizient der Fördermenge zu $H_M = 0$ und $H_e = 0$ ist

$$\Phi_0 = \frac{c_{m2}}{u_2} = \operatorname{tg} \beta_2 .$$

Die Punkte gleichen hydraulischen Wirkungsgrades auf der Drosselkurve sollen auf je einer Geraden durch diesen Punkt liegen, wie in Abb. 9.9 gezeigt wurde. Die Differenz zwischen H und H_M liefert den hydraulischen Verlust. Der entsprechende Leistungsverlust ist

$$L_{vh} = (Q + Q_L)\, \gamma\, h_v = \frac{Q\, \gamma\, h_v}{\eta_{\text{vol}}} . \tag{10.22}$$

Die Ausgangsleistung in Abb. 10.11 wird dargestellt durch die Kurve *EFG*, die gleichzeitig die Kurve des Gesamtwirkungsgrades ist, da

$$\eta = \frac{Q\, \gamma\, H}{L} \tag{10.23}$$

ist.

Obwohl der Absolutwert der mechanischen und der Scheibenreibungsverluste naturgemäß konstant ist, steigen diese Größen im Verhältnis zur Eingangsleistung mit fallender Menge, da der Bezugswert fällt. Das gleiche gilt für den Leckverlust. Außerdem wächst auch die absolute Leckmenge etwas, da die Förderhöhe mit abnehmender Menge zunimmt.

Hat man alle bekannten Verluste und die Ausgangsleistung unter Berücksichtigung der tatsächlich aufgenommenen Leistung in Abb. 10.11 eingetragen, so bleibt im Bereich zu kleiner Fördermengen eine beträchtliche Leistungsdifferenz, die bisher nicht erfaßt ist. Diese Verluste können nicht hydraulische Verluste sein, da dann der hydraulische Wirkungsgrad zu niedrig oder die Höhe H_M zu groß ($H_M > H_e$) wäre. Ein Irrtum bei der Berechnung der Scheibenreibung, der mechanischen oder der Leckverluste scheidet wegen der Größenordnung, in der man sich bewegt, aus. So ist es notwendig, eine weitere Art von Leistungsverlust anzunehmen, der im Optimalpunkt null ist und bei abnehmender Fördermenge zunimmt. Dieser Verlust entsteht beim Impulsaustausch zwischen den schnellen Flüssigkeitsteilchen, die aus dem Laufrad austreten und den langsamen, die in der Spirale strömen. Zudem tritt bei solchen Betriebszuständen auf der Schaufelrückseite, der Saugseite, eine Rückströmung auf, die durch Ablösung der Laufradströmung von dieser Wand entsteht. Breite Räder und niedrige Schaufelzahlen benötigen mehr Energie infolge Rückströmung, so daß hier die bei Nullförderung aufgenommene Leistung größer als bei Pumpen mit schmäleren Laufrädern und größerer Schaufelzahl ist. Mockridge [*9*] hat das Verhältnis

$$K_0' = \frac{N_0}{n^3 D_2^5}$$

über der relativen Breite b_2/D_2 aufgetragen, um zu sehen, wie sich die

Leistungsaufnahme bei geschlossenem Schieber mit der spezifischen Drehzahl bzw. der relativen Radbreite ändert (Abb. 10.13). Der entsprechend der Gl. 10.19 definierte Faktor

$$K_0 = \frac{N_0}{D_2^2 \gamma u_2^3}$$

ist dem Faktor K_0' proportional und für Wasser auf der rechten Leiter abgetragen. Es bedeuten:

N_0 Verlustleistung in PS,
n Drehzahl in U/min,
D_2 Austrittsdurchmesser in m,
γ spezifisches Gewicht der Flüssigkeit in kg/m³,
u_2 Umfangsgeschwindigkeit des Rades am Austrittsdurchmesser in m/s.

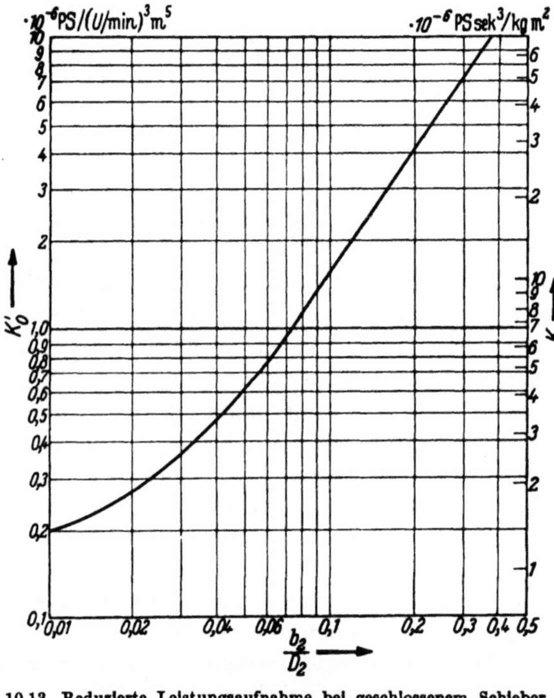

Abb. 10.13. Reduzierte Leistungsaufnahme bei geschlossenem Schieber über der relativen Radbreite

Bei Annäherung derselben an die Zahl Null nähert sich die aufgenommene Leistung dem Wert für Scheibenreibung. Untersuchungen über Rückströmungen wurden von DAUGHERTY [*10*] durchgeführt. Auch PFLEIDERER [*11*] erwähnt die Erscheinung.

Bemerkungen über Verluste in Kreiselpumpen. Verfolgt man den Fortschritt im Entwurf und die Verbesserung des Wirkungsgrades von Kreiselpumpen während der letzten zwanzig Jahre, so kann man in der

Reihenfolge ihrer Wichtigkeit folgende Faktoren als verantwortlich dafür bezeichnen:

1. Das Arbeiten bei besser geeigneten spezifischen Drehzahlen, d.h. die Benutzung günstigerer Typen, um die jeweils gestellten Forderungen zu erfüllen. Dem kam die Forderung nach größeren Mengen auf fast allen Gebieten entgegen; man bevorzugte die Aufspaltung der Förderhöhe in größere Stufenzahlen. Die wachsende Größe der Einheiten und damit der installierten Leistungen vergrößerte die Bedeutung des Wirkungsgrades und erlaubte so die Herstellung teurerer und besserer Modelle sowie bessere Herstellungsverfahren.

2. Eine Verbesserung in der Konstruktion aller Pumpentypen, hauptsächlich bestehend in strömungstechnisch günstigerer Gestaltung aller stromführenden Teile, wie man aus einem Vergleich zwischen neuen und zwanzig Jahre alten Schnittzeichnungen deutlich erkennt. Weitere Verbesserungen wurden durch Wahl der optimalen Abmessungs- und Geschwindigkeitsverhältnisse erzielt, so daß man den bestmöglichen Wirkungsgrad erzielte. Vermeidung von Kavitation ist zur Erzielung eines guten Wirkungsgrades notwendig.

3. Verschärfter Konkurrenzkampf, der zum Streben nach besseren Wirkungsgraden zwang. Um einen guten Wirkungsgrad zu erreichen, ist es unerläßlich, saubere und glatte Oberflächen herzustellen. Da ein Teil des Gehäuses und die meisten Laufradkanäle der Reinigung nicht zugänglich sind, kann die Bedeutung einer guten Gußoberfläche nicht genug hervorgehoben werden. In kleinen Pumpen kann das Putzen der Spirale allein schon Verbesserungen von 2 bis 4% Wirkungsgrad bringen. Bei Bohrlochpumpen ist das Emaillieren von Gehäusen und gußeisernen Laufrädern sehr verbreitet. Der Wirkungsgradgewinn durch Emaillieren des Gehäuses liegt zwischen 2 und 3% und hängt von der Größe und der spezifischen Drehzahl der Pumpe ab. Das Überziehen von offenen Laufrädern hat gegenüber dem Polieren wenig Wert, da hier alle Teile der Reinigung zugänglich sind. Bei geschlossenen Rädern dagegen kann man, besonders bei niedrigen spezifischen Drehzahlen ($n_q = 30$), den Wirkungsgrad um etwa 2 bis 3% verbessern. Das Überziehen der Spirale ist wegen ihrer guten Zugänglichkeit nicht üblich.

10.5. Das offene Laufrad

Das offene Laufrad ist eines der wichtigsten Konstruktionsmerkmale, die in den letzten Jahren entstanden und zur Verbesserung der Wirkungsweise von Mittel- und Schnelläufern führten. Außer ihren hydraulischen Vorzügen bieten offene Laufräder Vorteile bei der Förderung von Suspensionen. Die Kanäle sind der Reinigung zugänglich, die Herstellungskosten sind niedriger.

Die Wirkungsgradverbesserung beim offenen Laufrad gegenüber der herkömmlichen Bauart ist auf den Fortfall der Scheibenreibung zwischen der vorderen Deckscheibe und der Gehäusewand zurückzuführen. Die

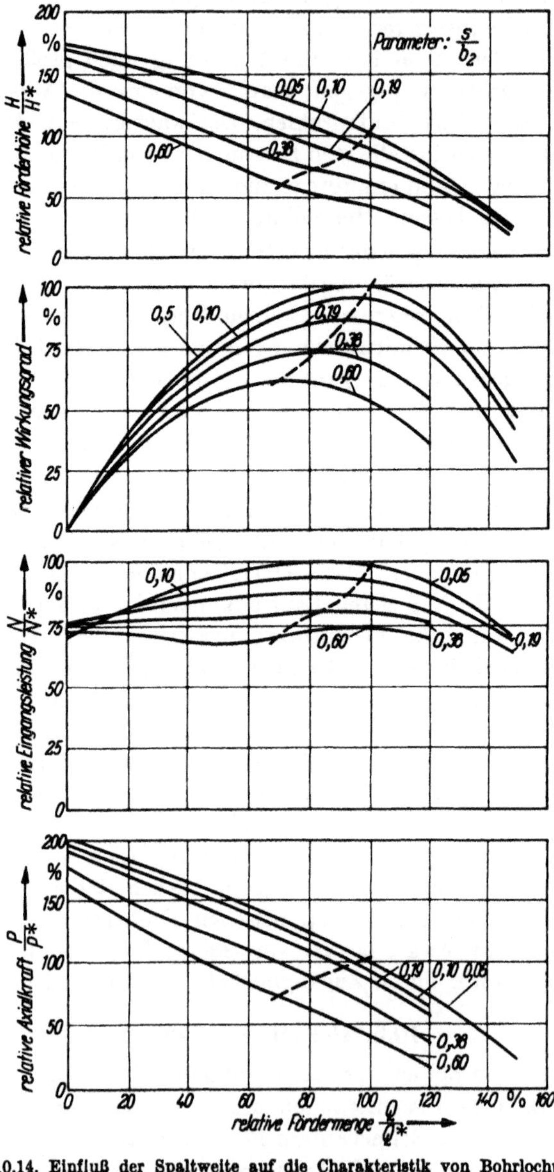

Abb. 10.14. Einfluß der Spaltweite auf die Charakteristik von Bohrlochpumpen mit offenem Laufrad (FOLSOM [13])

hydraulischen Verluste sind in beiden Fällen praktisch gleich. Im geschlossenen Laufrad ist der Verlust infolge Reibung der Strömung an der

Innenseite der Vorderwand proportional $w^2/2\,g$, wobei w die Relativgeschwindigkeit der Strömung im Laufrad ist. Im offenen Rad fehlt dieser Anteil, dafür tritt Reibung an der stehenden Gehäusewand auf, die dem Ausdruck $c^2/2\,g$ proportional ist (c Absolutgeschwindigkeit im Laufrad). Bei hohen spezifischen Drehzahlen stimmen beide Ausdrücke — wenigstens in der Nähe des Austrittes — ziemlich gut überein, so daß das Wegfallen der Scheibenreibung einen reinen Gewinn bedeutet. Der Fortfall der vorderen Deckscheibe verbessert den Gesamtwirkungsgrad von Pumpen mittlerer spezifischer Drehzahl ($50 < n_q < 120$) um etwa 2%. KAPLAN [*12*] gibt für Propellerpumpen eine Verbesserung von 5 bis 10% durch Weglassen der Deckscheibe an. Der Übergang von Leckmengen von der Druckseite auf die Saugseite des Rades an den Dichtringen fällt beim offenen Laufrad fort, an Stelle davon treten Leckverluste an den einzelnen Schaufeln auf. Man nimmt an, daß die Leckverluste in beiden Fällen etwa gleich sind, vorausgesetzt, daß man den Spalt so klein wie möglich hält. Läßt man den Spalt zunehmen, so verringern sich Förderhöhe, Fördermenge, Wirkungsgrad und aufgenommene Leistung. Abb. 10.14 zeigt den Einfluß der Spaltweite auf die Pumpencharakteristik nach FOLSOM [*13*]. Die Spaltweiten sind als Verhältnisse zur Radbreite b_2 angegeben. Die anderen Veränderlichen sind in Prozent von Werten im optimalen Betriebspunkt angegeben. Der beobachtete Leistungsabfall bei wachsendem Spalt zeigt, daß die Schaufeln an der offenen Kante nicht voll belastet sind.

Literatur

[*1*] MOODY, L. F.: Friction Factors for Pipe Flow. Trans. A.S.M.E. Bd. 66 (Nov. 1944) Nr. 8, S. 671.

[*2*] Schneckenberg, E.: Der Durchfluß durch Drosselspalte. Z. VDI Bd. 74 (1930) S. 485.

[*3*] STEPANOFF, A. J.: Leakage Loss and Axial Thrust in Centrifugal Pumps. Trans. A.S.M.E. (15. Aug. 1932) S. 65.

[*4*] BLACKWELL, E. J., u. M. L. MURDOCK: Leakage in High Pressure Centrifugal Boiler Feed Pumps, Allis Chalmers Eng., H. B-6158 (1941) Current Trends Nr. 6.

[*5*] GIBSON, A. H.: Hydraulics and Its Application, S. 186. New York: D. Van Nostrand Company 1925.

[*6*] LECONTE, J. N.: Hydraulics, S. 332. New York: McGraw-Hill Book Company 1934.

[*7*] SCHULTZ-GRUNOW, F.: Der Reibungswiderstand rotierender Scheiben in Gehäusen. Z. angew. Math. Mech. Bd. 4, S. 194. Berlin: VDI 1935.

[*8*] PFLEIDERER, C.: Die Kreiselpumpen, S. 99. Berlin/Göttingen/Heidelberg: Springer 1955.

[*9*] MOCKRIDGE, C. R.: Discussion of Centrifugal Pump Performance as a Function of Specific Speed von A. J. STEPANOFF. Trans. A.S.M.E. (Aug. 1943) S. 642.

[*10*] DAUGHERTY, R. L.: Centrifugal Pumps, S. 76. New York: McGraw-Hill Book Company 1915.

[*11*] PFLEIDERER, C.: Die Kreiselpumpen, S. 64. Berlin: Springer 1932.

[12] Kaplan, V., u. A. Lechner: Theorie und Bau von Turbinenschnelläufern, S. 142. Berlin: R. Oldenbourg 1931.

[13] Folsom, R. G.: Some Performance Characteristics of Deep-Well Turbine Pumps. Trans. A.S.M.E. Bd. 63 (April 1941) Nr. 3, S. 245.

[14] Becker, E.: Strömungsvorgänge in ringförmigen Spalten. Z. VDI Bd. 51 (1907) S. 1133.

[15] Aisenstein, M. D.: Construction Details Need to be Considered in Choosing Suitable Centrifugal Hot Oil Pumps. Oil Gas J. Bd. 32 (1934) S. 49.

11. Axialschub

11.1. Einstufige Pumpen

a) Das Ausgleichen des Axialschubes. Beim zweiflutigen Laufrad ist der Axialschub wegen der Symmetrie der Anordnung vollständig ausgeglichen. Wird die Symmetrie nicht durch unsymmetrische Zuströmung gestört, so besteht deshalb keine Notwendigkeit, ein Drucklager vorzusehen. Ältere Typen, Pumpen mit kleiner Drehzahl und niedriger Förderhöhe waren lediglich mit einem Bund versehen, um den Läufer axial festzulegen. Moderne zweiflutige Pumpen haben ein kleines Drucklager, um zufällig auftretende Axialkräfte aufzunehmen. Einflutige Räder (Abb. 11.1) stehen unter der Einwirkung einer Axialkraft, da auf die Eintrittsfläche von der Vorderseite her der Saugdruck und von der Rückseite her der Förderdruck wirkt. Die Größe des Schubes ist zu berechnen nach Gl. (11.1)

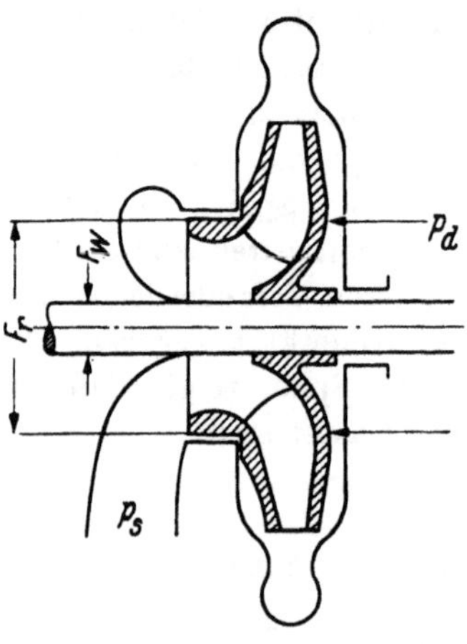

Abb. 11.1. Axialschub auf einflutiges Laufrad

$$P = (F_r - F_W)(p_d - p_s)\,. \tag{11.1}$$

Die Druckdifferenz $p_d - p_s$ ist kleiner als der der Förderhöhe entsprechende Druck, da sich die Flüssigkeit hinter dem Rad in rotierender Bewegung befindet. Der tatsächliche Schub ist etwas kleiner als nach Gl. (11.1) errechnet, da durch die Umlenkung der Strömung eine Impulskraft auf das Laufrad entsteht, die der Druckkraft entgegenwirkt. Diese Impulskraft errechnet sich zu

$$P_J = \varrho Q c_1 = \varrho F_1 c_1^2 = 2 F_1 \gamma \frac{c_1^2}{2g}, \tag{11.2}$$

wobei F_1 die lichte Eintrittsfläche des Laufrades und c_1 die Meridiangeschwindigkeit an der gleichen Stelle ist. Die Impulskraft ist im allgemeinen sehr klein gegenüber der Druckkraft.

Kann der Axialschub durch ein Drucklager sicher aufgenommen werden, so ist der Einbau desselben die wirtschaftlichste Methode der Behandlung des Schubes. Andernfalls müssen Maßnahmen zu seiner Verringerung getroffen werden, die jedoch alle auf Kosten des Wirkungsgrades gehen.

Zwei Methoden werden gewöhnlich zur Verringerung bzw. Beseitigung des Axialschubes einstufiger Pumpen angewandt. Bei der einen richtet man auf der Rückseite des Rades eine Ausgleichskammer ein, die durch Dichtringe gleichen Durchmessers wie auf der Vorderseite vom Druckraum getrennt sind, und beaufschlagt diese Kammer entweder durch Löcher in der rückwärtigen Deckscheibe (Abb. 2.2) oder durch Kanäle mit dem Saugdruck.

Bei der zweiten Methode werden radiale Rippen auf der Rückseite des Laufrades angeordnet, um den Druck im Raum zwischen Rad und Gehäuse herabzusetzen. Es ist augenscheinlich, daß im ersten Fall die Leckverluste verdoppelt werden. Bei der zweiten Methode wird dagegen etwas mehr Leistung aufgenommen. Trotzdem ist sie billiger und wirtschaftlicher als die zuerst genannte. Es wird später gezeigt werden, daß die Erhöhung der Leistungsaufnahme nicht größer ist als die Vergrößerung der Leckverluste im ersten Fall unter normalen Bedingungen.

Die Zweckmäßigkeit von Bohrlöchern in der Rückwand des Rades ist geringer als die der Anordnung mit besonderen Ausgleichskanälen, da die Strömung durch die Löcher dem Hauptstrom entgegengerichtet ist und Störungen hervorruft. Der Ausgleich durch diese Anordnung ist im allgemeinen nicht vollständig; zwischen 10% und 25% des Axialschubes bleiben übrig, je nach der Größe der Bohrungen [*1*]. Um einen vollständigen Ausgleich zu erzielen, sollte der Durchmesser der Dichtringe an der Ausgleichskammer größer sein als derjenige am Laufradeintritt.

Die Größe des Axialschubes hängt von der Druckverteilung im Raum zwischen den Deckscheiben des Rades und dem Gehäuse ab. Die Druckverteilung wird wiederum von der Spaltweite beeinflußt. Der Spalt zwischen Gehäuse und Rad wird in Spezialpumpen, wie Schlammpumpen usw., die Suspensionen fördern, klein gehalten, um die Anlagerung von Feststoff zu vermeiden. Durch Verringerung des rückwärtigen und Vergrößern des vorderen Spaltes kann der Axialdruck verringert oder sogar umgekehrt werden [*2*].

Moderne Pumpen werden mit reichlichem Spalt zwischen Rad und Gehäuse ausgeführt, so daß bei einer axialen Exzentrität des Rades von 3 bis 5 mm kein bemerkenswerter zusätzlicher Schub entsteht.

Der Autor hat umfangreiche Versuche mit ein- und mehrstufigen horizontalen Pumpen durchgeführt, über die in Literaturstelle [*1*] berichtet ist. Abb. 11.2 stellt als Beispiel das Verhalten von drei Läufern mit gleicher Drosselkurve dar. Die oberste Kurve gehört zu dem nicht entlasteten Läufer, die mittlere zu einem Rad mit Ausgleichskammer und neun Bohrungen je 10 mm Durchmesser und die unterste zu einem Rad mit sechs radialen Rippen auf der Rückseite. In diesem Fall wurde der Axialschub bereits vor Erreichen des optimalen Betriebspunktes umgekehrt.

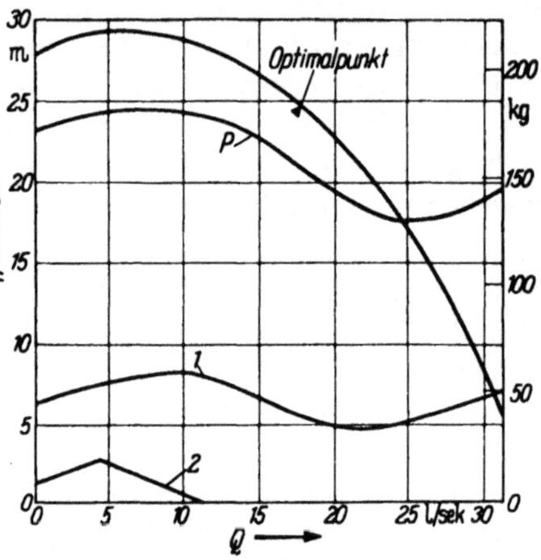

Abb. 11.2. Axialschub einer Pumpe NW 75. $n = 2000$ U/min, $D_2 = 215$ mm, $D_r = 103$ mm

Die von mehreren Forschern [*3*] beobachtete Erscheinung, daß der Axialschub bei Mengen oberhalb des Optimalpunktes wieder ansteigt, ist nicht ganz geklärt. Sie kann hervorgerufen werden durch eine Differenz der Förderhöhe zwischen der äußeren und der inneren Stromlinie, die dann auch durch verschiedenen Druck in der Spirale eine Druckdifferenz zwischen vorderem und hinterem Spalt hervorruft. Kavitation am Laufradeintritt kann ein weiterer Faktor sein, der zu der beobachteten Erscheinung beiträgt. An vertikalen halbaxialen Pumpen mit offenen oder geschlossenen Rädern wird ein Anwachsen des Axialschubes bei hohen Mengen nicht beobachtet.

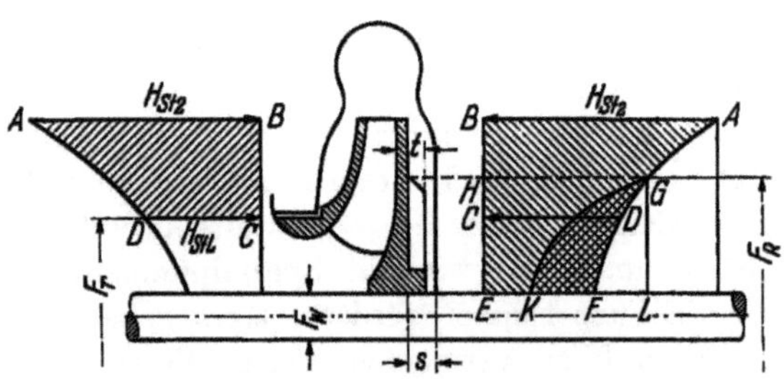

Abb. 11.3. Ausgleich durch Zusatzbeschaufelung

b) Der Ausgleich durch radiale Rippen. Abb. 11.3 stellt die Druckverteilung im Spalt zwischen Laufrad und Gehäuse dar, wobei die Rückseite des Läufers mit radialen Rippen versehen ist. Alle Drücke sind als Überdrücke über den Saugdruck gerechnet. Die Axialkräfte auf die Deckscheiben des Laufrades werden durch die Volumina der zu den Flächen *ABCD* bzw. *ABEF* gehörigen Drehkörper dargestellt. Der nicht ausgeglichene Teil des Axialschubes auf die Rückwand beträgt unter der Annahme, daß die Flüssigkeit mit der halben Winkelgeschwindigkeit des Rades rotiert [1] (Kap. 10, [7]) (Fläche CDEF):

$$P = (F_r - F_W)\left(H_{St\,L} - \frac{1}{8}\,\frac{u_r^2 - u_w^2}{2g}\right)\gamma\,, \tag{11.3}$$

wobei u_r die Umfangsgeschwindigkeit des Rades am Dichtringdurchmesser, u_w am Wellendurchmesser ist und $H_{St\,L}$ der Abfall der statischen Druckhöhe am Dichtring ist. Zum Ausgleich des Axialschubes P [Gl. (11.3)] seien radiale Rippen auf der Radrückseite angebracht. Reichen diese bis dicht an die Gehäusewand heran, so wird die Flüssigkeit angenähert mit der Winkelgeschwindigkeit des Rades rotieren. Dadurch wird der Druck auf die berippte Kreisfläche herabgesetzt. Die Verringerung ist gegeben durch das Volumen *GFK* (Abb. 11.3, kreuzweise schraffiert). Sie ist die Differenz der beiden Paraboloide *GKL* und *GFL*. Der Rauminhalt eines hohlen Paraboloids ist gleich dem halben Volumen eines Hohlzylinders gleicher Höhe über der gleichen Ringfläche. Die Verminderung des Axialschubes durch die Rippen beträgt

$$\left.\begin{aligned} P_R &= (F_R - F_W)\left(\frac{HG - EK}{2} - \frac{HG - EF}{2}\right)\gamma \\ &= (F_R - F_W)\left(\frac{EF - EK}{2}\right)\gamma \\ &= \frac{F_R - F_W}{2}\left[\left(H_{St\,2} - \frac{1}{4}\,\frac{u_2^2 - u_w^2}{2g}\right)\right. \\ &\quad \left. - \left(H_{St\,2} - \frac{1}{4}\,\frac{u_2^2 - u_R^2}{2g} - \frac{u_R^2 - u_w^2}{2g}\right)\right]\gamma \\ P_R &= \frac{3}{8}\,(F_R - F_W)\cdot\frac{u_R^2 - u_w^2}{2g}\,\gamma. \end{aligned}\right\} \tag{11.4}$$

Index R bezieht sich auf die berippte Fläche.

Um vollständigen Ausgleich zu erhalten, muß die durch die Rippen erzeugte Entlastung dem ursprünglichen Axialschub gleich sein, also $P_R = P$. Aus dieser Beziehung kann der Durchmesser der radial berippten Fläche berechnet werden. Reichen die Rippen nicht ganz bis an die Gehäusewand, so liegt die Winkelgeschwindigkeit der Flüssigkeit zwischen Gehäuse und Rad zwischen der halben und der ganzen Winkelgeschwindigkeit des Rades. Man kann die Annahme machen, daß

$$\omega' = \frac{\omega}{2}\left(1 + \frac{t}{s}\right) \tag{11.5}$$

ist, wobei s der mittlere Abstand der beiden Wände und t die Höhe der Rippen ist (Abb. 11.3). Die Zahl der Rippen liegt zwischen vier bei kleinen und sechs bei großen Pumpen.

Oft werden radiale Rippen auch benutzt, um den Druck an der Stopfbüchse zu reduzieren. Durch das gleiche Vorgehen wie oben erhält man für die statische Druckhöhe an der Welle bzw. der Stopfbüchse nach Abb. 11.3

$$H_{St\,W} = H_{St\,2} - \left[\frac{1}{4}\,\frac{u_2^2 - u_R^2}{2g} + \left(\frac{s+t}{2s}\right)^2 \frac{u_R^2 - u_w^2}{2g}\right]. \qquad (11.6)$$

Dabei ist u_w die Umfangsgeschwindigkeit an der Welle. Die Leistung, die durch die Rippen aufgenommen wird, ändert sich quadratisch mit dem Durchmesser der berippten Fläche und linear mit der Rippenhöhe t.

Bei fliegender Anordnung des Laufrades geht der Saugdruck noch mit in die Berechnung ein. Es entsteht eine Kraft $P_W = (p_{at} - p_s)F_w$ zusätzlich zum nicht ausgeglichenen Axialschub. Falls der Saugdruck p_s über dem Atmosphärendruck p_{at} liegt, wirkt er entlastend.

11.2. Mehrstufige Pumpen

a) Die Frage des Axialschubes ist im Zusammenhang mit mehrstufigen Pumpen wichtiger als bei einstufigen, weil höhere Drücke auftreten und sich die Einzelschübe der Stufen addieren. Bei mehrstufigen Pumpen gibt es mehrere Methoden, den Axialschub auszugleichen: 1. Läufer mit gerader Stufenzahl können in zwei gegeneinanderwirkende Gruppen aufgeteilt werden; 2. die einzelnen Stufen könnten durch Anbringen von Kammern auf der Rückseite jedes Laufrades ausgeglichen werden, jedoch wird die Art heute nur noch selten angewandt; 3. man kann zweiflutige Räder in allen Stufen benutzen; 4. besondere Konstruktionen wie die automatische Ausgleichsscheibe und die Ausgleichstrommel können vorgesehen werden. Die automatische Ausgleichsscheibe arbeitet auf folgendem Prinzip. Alle Räder arbeiten in gleicher Richtung (Abb. 11.4). Auf der Rückseite des letzten Rades befindet sich eine Ausgleichskammer, die über eine Drosselstrecke A mit dem Saugraum der ersten Stufe verbunden ist. Die Ausgleichsscheibe C hat größeren Durchmesser als die Dichtringe des Läufers. Der Läufer ist axial frei beweglich. Der Axialschub drückt die Scheibe nach links, so daß der Spalt zwischen der Scheibe und der Gehäusefläche B verringert wird. Damit verringert sich der Druck in der Ausgleichskammer hinter der Scheibe C, so daß sich ein Gleichgewichtszustand einstellt. Die Leckmenge wird durch die Drosselstrecke A kontrolliert. Ist sie abgenutzt, so vergrößert sich auch der Spalt zwischen der Scheibe C und der Fläche B, um den erforderlichen Druck auf der Rückseite der Scheibe aufrecht zu erhalten.

Um die Scheibe C und die Fläche B unter allen Betriebsbedingungen vor Schaden zu bewahren, hält ein federbelastetes Lager die Flächen etwa 0,8 mm auseinander, wenn die Pumpe nicht genügend Druck ent-

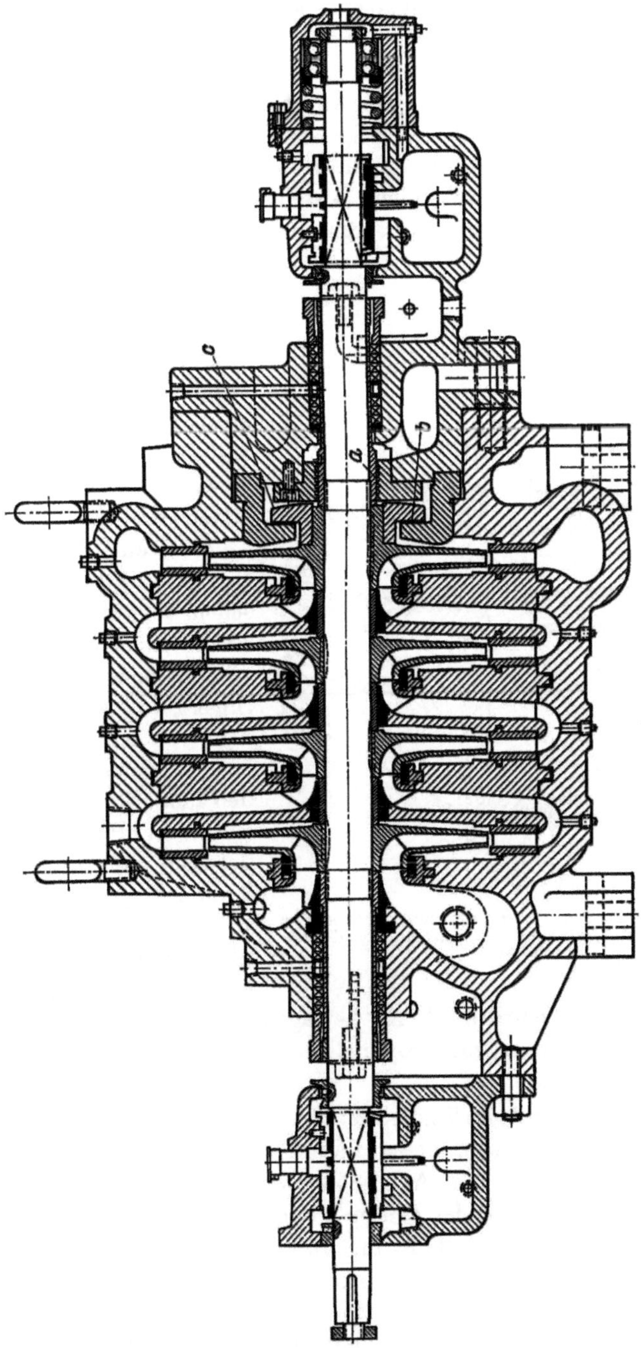

Abb. 11.4. De Laval-Kesselspeisepumpe mit automatischer Ausgleichsscheibe

wickelt. Unter normalen Bedingungen dagegen erlaubt die Feder dem Läufer freie Axialbewegung, wobei nur eine geringe Druckerhöhung zur Überwindung der Federkraft auftritt. Abb. 17.9 zeigt die Kombination einer Ausgleichstrommel mit einer automatischen Ausgleichsscheibe. Sie arbeitet auf dem gleichen Prinzip wie die bereits beschriebene Anordnung mit dem Unterschied, daß die Drosselstrecke vor der durch die automatische Scheibe entstehenden Drosselstelle liegt. Bei Vergrößerung des Spaltes in der Drosselstrecke vergrößert sich wie im ersten Beispiel auch der Spalt an der Ausgleichsscheibe und damit die Leckmenge. In beiden Fällen wird der Druckabfall an der Anordnung im gleichen Verhältnis aufgeteilt, um gleichen Axialdruck aufzunehmen.

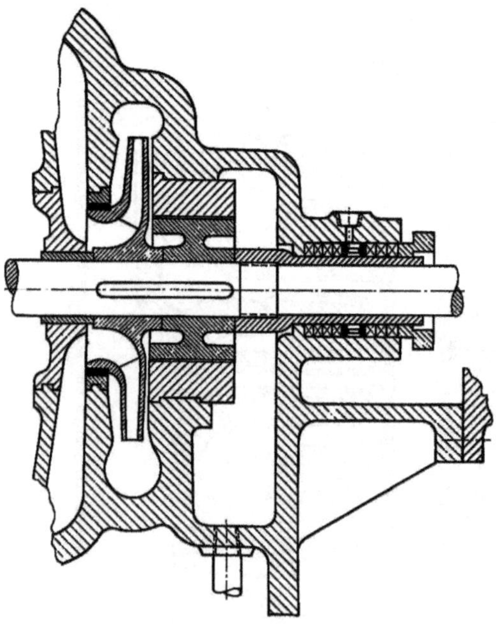

Abb. 11.5. Ausgleichstrommel, wie sie heute nicht mehr in Pumpen benutzt wird; weitverbreitet in mehrstufigen Kreiselgebläsen

Wird eine Ausgleichstrommel allein vorgesehen, so wird der Axialschub entweder ausgeschaltet oder so weit verringert, daß er mit Sicherheit von einem Drucklager aufgenommen werden kann. Am Hochdruckende der Pumpe befindet sich dazu hinter der Trommel eine mit Saugdruck beaufschlagte Ausgleichskammer (Abbildung 11.5). Die normale Leckmenge durch diese Anordnung beträgt 2% bis 3%. Sie vergrößert sich mit der Abnutzung von Trommel und Büchse. Die Anordnung ist heute selten anzutreffen.

b) Axialschub durch Wellenabsätze und Naben. Mehrstufige symmetrisch aufgebaute Pumpen, deren Laufräder gegeneinander montiert sind, sind nur dann frei von Axialschub, wenn sie zwei Stopfbüchsen haben, wenn die Welle in der ganzen Pumpe konstanten Durchmesser hat und wenn die Naben der Räder nicht durch die Trennwände zwischen zwei Stufen hindurchreichen. Die Wellen moderner, hochtouriger Hochdruckpumpen sind jedoch im allgemeinen in der Mitte stärker als am Rand, und die Naben der aneinandergrenzenden Laufräder stoßen aufeinander (Abb. 11.7). Dadurch entsteht beträchtlicher Schub. In Abb. 11.6 sind schematisch verschiedene Anordnungen sowie die Kräfte nach Größe und Richtung angegeben.

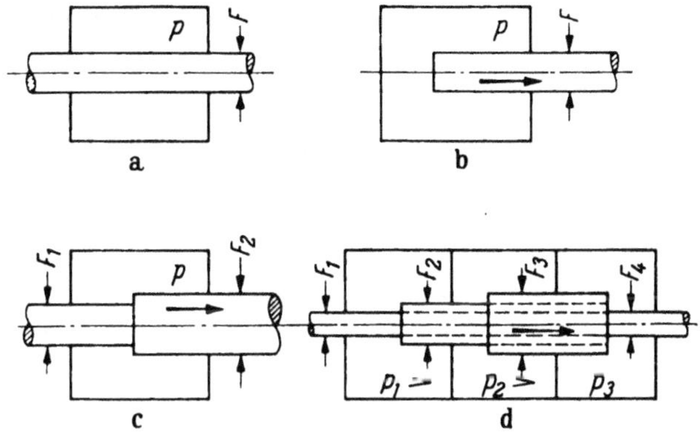

Abb. 11.6. Axialschub.
a) $P = 0$; b) $P = pF$; c) $P = p(F_2 - F_1)$; d) $P = (p_1 - p_3)(F_2 - F_1) + (p_2 - p_3)(F_3 - F_2)$

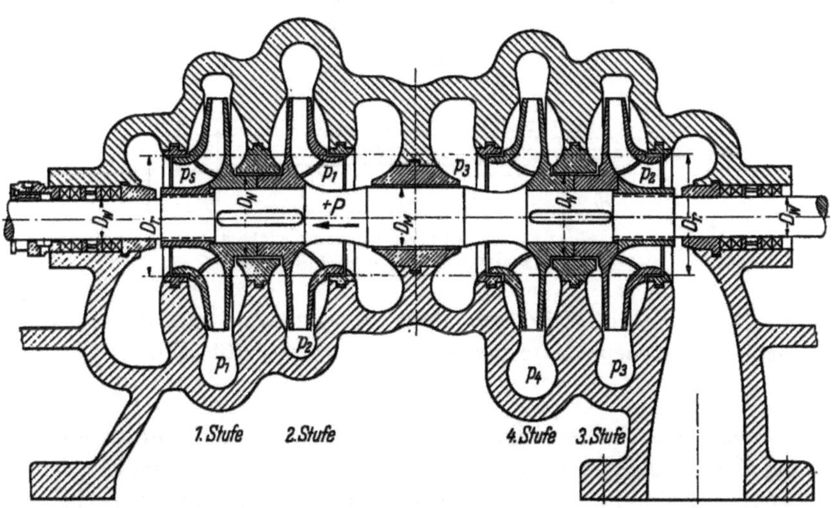

Abb. 11.7. Vierstufige Pumpe; Axialschub durch Wellenabsätze und Radnaben

Als Beispiel soll eine vierstufige Pumpe nach Abb. 11.7 betrachtet werden. Folgende Nomenklatur soll in dieser Diskussion benutzt werden:

p_s	Saugdruck,	
p_1	Spiralendruck in der ersten Stufe	$= p_s + p$,
p	Stufendruck,	
p_2	Spiralendruck in der zweiten Stufe	$= p_s + 2\,p$,
p_3	Spiralendruck in der dritten Stufe	$= p_s + 3\,p$,
p_4	Spiralendruck in der vierten Stufe	$= p_s + 4\,p$,

D_W Wellendurchmesser an der Stopfbüchse, auf beiden Seiten gleich,
D_N Nabendurchmesser,
D_M Wellendurchmesser in der Mitte,
D_r Durchmesser der Dichtringe.

Die Flächen F sind die dem Durchmesser D zugeordneten Kreisflächen.

Zur Vereinfachung nehmen wir an, daß der Druck in den Spalten zwischen Laufrad und Gehäuse konstant ist und dem jeweiligen Spiralendruck gleich ist. Außerdem soll der Saugdruck einer Stufe jeweils dem Ausgangsdruck der vorhergehenden Stufe gleich sein.

Es ist einleuchtend, daß die Drücke auf beiden Seiten eines Laufrades zwischen den Durchmessern D_2 und D_r gleich sind, so daß hier kein Schub entstehen kann. Die Betrachtung erstreckt sich also nicht auf diese Flächen. Wir nennen nach links gerichtete Druckkräfte positiv, nach rechts gerichtete negativ. Die Kräfte auf den Läufer sind dann:

erste Stufe: $P_1 = (F_r - F_N)\, p_1 - (F_r - F_W)\, p_s$,
zweite Stufe: $P_2 = (F_r - F_M)\, p_1 - (F_r - F_N)\, p_2$,
vierte Stufe: $P_4 = (F_r - F_N)\, p_4 - (F_r - F_M)\, p_3$,
dritte Stufe: $P_3 = (F_r - F_W)\, p_2 - (F_r - F_N)\, p_3$.

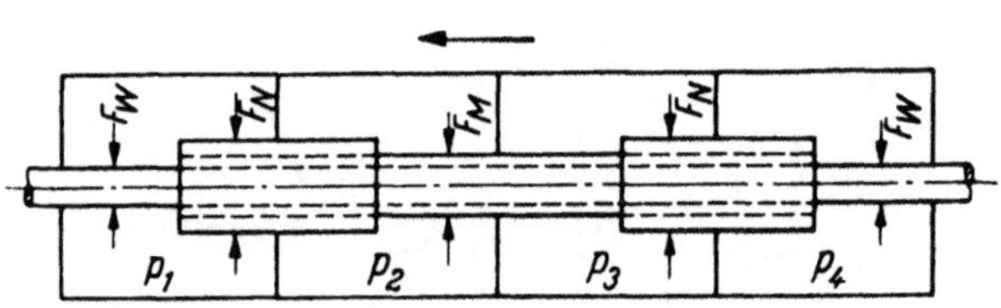

Abb. 11.8. Schema für die Pumpe nach Abb. 11.7.
Axialschub $P = (p_3 - p_1)(F_M - F_W)$

Der Gesamtschub ist die Summe der Einzelkräfte; setzt man noch die oben angegebenen Werte für $p_1 \ldots p_4$ ein, so erhält man

$$P = 2\,p\,(F_M - F_W)\,. \tag{11.7}$$

Es zeigt sich, daß entsprechend der Symmetrie die Durchmesser D_r und D_N im Endergebnis nicht erscheinen. Das ganze System ist schematisch in Abb. 11.8 wiederholt. Das Ergebnis gilt für die behandelte Stufenfolge 1, 2, 3, 4, die den kleinstmöglichen Druck ergibt. Um einen Begriff über die Größenordnung des bei einer solchen Anordnung erzeugten Axialschubes zu bekommen, soll ein Zahlenbeispiel gerechnet werden. Die Daten der vierstufigen Pumpe NW 100 mit der Stufenanordnung nach Abb. 11.7 sind $D_W = 45$ mm; $D_N = 82$ mm; $D_M = 65$ mm, $p = 6{,}9$ at. Setzt man diese Zahlen in Gl. (11.7) ein, so erhält man

$$P = 2 \cdot 6{,}9 \cdot (33{,}3 - 15{,}9) = 240\,\text{kg}\,.$$

Hat die Pumpe nur eine Stopfbüchse und ein Unterwasserlager, dann tritt eine zusätzliche Axialkraft infolge des Enddruckes auf. Wird beispielsweise die rechte Stopfbüchse in Abb. 11.7 durch ein Lager ersetzt, so ist die dem Druck $p_s + 2p$ und der Fläche F_W entsprechende Kraft

$$P' = F_W (p_s + 2p) . \tag{11.8}$$

Da p_s meistens praktisch gleich dem Atmosphärendruck ist, ist die Kraft $P_1 = 2pF_W$ dem zuerst gefundenen Wert hinzuzurechnen:

$$P_1 = 15{,}9 \cdot 2 \cdot 6{,}9 = 220\,\text{kg}.$$

Gl. (11.8) zeigt, daß der Schub in diesem Falle vom Saugdruck abhängig ist. Dieser fällt jedoch nur dann ins Gewicht, wenn seine Größe mit dem Stufendruck p vergleichbar ist, wenn also die Pumpe mit bedeutender Zulaufhöhe arbeitet.

Das Hauptziel des Baues von Pumpen mit nur einer Stopfbüchse ist die Vermeidung der Stopfbüchse auf Hochdruckseite. Der zusätzlich entstehende Axialschub ist also immer auf die Saugseite der ersten Stufe zu gerichtet, wirkt also in Richtung des Schubes infolge der Wellabsätze. Der Druck auf das Wellenende kann verkleinert oder beseitigt werden, indem man ein ungerade Stufenzahl wählt und sie so anordnet, daß der Schub einer Stufe den vom Wellenende herrührenden ausgleicht.

Der Schub infolge der Wellenabsätze kann durch verschiedene Nabendurchmesser ausgeglichen werden. Macht man beispielsweise die Naben der dritten und vierten Stufe größer als die der ersten und zweiten Stufe (Abb. 11.7) und bezeichnet den erstgenannten mit D_{N2}, den letztgenannten mit D_{N1}, so wiederholt sich die oben angestellte Rechnung in abgewandelter Form, wobei man Gl. (11.9) als Ergebnis erhält:

$$P = 2p (F_M - F_W) - p (F_{N2} - F_{N1}) . \tag{11.9}$$

Soll der Axialschub null werden, so besteht dafür die Bedingung

$$2 (F_M - F_W) = F_{N2} - F_{N1} . \tag{11.10}$$

Behält man für D_M, D_W und D_{N1} die alten Werte bei, so ergibt sich $D_{N2} = 106$ mm.

Der Axialschub durch Wellenabsätze kann auch ausgeglichen werden, indem man verschiedene Dichtringdurchmesser D_r oder Laufraddurchmesser D_2 und damit verschiedene Stufendrücke vorsieht, jedoch haben beide Methoden Nachteile praktischer Art.

Die Abb. 11.9 und 11.10 zeigen Versuchsergebnisse des Autors, die mit einer Pumpe NW 100, wie sie oben beschrieben ist, gewonnen wurden. Die Versuche zeigen die Wirksamkeit der beschriebenen Ausgleichsmethoden.

Beziehung (11.7) basiert auf der Annahme, daß die Stufendrücke gleich sind und daß der Ausgleich bei allen Fördermengen erzielt wird. Die Abb. 11.9 und 11.10 zeigen, daß dies in Wirklichkeit nicht der Fall ist. Die Ungleichmäßigkeiten rühren von der Verschiedenheit der Stufendrücke für verschiedene Stufen her; diese Verschiedenheit ändert sich offenbar mit der Fördermenge.

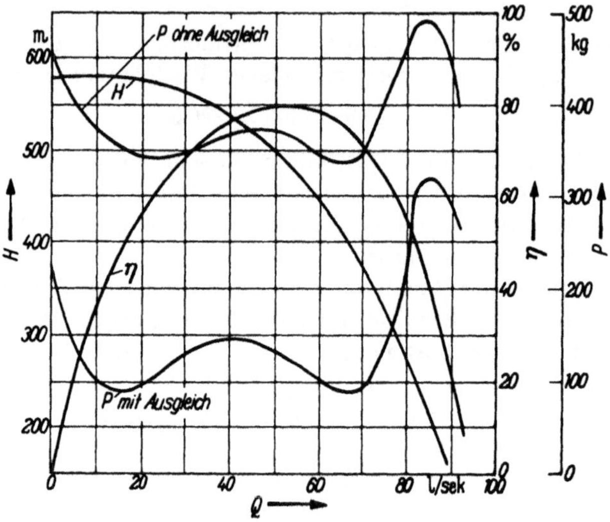

Abb. 11.9. Vierstufige Pumpe, NW 100, $n = 3560$ U/min, Zulaufhöhe $H'_s = 40$ m

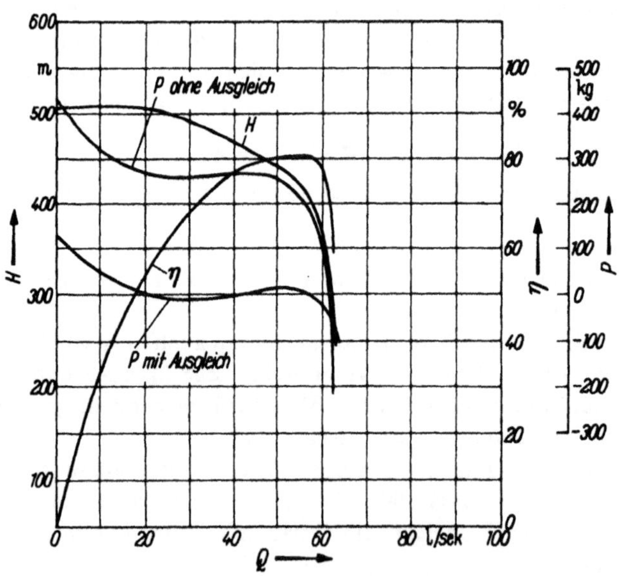

Abb. 11.10. Vierstufige Pumpe, NW 100, $n = 3560$ U/min, Saughöhe $H_s = 3$ m (positiver Axialschub auf die Saugseite der ersten Stufe gerichtet)

Die Leckverluste zwischen den Stufen sind die hauptsächlichen Ursachen für den Unterschied im Stufendruck mehrstufiger Pumpen.

Wie erwähnt, resultiert daraus Axialschub bei Konstruktion mit entgegengesetzt angeordneten Laufrädern. Die Förderhöhe der höheren Stufe entspricht der Fördermenge $Q_2 = Q + Q_L + Q_Z$, wobei Q_Z die zwischen den Stufen hindurchtretende Leckmenge ist, während die Förderhöhe der niedrigeren Stufe der kleineren Menge $Q_1 = Q + Q_L$ zugeordnet ist. Da beide Räder gleiche Charakteristik haben, ist $H_2 < H_1$ entsprechend $Q_2 > Q_1$.

Abb. 11.11 zeigt sehr deutlich, wie stark der Axialschub durch die zwischen den Stufen durchtretende Leckmenge beeinflußt wird. Hier sind Werte für den normalen sowie den abgenutzten Zustand der

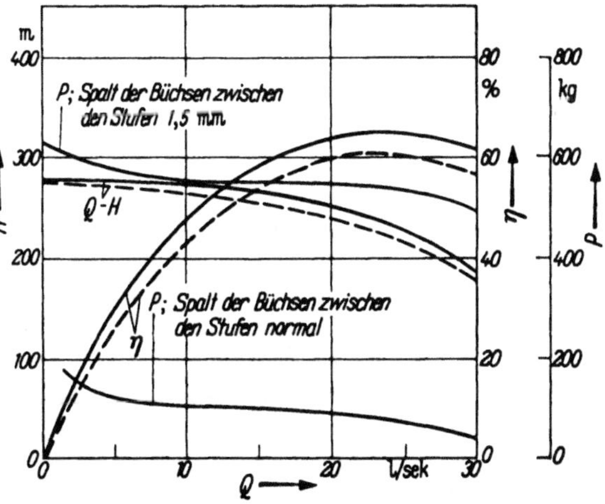

Abb. 11.11. Axialschub infolge Leckverlust zwischen den Stufen. Zwei Stufen, entgegengesetzt angeordnet. 3500 U/min

Drosselstrecke zwischen den aneinandergrenzenden Stufen dargestellt. Der Axialschub stieg auf das 6fache des normalen Wertes.

Unterschiede in den Leckverlusten an den Dichtringen am Laufradeintritt führen zu Ungleichmäßigkeiten der einzelnen Stufenhöhen und damit zur Störung des Ausgleichs. Weitere Faktoren, die derartige Störungen hervorrufen können, sind Kavitation am Eintritt in die erste Stufe sowie nicht zentrale Anordnung eines Rades im Gehäuse mehrstufiger Pumpen mit entgegengesetzt angebrachten Rädern. Da alle diese Effekte rechnerisch nicht mit Sicherheit erfaßt werden können, erhalten diese Pumpen immer ein Drucklager, das diese verhältnismäßig kleinen Schübe aufnehmen kann.

c) Kondensatpumpen. Pumpen, die unter einem Zulaufhöhe bildenden Pegel arbeiten, wie etwa Kondensatpumpen, müssen je nach der anfallenden Flüssigkeitsmenge, bei verschiedener Zulaufhöhe arbeiten. Ihr Verhalten wird durch die Pumpen- und Widerstandscharakteristik bestimmt. In Abb. 11.12 ist AB die normale Drosselkurve und CD die Charakteristik des Systems. Punkt E ist der Betriebspunkt unter normalen Bedingungen. Wird die der Pumpe zulaufende Menge geringer, so sinkt der Pegel auf der Saugseite ab, Kavitation setzt ein und die Drosselkurve bricht plötzlich ab. Die neuen Betriebspunkte G und F liegen auf der Widerstandskurve CD. Im Punkt G beispielsweise ist die neue Förderhöhe geringer als die Hälfte der ursprünglichen Höhe JH. Handelt es sich um eine zweistufige Pumpe, so wird demnach die ganze Förderhöhe GH von der zweiten Stufe, die unter dem Gegendruck des Systems steht, hervorgebracht, während die erste Stufe leer mitläuft. Das unter normalen Bedingungen vorhandene axiale Gleichgewicht ist gestört. Da die meisten Kondensatpumpen niedrige Drehzahlen und große Abmessungen haben, sind die auftretenden Kräfte erheblich und können das für normale Bedingungen berechnete Drucklager zerstören.

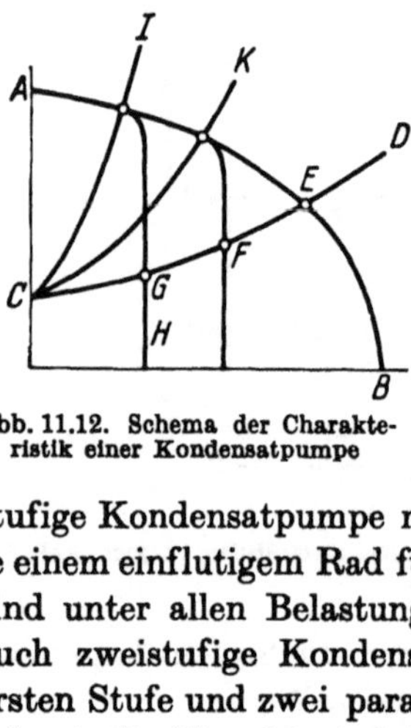

Abb. 11.12. Schema der Charakteristik einer Kondensatpumpe

Anlagen zur selbsttätigen Regelung des Wasserspiegels auf der Saugseite verhindern solche Erscheinungen. Bei einer solchen Einrichtung wird der Druckschieber durch einen Schwimmer im saugseitigen Behälter geregelt. Sinkt der Spiegel ab, dann wird druckseitig gedrosselt, so daß sich die Widerstandscharakteristik nach CK oder CJ verschiebt. Die Pumpe arbeitet dann immer auf der ursprünglichen Drosselkurve, also ohne Kavitation. Abb. 11.13 zeigt eine dreistufige Kondensatpumpe mit zweiflutigem Rad in der ersten Stufe und je einem einflutigem Rad für die zweite und dritte Stufe. Diese Pumpen sind unter allen Belastungszuständen frei von Axialschub. Es werden auch zweistufige Kondensatpumpen mit doppelflutigem Rad in der ersten Stufe und zwei parallel arbeitenden Rädern in der zweiten Stufe gebaut. In Kap. 16 sind Kondensatpumpen der vertikalen Bauweise beschrieben, die entschiedene Vorteile über horizontale Kondensatpumpen haben.

11.3. Offene Laufräder

a) Radialmaschinen. Offene Laufräder erzeugen höheren Axialschub als die bisher behandelten geschlossenen. Der Druck auf die Rückwand wird nur teilweise kompensiert durch den Druck innerhalb des Laufrades (Abb. 11.14). Die Kraft auf die Rückwand ergibt sich zu

$$P_a = (F_2 - F_W)\left[H_{St\,2} - \frac{1}{8}\,\frac{u_2^2 - u_W^2}{2g}\right]\gamma\,. \tag{11.11}$$

Der Druck auf der Innenseitedes Rades ist $\gamma H_{St\,2}$ am Außendurchmesser und gleich dem Saugdruck am Innendurchmesser. Dementsprechend ist

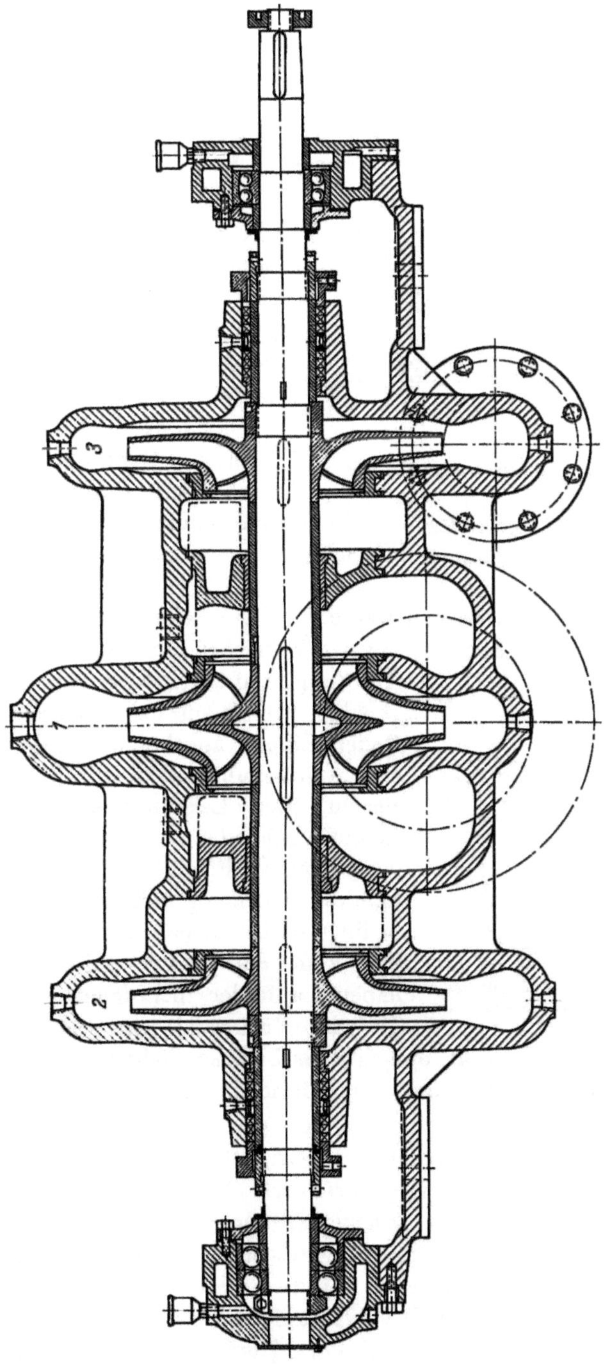

Abb. 11.13. Dreistufige Kondensatpumpe von WORTHINGTON

die Kraft auf die Innenfläche

$$P_i = (F_2 - F_1)\,\frac{\gamma\, H_{St\,2}}{2}\,. \tag{11.12}$$

Der resultierende Schub beträgt

$$P = P_a - P_i = (F_2 - F_W)\,\gamma\left[H_{St\,2} - \frac{1}{8}\,\frac{u_2^2 - u_W^2}{2}\right] - (F_2 - F_1)\,\gamma\,\frac{H_{St\,2}}{2}\,. \tag{11.13}$$

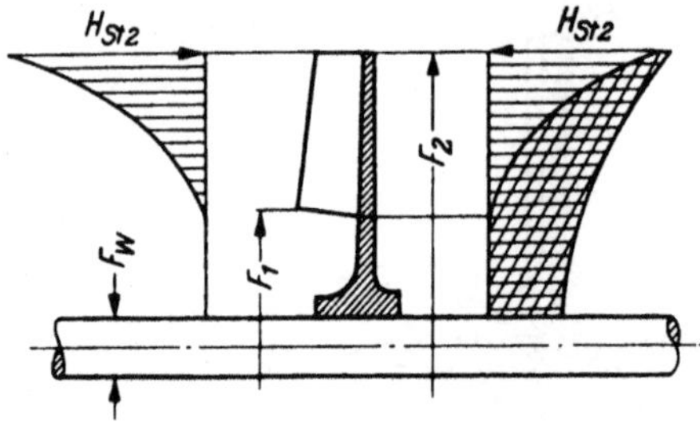

Abb. 11.14. Axialschub bei offenem Laufrad

Das Anbringen radialer Rippen auf der hinteren Deckscheibe ist die einzige Möglichkeit zur Verringerung des Schubes von offenen Läufern. Mehrstufige Pumpen mit offenen Rädern sind die senkrechten Bohrlochpumpen, deren Schub durch ein kräftiges Drucklager aufgenommen wird. Jedoch benutzt man die radiale Berippung zur Verringerung des Schubes, wenn er zu große Werte annimmt.

Es sind keine zuverlässigen Daten über den Leistungsverlust durch radiale Rippen vorhanden. Aus eigenen Versuchen mit Bohrlochpumpen fand der Autor, daß der Gesamtwirkungsgrad der Pumpe etwa um 2% abnahm, wenn auf der Rückseite der Räder Rippen angebracht wurden, die den Axialschub auf die Hälfte reduzierten. Der Leistungsverlust nimmt ziemlich schnell mit dem Durchmesser der berippten Fläche zu; man soll deshalb die Berippung nicht größer als unbedingt nötig machen. Einstufige Pumpen zum Fördern von Suspensionen haben Laufräder, bei denen auch ein Teil der Rückwand fehlt (Abb. 11.15). Die Konstruktion bezweckt, daß sich das Laufrad leichter selbst reinigt und hat dabei den Vorteil, daß der Axialschub kleiner ist als bei den einfach offenen Rädern.

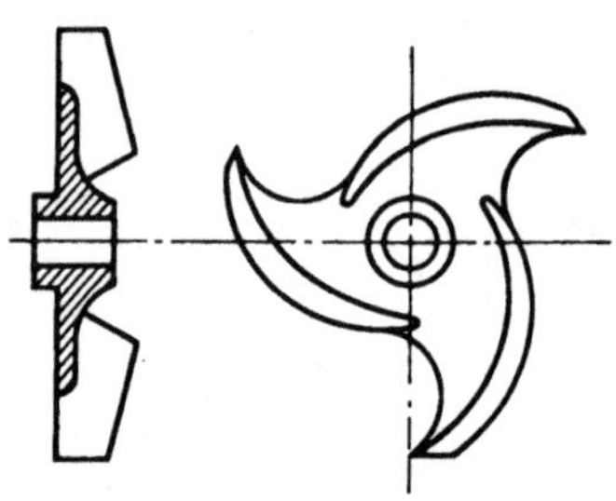

Abb. 11.15. Offenes Laufrad mit teilweise entfernter Rückwand

b) Axiale Pumpen. In radialen Rädern, offenen und geschlossenen, wird der Axialschub hervorgebracht durch statischen Druck auf die Deckscheiben, die ja an der Druckerzeugung nicht teilnehmen. Umgekehrt tragen die Druckunterschiede zwischen Vorder- und Rückseite der Schaufel nicht zum Axialschub bei, da die Strömung in einer Ebene senkrecht zur Achse verläuft. Bei Axialläufern dagegen fehlen die Deckscheiben, die Strömung verläuft mit einer Komponente in Richtung der

Achse, und Druckunterschiede zwischen der Schaufelvorder- und -rückseite ergeben eine axiale Kraftkomponente, den Schub. Diese Kraft beträgt $P = (F_a - F_i)\gamma H/\eta_h$, wenn F_a und F_i die Rohr- bzw. Nabenfläche bedeutet und H die Förderhöhe der Pumpe ist. Dieser Ausdruck geht aus folgender Betrachtung hervor: Die der Flüssigkeit zugeführte Leistung kann ausgedrückt werden als $L = Pc_m$, wobei c_m die Geschwindigkeit und P die auf die Flüssigkeit wirkende Axialkraft, die Reaktionskraft der Axialkraft auf das Laufrad, ist. Andererseits ist diese Leistung auch gleichzeitig die Laufradeingangsleistung $L = Q\gamma H/\eta_h$. Durch Gleichsetzen erhält man

$$P = \frac{Q}{c_1}\frac{\gamma H}{\eta_h} = \frac{(F_a - F_i)\gamma H}{\eta_h}. \tag{11.14}$$

Zu diesem Schub muß noch ein Anteil infolge von Druckunterschieden vor und hinter der Nabe des Laufrades hinzugerechnet werden.

c) Beim halbaxialen Laufrad kommt der Axialschub sowohl durch die Impulswirkung des Laufrades wie durch Druckkräfte auf die Nabe zustande. Es kann hier auch die bei Axialmaschinen angewandte Methode benutzt werden, jedoch ist an Stelle der Meridiangeschwindigkeit jetzt die Axialkomponente $c_{m1}\cos\Theta$ einzusetzen (Abb. 11.16). Der Schub infolge von Druckkräften auf die Nabe ist hier wesentlich größer als bei der Axialmaschine. Es ist zu beachten, daß auch auf die Konusfläche der Nabe eine nach oben gerichtete Kraft einwirkt.

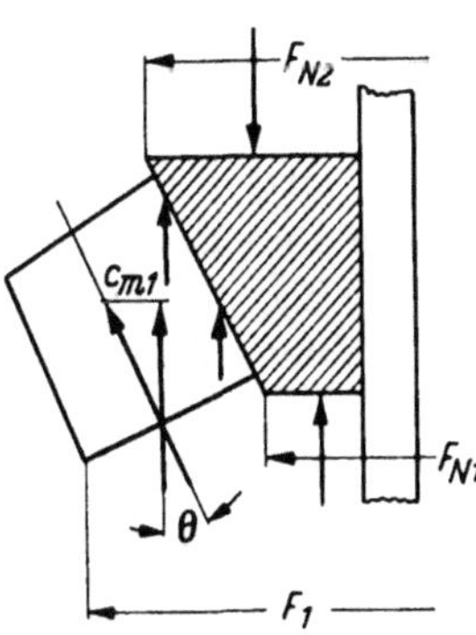

Abb. 11.16. Axialschub auf ein halbaxiales Rad

In der Praxis wird selten eine große Genauigkeit gefordert, da immer ein Drucklager vorhanden ist, das den nicht ausgeglichenen Schub aufnehmen kann. Deshalb sind meist einfache, empirisch gewonnene Formeln in Gebrauch, die eine schnelle Bestimmung erlauben. Eine dieser Formeln lautet:

$$P = F_1 \gamma H K_P,$$

wobei F_1 die Eintrittsfläche und H die Gesamthöhe ist. Der Faktor K_P ist ein Erfahrungswert, der bei Axialpumpen in der Größenordnung von 1 liegt, bei halbaxialen und radialen Maschinen jedoch größer ist. Sein Wert ist in Abb. 7.26 in Abhängigkeit von der spezifischen Drehzahl angegeben.

d) Sichern von Drucklagern. Der Außenring von Drucklagern sollte dagegen gesichert sein, daß er sich in Rotation versetzt. Hat das Lager keinen Schub aufzunehmen, so kann dieser Ring in dem zur Verfügung stehendem Raum axial hin und her wandern und dabei so viel Impuls bekommen, daß das Lager Schaden nimmt. Große hochtourige Drucklager sind auf diese Weise schon zerstört worden.

Literatur

[1] STEPANOFF, A. J.: Leakage Loss and Axial Thrust in Centrifugal Pumps. Trans. A.S.M.E. Bd. 54 (15. Aug. 1932) Nr. 15, S. 100.
[2] POLHEMUS, J. H., u. J. HENLY: Dredge Pump Pressures and Thrust Loads. Trans. A.S.M.E. Bd. 51 (Jan.-April 1929) Nr. 6, S. 33.
[3] SWITZER, F. G,: Discussion in reference 1, S. 104.
[4] STEPANOFF, A. J.: Propeller Pumps for Circulation of Molten Salt. Refiner Natur. Gasoline Manufacturer Bd. 19 (Dez. 1940) Nr. 12, S. 474.

12. Kavitation in Kreiselpumpen

12.1. Einführung und Definitionen

Im letzten Jahrzehnt wurde kein Zweig des Gebietes der hydraulischen Maschinen in der technischen Literatur so ausführlich behandelt wie die Kavitation. Der Grund dafür ist der, daß man höhere spezifische Drehzahlen, die erhöhte Kavitationsgefahr mitbrachten, sowohl bei Turbinen wie bei Pumpen wählte. Um die Zusammenhänge zu klären, wurden experimentelle und theoretische Studien über Kavitation in Turbinen, Kreiselpumpen und in Anordnungen ohne bewegte Teile wie venturiförmigen Wasserleitungen durchgeführt. Der Erfolg der Studien und der füher gesammelten Erfahrungen ist, daß die heutigen Pumpen bei höheren Drehzahlen arbeiten und trotzdem sicherer gegen Zerstörungen durch Kavitation sind als früher.

Der Ausdruck Kavitation bezieht sich auf den Vorgang in der Flüssigkeit, wo sich, entsprechend einem lokalen Unterdruck mit Dampf gefüllte „Hohlräume" bilden. Sobald die Dampfblasen in Bezirke höheren Druckes kommen, fallen sie zusammen. Zur Entstehung der Dampfblasen ist es notwendig, daß der Druck örtlich unter den zur jeweiligen Flüssigkeitstemperatur gehörigen Dampfdruck sinkt. Die Bildung von Luft- bzw. Gasblasen allein reicht nicht zur Erzeugung von Kavitation aus. Die Auswirkung von Gasblasen auf das Verhalten der Maschine ist verschieden von der Wirkung der echten, durch Dampfblasen erzeugten Kavitation.

Kavitation hat nichts mit Ablösung der Stromlinien von der Wand und der damit verbundenen Wirbelbildung zu tun. Zwar können beide Phänomene zusammen auftreten; jedoch ist Kavitation ebensogut ohne Ablösung der Strömung möglich wie die Ablösung der Strömung ohne Kavitation möglich ist.

Die Absenkung des Druckes bis auf den Dampfdruck kann entweder generell im ganzen System stattfinden oder rein örtlichen Charakter haben. Eine örtliche Druckabsenkung kann stattfinden, ohne daß der durchschnittliche Druck geändert wird. Eine allgemeine Druckabsenkung kann durch folgende Vorgänge auftreten: 1. die Vergrößerung der statischen Saughöhe der Pumpe; 2. die Abnahme des Atmosphärendruckes in größeren Höhen; 3. eine Abnahme des absoluten Druckes im System wie in dem Fall des Pumpens aus einem abgeschlossenen Behälter; 4. ein Ansteigen der Flüssigkeitstemperatur, was für das hier gestellte Problem die gleiche Wirkung hat wie ein Abfallen des absoluten Druckes.

Ein örtlicher Druckabfall kann durch folgende Möglichkeiten gegeben sein: 1. Ansteigen der Geschwindigkeit durch höhere Pumpendrehzahl; 2. Ablösung und Kontraktion der Strömung; 3. eine erzwungene Ablenkung der Stromlinien durch einen Krümmer oder durch Einbauten in die Strömung.

Niedrige Absolutdrücke und Kavitation können auch durch plötzliche Beschleunigung und Verzögerung einer Wassersäule, wie sie beim Wasserschlag auftreten, hervorgerufen werden. Jedoch ist diese Art von Kavitation wegen ihrer Kurzzeitigkeit unbedeutend.

12.2. Anzeichen von Kavitation

Kavitation macht sich durch eines oder mehrere der folgenden Anzeichen bemerkbar, die alle die Charakteristik der Maschine sehr stark beeinträchtigen und in schweren Fällen Pumpenteile zerstören.

a) Geräusche und Schwingungen. Diese entstehen durch das plötzliche Zusammenfallen der Dampfblasen beim Erreichen von Zonen höheren Druckes in der Pumpe. Allerdings sind Geräusche nicht unbedingt Anzeichen für Kavitation, da sie auch auftreten, wenn die Pumpe in einem Betriebspunkt arbeitet, der weit vom Punkt besten Wirkungsgrades entfernt ist, ohne daß Kavitation vorhanden ist. Tritt Kavitation ein, so kann die Geräuschbildung auch fast beseitigt werden, wenn kleine Mengen von Luft in die Saugleitung mit einströmen. In diesem Falle dienen die Luftblasen als „Kissen", so daß der beim Zusammenfallen der Dampfblasen auftretende Stoß sehr stark gemildert wird. Bei Turbinen und großen Drosselklappenventilen, wo bei Teillast automatisch Luft zugegeben wird, ist diese Methode gut eingeführt [*1*, *2*, *3*], bei Pumpen dagegen macht man praktisch keinen Gebrauch davon. Die mildernde Wirkung des Luftzusatzes in die Saugleitung der Pumpe beschränkt sich nicht nur auf die Geräuschbildung, sondern auch die Materialzerstörung, die ja auf die beim Zusammenfallen der Blasen entstehenden sehr hohen Drücke zurückzuführen ist, tritt in wesentlich geringerem Maße auf als bei reiner Flüssigkeit.

b) Der Abfall der Drosselkurve. Dieses Absinken der Förderhöhe tritt bei Pumpen verschiedener spezifischer Drehzahlen in verschiedenen

Formen auf. Bei Pumpen mit niedriger spezifischer Drehzahl, etwa bis $n_q = 30$, fallen die Drosselkurve sowie die Wirkungsgrad- und Leistungskurve plötzlich senkrecht ab, wenn die Menge, bei der Kavitation eintritt, erreicht ist (Abbildung 12.1 und 12.2). Bei Pumpen höherer spezifischer Drehzahl jedoch sinken die charakteristischen Kurven im ganzen Bereich langsam vom Normalwert ab, bevor der Punkt des plötzlichen Abbrechens erreicht ist (Abb. 12.3).

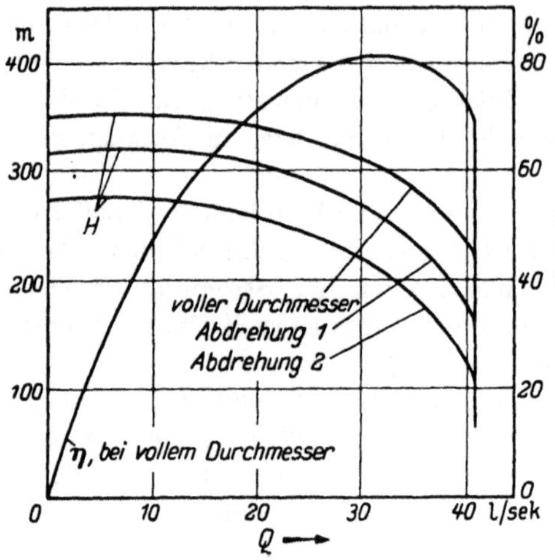

Abb. 12.1. Einfluß des Laufraddurchmessers auf die Kavitation.
Vierstufige Pumpe NW 100, $n = 3500$; $n_q = 24$

Der Grad der Abnahme von Drosselkurve und Wirkungsgradkurve richtet sich nach der spezifischen Drehzahl und der Saughöhe. Er ist um so stärker, je höher die spezifische Drehzahl und je kleiner der Druck auf der Saugseite ist.

Bei Pumpen sehr hoher spezifischer Drehzahl, also den Propellerpumpen mit $n_q > 120$, tritt kein Punkt auf, in dem die Förderkurve plötzlich auf null absinkt, wie Abb. 12.4 zeigt. Statt dessen fallen die Kurven kontinuierlich im ganzen Bereich. Ein Absinken des Wirkungsgrades ist hier wahrzunehmen, schon bevor die Drosselkurve absinkt. Der Wirkungsgrad ist also das zuverlässigste Kriterium beginnender Kavitation. Selbst das Geräusch erscheint unter Umständen erst bei Mengen, bei denen der Wirkungsgrad schon untragbar schlecht geworden ist.

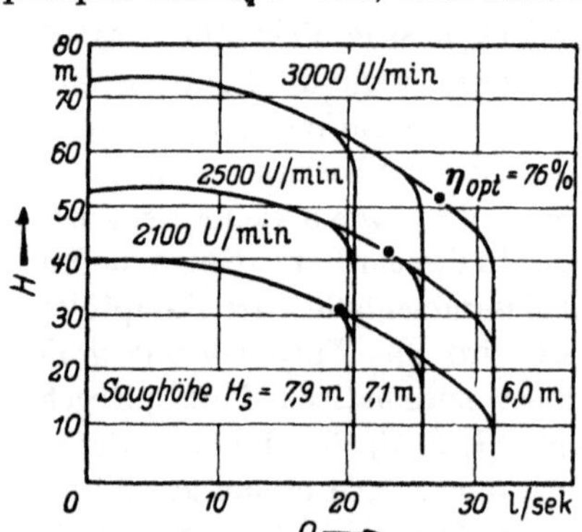

Abb. 12.2. Einfluß der Drehzahl und der Saughöhe auf die Kavitation.
Einflutige Pumpe NW 75; $n_q = 20$

Das unterschiedliche Verhalten von Pumpen verschiedener Drehzahlen rührt von den Unterschieden in der Laufradkonstruktion her. Räder mit niedriger spezifischer Drehzahl haben regelrechte Kanäle, deren Länge und Breite von den

Schaufelwinkeln, der Schaufelzahl und dem Ein- und Austrittsdurchmesser des Rades abhängen (Abb. 12.5). Wenn der Druck am Laufrad-

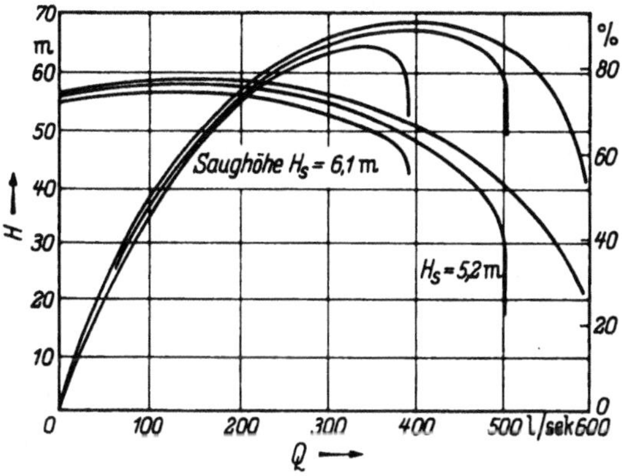

Abb. 12.3. Doppelflutige Pumpe. NW 300, $n = 1200$ U/min, $n_q = 40$

eintritt den Dampfdruck erreicht — gewöhnlich auf der Rückseite der Schaufelenden —, dann wird sich bei geringer Abnahme des Gegendruckes der ganze Kanalquerschnitt mit Dampf füllen. Sinkt der Druck noch weiter ab, dann ist damit nicht mehr wie sonst eine Erhöhung der Menge verbunden, da die Druckdifferenz, die die Wasserzufuhr zur Pumpe bewirkt, nicht mehr erhöht werden kann. Diese Differenz ist festgelegt durch den Saugdruck außerhalb der Pumpe einerseits und durch den Dampfdruck am Laufradeintritt andererseits.

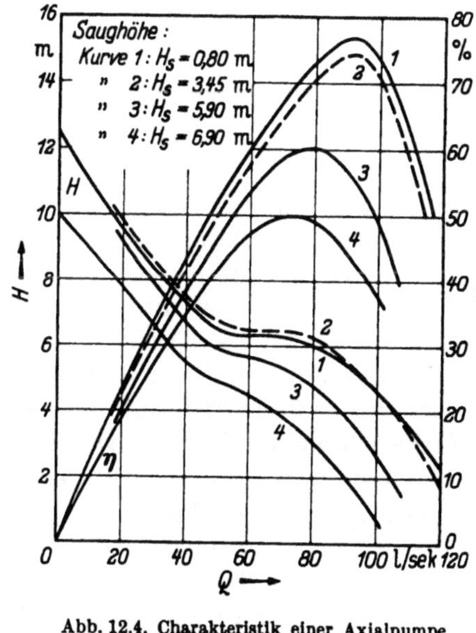

Abb. 12.4. Charakteristik einer Axialpumpe. $n = 2250$ U/min, $D_s = 165$ mm, $n_q = 190$ nach TENOT [27]

Bei Pumpen höherer spezifischer Drehzahl ist der Kanal zwischen zwei Schaufeln breiter und kürzer (Abb. 12.5b). Hier wird eine größere Abnahme der Förderhöhe und Zunahme der Menge benötigt, um die Zone der Druckabsenkung auf Dampfdruck über den ganzen Kanalquerschnitt auszudehnen. Deshalb dehnt sich auch der Bereich, in dem die Drosselkurve abfällt, auf einen weiteren Bereich aus, bevor sie plötzlich senkrecht abfällt. Bei Propellerpumpen überdecken sich die Schaufeln nicht (Abb. 12.5c). Deshalb bleibt immer, auch bei Ausweitung der Zone niedrigen Druckes, ein Teil des Kanales flüssigkeitsgefüllt, so daß sich die Fördermenge bei Abnahme des Gegendruckes stetig vergrößert, auch wenn Kavitation bereits eingesetzt hat.

In mehrstufigen Pumpen beeinträchtigt die Kavitation nur die erste Stufe; deshalb ist der Abfall der Drosselkurve und der Wirkungsgradkurve weniger ausgeprägt als in einer einstufigen Pumpe. Die Menge, bei der die Kurven abbrechen, wird durch die erste Stufe bestimmt.

Abweichungen der charakteristischen Kurven von den Kurven bei genügend hohem Absolutdruck können auch schon auftreten, bevor der Dampfdruck an irgendeinem Punkt erreicht ist. Diese Erscheinung entspricht der Tatsache, daß Luft bzw. Gase bereits bei geringerer Druck-

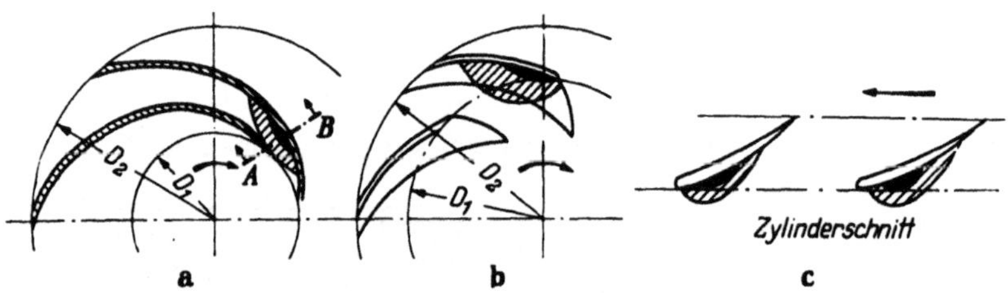

Abb. 12.5. Zonen niedrigen Druckes auf der Rückseite der Laufschaufeln.
a) n_q klein, b) n_q mittel, c) n_q hoch

absenkung aus der Lösung gehen. Bei Flüssigkeiten mit verschieden hoch siedenden Fraktionen wie Erdöl können auch leichter siedende Anteile verdampfen, während die schwereren flüssig bleiben. Der absolute Druck in den Blasen ist entsprechend dem Daltonschen Gesetz gleich der Summe der Partialdrücke der in ihnen enthaltenen Gase.

Das Absinken der Drosselkurve und der Wirkungsgradkurve durch Zugabe von Luft am Saugstutzen ist von einer Abnahme der Leistungsaufnahme begleitet. Deshalb wurde diese Methode auch zur Regelung an Stelle der einfachen Drosselregelung vorgeschlagen. Abb. 12.6 zeigt Versuchsergebnisse von Siebrecht [4], und zwar Förderhöhe, Wirkungsgrad und Leistungsaufnahme über der Fördermenge bei verschiedenen Mengen Zusatzluft. Dem Autor ist jedoch kein Fall bekannt, in dem diese Methode praktisch verwertet wird. Eine Modifikation davon, bei der die Pumpe saugseitig gedrosselt wird, um dadurch die in der Flüssigkeit gelösten Gase aus der Lösung gehen zu lassen und so kleinere Förderhöhe und Leistung zu erzielen, wird dagegen öfter angewandt. Diese Art wird aber hier nicht empfohlen, weil bei zu weitgehender Drosselung sehr leicht Kavitation mit ihren unangenehmen Begleiterscheinungen,

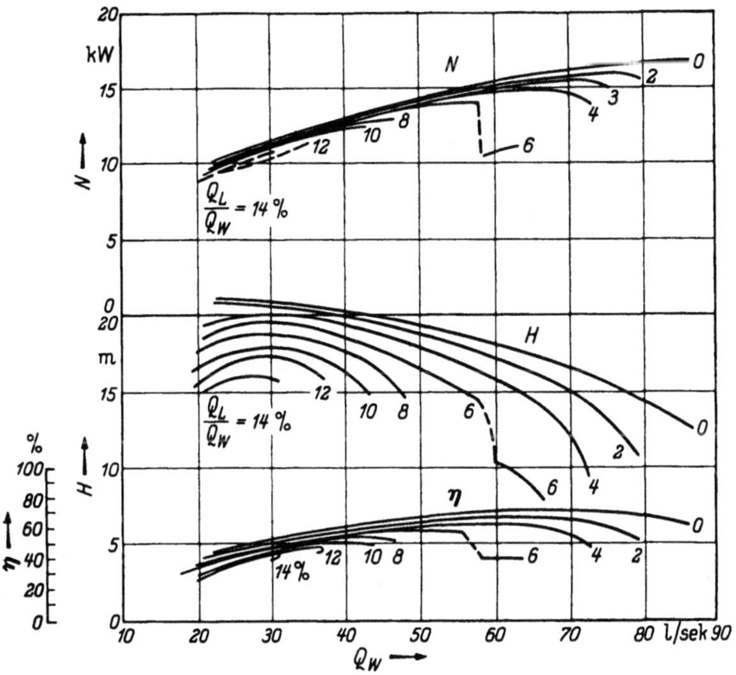

Abb. 12.6. Wirkung der Zugabe von Luft in die Saugleitung (SIEBRECHT [4])

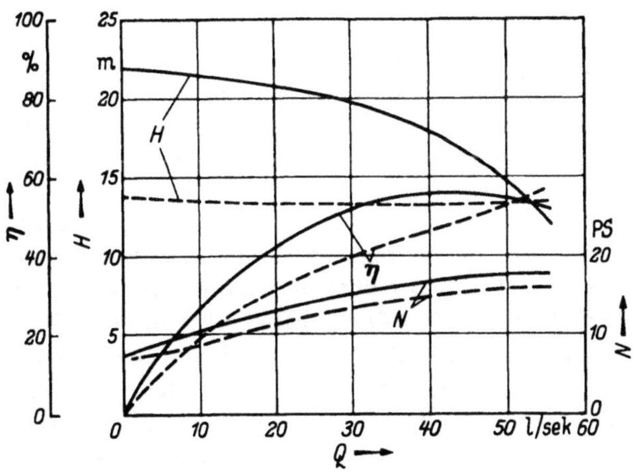

Abb. 12.7. Einfluß der saugseitigen Drosselung auf die charakteristischen Kurven. Pumpe NW 125. n = 1160 U/min, n_q = 30 (nach VAN LEER [5])

den Materialanfressungen und der Geräuschbildung, entstehen kann. Abb. 12.7 zeigt die Versuchsergebnisse von einer Pumpe NW 125, bei der Saug- und Druckseite gedrosselt sind. Ein Vergleich der Leistungsaufnahme zeigt, wieviel Leistung auf diese Weise gespart werden kann [*5*].

In verschiedenen Fällen wurde durch sorgfältige Versuche an Kreiselpumpen und Turbinen gefunden, daß der Wirkungsgrad kurz vor Kavitationsbeginn leicht ansteigt. Dies ist durch eine Verminderung der Reibung in diesem Betriebszustand zu erklären [*6*—*9*].

c) Schaufelanfressungen. Wird eine Pumpe genügend lange Zeit bei Kavitation betrieben, so treten Materialanfressungen auf, wobei die verlorengegangene Materialmenge von der Art des Materials und dem Grad der Kavitation abhängt. FÖTTINGER [*6*] hat gezeigt, daß das Anfressen nur durch die mechanische Wirkung der zusammenfallenden Dampfblasen verursacht wird und daß elektrolytische und chemische Wirkungen bei diesem Prozeß völlig unbedeutend sind. Dies stellte er dadurch fest, daß er Kavitation in einem Venturirohr aus Glas erzeugte. Das Glas wurde in der gleichen Weise angegriffen wie das Metall in Pumpen oder Turbinen.

Die Tatsache, daß Luft und Gase im Augenblick ihres Freiwerdens chemisch aktiver sind als im Normalzustand steht fest. Jedoch liegen die Anfreßstellen immer hinter den Zonen niedrigsten Druckes, in denen die Dampfblasen entstehen; das ist ein weiteres Zeichen dafür, daß die Zerstörung erst beim Zusammenfallen eintritt. An Hand der bei Bleiplatten festgestellten, ohne Materialverlust vor sich gehenden Verformungen kann man ebenfalls zeigen, daß die Zerstörungen ausschließlich mechanischer Natur sind [*10*].

Die Erfahrung zeigt, daß das Zusammenfallen der Blasen harmlos ist, falls die Blase völlig von Flüssigkeit umgeben ist [*10*]. Schlagen die Blasen dagegen an der Wand zusammen, dann bewirkt der sehr oft wiederholte Wasserschlag mit seinen örtlich sehr hohen Drücken eine Ermüdung und Zerstörung der Materialoberfläche. POULTER [*11*] hat gezeigt, daß dann durch die in die Poren eindringende und wieder entweichende Flüssigkeit Metallteilchen abgelöst und herausgespült werden können. Das bedeutet, daß poröse Materialien am meisten angegriffen werden. Der Grad der Zerstörung hängt ab von der Länge der Zeit, während der jeweils hoher Druck auf die betrachtete Stelle wirkt und von den Zeitabständen, in denen solche Druckstöße erfolgen.

Es scheint kein Zusammenhang zwischen der Materialhärte und der Erosion durch Kavitation zu bestehen, offensichtlich beeinflußt aber die Molekülgröße und die Zähigkeit der Flüssigkeit das Verhalten.

Die drei Begriffe Kavitation, Korrosion und Erosion sollten nicht verwechselt werden. Korrosion wird ausschließlich durch chemische und elektrolytische Wirkung der gepumpten Flüssigkeit bewirkt. Erosion entsteht durch mechanische Abnutzung der Oberflächen durch feste Körper, die von der Flüssigkeit mitgeführt werden. Es ist nicht schwierig, diese drei Arten des Materialangriffs an Hand des Aussehens der betroffenen Teile und ihrer Lage in der Stromführung zu erkennen.

Frequenzen der Wasserschläge von 600 bis 1000 je Sekunde wurden von HUNSAKER [*10*] festgestellt, während DE HALLER [*12*] bis zu 25000 Schläge je Sekunde beobachtete. Die Intensität der Schläge hängt von der Frequenz ab. Die von DE HALLER gemessenen Drücke lagen bei etwa 300 at; der Kolben, mit dem er diesen Wert feststellte, hatte einen Durchmesser von 1,5 mm. Es ist anzunehmen, daß wesentlich höhere örtliche Drücke auftreten, die jedoch auf bedeutend kleinere Flächen beschränkt sind.

Nach POULTERs Untersuchung [*11*] scheint es, daß die sehr hohen Drücke durch elastische Materialschwingungen erzeugt werden können. Oft wird sogar das ganze Fundament durch die bei Kavitation auftretenden Kräfte in Schwingung versetzt. Unter den wechselnden Spannungen im Material wird dann die Flüssigkeit in die Poren und wieder heraus gedrückt. Während des Herausdrückens können die zur Erklärung der Phänomene notwendigen, extrem hohen Drücke auftreten.

Ein ähnlicher Vorgang kann auch den Begriff der Ermüdungskorrosion bei Metallen unter Wechselspannung in Gegenwart von Flüssigkeit erklären. Die stärkere Korrosionswirkung von Wasser im Vergleich mit Ölen bei der Ermüdungskorrosion ist der Tatsache zuzuschreiben, daß die Wassermoleküle kleiner als die Ölmoleküle sind, so daß sie bei hochfrequenten Spannungswechseln leichter und tiefer eindringen können. Nur so können die Zerstörungserscheinungen an nichtkorrodierenden hochlegierten Chromstählen im Wasser erklärt werden. Weitere mit diesem Gebiet zusammenhängende Erscheinungen behandelt die Arbeit von MCKAY und WORTHINGTON [*13*]. Sie fanden, daß die Wechselfestigkeit nicht nur von der Spannungshöhe und der Anzahl der Belastungen, sondern außerdem von ihrer Frequenz abhängt. Bei gleicher Gesamtzahl der Belastungen ist die Festigkeit bei kleiner Frequenz wesentlich kleiner als bei hoher Lastwechselzahl, weil die Flüssigkeit dann mehr Zeit zum Eindringen hat. RHEINGANS [*14*] stellte fest, daß gegossenes Material (Eisen, Bronze oder Stahl) Wasser absorbiert; sein Test zeigte, daß Gußstücke während der ersten 30 Minuten der Kavitationsversuche an Gewicht zunehmen.

12.3. Kavitationsbeständiges Material

a) Experimentelle Studien. Verschiedene Materialien widerstehen der Anfressung durch Kavitation verschieden stark. Die chemische Zusammensetzung, die Wärmebehandlung der Metalle und ihre Oberflächenbeschaffenheit sind für das Verhalten maßgeblich. Die Metalle verhalten sich bei Kavitation wie bei Ermüdungskorrosion, wie bereits erwähnt wurde. Kerben, Kratzer, Risse oder scharfe Spitzen auf der Metalloberfläche werden besonders leicht angegriffen und bilden den Ausgangspunkt der Anfressungen.

Schroeter [15] hat Kavitation in einem Venturirohr beobachtet. Die Geschwindigkeit von 60 m/s wurde bei allen Versuchen konstant gehalten. Abb. 12.8 zeigt die Ergebnisse für einige von Schroeter untersuchte Materialien.

Härten setzt die Zerstörungsgeschwindigkeit herab, obwohl die Härte selbst (bei verschiedenen Materialien) mit der Kavitationsbeständigkeit nichts zu tun hat.

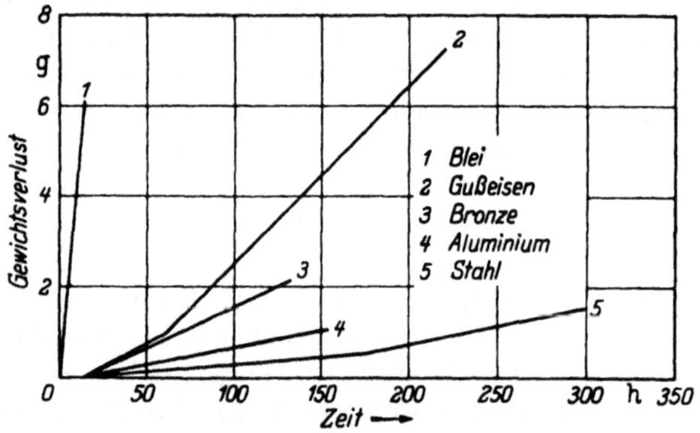

Abb. 12.8. Materialverlust durch Kavitation nach Schroeter [15]

Um die Lebensdauer großer Kaplanläufer, die unter großer Förderhöhe laufen, zu erhöhen, werden die kavitationsgefährdeten Stellen mit Edelstahl überschweißt [16]. Propellerpumpen des gleichen Typs werden nicht in solcher Größe gebaut, daß eine derartige Behandlung zu rechtfertigen wäre, auch werden sie nicht bei solchen Förderhöhen betrieben.

Obwohl das Überziehen von Metalloberflächen mit Gummi zur Abschwächung des harten Stoßes beim Zusammenfallen der Dampfblasen beiträgt, so kann man auch damit auf die Dauer keinen Erfolg erzielen. Die Bindung zwischen Gummi und Metall wird nach kurzer Zeit zerstört. Bisher wurde keine praktisch brauchbare Methode des Schutzes von Metall durch Gummi gefunden. Die Versuche mit Gummi bewiesen wieder die mechanische Natur der Zerstörungen durch Kavitation [15].

De Haller [12] fand, daß sich verschiedene Metalle bei Versuchen mit Aufschleudern von Tropfen auf das Material ähnlich verhalten wie bei Kavitation. In beiden Fällen wird die Zerstörung durch Aufschlagen von Wasser hervorgerufen. Die Ergebnisse sind recht ähnlich, obwohl die beiden Vorgänge sehr verschieden sind. In einem speziellen Apparat, der einem Dampfturbinenrad ähnelt, führte de Haller Erosionsversuche mit einer Reihe von Metallen durch, und die in Abb. 12.9 wiedergegebenen Ergebnisse stimmen mit denen von SCHROETER überein. DE HALLERS Methode der Materialprüfung auf Kavitationsempfindlichkeit hat den Vorteil, daß sie nur sehr kurze Zeit zur Erzeugung von Anfressungen benötigt.

KERR [17] hat 80 Materialien auf Kavitation mit Seewasser geprüft. Er benutzte dazu einen vom Massachusetts Institute of Technology entwickelten Schwingungsapparat. Die Versuche ergaben, daß die Zerstörungen mit Seewasser etwas stärker als bei Flußwasser sind. Es hat sich auch gezeigt, daß der Materialverlust von der Temperatur abhängt,

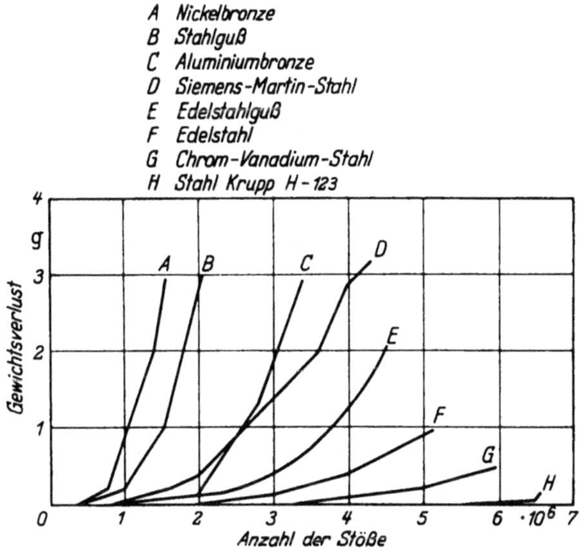

Abb. 12.9. Materialverlust durch Aufschlagen von Tropfen nach DE HALLER [12]

und zwar so, daß er mit steigender Temperatur wächst. Dies ist so zu erklären, daß bei höheren Temperaturen weniger Luft im Wasser gelöst ist, so daß der Federeffekt der sich bildenden elastischen Luftblasen kleiner wird.

MOUSSON [18] hat gefunden, daß der Metallverlust durch Kavitation etwa proportional dem Dampfdruck wächst. Auch er wies auf den günstigen Einfluß hin, der durch Zugabe von kleinen Mengen Luft auf die zerstörende Wirkung der Kavitation ausgeübt wird. MOUSSON und KERR geben ausführliche Versuchsdaten an, die bei der Auswahl der Materialien sehr nützlich sein können, wenn Kavitation zu erwarten ist.

b) Konstruktionsbeispiele für das Auftreten von Kavitation. In Pumpen normaler Konstruktion tritt der niedrigste Druck auf der Rückseite der Laufschaufel kurz hinter der Saugkante auf. Die Anfressungen erscheinen dann etwas weiter stromabwärts, wo die Dampfblasen zusammenfallen (Abb. 12.10a, 12.11a, 12.11b). Wenn jedoch die Pumpe dauernd bei einer für die Schaufelwinkel zu hohen Durchflußmenge arbeitet, können auch an der Vorderseite der Schaufel nahe an der Kante Anfressungen

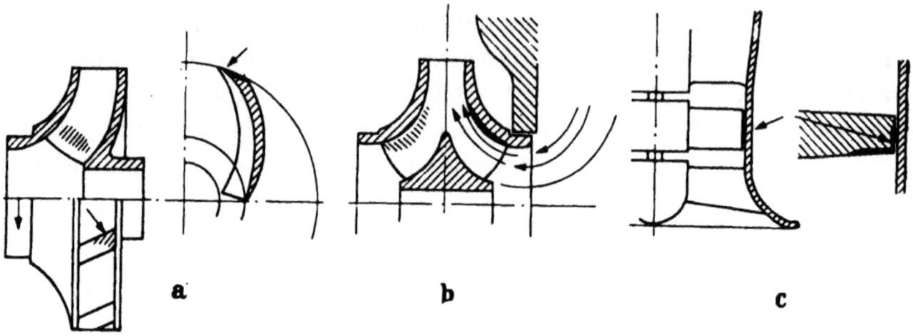

a b c

Abb. 12.10. Beispiele für Kavitation am Laufrad

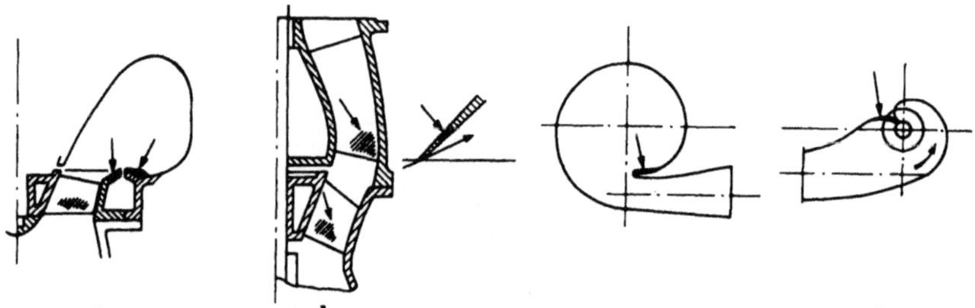

a b c d

Abb. 12.11. Beispiele für Kavitation am Gehäuse

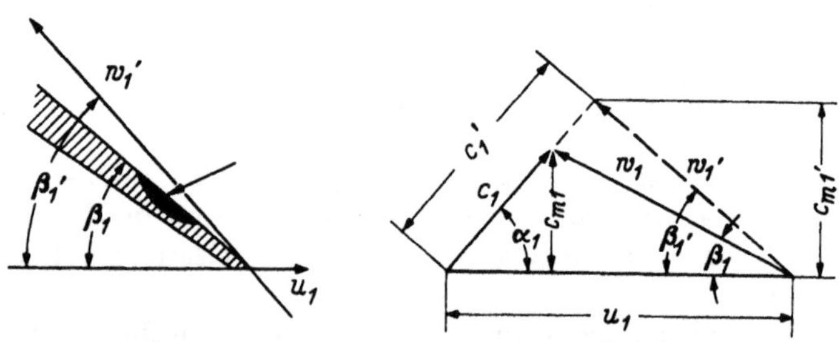

a b

Abb. 12.12. Schaufelanfressungen auf der Schaufelvorderseite bei Mengen über der Auslegemenge

auftreten (Abb. 12.12a). Die Kavitation ist in diesem Falle mit Ablösung verbunden, die durch den großen Angriffswinkel bedingt ist.

Abb. 12.10b zeigt Schaufel- und Deckscheibenanfressungen an der äußeren Scheibe, die durch ungünstige Stromführung entstanden sind.

Abb. 12.10a stellt Schäden am Austritt dar, die durch das stumpfe Schaufelende hervorgerufen werden können.

Abb. 12.10c zeigt die Möglichkeit von Schäden am Schaufelrande von Axialrädern und offenen Radialrädern. Das Abrunden auf der Seite hohen Druckes verhindert diese Erscheinung auf Kosten erhöhter Leckverluste [*8*].

Abb. 12.11a zeigt Anfressungen am Spiralgehäuse einer Propellerpumpe infolge ungünstiger Stromführung.

Abb. 12.11b stellt ein Leitrad dar, dessen Schaufeln infolge zu großen Anströmwinkels angegriffen wurden.

In Abb. 12.11c ist ein Schaden an der Zunge der Spirale dargestellt, der bei dauerndem Arbeiten bei Fördermengen über der Auslegemenge entstehen kann.

Abb. 12.11d ist ein Beispiel für Anfressungen des Einbaues in das Saugrohr, bei dem zuviel Vordrall vorgesehen war.

Im allgemeinen sind plötzliche Richtungswechsel, plötzliche Erweiterung und schlechte Stromführung Gründe für Anfressungen von Pumpenteilen. Die Erscheinungen treten nur auf, wenn der Saugdruck unter ein bestimmtes Minimum fällt. Andererseits sind Anfressungen hinter dem Laufrad beobachtet worden, wenn der Förderdruck nicht hoch genug war, um Kavitation zu unterdrücken.

c) Kavitation durch Schwingungen. Es können auch dann Zerstörungen durch Kavitation auftreten , wenn kein erkennbarer örtlicher Druckabfall durch Geschwindigkeitserhöhung vorhanden ist. Kavitation kann auch an in Flüssigkeit schwingenden Körpern auftreten. Die Flüssigkeit kann wegen ihrer Trägheit den schnellen Schwingungen des Körpers nicht mehr folgen, und der Druck sinkt entsprechend der Beschleunigung bis zum Dampfdruck ab. Bei der Umkehrung der Bewegung fallen die an der Oberfläche entstandenen Dampfblasen wieder zusammen, wobei die Zerstörung durch Wasserschlag erfolgt. Dieses Prinzip wurde beim Bau von Materialprüfmaschinen für Kavitationsstudien befolgt [*17*]. Anfressungen durch Kavitation infolge von Schwingungen wurden im Wasserkühlmantel von Dieselmotoren sowie örtlich auf der Außenseite von Schiffskörpern an Stellen, die durch die Maschinenschwingungen angeregt wurden, beobachtet. In Kreiselpumpen wurde Kavitation, die eindeutig auf Schwingungen zurückzuführen ist, nicht festgestellt. Es ist aber immerhin möglich, auf diese Weise beobachtete Anfressungen zu erklären, wenn keine anderen Möglichkeiten zur Erklärung gegeben sind. Es ist zu vermuten, daß auch bei den Versuchen von de Haller, bei denen ein Wasserstrahl auf rotierende Flächen stieß, Schwingungen der Metalloberflächen bedeutend zum Entstehen der Kavitationserscheinungen beitrugen.

Wo an sich leicht Korrosion stattfindet, kann Kavitation den Korrosionsvorgang beschleunigen, da die Korrosionsprodukte und schützenden Filme schneller beseitigt und immer neue Oberflächenstücke freigelegt werden.

12.4. Theoretische Beziehungen bei eintretender Kavitation

Die Strömung zum Laufrad einer Kreiselpumpe wird bestimmt durch die durch den Läufer erzeugte Druckdifferenz zwischen dem Saugdruck und dem Druck am Laufradeintritt. Der letztere ist nicht einheitlich im ganzen Kanalquerschnitt, und sogar die Bestimmung eines mittleren Druckes innerhalb des Laufrades macht Schwierigkeiten. Deshalb ist die theoretische Beziehung für die Durchströmung des Laufradeintrittes, obwohl sie einfach aufzustellen ist, kein verläßliches Werkzeug zur genauen Vorausbestimmung des Kavitationsverhaltens. Trotzdem geben die theoretischen Formeln einen Überblick und lassen erkennen, welche Faktoren das Verhalten beeinflussen. Das Studium der Theorie hat auch zur Aufstellung einfacher Formeln mit Koeffizienten geführt, die ihrerseits empirisch aus ähnlichen Pumpen bestimmt werden können. Es sind:

H_a	der absolute Druck auf der Oberfläche des Saugsumpfes. Wenn aus einem offenen Behälter gesaugt wird, ist dies der Atmosphärendruck,
h'_s	die statische Höhe des Saugspiegels über der Mitte der Pumpe,
H_D	der Dampfdruck bei der herrschenden Flüssigkeitstemperatur,
h_v	die Druckverlusthöhe in der Saugleitung und der Laufradzuführung,
c_1	die mittlere Geschwindigkeit am Eintritt in das Laufrad (Abb. 12.12 b),
$\lambda w_1^2/2g$	die örtliche Druckabsenkung unter den durchschnittlichen Druck an der Stelle eintretender Kavitation (Eintritt),
w_1	die durchschnittliche Relativgeschwindigkeit am Eintritt,
λ	ein empirisch gewonnener Koeffizient.

Die örtliche Druckabsenkung wird verursacht durch den Druckunterschied zwischen der Vorder- und Rückseite der Schaufel. Nur durch diesen Druckunterschied an der Schaufel ist eine Übertragung von Arbeit an die Flüssigkeit möglich. Abb. 3.18 zeigt eine typische Druckverteilung in einem Laufradkanal nach Uchimaru [*19*].

Nach der Definition beginnt die Kavitation, wenn

$$H_a + h'_s = H_D + h_v + \frac{c_1^2}{2g} + \lambda \frac{w_1^2}{2g}. \qquad (12.1)$$

Siedet die Flüssigkeit im Ansaugbehälter, dann ist $H_a = H_D$ und Gl. (12.1) geht über in Gl. (12.1a)

$$h'_s = h_v + \frac{c_1^2}{2g} + \lambda \frac{w_1^2}{2g}, \qquad (12.1\,a)$$

was bedeutet, daß dann immer eine positive Zulaufhöhe h'_s nötig ist, um das Arbeiten der Pumpe unter dieser Bedingung zu ermöglichen. Um Verdampfung sicher zu verhindern, ist ein Überschuß an Saugdruck erforderlich.

Gl. (12.1) ist für sich allein nicht zur Bestimmung der maximal zulässigen Saughöhe bei einer vorgegebenen Förderhöhe ausreichend, da der tatsächliche Wert der maximalen Geschwindigkeit c_1 nicht bekannt ist und weil der Wert λ für Pumpen verschiedener spezifischer Drehzahl verschieden ist. Sogar bei einer gegebenen Pumpe, also bei konstanter spezifischer Drehzahl, ändert sich λ mit dem Durchsatz; der Koeffizient hat ein Minimum im Punkt besten Wirkungsgrades und steigt zu beiden Seiten dieses Punktes an. Abb. 12.13 zeigt eine typische Kurve für λ nach Messungen von Krisam [20]. Ähnlich verlaufende

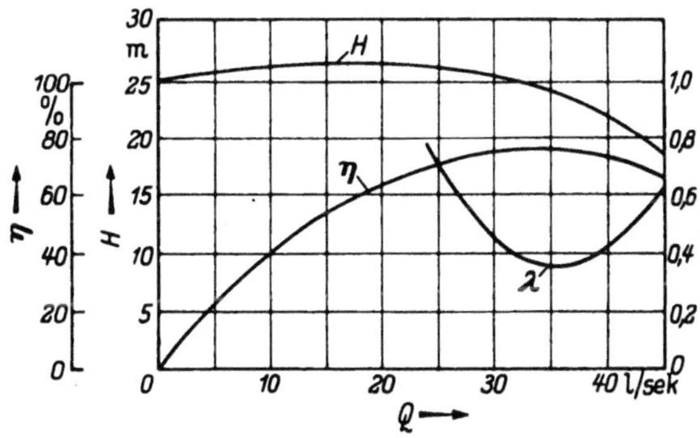

Abb. 12.13. Dynamischer Druckabsenkungskoeffizient nach Krisam [20]

Kurven veröffentlichte auch Cardinal von Widdern [21]. Das Ansteigen des Koeffizienten λ auf beiden Seiten des optimalen Betriebspunktes wird durch den Angriffswinkel zwischen der Richtung der Relativgeschwindigkeit und der Schaufel am Laufradeintritt (Abb. 12.12a) bewirkt.

12.5. Faktoren, die die Kavitation beeinflussen

Eine Betrachtung der Beziehung (12.1) läßt eine Reihe von Schlüssen zu. Wird einer der Ausdrücke verändert, so muß sich ein anderer auch ändern, um die Gleichung zu erfüllen. So ist die Tendenz der Veränderung durch äußere Einflüsse auf jeden Fall zu erkennen.

1. Ist der Atmosphärendruck niedriger als normal, wie es in großen Höhen der Fall ist (1000 mm WS Abnahme auf 1000 m), so fällt auch die maximal zulässige Menge (c_1 und w_1 fallen).

2. Wenn die Saughöhe vergrößert wird (h_s größer) oder wenn der Dampfdruck der Flüssigkeit steigt, ist die Auswirkung die gleiche wie bei 1.

3. Eine Vergrößerung der Saughöhe ist möglich, wenn dafür die Verluste in der Saugleitung verkleinert werden oder wenn man mit kleineren Geschwindigkeiten w_1 und c_1 arbeitet.

4. Es ist zu beachten, daß die Größe H_a in m von dem spezifischen Gewicht der Flüssigkeit abhängt, da $H_a = p_a/\gamma$ ist. Wird beispielsweise geschmolzenes Salz, das in Erdölraffinerien als Wärmeübertragungs-

medium benutzt wird und das ein spezifisches Gewicht von 1750 kg/m³ hat, aus einem unter Atmosphärendruck stehenden Kessel herausgepumpt, so ist $H_a = 10000/1750 = 5{,}7$ m. Die Kavitationsgefahr ist daher bei schweren Flüssigkeiten größer [*22*]. Hat man andere Flüssigkeiten als kaltes Wasser, so darf man in vielen Fällen nicht wie in diesem den Dampfdruck vernachlässigen.

5. Bei vorgegebenen mittleren Geschwindigkeiten c_1 und w_1 wird der Kavitationsbeginn von der Gehäuse- und Laufradkonstruktion beeinflußt, da hierdurch die Geschwindigkeitsverteilung und damit das örtliche Geschwindigkeitsmaximum bestimmt wird. Eine Ausbildung des Saugrohres, die mehr Vordrall ergibt, wird bei konstantem Saugdruck die maximal mögliche Fördermenge herabsetzen. Schlechte Gestaltung der Stromführung in der Saugleitung haben Ablösung und damit erhöhte örtliche Geschwindigkeiten zur Folge.

6. Bei Pumpen hoher spezifischer Drehzahl der axialen Bauart ist der Kavitationsbeginn durch allmähliches Abfallen des Pumpenwirkungsgrades ohne das plötzliche Abknicken der Drosselkurve gekennzeichnet. Hier kann Gl. (12.1) nicht angewandt werden, weil die Beschaufelung keine richtigen Kanäle bildet und der Dampfdruck nur örtlich erreicht wird.

7. Das Vorhandensein von Gasen in der Flüssigkeit beeinträchtigt die Gültigkeit der Beziehung (12.1) nur über das DALTONsche Gesetz der Partialdrücke. Da die Gasblasen die Kerne für die eintretende Verdampfung darstellen, bestehen die Blasen aus einem Gemisch von Dampf und Gas. Die Verdampfung beginnt dann bereits bei Gesamtdrücken des Gemisches, die wesentlich über dem Dampfdruck der Flüssigkeit liegen. Das Erdöl ist eines der verwickeltsten Beispiele dafür. Als Mischung verschiedener Kohlenwasserstoffe, die verschiedene Siedepunkte haben, verhält es sich so, daß die leichten Anteile schon bei Drücken, die wesentlich über ihrem Dampfdruck liegen, sieden, wobei die Verdampfung jedoch nur einen kleinen Teil des gesamten Volumens erfaßt. Als Folge davon geht der Abfall in der Drosselkurve bei Ölen allmählicher vor sich als bei Wasser und die mechanischen Zerstörungen sind nicht so stark. Die Tatsache, daß Verdampfung und Kondensation einen Wärmeaustausch erfordern, verlangsamt die Kavitationsbildung in Öl wegen seiner schlechteren Wärmeleitfähigkeit gegenüber Wasser.

Bei Behandlung von Erdölfraktionen sollte man mit dem Dampfdruck des Gemisches, nicht mit dem der reinen Phase rechnen [*23*].

8. Bei Studien über Kavitation sollte der Saugdruck auf den Saugflansch bezogen werden. Dadurch werden der Verlust in der Saugleitung und der Eintrittsverlust eliminiert. Der Verlust in dem Saugstutzen der Pumpe ist zu vernachlässigen, da die Geschwindigkeit klein, die Entfernung. kurz und die Strömung beschleunigt ist.

9. Bei kleinen Pumpen mit niedriger spezifischer Drehzahl überwiegt der Term $c_1^2/2\,g$, während der Ausdruck $\lambda w_1^2/2\,g$ von untergeordneter Bedeutung ist. Bei Axialpumpen mit hohen spezifischen Drehzahlen dagegen ist $\lambda w_1^2/2\,g$ der wichtigere Faktor und $c_1^2/2\,g$ wird unbedeutend. Die Größe $\lambda w_1^2/2\,g$ hängt von der Drehzahl und damit der Förderhöhe der Pumpe sowie von der Schaufelzahl ab und nimmt mit abnehmender Umfangsgeschwindigkeit und größer werdender Schaufelzahl ab.

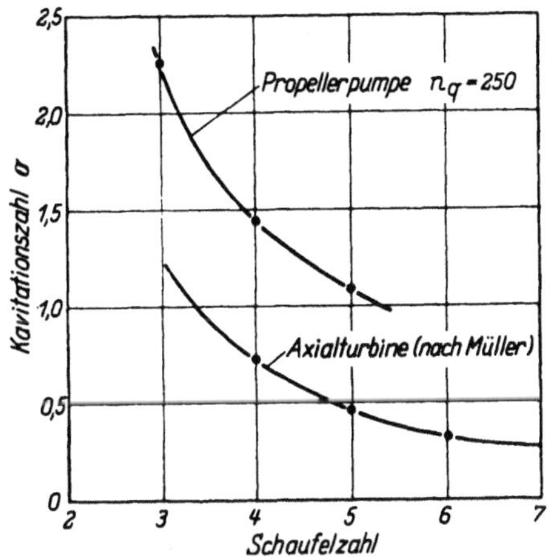

Abb. 12.14. Einfluß der Schaufelzahl auf die Kavitationszahl σ

Bei Langsamläufern (niedrige spezifische Drehzahl) kann deshalb die Kavitationsgrenze zu größeren Mengen verschoben werden, indem man einen Teil der Schaufel im Laufradeintritt wegnimmt und die Schaufeln zuschärft, so daß man größere Eintrittsflächen und kleinere Geschwindigkeiten c_1 erhält. Bei Schnelläufern dagegen kann man die Kavitationsgrenze dadurch nach oben verschieben, daß man bei kon-

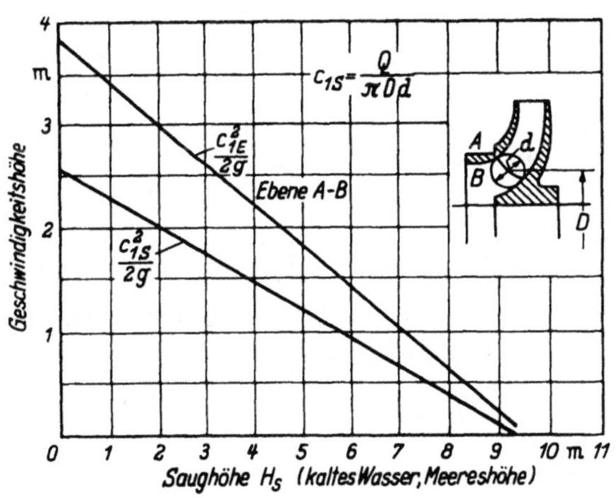

Abb. 12.15. Meridiangeschwindigkeit bei Kavitationsbeginn in Abhängigkeit von der Saughöhe

stanter Eintauchtiefe des Rades die Schaufeln durch Erhöhung der Schaufelzahl entlastet (Abb. 12.14).

10. Das für Langsamläufer wichtige Maximum der Geschwindigkeit c_1 kann entweder am Laufradeintritt (Ebene $A-B$, Abb. 12.15) oder an

der vorderen Schaufelkante auftreten. Die tatsächlich wirksame Fläche beider Querschnitte wird sehr stark von der Ausbildung der Zuführung beeinflußt.

12.6. Vorhersagen über das Kavitationsverhalten aus Geschwindigkeitsbetrachtungen

Aus einer großen Zahl von Beobachtungen von Pumpen niedriger spezifischer Drehzahlen bis etwa $n_q = 30$ in üblicher Anordnung fand der Autor, daß für kaltes Wasser (20° C) Gl. (12.1) vereinfacht werden kann zu

$$9{,}2\,m - H_s = 2{,}4\,\frac{c_{1E}^2}{2g}\,, \tag{12.2}$$

wobei c_{1E} die Meridiangeschwindigkeit am Laufradeintritt (Ebene $A-B$, Abb. 12.15) bei der Fördermenge ist, bei der die Drosselkurve in die Senkrechte übergeht; H_s ist die Saughöhe am Saugstutzen, bezogen auf Wellenhöhe. Diese Beziehung ist durch die eine Kurve in Abb. 12.15 dargestellt.

Eine ähnliche Beziehung für die Eintrittsgeschwindigkeit an den Schaufelkanten ist ebenfalls in Abb. 12.15 wiedergegeben. Sie lautet

$$9{,}2\,m - H_s = 3{,}5\,\frac{c_{1s}^2}{2g}\,. \tag{12.3}$$

Ein Vergleich der Beziehungen (12.2) und (12.3) mit (12.1) führt zu folgenden Schlüssen:

1. Die Differenz zwischen Atmosphärendruck und der Druckhöhe von 9,2 m in Gl. (12.2) und Gl. (12.3) schließt ein: den Dampfdruck des Wassers von 0,26 m bei 20° C; den Verlust im Saugstutzen; einen örtlichen Druckabfall durch ungleiche Geschwindigkeitsverteilung in der Zuleitung und einen kleinen Sicherheitsspielraum.

2. Der Term auf der rechten Seite von Gl. (12.2) ist wie folgt zu verstehen:

$$2{,}4\,\frac{c_{1E}^2}{2g} = \frac{c_1^2}{2g} + \lambda\,\frac{w_1^2}{2g} = \frac{c_{1E}^2}{2g}\left(\frac{1}{(\sin^2\alpha_1)} + \frac{\lambda}{(\sin^2\beta_1)}\right). \tag{12.4}$$

Dabei ist α_1 der Winkel der Absolutströmung und β_1 der Schaufelwinkel am Eintritt (Abb. 12.12b). Entsprechend ist die rechte Seite von Gl. (12.3)

$$3{,}5\,\frac{c_{1s}^2}{2g} = \frac{c_1^2}{2g} + \lambda\,\frac{w_1^2}{2g} = \frac{c_{1s}^2}{2g}\left(\frac{1}{(\sin^2\alpha_1)} + \frac{\lambda}{(\sin^2\beta_1)}\right)\frac{1}{\delta^2}\,. \tag{12.5}$$

δ ist ein Konstruktionskoeffizient, der die Schaufeldicke berücksichtigt, was bei der Definition von c_{1s} nicht der Fall war.

3. Wie bereits erwähnt, spielt der Term $\lambda\,w_1^2/2g$ bei Langsamläufern nur eine untergeordnete Rolle, so daß in diesem Falle tatsächlich nur die Geschwindigkeiten c_{1E} oder c_{1s} zu erscheinen brauchen. Die Pumpendrehzahl oder der Laufraddurchmesser sind nebensächlich, solange die Kavitation in der Nähe des Optimalpunktes einsetzt, wie es in Abb. 12.1

und 12.2 gezeigt ist (ähnliche Versuche veröffentlichte C. VON WIDDERN [21]). In dem angegebenen Bereich ist die Fördermenge bei Kavitation im Falle konstanten Saugdruckes unabhängig von der spezifischen Drehzahl und wird nur durch die Absolutgeschwindigkeit am Eintritt festgelegt.

Bei Pumpen mittlerer und hoher spezifischer Drehzahl ($n_q = 30 \ldots 80$) wächst die Fördermenge bei Kavitation leicht mit der spezifischen Drehzahl an, wenn die Kavitation rechts vom Optimalpunkt einsetzt. Sie fällt dagegen, falls die Kavitation schon vor Erreichen des besten Betriebspunktes auftritt (Abb. 12.16). Der Grund dafür ist die Änderung des Koeffizienten λ in dem Ausdruck $\lambda w_1^2/2g$.

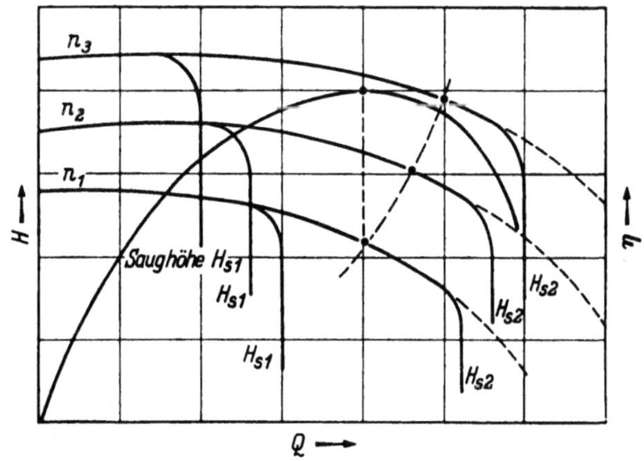

Abb. 12.16. Kavitationsverhalten bei verschiedenen Drehzahlen

Anschaulich ist das Phänomen wie folgt zu erklären: Bei wachsender Drehzahl und Kavitation rechts vom Optimalpunkt rückt derselbe näher an die Kavitationsfördermenge heran, so daß der Angriffswinkel kleiner und die Anströmbedingungen günstiger werden und Kavitation erst bei größerer Menge als vorher einsetzt. Entfernt sich der Optimalpunkt vom Kavitationspunkt, wie es mit wachsender Drehzahl und Kavitation bei Teilmengen (links in Abb. 12.16) der Fall ist, dann vergrößert sich der Angriffswinkel, die Anströmbedingungen verschlechtern sich und Kavitation setzt bereits bei noch kleineren Mengen ein.

Da der strömungsmäßig günstigste Anströmwinkel unter Umständen nicht mit dem Punkt besten Wirkungsgrades zusammenfällt, ist es möglich, daß die genannte Erscheinung erst spürbar wird, wenn die Kavitation genügend weit vom Optimalpunkt entfernt auftritt.

12.7. Die Kavitationskonstante von Thoma

Die empirisch gewonnene Beziehung zwischen der Laufradeintrittsgeschwindigkeit bei der kritischen Fördermenge und dem Saugdruck bietet ein befriedigendes Mittel, das Kavitationsverhalten von Langsamläufern vorauszusagen.

Bei schnelläufigen Pumpen wird dieser Zusammenhang zu ungenau, und bei den höchsten spezifischen Drehzahlen kann ein Wirkungsgradabfall viel früher als das Absinken der Drosselkurve beobachtet werden. Es gibt keine einfache Methode, den Kavitationsbeginn in schnelläufigen Pumpen vorauszusagen.

THOMA [*24*, *25*] hat vorgeschlagen, die dynamische Druckabsenkung einschließlich der Geschwindigkeitsenergie am Laufradeintritt zur Gesamthöhe in Beziehung zu setzen und die entstehende Größe als Kavitationskriterium zu benutzen. Danach ist:

$$\frac{c_1^2}{2g} + \lambda \frac{w_1^2}{2g} = \Delta h = \sigma H. \tag{12.6}$$

Der Koeffizient ist experimentell zu bestimmen; die Bedingung für einsetzende Kavitation lautet jetzt [entsprechend Gl. (12.1)]:

$$H_a + h_s' - H_D - h_v = \sigma H, \tag{12.7}$$

$$\Delta H = \sigma H \tag{12.7a}$$

oder

$$\sigma = \frac{H_a + h_s' - h_v - H_D}{H}. \tag{12.8}$$

Die Größe $H_a + h_s' - h_v - H_D$, die Reserve an statischer Druckhöhe, die die Strömung bei Eintritt in die Pumpe noch besitzt, bezeichnet man als Haltedruckhöhe ΔH und den Quotienten aus Haltedruckhöhe und Förderhöhe als Kavitationszahl der Anlage $\sigma_A = \Delta H/H$. Kavitation tritt nach dieser Formulierung dann ein, wenn die dynamische Druckabsenkung Δh so groß wie der Haltedruck ΔH wird, also wenn

$$\Delta h = \Delta H \tag{12.7b}$$

ist, bzw. wenn die Kavitationszahl σ der Maschine die Kavitationszahl σ_A der Anlage erreicht:

$$\sigma = \sigma_A. \tag{12.8a}$$

Ist dagegen $\sigma < \sigma_A$, so arbeitet die Maschine kavitationsfrei.

Die Verwendung der Kavitationszahl σ bürgerte sich anfangs im Turbinenbau und neuerdings auch im Pumpenbau ein. Zu ihrem Gebrauch sollen noch die folgenden Betrachtungen angestellt werden:

1. Die Geschwindigkeiten einer Pumpe, die mit verschiedenen Drehzahlen betrieben wird, oder die ähnlicher Pumpen, die in entsprechenden Betriebspunkten arbeiten (ähnliche Geschwindigkeitsdreiecke), verhalten sich wie die Wurzel aus den Förderhöhen; deshalb ist auch

$$\sigma = \frac{\Delta h}{H} = \text{konst}. \tag{12.9}$$

Die Konstanz der Kavitationszahl setzt allerdings voraus, daß auch der Faktor λ in Gl. (12.6) konstant bleibt. Die Beziehung (12.9) ist die Grundlage des ganzen Modellversuchswesens in Zusammenhang mit Kavitation. Ist σ durch einen Versuch für eine bestimmte Konstruktion festgestellt worden, so kann an Hand von Gl. (12.9) die dynamische Druckabsenkung und damit der erforderliche Mindesthaltedruck bzw. der Mindestsaugdruck berechnet werden.

2. Beziehung (12.9) gilt nur für den Zustand der Strömung bis zum Beginn der Kavitation, wo die Ähnlichkeitsgesetze noch gültig sind. Setzt die Kavitation ein, so gelten diese nicht mehr, und die Aussage σ = konst, die die Ähnlichkeit des Vorganges bezüglich der Kavitation ausdrückt, ist nicht mehr genau.

3. TENOT [*26*] gibt folgende Beziehung für die Ähnlichkeit bezüglich Kavitation an, wenn diese bereits über das Anfangsstadium hinaus fortgeschritten ist:

$$\frac{\sigma_1 - \sigma_c}{\sigma_2 - \sigma_c} = \frac{H_2}{H_1}. \tag{12.10}$$

Dabei ist σ_c der kritische Koeffizient für beginnende Kavitation, der für Modell und Großausführung übereinstimmt.

$\sigma_1 = \Delta h_1/H_1$ ist der Koeffizient für das Modell,
$\sigma_2 = \Delta h_2/H_2$ ist der Koeffizient für die Großausführung,
H_1 und H_2 sind die Förderhöhen der beiden Pumpen.

TENOT hat die Gültigkeit dieser Beziehung durch Hochfrequenzphotographien ($f = 10^6$/s) an einer kleinen Propellerpumpe bei mehreren Drehzahlen und Saughöhen nachgewiesen.

Gl. (12.10) kann wie folgt umgeformt werden: Durch Multiplikation beider Seiten mit $H_2 H_1$ erhält man

$$(\sigma_1 - \sigma_c)\, H_1 = (\sigma_2 - \sigma_c)\, H_2\,,$$
$$\Delta h_1 - \Delta h_{c1} = \Delta h_2 - \Delta h_{c2}. \tag{12.11}$$

Beziehung (12.11) zeigt, daß bei Ähnlichkeit bezüglich Kavitation der Absolutdruck an den Punkten kleinsten Druckes gleichweit entfernt ist von dem Dampfdruck, der bei eintretender Kavitation erreicht wird. Das bedeutet, daß von zwei bei verschiedenen Förderhöhen arbeitenden Pumpen, deren Kavitationskonstanten gleich sind ($\sigma_1 = \sigma_2$), diejenige mit der größeren Förderhöhe weniger Kavitation entwickelt als die mit der kleineren Höhe.

Werden beide Pumpen, das Modell und die Großausführung bei der gleichen Höhe untersucht ($H_1 = H_2$), so ist

$$\frac{\sigma_1 - \sigma_c}{\sigma_2 - \sigma_c} = 1$$

und damit auch

$$\sigma_1 = \sigma_2. \tag{12.12}$$

4. Es wurde bereits darauf hingewiesen, daß es sehr schwierig ist, den Kavitationsbeginn zu erkennen, so daß ein als kritischer Koeffizient

σ_c angesehener Koeffizient unter Umständen schon einem fortgeschritteneren Stadium der Kavitation entspricht.

Es kann beim Gebrauch sehr hoher spezifischer Drehzahlen bei Pumpen und Turbinen sehr unwirtschaftlich sein, das Laufrad genügend tief einzutauchen, um Kavitation bei allen Betriebszuständen zu vermeiden. Deshalb ergeben Modellversuche, die für $\sigma_1 = \sigma_2$ angestellt werden, nach dem unter Ziff. 3 Gesagten nur angenäherte Ähnlichkeit, wenn das Modell nicht bei gleicher Höhe H wie die Großausführung betrieben wird. Im Wasserturbinenbau, wo es wegen der hohen Ausschachtungskosten nur selten möglich ist, Kavitation vollständig zu verhindern, wird der Läufer an besonders gefährdeten Stellen durch einen Edelstahlüberzug geschützt [*27*].

5. Um Diskussionen über das Thema Kavitation eindeutiger zu gestalten, sollte der Begriff „beginnender Kavitation" genau definiert werden; entweder als der Beginn des Absinkens der Drosselkurve, oder der Beginn des Abbiegens der Wirkungsgradkurve, oder die Entstehung von Geräuschen und Schwingungen. Der Abfall des Wirkungsgrades ist das am allgemeinsten gültige und zuverlässigste Kriterium; es ist unabhängig von der spezifischen Drehzahl und ist schon feststellbar, wenn sonst noch keine Anzeichen zu entdecken sind. Je nach den zur Verfügung stehenden Meßmöglichkeiten kann dann eine Wirkungsgradverschlechterung von 1% oder sogar weniger als Beginn der Kavitation erkannt werden.

Während der Kavitationsversuche wird σ entweder durch Veränderung des Saugdruckes (meist durch Drosselung) oder durch Änderung der Drehzahl und damit der Förderhöhe bei gleicher statischer Druckhöhe auf der Saugseite variiert. Obwohl die erstgenannte Methode einfacher durchzuführen ist, erhält man durch Variation der Höhe bessere Ergebnisse. Bei Laboratoriumsversuchen ist es am zweckmäßigsten, aus einem geschlossenen Behälter anzusaugen, der unter konstantem Druck gehalten werden kann. Zusammen mit einem regelbaren Antrieb ist dies der beste Aufbau zur exakten σ-Bestimmung [*28*].

Obwohl der gleiche Wert σ einmal mit niedriger Förderhöhe und niedrigem Saugdruck, d. h. großer Förderhöhe, und einmal mit großer Förderhöhe und entsprechend höherem Saugdruck (größere Pumpe oder höhere Drehzahl) darstellbar ist, geschieht, physikalisch gesehen, bezüglich der Kavitation nicht in beiden Fällen das gleiche. Im ersten Fall steht das ganze Saugrohr unter der großen Saughöhe und bei den kleinen Geschwindigkeiten steht genügend Zeit zur Verfügung, Luft oder andere Gase aus der Lösung gehen zu lassen; diese können sich in Mengen ansammeln, die ausreichen, den Wirkungsgrad zu beeinträchtigen und die Drosselkurve zum Absinken zu bringen, auch dann, wenn noch keine regelrechte Dampfbildung einsetzt. Im zweiten Fall ist der Druckabfall hauptsächlich dynamischer Natur und bleibt auf kleine Zonen der Stromführung innerhalb der Pumpe beschränkt. Bei den hohen Geschwindigkeiten ist daher die dem Wasserpartikel zur Entgasung oder Verdampfung zur Verfügung stehende Zeit außerordentlich kurz. Da die Zeit bei thermodynamischen Vorgängen ein entscheidender Faktor ist, ist in diesem Falle der relative Umfang der Verdampfung und seine Wirkung auf die Charakteristik der Maschine bei Pumpen mit größerer Förderhöhe kleiner [*21*].

Selbst bei ähnlichen Pumpen verschiedener Größe, die bei gleicher Förderhöhe und gleichem Faktor σ arbeiten, also auch bei gleichem Saugdruck, steigt das Ausmaß der Dampfbildung nicht proportional

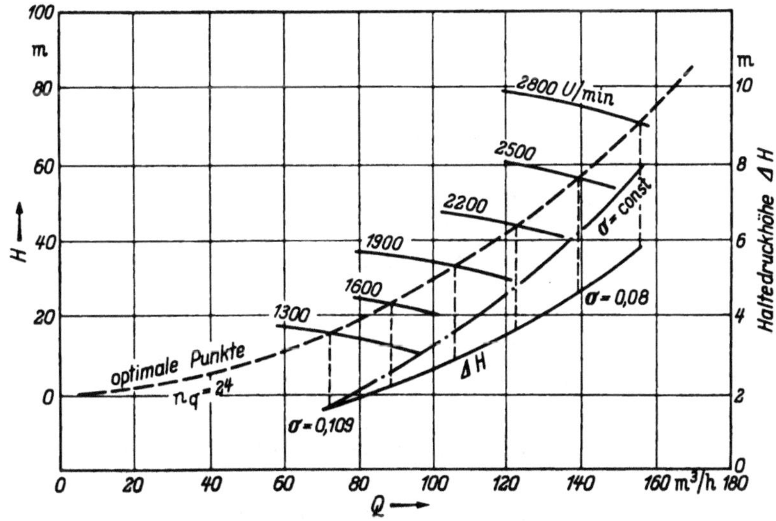

Abb. 12.17. Einfluß der Drehzahl auf den Kavitationskoeffizienten σ im optimalen Betriebspunkt nach KRISAM [*30*]

mit den Abmessungen; die ungünstigen Auswirkungen der Kavitation sind bei der großen Einheit weniger ausgeprägt [*29*]. Obwohl die Geschwindigkeiten an entsprechenden Punkten des Laufrades gleich sind, ist die Wirkung der Schaufelkrümmung oder der Form des Saugrohres auf die Geschwindigkeitsverteilung bei der großen und bei der kleinen Pumpe verschieden, weil die REYNOLDSschen Zahlen verschieden sind. Bei großen Maschinen mit großen REYNOLDSschen Zahlen sind die Maximalgeschwindigkeiten, bezogen auf die Durchschnittsgeschwindigkeit, kleiner als bei kleineren Maschinen.

Andererseits ist der Weg durch die Zone niedrigen Druckes des Laufrades bei der Großausführung länger als beim Modell, so daß die Verweilzeit größer ist. Dieser Effekt der Zeit kann die behandelte Wirkung der REYNOLDSschen Zahl ganz oder teilweise kompensieren.

Die Abb. 12.17 und 12.18 zeigen Versuchsergebnisse von KRISAM [*30*], die an zwei Pumpen verschiedener Drehzahl gewonnen wurden.

Das Versuchsergebnis, die ausgezogene Linie des Haltedruckes, weicht bei größeren Mengen beachtlich von der strichpunktiert eingezeichneten Kurve, die einem konstanten Wert von σ entspricht, ab. Der Einfluß der REYNOLDSschen Zahl und der Verweilzeit sind Faktoren, die den erforderlichen Haltedruck ΔH bzw. die Größe σ_A bei höheren Geschwindigkeiten herabsetzen.

6. Bei ähnlichen Pumpen bedeutet eine höhere REYNOLDSsche Zahl kleinere Reibungsverluste in dem Laufradeinlauf, im Rad selbst und im Spiralgehäuse. Daher wird bei gleichem gemessenem Haltedruck der Druck in der Zone niedrigsten Druckes höher als bei kleinerer REYNOLDSscher Zahl. Weiter ist die örtliche Übergeschwindigkeit im Verhältnis zur mittleren Geschwindigkeit und damit die örtliche Druckabsenkung kleiner als bei sonst gleichen Verhältnissen und kleinerer REYNOLDSscher Zahl. Der zur Vermeidung von Kavitation erforderliche Haltedruck ΔH nimmt also mit wachsender REYNOLDSscher Zahl infolge der beiden genannten Umstände ab. Dazu kommt, daß bei höherer REYNOLDSscher Zahl die Verluste kleiner und die Förderhöhe größer werden, so daß auch dadurch die Größe $\sigma = \Delta h/H$ etwas verkleinert wird.

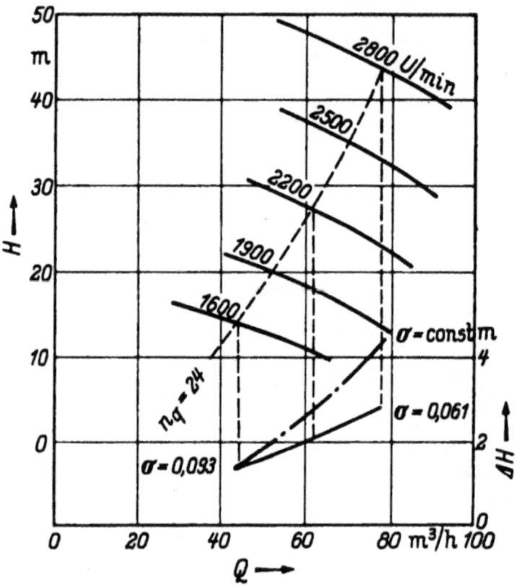

Abb. 12.18. Einfluß der Drehzahl auf den Kavitationskoeffizienten σ im optimalen Betriebspunkt nach KRISAM [*30*].

Allgemein kann festgestellt werden, daß bei Pumpen gleicher spezifischer Drehzahl die Größe σ eine Funktion des Wirkungsgrades ist, wobei Pumpen mit höherem Wirkungsgrad eine kleinere Konstante σ aufweisen. Abb. 12.19 zeigt eine Zusammenstellung der Kavitationszahlen σ über der spezifischen Drehzahl bei verschiedenen hydraulischen Wirkungsgraden nach RÜTSCHI [*31*].

7. Es gibt verschiedene Möglichkeiten, Versuchsergebnisse über das Kavitationsverhalten graphisch darzustellen. Bei der einen wird σ für verschiedene Punkte auf der Drosselkurve bestimmt und über der spezifischen Drehzahl der zugehörigen Punkte aufgetragen. Dabei ist

die spezifische Drehzahl nicht, wie sonst üblich, eine Typengröße, sondern sie ist mit Höhe, Menge und Drehzahl einer Pumpe gebildet. Abb. 12.20 zeigt Kurven für zwei Pumpen, die so aufgetragen sind. Diese Kurven stellen die vollständige Kavitationscharakteristik einer Pumpe dar.

Bei einer anderen Methode wird der Wirkungsgrad oder die Förderhöhe bei konstanter Drehzahl und Fördermenge über der Saugdruck-

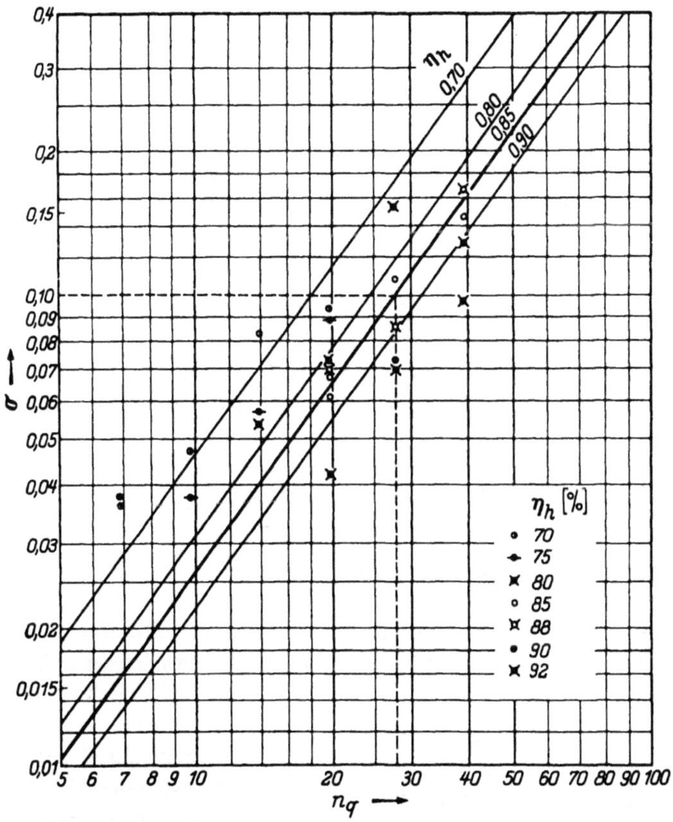

Abb. 12.19. Kavitationskonstante σ über spezifischer Drehzahl bei verschiedenem hydraulischem Wirkungsgrad nach RÜTSCHI [31]

höhe H'_S oder der Kavitationszahl σ_A der Anlage aufgetragen, wobei der Abfall in Wirkungsgrad und Förderhöhe die einsetzende Kavitation anzeigt (Abb. 12.21). Diese Kurven geben Information über Kavitation in einem Punkt der Drosselkurve. Die Methode wird meistens bei Modellversuchen zum Auffinden einer noch sicheren Saugdruckhöhe angewandt.

Das allgemeine Verhalten der Kavitationszahl σ im optimalen Betriebspunkt bei Pumpen verschiedener spezifischer Drehzahlen ist in Abb. 12.22 dargestellt und weiter unten unter Ziff. 8 diskutiert.

Sind Fördermenge, Förderhöhe und Saughöhe einer Anlage bekannt, so ist die Kavitationszahl der Anlage gegeben. Diese Zahl ist ein Maß für die tatsächlich vor der Pumpe noch verfügbare Druckreserve. Sie

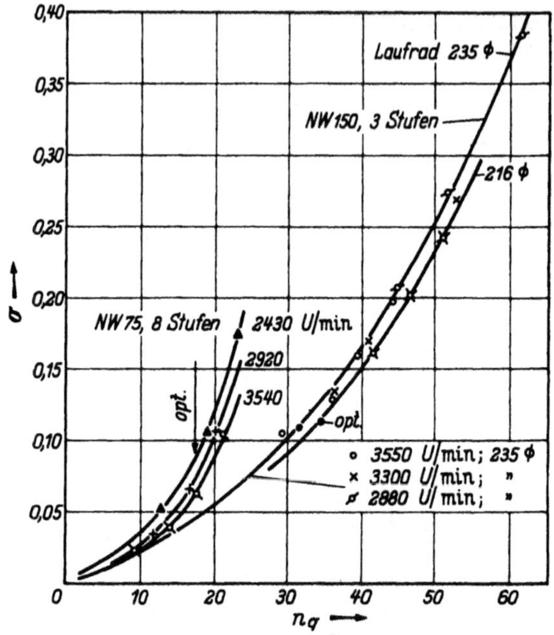

Abb. 12.20. Kavitationszahl σ von zwei Pumpen über der spezifischen Drehzahl für je eine Drosselkurve

muß deshalb größer oder mindestens gleich der Kavitationszahl der Maschine sein, die ein Maß für die erforderliche Druckreserve ist. Durch Wahl einer geeigneten Pumpendrehzahl kann die spezifische Drehzahl dann meist noch frei gewählt und mit der gewünschten Sicherheit gegen Kavitation den Erfordernissen der Anlage angepaßt werden. Oft wird aber die Drehzahl vorgeschrieben, so daß auch die spezifische Drehzahl der Anlage feststeht. In diesem Fall ist nur wenig Spielraum gegeben, indem man den Betriebspunkt rechts oder links von dem Punkt besten Wirkungsgrades legt. In diesem Falle stimmen die spezifische Drehzahl von Pumpe und Anlage nicht überein. Bei Pumpen

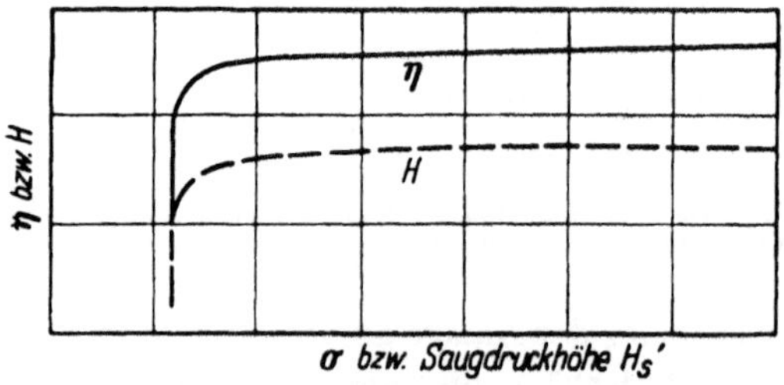

Abb. 12.21. Kavitationscharakteristik in einer Pumpe bei konstanter Drehzahl und Fördermenge

hoher spezifischer Drehzahl, bei denen die dynamische Druckabsenkung $\lambda w_1^2/2g$ eine entscheidende Rolle bei dem Kavitationsverhalten spielt, ist die Vergrößerung der Schaufelzahl ein sehr wirksames Mittel zur Verkleinerung des kritischen Wertes der Kavitationszahl σ der Maschine, ohne die spezifische Drehzahl wesentlich zu verändern (Abb. 12.14).

8. Aus theoretischen Überlegungen ist es möglich, eine Beziehung zwischen der Zahl σ und der spezifischen Drehzahl für den optimalen Betriebspunkt aufzustellen [*21*, *32*]. Danach ist

$$\frac{\sigma_2}{\sigma_1} = \left(\frac{n_{q2}}{n_{q1}}\right)^{4/3}. \qquad (12.13)$$

Die Tendenz der Veränderung von σ mit der spezifischen Drehzahl, die man durch Auftragen von Versuchsergebnissen findet, stimmt sehr gut mit Gl. (12.13) überein, wie die von WISLICENUS, WATSON und KARASSIK [*33*] veröffentlichte Kurve zeigt, die Gl. (12.13) exakt befolgt. Für eine einheitlich aufgebaute Reihe von Pumpen muß man eine stetige Kurve der σ-Werte über der spezifischen Drehzahl erhalten, da alle Entwurfsmerkmale, die von Einfluß auf das Kavitationsverhalten sind, (Eintrittsfläche, Schaufelzahl usw.) sich ebenfalls kontinuierlich mit der spezifischen Drehzahl ändern. Die in Abb. 12.22 dargestellte Kurve kann durch die folgenden Gleichungen ausgedrückt werden:

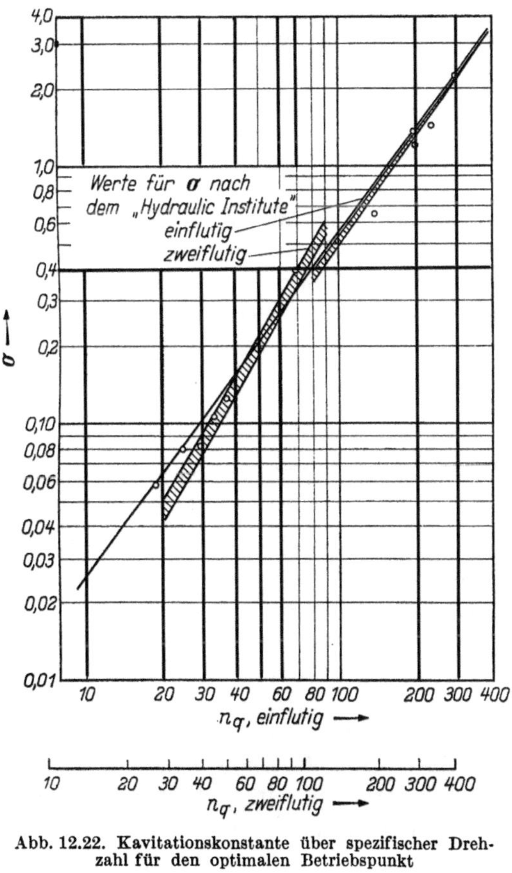

Abb. 12.22. Kavitationskonstante über spezifischer Drehzahl für den optimalen Betriebspunkt

$$\sigma = 1{,}22 \cdot 10^{-3}\, n_q^{4/3} \quad \text{für einflutige Pumpen,} \qquad (12.14)$$

$$\sigma = 0{,}77 \cdot 10^{-3}\, n_{qII}^{4/3} \quad \text{für zweiflutige Pumpen.} \qquad (12.15)$$

Bei Gl. (12.15) ist die spezifische Drehzahl mit der gesamten Fördermenge der Pumpe gebildet.

Abb. 12.22 zeigt die vom „Hydraulic Institute“ angegebene obere Grenze der spezifischen Drehzahlen für einflutige und zweiflutige Pumpen. Das Diagramm gibt einen Bereich von σ-Werten zu einer bestimmten spezifischen Drehzahl, wobei die höheren σ-Werte für Pumpen mit kleinerer Förderhöhe anzuwenden sind. Die Streuung entstand dadurch, daß für die Versuche Pumpen verschiedener Fabrikate benutzt wurden.

9. Die auf der Saugseite von Pumpen bezüglich der Kavitation herrschenden Bedingungen können durch eine weitere Kennzahl, die auf den Haltedruck bezogene spezifische Drehzahl [*33*, *34*], gekennzeichnet werden. Dieser Kennwert ist definiert als

$$S = \frac{n\,Q^{1/2}}{\Delta H^{3/4}}\,. \tag{12.16}$$

Die Entwicklung dieses Ausdruckes basiert auf den Ähnlichkeitsgesetzen unter den Bedingungen vor Eintritt der Kavitation; er stellt keine prinzipiell neue Beziehung zwischen den einzelnen Faktoren dar. Der Zusammenhang zwischen S, σ und n_q lautet

$$\frac{n_q}{S} = \sigma^{3/4}\,. \tag{12.17}$$

Durch Einsetzen der Werte von σ aus Gl. (12.14) und Gl. (12.15) in Gl. (12.17) folgt, daß

$$S = 153 \quad \text{bei einflutigen und} \tag{12.18}$$

$$S = 218 \quad \text{bei zweiflutigen} \tag{12.19}$$

Pumpen ist.

Bei speziellen Konstruktionen sind Werte bis $S = 300$, bezogen auf das einflutige Rad im Punkt besten Wirkungsgrades zu erzielen. Bei Teilmengen sind Werte bis $S = 400$ unter einiger Einbuße an Wirkungsgrad möglich. Bei speziellen Anwendungen, zum Beispiel bei Treibstoffpumpen, erreichte man sogar Werte bis $S = 800$ durch Anordnen eines Axialpropellers vor dem eigentlichen Laufrad. Dieser Propeller arbeitet mit Kavitation bei Teilmengen und beeinträchtigt den Wirkungsgrad der Kombination beachtlich.

Analog zur Definition der spezifischen Drehzahl n_q kann man die auf den Haltedruck bezogene spezifische Drehzahl S als die Drehzahl eines der wirklichen Ausführung geometrisch ähnlichen Laufrades auffassen, dessen Haltedruckhöhe bei einer Fördermenge von $Q = 1$ m³/s $\Delta H = 1$ m ist. Die Zahl S wird zum Klassifizieren der Laufräder bezüglich ihres Haltedruckbedarfes benutzt. Sie ist unabhängig von der Pumpengröße und der spezifischen Drehzahl n_q. Zieht man Linien konstanten Wertes S in Abb. 12.22, so erhält man Parallelen zu der gezeichneten Geraden $S = 153$, wobei höhere Werte von S unter derselben liegen. Solche Linien sind Teile eines unabhängig von der Beobachtung bestehenden Liniennetzes.

Ein konstanter Wert S ist gleichbedeutend mit ähnlich bleibenden Eintrittsdreiecken, d. h. $c_{m1}/u_1 = \mathrm{tg}\beta_1 = \text{konst}$ und $c_{m1}/\sqrt{\Delta H} = \text{konst}$. Dabei ist c_{m1} die Meridiangeschwindigkeit am Eintritt, u_1 die Umfangsgeschwindigkeit am Laufradeintritt und β_1 der Schaufeleintrittswinkel am Laufradeintrittsdurchmesser D_1. Größere Werte von S führen zu niedrigeren Zahlen für β_1 und c_{m1}.

10. Werden Modellversuche zur Erforschung der Charakteristik und des Kavitationsverhaltens von Pumpen gemacht, so sollte sich die Ähnlichkeit zwischen Modell und Großausführung auch auf das Saugrohr und auf das Druckrohr beziehen.

12.8. Thermodynamische Aspekte der Kavitation

a) Einführung. Das Verdampfen von Flüssigkeit bei Kavitation ist ein thermischer Prozeß, der von den Zustandsgrößen und Eigenschaften der Flüssigkeit abhängt. Dies sind: Druck, Temperatur, Verdampfungswärme, spezifische Wärme. Die Störung der Charakteristik bei Kavitation wird durch das Auftreten und Verschwinden von Dampfblasen in der Zone niedrigsten Druckes hervorgerufen, die die Bedingungen, die bei vollständiger Ausfüllung des Raumes mit Flüssigkeit herrschen, plötzlich verändern. Um das Sieden zu ermöglichen, muß die zur Verdampfung notwendige Wärme aus der Flüssigkeit an die entstehenden Dampfblasen herangeleitet werden. Dieser notwendige Wärmetransport kann nur mit Temperaturgefälle vonstatten gehen, d. h., wenn die Temperatur über der zum niedrigsten Druck gehörigen Sättigungstemperatur liegt. Anders ausgedrückt bedeutet dies, daß der Druck in der Kavitationszone noch unter den Sättigungsdruck der Flüssigkeit sinken muß, um Kavitation zu erzeugen.

Das Ausmaß, in dem die charakteristischen Kurven der Pumpe verändert werden, hängt davon ab, wieviel von der Flüssigkeit bei dem in der Kavitationszone herrschenden Druck verdampft. Der Einfluß der Flüssigkeitseigenschaften auf die Kavitation kann durch Vergleich der Charakteristik einer gegebenen Pumpe bei gegebener Drehzahl beobachtet werden, wenn man dieselbe Wasser von verschiedenen Temperaturen fördern läßt. Auf diese Weise ist man sicher, daß vor Eintritt der Kavitation immer gleiche Bedingungen herrschen, da die Charakteristik einer Pumpe — abgesehen von dem geringfügigen Einfluß der Reynoldsschen Zahl — unabhängig vom Medium, sei es Flüssigkeit oder Gas, ist.

b) Das thermische Kavitationskriterium. In Abb. 12.23 ist die Kurve $ABCD$ die normale Drosselkurve, die dann gemessen wird, wenn der Haltedruck so groß ist, daß keine Kavitation eintritt. Kurve $ABC'E$

ist eine typische Kurve für ungenügenden Haltedruck. Die darunter gezeigte Kurve für ΔH stellt das Minimum des Haltedruckes dar, bei dem gerade Kavitation eintritt (Punkt B auf der Kurve $ABC'E$). Senkt man den Haltedruck bei der Fördermenge Q_c um δh ab, so sinkt der Absolutdruck in der Kavitationszone um den gleichen Betrag unter den kritischen Druck, und es tritt Kavitation ein. Die Förderhöhe soll infolgedessen von C auf C' sinken. Die Absenkung δh ist die Differenz aus der tatsächlich vorhandenen Absenkung Δh und der zum Punkt beginnender Kavitation gehörigen kritischen Druckabsenkung Δh_c:

$$\delta h = \Delta h - \Delta h_c\,; \; \delta h = H(\sigma - \sigma_c) \text{ (Bezeichnungen s. S. 202 u. 203).}$$

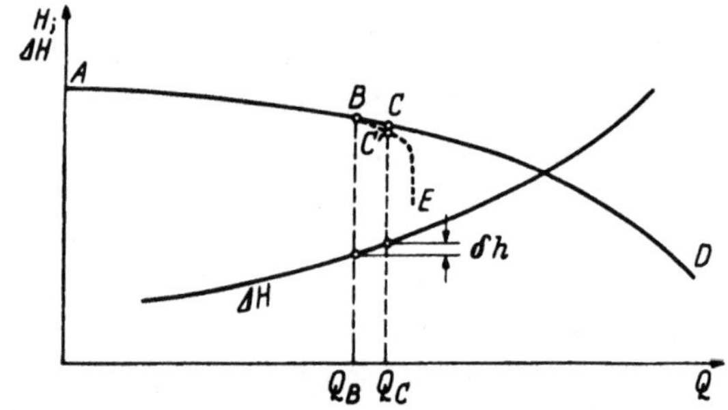

Abb. 12.23. Definition der Druckabsenkung δh

Die Sättigungstemperatur, die zu dem neuen, verringerten Druck in der Kavitationszone gehört, soll um δT unter der ursprünglich dort herrschenden Sättigungstemperatur liegen. Steht genügend viel Zeit zum Ausgleich zur Verfügung, so werden der durch die Zone niedrigen Druckes strömenden Flüssigkeit δi_f kcal/kg entzogen und zum Verdampfen verbraucht, wobei δi_f der Unterschied der Flüssigkeitsenthalpie zwischen dem ursprünglichen und dem neuen Gleichgewichtszustand ist. Er beträgt

$$\delta i_f = c_f\, \delta T\,, \tag{12.20}$$

wobei c_f die spezifische Wärme der Flüssigkeit ist. Bezeichnet x_D den Anteil der verdampfenden Flüssigkeit an der insgesamt durchströmenden Menge und r die Verdampfungswärme, dann gilt

$$\delta i_f = x_D\, r\,. \tag{12.21}$$

Führt man an Stelle des Gewichtsanteiles den Volumenanteil ein, also $x_D = V_D v_f / V_f v_D$, so erhält man für Gl. (12.21)

$$\frac{V_D}{V_f} = \frac{v_D}{v_f}\frac{\delta i_f}{r} = B\,. \tag{12.22}$$

Wird eine gegebene Pumpe bei gleicher Geschwindigkeit und Fördermenge, jedoch mit zwei verschiedenen Flüssigkeiten betrieben, so bedeutet der gleiche Wert von V_D/V_f das gleiche Ausmaß an Verdampfung und damit die gleiche Veränderung der Charakteristik. Auf diese Weise hat man mit dem Faktor B ein Kriterium für das Verhalten der Pumpe bezüglich Kavitation bei Förderung verschiedener Flüssigkeiten. Der Ausdruck soll — wie bereits in Gl. (12.22) geschehen — mit B bezeichnet werden. Bei Annahme einer Druckabsenkung δh kann B aus den Stoffwerten der Flüssigkeit berechnet werden

$$B = \frac{v_D}{v_f} \frac{c\,\delta T\,(\delta p)}{r} \tag{12.23}$$

Zum Vergleich des Verhaltens einer Pumpe beim Fördern von zwei verschiedenen Flüssigkeiten ist die Größe B in beiden Fällen für eine angenommene, gleiche Druckabsenkung δh zu berechnen.

Um das Kriterium B praktisch zu benutzen, soll eine vollständige Kavitationscharakteristik nach Abb. 12.24 für die zu untersuchende oder eine geometrisch ähnliche Pumpe und für verschiedene Medien oder Wasser von verschiedenen Temperaturen zur Verfügung stehen. Wasser

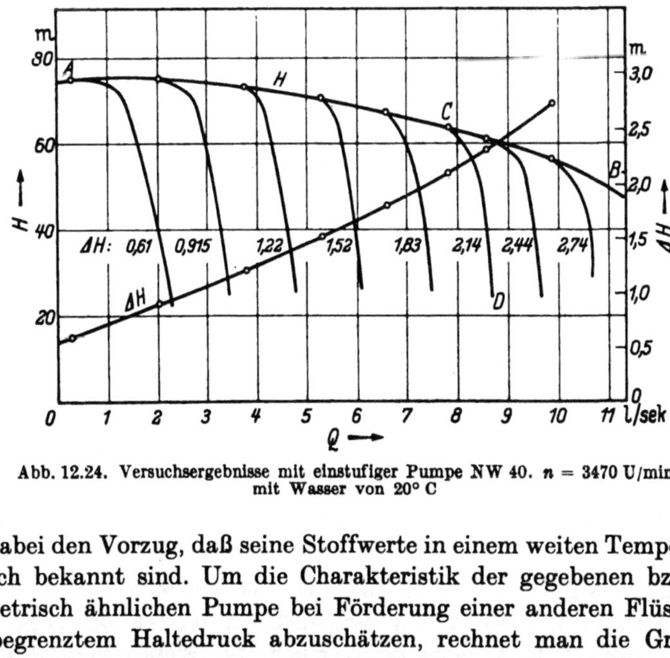

Abb. 12.24. Versuchsergebnisse mit einstufiger Pumpe NW 40. n = 3470 U/min mit Wasser von 20° C

hat dabei den Vorzug, daß seine Stoffwerte in einem weiten Temperaturbereich bekannt sind. Um die Charakteristik der gegebenen bzw. der geometrisch ähnlichen Pumpe bei Förderung einer anderen Flüssigkeit bei begrenztem Haltedruck abzuschätzen, rechnet man die Größe B zunächst für einen angenommenen Wert δh aus. Dann stellt diejenige der bereits vorhandenen Charakteristiken, die für gleiches δh auch das gleiche B ergibt, die Charakteristik mit der neuen Flüssigkeit dar.

Wenn die Größe B in dem oben beschriebenem Sinne als Kriterium angewandt wird, ist ihr absoluter Wert nicht wichtig. Dieser hängt von dem Wert δh ab, der der Berechnung zugrunde gelegt wurde.

c) Bemerkungen. 1. Der Wärmebilanz in Gl. (12.21) ist die Annahme zugrunde gelegt, daß das thermische Gleichgewicht nach der Absenkung um δh wieder erreicht wird. Das würde theoretisch unendlich lange dauern; vergleicht man aber die Charakteristiken gleicher oder ähnlicher

Pumpen, die bei gleicher Größe B verschiedene Flüssigkeiten fördern, dann ist der Einfluß der Zeit in beiden Fällen gleich groß. Gl. (12.22) bedeutet, daß bei gleicher Größe des Wertes B die relative Volumenzunahme der Strömung durch die Zone niedrigen Druckes bzw. den Laufradkanal für die beiden Flüssigkeiten und daher die Veränderung der Drosselkurve gleich ist[1].

d) Versuchsergebnisse und numerische Beispiele. Abb. 12.25 zeigt die Charakteristik einer Pumpe NW 40, die bei $n = 3470$ U/min entgastes Wasser bei verschiedenen Temperaturen und gleicher Haltedruckhöhe, also gleicher Druckreserve gegenüber dem Dampfdruck, von $\Delta H = 1{,}22$ m

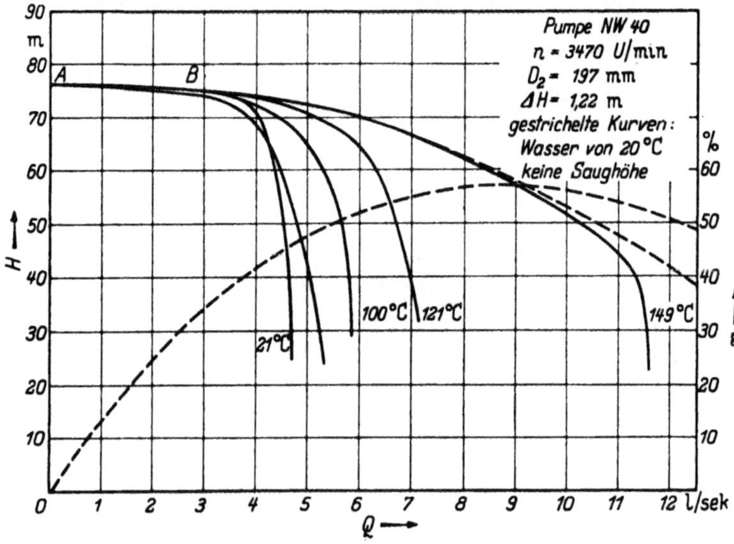

Abb. 12.25. Versuchsergebnisse mit einstufiger Pumpe NW 40; 3470 U/min; mit Wasser von verschiedenen Temperaturen und Sättigungsdrücken

fördert. Diese Kurven wurden aus einer Versuchsreihe mit Wasser bei konstanten Temperaturen und verschiedenen Werten ΔH zusammengestellt. Abb. 12,24 ist einer der Versuche für Wasser von 20° C. Bei genügender Druckhöhe auf der Saugseite ist der dynamische Zustand im Laufrad bei gleicher Fördermenge in allen Fällen gleich. Ist die Druckreserve begrenzt, so ist der Zustand nur bis zum Punkt eintretender Kavitation bei allen Flüssigkeiten gleich (Punkt B, Abb. 12.25). Eine vorgegebene Druckabsenkung unter den in der Zone niedrigsten Druckes herrschenden Druck bringt bei den verschiedenen Flüssigkeiten bzw. Wasser verschiedener Temperatur verschiedene Mengen Dampf.

[1] Siehe auch R. C. Fisher: Proc. Instn. mech. Engrs. Bd. 152 (1945) sowie R. B. Jakobs, K. B. Martin, C. J. van Wylen u. B. W. Bikrmingham: Pumping Cryogenic Liquids. Ber. 3569, National Bureau of Standards 1956.

Von Punkt B ab hängt die Form von Drosselkurve und Wirkungsgradkurve von der Eigenart der Flüssigkeit ab.

Die thermischen Eigenschaften von Wasser und Wasserdampf sind in Tab. 12.1 für mehrere Temperaturen dargestellt. Folgende Beobachtungen können an Hand dieser Tabelle gemacht werden:

1. Das spezifische Volumen von Dampf fällt rasch mit ansteigender Temperatur. Im kritischen Zustand ist das spezifische Volumen von gesättigtem Dampf und Flüssigkeit gleich. Danach könnte im kritischen Zustand keine Kavitation auftreten.

Tabelle 12.1. *Physikalische Eigenschaften von Wasser und Dampf*

ϑ (°C)	p (ata)	v (m³/kg)	r (kcal/kg)	i' (kcal/kg)
17	0,01975	69,10	587,7	17,04
20	0,02383	57,84	586,0	20,03
80	0,4829	3,41	551,3	79,95
100	1,0332	1,673	538,9	100,04
120	2,0245	0,8914	525,7	120,3
150	4,854	0,3924	504,6	150,9

2. Einer Druckabsenkung von nur $\delta h = 40$ mm entspricht bei 20° eine Temperaturdifferenz von $\delta T = 2{,}8°$ C. Bei Wasser von 150° C gehört zur gleichen Druckabsenkung nur eine Differenz von $\delta T = 0{,}03°$C. Die Enthalpieabnahme des Wassers je Grad Temperaturabsenkung ist im wesentlichen vom Druck unabhängig. Infolgedessen steht bei gleicher Absenkung des Druckes in beiden Fällen bei 20° mehr Wärme zur Verfügung als bei 150° C. Hinzu kommt, daß das spezifische Volumen des Dampfes bei 20° C 134mal so groß ist wie das Volumen des Dampfes von 150° C, so daß man sich das unterschiedliche Verhalten in beiden Fällen leicht vorstellen kann.

Tab. 12.2 zeigt die Berechnung des thermischen Kavitationskriteriums B für Wasser für fünf verschiedene Temperaturen. Die letzte Kolonne gilt für Butan von 20°. Der Wert der Größe B bei Butan ist praktisch der gleiche wie bei Wasser von 150° C; es kann also erwartet werden, daß das Verhalten von Butan mit dem von Wasser bei 150° übereinstimmen wird.

Da die Größe B entsprechend ihrer Definition ein Maß für die je Volumeneinheit ankommender Flüssigkeit entstehende Dampfmenge ist (V_D/V_f), bedeutet ein kleiner Wert von B bei gleicher Druckabsenkung unter den Dampfdruck der Flüssigkeit eine weniger ausgeprägte Wirkung der Kavitation. Die hohen Absolutwerte von B bis zu $B = 253$ bei 20° bedeuten lediglich, daß der gewählte Wert von $\delta h = 40$ mm zu hoch für diesen Flüssigkeitszustand ist und daß sich eine Temperaturdifferenz von 2,8° C bei 20° unter den tatsächlichen Arbeitsbedingungen nicht realisieren läßt. Im Hinblick auf die sehr kurze Verweilzeit der

Flüssigkeit im Laufradkanal, die bei der untersuchten Pumpe nur 0,025 s betrug, wird aber sowieso nur ein kleiner Bruchteil der insgesamt verfügbaren Wärme zur Verdampfung dienen können, während ein großer Teil der Flüssigkeit die Zone niedrigen Druckes in überhitztem flüssigem Zustand durchlaufen wird. Der verdampfte Anteil $x_D = \delta i_f/r$, der sich nach Beziehung (12,21) ergibt, wird deshalb in Wirklichkeit nie erreicht.

Tabelle 12.2. *Berechnung des thermischen Kavitationskriteriums B für verschiedene Flüssigkeiten; Druck Absenkung; $\delta h = 40$ mm*

Eigenschaften der Flüssigkeit	Wasser 20°	Wasser 80°	Wasser 100°	Wasser 120°	Wasser 150°	Butan 20°
1. Temperaturdifferenz δT (δh) [° C]	2,8°	0,21°	0,11°	0,063°	0,031°	0,036°
2. Spezifisches Volumen des Dampfes v_D [m³/kg]	57,84	3,44	1,68	0,8914	0,3924	0,182
3. Spezifisches Volumen der Flüssigkeit v_f [m³/kg]	0,001002	0,00103	0,00104	0,00106	0,00109	0,00175
4. v_D/v_f	57700	3340	1620	845	361	104
5. Enthalpiedifferenz δi_f [kcal/kg]	2,8	0,21	0,11	0,067	0,033	0,0177
6. Verdampfungswärme r [kcal/kg]	587,7	551,4	539,0	525,7	504,6	86,5
7. $\delta i_f/r$	0,0048	0,00038	0,000204	0,000128	0,000065	0,00022
8. $B = \frac{v_D}{v_f} \cdot \frac{\delta i_f}{r}$	277	1,30	0,325	0,108	0,0235	0,0229

Beim Pumpen von Erdölprodukten, also von Mischungen verschiedener Kohlenwasserstoffe bei begrenztem Haltedruck, ist zu erwarten, daß die leichteste Fraktion das Kavitationsverhalten der Mischung bestimmt. Das Gewicht des entstehenden Dampfes macht selbst unter den übertriebenen Bedingungen nach Tab. 12.2 weniger als $^1/_2$% des Flüssigkeitsgewichts aus, so daß die Zusammensetzung der Flüssigkeit praktisch nicht geändert wird. Der tatsächliche Anteil des Dampfgewichts beträgt wiederum nur einen Bruchteil der tabellierten Werte, wie bereits erwähnt wurde. Trotz ihrer Kleinheit nach Tab. 12.2 bewegen sich die Dampfanteile in vernünftigen Größenordnungen, wie eine dynamische Betrachtung zeigt. Die H—Q-Charakteristik einer Pumpe hängt nicht wesentlich von der Beschaffenheit des Mediums — sei es Flüssigkeit oder Gas — ab. Nimmt man an, die Pumpe würde nur Dampf und keine Flüssigkeit fördern, dann ist das geförderte Dampfgewicht nur ein kleiner Bruchteil des mit Flüssigkeit geförderten Gewichts. Das Verhältnis ist gleich dem Verhältnis der spezifischen Volumina (v_f/v_D) der beiden Medien.

e) Vergleich mit dem Gesetz von Thoma. Wendet man Beziehung (12.22) auf ähnliche mit der gleichen Förderflüssigkeit betriebene Pumpen an, so wird die Größe B reduziert auf

$$B = \delta i_f \,\text{konst} = V_D/V_f. \tag{12.24}$$

Das bedeutet, daß die gleiche Abweichung von der normalen Charakteristik dann hervorgerufen wird, wenn δi_f in beiden Fällen übereinstimmt und nicht bei Übereinstimmung von $\sigma_A = \Delta H/H$. Der gleiche Sachverhalt wird ausgedrückt durch die Beziehungen (12.10) und (12.11), die von TENOT [*26*] mit Hilfe der Hochfrequenzphotographie aufgestellt wurden. Das heißt, daß sich die Druckabsenkung Δh bis zum Eintritt meßbarer Kavitation nach zwei Gesetzmäßigkeiten ändert; bis zum Punkt einsetzender Kavitation ist das Ähnlichkeitsgesetz maßgebend, also $\sigma_c =$ konst; danach nimmt der Druck in der Kavitationszone um einen Betrag $\gamma\, \delta h$ ab, der notwendig ist, um einen Temperaturabfall δT und damit Verdampfung zu verursachen. Dieser Vorgang ist unabhängig von den dynamischen Verhältnissen (Höhe oder Drehzahl) und wird nur durch die physikalischen Eigenschaften der Flüssigkeit bestimmt.

Der kritische Wert σ_c der Kavitationszahl kann nach Gl. (12.10) bestimmt werden, wenn Kavitationsversuche an einer Pumpe bei zwei Drehzahlen vorliegen. Es ist

$$\sigma_c = \frac{\Delta h_1 - \Delta h_2}{H_1 - H_2}. \tag{12.25}$$

Dieser kritische Wert bleibt bei ähnlichen Pumpen konstant und ist unabhängig von deren Drehzahl und Größe. Er ist eine Funktion der kritischen Drehzahl und muß experimentell festgestellt werden, ähnlich wie σ in Abb. 12.22. Die experimentell ermittelten Werte für σ (Abb. 12.22) dagegen sind auch bei ähnlichen Pumpen nur dann gleich, wenn die Förderhöhen gleich sind.

Zur Berechnung der dynamischen Druckabsenkung Δh_2 einer Pumpe bei einer bestimmten Drehzahl und einer bestimmten Förderhöhe H_2 sollten der kritische Wert σ_c und ein Kavitationsversuch an einer ähnlichen Pumpe bei einer beliebigen anderen Drehzahl vorliegen (Δh_1 und H_1). Die Versuchsergebnisse von KRISAM (Abb. 12.17 und 12.18) bestätigen die Anwendbarkeit der Beziehung (12.25) für den genannten Zweck.

Die dynamische Druckabsenkung Δh ist bei gleicher Wirkung der Kavitation in ähnlichen Pumpen gleich. Ihr Zahlenwert hängt von dem zur Feststellung der Kavitation gewählten Kriterium ab; er kann berechnet werden, wenn σ_c bekannt ist. Ist die Flüssigkeit frei von Gas (entgastes Wasser), so ist die meßbare Wirkung der Kavitation die durch Querschnittsversperrung in der Zone niedrigen Druckes verursachte Absenkung der Förderhöhe und des Wirkungsgrades. Das Verhältnis der Absenkung der Förderhöhe zu dieser selbst bleibt bei Änderung der Drehzahl konstant.

Bei ähnlichen Pumpen verschiedener Größe (Modell und Großausführung), die bei gleicher Höhe betrieben werden, ist die relative Absenkung der Förderhöhe durch Querschnittsversperrung gleich (V_D/V_f ist gleich). Die Fördermenge der Pumpe und die Fläche der Zone niedrigen Druckes verhalten sich wie das Quadrat des Längenmaßstabes, während die dynamische Druckabsenkung Δh und die Temperaturabsenkung δT konstant bleiben.

Die Zeit geht bei den hier angestellten Betrachtungen nicht als Veränderliche ein, da die verdampfte Flüssigkeitsmenge, die zur Feststellung einer Wirkung nötig ist, nur von der Fläche der Zone tiefen Druckes und der Temperaturdifferenz δT abhängt. Der Anteil der verdampften Flüssigkeit ist so klein, daß es gleichgültig ist, ob ein bestimmtes Flüssigkeitselement länger in der Unterdruckzone verweilt oder ob nach verhältnismäßig kurzer Zeit ein neues an seine Stelle tritt.

Der Einfachheit halber war die ganze oben angestellte Betrachtung auf den optimalen Betriebspunkt beschränkt. Für andere Punkte auf der Drosselkurve gilt grundsätzlich das gleiche, jedoch wird hier die Kavitation außerdem noch durch die Ablösung infolge des ungünstigen Anstellwinkels beeinflußt, so daß gewisse Unsicherheiten auftauchen, die nur durch Versuchsergebnisse beseitigt werden können.

f) Die Ermittlung des Haltedruckes für andere Flüssigkeiten. Ist der Wert der Druckabsenkung $\gamma\,\delta h$ unter den Sättigungsdruck festgelegt, so ist man in der Lage, die thermische Größe B für Wasser von bestimmter Temperatur an Hand der Dampftafel auszurechnen. Wird nun die gleiche oder eine geometrisch ähnliche Pumpe zur Förderung einer anderen Flüssigkeit eingesetzt, so sind die gleichen Wirkungen der Kavitation zu erwarten, wenn das thermische Kriterium B das gleiche ist. Danach kann die Enthalpiedifferenz $\delta i_f'$ und damit die Absenkung $\delta h'$ bei gleichen Kavitationswirkungen der zweiten Flüssigkeit gefunden werden. Den Haltedruck erhält man als Summe des für alle Flüssigkeiten gleichen kritischen Wertes Δh_c und der gefundenen Größe $\delta h'$.

Zur Zeit liegen keine experimentellen Daten vor, die eine Nachprüfung der hier vorgeschlagenen Behandlungsweise gestatten.

g) Das thermische Kavitationskriterium für Flüssigkeitsgemische. Das Fördern von Erdölprodukten ist ein fast ebenso wichtiges Anwendungsgebiet wie die Förderung von Wasser. Die Erdölprodukte sind fast immer Gemische mehrerer Kohlenwasserstoffkomponenten. Wenn eine solche Mischung beim Kavitationsprozeß zum Sieden kommt, verdampfen alle Anteile verschieden stark, je nach ihrer Konzentration in der Mischung und ihren Dampfdrücken. Die Charakteristik einer Pumpe bei Förderung von Flüssigkeitsgemischen unter Kavitation kann durch Vergleich mit einer Modellpumpe für den gleichen Wert des thermischen Kavitationskriteriums abgeschätzt werden. Für einen angenommenen

Wert δh der Absenkung des Haltedruckes errechnet sich der Wert des thermischen Kavitationskriteriums B einer Mischung wie folgt:

1. Unter Bezugnahme auf Gl. (12.22) wird die Größe des spezifischen Volumens v_D der Dampfmischung entsprechend der Beziehung berechnet, daß jede Komponente gemäß ihrem Molenbruch, der bei Gasen gleich dem Volumenanteil ist, zum Gesamtvolumen beiträgt.

$$v_D = v_{D1} m_1 + v_{D2} m_2 + v_{D3} m_3 . \qquad (12.26)$$

Dabei bedeuten

v_D die spezifischen Volumina des Dampfes,
und m die Molenbrüche der Komponenten in der Mischung des Dampfes; $m_1 + m_2 + m_3 = 1$.

Die Indizes 1, 2 und 3 bezeichnen die Komponenten 1,2 und 3.

2. Die Größe des spezifischen Volumens der Flüssigkeit v_f wird in der gleichen Weise berechnet

$$v_f = v_{f1} m_1' + v_{f2} m_2' + v_{f3} m_3', \qquad (12.27)$$

auch hier ist $m_1' + m_2' + m_3' = 1$.

3. Die von der Flüssigkeit zur Verdampfung bereit gestellte Wärmemenge beträgt dementsprechend

$$\delta i_f = \delta i_{f1} m_1' + \delta i_{f2} m_2' + \delta i_{f3} m_3'. \qquad (12.28)$$

4. Die Verdampfungswärme r ergibt sich zu

$$r = r_1 m_1 + r_2 m_2 + r_3 m_3 . \qquad (12.29)$$

Die Zusammensetzung des Dampfes: Üblicherweise sind die Zusammensetzung der zu pumpenden Flüssigkeit, ihr Druck und ihre Temperatur bekannt. Ebenso müssen die physikalischen Eigenschaften der Flüssigkeitskomponenten bekannt sein. Die Dampfzusammensetzung kann durch Anwendung des RAOULTschen oder HENRYschen Gesetzes errechnet werden. Bei einem Gemisch von zwei Komponenten ist das Vorgehen sehr einfach, bei einer Mischung von drei oder mehr Flüssigkeiten kann Literaturstelle [*35*] konsultiert werden.

Sind y_1 und y_2 die Molenbrüche der Komponenten 1 und 2 im Dampfgemisch und x_1 und x_2 die entsprechenden Molenbrüche in der Flüssigkeit ($y_1 + y_2 = 1$; $x_1 + x_2 = 1$), so sagt das RAOULTsche Gesetz aus, daß

$$y_1 = \frac{P_1}{P} x_1 \quad \text{und} \quad y_2 = \frac{P_2}{P} x_2 , \qquad (12.30)$$

wobei P_1 und P_2 die Dampfdrücke der reinen Komponenten und P der Dampfdruck des Gemisches sind.

Das RAOULTsche Gesetz gilt für Mischungen chemisch ähnlicher Flüssigkeiten, die in keiner Weise miteinander reagieren. Bei Mischungen von Kohlenwasserstoffen kommen je nach der chemischen Ähnlichkeit der Stoffe Abweichungen von 5% bis 15% vor.

Das HENRYsche Gesetz gibt einen allgemeineren Zusammenhang zwischen Flüssigkeits- und Dampfzusammensetzung an. Es lautet

$$y = K x ,$$

wobei K eine von Druck und Temperatur abhängige, empirische Konstante ist. Die Werte von K sind für die meisten Kohlenwasserstoffe in Form von Diagrammen erhältlich [*35, 36, 37*].

12.9. Mittel zur Unterdrückung der Kavitation

1. Die Kenntnis der Kavitationscharakteristik von Pumpen ist die wichtigste Vorbedingung aller Überlegungen über Kavitation.

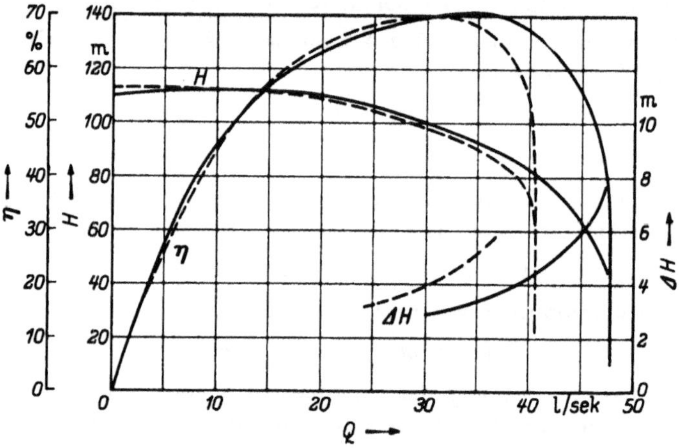

Abb. 12.26. Einfluß der Gestaltung des Saugrohres auf den erforderlichen Haltedruck. Pumpe NW 75. $n = 3500$ U/min; ausgezogene Linien: gerades Saugrohr; gestrichelte Linien: flacher Saugkrümmer

2. An zweiter Stelle steht die Kenntnis der bestehenden Saugbedingungen der Anlage, die verbessert werden soll.

3. Eine Vergrößerung des Saugrohres, Verkürzung des Saugrohres, weitgehende Vermeidung von Krümmern, gute Konstruktion des Einlaufes, mit anderen Worten, die Reduzierung der Verluste im Saugrohr verbessern die Saugbedingungen einer Pumpe hinsichtlich der Kavitation.

4. Eine Vergrößerung der Schaufelzahlen von schnelläufigen Pumpen und das Wegnehmen von Schaufelteilen zur Erzielung größerer Eintrittsflächen bewirkt eine Verbesserung bei Langsamläufern.

5. Eine genügend große Fläche des Einlaufes am Laufrad, die der Strömung gestattet, etwas Vordrall anzunehmen, und eine strömungstechnisch günstige Form desselben sind wesentlich zur Erzielung der bestmöglichen Kavitationscharakteristik einer Pumpe.

6. Spezielle Materialien, die durch Kavitation nicht so leicht angefressen werden, können in berechtigten Fällen, oder wenn es nicht möglich ist, Kavitation auf andere Weise zu vermeiden, eingesetzt werden.

7. Geräusch und Schwingungen durch Kavitation können durch Zusatz geringer Mengen von Luft vermieden werden.

8. Wenn ein geringer notwendiger Saugdruck erreicht werden soll, sollen die Geschwindigkeiten, die Schaufelbelastung und die Förderhöhe je Stufe klein sein. Diese Faktoren führen zu einer größeren Pumpe, die bei kleiner Geschwindigkeit betrieben wird, nach Möglichkeit in einem links vom Optimalpunkt liegenden Betriebspunkt.

9. Ein kleiner Schaufeleintrittswinkel β_1 führt zu einer Reduzierung des benötigten Haltedruckes, besonders bei Teilmengen.

10. Eine gleichmäßig verteilte Geschwindigkeit in der Eintrittsfläche des Laufrades ist wichtig zur Erzielung möglichst geringer notwendiger Druckreserven. Abb. 12.26 zeigt einen Versuch mit dem gleichen Laufrad in zwei verschiedenen Gehäusen; das eine hat einen geraden Konus als Saugrohr (ausgezogene Linien), das andere besitzt einen flachen Krümmer als Einlaß ähnlich dem auf Abb. 7.2 gezeigten (gestrichelte Linien). Die Vorteile des geraden Saugrohres für das Kavitationsverhalten sind ganz offensichtlich.

Literatur

[1] Winter, I. A.: Hydraulic Turbine Development. Proc. A.S.C.E. Bd. 65 (1939) S. 1553, Auszug in Mech. Engng. Bd. 62 (1940) S. 27.

[2] Mahon, R. L.: Hydraulic Butterfly Valves. Trans. A.S.M.E. Bd. 54 (1932) Hydraulics 54-2.

[3] Terry, R. V.: Development of the Automatic Adjustable Blade-Type Propeller Turbine. Trans. A.S.M.E. Bd. 63 (1941) S. 394.

[4] Siebrecht, W.: Untersuchungen über Regelung von Kreiselpumpen. Z. VDI Bd. 74 (1930) S. 87.

[5] van Leer, B. R.: Throttling Suction Changes Pump Characteristic. Pwr. Plant (Engng.) Bd. 31 (1927) S. 1133.

[6] Foettinger, H.: Untersuchungen über Kavitation und Korrosion. Hydraulische Probleme. Z. VDI (1926) S. 14.

[7] Stepanoff, A. J.: Leakage Loss and Axial Thrust in Centrifugal Pumps. Trans. A.S.M.E. Bd. 54 (1932) Hydraulics 54-5.

[8] Mueller, H.: Spaltkavitation an schnellaufenden Turbomaschinen. Z. VDI Bd. 79 (1935) S. 1165.

[9] Pfleiderer, C.: Die Kreiselpumpen, S. 169. Berlin/Göttingen/Heidelberg: Springer 1955.

[10] Hunsacker, J. C.: Cavitation Research. Mech. Engng. Bd. 57 (1935) S. 211.

[11] Poulter, T. C.: The Mechanism of Cavitation Erosion. Trans. A. S. M. E. Bd. 9 (1942) S. 31.

[12] de Haller, P.: Investigation of Corrosion Phenomena in Water Turbines. Escher-Wyss News (Mai/Juni 1933) S. 77.

[13] Battelle Memorial Institute, Prevention of the Failure of Metals under Repeated Stress, S. 164, New York. John Wiley & Sons 1941 (vergriffen).
[14] Rheingans, W. J.: Accelerated Cavitation Research. Trans. A. S. M. E. Bd. 72 (1950) S. 705.
[15] Schroeter, H.: Versuche zur Frage der Werkstoffanfressung durch Kavitation. München: R. Oldenbourg 1935.
[16] Sharp, E. B.: Cavitation of Hydraulic Turbine Runners, Trans. A.S.M.E. Bd. 62 (1940) S. 569.
[17] Kerr, S. L.: Determination of the Relative Resistance to Cavitation Erosion by the Vibratory Method. Trans. A.S.M.E. Bd. 59 (1937) S. 373.
[18] Mousson, J. M.: Pitting Resistance of Metals under Cavitation Conditions. Trans. A.S.M.E. Bd. 59 (1937) S. 399.
[19] Uchimaru, S.: Experimental Research on the Distribution of Water Pressure in a Centrifugal Pump Impeller. J. Faculty Eng., Tokio Imp. Univ. Bd. 16 (1925).
[20] Krisam, F.: Versuche und Rechnungen zum Kavitationsproblem der Kreiselpumpen. Mitt. Inst. Strömungsmaschinen Technische Hochschule Karlsruhe (Febr. 1930).
[21] Widdern, H. Cardinal von: On Cavitation in Centrifugal Pumps. Escher-Wyss. News (Jan.-März 1936) S. 15.
[22] Stepanoff, A. J.: Propeller Pumps for Circulation of Molton Salt, Refiner Natur. Gasoline Manifacturer Bd. 19 (1940) S. 474.
[23] Bower, C. D., u. P. H. Brown: Prediction of Suction Limitations when Pumping Volatile Liquids, Calif. Oil World and Petroleum Ind. (April 1943) S. 15.
[24] Thoma, D.: Bericht zur Weltkraftkonferenz, London 1924. Z. VDI Bd. 79 (1935) S. 329.
[25] —: Verhalten einer Kreiselpumpe beim Betrieb im Hohlsog-Bereich. Z. VDI Bd. 81 (1937) S. 972.
[26] Tenot, M. A.: Phénomènes de la Cavitation, Mém. Soc. Ing. civ. (Mai/Juni 1934) S. 377.
[27] Sharp, R. E. B.: Cavitation of Hydraulic Turbine Runners. Trans. A.S.M.E. Bd. 62 (1940) S. 569.
[28] Wislicenus G. F.: Test Stand for Centrifugal and Propeller Pumps. Trans. A.S.M.E. Bd. 64 (1942) Nr. 6, S. 619.
[29] Rogers, F. H.: Trans. A.S.M.E. Bd. 58 (1936) S. 317.
[30] Krisam, F.: Neue Erkenntnisse im Kreiselpumpenbau. Z. VDI Bd. 95 (April 1953) Nr. 11—12, S. 320.
[31] Rütschi, K.: Untersuchungen an Spiralgehäusepumpen verschiedener Schnellläufigkeit. Schweizer Arch. angew. Wiss. Techn. (Feb; 1951) S. 33.
[32] Stepanoff, A. J.: Trans. A.S.M.E. Bd. 62 (1940) S. 158, 164.
[33] Wislicenus, G. F., R. M. Watson, I. J. Karassik: Cavitation Characteristics of Centrifugal Pumps. Trans. A.S.M.E. Bd. 61 (1939) S. 172.
[34] Bergeron, P.: Discussion. Trans. A.S.M.E. Bd. 62 (1940) S. 162.
[35] Nelson, W. L.: Petroleum Refinery Enginneering, S. 244. New York: Mc Graw-Hill Book Company 1936.
[36] Technical Manual, Natural Gasoline Supply Men's Association (1946) S. 64.
[37] Maxwell, J. W.: Data Book on Hydrocarbons. New York: D. Van Nostrand Company, Inc. 1950.

13. Besondere Betriebsbedingungen von Kreiselpumpen

13.1. Einführung

In diesem Kapitel sind die Betriebszustände von Pumpen außerhalb ihres normalen Bereiches von Förderhöhe, Fördermenge und Drehzahl behandelt. Bezeichnet man die normale Drehzahl, Förderhöhe und Fördermenge als positiv, so beschränkt sich der normale Bereich auf einen Quadranten des Q—H-Koordinatenkreuzes. Die üblicherweise nicht befahrenen Betriebspunkte liegen in den restlichen drei Quadranten. Einige dieser besonderen Betriebspunkte lassen sich nicht vermeiden, andere stellen sich gelegentlich ein und wieder andere können nur im Laboratorium dargestellt werden oder entwickeln sich in einer Übergangsperiode während des Wechsels von einem Zustand in den anderen. Beispiele für ungewöhnliche Betriebszustände sind das Arbeiten einer Pumpe als Turbine, das Verhalten einer Pumpe bei Ausfall des Antriebes oder das Anfahren einer Pumpe mit verkehrter Drehrichtung.

In Abb. 13.1a stellt Feld A den normalen Arbeitsbereich der Pumpe bei verschiedenen Drehzahlen dar. Es ist sinnvoll, die Drosselkurven über den Punkt der Förderhöhe Null und der Fördermenge Null hinaus zu definieren und festzustellen. Im ersten Fall, in den Feldern G und H der Abb. 13.1, läuft Wasser auch ohne Mitwirkung des Laufrades durch die Pumpe, da die Höhe am Eintritt größer als am Austritt ist. Eine solche Höhendifferenz bezeichnet man zweckmäßigerweise als negativ. Im zweiten Fall, der in Feld B der gleichen Abbildung dargestellt ist, ist die vom System aufgezwungene Höhe größer als die Förderhöhe der Pumpe, so daß die Strömungsrichtung umgekehrt, also die „Fördermenge" negativ wird.

Abb. 13.1c zeigt ähnlich aussehende Drosselkurven wie Abb. 13.1a für umgekehrte Drehrichtung, also negative Drehzahlen, und Abb. 13.1b die Drehmomente aller in Abb. 13.1a und Abb. 13.1c vorkommenden Betriebspunkte. Derartige, experimentell festgelegte Kurven stellen die vollständige Pumpencharakteristik dar. Ein beträchtliches Interesse an solchen vollständigen Darstellungen der Pumpencharakteristik wurde besonders durch einige in Deutschland erschienene Artikel von Thoma [*1*], Engel [*2*] und Kittredge [*3*] geweckt. In den Vereinigten Staaten wurde von Knapp [*4*] über einige am California Institute of Technology durchgeführte Untersuchungen berichtet.

Die Vorausbestimmung des Verhaltens außerhalb des normalen Betriebsbereiches aus theoretischen Überlegungen allein ist nicht möglich. Deshalb muß man zur Lösung der Aufgabe auf Versuchsergebnisse, die alle möglichen Kombinationen von Förderhöhe, Fördermenge, Drehzahl und Drehmoment berücksichtigen, zurückgreifen.

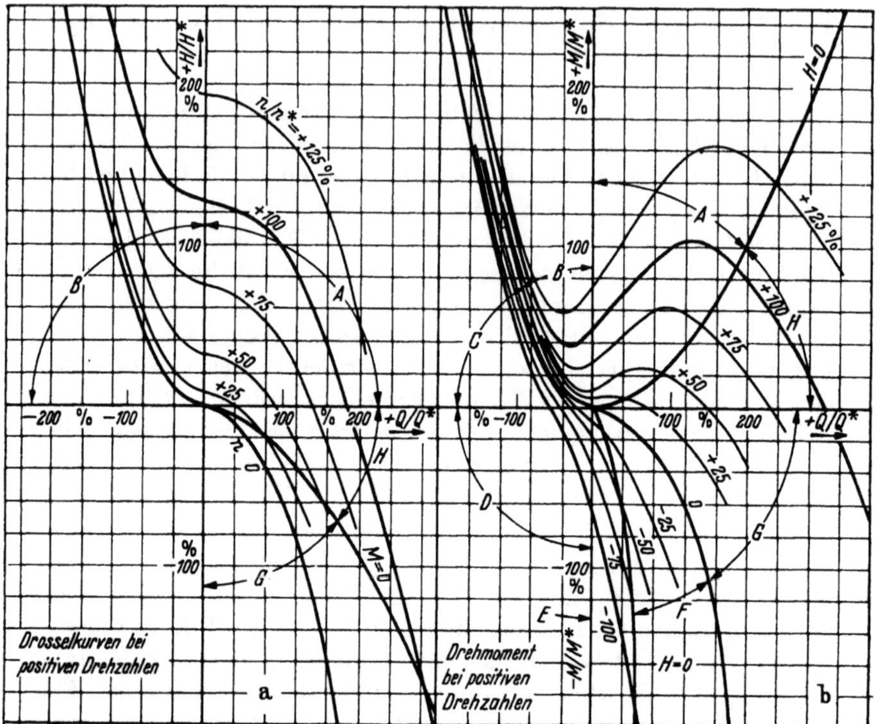

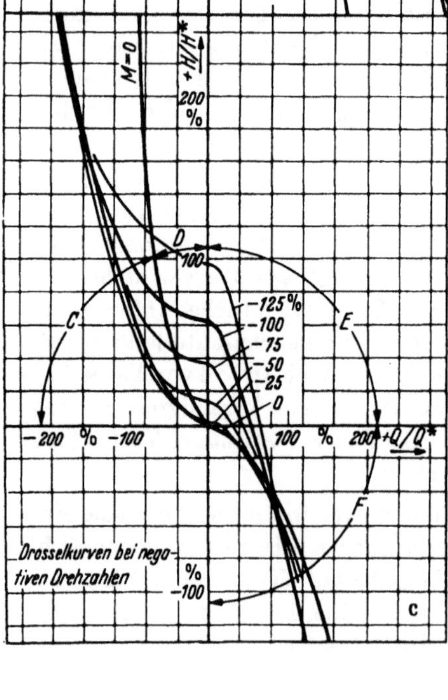

Abb. 13.1. Vollständige Charakteristik einer doppelflutigen Pumpe; $n_q = 35$; nach KNAPP, A. S. M. E. Trans. (Nov. 1937).

A Normales Pumpen $(+n)$
B Verwandlung der Energie in Wärme
C Normales Arbeiten als Turbine $(-n)$
D Verwandlung der Energie in Wärme
E Pumpen bei abnormaler Drehrichtung
F Verwandlung der Energie in Wärme
G Turbine mit abnormaler Strömungsrichtung
H Verwandlung der Energie in Wärme
$+N$ der Welle zugeführte Leistung
$-N$ der Welle entnommene Leistung

$$+M = C\frac{+N}{+n} \quad \text{oder} \quad +M = C\frac{-N}{-n}$$

$$-M = C\frac{+N}{-n} \quad \text{oder} \quad -M = C\frac{-N}{+n}$$

13.2. Die Darstellung der vollständigen Charakteristik

Die Grundlagen zu der hier geführten Diskussion sind Versuchsergebnisse aus den angegebenen Literaturstellen, die durch einige Ergebnisse des Autors ergänzt sind. Um vom absoluten Maßstab unabhängig zu sein und um die Ergebnisse leichter auf alle ähnlichen Pumpen übertragen zu können, sind alle Größen in Prozent ihrer Auslegewerte angegeben, wobei auch negative Werte eingeschlossen sind.

Die voneinander unabhängigen Variablen sind: die relative Förderhöhe H/H^*, die relative Fördermenge Q/Q^*, das relative Drehmoment M/M^* und die relative Drehzahl n/n^*, von denen zwei als unabhängige Veränderliche auf den Ordinatenachsen aufgetragen werden können und zwei als Parameter berücksichtigt werden müssen. Offensichtlich sind sechs Kombinationen von Paaren für die unabhängigen Veränderlichen möglich. Es hat sich gezeigt, daß man das übersichtlichste Diagramm erhält, wenn man die Drehzahl über der Fördermenge aufträgt.

Die Abb. 13.2, 13.3 und 13.4 stellen solche Diagramme für eine radiale, eine halbaxiale und eine Axialpumpe dar. Diese Diagramme werden zur Lösung einiger typischer Probleme, die in diesem Zusammenhang auftauchen, herangezogen.

13.3. Mechanische Probleme

a) Mechanische Zerstörungen. Es wurden Bedenken geäußert, daß bei plötzlichem Wegfall der Antriebsleistung von Pumpen und der damit einsetzenden Rückströmung gefährliche Druckwellen entstehen oder sich eine zu hohe Durchgangsdrehzahl in umgekehrter Richtung einstellen könnte. Diese Bedenken sind nicht begründet, wenn kaltes Wasser oder eine andere Flüssigkeit, die sich weit entfernt vom Siedepunkt befindet, gepumpt wird. Obwohl durch die plötzliche Umkehrung der Strömungsrichtung Druckwellen auftreten und obwohl der Motor eine die normale Motordrehzahl überschreitende Tourenzahl in umgekehrter Richtung annehmen kann, sind beide Erscheinungen nicht so ausgeprägt, daß die zulässige Materialbelastung irgendeines normalerweise benutzten Teiles des Motors oder Läufers überschritten wird.

Es muß dabei erwähnt werden, daß zu der Zeit, als man begann, vollständige Pumpencharakteristiken aufzustellen, etwa 1930, beispielsweise bereits Tausende von vertikalen Bohrlochpumpen in Betrieb waren. Sie wurden bei jedem Abstellen durch Druckhöhen, die in der Größenordnung ihrer Förderhöhen lagen, in eine gegensinnige Drehung von 120% der Normaldrehzahl versetzt. Es wurden keine gefährliche Drehzahl, kein übermäßiger Druckanstieg und keine unzulässige Spannung in den Pumpenwellen beobachtet.

Handelt es sich jedoch um leichte Kohlenwasserstoffe oder Kesselspeisewasser als Förderflüssigkeit, so können bei Ausfall der Antriebs-

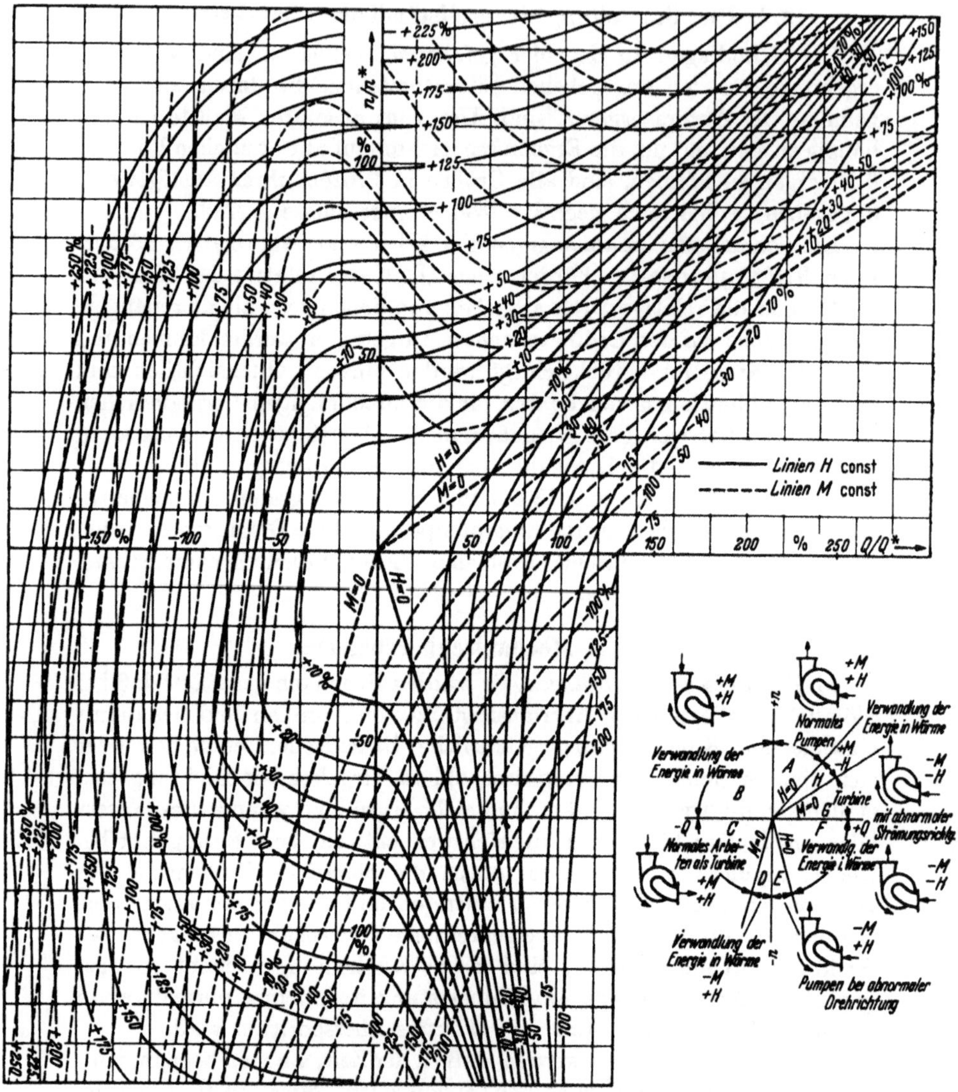

Abb. 13.2. Vollständige Charakteristik einer doppelflutigen Pumpe; $n_q = 35$.

$+Q$ Zulauf durch Saugstutzen

$-Q$ Zulauf durch Druckstutzen

$+H$ Höhe am Druckstutzen größer als am Saugstutzen

$-H$ Höhe am Druckstutzen kleiner als am Saugstutzen

$+n$ normales Pumpen; $-n$ normales Arbeiten als Turbine

$+N$ der Welle zugeführte Leistung

$-N$ der Welle entnommene Leistung

$+M = C \frac{N}{n}$ oder $M = C \frac{-N}{-n}$

$-M = C \frac{-N}{n}$ oder $-M = \frac{N}{-n}$

leistung und nicht genügend schnellem Schließen des Drosselventils Schäden entstehen. Die aus dem Druckrohr in die Pumpe strömende Flüssigkeit verdampft beim Durchgang durch das Drosselventil. Der rückwärts gerichtete Dampfstrom steht unter dem vollen Druck in kg/m², also wegen der großen Verschiedenheit der spezifischen Gewichte von Dampf und Flüssigkeit unter einer Druckhöhe in m, die mehrere hundertmal größer als die normale Förderhöhe der Pumpe ist. Unter

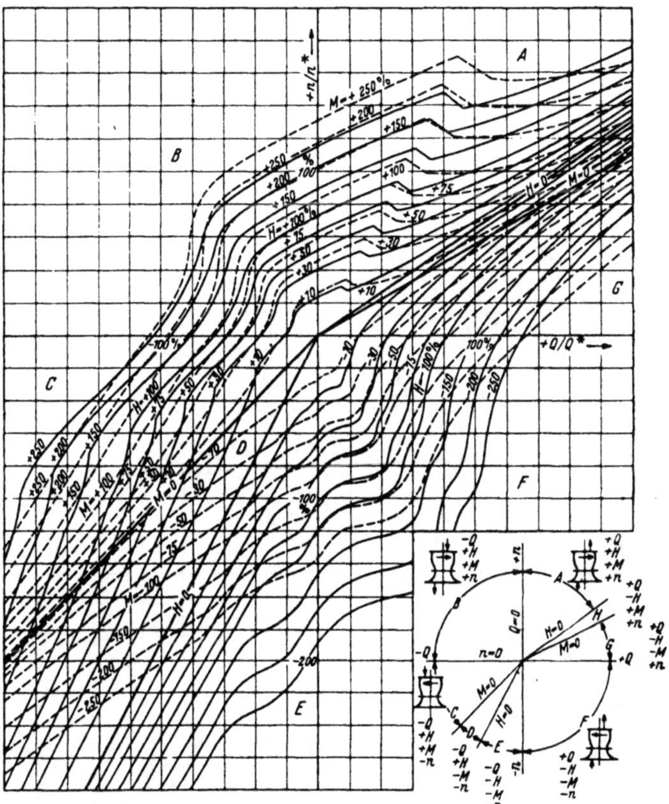

Abb. 13.3. Vollständige Charakteristik einer halbaxialen Pumpe; $n_q = 145$

solchen Bedingungen kann der Läufer eine Drehzahl erreichen, die die normale Drehzahl um ein Mehrfaches überschreitet, wenn nicht vorher schon Laufrad oder Motor zerstört werden. Auch wenn ein verhältnismäßig kleiner Teil des Rückstromes verdampft, kann dies zur Zerstörung von Pumpe oder Motor führen. Zwei Fälle von Motorschäden unter solchen Bedingungen sind kürzlich dem Autor bekannt geworden.

b) Drehzahlumkehr. Bohrlochpumpen boten seit ihrer Entstehung eine Anzahl von Problemen bezüglich Rotation mit umgekehrter Drehzahl, durch Einführung der Diagramme mit vollständiger Pumpencharakteristik wurde die Lösung einiger Probleme vereinfacht. Abb. 7.25 zeigt eine typische Bohrlochpumpe. In den meisten Fällen werden

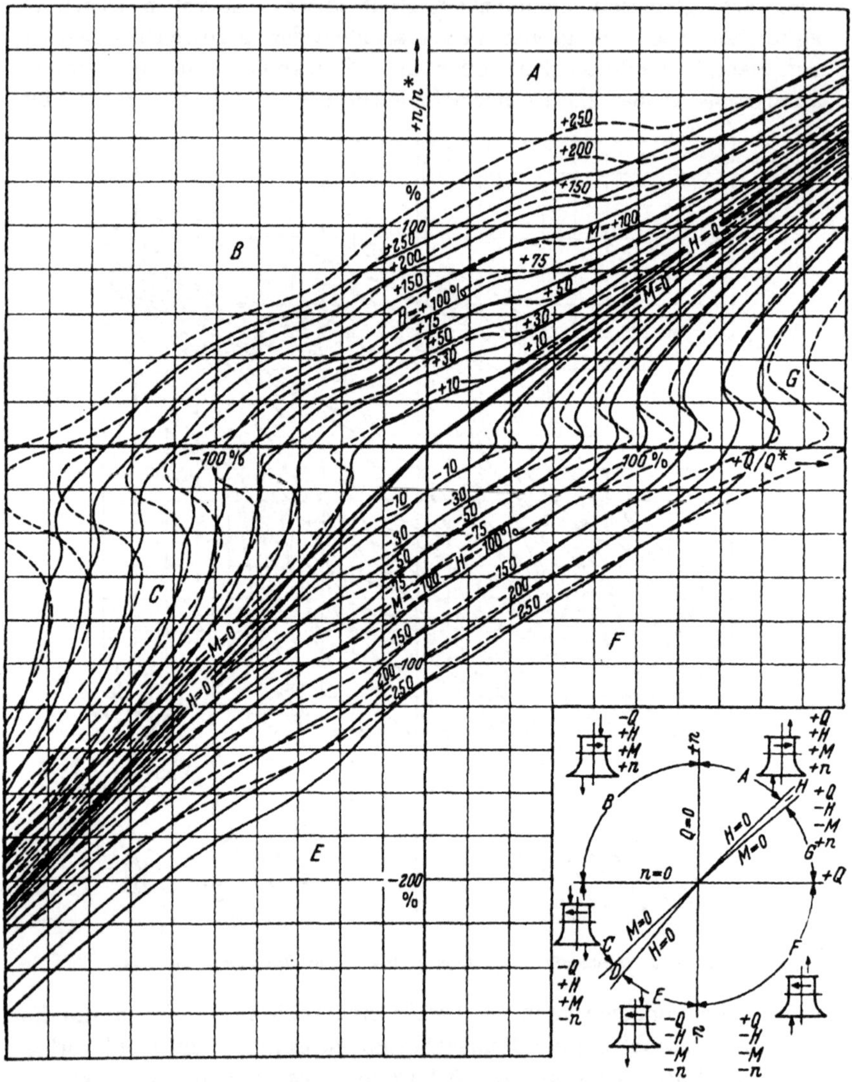

Abb. 13.4. Vollständige Charakteristik einer Axialpumpe; $n_q = 260$

solche Pumpen zur Bewässerung benutzt, also zur Förderung des Mediums gegen einen rein statischen Widerstand. Bei jedem Abstellen steht die gesamte Flüssigkeitssäule auf der Pumpe, so daß diese als Turbine in gegenläufiger Richtung läuft, wobei das Drehmoment null ist.

Die Erfahrung vieler Jahre hat gezeigt, daß sich unter diesen Bedingungen keine gefährliche Drehzahl entwickelt und keine mechanischen Beschädigungen auftreten. Das gleiche Ergebnis erhält man aus Abb. 13.2. Folgt man der Linie $H = 100\%$ vom ersten Quadranten durch den zweiten in den dritten bis zum Schnittpunkt mit der Linie $M = 0$, so findet man, daß die Durchgangsdrehzahl in diesem Fall -117% der Normaldrehzahl beträgt und daß eine Flüssigkeitsmenge von -68% durch die Maschine strömt.

Wird ein Teil der von der Pumpe erzeugten Förderhöhe für Reibung in der Förderleitung verbraucht, dann wird bei Umkehrung der Strömungsrichtung nur noch die Differenz zwischen statischer Höhe und Reibungshöhe wirksam. Das Diagramm gestattet die Berechnung der zu kleineren Höhen gehörigen Werte ebenso wie für $H = 100\%$.

c) Wellenkupplungen. Das Zusammenschrauben der Wellen von Bohrlochpumpen ist in den USA allgemein üblich (Abb. 16.17). Die Art des Gewindes — Rechts- oder Linksgewinde — wird so gewählt, daß es bei normalem Betrieb durch das vom Motor ausgeübte Moment festgezogen wird. Werden Strömungsrichtung und Drehzahl umgekehrt, so wirkt die Pumpe als Antrieb, wobei wegen der umgekehrten Drehrichtung das von der Pumpe erzeugte Drehmoment auch wieder das Gewinde festzuziehen bestrebt ist. Deshalb werden keine besonderen Maßnahmen zur Sicherung des Gewindes ergriffen. Bei Leistungsübertragung wird das Gewinde so lange gegeneinandergezogen, bis das im Gewinde entstehende Reibungsmoment dem Wellenmoment gleich ist. Das Reibungsmoment wiederum wächst mit dem Anpreßdruck der beiden Wellenenden aufeinander. Zum Auseinanderschrauben der Verbindung wird ein ebenso großes Drehmoment benötigt. Bei langen Wellen ist dies nicht immer leicht aufzubringen. Bei Wellen über 50 mm ⌀ hat es sich als zweckmäßig erwiesen, eine dünne Plastikscheibe zwischen die Wellenenden in der Kupplung zu legen. Vor dem Auseinanderschrauben wird die Kupplung erwärmt, so daß die Scheibe schmilzt und die Spannung im Gewinde beseitigt wird. Die Kupplung kann dann ohne Schwierigkeit auseinandergeschraubt werden.

d) Automatische Ausrückkupplung. Ist der Motor einer Bohrlochpumpe nicht richtig an das Netz angeschlossen und wird die Pumpe in verkehrter Drehrichtung angefahren, so wird sich die Welle in einer der Kupplungen auseinanderschrauben. Selbstauslösende Motorkupplungen werden deshalb benutzt, um Schäden an Welle und Motor zu vermeiden. Ohne diese Kupplung würde sich die Welle völlig auseinanderschrauben und die Wellenenden würden beschädigt; eine vollständige Demontage der Pumpe wäre unter Umständen erforderlich.

Die selbsttätige Auslösekupplung gehört heute zur Standardausrüstung aller Hohlwellenmotore. Selbstverständlich ist trotzdem vor

Anschluß des Motors an die Pumpe seine Drehrichtung zu prüfen, um unnötige Schwierigkeiten zu vermeiden. Die Möglichkeit, daß sich durch Phasenwechsel im Netz die Drehrichtung während des Laufes noch ändert, ist heute praktisch ausgeschlossen.

e) Falsche Drehrichtung bei horizontalen Pumpen. Der Gebrauch von Sicherungsvorrichtungen von Gewindeverbindungen wie Kontermuttern oder Madenschrauben hat sich bei Bohrlochpumpen als unpraktisch er-

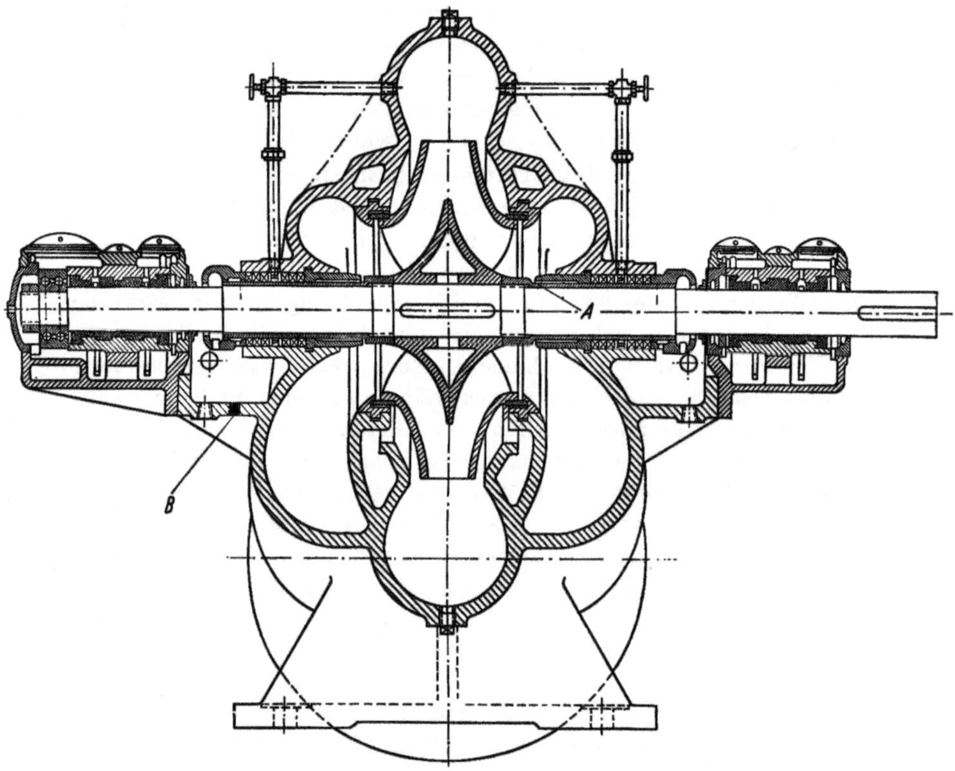

Abb. 13.5. Gebrochene Lagerstütze infolge falscher Drehrichtung

wiesen. Sie erhöhen die Kosten der Einzelteile und erfordern mehr Zeit beim Zusammenbau, ohne narrensicher zu sein. Bei Horizontalpumpen sind dagegen Sicherungen für auf die Welle aufgeschraubte Teile notwendig. Obwohl die Prüfung der Drehrichtung des Motors vor Anschluß an die Pumpe von allen Pumpenfabriken vorgeschrieben ist, sind auch alle Pumpen so gebaut, daß keine Schäden auftreten, auch wenn die Pumpe in der falschen Drehrichtung angefahren wird. Was passieren kann, wenn diese Vorsichtsmaßregeln vernachlässigt wird, zeigt der folgende Vorfall:

Eine doppelflutige Pumpe NW 400 üblicher Bauart (Abb. 13.5) war in einem Industriewerk installiert worden. Es wurde entschieden, daß das Leitungssystem einschließlich der Pumpe vor Inbetriebnahme derselben auf Dichtigkeit überprüft werden sollte. Dabei wurde beobachtet, daß die Pumpe an der Stopfbüchse und zwischen Welle und Wellenbüchse etwas leckte. Zur Behebung löste man die Madenschrauben an den an den Wellenbüchsen, dichtete die Büchsen und zog die Stopfbüchsen an. Nach Beendigung des Testes wurde die Pumpe angefahren, und nach einigen Sekunden war die Stütze des äußeren Lagers abgebrochen. Die Erklärung ist, daß der Motor zufällig in verkehrter Drehrichtung lief und die Stopfbüchse frisch eingedichtet war. Die Madenschraube war nicht wieder eingesetzt worden, so daß sich die eine Wellenbüchse losschraubte, bis sie sich an der Gehäusebüchse bei A anlegte. Der Läufer begann nach außen zu wandern und riß die Lagerstütze bei B ab.

f) Motordrehrichtung. Es gibt praktisch keine Möglichkeit, die Drehrichtung eines Asynchronmotors vorauszubestimmen. Man kann ihn nur anschließen und das Wellenende beobachten. Man sollte sich wie gesagt vor dem Anschließen der Pumpe an den Motor von dessen Drehrichtung überzeugen. Es kann jedoch auch sein, daß der Motor zusammen mit der Pumpe in einem gemeinsamen Gehäuse sitzt, so daß kein bewegtes Teil zu beobachten ist. In diesem Falle müssen alle Teile auf der Welle gut gesichert werden. Die richtige Drehrichtung solcher Einheiten kann am leichtesten durch Beobachtung der Förderhöhe bei geschlossenem Schieber bestimmt werden. An Abb. 13.1a und 13.1c ist zu beobachten, daß die Nullförderhöhe bei richtiger Drehrichtung 125% der Nennhöhe beträgt, wogegen sie bei entgegengesetzter Drehrichtung nur etwa 60% erreicht. In jedem Falle muß die Pumpe vor dem Motortest mit Flüssigkeit gefüllt werden, um Festfressen eng gepaßter Teile zu vermeiden.

g) Umkehrsperre. Eine große Anzahl von Bohrlochpumpen wird durch Traktoren über ein Riemengetriebe angetrieben. Es hat sich gezeigt, daß die Riemen bei Umkehrung der Drehrichtung leicht von den Riemenscheiben fallen. Deshalb sind alle riemengetriebenen Bohrlochpumpen heute mit Umkehrsperren ausgerüstet. Sie lassen nur eine Drehrichtung der Riemenscheibe zu. Abb. 13.6 zeigt den Kopf einer Bohrlochpumpe mit Riemenscheibe und Gesperre. In der oberen Hälfte der Kupplung sitzen einige lose Stifte in schrägen Bohrungen. Diese werden nach oben gedrückt und durch die Fliehkraft in dieser Lage gehalten, wenn die Pumpe in der richtigen Drehrichtung anfährt. Wenn die Leistung wegbleibt und die Riemenscheibe fast auf der Drehzahl Null angelangt ist, fallen die Stifte herunter und schleifen auf dem Gesperre. Dieses verhindert die Drehbewegung in entgegengesetzter Richtung, die dann einsetzen würde.

h) Druckwellen während der rückläufigen Drehbewegung. Bei der Einführung der Konstruktion von Bohrlochpumpen mit offenem Laufrad wurde entdeckt, daß bei langen Einheiten Druckwellen im Förderrohr auftraten, wenn die Stromrichtung umgekehrt wurde, was ein Hämmern des Läufers auf das Gehäuse bewirkte. Bei geschlossenen Läufern waren die Druckwellen harmlos, weil dort genügend Axialspiel zwischen Läufer und Gehäuse vorhanden ist, um Zusammenstöße zwischen beiden zu vermeiden. Die Schwierigkeiten beim Typ mit offenem Laufrad sind durch den erforderlichen engen Spalt und den höheren Axialschub begründet. Man muß daran denken, daß die Wellenverlängerung allein infolge Axialschub beispielsweise bei einer 60 m langen Anordnung bei

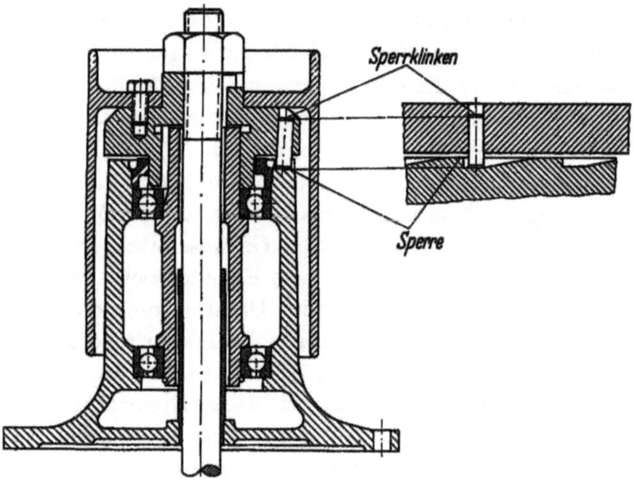

Abb. 13.6. Kopf einer riemengetriebenen Bohrlochpumpe mit Umkehrsperre

6 mm bis 12 mm liegt. Die bei der Umkehr der Strömungsrichtung entstehende Druckwelle verursachte eine Veränderung der Länge der Welle. Dies konnte an der Oberfläche durch eine heftige Vibration der Pumpenstützen beobachtet werden. Das Stoßen der Laufräder auf die Gehäusewand beim Rückwärtslauf bewirkte einen derartigen Verschleiß, daß ein normaler Wirkungsgrad schon nach kurzer Zeit nicht mehr erhalten werden konnte.

Um diese Schäden auszuschalten, werden auch bei Bohrpumpen mit offenem Läufer und aufgeflanschtem Motor Gesperre angebracht. Diese Gesperre verhindern die gegenläufige Drehung, wenn sie auch die Druckwellen und die mechanischen Schwingungen bei Rückströmung nicht verhindern können.

Einige Hersteller von Bohrlochpumpen benutzten Drosselventile in der Steigleitung, um die Druckstöße bei der Rückströmung zu vermindern oder zu vermeiden, jedoch hatten sie damit auch nur begrenzten Erfolg.

Die schlechten Auswirkungen der Druckwellen in Bohrlochpumpen offener Bauart fallen bei Pumpen mit großer Förderhöhe, mit langem Druckrohr und verhältnismäßig dünner Welle stark ins Gewicht. Trotzdem überwiegen die Vorteile des offenen Laufrades, nämlich besserer Wirkungsgrad, das bessere Verhalten beim Fördern von Aufschlämmungen und die bessere Zugänglichkeit bei der Reinigung und machen diese Konstruktion gebräuchlicher als diejenige mit geschlossenem Laufrad.

13.4. Hydraulische Probleme bei abnormalen Betriebsbedingungen

a) Arbeiten von Pumpen im Turbinenbereich. Wird die Strömung durch eine Kreiselpumpe umgekehrt, indem die auf der Druckseite wirkende Höhe größer als die Förderhöhe der Pumpe wird, dann arbeitet die Pumpe bei umgekehrter Drehrichtung als Turbine (Feld C, Abb. 13.2). In der Praxis kann dieser Fall beispielsweise dann unbeabsichtigt eintreten, wenn der Motor abgestellt wird, ohne daß Maßnahmen zur Verhinderung des Rückflusses ergriffen werden. Da keine Leistung von der Welle abgenommen wird, rotiert die Maschine mit Durchgangsdrehzahl. Die Größe dieser Drehzahl und der Schluckmenge wurde bereits erörtert.

Spezielle Versuche mit Kreiselpumpen im ganzen $H-Q-n$-Feld [*3, 4, 5*] zur Feststellung der Brauchbarkeit von Pumpen als Turbinen zeigten, daß eine gute Pumpe auch als Turbine bei einem guten Wirkungsgrad arbeitet. Es ist interessant und von praktischer Bedeutung, wie sich im Punkt besten Wirkungsgrades die charakteristischen Größen der als Turbine arbeitenden Einheit durch die charakteristischen Größen der Pumpe ausdrücken lassen. Aus theoretischen Überlegungen [*2*] erhält man

$$H_T = \frac{H_P}{\eta_{hT}\,\eta_{hP}} = \frac{H_P}{\eta_h^2}, \tag{13.1}$$

$$Q_T = \frac{Q_P}{\eta_h}, \tag{13.2}$$

$$n_{qT} = n_{qP} \cdot \eta_h . \tag{13.3}$$

Dabei sind:

- H die Gesamthöhe im Optimalpunkt,
- Q der Durchsatz,
- n_q die spezifische Drehzahl,
- η_h der hydraulische Wirkungsgrad, der für Pumpe und Turbine gleich groß angenommen wurde.

Die Indizes T und P bezeichnen die Arbeitsweise der Einheit, also Turbine oder Pumpe. Da der hydraulische Wirkungsgrad unbekannt ist, kann er der Wurzel aus dem Gesamtwirkungsgrad in erster Näherung gleichgesetzt werden. Die angegebenen Beziehungen haben sich in der Praxis als gute Näherung erwiesen.

Nimmt man die Werte für Höhe, Menge, Drehmoment und Drehzahl aus Abb. 13.2, Feld C, so ist der daraus direkt berechnete Wirkungsgrad nicht der tatsächliche Wirkungsgrad der Turbine. Um diesen zu erhalten, muß man die aus der Tabelle erhaltene Größe η'_T durch den Pumpenwirkungsgrad dividieren, also

$$\eta_T = \frac{\eta'_T}{\eta_P}. \tag{13.4}$$

Der Grund dafür ist, daß alle Veränderlichen der Turbine auf Normalwerte der Pumpe bezogen sind. Die Wirkungsgrade sind aber

$$\eta_T = \frac{M_T\,\omega_T}{Q_T\,H_T\,\gamma} \tag{13.5}$$

und

$$\eta_P = \frac{Q_P\,H_P\,\gamma}{M_P\,\omega_P}. \tag{13.6}$$

Multipliziert man beide Wirkungsgrade, so erhält man den aus dem Diagramm abgelesenen Wirkungsgrad η'_T der Turbine

$$\eta_T\,\eta_P = \frac{(M_T/M_P)\cdot(n_T/n_P)}{(Q_T/Q_P)\cdot(H_T/H_P)} = \eta'_T. \tag{13.7}$$

Für die Bereiche E und G, in denen die Maschine bei jeweils umgekehrter Drehrichtung als Pumpe bzw. Turbine arbeitet (Abb. 13.2), ist der Wirkungsgrad praktisch uninteressant. Tab. 13.1 zeigt Werte des Wirkungsgrades von vier Pumpentypen im Punkt besten Wirkungsgrades für die Bereiche A, E, C, G.

Tabelle 13.1. *Wirkungsgrade im Optimalpunkt*

Typ	n_q	Feld A, normale Pumpe (+n)	Feld E, Pumpe bei Umkehr der Drehrichtung (−n)	Feld C, normale Turbine (−n)	Feld G, Turbine bei umgekehrter Drehrichtung (+n)
Radial. .	36	83%	9	70	9
Halbaxial	150	82%	9	78	9
Axial . .	150	77%	25	—	—
Axial . .	270	80%	34	78	50

Die Idee, die gleiche Einheit sowohl als Pumpe wie auch als Turbine arbeiten zu lassen, ist besonders interessant im Zusammenhang mit Pumpspeicherwerken.

Die Schwierigkeit, dieselbe hydraulische Maschine als Pumpe und als Turbine zu benutzen, liegt in der Tatsache, daß die Pumpe bei entgegengesetzt gleicher Drehzahl und gleicher Höhe wie bei der Turbine nur einen Teil der Auslegemenge der Turbine fördert und dies bei schlechterem Wirkungsgrad tut. Deshalb werden die elektrischen Maschinen solcher Einheiten mit zwei Drehzahlen betrieben, so daß die Pumpe bei höherer Drehzahl arbeitet als die Turbine. Manche Pumpspeicherwerke haben verschiedene Einheiten für Pumpe und Turbine, wobei das gleiche elektrische Aggregat als Generator und als Motor benutzt wird [*6*] .Wieder andere haben völlig getrennte Sätze von je einer hydraulischen und einer elektrischen Einheit.

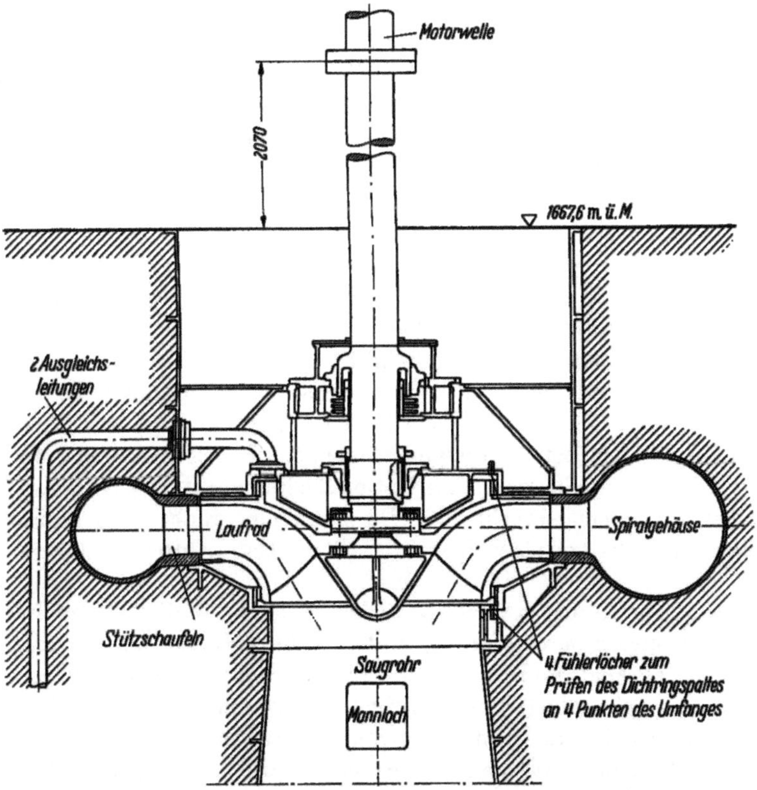

Abb. 13.7. Flatiron-Pumpturbine 10 m³/s, 73 m, 300 U/min, 9700 kW

Die beiden ersten Pumpspeicherwerke der Vereinigten Staaten haben beide Einheiten getrennt. Das eine ist ein Werk der Connecticut Light and Power Company am Rocky River, das aus zwei Pumpen von je 8100 PS besteht und 1930 gebaut wurde [*7*]. Das andere ist ein Werk der Colorado River Authority am Buchanan Damm in Texas mit 13450 PS aus dem Jahre 1949 [*8*].

Abb. 13.7 zeigt einen Schnitt durch das Flatiron-Pumpspeicherwerk, einen Teil des Colorado-Big Thomson-Projektes, das 1953 fertiggestellt wurde [*9*]. Als Motor ist die elektrische Einheit ausgelegt für 9700 kW bei 300 U/min. Als Generator leistet die gleiche elektrische Einheit 8000 kW bei 257 U/min. Die hydraulische Einheit wird als Pumpe und als Turbine benutzt. Bei den Versuchen nach der Aufstellung wurde der Pumpenwirkungsgrad zu 91% und der Turbinenwirkungsgrad zu 88% festgestellt.

Es wurde bei mehreren Gelegenheiten beobachtet, daß eine gute Pumpe auch eine gute Turbine darstellt, jedoch haben einige gute Turbinen einen wesentlich schlechteren Wirkungsgrad gezeigt, wenn sie als Pumpe arbeiteten. Der Grund dafür ist, daß in einer Turbine die Strömung zum Laufrad und durch das Laufrad beschleunigt ist. Eine hohe Beschleunigung beeinträchtigt die Strömung nicht. Wird die Strömungsrichtung umgekehrt, dann treten Verzögerungen auf, die sehr leicht zu großen Verlusten führen. In einer guten Pumpe ist die Verzögerung klein, so daß in beiden Richtungen etwa der gleiche Wirkungsgrad erzielt werden kann.

Die größte Speicherpumpe der Welt ist von der Tennessee Valley Authority im Hiwassee-Damm im Südwesten von North Carolina eingebaut worden [*10*]. Als Motor leistet die elektrische Maschine 75000 kW, als Generator 90000 kW. Die Drehzahl beträgt in beiden Fällen $n = 106$; die Zahl ist ein Kompromiß zwischen den beiden optimalen Drehzahlen der Maschine. Dies ist in diesem Falle bei Verzicht auf etwas Wirkungsgrad in beiden Betriebszuständen möglich. Durch Benutzung einstellbarer Leitschaufeln wurden die Optimalbedingungen bei diesem Aggregat näher zusammengebracht. Der Durchsatz der Einheit als Pumpe beträgt 110 m³/s bei einer Höhe von 62 m. Der Laufraddurchmesser ist 6,7 m.

Die Einrichtung von Pumpspeicherwerken ist in dichtbesiedelten Industriegebieten gerechtfertigt, in denen die vorhandenen Wasserkräfte ausgenutzt sind und in denen der Unterschied im Leistungsbedarf zwischen Spitzenbedarf und Minimalbedarf sehr groß ist. Solche Bedingungen existieren in den Vereinigten Staaten erst seit kurzem. Die oben aufgezählten Werke sind die einzigen, die bis heute in USA gebaut worden sind.

Abb. 13.8 zeigt einen Schnitt durch eine zweistufige Pumpe von Sulzer. Sie ist ausgelegt für 4,0 m³/s bei einer Höhe von 400 m und 1000 U/min, ihr Leistungsbedarf ist 18600 kW. Die symmetrische Anordnung mit Eingängen an beiden Enden und einem Ausgang in der Mitte ist typisch für große Hochdruckpumpen und -gebläse in Europa. Der Spitzenwirkungsgrad wurde beim Versuch zu 88,2% festgestellt [*11*]. Der gleiche Aufbau wird bei horizontalen Pumpen verwendet.

b) Zwei parallel arbeitende Pumpen bei Leistungsausfall. Arbeiten zwei Pumpen parallel und die Leistung der einen fällt aus, während die zweite weiterarbeitet, so kehrt sich die Durchflußrichtung der ersten um und sie dreht sich mit Turbinendurchgangsdrehzahl rückwärts. Folgende Fragen tauchen unter diesen Bedingungen auf: 1. Welche Teilmenge der von der zweiten Pumpe geförderten Flüssigkeit wird in das Druck-

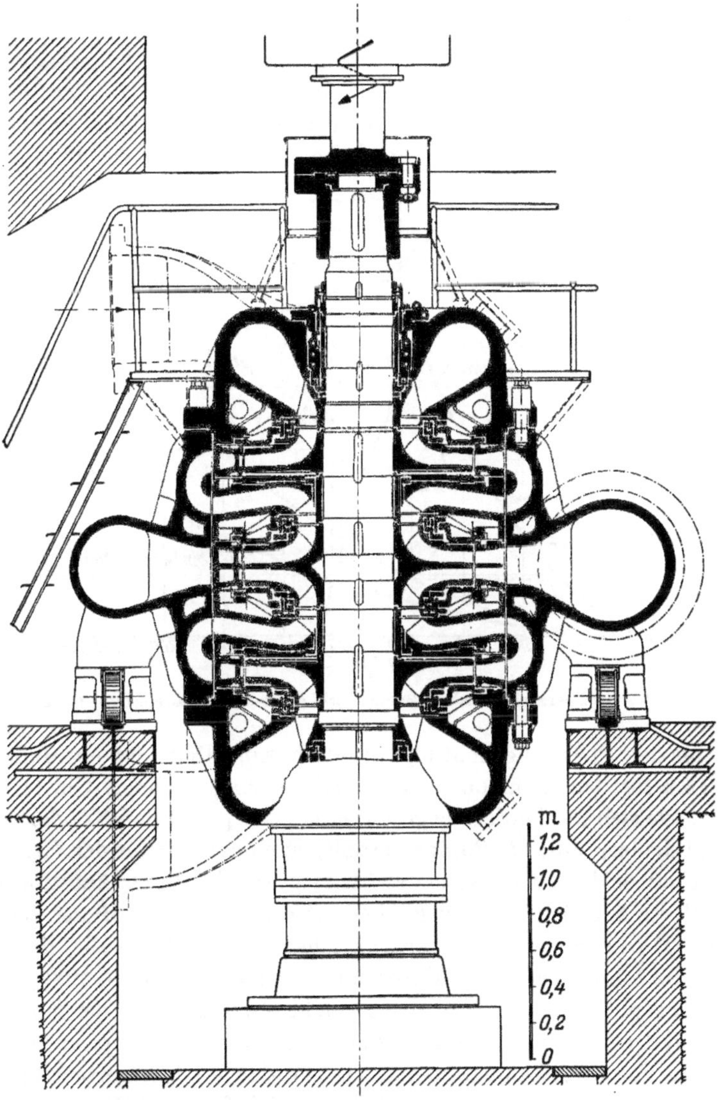

Abb. 13.8. Zweistufige Pumpe von Sulzer aus dem Pumpspeicherwerk der Zentrale Grimsel, Oberaar (Schweiz) 18600 kW

system gefördert und welche Teilmenge fließt durch die nicht arbeitende Pumpe auf die Saugseite zurück? 2. Wie hoch liegt die Durchgangsdrehzahl in umgekehrter Richtung bei der zweiten Pumpe? 3. Was kann erreicht werden, wenn man die Rückwärtsdrehung der leerlaufenden Pumpe verhindert?

Um zu zeigen, wie solche Fragen zu behandeln sind, soll ihre Lösung am Beispiel von zwei Propellerpumpen, die Kühlwasser durch einen Kondensator pumpen, demonstriert werden. Die gesamte Förderhöhe wird zur Überwindung der Reibung des Systems benutzt. Abb. 13.9 zeigt die Drosselkurven von einer und von zwei parallel arbeitenden Pumpen, von denen jede 100% ihrer Auslegemenge liefert. Die Widerstandskurve *AB* des Kondensators wird ebenfalls gezeigt. Zur Beantwortung der genannten Fragen muß die Charakteristik der Pumpe bei

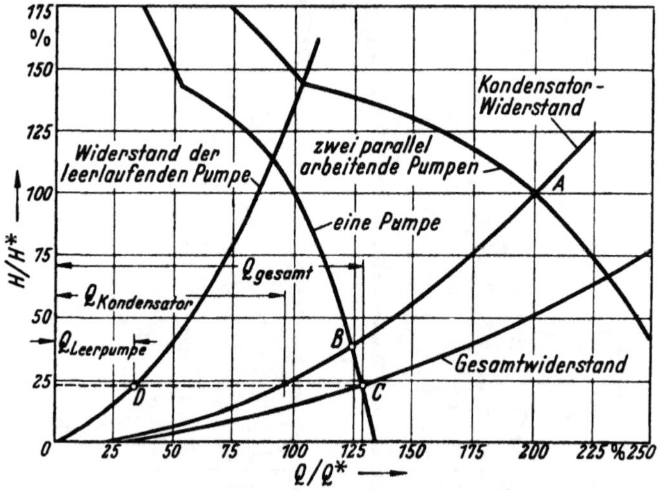

Abb. 13.9. Zwei parallel geschaltete Pumpen bei Leistungsausfall an einer von beiden

Umkehr der Strömungsrichtung bekannt sein. Diese ist ebenfalls in Abb. 13.9 für den drehmomentfreien Läufer eingezeichnet. Um festzustellen, wie sich die Fördermenge nur einer Pumpe auf den Kondensator und auf die leer laufende Pumpe verteilt, ist eine Kurve für den Gesamtwiderstand beider zu konstruieren. Dies geschieht durch Addition der Durchflüsse bei gleichen Druckhöhen. Der Schnittpunkt dieser Kurve mit der Drosselkurve ergibt den Betriebspunkt *C*. Man sieht, daß die arbeitende Pumpe bei freiem Rotor der ausgefallenen Pumpe 129% ihrer Normalmenge fördert. Ein Teilbetrag von 96,5% fließt durch den Kondensator und der Rest läuft nutzlos durch die leerlaufende Pumpe ab. Durch ähnliches Vorgehen kann gefunden werden, daß bei blockiertem Läufer der einen Pumpe die andere 127% liefert und daß dann 108% durch den Kondensator strömen. Abb. 13.9 zeigt, daß die leerlaufende Pumpe mit 23% ihrer normalen Höhe beaufschlagt wird (Punkt *D*). Ihre rückläufige Drehzahl beträgt bei 100% Höhe 128% (s. Tab. 13.3) und 61% der normalen Drehzahl bei 23% Höhe. Die Pumpencharakteristik bei Rückwärtsströmung muß wenigstens für einen Punkt experimentell bestimmt werden; die Kurve kann dann durch Anwendung der Ähnlichkeitsgesetze aufgetragen werden.

Es ist zu beachten, daß die aktive Pumpe sowohl bei freiem wie blockiertem Läufer der passiven Pumpe 129 bzw. 127,5% ihrer Auslegemenge fördert. Bei Propellerpumpen ist die Leistungsaufnahme in diesem Bereich kleiner als im Auslegepunkt, so daß der Motor durch Ausfall der zweiten Pumpe entlastet wird. Bei Pumpen niedrigerer spezifischer Drehzahl dagegen nimmt die Leistungsaufnahme mit steigender Menge zu, so daß hier die Gefahr der Überlastung des Motors gegeben ist.

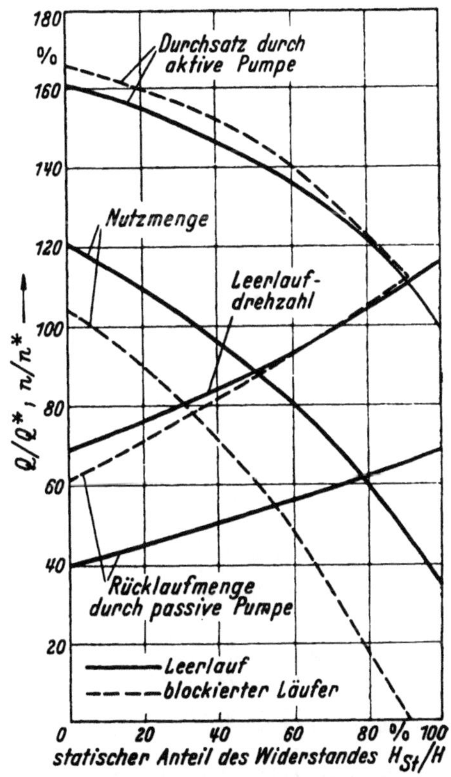

Abb. 13.10. Zwei parallel geschaltete zweiflutige Pumpen, Leistungsausfall bei einer Pumpe; $n_q = 36$

Abb. 13.10 zeigt die Aufteilung zwischen Nutzmenge und Rücklaufmenge durch die passive Pumpe für Systeme mit verschiedenen Verhältnissen der statischen zur gesamten Höhe, und zwar bei freiem und bei blockiertem Läufer. Diese Kurve wurde in der gleichen Weise wie die in Abb. 13.9 berechnet. Bei gegebener Höhe fließt bei blockiertem Läufer eine größere Menge zurück als bei frei rotierendem, analog dem Asynchronmotor, der bei blockiertem Läufer mehr Strom aufnimmt als bei drehmomentfreiem Läufer. Der Motor erzeugt durch die Drehung des Läufers eine Gegenspannung, die die Stromaufnahme herabsetzt. In einer Pumpe mit freiem Läufer wird ein Teil der aufgebrachten Höhe zur Überwindung der von der Pumpe erzeugten Förderhöhe aufgebraucht und nur der verbleibende Teil erzeugt den Rückfluß, der dann kleiner ist als bei blockiertem Rotor.

Abb. 13.11 zeigt ähnliche Kurven für Propellerpumpen. Es ist zu beachten, daß hier bei freiem Läufer eine größere Menge zurückläuft als im Falle blockierten Rotors. In Propellerpumpen wird keine Förderhöhe durch Fliehkräfte erzeugt, wie dies in Radialpumpen der Fall ist. Andererseits wird durch die Bewegung der absolute Stromweg verkürzt und so der Durchfluß vergrößert. Das gleiche Verhalten kommt auch durch die Lage der Linie $H = 0$ in dem Diagramm in Abb. 13.4 im Vergleich zum Diagramm in Abb. 13.2 zum Ausdruck.

c) Zwei Pumpen in Reihe. Bei extrem niedrigem Wasserstand im Saugsumpf, etwa in einem Flußlauf, können oft Hilfspumpen, meist axialer Bauart, die mit den Hauptpumpen in Serie geschaltet sind, zugeschaltet werden. Um die Anordnung möglichst einfach zu gestalten, läßt man die Hilfspumpen auch dann in der Strömung, wenn sie nicht angetrieben werden. Es ist dann wichtig, zu wissen, wie groß der Pumpenwiderstand in diesem Falle bei freiem und bei blockiertem Läufer ist und mit welcher Drehzahl die passive Pumpe rotiert. Die Fördermenge ist bei dieser Anordnung positiv und die Förderhöhe negativ, der Betriebspunkt liegt im H–Q-Diagramm also im 4. Quadranten. Nach Diagramm 13.2 ($n_q = 36$) ergibt sich für $M = 0$ und $Q/Q^* = 100\%$, die Drehzahl zu 33% und die Höhe zu 25%. Der Betriebspunkt liegt im Feld G, in dem die Pumpe als Turbine mit verkehrter Stromrichtung bei Durchgangsdrehzahl läuft. Ist der Rotor blockiert, so ergibt sich aus dem gleichen Diagramm bei einer Menge von 100% und bei Drehzahl Null eine Höhe von 56%; diese Werte zeigen, daß der Pumpenwiderstand im Falle blockierten Rotors größer ist als im Falle des Leerlaufes.

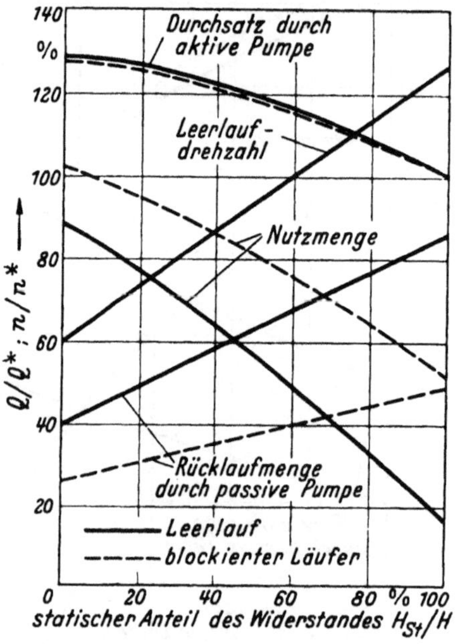

Abb. 13.11. Zwei parallel geschaltete Propellerpumpen; Leistungsausfall bei einer Pumpe; $n_q = 150$

Handelt es sich um eine Propellerpumpe von $n_q = 150$, so erhält man aus Abb. 13.3 auf der Linie $M = 0$ in dem Feld G den Strömungswiderstand zu 25% und die Drehzahl zu 55% des Normalwertes. Mit blockiertem Läufer beträgt dagegen der Widerstand 150% der Förderhöhe.

Bei der Axialpumpe ergeben sich 12% Widerstand und 68% Drehzahl bei Leerlauf und 96% Widerstand im Festbremspunkt.

Es ist zu beachten, daß beim Gebrauch einer Propellerpumpe als Hilfspumpe das auftretende Drehmoment bei blockiertem Läufer die Gewinde auf der Wellenkupplung zu lösen trachtet. Ist der Rotor frei beweglich, dann besteht diese Gefahr nicht, da das Drehmoment null ist.

Fällt die Antriebsleistung der Hauptpumpe aus, so wird sich, falls wenigstens ein Teil der Widerstandshöhe statischer Natur ist, die Strömungsrichtung umkehren und die Hilfspumpe wird im Feld B, Abb. 13.1a, 13.1b und 13.2, arbeiten. Hier ist die Drehzahl positiv, die Fördermenge negativ und die Höhe der zurücklaufenden Flüssigkeit größer als die Nullförderhöhe der Hilfspumpe. Ist die Höhe der Druckrohrleitung groß im Vergleich zur Förderhöhe der Hilfspumpe, so wird der Motor derselben stark überlastet und ist gefährdet, falls die Sicherungen nicht ansprechen.

d) Arbeiten der Pumpe unter negativer Höhe im Feld H der Abb. 13.1a. In diesem Betriebsbereich sind Durchflußrichtung und Drehrichtung positiv, die Höhe ist negativ. Dieser Zustand tritt ein, wenn von zwei hintereinander geschalteten Pumpen die erste für größere Mengen ausgelegt ist als die zweite und das Drosselventil der zweiten Pumpe weit geöffnet wird. Die Druckdifferenz an der zweiten Pumpe wird dann mit zunehmender Öffnung des Ventils null und nimmt dann negative Werte an, während die Fördermenge über den Punkt verschwindender Förderhöhe der zweiten Pumpe hinaus wächst. Diese trägt dann nicht nur nicht zur Erzeugung von Förderhöhe bei, sondern verbraucht sogar einen Teil der von der ersten Pumpe erzeugten Höhe.

Dem Autor ist ein ähnlich gelagerter Fall bekannt, wo entsprechende Bedingungen an einer Pumpe herrschten, die aus einer unter hohem Druck stehenden Ölbohrung ansaugte. Bei zunehmender Öffnung des Drosselventils auf der Druckseite sank der Enddruck unter den Saugdruck. Die Pumpe hatte ein doppeltes Gehäuse, dessen äußerer Mantel unter Ausgangsdruck steht, so daß die inneren Gehäusehälften aufeinandergedrückt werden. Kleine Bolzen an den inneren Hälften dienen lediglich zu Montagezwecken. Als bei dem besprochenen Zwischenfall der Druck auf der Druckseite unter den Saugdruck absank, waren die Bolzen zu schwach, um die inneren Gehäusehälften aufeinanderzuhalten; als Folge traten Schäden am Rotor auf. Der Grund des Schadens war damals nicht leicht zu erkennen, da man zu dieser Zeit erst anfing, sich für die Arbeitsbedingungen außerhalb des normalen Feldes zu interessieren.

13.5. Das Anfahren von Kreiselpumpen

Die Kenntnis der vollständigen Pumpencharakteristik ist auch sehr nützlich zur Lösung von Problemen, die beim Anfahren von Pumpen auftauchen. Im allgemeinen wird das beim Anfahren benötigte Drehmoment mit den üblichen Drehstromsynchron- oder Ansynchronmotoren ohne Schwierigkeit aufgebracht. Es können sich jedoch — je nach Anordnung der Pumpe — Bedingungen ergeben, die sehr hohe Anfahrmomente erfordern. In manchen Fällen ist ein besonderes Anlaßverfahren vorgeschrieben, um den Motor auf seine Betriebsdrehzahl zu bringen. Zur Erfassung des komplizierten Vorganges nehmen wir vereinfachend an, daß beim Anfahren in jedem Zeitpunkt die gleiche Beziehung zwischen Höhe, Menge und Drehzahl besteht wie im Beharrungszustand. Die Beschleunigungsmomente werden hier nicht berücksichtigt. KNAPP [4] hat gezeigt, daß man mit dieser Annahme Ergebnisse erzielt, die eine gute Annäherung an einen von ihm durchgeführten Versuch darstellen.

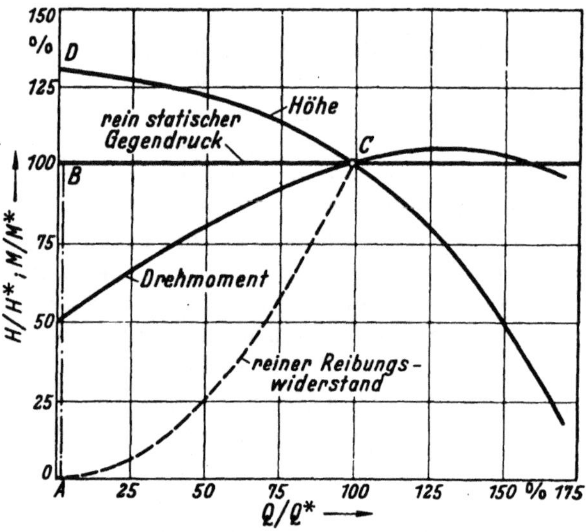

Abb. 13.12. Charakteristik bei konstanter Drehzahl

a) Drehzahl und Drehmoment. Die Leistungsaufnahme von Pumpen mit niedriger und mittlerer spezifischer Drehzahl $n_q \leq 70$ ist bei geschlossenem Schieber, also bei Förderhöhe null, kleiner als die Leistungsaufnahme im Auslegepunkt. Abb. 13.12 zeigt Kurven der Förderhöhe und des Drehmomentes bei konstanter Drehzahl über der Fördermenge; die spezifische Drehzahl beträgt $n_q = 36$. In Abb. 13.13 ist der Verlauf des Drehmomentes über der Drehzahl dargestellt. Beim Anfahren gegen geschlossenem Schieber ist der Drehmomentbedarf der Pumpe, über der Drehzahl aufgetragen, eine quadratische Parabel $A'B'D'$ (Abb. 13.13). Obwohl das zum Pumpen benötigte Moment bei Drehzahl Null ebenfalls null ist, muß der Motor die ruhende Reibung in Lagern und Stopfbüchsen überwinden. Die Größe dieser Momente variiert sehr stark mit der Größe und der Drehzahl der Pumpe sowie mit der Größe und dem Anpreßdruck der Stopfbüchse.

Eine horizontale Pumpe mit zwei Stopfbüchsen, die zusammen eine Bremskraft von 115 kg an einem Durchmesser von 85 mm ausüben, weist durch Reibung in den Stopfbüchsen, im Wälzdrucklager und in zwei Gleitlagern ein Anfahrmoment von 500 cm kg auf, das ist 1,25% des von der Pumpe bei 3600 U/min aufgenommenen Momentes. Bezieht man das Reibungsmoment auf das bei 1800 U/min aufgenommene Moment, so sind es 5% und bei Bezug auf 1200 U/min 11,25%. Der Verlauf *EF*, Abb. 13.13 der Drehmomentkurve in der Nähe des Stillstandes ist willkürlich und hat keine Bedeutung. Aus diesem Beispiel ist zu ersehen, daß das Anfahrmoment für niedertourige Pumpen relativ höher ist als bei hochtourigen, daß es jedoch niedrig genug ist, um von einem normal ausgelegten Motor aufgebracht zu werden.

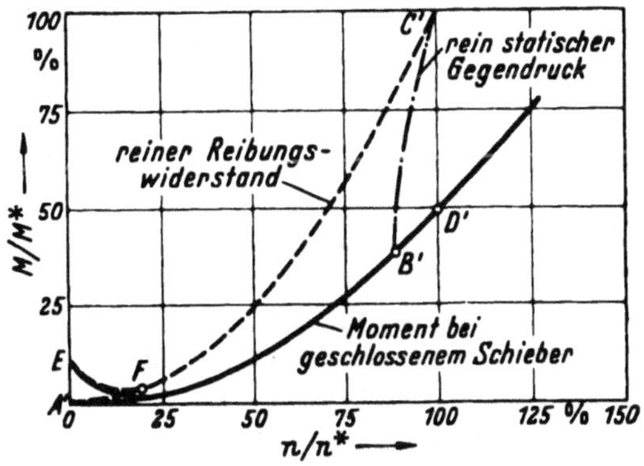

Abb. 13.13. Drehmoment über Drehzahl

Wird die Pumpe mit offenem Drosselventil angefahren, so hängt die Kurve des Drehmomentes über der Drehzahl von der Widerstandscharakteristik des Systems ab, in das gefördert wird. Eine Möglichkeit ist die Förderung gegen rein statische Druckhöhen; die Charakteristik des Systems ist dann die Linie *ABC* in Abb. 13.12. Die Pumpe wird beim Anfahren so lange ohne wesentliche Förderung arbeiten, bis sie die Drehzahl erreicht hat, bei der die Förderhöhe den Punkt *B* erreicht hat; dann erst beginnt sie, in das System zu fördern, wobei die Förderhöhe nun konstant bleibt (Linie *BC*). Die Kurve *B'C'*, Abb. 13.13, für das zugehörige Drehmoment über der Drehzahl wird konstruiert, indem man die Drehzahl zu einigen Punkten auf der Linie *BC* berechnet und das zugehörige Drehmoment in Abb. 13.13 einträgt.

Als weiteres Beispiel soll der Fall betrachtet werden, daß der Widerstand nur durch Reibung bedingt ist (Kurve *AC*, Abb. 13.12), wobei die Rohrlänge nicht sehr groß sein soll. Der Betriebspunkt bewegt sich dann beim Anfahren auf der Parabel *AC*, Abb. 13.12. Die Punkte der Kurve *A'C'* für das Drehmoment in Abb. 13.13 sind nach dem gleichen Verfahren wie oben zu berechnen.

Ist die Rohrleitung sehr lang (mehrere Kilometer), dann ist die Trägheit der zu beschleunigenden Flüssigkeit so groß, daß sie nicht mehr vernachlässigt werden kann. Die Zeit, die benötigt wird, um die Flüssigkeit zu beschleunigen, ist viel größer als die Zeit, die man braucht, um den Motor zu beschleunigen, und das Verhalten der Pumpe während der Anfahrperiode gleicht eher dem Verhalten bei geschlossenem Schieber. In Fällen, die zwischen diesen beiden Extremen gelagert sind, wird die Drehmomentkurve zwischen $A'C'$ und $A'D'$ liegen. Ebenso können dann, wenn der Systemwiderstand teilweise statisch und teilweise durch Reibung bedingt ist, Kurven aufgetragen werden, die ähnlich $A'C'$ und $A'B'C'$ verlaufen; ist die Rohrleitung lang, dann nähert sich die Drehmoment-Drehzahl-Kurve der Kurve für geschlossenen Schieber.

b) Das Anfahren einer rückwärts laufenden Pumpe. Bei Radialpumpen, deren Leistungsbedarf konstant ist oder mit abnehmendem Durchsatz abnimmt, überschreitet das Drehmoment beim Anfahren in keinem Fall 100%, falls die Pumpe sich nicht unter der Höhe des Systems rückwärts dreht. Ist jedoch die ganze Förderhöhe oder ein Teil statischer Natur und es ist keine Vorrichtung zur Vermeidung von Rückströmung vorhanden, so kann das erforderliche Moment beim Anfahren mit geöffnetem Schieber mehr als 100% betragen. Wichtig ist beim Anfahren mit negativen Drehzahlen die Kenntnis der Kurven des Motormomentes in diesem Arbeitsbereich. Allgemeine Regeln für das Verhalten von Pumpe und Motor beim Anfahren aus gegenläufiger Drehung können nicht gegeben werden; es muß jeder Fall für sich behandelt werden.

c) Das Anfahren von Propellerpumpen. Die besondere Eigenart dieser Pumpen ist es, daß ihre Leistungsaufnahme ansteigt, wenn die Fördermenge gegen null abnimmt. Sie kann im Bereich der höheren spezifischen Drehzahlen bei geschlossenem Schieber bis zu zweimal so groß sein wie die Leistungsaufnahme im Auslegepunkt.

Das Anfahren mit geschlossenem Schieber würde also auch das Doppelte des normalen Motormomentes erfordern, was die üblichen Motoren nicht leisten können. Anstatt Spezialmotoren zu entwickeln, wurden verschiedene Anordnungen entworfen, um Propellerpumpen mit Standardmotoren [*12*] ausrüsten bzw. anfahren zu können:

1. Eine Umgehungsleitung parallel zur Pumpe, die während des Anfahrvorganges offen ist. Bei gegebener Größe der Umgehungsleistung fließt um so mehr durch diese, je näher sie am Laufrad beginnt;

2. Anfahren bei teilweise geöffnetem Druckschieber;

3. Anordnung des Laufrades über dem Saugspiegel; Füllen der Pumpe erst nach Erreichen der vollen Drehzahl [*13*]. Die gleiche Wirkung kann man erzielen, wenn man vor dem Anfahren den Wasserspiegel im Pumpenrohr durch Druckluft absenkt und erst nach Erreichen der vollen Drehzahl die Luft wieder abläßt.

Mit einem Antrieb veränderlicher Drehzahl kann die Pumpe bei kleiner Drehzahl angefahren werden, wobei ihre Förderhöhe bei geschlossenem Schieber nur wenig über der normalen Förderhöhe liegt. Dann wird der Druckschieber geöffnet und die Pumpe auf ihre Arbeitsdrehzahl gebracht.

Propellerpumpen werden oft dazu benutzt, Wasser von einer Ebene über einen Deich auf eine höher gelegene Ebene zu pumpen (Entwässerungs- oder Bewässerungsanlagen). Das Druckrohr solcher Pumpen bildet einen Siphon. Um diesen zu füllen, muß eine statische Förderhöhe aufgebracht werden, die höher ist als die normale Förderhöhe der Pumpe. Der Drehmomentbedarf muß in solchen Fällen untersucht werden, und zwar muß man annehmen, daß die Pumpe in der Nähe des Punktes der Nullförderung arbeitet, bis der höchste Punkt erreicht ist; dann erst fällt die Höhe plötzlich auf die Auslegehöhe.

Füllt man den Siphon, indem man ihn evakuiert, so können Komplikationen während des Anfahrens auftreten; sobald er ganz mit Wasser gefüllt ist, setzt unter voller Druckhöhe ein Rückstrom durch die Pumpe ein, so daß die Pumpe beginnt, sich wie in den oben beschriebenen Fällen rückwärts zu drehen.

Zusätzlich zu dem bisher behandelten zum Pumpen benötigten Drehmoment, wie es in den Abbildungen über der Drehzahl dargestellt ist, muß der Motor noch ein Moment zur Beschleunigung der rotierenden Massen aufbringen. Das Anfahren von großen Pumpen gegen geschlossenen Druckschieber ist auch bei Pumpen mit flacher Drehmomentencharakteristik unerwünscht, da der bei Beendigung des Füllens der Leitung vor dem Schieber auftretende Stoß der Flüssigkeit eine Zerstörung von Pumpenteilen zur Folge haben kann. Diese Erscheinung wurde in Pumpen, die geschmolzenes Salz bei katalytischen Ölkrackprozessen umwälzen, beobachtet. Das hohe spezifische Gewicht dieses Mediums erhöht die Wirkung des Stoßes.

13.6. Einfluß der spezifischen Drehzahl auf das Verhalten von Pumpen unter besonderen Betriebsbedingungen

Ist bei Auftreten von Fragen über das Verhalten einer Pumpe außerhalb des normalen Betriebsbereiches eine vollständige Charakteristik dieser Pumpe greifbar, so können diese Fragen leicht beantwortet werden. Leider erfordert die experimentelle Bestimmung eines derartigen Diagrammes eine Ausrüstung, die normalerweise auf den Prüfständen der Pumpenhersteller nicht zu finden ist. Infolgedessen existieren nur wenige vollständige Pumpendiagramme.

In Ergänzung der drei in den Abb. 13.2, 13.3 und 13.4 niedergelegten Charakteristiken sind hier noch einige Literaturhinweise angeführt, in denen das Betriebsverhalten in den Feldern A, B und C, den wichtigsten für Wasserschlaguntersuchungen, behandelt ist. Alle Pumpen sind einflutig, ihre spezifischen Drehzahlen sind in Tab. 13.2 angegeben.

Tabelle 13.2. *Literaturhinweise zum Thema Pumpencharakteristik außerhalb des normalen Betriebsbereiches*

Lit.-Nr.	[4]	[5]	[5]	[14]	[15]	[16]	[17]
Spezifische Drehzahlen n_q	33	41	36	28	26	35	41

Tab. 13.3. *Besondere Arbeitsbedingungen von Pumpen verschiedener spezifischer Drehzahlen, Angaben in % der Normalwerte*

Normaler Betrieb		Negativer Durchfluß				Positiver Durchfluß				Bemerkungen		
		Rotor				Rotor						
		frei		blockiert		frei		blockiert				
Nr.	spezifische Drehzahl	$H = +100\%$, $M = 0$		$H = +100\%$, $n = 0$		$Q = +100\%$, $M = 0$		$H = -100\%$, $n = 0$				
	n_q	$-Q$	$-n$	$-Q$	$+M$	$-H$	$+n$	$+Q$	$-M$	NW	Pumpentyp	Quelle
1	23	85	104	164						40	mehrstufig	Stepanoff
2	23,5	76	108	117	96					50	mehrstufig	Stepanoff
3	24,5	68	117	118	120	25	32	133	80	100	doppelflutig	Knapp
4	25		117							100	vierstufig	Stepanoff
5	33	58	125	115	146					200	einflutig	Knapp
6	34	52	106	103	110	37	30	117	73	50	einflutig	Kittredge
7	37,5	75	125	108	130	40	30	105	60	200	einflutig	Kittredge
8	41	60	123	95	125						einflutig, einfache Spirale	Knapp
9	41	50	123	108	140					200	einflutig, doppelte Spirale	Knapp
10	68	80	125	84	116	40	50	84	93	300	zweiflutig	Stepanoff
11	130	112	126	79	88	33	66	55	67	400	Propeller	Stepanoff
12	140	85	128	37	74	34	65	50	68	400	Propeller	Stepanoff
13	260	121	128	66	37	40	70	72	54	400	Propeller	Stepanoff

Anmerkungen:

Um Betriebsbedingungen aufzufinden, die hier nicht aufgeführt sind, sind die Ähnlichkeitsgesetze anzuwenden; Ausnahme: Propellerpumpen mit blockiertem Läufer.

Nr. 8 und Nr. 9 haben das gleiche Laufrad, Nr. 11 und Nr. 12 haben das gleiche Gehäuse, jedoch verschiedene Räder.

Literatur

[1] Thoma, D.: Vorgänge beim Ausfallen des Antriebes von Kreiselpumpen. Mitt. Hydr. Inst. Techn. Hochschule München Bd. 4 (1931) S. 102, auch in englischer Übersetzung. München: R. Oldenburg. C. P. Kittredge u. D. Thoma: Centrifugal Pumps Operated under Abnormal Conditions. Power (2. Juni 1931) S. 881.

[2] Engel, L.: Die Rücklaufdrehzahlen der Kreiselpumpen. Dissertation Technische Hochschule Braunschweig.

[3] Kittredge, C. P.: Vorgänge bei Zentrifugalpumpenanlagen nach plötzlichem Ausfallen des Antriebes. München: R. Oldenbourg (1933).

[4] KNAPP, R. T.: Complete Characteristics of Centrifugal Pumps and their Use in the Prediction of Transient Behavior. Trans. A. S. M. E. (Nov. 1937) S. 683.

[5] —: Centrifugal Pump Performance as Affected by Design Features. Trans. A. S. M. E. Bd. 63 (April 1941) Nr. 3.

[6] ANGUS, R. W.: Trans. A. S. M. E. Bd. 64 (Nov. 1942) Nr. 8.

[7] Engineering (Jan. 1930) S. 33 und (Jan. 1930) S. 97.

[8] POWELL, C. L.: Pump at Buchanan Dam Adds Peak Capacity to Power System. Power (Aug. 1951) S. 95.

[9] PARMAKIAN, J.: Flatiron Power and Pumping Plant. Mech. Engng. (Aug. 1955) S. 677.

[10] JASKE, F. E.: Pump-Turbines, Allis Chalmers Elec. Review, 4. Quartal 1954.

[11] WEIBEL, A., u. J. SPRECHER: Sulzer-Speicherpumpen. Sonderausgabe von Sulzer Techn. Rev. (1955) N. 1.

[12] TULEY, C. B.: Propeller Pumps in Parallel. Power (April 1934) S. 187.

[13] WAGNITZ, M. F.: Stormwater Pumping Station at Detroit. Engng. News Rec. 30. Juli 1931.

[14] WIDDERN, H. C. v.: Tests on Turbo-Pumps. Escher-Wyss Research on Turbo-Machinery (1939) S. 36.

[15] SPRECHER, J.: The Hydraulic Power Storage Pumps. Sulzer Techn. Rev. (1951) Nr. 3, S. 1.

[16] DUC, J.: Die Berechnung der Druckschwankungen in Pumpenleitungen, Sulzer Speicherpumpen. Sonderausgabe von Sulzer Techn. Rev. (1955) Nr. 1, S. 22.

[17] KOBORI, T.: Experimental Research on Water-hammer in Pumping Plant of the Numazawanuma Pumped Storage Power Station, Hitachi Rev. (Febr. 1954) S. 65.

[18] ZOBEL, R.: Versuche an der hydraulischen Rückstromdrossel. Mitt. Hydr. Inst. Techn. Hochschule München, Bd. 8, S. 1. München: R. Oldenbourg.

[19] PEABODY, R. M.: Typical Analysis of Water Hammer in a Pumping Plant of the Colorado-River Aqueduct. Trans. A. S. M. E. (Febr. 1939) S. 117.

[20] SPETZLER, O.: Die Turbinenpumpe im Stauwerk Baldeney. Z. VDI Bd. 78 (1934) Nr. 41, S. 1183.

[21] TERRY, R. V.: Development of the Automatic Adjustable Blade-Type Propeller Turbine. Trans. A. S. M. E. (Juli 1941) S. 398, 405, 406.

[22] SWANSON, W. M.: Complete Characteristics Circle Diagram for Turbo-Machinery. Trans A. S. M. E. Bd. 75 (1953) S. 819.

14. Spezielle Probleme bei Konstruktion und Betrieb von Pumpen

14.1. Instabile Drosselkurven

Man erhält rechnerisch als Drosselkurve eine Parabel, deren Scheitel im allgemeinen rechts von der Ordinate liegt (Abb. 14.1). Das bedeutet, daß die Förderhöhe bei Fördermenge Null kleiner ist als die maximale Förderhöhe ($H_0 < H_{max}$). Durch Versuch festgestellte Drosselkurven von Pumpen mit niedriger spezifischer Drehzahl ($n_q < 20$) haben angenähert die gleiche Form. Man nennt den Bereich von Punkt B bis Punkt A (Abb. 14.1) den instabilen Bereich der Drosselkurve, weil hier bei geeigneter Widerstandscharakteristik Instabilität eintreten kann.

Bei rein statischer Widerstandscharakteristik ist ein stabiler Zustand nicht möglich. Aber auch dann, wenn die Widerstandskurven steiler als die Drosselkurve verlaufen, also keine Instabilität im eigentlichen Sinne vorliegt, können unter besonderen Umständen, beispielsweise beim Parallelarbeiten von zwei Pumpen, Schwankungen von Förderhöhe und Fördermenge eintreten, wenn der Betriebspunkt zwischen A und D liegt. Schwankungen von Fördermenge und Förderhöhe haben Schwankungen der Drehzahl und des Eingangsdrehmomentes zur Folge, und wenn die Frequenz der Schwingungen mit derjenigen des angeschlossenen Rohrleitungssystems zusammenfällt, werden unangenehme mechanische Schwingungen der Rohrleitung hervorgerufen.

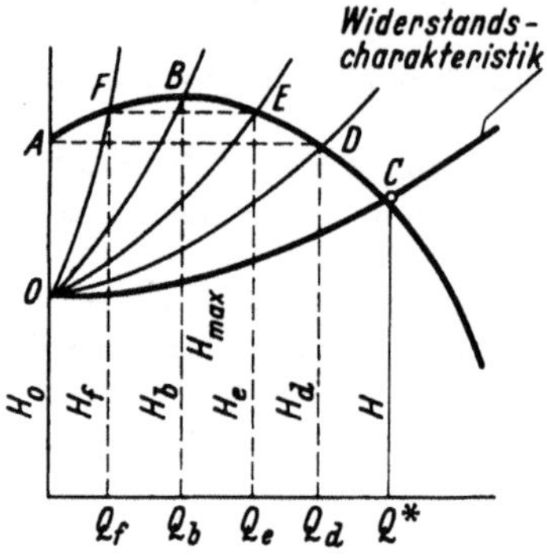

Abb. 14.1. Instabile Drosselkurve

a) Voraussetzungen für die Entstehung von Schwankungen. Folgende Bedingungen sind Voraussetzung für die Entstehung von Schwankungen der Förderhöhe und des Durchsatzes sowie der Leistungsaufnahme eines Systems einschließlich der Pumpe:

1. Die Wassermasse muß frei schwingen können. Diese Bedingung besteht dann, wenn sie zwischen zwei freien Oberflächen steht wie in Kesselspeise- oder Kondensatorkreisläufen. In beiden Fällen wird aus einem Behälter mit freier Oberfläche angesaugt und in einen anderen Behälter mit freier Oberfläche hineingefördert.

2. Es muß ein Glied im System vorhanden sein, das Druckenergie aufspeichern kann und wie eine Feder in einem mechanischen System wirkt, das also eine veränderliche Rückstellkraft ausüben kann. Die statische Wassersäule in einem System mit zwei freien Oberflächen kann eine solche Funktion übernehmen. In einem Kesselspeisekreislauf kann auch das elastische Dampfpolster die Rolle der Feder übernehmen. Werden kompressible Medien wie Luft oder Gase gefördert, so dient das Medium selbst als elastisches Glied. Infolgedessen können Gebläse mit instabiler Charakteristik nicht in der Nähe des Punktes maximaler Förderhöhe betrieben werden. Durch die Schwankungen bei Gebläsen entstehen Geräusche durch Pulsation, die denjenigen von Plungerpumpen ähnlich sind; die Erscheinung wird hier mit „Pumpen" bezeichnet.

3. Es muß ein Glied vorhanden sein, das in regelmäßigen Zwischenräumen Impulse auf die Strömung ausübt und so die Schwingungen auslöst. Ist die Drosselkurve instabil, so treten solche Bedingungen ein, wenn die Fördermenge unter die zur Maximalhöhe gehörige Menge Q_b sinkt. Aber auch bei stabiler Charakteristik können Schwankungen der

Fördermenge durch übermäßige Rotation der Flüssigkeit im Saugstutzen der Pumpe hervorgerufen werden.

b) Parallelen zur Wasserturbine. Es muß in diesem Zusammenhang darauf hingewiesen werden, daß hydraulische Wasserturbinenanlagen alle Voraussetzungen für die Entstehung von Schwingungen erfüllen; dementsprechend sind bei vielen Anlagen während des Teillastbetriebes Schwankungen beobachtet worden. Hier sind die Auswirkungen besonders unangenehm, da sich die Leistungsschwankungen auch im elektrischen System so stark bemerkbar machen können, daß die betroffene Einheit nicht mehr mit dem Netz in Phase gefahren werden kann. Eine Untersuchung von Rheingans [*1*] und mehrere Diskussionsbeiträge zu seiner Arbeit zeigten, daß die Leistungsschwankungen ihren Ursprung in dem Saugrohr der Turbine haben (entsprechend dem Saugrohr der Pumpe). Bei Teillast bildet die verbleibende Umfangskomponente der Austrittsgeschwindigkeit einen Wirbel im Saugrohr; da dieser nicht symmetrisch zur Rotationsachse ist, tritt die Strömung aus dem Läufer gegen eine veränderliche Höhe aus. Wenn die Schwankungsfrequenz der Frequenz des Systems gleicht, erreichen die Schwingungen ihr Maximum.

Der gleiche Wirbel, der in der Turbine bei Teillast entsteht, erscheint auch in Kreiselpumpen je nach Ausbildung der Stromführung auf der Saugseite und der Form des Laufrades mehr oder weniger ausgeprägt. Die Schwingungen in Turbinen können durch Einbauten in das Saugrohr und durch Veränderung des Läufers und einer damit erzielten Reduzierung des Austrittsdralles so weit vermindert werden, daß sie nicht mehr stören. Ähnliche Maßnahmen werden beim Pumpenentwurf ergriffen, um das gleiche Ziel zu erreichen. Es ist günstig, wenn die Strömung im Saugrohr gleichmäßig leicht beschleunigt wird und wenn geeignete Einbauten zur Vermeidung des Vordralles im Saugstutzen vorgesehen werden. Ebenen Laufradschaufeln ist von diesem Standpunkt aus der Vorzug vor den weit vorgezogenen Francisschaufeln zu geben.

c) Stabile Kurven bei der Kesselspeisung. Alle modernen Kesselspeisepumpen werden so konstruiert, daß ihre Drosselkurve stabil ist, daß also die Förderhöhe mit abnehmender Menge stetig zunimmt. Oft wird gefordert, daß die Nullförderhöhe ein bestimmtes Minimum beispielsweise 117% nicht unterschreiten soll. Allerdings garantiert diese Grenze für sich noch nicht die Stabilität der Kurve. In manchen Beispielen ist auch ein Maximum für die Nullförderhöhe vorgeschrieben. Eine solche Forderung wird gewöhnlich im Zusammenhang mit Bestrebungen zur Einsparung von Leistung in der Annahme gestellt, daß bei einer flacheren Drosselkurve die Verluste, die beim Drosseln auf Teilmenge entstehen, geringer sind. Diese Annahme ist aus folgenden Gründen nicht in jedem Falle richtig; 1. die Drosselkurve selbst ist für sich allein noch kein Maß für die Leistungsaufnahme; vielmehr ist auch der Wirkungsgrad maßgeblich beteiligt; 2. wird die maximale Grenze der Nullförderhöhe zu tief (110%) angesetzt, so kann man die geforderte Höhe nur dadurch verifizieren, daß man den Betriebspunkt auf eine Fördermenge legt, die kleiner ist als die Optimalmenge. Dies wirkt dem angestrebten Ziel der Verminderung der Leistungsaufnahme in einem weiten Bereich entgegen. Außerdem setzt eine zu niedrige Nullförderhöhe die Sicherheit gegen Druckstöße in der Druckleitung herab.

Allgemein kann festgestellt werden, daß die Größe H_0/H ein Maß für die Stabilität der Drosselkurve ist und eine Möglichkeit zur Verminderung des Pendelns von Regelanlagen bietet [*2*].

Bei Hochdruck-Kesselspeisepumpen kann der Einfluß der Temperatursteigerung durch hydraulische und Scheibenreibungsverluste spürbar werden. So beträgt beispielsweise die Erhöhung der Temperatur von Wasser von 120° C beim Fördern auf einen Druck von 125 atü etwa 28° C, was einer Dichteabnahme von 2,7% entspricht; dieser Dichteabnahme wiederum entspricht eine Abnahme des Pumpendruckes von 3,5 kg/cm². Eine Pumpe, deren H—Q-Kurve bei abnehmender Fördermenge stetig ansteigt, kann beim Pumpen von heißem Wasser einen Abfall des Druckes in der Nähe des Punktes $Q = 0$ zeigen.

d) Der Grund von Druckschwankungen. Während jeder Schwingungsperiode werden folgende Zustände nacheinander durchlaufen. Wird die Fördermenge von der normalen Menge Q^* (Abb. 14.1) durch Drosseln der Austrittsmenge reduziert, so entstehen neue Kurven OD, OE, OB des Systemwiderstandes durch den zusätzlichen Widerstand im Drosselventil. Die sich einstellenden zugehörigen Mengen sind Q_d, Q_e, Q_b. Bis zum Punkt B ist die Pumpe in der Lage, bei Verkleinerung der Menge mehr Förderhöhe zur Verfügung zu stellen. In dem Augenblick, in dem die Fördermenge unter Q_b sinkt, nimmt die Förderhöhe ab und es besteht die Tendenz einer rücklaufenden Bewegung. Sobald jedoch der Förderstrom reduziert ist, sinkt der Druck im System ab und die Pumpe beginnt wieder, in das System hineinzufördern, bis die Höhe H_b bei der Menge Q_b wieder erreicht ist. Da im System jedoch nur Bedarf für Q_f vorliegt, besteht dann wieder die Tendenz, die Strömung umzukehren, und der Vorgang wiederholt sich. Die Erscheinung wird dadurch verwickelt, daß Schwankungen in der Förderhöhe und Fördermenge auch Schwingungen im Drehmoment und in der Drehzahl zur Folge haben. Der Ursprung der Druckveränderung liegt jedoch in der Tatsache, daß zeitweise der Druck in der Druckleitung höher ist als im Pumpenaustritt und daß dadurch während dieser Zeit eine Tendenz zur Rückströmung auftritt.

Die Kompressibilität einer Säule von sehr warmem Wasser spielt eine wichtige Rolle in dem schwingungsfähigen System einer Kesselspeisepumpe. Wird das Drosselventil direkt am Austrittsstutzen angeordnet, so treten keine Schwingungen auf, da die Wassersäule zu kurz ist, um in genügendem Maße kompressibel zu sein, und da die Turbulenz, die durch das Drosselventil hervorgerufen wird, die Regelmäßigkeit der von der Pumpe herkommenden Impulse stört.

Arbeitet die Pumpe bei beginnender Kavitation wie eine selbstregulierende Kondensatpumpe (Abb. 11.12, Punkt F und G), so treten ebenfalls keine Schwingungen auf; die unregelmäßig auftretenden Wasserschläge, die beim Zusammenfallen der Dampfblasen entstehen, stören die sonst vorhandene Regelmäßigkeit der Impulse.

In der Mehrzahl aller Anwendungsfälle nimmt die Reibungshöhe im System den größten Anteil der von der Pumpe erzeugten Höhe ein und die Fördermenge wird durch ein Ventil in unmittelbarer Nähe des Austrittsstutzens geregelt. Unter solchen Bedingungen treten auch bei instabiler Charakteristik der Pumpe keine Schwingungen auf.

e) Parallel arbeitende Pumpen. Eine stabile Drosselkurve ist eine wesentliche Voraussetzung für das Parallelarbeiten mehrerer Kesselspeisepumpen. Ist das nicht der Fall und der Betriebspunkt liegt im Punkt E (Abb. 14.1), dessen Druck höher als der Druck bei geschlossenem Schieber ist, so kann eine Pumpe nicht zugeschaltet werden, da die Anfangshöhe nicht groß genug ist, um das Rückschlagventil in einfachen Verzweigungen zu öffnen.

Wenn mehrere Pumpen bei einer Förderhöhe H_e arbeiten, so können einige davon die Menge Q_e und andere die Menge Q_f fördern. Wird das Drosselventil unter solchen Bedingungen weiter geöffnet, so werden Pumpen, die im Punkt E arbeiten, ihren Durchsatz vergrößern, während diejenigen, die im Betriebspunkt F fördern, die Menge verkleinern, wobei sie unter Umständen die Förderung ganz einstellen. Als Folge davon treten Schwankungen in Menge und Druck auf. Wenn eine von mehreren Pumpen, die in den gleichen Kessel fördern, anfängt zu pendeln, so reagieren die restlichen Einheiten sofort mit Schwingungen der gleichen Frequenz, wobei die insgesamt schwingende Masse sich vergrößert. Die Schwingungen verschwinden wieder, sobald die sie verursachende Einheit ausgeschaltet wird.

f) Ansteigende Charakteristik. Wie erläutert ist eine monoton verlaufende Drosselkurve wesentlich bei Kesselspeisepumpen und ähnlichen Anwendungen, wo die Voraussetzungen für Druckschwankungen gegeben sind. Die Theorie gibt nur einen Weg an, in welcher Weise stabile Drosselkurven zu erzielen sind, und zwar durch kleine Austrittswinkel β_2. In wirklichen Pumpen reicht diese Bedingung nicht aus, da die Schaufelzahl, der Schaufelwinkel β_1 am Eintritt und der Schaufelverlauf zwischen Ein- und Austritt einen ausgeprägten Einfluß auf die Drosselkurve in der Nähe des Punktes $Q = 0$ haben. Nach Wahl des Austrittswinkels β_2

wird die Schaufelzahl z nach einer empirischen Regel bestimmt. Sie lautet: $z = \beta_2^0/3$, wie bereits früher erwähnt, und ergibt für $\beta_2 = 18°$ die Zahl sechs; bei $\beta_2 = 21°$ ergibt sich sieben. Die beiden Zahlen sind die gebräuchlichsten Werte.

An Hand von Abb. 9.13 ist zu erkennen, daß kleinere Austrittswinkel β_2 und höhere spezifische Drehzahlen eine steilere Drosselkurve zur Folge haben. Die spezifische Drehzahl wird gewöhnlich nach wirtschaftlichen und mechanischen Gesichtspunkten ausgewählt, indem man die Zahl der Stufen für eine gegebene Förderhöhe wählt.

SCHRÖDER [3] hat die Gestalt der Drosselkurve als Funktion des Austrittswinkels β_2 und der Schaufelzahl untersucht. Abb. 14.2 zeigt eine Zusammenfassung seiner Ergebnisse. Der Verlauf der Kurve nahe der

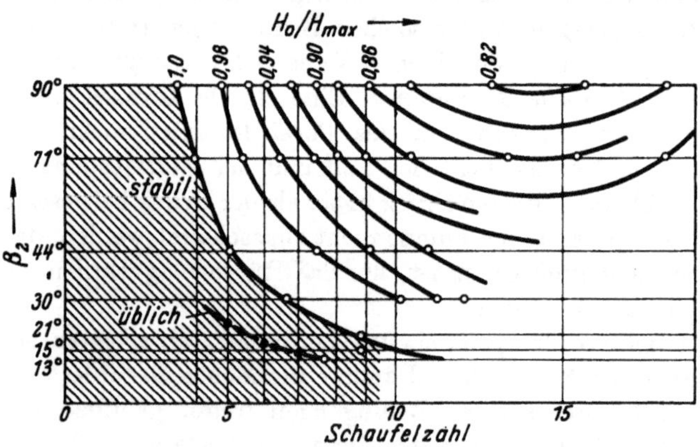

Abb. 14.2. Bedingungen für stabile Drosselkurve nach SCHRÖDER [3]

Nullförderung ist gekennzeichnet durch das Verhältnis H_0/H_{max}. Ist dieses Verhältnis kleiner als eins, so ist die Kurve instabil. Kleinere Winkel und geringere Schaufelzahlen bewirken größere Stabilität der Kurve. Die mit „üblich" bezeichneten Punkte sind vom Autor hinzugefügt.

g) Mittel zur Reduzierung oder Beseitigung der Schwankungen von Förderhöhe und -menge. 1. Anordnung eines Umganges von der Druckseite zum Saugsumpf. Dieser Schritt wird auch als Vorsichtsmaßregel zum Schutz gegen Überhitzung des Mediums im Falle eines Abschlusses empfohlen.

2. Anordnung des Mengenreglers in der Nähe des Kessels; auf diese Weise beseitigt sehr geringes Drosseln an der Pumpe die Schwingungen.

3. Die Zu- und Ableitungen der Pumpe sollen mit Ausnahme etwa vorgesehener Kompensatoren für Wärmeausdehnung versteift sein. Mechanische Schwingungen können so vermieden werden.

4. Das Arbeiten in der Nähe des kritischen Punktes soll vermieden werden. In großen Anlagen wird die gesamte Fördermenge auf mehrere Pumpen aufgeteilt. Die Einheiten werden je nach Bedarf zu- oder abgeschaltet, um den Regelbereich der einzelnen Pumpe nicht zu weit auszudehnen.

Dzialas [4] untersuchte das Pendeln von Kreiselpumpen experimentell. Seine Versuchsanordnung enthielt einen Windkessel als elastisches Glied. Diese Versuche haben eindeutig den Zusammenhang zwischen den Schwingungen und der instabilen Form der Drosselkurve gezeigt.

14.2. Bestimmung des Betriebspunktes von Systemen mit Kreiselpumpen

Hat eine Pumpe neben statischer Höhe auch den Widerstand einer Rohrleitung zu überwinden, so wächst die Widerstandshöhe mit wachsender Fördermenge. Der Betriebspunkt ist in diesem Fall am einfachsten graphisch zu ermitteln. indem man Drosselkurve und Widerstandskurve in ein Diagramm zeichnet und den Schnittpunkt beider Kurven bestimmt. Das Verfahren ist sehr einfach, wenn nur eine Pumpe und ein Rohr konstanten Durchmessers benutzt werden. Sind jedoch mehrere Pumpen an der Erzeugung der Förderhöhe beteiligt, besteht die Rohrleitung aus mehreren Abschnitten oder verzweigt sich die Druckleitung in mehrere Zweige, so wird die Bestimmung des Betriebspunktes komplizierter.

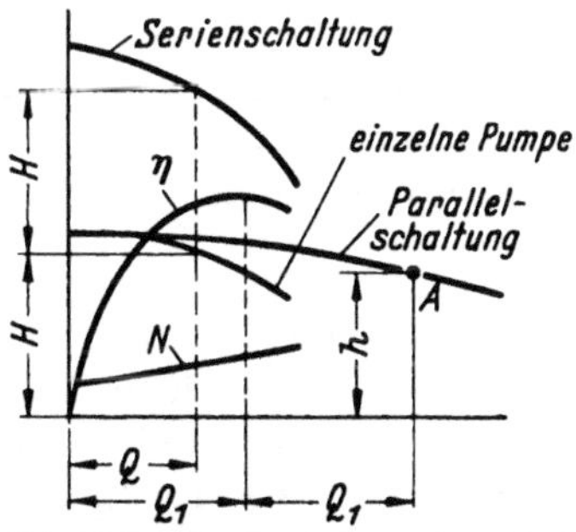

Abb. 14.3. Charakteristik zweier gleichartiger Pumpen, in Serie und parallel geschaltet

In jedem Fall erhält man den Betriebspunkt als Schnittpunkt zwischen der Drosselkurve der Pumpe und der kombinierten Widerstandscharakteristik. Arbeiten mehrere Pumpen hintereinander, so erhält man die kombinierte H—Q-Linie durch Addition der Höhen bei gegebenen Fördermengen. Abb. 14.3 zeigt die Drosselkurve für zwei in Serie laufende Pumpen. Wird die gesamte Fördermenge zwischen zwei parallel arbeitenden Pumpen aufgeteilt, dann sind die Fördermengen bei gegebenen Förderhöhen zu verdoppeln. Abb. 14.3 zeigt auch den Fall zweier parallel arbeitender Pumpen. Das entsprechende Verfahren wird angewandt, wenn die Pumpen nicht gleich sind. Stehen zwei Pumpen zur Verfügung, um eine Flüssigkeit durch eine Rohrleitung zu fördern, so ist es nicht immer möglich, ohne nähere Überlegung zu sagen, ob man mit paralleler oder mit Serienanordnung eine größere Menge fördern kann. Dies hängt von der Charakteristik der Pumpe und derjenigen der Rohrleitung ab. Nur durch Auftragen der Charakteristiken für Parallel- und

Serienanordnung sowie der Widerstandscharakteristik kann man eine zuverlässige Antwort auf diese Frage erhalten.

a) Widerstandskurve einer Rohrleitung. Das Auftragen der Charakteristik der Rohrleitung kann in einigen komplizierten Fällen Schwierigkeiten bereiten. Das Problem muß in einige einfache Probleme zerteilt werden; der resultierende Rohrwiderstand wird dann aus den Widerstandskurven der einzelnen Elemente zusammengefaßt. Hier sollen einige Fälle in der Reihenfolge ihrer Kompliziertheit behandelt werden.

Arbeitet eine Pumpe nur gegen eine statische Höhe h, so ist die Charakteristik der Rohrleitung im H—Q-Diagramm eine Parallele zur Abszisse. Fördert dagegen die Pumpe in eine Rohrleitung, die völlig waagerecht liegt, so wird die von der Pumpe erzeugte Förderhöhe zur Überwindung der Rohrreibung verbraucht. Die Rohrreibungsverluste wachsen etwa quadratisch mit der geförderten Flüssigkeitsmenge, so daß in diesem Falle die Charakteristik eine Parabel ist, deren Scheitel durch den Nullpunkt des Koordinatensystems geht. Die Kurve H_1 in Abb. 14.4 stellt eine solche Charakteristik dar. Der Betriebspunkt A_1 ergibt sich als Schnittpunkt von H_1 mit der Drosselkurve. Tritt zu der Reibungshöhe noch ein statischer Anteil der Widerstandshöhe h_1, so ergibt sich die Widerstandskurve der Rohrleitung als die Summe aus dem konstanten Wert h_1 und der Reibungshöhe (H_2, Abb. 14.4). Entsprechend ist die Höhendifferenz h_2 zwischen Saug- und Druckwasserspiegel von der Reibungshöhe abzuziehen, wenn der Druckwasserspiegel tiefer als der Spiegel auf der Saugseite liegt (H_3, Abb. 14.4). Kleine Mengen fließen in diesem Fall schon ohne Mitwirkung der Pumpe infolge der Schwerewirkung durch die Rohrleitung. In allen Fällen ist der Betriebspunkt der Schnittpunkt zwischen der Widerstandskurve und der Drosselkurve (Punkt A_1, A_2, A_3, Abb. 14.4).

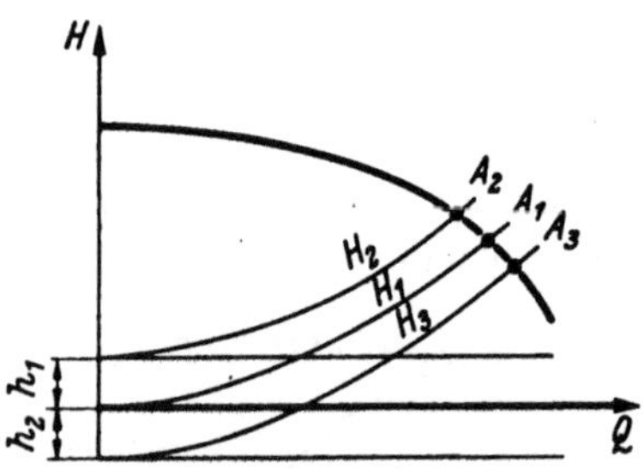

Abb. 14.4. Charakteristik einer einzelnen Rohrleitung

Besteht die Rohrleitung aus zwei Abschnitten mit verschiedenen Durchmessern, so erhält man den resultierenden Widerstand, indem man bei jeder Menge die Einzelwiderstände addiert. In Abb. 14.5a soll von Punkt B nach Punkt D gepumpt werden, wobei D um h m höher liegt als B. Die Rohrleitung zwischen B und C soll einen Durchmesser d_1 haben, während die Strecke zwischen C und D den Durchmesser d_2 hat. Abb. 14.5b stellt die Widerstände über dem Durchfluß dar. Kurve H_1 ist die Widerstandshöhe des Abschnittes BC, Kurve H_2 die des Abschnittes CD; die Kurve des Gesamtwiderstandes erhält man durch Addition der

Ordinaten H_1, H_2 und h. Der Betriebspunkt A ergibt sich durch Schnitt mit der Drosselkurve.

b) Zwei parallele Rohrleitungen. Fördert die Pumpe in zwei parallel angeordnete Rohrleitungen, sind die Abszissen der einzelnen Widerstandskurven bei jeder Widerstandshöhe zu addieren, um die Gesamt-

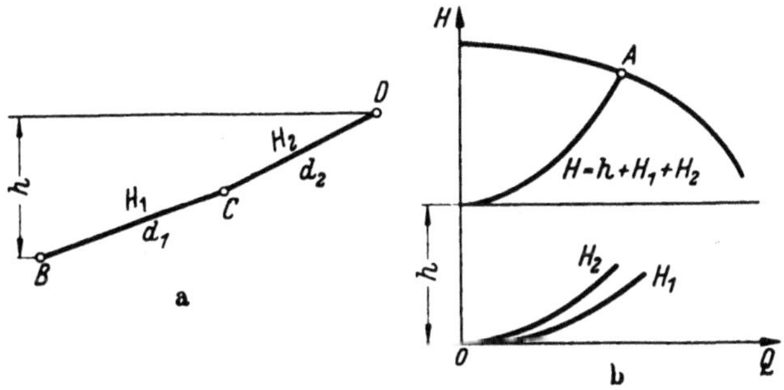

Abb. 14.5. Zwei Rohrleitungen hintereinander

widerstandskurve zu erhalten. Abb. 14.6a stellt das Schema einer solchen Anordnung dar. Die eine Leitung fördert von B nach C, die andere von B nach D. Alle Punkte liegen auf gleicher Höhe. Abb. 14.6b zeigt die Charakteristik der Anordnung, aus dem man als Ergebnis die Gesamtmenge Q und die Teilmengen Q_1 und Q_2 erhält.

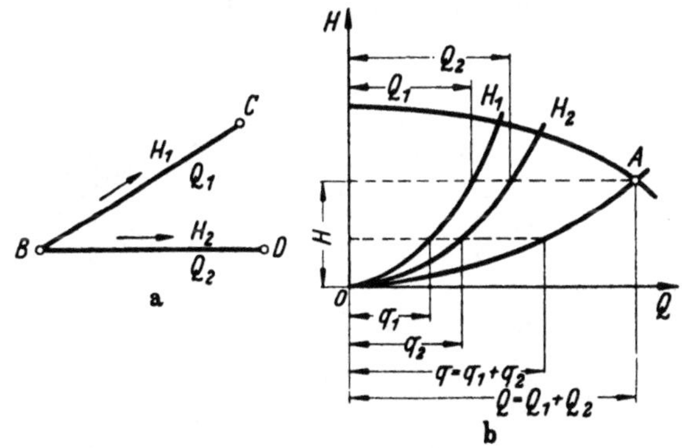

Abb. 14.6. Zwei parallele Rohrleitungen

Abb. 14.7 behandelt ein ähnliches Beispiel; hier sind die Punkte C und D um h_1 bzw. h_2 höher als Punkt B. Das Vorgehen ist das gleiche wie bei Abb. 14.6. Auch hier erhält man den Gesamtwiderstand durch Addition der Fördermengen der Einzelkurven bei gegebener Höhe und aus dem Schnittpunkt der Gesamtwiderstandskurve mit der Drosselkurve die Gesamtmenge. Wie im vorigen Beispiel ergeben sich durch die Schnittpunkte der Geraden durch A parallel zur Abszisse mit den Einzelwiderstandskurven die Teilmengen.

Im folgenden Beispiel ist die Aufgabe gestellt, nach dem Schema in Abb. 14.8a von Punkt B nach dem auf gleicher Höhe liegenden Punkt D zu fördern. Im Punkte C auf der Strecke BD wird eine konstante Flüssigkeitsmenge Q_3 entnommen. Die Leitungscharakteristik H_1 wird zunächst für den Abschnitt B_1 in der üblichen Weise gezeichnet

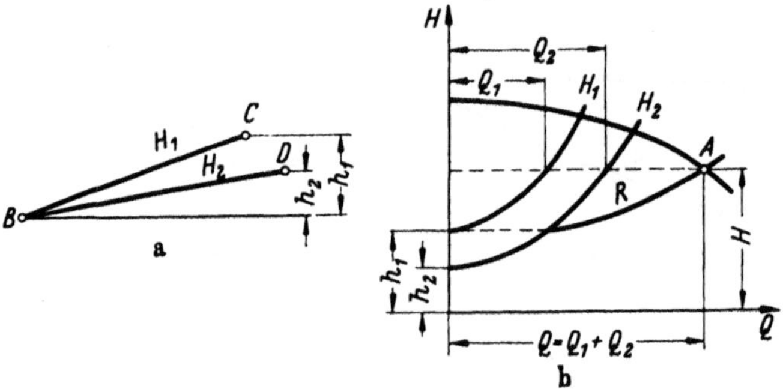

Abb. 14.7. Zwei parallele Rohrleitungen zu verschieden hochgelegenen Punkten

(Abb. 14.8b). Der Widerstand H_2 für den Abschnitt CD wird für die um Q_3 verminderte Menge gezeichnet; die Kurve geht durch den Punkt $H = 0$, $Q = Q_3$. Der Gesamtwiderstand ergibt sich durch Addition der Einzelwiderstände bei gleichen Mengen. Die Teilmenge Q_2 ist die Differenz aus Q_1 und Q_3.

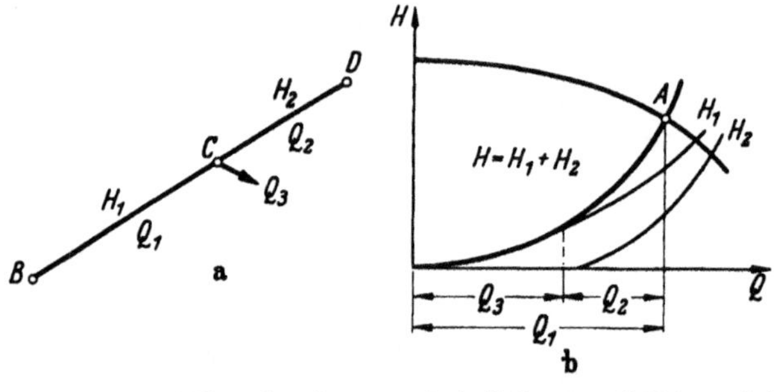

Abb. 14.8. Zwei hintereinander angeordnete Leitungen mit Nebenauslaß

c) Gedrosselte Rohrleitungen. In den bisher angegebenen Beispielen wurde immer die maximale Menge behandelt, die mit einer gegebenen Anordnung gefördert werden kann. In vielen Fällen kann diese maximale Leistung einer Anlage nicht ausgenutzt werden und der Durchfluß muß gedrosselt werden. Arbeiten mehrere Pumpstationen hintereinander, dann erfordert das Drosseln der Einzelaggregate eine gewisse Sorgfalt. Denn wenn lediglich am Ende der Leitung gedrosselt wird, können unzulässig hohe Drücke in der Gesamtanordnung entstehen. Wird dagegen an einer Stelle zwischen den Pumpen zu stark gedrosselt, dann kann der Saugdruck der Pumpe hinter dieser Drosselstelle unter das zur Vermeidung von Kavitation erforderliche Minimum sinken. Die möglichen Folgen sind in dem folgenden Beispiel aus der Praxis erläutert [5].

In einer Leitung arbeiteten drei Pumpen hintereinander; die Charakteristiken von Pumpen und Leitung sind in Abb. 14.9 angegeben. Die zu erwartende Menge, die mit der Anordnung gefördert werden kann, betrug $Q = 69$ l/s. Die erste Pumpe saugte aus einem Behälter mit etwas

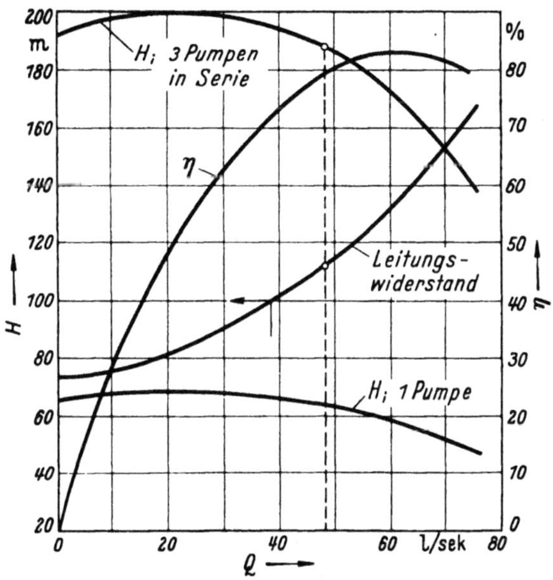

Abb. 14.9. Charakteristik einer doppelflutigen Pumpe NW 125. $n = 1760$ U/min, $\eta = 83\%$

Zulaufhöhe. Die letzte Pumpe fördert in einen Behälter, dessen Spiegel $h = 73$ m über dem Spiegel des Saugbehälters lag. Die Förderflüssigkeit war Benzin vom spezifischen Gewicht je 730 kg/m³. Folgende Größen wurden gemessen, wenn alle drei Pumpen arbeiteten:

	Saugdruck kg/cm²	Austrittsdruck kg/cm²	Druckdifferenz kg/cm²
Pumpe *A* . . .	−0,2	4,3	4,5
Pumpe *B* . . .	3,2	2,3	−0,9
Pumpe *C* . . .	1,6	6,1	4,5

Die durchgesetzte Menge betrug nur 48,5 l/s an Stelle der erwarteten 69 l/s.

Auffällig ist das Verhalten der zweiten Pumpe *B*, die nicht nur keinen Beitrag zur Erzeugung von Förderhöhe leistete, sondern die sogar 0,9 kg/cm² des von der ersten Pumpe erzeugten Druckes verbrauchte.

Die Ursache des Versagens lag jedoch nicht bei Pumpe *B*, sondern bei Pumpe *A*, bei der unter einem saugseitigen Unterdruck von 0,2 at wegen des hohen Dampfdruckes des Benzins schon Kavitation einsetzte. Auf diese Weise wurde die Fördermenge des ganzen Systems durch den genannten Wert von 48,5 l/s begrenzt. Bei dieser geringen Fördermenge betrug der Leitungswiderstand einschließlich der statischen Höhe von $h = 73$ m nur 111,5 m, eine Leistung, die bequem von zwei Pumpen hätte aufgebracht werden können. Infolgedessen leistete die zweite Pumpe, deren Zulaufmenge durch die erste Pumpe festgelegt war und deren Austrittsdruck von der letzten Pumpe bestimmt wurde, keinen Beitrag zur Förderung. Zur Veranschaulichung zeigt Abb. 14.10 den Druckverlauf in

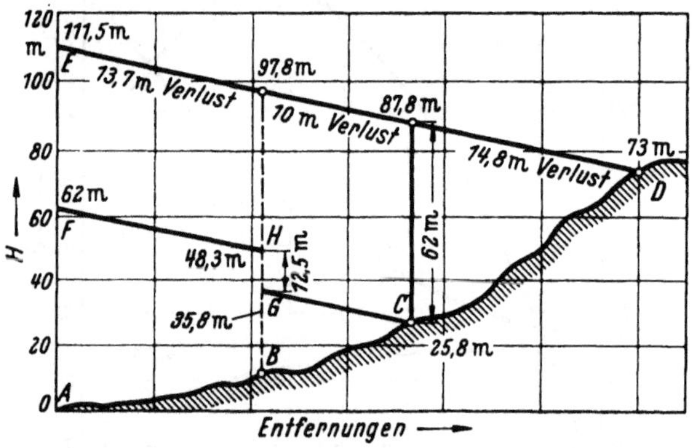

Abb. 14.10. Druckverlauf in dem in Abb. 14.9 dargestellten System

der Leitung. Das Gefälle der Druckenergie durch Reibungsverluste ist durch die Linie *ED* dargestellt. Die erste und die letzte Pumpe erzeugten je eine Förderhöhe von $H = 62$ m. Der Widerstand der Pumpe *C* setzt sich zusammen aus einer statischen Höhe von $h_c = 47{,}2$ m und einer Reibungshöhe von 14,8 m. Die erste Pumpe erzeugte eine Höhe von $H = 62$ m entsprechend der Fördermenge von $Q = 48{,}5$ l/s. Zieht man von den sich so zwangsläufig ergebenden Punkten *C* und *F* Parallelen zu der Geraden *ED*, die das Gefälle durch Reibungsverluste kennzeichnen, so erhält man die Punkte *G* und *H*. Das Diagramm zeigt, daß die vor der Station *B* zur Verfügung stehende Höhe größer war als die Höhe, die benötigt wurde, um die Menge von 48,5 l/s durch das folgende Leitungsstück zu fördern. Der überschüssige Teil der Höhe mußte in der Pumpe *B* in Wärme umgewandelt werden.

14.3. Zusammenarbeit von Pumpe und Verbrennungsmotor

Die Ausgangsleistung einer Verbrennungskraftmaschine mit fest eingestellter Drossel steigt im allgemeinen mit der Drehzahl. Wird die Leistungsaufnahme einer mit einem solchen Antrieb zusammenarbeitenden Pumpe vergrößert, so sinkt die Drehzahl der Anordnung ab. Dabei wird auch die Leistungsaufnahme der Pumpe kleiner, so daß sich bei einer kleineren Drehzahl ein neues Gleichgewicht einstellt. Die Abhängigkeit der Leistung von der Drehzahl ist bei der Pumpe viel stärker ($N \sim n^3$) als bei der Verbrennungskraftmaschine. Wird umgekehrt der Leistungsbedarf der Pumpe gesenkt, so stellt sich eine entsprechend höhere Drehzahl ein.

Hat der Antrieb genügend Reserven, um bei Änderungen der Leistungsabnahme eine konstante Drehzahl beibehalten zu können, so kann die Konstanthaltung durch einen Regler vorgenommen werden, der die Drosselklappe betätigt. In der Praxis wird jedoch auch oft gefordert,

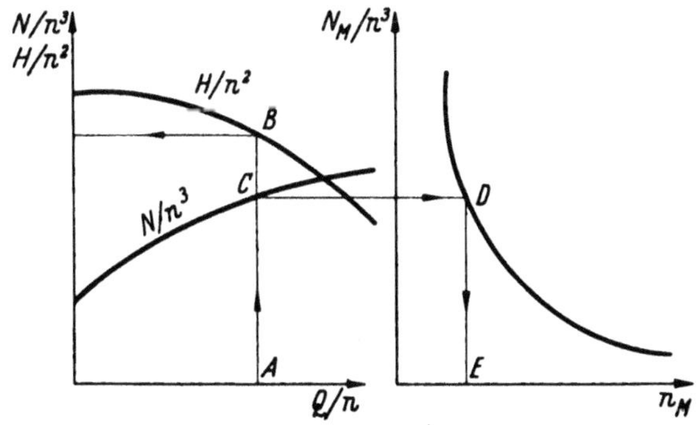

Abb. 14.11. Bestimmung des Betriebspunktes einer Anordnung aus Pumpe und Verbrennungsmotor

daß unter allen Bedingungen die größtmögliche Leistung aus einer gegebenen Anordnung von Motor und Pumpe herausgeholt wird, beispielsweise bei Feuerwehrpumpen. Dann ist die Bestimmung des Betriebspunktes etwas komplizierter, da eine Veränderung der Höhe eine Drehzahländerung hervorruft, die wiederum eine Änderung von Höhe und Menge zur Folge hat. Die iterative Bestimmung des Betriebspunktes ist mühsam und ungenau. Deshalb wird hier eine direkte, einfache Methode der Auftragung der H—Q-Kurve bei veränderlicher Drehzahl für eine gegebene Charakteristik einer Verbrennungskraftmaschine angegeben.

Bei dieser Methode wird die Tatsache benutzt, daß bei ähnlichen Geschwindigkeitsdreiecken die Förderziffer Φ und die Druckziffer Ψ, abgesehen vom Einfluß der spezifischen Drehzahl, konstant sind. Dabei ist

$$\Phi = c_{m2}/u_2 \sim Q/n$$

und

$$\Psi = g\,H/u_2^2 \sim H/n^2 .$$

Die Kurve $\Psi = f\,(\Phi)$ ist also eine der Drosselkurve ähnliche Linie. Im Bereich nicht zu großer Drehzahländerung ist diese Kurve im Gegensatz zu den Drosselkurven selbst unabhängig oder fast unabhängig von der Drehzahl. (Kleinere Abweichungen ergeben sich nur durch den Einfluß der REYNOLDSschen Zahl.) Ebenso wie die Druck- und Durchflußziffer kann man eine Leistungsziffer definieren:

$$\lambda = \frac{N}{n^3}.$$

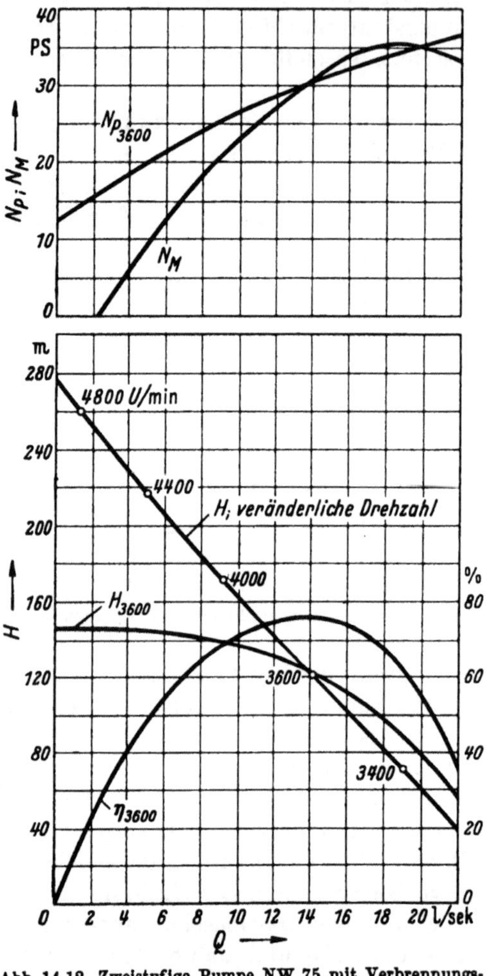

Abb. 14.12. Zweistufige Pumpe NW 75 mit Verbrennungsmotor; vollgeöffnete Drosselklappe

In Abb. 14.11 ist die Charakteristik einer Pumpe durch die genannten Koeffizienten dargestellt. Wenn die Antriebsmaschine direkt an die Pumpe gekuppelt ist, so kann die Antriebsleistung ebenfalls durch die auf die Pumpendrehzahl bezogene Leistung ausgedrückt werden [3]. Diese Kurve ist in Abb. 14.11 rechts der Pumpencharakteristik aufgetragen, wobei ein gemeinsamer Maßstab für die beiden Ordinaten zu benutzen ist.

Der Betriebspunkt ist dadurch bestimmt, daß die Leistungsziffern von Pumpe und Turbine gleich sind. Für jede Durchflußziffer A und die zugehörige Druckziffer (Punkt B) ergibt sich die Leistungsziffer der Pumpe (C) und damit des Motors (D) und durch die Maschinencharakteristik die Drehzahl (Punkt E). Um die Absolutwerte von Fördermenge und Förderhöhe zu finden, sind die Durchfluß- und Druckziffern mit der gefundenen Drehzahl bzw. ihrem Quadrat zu multiplizieren.

Ist die Drehzahl der Maschine nicht gleich der Pumpendrehzahl, etwa durch ein zwischengeschaltetes Getriebe, so benutzt man zur Bildung der Leistungsziffer des Motors die Pumpendrehzahl, d. h., man behandelt das Getriebe als einen Teil der Antriebsmaschine.

Abb. 14.12 zeigt das Verhalten einer zweistufigen Pumpe NW 75, $n_q = 20$, die mit einem Verbrennungsmotor bei voll geöffneter Drosselklappe angetrieben wird. Die üblichen Kurven der Förderhöhe und Leistungsaufnahme bei der konstanten Drehzahl von $n = 3600$ sind eingezeichnet. Die Förderkurve bei veränderlicher Drehzahl ist wesentlich steiler als die normale Drosselkurve. Dagegen haben Pumpen, deren Leistungsaufnahme mit abnehmender Menge zunimmt, also Axialmaschinen beim Antrieb mit Verbrennungskraftmaschinen einen Verlauf, der flacher als die normale Drosselkurve ist. Abb. 14.13 stellt die

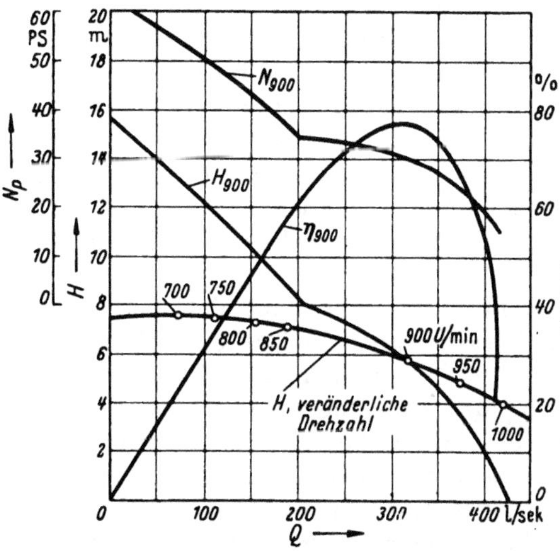

Abb. 14.13. Propellerpumpe NW 400 mit Verbrennungsmotor; voll geöffnete Drosselklappe

Charakteristik einer Propellerpumpe NW 400, $n_q = 140$ dar, die über ein Kegelradgetriebe angetrieben wird. Auch hier sind die Linien für konstante Drehzahl zum Vergleich mit angegeben[1].

14.4. Das Fördern von zähen Flüssigkeiten durch Kreiselpumpen

a) Pumpencharakteristik. Die Förderung von Erdölprodukten steht in ihrer Wichtigkeit nur wenig hinter der Wasserförderung zurück. Im allgemeinen verringern sich mit zunehmender Zähigkeit Höhe und Fördermenge im Optimalpunkt infolge erhöhter Reibung, während gleichzeitig, im wesentlichen durch den Einfluß der Scheibenreibung, die aufgenommene Leistung größer wird. Das Betriebsverhalten einer Pumpe, die zähe Medien fördert, wird meist an Hand von Korrekturen zur

[1] Eine direkte Methode zur Bestimmung der Pumpencharakteristik unter den angeführten Bedingungen ist in dem im Literaturverzeichnis unter Nr. 6 angegebenen Artikel des Autors behandelt.

Charakteristik mit Wasser als Förderflüssigkeit geschätzt, da die Versuchsstände der Herstellerfirmen nur für Wasser eingerichtet sind und die meisten Erfahrungswerte sich auf Wasser als Betriebsflüssigkeit beziehen.

Es ist nicht möglich, das Betriebsverhalten einer Pumpe beim Fördern zäher Flüssigkeit nur auf Grund von theoretischen Überlegungen zu bestimmen, selbst wenn die Charakteristik mit Wasser bekannt ist. Eine Dimensionsanalyse (Kap. 5) des Systems zeigt, daß die Beziehung zwischen Höhe und Durchsatz nur empirisch gewonnen werden kann, wobei man für jede Zähigkeit eine Drosselkurve erhält. Jedoch gestattet sie, gewisse Beziehungen zwischen den verschiedenen Betriebsgrößen aufzustellen, die durch Versuche bestätigt werden können. Diese Beziehungen liefern wichtige Richtlinien für die Gesetzmäßigkeiten, nach denen sich die mit verschiedenen Zähigkeiten gewonnenen Versuchsergebnisse einordnen lassen und tragen so dazu bei, an Hand von Erfahrungswerten das Verhalten bei Förderung zäher Flüssigkeiten vorauszusagen, wenn die Charakteristik für Wasser vorliegt. Folgende Schlüsse, die aus der Theorie zu ziehen sind, wurden bisher experimentell geprüft:

1. Die Ähnlichkeitsgesetze in ihrer einfachen Form ohne Berücksichtigung der Reynoldsschen Zahl gelten auch bei höherer Zähigkeit im wesentlichen, jedoch mit geringerer Genauigkeit. Das heißt, bei Drehzahländerung und Änderung des Durchsatzes im gleichen Verhältnis ändert sich die Förderhöhe etwa mit dem Quadrat der Drehzahl. Üblicherweise verbessert sich der Wirkungsgrad mit zunehmender Drehzahl, so daß die Leistungsaufnahme etwas weniger als mit der dritten Potenz der Drehzahl zunimmt, während die Förderhöhe etwas stärker als mit dem Quadrat der Drehzahl wächst (Abb. 14.14)[1]. Wird im Optimalpunkt die Drehzahl geändert, so bleibt die für diesen Punkt definierte spezifische Drehzahl unverändert.

2. Bei konstanter Drehzahl ändert sich die Drosselkurve mit zunehmender Zähigkeit so, daß die spezifische Drehzahl im Optimalpunkt konstant bleibt (Abb. 14.16).

$$n_q = \frac{n\sqrt{Q_1^*}}{H_1^{*\,3/4}} = \frac{n\sqrt{Q_2^*}}{H_2^{*\,3/4}}. \tag{14.1}$$

Aus dieser Beziehung folgt

$$\frac{Q_1^*}{Q} = \left(\frac{H_1^*}{H_2^*}\right)^{3/2}. \tag{14.2}$$

Dies ist eine wichtige Beziehung. Wenn man sie benutzt, braucht im Optimalpunkt nur ein experimenteller Korrekturfaktor, entweder für die Höhe oder die Menge bekannt zu sein, während sich der zweite aus Gl. (14.2) ergibt.

[1] Aus unveröffentlichten Ergebnissen von Versuchen, die an der Lehigh University für Ingersoll-Rand durchgeführt wurden.

Auf dem europäischen Festland[1] ist neben dem natürlichen Maß für die kinematische Flüssigkeit ν noch das relative Zähigkeitsmaß, das in

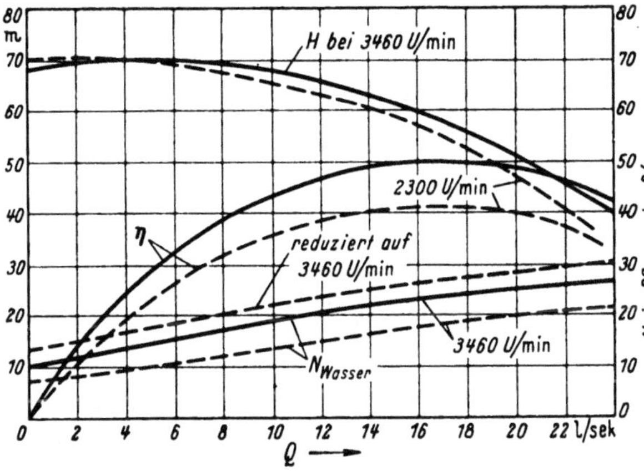

Abb. 14.14. Charakteristik einer Pumpe NW 50 bei zwei Drehzahlen. D_2 = 185 mm, n_q = 225; kinematische Zähigkeit $\nu = 181 \cdot 10^{-6}$ m²/s

ENGLER-Graden ausgedrückt wird, in Gebrauch. In USA werden die Zähigkeiten oft in „Sabolt Second Units", kurz SSU, ausgedrückt.

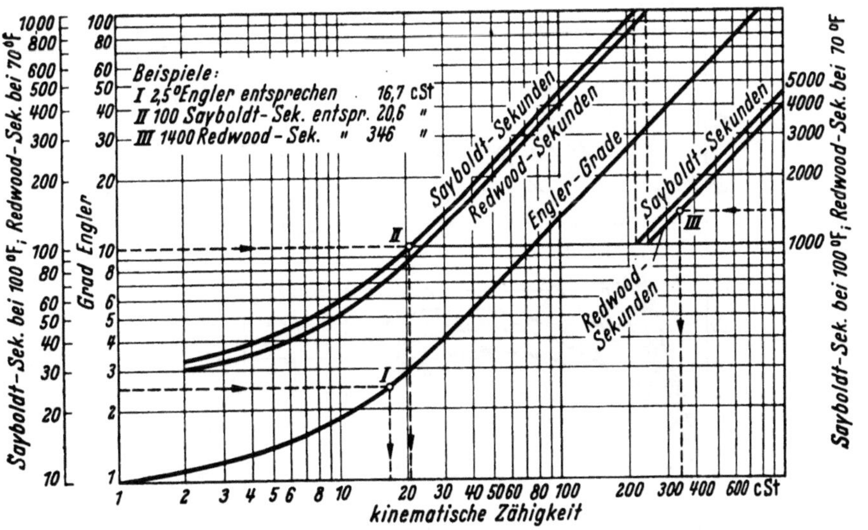

Abb. 14.15. Vergleich der Maßeinheiten für die kinematische Zähigkeit

Zur Umrechnung der einzelnen Zähigkeitsmaße ist in Abb. 14.15 eine Übersicht gegeben, die vom VDI zusammengestellt wurde. Im

[1] Im Originaltext sind hier nur die angelsächsischen Maßsysteme behandelt.

natürlichen Zähigkeitsmaßsystem findet man außer der technischen Maßeinheit m^2/s noch die physikalische Einheit, das Stok bzw. den hun-

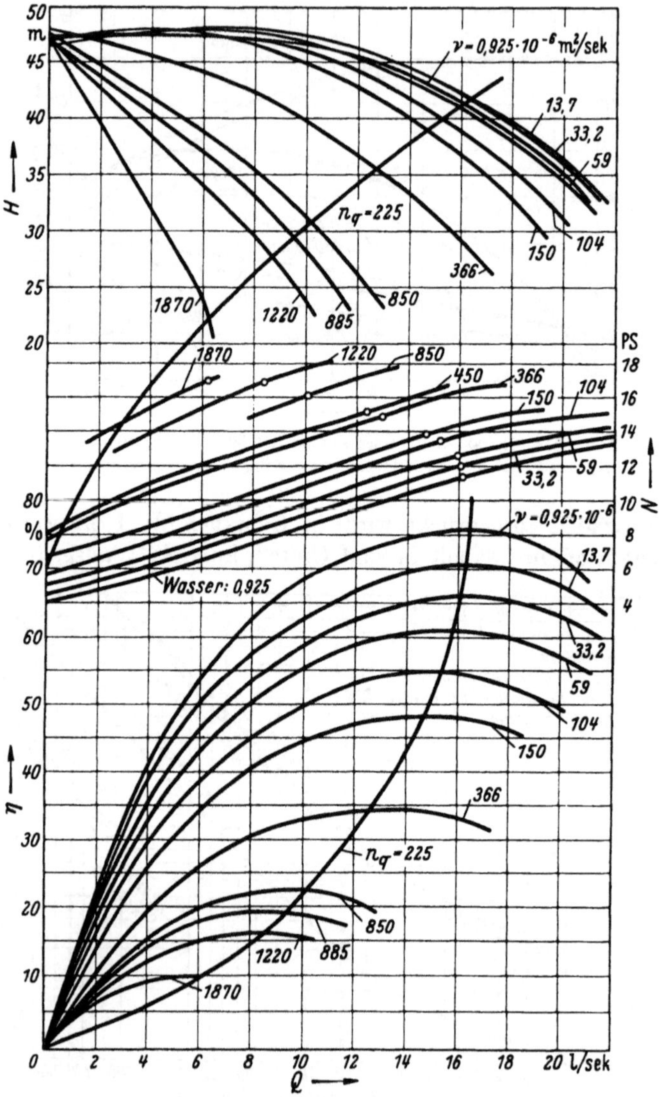

Abb. 14.16. Charakteristik einer Pumpe NW 50 mit Öl bei 2875 U/min (Ingersoll-Rand)

dertsten Teil davon, das Zentistok. Die Einheit ist nach dem Physiker Stokes benannt.

$$1\,\text{St} = 1\,\text{cm}^2/\text{s} \quad = 10^{-4}\,\text{m}^2/\text{s}\,, \tag{14.3}$$

$$1\,\text{cSt} = 10^{-2}\,\text{cm}^2/\text{s} = 10^{-6}\,\text{m}^2/\text{s}\,. \tag{14.4}$$

Die kinematische Zähigkeit von Wasser bei 20° C beträgt

$$1 \text{ cSt} = 1 \cdot 10^{-6} \text{ m}^2/\text{s}.$$

3. Bei konstanter Drehzahl und veränderlicher Zähigkeit fallen Höhe und Menge mit wachsender Zähigkeit, jedoch bleibt die Höhe im Punkt verschwindender Fördermenge etwa konstant (Abb. 14.16). Allgemein kann gesagt werden, daß die Förderhöhe bei Fördermenge Null weder vom Austrittswinkel noch von der Zähigkeit des Mediums abhängt. Sie wird jedoch sehr stark von der Ausbildung des Gehäuses beeinflußt, und zwar um so mehr, je zäher die gepumpte Flüssigkeit ist. Ist beispielsweise der Laufraddurchmesser zu klein für das Gehäuse, so daß ein großer Spalt zwischen Rad und Zunge besteht, so ist die Förderhöhe bei geschlossenem Schieber bei größeren Zähigkeiten kleiner; der Abfall der Höhe im Optimalpunkt durch vergrößerte Zähigkeit ist in diesem Fall größer als beim gleichen Läufer in einem besser passenden Gehäuse. Dies ist der Tatsache zuzuschreiben, daß das Laufrad keine normale Geschwindigkeitsverteilung in der Spirale mehr erzeugen kann. Andererseits kann ein zu eng eingepaßtes Laufrad infolge der Zähigkeitskräfte eine Förderhöhe erzeugen, die bei kleinen Mengen größer als mit Wasser als Betriebsmittel ist.

An Pumpen kleiner spezifischer Drehzahlen mit geschlossenen Laufrädern wurde beobachtet, daß selbst im optimalen Betriebspunkt die Förderhöhe bei zunehmender Zähigkeit zunächst über diejenige von Wasser etwas ansteigt, bevor sie bei weiterem Ansteigen der Zähigkeit absinkt. Diese Erscheinung ist durch die mit einem leichten Anwachsen der Zähigkeit verbundene Unterdrückung des Relativwirbels im Schaufelkanal zu erklären (Abb. 3.15). Die dadurch zusätzlich entstehende Höhe ist groß genug, um die höheren Verluste zu kompensieren. Bei offenen Rädern sind wegen des Fehlens der vorderen Deckscheibe solche Erscheinungen nicht beobachtet worden. Auch in Pumpen der geschlossenen Bauart mit hoher spezifischer Drehzahl, bei denen die Schaufelkanäle verhältnismäßig breit und die Deckscheiben schmal sind, wurde eine solche Erscheinung nicht beobachtet.

4. Bei konstanter Zähigkeit und veränderlicher Drehzahl wächst der Wirkungsgrad im optimalen Betriebspunkt mit wachsender Drehzahl (Abb. 14.14 und 14.17). Ein Grund dafür ist, daß die Scheibenreibung mit dem Exponenten 2,5 der Drehzahl im laminaren und 2,8 im turbulenten Bereich ansteigt, während die Ausgangsleistung der Pumpe der dritten Potenz der Drehzahl proportional ist. Weiter sind die hydraulischen Verluste, ausgedrückt durch ihr Verhältnis zur Gesamthöhe bei höheren Drehzahlen niedriger; so entsteht eine größere Höhe als den Ähnlichkeitsgesetzen entspricht, ein Umstand, der auch zur Wirkungsgradverbesserung bei höheren Drehzahlen beiträgt.

5. Aus den Abb. 14.14 und 14.16 geht hervor, daß die Leistungsaufnahme beim Pumpen von Öl um einen Betrag über der bei Wasserförderung liegt, der in einem sehr weiten Bereich von Fördermengen praktisch konstant ist. Dies ist einleuchtend, da die Erhöhung der Leistungsaufnahme hauptsächlich durch die Vergrößerung der Scheibenreibung zu erklären ist. Ein leichter Abfall der Differenz zwischen Leistungsaufnahme bei Wasser und Öl ist bei Nullförderung und bei Fördermengen über der Auslegemenge zu beobachten. Die Erscheinung ist im

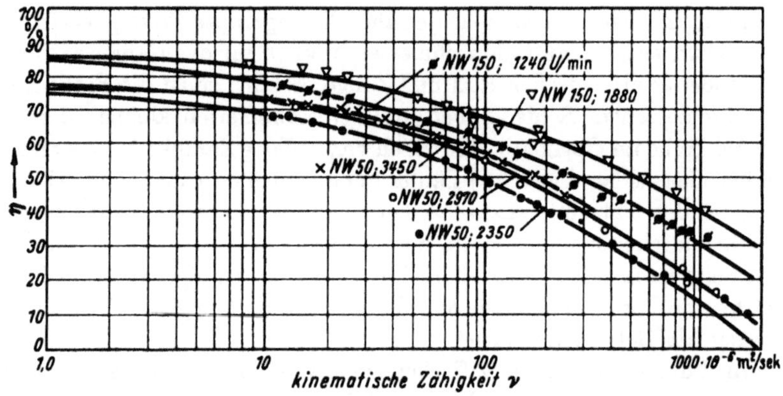

Abb. 14.17. Einfluß von Zähigkeit und Drehzahl auf den Pumpenwirkungsgrad im optimalen Betriebspunkt; Pumpe NW 50; $n_q = 22$; doppelflutige Pumpe NW 150; $n_q = 39$ (Ingersoll-Rand)

ersten Fall einer starken Temperaturerhöhung im Spalt und der damit verbundenen Abnahme der Zähigkeit, im zweiten Fall der Annäherung an die Kavitationsgrenze zuzuschreiben. Bei höheren Zähigkeiten wird die Scheibenreibung in dem verhältnismäßig engen Spalt zwischen Läufer und Gehäuse immer bedeutender. Doch ist eine auch nur angenäherte Bestimmung dieses Verlustes wegen der Unsicherheit in der Temperatur im Spalt sehr schwierig. Da die Leckmengen sehr gering sind, können im Spalt Temperaturen auftreten, die größer sind als die des Förderstromes.

Gleichzeitig mit der Zunahme der Leistungsaufnahme im Punkt besten Wirkungsgrades tritt eine Abnahme der Nutzleistung $Q \cdot H$ auf. Der Wirkungsgrad sinkt infolgedessen schneller als das Produkt $Q \cdot H$ im optimalen Betriebspunkt.

Für Wasser ist $$L = \frac{Q \gamma H}{\eta}, \tag{14.5}$$

für Öl entsprechend $$L_1 = \frac{Q_1 \gamma_1 H_1}{\eta_1}. \tag{14.6}$$

Es ist dann

$$\frac{Q \gamma H}{\eta} < \frac{Q_1 \gamma_1 H_1}{\eta_1} \tag{14.7}$$

oder

$$\frac{Q_1}{Q} \cdot \frac{\gamma_1}{\gamma} \cdot \frac{H_1}{H} > \frac{\eta_1}{\eta}. \tag{14.8}$$

Bezeichnet man mit $F_Q = Q_1/Q$ den Mengenkorrekturfaktor, mit $F_H = H_1/H$ den Höhenkorrekturfaktor, mit $F_\gamma = \gamma_1/\gamma$ das Verhältnis der spezifischen Gewichte und mit $F_\eta = \eta_1/\eta$ den Korrekturfaktor des Wirkungsgrades, so ist

$$F_Q F_\gamma F_H > F_\eta \tag{14.9}$$

und nach Einführen der Beziehung (14.2)

$$F_\gamma F_H^{5/2} > F_\eta. \tag{14.10}$$

Die Gln. (14.2) und (14.10) machen Angaben über die Beziehungen zwischen den Korrekturfaktoren für Höhe, Menge und Wirkungsgrad beim Fördern zäher Flüssigkeiten unter Zugrundelegung der Werte für Wasser. Die absoluten Werte dieser Faktoren sind experimentell zu bestimmen.

b) Die Abschätzung der Charakteristik bei Förderung zäher Flüssigkeiten. Die Charakteristik von Kreiselpumpen bei der Förderung zäher Flüssigkeiten wird im allgemeinen nur für den Punkt besten Wirkungsgrades abgeschätzt; dabei werden Korrekturfaktoren, die auf Versuchsergebnissen beruhen, benutzt. Zwei solcher Faktoren, einer für die Förderhöhe und einer für den Wirkungsgrad, sind ausreichend. Der Korrekturfaktor für die Fördermenge wird nach Beziehung (14.2) bestimmt. Sind Höhe und Menge im Punkt besten Wirkungsgrades festgestellt, so zeichnet man die Drosselkurve nach dem Gefühl durch diesen Punkt und den Punkt bei geschlossenem Schieber, der unabhängig von der Zähigkeit bleibt. Die Kurve der Leistungsaufnahme wird ebenfalls nach Gefühl gezeichnet, sie verläuft etwa in konstantem Abstand von der entsprechenden Kurve für Wasser. Die Wirkungsgradkurve ergibt sich aus der Drosselkurve und der Leistungskurve durch Rechnung.

Abb. 14.18 zeigt den Korrekturfaktor für die Förderhöhe und die Kurven des Wirkungsgrades über der REYNOLDSschen Zahl, die hier definiert ist durch

$$R = \frac{Q_{\text{Öl}}\, n}{\nu \sqrt{H_W}}. \tag{14.11}$$

Dabei ist $Q_{\text{Öl}}$ die Fördermenge an Öl im Punkt besten Wirkungsgrades und H_W die Förderhöhe bei Wasser.

Diese Form wurde der in Gl. (5.8) definierten REYNOLDSschen vorgezogen.

$$Re = Q/\nu D. \tag{5.8}$$

Zur ersten Annäherungsrechnung kann in Gl. (14.11) auch die Förderhöhe bei Öl an Stelle des Wertes für Wasser zur Berechnung der REYNOLDSschen Zahl eingeführt werden. Die Größe in der in Beziehung (14.11) dargestellten Form wurde bevorzugt, weil in ihr der Durchmesser

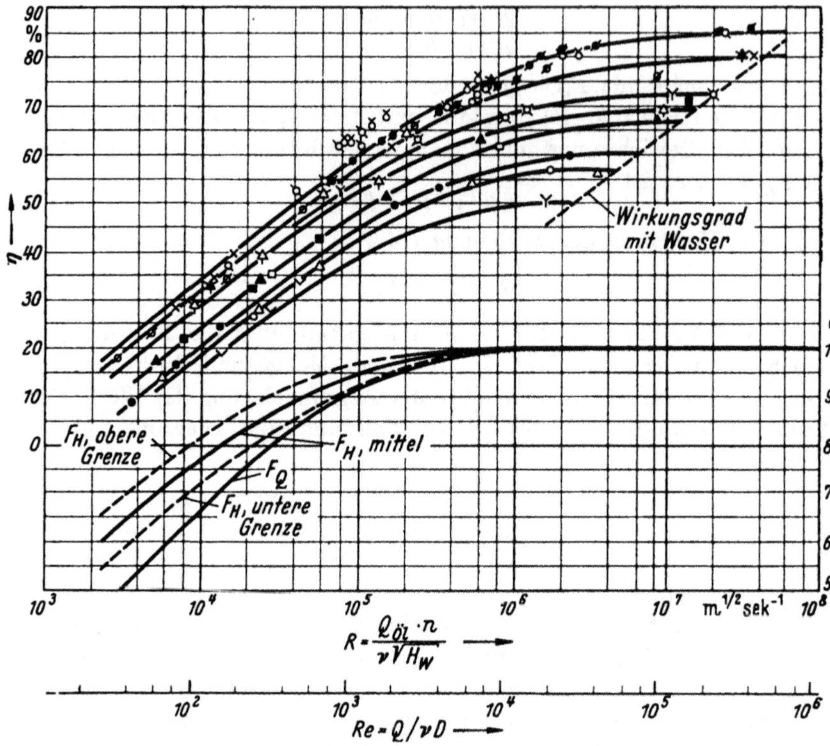

Symbol	*NW*	n_q	*n*	Quelle
○	20	22,2	3450	Ingersoll-Rand
●	25	18,8	3550	
⌀	50	22,4	2875	
◆	150	38	1880	
△	50	18,8	1450	Goulds
▲	100	16,1	1450	
✡	125	21	1450	
✱	[illegible]00	36	1450	
□	75	14,9	1750	Byron Jackson
■	125	24,7	1750	
⍼	175	30,3	1780	
∨	50	12,7	1450	Tetlow
Y	150	20,4	1760	
×	200	35	1750	
ȣ	100	30	1750	Delaval
¤	125	21,6	1750	Ingersoll-Rand

Abb. 14.18. Korrekturfaktoren für Höhe und Wirkungsgrad beim Pumpen zäher Flüssigkeiten im optimalen Betriebspunkt

nicht enthalten ist. Es gibt eine feste Beziehung zwischen beiden genannten Größen:

$$R = \frac{60\sqrt{2g}\cdot K_u}{\pi} Re = 85\,Re, \qquad (14.12)$$

wobei der in Gl. (5.21) definierte Koeffizient $K_u \approx 1$ gesetzt wurde.

Bei gleicher REYNOLDSscher Zahl ist der Wirkungsgradabfall bei kleinen Pumpen mit schlechtem Wirkungsgrad kleiner. Dies ist die Folge der Erwärmung, die der erhöhte Leistungsverlust mit sich bringt. Aus dem gleichen Grunde ist die Wirkungsgradabnahme bei weiterer Verkleinerung der REYNOLDSschen Zahl unter die in Abb. 14.18 gezeigten Werte kleiner, als es sich durch Extrapolation der Kurven ergeben würde.

c) Spezialpumpen für zähe Flüssigkeiten. Die genannten Versuchsergebnisse sind mit Pumpen für Wasser gewonnen worden, von denen einige sogar veraltet sind. Speziell für den Einsatz bei zähen Flüssigkeiten entworfene Pumpen können bessere Eigenschaften aufweisen; ihr Verhalten beim Fördern von Wasser wird dann allerdings wahrscheinlich schlechter sein. Folgende Konstruktionsmerkmale werden hier bei Pumpen für zähe Flüssigkeiten vorgeschlagen:

1. Große Austrittswinkel bis $\beta_2 = 60°$ haben eine Reduzierung des zur Erzielung einer bestimmten Förderhöhe notwendigen Raddurchmessers zur Folge. Dadurch werden Scheibenreibung und Reibung im Kanal geringer.

2. Verzicht auf breite Dichtringe mit engem Spalt am Laufradeintritt; dafür Anbringen von einem oder zwei scharfkantigen Dichtringen ähnlich den bei Gebläsen benutzten. Der Leckverlust verliert mit zunehmender Viskosität immer mehr an Bedeutung.

3. Einbau einer weiteren axialen Dichtung am Radaustritt, um die Flüssigkeit im Raum zwischen Rad und Gehäuse weitgehend abzuschließen. Die Temperatur der eingeschlossenen Flüssigkeit kann durch die entstehende Reibungswärme bedeutend höher sein als die der gepumpten Flüssigkeit. Auf diese Weise kann der Verlust durch Scheibenreibung herabgesetzt werden. Eine ähnliche Wirkung erhält man bei Förderung von Erdölprodukten durch Einführen geringer Mengen von leichten Anteilen oder von erwärmter Flüssigkeit in den Spalt.

4. Es ist wichtig, daß der Spalt zwischen Laufrad und Zunge weit genug ist (bis zum doppelten des normalen Maßes). Andernfalls erzeugen die Deckscheiben bei geringen Fördermengen Förderhöhe durch Reibung, eine Art des Pumpens, die keinen guten Wirkungsgrad aufweist.

5. Wie bereits erwähnt ha en Typen mit hoher spezifischer Drehzahl bei Förderung zäher Flüssigkeiten einen besseren Wirkungsgrad als Langsamläufer.

d) Theoretische Betrachtungen. Bei gleichbleibender Fördermenge sind die theoretischen Förderhöhen H_M und H_e unabhängig von der

Zähigkeit und hängen nur vom Austrittswinkel ab. Das bedeutet, daß die dem Schaufelrad zugeführte Leistung bei konstantem Durchsatz, etwa dem Durchsatz im optimalen Betriebspunkt bei einer gegebenen Zähigkeit, nicht von der Zähigkeit abhängt. Die tatsächlich beobachtete Zunahme der gesamten Leistungsaufnahme mit wachsender Zähigkeit kann also nur durch die Zunahme der äußeren Reibung des Läufers entstehen. Wäre die Berechnung dieser im wesentlichen aus Scheibenreibung bestehenden Verluste möglich, so wäre nur noch ein Korrekturfaktor, der für die erzeugte Förderhöhe, zu bestimmen. Jedoch sind alle Rechnungen bezüglich der Scheibenreibung und der Reibung zwischen den Dichtringen wegen der Unsicherheit in der Temperaturbestimmung so ungenau, daß man letzten Endes doch auf empirische Werte angewiesen ist, wie sie in Abb. 14.18 zusammengestellt sind.

Es soll noch darauf hingewiesen werden, daß bei gleicher Menge und zunehmender Zähigkeit sowohl die EULERschen wie die der Leistungsaufnahme entsprechenden Geschwindigkeitsdreiecke gleichbleiben. Trotzdem verlagert sich der Punkt besten Wirkungsgrades mit wachsender Zähigkeit zu kleineren Mengen, und zwar so, daß dabei n_q = konst ist. Eine vollständige dynamische Ähnlichkeit kann nicht aufrechterhalten werden, da die Bedingungen n_q = konst und Re = konst nicht gleichzeitig erfüllt werden können. Beim Fördern von Wasser ist der Einfluß der REYNOLDSschen Zahl so gering, daß er vernachlässigt werden kann und die einfachen Ähnlichkeitsgesetze gültig sind; beim Pumpen von zähen Flüssigkeiten wird die REYNOLDSsche Kennziffer zu einem bedeutenden Faktor, und die dynamische Ähnlichkeit wird gestört, wenn die Zähigkeit vergrößert wird.

14.5. Die Mengenregelung bei Kreiselpumpen

Die Fördermenge kann sich aus einem der folgenden Gründe ändern: 1. Änderung des Bedarfes an Höhe, wie es bei Pumpen mit niedriger Förderhöhe oft vorkommt, die aus Flüssen, Seen oder dem Meer ansaugen oder die in diese Reservoirs fördern; 2. Änderung des Mengenbedarfs wie beispielsweise in Kesselspeiseanlagen; 3. Änderung der Zulaufmenge wie bei Kondensatpumpen.

Im erstgenannten Fall besteht, besonders bei Pumpen kleiner und mittlerer spezifischer Drehzahl, die Gefahr der Überlastung des Motors, da die Leistungsaufnahme mit abnehmender Höhe und zunehmendem Durchsatz ansteigt. Ein Drosseln der Fördermenge ist unter diesen Umständen zum Schutze des Motors notwendig. Bei Propellerpumpen erhöht sich die Leistungsaufnahme mit zunehmender Höhe. Hier sollte der Motor so ausgelegt werden, daß die größtmögliche Förderhöhe ohne Schaden dauernd erzeugt werden kann. Da die Leistung mit zunehmender Menge abnimmt, ist ein Drosseln zum Schutze des Motors nicht nötig.

Ist der Bedarf an Flüssigkeit veränderlich, so wendet man meist Drosselregelung an, um die Fördermenge dem Bedarf anzupassen. Bei Pumpen kleiner und mittlerer spezifischer Drehzahl spart man durch Drosseln Leistung ein. Bei Propellerpumpen führt eine Reduzierung der Fördermenge zu erhöhter Leistungsaufnahme, weshalb man in diesem Fall besser einen Umgang zur Saugseite benutzt, um überschüssige Mengen abzuführen. Etwas Leistung kann eingespart werden, wenn man saugseitig anstatt druckseitig drosselt, jedoch macht die Gefahr der Kavitation diese Methode unpraktisch.

Wenn die Zulaufmenge zur Pumpe begrenzt ist, besteht immer die Gefahr, daß sie leer läuft oder mit Kavitation arbeitet. Deshalb ist es ratsam, austrittsseitig so zu drosseln, daß immer eine Mindesthöhe des Saugwasserspiegels gewährleistet ist. Vertikale Kondensatpumpen (Abb. 16.22) können ohne Regelung der Austrittsmenge betrieben werden, ohne daß Kavitationsgefahr besteht.

Antriebe mit veränderlicher Drehzahl, wie Dampfturbinen oder Verbrennungskraftmaschinen, gestatten Mengenregelung durch Drehzahländerung. Diese Art hat fast keine zusätzlichen Verluste zur Folge, wohingegen Drosselregelung immer mit Verlust verbunden ist. Es sind verschiedene andere Regelungsarten entwickelt worden, die mit weniger Verlust als die Drosselregelung arbeiten und die hier kurz beschrieben werden sollen.

Siebrecht [7] hat mehrere Methoden untersucht, die sich aus den verschiedensten Gründen alle als unpraktisch erwiesen, obwohl bei einigen Leistungsersparnisse gegenüber der einfachen Drosselregelung, erzielt werden konnten. Die von Siebrecht untersuchten Anordnungen waren:

1. Einstellbare Leitschaufeln. Diese Anordnung bringt eine bemerkenswerte Wirkungsgradverbesserung bei Teilmengen, jedoch steht die Einsparung an Leistungsaufnahme nicht im gleichen Verhältnis wie die Wirkungsgradverbesserung, da die Förderhöhe bei Teilmengen zunimmt und gedrosselt werden muß. Durch den komplizierten Aufbau ist diese Art für die Vereinigten Staaten unpraktisch. Doch bestehen einige große Anlagen in Europa. Die Abb. 14.19 und 14.20 zeigen einen Schnitt und die Charakteristik einer Einheit dieses Typs.

2. Drosseln zwischen Lauf- und Leitrad. Durch Einführen eines zylindrischen Ringes am Laufradaustritt wurde bei dieser Anordnung die aus dem Laufrad austretende Strömung gedrosselt. Eine Wirkungsgradverbesserung wurde nicht beobachtet; jedoch trat eine kleine Leistungsersparnis ein, da die Höhe bei Teilmengen stärker zurückging als der Wirkungsgrad. Angewendet wird diese Methode nicht.

3. Zusatz von Luft in der Saugleitung. Abb. 12.5 gibt Siebrechts Versuche wieder, bei denen geringe Mengen von Luft in der Saugleitung

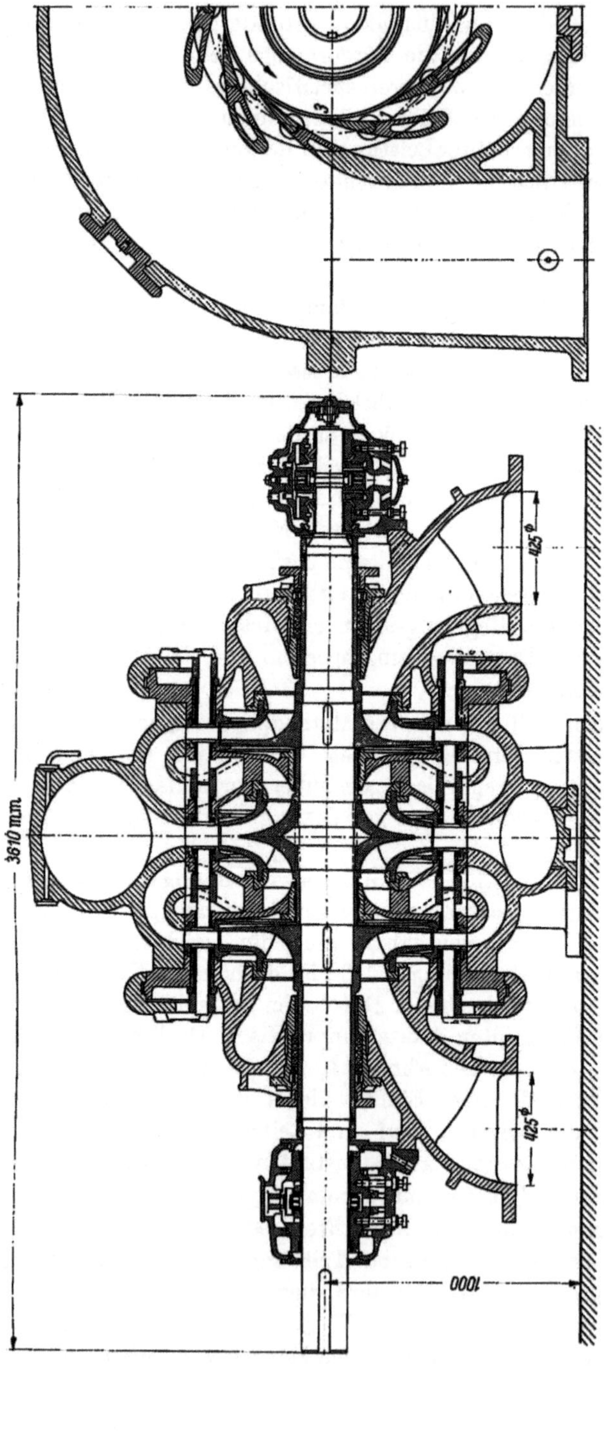

Abb. 14.19. Zweistufige Pumpe NW 425 mit einstellbaren Leitschaufeln.
Q = 1100 l/s, H = 230 m, n = 1000 U/min, n_q = 30. Speicherpumpe Schwarzenbachwerk, Escher-Wyss

zugegeben wurden. Die Gefahr des völligen Leerlaufens und die Tatsache, daß Luft im System meist unerwünscht ist, verhindern eine breitere Anwendung. Dem Autor sind vereinzelte Fälle bekannt, in denen automatisch Luft in das Saugrohr vertikaler Pumpen eingelassen wurde, um bei vermindertem Zulauf den Saugspiegel auf einem Mindeststand zu halten.

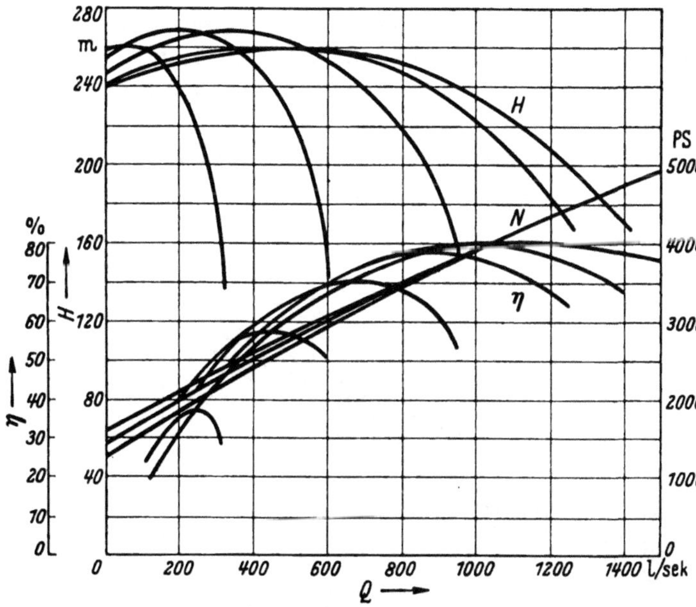

Abb. 14.20. Charakteristik der in Abb. 14.19 dargestellten Pumpe

a) Mengenregelung bei konstanter Drehzahl. Veränderlichem Mengenbedarf bei konstanter Motordrehzahl kann durch folgende Mittel begegnet werden:

1. Durch Anordnung eines Vorratsbehälters und intermittierenden Pumpenbetrieb.

2. Durch Aufteilen des Gesamtbedarfes auf mehrere Einheiten und Zu- bzw. Abschalten einzelner Pumpen.

3. Durch Drosseln der Pumpenaustrittsleitung oder durch Einbau einer Umgangsleitung. Die letztere Methode ist zum Schutze der Pumpe dann vorzuziehen, wenn die Fördermenge bis auf null absinken kann.

Das Drosseln ist die bei weitem am häufigsten angewandte Methode zur Veränderung der Fördermenge. Bei großen Einheiten kann eine beträchtliche Leistungsersparnis erzielt werden, wenn die Pumpencharakteristik in geeigneter Weise den Anforderungen angepaßt wird. Je nachdem, wie stark die geforderte Höhe mit der Menge variiert und je nach der Zeitdauer, mit der die Pumpe bei den verschiedenen Mengen betrieben werden soll, kann die Lage des Optimalpunktes und die Steilheit der Charakteristik einen bedeutenden Einfluß auf die Kosten der Antriebsleistung haben. In den meisten Fällen kann die beste Charakteristik nur durch Versuche ermittelt werden.

b) Antrieb mit veränderlicher Drehzahl. Ein solcher Antrieb kann in folgender Weise verwirklicht werden:

1. Durch Dampfturbinen- oder Verbrennungsmaschinen.
2. Durch Elektromotoren veränderlicher Drehzahl.
3. Durch Elektromotoren konstanter Drehzahl mit Schlupfkupplung.

Die erstgenannte Methode ist die beste, da sie keinen zusätzlichen Leistungsverlust verursacht. Da die Wirkungsgrade von Antrieb und

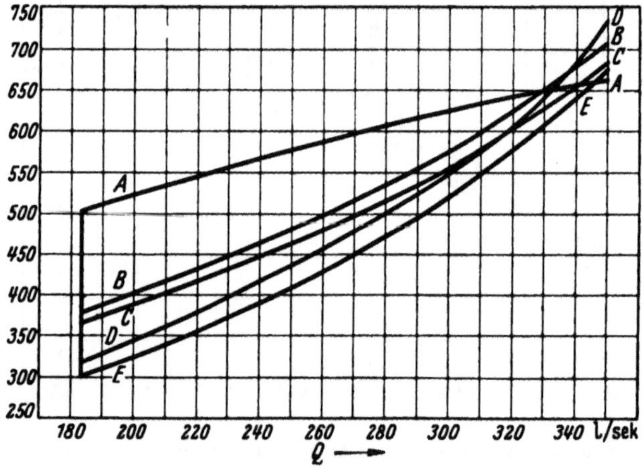

Abb. 14.21. Elektrische Leistungsaufnahme in PS von zwei zweiflutigen Pumpen in Serie; $H = 116$ m, $n = 1800$ U/min, veränderliche Menge bei konstanter Höhe.
A konst. Drehzahl, Drosselregelung, *B* Synchronmotor, hydraulische Kupplung an beiden Pumpen, *C* Asynchronmotor mit Läuferwiderstand, *D* Gleichstrommotor mit Gleichrichter

Pumpe beide mit der Drehzahl veränderlich sind, muß die Anlage nach dem geringstmöglichen jährlichen Leistungsaufwand unter den gegebenen Verhältnissen ausgelegt werden. Feste Getriebe zwischen Antrieb und Pumpe stellen meist die beste Lösung dar.

Der Gleichstrommotor ist der wirtschaftlichste Antrieb mit veränderlicher Drehzahl und ist im Schiffsbetrieb weitverbreitet. Im Bereich hoher Drehzahlen ist der Gleichstrommotor wegen der Schwierigkeiten am Kommutator nicht anwendbar.

Der Asynchronmotor mit Regelwiderstand ist der einfachste und am weitesten verbreitete elektrische Antrieb mit veränderlicher Drehzahl. Sein Wirkungsgrad ändert sich etwa proportional der Drehzahl; da jedoch die Pumpenausgangsleistung der dritten Potenz der Drehzahl proportional ist, kann mit dieser Antriebsart eine bedeutende Leistungsersparnis erzielt werden. Die Form der Drosselkurve hat einen gewissen Einfluß auf den Leistungsbedarf bei reduzierter Drehzahl, da eine flache $H-Q$-Kurve eine geringere Drehzahlverminderung erfordert als eine steile, um eine bestimmte Verminderung der Fördermenge zu bewirken.

Die Drehzahländerung an dem genannten Motor erfolgt stufenweise, in großen Motoren sind meist sechs Stufen vorhanden. Die Wahl der Drehzahlstufen muß nach den Erfordernissen der Anlage erfolgen.

Schlupfkupplungen können entweder magnetischer oder hydraulischer Art sein. Die magnetische Kupplung benötigt Gleichstrom zur Erregung, so daß hier entweder ein Synchronmotor mit besonders großer Erregermaschine einzusetzen ist oder ein besonderes Erregeraggregat vorgesehen werden muß. Die Drehzahlverminderung bei Gebrauch einer hydraulischen Kupplung geht im allgemeinen nicht über 20% hinaus.

Richardson [*8*] hat die Kosten und den Leistungsbedarf für Einheiten mit konstanter und variabler Drehzahl zusammengestellt. Abb. 14.21 ist aus seinem Artikel übernommen. Es ist zu beachten, daß Kurve D die Leistungsaufnahme des zum Motor gehörigen Gleichrichters aus dem Wechselstromnetz bedeutet. Steht Gleichstrom selbst zur Verfügung, so ist der Antrieb der wirtschaftlichste der Antriebsarten mit veränderlicher Drehzahl.

Die Veränderung der Fördermenge von Axialpumpen durch Veränderung der Schaufelneigung ist in Kap. 16 behandelt.

14.6. Modellversuche

Modelle von Pumpen werden gebaut, um sich mit einem Minimum von Aufwand an Zeit und Geld Informationen über die Wirkungsweise eines gegebenen Pumpentyps zu machen. In folgenden Fällen greift man zu Modellversuchen:

1. Bei der Entwicklung einer neuen Bauart, die in verschiedenen Größen angefertigt werden soll.

2. Um das Verhalten einer Pumpe unter besonderen Bedingungen wie die Kavitationscharakteristik und das Verhalten bei Zusammenarbeit mehrerer Pumpen voraussagen zu können.

3. Bei Abnahmeversuchen, bei denen Versuche an der Großausführung selbst zu große Schwierigkeiten mit sich bringen würden.

Im allgemeinen ist ein Laboratoriumsversuch am Modell zuverlässiger als ein Versuch an der eingebauten Großausführung, da es erhebliche Schwierigkeiten bereitet, große Mengen von Wasser mit einiger Genauigkeit zu messen. Um Höhe und Menge der Großausführung aus den Modellversuchen umzurechnen, werden die Ähnlichkeitsgesetze angewandt. Es wurde bereits darauf hingewiesen, daß man die Kavitationsbedingungen am besten dadurch annähert, daß man das Modell bei gleicher Förderhöhe und gleicher Saughöhe wie die Großausführung arbeiten läßt. Ist dies nicht möglich, so muß bei einer beliebigen Höhe H die Saughöhe so eingestellt werden, daß die Kavitationskonstante σ in beiden Fällen übereinstimmt. Soll ein Modell bei gleicher Förderhöhe wie die Großausführung arbeiten, so ergibt sich aus den Ähnlichkeitsgesetzen, daß die Mengen sich wie die Quadrate der linearen Abmessungen verhalten, während die Drehzahlen denselben umgekehrt proportional sind.

$$\frac{Q_m}{Q} = \left(\frac{D_m}{D}\right)^2; \quad \frac{n_m}{n} = \frac{D}{D_m}.$$

Hierbei bezeichnet der Index m das Modell.

Um genaue Ergebnisse zu erhalten, müssen auch die in der Anlage geplanten Zu- und Ableitungen der Pumpe nachgebildet werden. Ist das nicht möglich, so sollten Ein- und Austritt so angeordnet werden, daß sie keinen Einfluß auf das Verhalten der Pumpe haben können.

Die Erfahrung hat gezeigt, daß der Wirkungsgrad großer Einheiten größer als derjenige der Modelle ist, doch gibt es keine feststehenden Umrechnungsregeln hierfür. Das „Hydraulic Institute" empfiehlt, Wirkungsgradgarantien nur die am Modell festgestellten Zahlen zugrunde zu legen.

Die Gleichung von Moody [9]

$$\frac{1-\eta}{1-\eta_m} = \left(\frac{D_m}{D}\right)^{1/4}\left(\frac{H_m}{H}\right)^{1/10} \tag{14.13}$$

ist im Wasserturbinenbau in Gebrauch, um den Wirkungsgrad großer Einheiten aus Modellversuchen abzuschätzen; gelegentlich wird sie auch von Pumpeningenieuren benutzt. Wird das Modell bei gleicher Förderhöhe wie die Großausführung betrieben, so vereinfacht sich die Gleichung von Moody zu

$$\frac{1-\eta}{1-\eta_m} = \left(\frac{D_m}{D}\right)^{1/4}. \tag{14.14}$$

Beziehung (14.13) kann auch herangezogen werden, wenn es sich um Versuche mit der Originalgröße bei verminderter Drehzahl handelt. In diesem Fall ist $D_m/D = 1$. Obwohl gute Übereinstimmung der Moodyschen Gleichung mit Versuchsergebnissen beobachtet wurde, sind auch Fälle bekannt, in denen sich eine Diskrepanz bis zu 1,4% ergab [10]. Bei einer kürzlich installierten große Pumpe überschritt zum Beispiel der Wirkungsgrad nicht den der sechsmal kleineren Modellpumpe NW 200.

Literatur

[1] Rheingans, W. J.: Power Swings in Hydraulic Power Plants. Trans A. S. M. E. (April 1940) S. 71.
[2] Grün, K.: Dampfkessel-Speisepumpen. Wien: Springer 1934, S. 77.
[3] Schröder, E.: Das Förderhöhenverhältnis einer radialen Kreiselpumpe. Technische Hochschule Braunschweig, Dissertation, 1933; Diagramm aufgetragen von C. Pfleiderer, veröffentlicht in Z. VDI Bd. 82 (1938) Nr. 9, S. 263.
[4] Dzialas, R.: Schwingungen bei Kreiselpumpen mit labiler Kennlinie. Arch. Wärmew. Bd. 22 (1941) H. 3, S. 63.

[5] Stepanoff, A. J.: Determining Operating Points of Centrifugal Pumps Working on Pipe Lines. Oil Gas J. (4. Dez. 1941).
[6] —: How to Determine Performance of Engine Driven Pumps. Power (Nov. 1940) S. 84.
[7] Siebrecht, W.: Beitrag zur Regelung der Kreiselpumpen, H. 321. Berlin: Verein Deutscher Ingenieure 1929.
[8] Richardson, C. A.: Economics of Electric Power Pumping. Allis Chalmers Elec. Rev. (Juni 1944) S. 20.
[9] Moody, L. F.: The Propeller Type Turbine. Trans A. S. C. E. Bd. 89 (1926) S. 625, 690.
[10] Rogers, F. H., u. R. E. B. Sharp: 45,000 HP Propeller Turbine for Wheeler Dam. Mech. Engng. Bd. 57 (Aug. 1935) S. 500.
[11] Tetlow, N.: A Survey of Modern Centrifugal Pump Practice. Inst. Mechn. Engng. (1942) S. 121.
[12] A Further Investigation of the Performance of Centrifugal Pumps when Pumping Oils, Goulds Pump Inc. H. 130, 126.
[13] Ippen, A. T.: The Influence of Viscosity on Centrifugal Pump Performance. Trans. A. S. M. E. Bd. 68 (1946) Nr. 8, S. 823.

15. Kritische Drehzahl

15.1. Theoretische Beziehungen

Die Pumpenwelle soll so dimensioniert sein, daß sie keine Schwingungen ausführt. Weitere Gesichtspunkte, die bei der Dimensionierung berücksichtigt werden müssen, sind das Drehmoment, das Eigengewicht des Läufers, Axialschub und Radialkraft auf das Laufrad.

Theoretisch müßte die Wellendurchbiegung immer kleiner als der Radialspalt zwischen eng gepaßten Teilen von Läufer und Gehäuse sein. In der Praxis jedoch ist diese Bedingung infolge unvermeidlicher Exzentrizitäten an den verschiedenen Passungen niemals exakt erfüllt, und einige der eng gepaßten Teile dienen als zusätzliche innere Lager. Es hat sich gezeigt, daß bei Wahl passender Materialien die gepumpten Flüssigkeiten, Wasser oder Öl, als Schmier- und Kühlmittel wirken.

Eine Art Schwingung der Welle tritt als Folge dynamischer Durchbiegung auf, die ihr Maximum bei der sogenannten kritischen Drehzahl erreicht. Selbst bei sorgfältig ausgewuchteten Läufern bleibt immer eine — wenn auch kleine — Restunwucht bestehen, die eine Zentrifugalkraft auf die Welle ausübt. Diese wiederum bewirkt eine Ausbiegung der Welle, so daß die Exzentrizität der Unwucht größer wird. Ist die Rückstellkraft der Welle nicht groß genug, so wird die Anordnung instabil; die Auslenkungen werden immer größer, bis entweder innere Teile beschädigt werden oder die Welle bricht. Dieser Fall tritt bei Erreichen der kritischen Drehzahl ein.

a) Kritische Drehzahl für eine gewichtslose Welle mit einem Laufrad. Eine Scheibe vom Gewicht G und der Masse $m = G/g$ ist auf einer gewichtslosen, vertikalen Welle so befestigt, daß sich ihr Schwerpunkt S

in der Entfernung e vom Durchstoßpunkt W der Welle auf der Scheibe befindet (Abb. 15.1). Wird die Welle mit der Scheibe in Drehung versetzt, so tritt infolge der Zentrifugalkraft eine weitere Auslenkung y des Wellendurchstoßpunktes W aus der Ruhelage ein. Die Zentrifugalkraft ist proportional dem Gesamtabstand des Schwerpunktes von der Ruhelage, also der Summe $(y + e)$. Sie beträgt

$$P = m\,(y + e)\,\omega^2, \tag{15.1}$$

wobei ω die Winkelgeschwindigkeit der Anordnung ist.

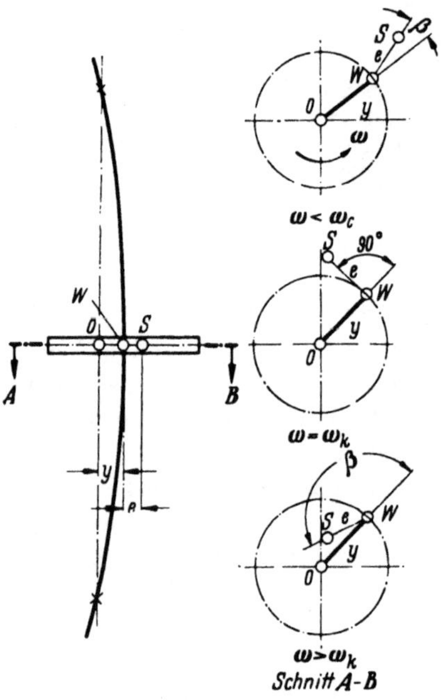

Abb. 15.1. Einzelmasse auf vertikaler, gewichtsloser Welle

Die Welle setzt dieser Auslenkung ihren elastischen Widerstand entgegen, der durch

$$P = c\,y \tag{15.2}$$

ausgedrückt werden kann; dabei ist die Größe c für eine gegebene Anordnung konstant; sie ist die Kraft je Längeneinheit Auslenkung und wird auch als Federkonstante bezeichnet.

Durch Gleichsetzen von Gl. (15.1) und Gl. (15.2) erhält man

$$m\,(y + e)\,\omega^2 = c\,y \tag{15.3}$$

und

$$y = \frac{m\,e\,\omega^2}{c - m\,\omega^2} \tag{15.4}$$

als die Auslenkung, bei der sich im allgemeinen Fall das Gleichgewicht einstellt. Wächst die Drehzahl so weit, daß $m\,\omega^2 = c$ wird, so wird die Auslenkung y theoretisch unendlich groß, d. h., die Welle bricht. Die zugehörige Winkelgeschwindigkeit ist die kritische Winkelgeschwindigkeit ω_k

$$c - m\,\omega_k^2 = 0\,; \quad \omega_k = \sqrt{\frac{c}{m}}. \tag{15.5}$$

In Wirklichkeit wird bei Erreichen der kritischen Drehzahl nur ein starkes Schwingen beobachtet, da die Auslenkung durch die Passungen in der Pumpe begrenzt ist. Aber auch in Maschinen, die solche Passungen nicht aufweisen, bleibt die kritische Auslenkung begrenzt, denn: 1. die kritische Drehzahl ist — mathematisch gesehen — nur ein Punkt, auf dessen beiden Seiten die Kurve der Auslenkungen über der Drehzahl schnell absinkt; 2. es ist eine gewisse Zeit zur Ausbildung großer Durchbiegungen notwendig, die nicht zur Verfügung steht, wenn wie üblich die kritische Zone schnell durchfahren wird; 3. das umgebende Medium verursacht Reibung und damit Dämpfung; 4. die innere Reibung im Material zehrt Energie auf.

Die kritische Drehzahl in Umdrehungen je Minute ergibt sich aus ω_k zu

$$n_k = \frac{30}{\pi} \omega_k = \frac{30}{\pi} \sqrt{\frac{c}{m}}. \tag{15.6}$$

Der Wert c hängt von den Abmessungen der Welle, ihren Materialeigenschaften, der Art der Aufhängung und der Lastverteilung ab. Sind I das Flächenträgheitsmoment des Wellenquerschnittes, a und b die Entfernungen des Punktes W von den Lagern und E der Elastizitätsmodul des Wellenmaterials, dann gilt für eine frei gelagerte Welle die bekannte Beziehung

$$y = \frac{P\, a^2 b^2}{3\, E\, I\, (a + b)}, \tag{15.7}$$

woraus sich

$$c = \frac{3\, E\, I\, (a + b)}{a^2 b^2} \tag{15.7 a}$$

ergibt.

Durch Kombinieren der Gln. (15.4) und (15.5) erhält man

$$y = \frac{\omega^2}{\omega_k^2 - \omega^2} e = \frac{n^2}{n_k^2 - n^2} e. \tag{15.8}$$

Liegt die Betriebsdrehzahl n über der kritischen Drehzahl n_k, so nimmt y einen negativen Wert an; sein Betrag sinkt mit zunehmender Drehzahl und strebt dem Wert $-e$ zu. Bei $n = \infty$ ergibt sich $y = -e$, der Schwerpunkt fällt dann mit der Rotationsachse zusammen, während der Durchstoßpunkt W jetzt außerhalb der Verbindungslinie der Lager liegt. Die Masse hat im überkritischen Bereich die Tendenz, sich selbst zu zentrieren.

Der in Abb. 15.1 eingezeichnete Winkel β entspricht etwa den tatsächlichen Verhältnissen mit Dämpfung. In der hier durchgeführten Rechnung wurden die Dämpfungs- oder Reibungskräfte nicht berücksichtigt, so daß in den Gleichungen nur entweder ein positiver oder ein negativer Wert für y herauskommt, wobei die positive Richtung durch den Punkt W gegeben ist. Bei der kritischen Drehzahl ist $\beta = 90°$.

Die Beziehung (15.8) ist in Abb. 15.2 graphisch dargestellt. Hier ist das Verhältnis y/e über dem Verhältnis der Betriebsdrehzahl zur kritischen Drehzahl aufgetragen. Das Arbeiten ist in beiden Bereichen rechts und links der kritischen Drehzahl möglich. Eine große Anzahl von mehrstufigen Pumpen läuft heute mit einer Drehzahl von 3000 oder 3600 U/min im überkritischen Gebiet.

b) Einfluß der Schwerkraft. Bei horizontaler Welle ist immer eine nach unten gerichtete Auslenkung y_0 entsprechend dem Gewicht G der

Masse vorhanden (Abb. 15.3). Der Schwerpunkt rotiert jetzt um den Punkt O', der in der Entfernung y_0 unter dem entsprechenden Punkt auf der Verbindungsgraden der Lager liegt. Der Radius des Kreises, auf dem der Schwerpunkt rotiert, ist $(y + e)$, und die obige Ableitung bezüglich der kritischen Drehzahl bleibt offensichtlich gleich. Die kritische Drehzahl ist unabhängig davon, ob die Welle horizontal oder vertikal eingebaut ist. Die dynamische Auslenkung durch Zentrifugalkraft ist der statischen zu überlagern (Abb. 15.3 rechts).

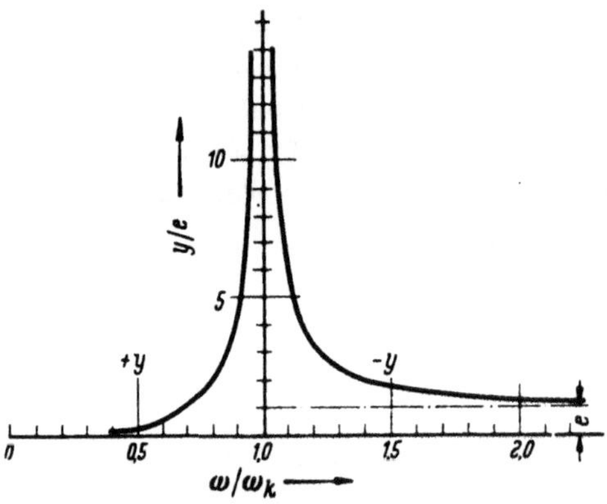

Abb. 15.2. Wellendurchbiegung in Abhängigkeit von der Drehzahl

c) Zusammenhang zwischen statischer Auslenkung und kritischer Drehzahl. Die Auslenkung y_0 unter Eigengewicht ergibt sich aus Gl. (15.2) zu

$$G = c\, y_0 . \qquad (15.9)$$

Aus dieser Beziehung kann die Federkonstante c ausgedrückt werden zu

$$c = \frac{G}{y_0} . \qquad (15.10)$$

Setzt man diesen Wert in Gl. (15.5) ein, so erhält man

$$\omega_k = \sqrt{\frac{G}{y_0 m}} = \sqrt{\frac{g}{y_0}} . \qquad (15.11)$$

Es ist wichtig, sich bei Benutzung dieser Formel darüber klar zu sein, daß die statische Auslenkung y_0 hier lediglich ein Maß für die elastischen

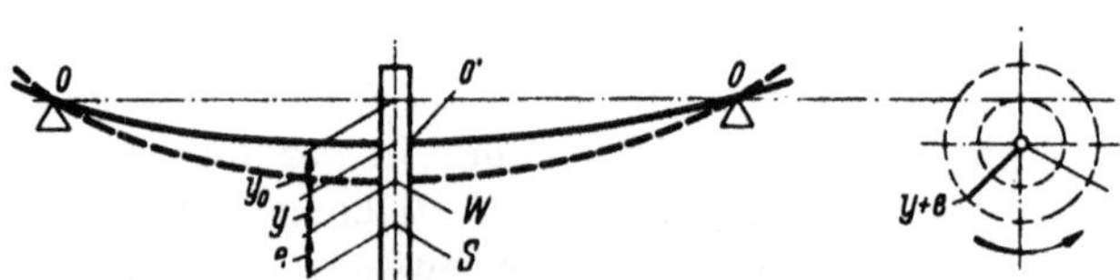

Abb. 15.3. Einzellast auf horizontaler Welle

Eigenschaften der Welle ist. Die tatsächlich im Betrieb auftretende statische Durchbiegung kann einen anderen Wert haben, ohne daß dabei die kritische Drehzahl anders wird. Beispielsweise kann die Welle vertikal eingebaut werden, also $y_0 = 0$ sein, oder es können in der Richtung feststehende zusätzliche Kräfte durch einen Riemen oder infolge Auftrieb ausgeübt werden; in allen Fällen ändert sich die kritische Drehzahl nicht, da weder die elastischen Eigenschaften der Welle noch die dynamischen Verhältnisse dadurch geändert werden. Auch wenn die tatsächliche Wellenauslenkung durch zu schmale Spalte auf weniger als y_0 reduziert wird, bleibt die kritische Drehzahl gleich, es sei denn, daß die Paßstellen so eng sind, daß sie als zusätzliche Lager wirken.

In einer Pumpe können mehrere Faktoren auf eine Verkleinerung der Amplitude hinwirken. Enge radiale Spalte wirken als Dämpfer; wird ein Spalt immer weiter verkleinert, so verkleinert sich auch die Amplitude der Welle, bis sie ganz verschwindet. In diesem Punkt wird die Paßstelle zu einem Lager und die kritische Drehzahl ist die gleiche wie im Fall einer dreifach gelagerten Welle.

d) Die vollständig ausgewuchtete Welle. Bei einer vollständig ausgewuchteten Welle stimmt der Durchstoßpunkt W der Welle mit dem Schwerpunkt S der Masse überein. Der Wert e wird null. Dann erhält man an Stelle von Gl. (15.3) die Beziehung

$$m y \omega^2 = c y, \tag{15.12}$$

die die beiden Lösungen

$$y = 0 \quad \text{und} \quad m \omega^2 = c \tag{15.13}$$

hat.

Dies ist die gleiche Beziehung für die kritische Drehzahl, wie sie bereits in Gl. (15.5) ausgedrückt ist. Wenn die kritische Drehzahl erreicht ist, also wenn $m\omega^2 = c$ ist, dann ist die Welle bei jeder beliebigen Auslenkung y im indifferenten Gleichgewicht, d.h., sie kann durch die kleinste Kraft auf jede beliebige Auslenkung y gebracht werden. Denkt man sich jetzt eine Unwucht angebracht, so wird aus dem im indifferenten Gleichgewicht befindlichen System sofort eine instabile Anordnung.

e) Kritische Drehzahl und Eigenschwingungszahl. Aus Gl. (15.5) ergibt sich die sekundliche kritische Umlaufzahl zu

$$f_k = \frac{1}{2\pi}\sqrt{\frac{c}{m}}. \tag{15.14}$$

Dieser Ausdruck ist gleichzeitig die Formel für die Eigenschwingungszahl der Welle. Eigenschwingungszahl und kritische Drehzahl stimmen also überein. Es ist möglich, die kritische Drehzahl eines gegebenen Läufers durch Beobachtung der Eigenfrequenz bei Querschwingung festzustellen, indem man die Welle durch einen Schlag mit dem Hammer in Schwingung versetzt.

f) Mehrere Scheiben auf einer gewichtslosen Welle. Folgender Fall soll betrachtet werden (Abb. 15.4): Eine Welle der Länge $4\,l$ trägt zwei Scheiben, die jede im Abstand l vom nächsten Lager angebracht sind. Offensichtlich sind beide in Abb. 15.4 gezeigten elastischen Linien möglich. Bei der ersten kritischen Drehzahl ordnen sich die Massen so an, daß die größte Auslenkung erreicht wird (Kurve A). Die Auslenkung Null tritt dann nur in den Lagern auf. Im zweiten Fall erscheint ein

Knoten in der Mitte der Welle, und die beiden Massen haben entgegengesetzte Auslenkung. Offensichtlich sind die beiden kritischen Drehzahlen verschieden; im Fall A ist

$$y = \frac{4\,P\,l^3}{3\,E\,I}\,; \quad c_1 = \frac{3\,E\,I}{4\,l^3}\,; \quad \omega_{k1}^2 = \frac{c_1}{m} \tag{15.15}$$

und im Fall B gilt

$$y = \frac{P\,l^3}{6\,E\,I}\,; \quad c_2 = \frac{6\,E\,I}{l^3}\,; \quad \omega_{k2}^2 = \frac{c_2}{\mathrm{m}}\,; \tag{15.16}$$

$$\frac{\omega_{k1}^2}{\omega_{k2}^2} = \frac{c_1}{c_2} = \frac{1}{8}\,. \tag{15.17}$$

Bei zwei Massen sind zwei kritische Drehzahlen möglich, ihr Verhältnis beträgt bei Anordnung nach Abb. 15.4, $1 : \sqrt{8}$.

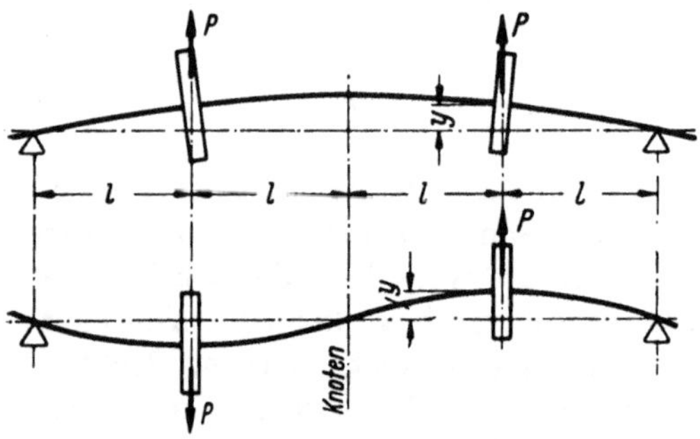

Abb. 15.4. Elastische Linien bei zwei Massen

Haben die beiden betrachteten Massen verschiedenes Gewicht oder sind sie anders als in dem erwähnten Beispiel angeordnet, so ändert sich zwar der Zahlenwert der spezifischen Drehzahl, aber in jedem Falle treten zwei kritische Drehzahlen auf, zu denen zwei elastische Linien des in Abb. 15.4 gezeigten Typs gehören. Die möglichen Formen sind unabhängig vom Vorhandensein und der Lage von Exzentrizitäten an den Einzelmassen (STODOLA [*1*]). Ganz allgemein kann gesagt werden, daß bei n Massen auch n verschiedene kritische Drehzahlen möglich sind. Nimmt man die Welle als kontinuierliche Last hinzu, so ist die Zahl der theoretisch möglichen kritischen Drehzahlen unendlich. In der Praxis können aber immer nur wenige beobachtet werden.

Unabhängig von der Zahl der Massen stimmt die erste kritische Drehzahl immer mit der Eigenfrequenz bei Querschwingungen überein. Die Auslenkungen sind bei der ersten kritischen Drehzahl am größten, und es treten keine Knoten auf.

15.2. Faktoren, die die kritische Drehzahl beeinflussen

a) Einfluß der Flüssigkeit. Fast alle Lehrbücher und Arbeiten über die kritische Drehzahl behandeln Dampfturbinen- oder Gebläseläufer. Die Arbeitsweise von Pumpen unterscheidet sich von derjenigen der genannten Maschinen in folgendem: 1. die Flüssigkeit als Fördermittel übt eine gewisse dämpfende Wirkung auf den Läufer aus; 2. es gibt mehrere enge Passungen in der Pumpe, die die Amplitude reduzieren oder begrenzen bzw. die als Lager wirken; 3. die Stopfbüchsen moderner Pumpen wirken so gut wie Lager und reduzieren so die Spannweite zwischen den Auflagern. Die tägliche Erfahrung zeigte, daß viele Pumpen, die bei ausgeschlagenen Dichtringen schwingen, ruhig laufen, wenn die Ringe erneuert werden.

b) Der hydrostatische Auftrieb. Obwohl das Gewicht des Läufers in Wasser um das Gewicht des verdrängten Wassers scheinbar reduziert wird, bleibt seine Masse unverändert. Deshalb bleibt auch die kritische Drehzahl — wie bereits erwähnt — die gleiche [Beziehung (15.5)]. Der hydrostatische Auftrieb ist als äußere statische Kraft aufzufassen, ähnlich wie die Kraft eines Riemens, die die Eigenschaften der umlaufenden Masse nicht beeinflußt.

c) Die Flüssigkeitsdämpfung. Die Flüssigkeit im Pumpengehäuse stellt einen Widerstand gegen die Schwingungen des Läufers dar. Ein Teil der kinetischen Energie desselben wird dauernd von der umgebenden Flüssigkeit absorbiert. Als Folge davon wird die Schwingungsamplitude kleiner. Die engen Passungen tragen, falls sie nicht sogar als Lager wirken, ebenfalls zur Dämpfung bei, da in jeder Periode Flüssigkeit von der einen auf die andere Seite gedrückt wird. Eigens zur Klärung der Flüssigkeitsdämpfung von STODOLA [*1*] angestellte Versuche zeigten, daß eine Welle, die bei den drei ersten kritischen Drehzahlen beachtliche Amplituden erreichte, nur noch kaum feststellbare Schwingungen ausführte, als das Gerinne, in dem sie lief, allmählich mit Wasser gefüllt wurde.

d) Stopfbüchsen. Der bei weitem größte Einfluß auf den Pumpenläufer wird durch die Stopfbüchsen hervorgerufen. Einige Pumpen, die in einer Anordnung ohne Stopfbüchse im kritischen Gebiet starke Schwingungen zeigten, liefen völlig ruhig, als die Stopfbüchsen verpackt worden waren. Faßt man diese als zusätzliche Lager auf, so liegen die rechnerisch gefundenen kritischen Drehzahlen im allgemeinen über den normalen Betriebsdrehzahlen, also über 3600 U/min, so daß keine Schwingungen mehr auftreten. Infolge der soeben diskutierten Einflüsse treten bei Kreiselpumpen im allgemeinen keine Schwierigkeiten von der Seite der kritischen Drehzahl her auf. Jedoch können diese auftauchen, wenn man stopfbüchslose Dichtungen einführt, die Drehzahlen weiter steigert (etwa auf 6000 U/min und mehr) und die Wellenstärke herabsetzt. Es können auch kritische Drehzahlen sekundärer Art auftreten, die durch Faktoren hervorgerufen werden, die bisher nicht in die Rechnung eingegangen sind. Einige Ursachen für solche sekundären Erscheinungen sind später dikutiert.

15.3. Die Berechnung der kritischen Drehzahl

a) Die kritische Drehzahl erster Ordnung. Diese kann nach Gl. (15.5) berechnet werden. Es ist

$$\omega_k^2 = \frac{c}{m}. \tag{15.18}$$

Nach Gl. (15.2) gilt andererseits

$$c = \frac{P}{y}.$$

Für Punktlasten erhält man c, indem man als Kraft das Gewicht G und als Auslenkung die zugehörige statische Durchbiegung einsetzt. Damit wird Gl. (15.5) umgewandelt zu

$$\omega_k^2 = \frac{g}{y_0}. \tag{15.19}$$

Ist die Masse auf die Welle verteilt, so ist die Belastung durch Zentrifugalkräfte von der Belastung durch die Schwerkraft verschieden. Eine fliegend angebrachte Masse verstärkt die Auslenkung zwischen den Lagern bei dynamischer Belastung, während sie die statische Auslenkung verkleinert.

Diese Fälle zeigen, daß die statische Durchbiegung lediglich als Maß für die elastischen Eigenschaften der Welle bei Punktmassen benutzt wird und nichts mit der kritischen Drehzahl an sich zu tun hat. Bei verteilten Lasten kann nur die dynamische Auslenkung [Gl. (15.4), Abb. 15.2] zur Berechnung der Federkonstanten benutzt werden. Jedoch ist diese Auslenkung nicht konstant, sondern mit der Drehzahl veränderlich. Praktisch ist sie zur Bestimmung der kritischen Drehzahl nicht brauchbar. Gl. (15.19) kann in abgeänderter Form für jede Art von Belastung benutzt werden, wenn man einen empirischen Faktor k hinzufügt:

$$\omega_k = \sqrt{k\frac{g}{y_0}}. \tag{15.20}$$

Für eine Welle zwischen zwei Lagern ist

$$1 < k < 1{,}2685. \tag{15.21}$$

Der höhere Wert gilt für gleichmäßig verteilte Last (Eigengewicht der Welle), während $k = 1$ für Punktmasse gültig ist. y_0 ist die maximale Auslenkung. Bei mehrstufigen Kreiselpumpen ist nach Baumann (Holba [*2*], S. 19) der Faktor $k = 1{,}08$. Der Faktor trägt der Tatsache Rechnung, daß die dynamische Belastung im Verhältnis zur statischen mit abnehmendem Lagerabstand immer kleiner wird.

Methoden zur Bestimmung der statischen Durchbiegung können aus Büchern über Festigkeitslehre entnommen werden. Die Lösung einfacher Fälle ist in Abb. 15.5. angegeben. Hat man ein oder zwei Laufräder und eine symmetrische Welle etwa gleichen Querschnittes, so ist die Stelle der maximalen Durchbiegung infolge beider Belastungsarten etwa die Mitte, und es ist möglich, y_0 für die beiden Einzelfälle getrennt zu berechnen und die Durchbiegungen zu überlagern.

Ist der Wellendurchmesser nicht konstant, die Last also nicht gleichmäßig verteilt, so ist es sehr mühsam, die statische Durchbiegung der Welle zu berechnen. Hier ist es angebracht, die in der Festigkeitslehre entwickelten graphischen Methoden anzuwenden. Es muß aber nochmals darauf hingewiesen werden, daß die Benutzung der maximalen statischen Durchbiegung keine genauen Werte für die kritische Drehzahl

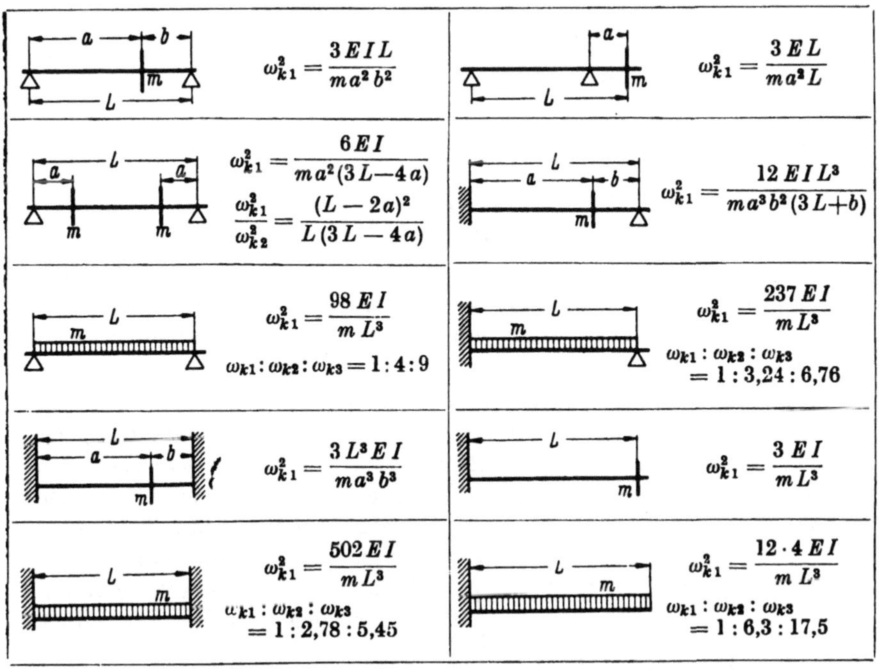

Abb. 15.5. Kritische Drehzahl in einfachen Belastungsfällen

liefert. Um genauere Werte zu erhalten, muß man die dynamische Auslenkung bei beliebiger Drehzahl bestimmen, wobei lediglich die statische Form der Biegelinie als erste Annäherung zugrunde gelegt werden kann (Iterativverfahren).

b) Die Dunkerleysche Beziehung. Der Engländer DUNKERLEY hat durch umfangreiche Versuche festgestellt, daß man für den Fall gleichmäßig verteilter Last auf der nicht eingespannten Welle mit zusätzlicher Punktlast die kritische Drehzahl wie folgt mit sehr großer Genauigkeit ausdrücken kann:

$$\frac{1}{\omega_k^2} = \frac{1}{\omega_W^2} + \frac{1}{\omega_1^2} + \frac{1}{\omega_2^2} + \cdots. \tag{15.22}$$

Dabei sind ω_k die kritische Drehzahl des Systems, ω_W die der Welle allein und die mit dem Index 1, 2, usw. versehenen Größen die Winkelgeschwindigkeiten der einzelnen Punktsysteme für sich. Durch Einführen von Gl. (15.19) für Einzellasten und durch Aufteilung der Wellenmasse auf mehrere Punktlasten vereinfacht sich die DUNKERLEYsche Beziehung zu

$$\omega_k^2 = \frac{g}{\Sigma y_0}. \tag{15.23}$$

Offensichtlich ist die kritische Drehzahl des Systems niedriger als die der Einzelmassen.

Ist der Wellendurchmesser veränderlich, so kann man die Beziehung anwenden, wenn man die Welle durch eine fiktive Welle gleichen Durchmessers ersetzt, wodurch die Genauigkeit herabgesetzt wird, oder indem man die Welle durch eine Reihe von Einzelmassen darstellt.

15.4. Beispiel der graphischen Bestimmung der kritischen Drehzahl

Sind mehrere Einzellasten auf einer abgesetzten Welle auf zwei Lagern gegeben, wobei die Lager kein Einspannmoment übertragen können, so ist es am einfachsten, ein graphisches Iterativverfahren anzuwenden.

Dabei geht man von dem Gedanken aus, daß sich die vollständig ausgewuchtete Welle bei Erreichen der kritischen Drehzahl bei jeder beliebigen Auslenkung im indifferenten Gleichgewicht zwischen den Fliehkräften und den elastischen Rückstellkräften befindet. Zu diesem Zustand gehört eine bestimmte Form der fliehkraftelastischen Linie, wobei der Absolutwert der Amplituden jedoch keine Rolle spielt.

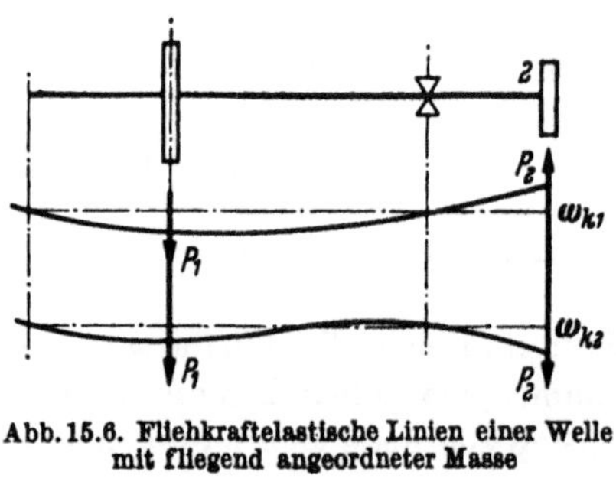

Abb. 15.6. Fliehkraftelastische Linien einer Welle mit fliegend angeordneter Masse

Die statische Biegelinie gilt in erster Näherung als Ausgangslinie zur Berechnung der Fliehkräfte. Sie muß jedoch modifiziert werden, wenn eine Masse fliegend angeordnet ist, wie etwa eine Kupplung.

Bei der ersten kritischen Drehzahl können Knoten nur an den Lagern auftreten, so daß eine fliegend angeordnete Masse schon bei der ersten Näherung, der gewichtselastischen Linie, als in umgekehrter Richtung der zwischen den Lagern angeordneten Masse wirkend angesetzt werden muß. Abb. 15.6 zeigt die dynamischen Biegelinien einer so belasteten Welle. Die erste Kurve, die der kritischen Drehzahl erster Ordnung ω_{k1} entspricht, hat eine größere maximale Auslenkung als die der kritischen Drehzahl zweiter Ordnung ω_{k2} zugeordnete zweite Kurve. Bei der ersten Kurve liegen die beiden Massen um 180° versetzt.

Die graphische Bestimmung der kritischen Drehzahl erster Ordnung umfaßt folgende Schritte:

1. Ein Biegemomentdiagramm wird nach der in der graphischen Statik gebräuchlichen MOHRschen Methode gezeichnet. Zu diesem Zweck wird die Wellenmasse durch mehrere Einzelmassen ersetzt.
2. Das Momentdiagramm wird entsprechend den verschiedenen Wellendurchmessern reduziert.
3. Die statische Biegelinie wird unter Benutzung der korrigierten Drehmomentkurve gezeichnet.
4. Die bei einer beliebig gewählten Drehzahl auftretenden Fliehkräfte werden entsprechend den Auslenkungen berechnet.
5. Die kritische Drehzahl wird unter Benutzung des Gleichgewichtes zwischen Fliehkräften und Rückstellkräften für die völlig ausgewuchtete Welle berechnet.

a) Die statische Drehmomentenlinie (Abb. 15.7). Man wählt einen geeigneten Maßstab, um die wesentlichen Größen der Welle aufzuzeichnen. In dem in Abb. 15.7 verkleinert abgebildeten Beispiel wurde der Maßstab 1 : 4 gewählt (1 cm in der Zeichnung ≙ 4 cm in der Wirklichkeit). Zur Darstellung der Belastungen und der Reaktionskräfte in den Lagern dienen Vektoren. Soll die Wellenmasse mit berücksichtigt werden, so unterteilt man sie in einzelne Abschnitte und denkt sich die Masse jeden Abschnittes in seinem Schwerpunkt vereinigt. Die Richtung der Vektoren überhängender Massen wird umgekehrt, um die erste kritische Drehzahl zu erhalten. Die Lasten sind, ausgehend vom linken Ende, bezeichnet mit *BA*, *BC*, *CD*, *DE* usw., bis man, im Uhrzeigersinn fortschreitend, bis zur letzten Belastung gekommen ist. Die Reaktionskräfte werden ebenso benannt, indem man im Uhrzeigersinn weiter um die Welle herumgeht (*AR* und *RQ*).

An einer beliebigen Stelle neben dem sogenannten Lageplan wird eine vertikale Linie *AQ* gezeichnet, auf der die einzelnen Vektoren abgetragen werden, wobei ein Maßstab für die Kraft gewählt werden muß. In dem dargestellten Beispiel entspricht 1 cm ≙ 20 kg. Das Diagramm wird durch Eintragung des Poles in einem beliebigen Abstand (hier 250 kg ≙ 12,5 cm) und durch die Polstrahlen *AO*, *BO*, *CO* usw. ergänzt. Als Polabstand kann ein beliebiger Betrag gewählt werden, der mit dem festgesetzten Maßstab günstige Verhältnisse in dem folgenden Momentendiagramm ergibt. Der Momentenmaßstab ergibt sich als Produkt aus dem Längenmaßstab und dem in Gewichtseinheiten gemessenen Polabstand: 1 cm ≙ 4 cm · 250 kg ≙ 1000 cmkg.

Im Lageplan werden von den Belastungspunkten und den Auflagerstellen senkrechte Linien nach unten gezogen. Dann zeichnet man, be-

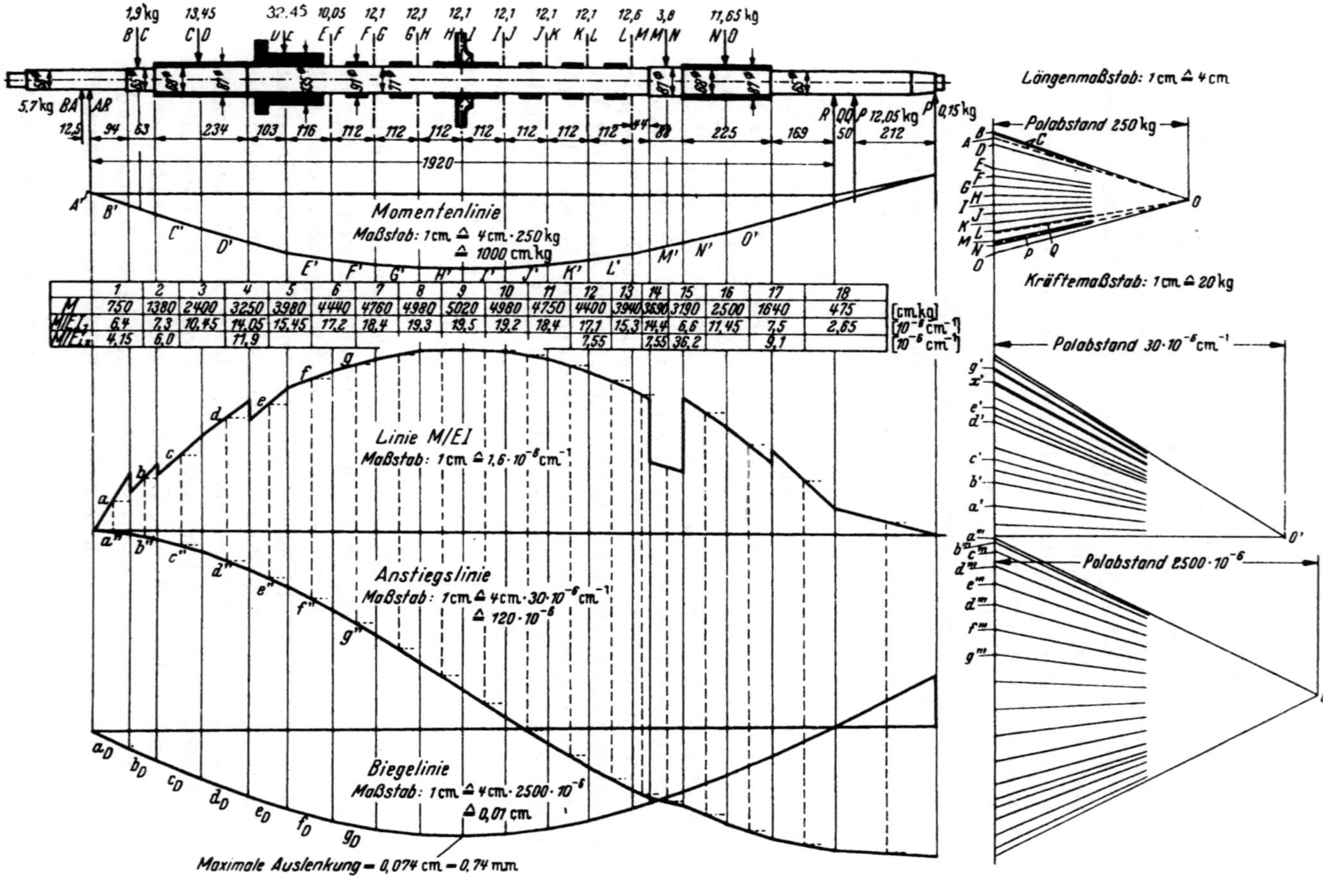

	1	2	3	4	5	6	7	8	9	10	11	12	13	14	15	16	17	18	
M	750	1380	2400	3250	3980	4440	4760	4980	5020	4980	4750	4400	3940	3690	3190	2500	1640	475	[cm kg]
M/EI_{I}	6,4	7,3	10,45	14,05	15,45	17,2	18,4	19,3	19,5	19,2	18,4	17,1	15,3	14,4	6,6	11,45	7,5	2,65	[10^{-6} cm^{-1}]
M/EI_{II}	4,15	6,0		11,9								7,55		7,55	36,2		9,1		[10^{-6} cm^{-1}]

Abb. 15.7. Statische Biegelinie

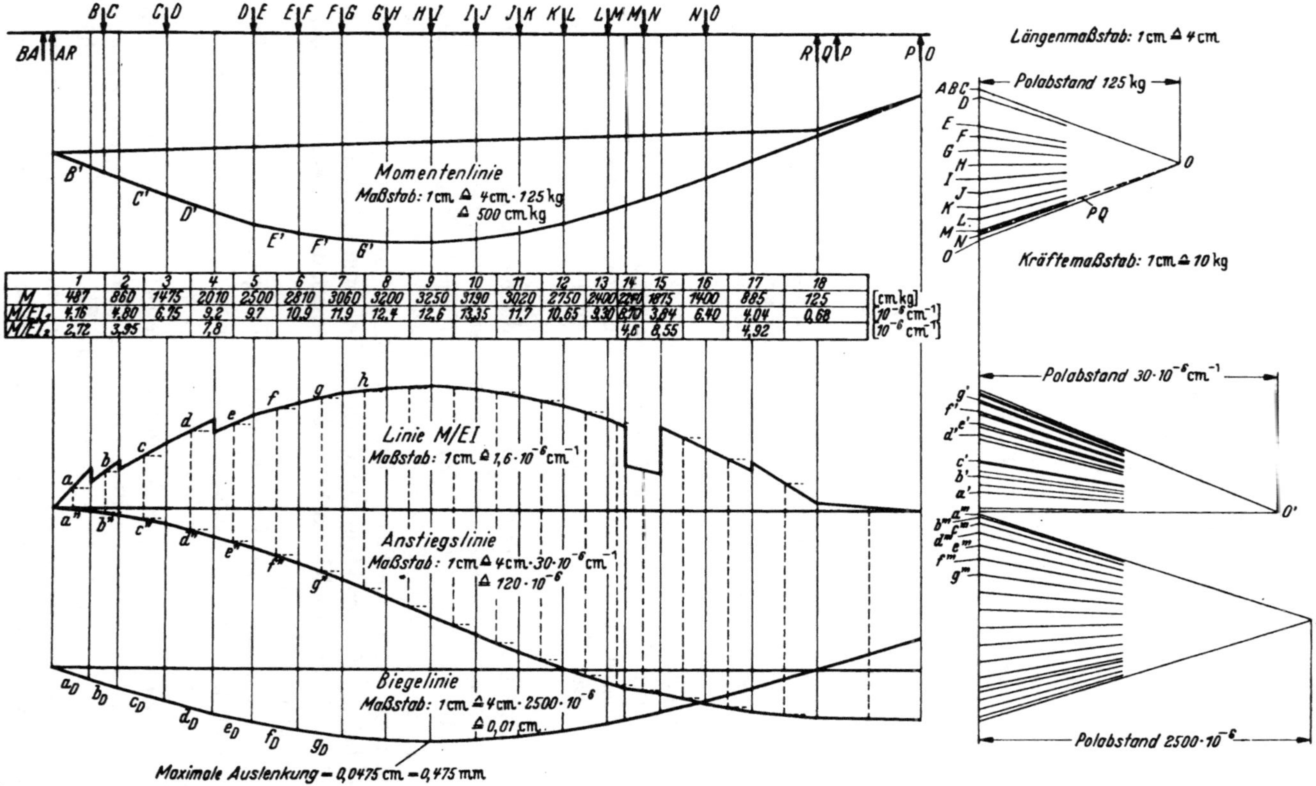

	1	2	3	4	5	6	7	8	9	10	11	12	13	14	15	16	17	18	
M	487	860	1475	2010	2500	2810	3060	3200	3250	3190	3020	2750	2400	2240	1875	1400	885	125	[cm kg]
M/EI_1	4,16	4,80	6,75	9,2	9,7	10,9	11,9	12,4	12,6	13,35	11,7	10,65	9,30	8,70	3,84	6,40	4,04	0,68	$[10^{-6}\,cm^{-1}]$
M/EI_2	2,72	3,95		7,8										4,6	8,55		4,92		$[10^{-6}\,cm^{-1}]$

Abb. 15.8. Dynamische Biegelinie

ginnend mit dem Strahl *AO* Parallelen zu den Polstrahlen unter den Lageplan. Die erste Parallele ist *A'* zwischen der Reaktionskraft *AR* und der Last *BA*. Die Parallele zum nächsten Strahl *BO* wird an *A'* anschließend zwischen *AB* und *BC* eingezeichnet. Folgt man wieder dem Umlauf im Uhrzeigersinn, so ist die letzte Parallele *QO* zwischen der Wirkungslinie *PQ* der letzten Last und der Stelle der Reaktionskraft *QR* Der Plan wird geschlossen durch die Gerade zwischen den Schnittpunkten des besprochenen Linienzweiges mit den Wirkungslinien der Lagerkräfte *AR* und *RQ*.

Das Biegemoment ergibt sich in jedem Punkt als der vertikale Abstand der Begrenzungslinien des Diagrammes mit Hilfe des zuvor angegebenen Maßstabes.

b) Das Diagramm für M/EI. Das so erhaltene Momentendiagramm wird nun durch das Trägheitsmoment I des Wellenquerschnittes und den Elastizitätsmodul des Wellenmaterials dividiert ($E_{Stahl} = 2{,}1 \cdot 10^6\,\mathrm{kg/cm^2}$). Am zweckmäßigsten ist hier eine Tabellenrechnung.

Im Beispiel ist am Punkt 1 das Biegemoment 750 cm kg, der Wert *EI* beträgt $117 \cdot 10^6\,\mathrm{kg\,cm^2}$ links und $180 \cdot 10^6\,\mathrm{kg\,cm^2}$ rechts von Punkt 1. Die beiden zugehörigen Werte für M/EI sind $6{,}4 \cdot 10^{-6}\,\mathrm{cm^{-1}}$ und $4{,}15 \cdot 10^{-6}\,\mathrm{cm^{-1}}$.

Zum Zeichnen des Diagrammes wird unter dem Momentendiagramm eine waagerechte Gerade gezogen, von der aus senkrecht nach oben die verschiedenen M/EI-Werte in einem beliebigen Maßstab abgetragen werden. Der Maßstab wurde im Beispiel zu $1\,\mathrm{cm} \mathrel{\hat{=}} 1{,}6 \cdot 10^{-6}\,\mathrm{cm^{-1}}$ gewählt.

c) Das Diagramm für den Anstieg. Um die Kurve für den Anstieg der gewichtselastischen Linie zu bekommen, sind die Mittelpunkte (*a*, *b*, *c*, usw.) der Abschnitte der M/EI-Kurve auf die Verlängerung der oben benutzten Geraden *AQ* zu projizieren. Man bestimmt einen neuen Pol und zieht wieder die Polstrahlen $a'0'$, $b'0'$, $c'0'$ usw. Nun geht man vor wie bei der Konstruktion der Momentenlinie und trägt die Parallele zu $a'0'$ in a'', die Parallele zu $b'0'$ in b'' usw. so an, daß ein kontinuierlicher Kurvenzug entsteht.

Der Maßstab ist das Produkt aus dem Längenmaßstab und dem Polabstand im M/EI-Maßstab. Im vorgeführten Beispiel beträgt er 1 cm $\mathrel{\hat{=}} 4\,\mathrm{cm} \cdot 30 \cdot 10^{-6}\,\mathrm{cm^{-1}} = 120 \cdot 10^{-6}$.

d) Das Diagramm für die statische Biegelinie. Von den zur Konstruktion der Ableitungskurve benutzten Punkten *a*, *b*, *c* usw. wird jeweils das Lot auf die Ableitungskurve der Biegelinie gefällt; man erhält als Schnittpunkte der Lote mit der Kurve die Punkte a'', b'', c'' usw. Genau wie beim vorigen Schritt werden diese Punkte nach rechts projiziert (a''', b''', c''' usw.) und die Polstrahlen $a'''0''$, $b'''0''$, $c'''0''$ usw.

gezogen. Die Biegelinie selbst erhält man wieder durch Übertragung der Polstrahlen unter die Ableitungskurve, wo die Kurvenstücke a_D, b_D usw. zu einem kontinuierlich verlaufenden Kurvenzug aneinandergesetzt werden. Der Maßstab der Biegelinie ergibt sich wiederum als Produkt aus dem Längenmaßstab und dem Polabstand, gemessen in der Einheit der Ableitungskurve. Da diese dimensionslos ist, ergibt sich als Maßstab 1 cm $\triangleq$ 4 cm · 2500 · 10^{-6} = 0,01 cm.

Definitionsgemäß ist die Durchbiegung an den Lagern null; deshalb ist durch die Schnittpunkte der Wirkungslinien der Lagerkräfte mit der Biegelinie eine Gerade zu ziehen, die die nichtdurchgebogene Welle darstellt. Der vertikale Abstand zwischen der Geraden und der Kurve stellt die jeweilige Durchbiegung dar.

e) Dynamische Durchbiegung. Die dynamische Biegelinie entsteht unter der Belastung durch die Fliehkräfte, die von den einzelnen Massen entwickelt werden. Deshalb sind die Gewichtslasten, die zuerst eingeführt wurden, durch die entsprechenden Fliehkräfte zu ersetzen, zu deren Berechnung in erster Näherung die statische Durchbiegung benutzt wird.

$$P_1 = \frac{G}{g} \omega_0^2 y_0 . \tag{15.24}$$

Dabei bedeuten:

G das Gewichtselement,
ω_0 eine beliebig angenommene Winkelgeschwindigkeit,
y_0 die statische Durchbiegung.

Beispielsweise ist an der Stelle BC $G = 1{,}9$ kg, $y_0 = 0{,}144$ mm, $\omega_0 = 100\ \mathrm{s}^{-1}$, $g = 9{,}81\ \mathrm{ms}^{-2}$.

$$P_1 = 0{,}3\ \mathrm{kg}.$$

Unter Belastung durch die Fliehkräfte ergibt sich in der gleichen Weise wie bei der Gewichtsbelastung eine neue elastische Linie. Der einzige Unterschied gegenüber dem vorigen Beispiel liegt unter Umständen darin, daß wegen zu kleiner Belastungen andere Maßstäbe gewählt werden müssen.

Die so gewonnene Linie, deren Amplitude mit y_1 bezeichnet werden soll, ist derjenigen fliehkraftelastischen Linie, die sich beim Lauf mit kritischer Drehzahl einstellt, noch nicht exakt ähnlich, da die belastenden Fliehkräfte mit statischen Auslenkungen berechnet wurden. Durch abermalige Wiederholung des Verfahrens, bei dem zur Errechnung der Fliehkräfte die Auslenkungen y_1 herangezogen werden, erhält man eine bessere Genauigkeit. Die hierbei als Belastungen auftretenden Kräfte sollen sinngemäß mit $P_2 = G/g\, \omega_0^2 y_1$ und die Auslenkungen der neuen Biegelinie mit y_2 bezeichnet werden. Die Übereinstimmung zwischen y_1 und y_2 ist ein Maß für die Genauigkeit der Annäherung. Im allgemeinen hat es sich herausgestellt, daß bereits die erste Annäherung y_1 die fliehkraftelastische Linie mit genügender Genauigkeit darstellt.

Nach Definition ist die kritische Drehzahl die einzige Drehzahl, bei der die elastischen Rückstellkräfte der vollständig ausgewuchteten Welle bei allen Amplituden mit den Fliehkräften im Gleichgewicht stehen. Wir nehmen in Übereinstimmung mit den meisten Fällen der Praxis an, daß bereits die in erster Annäherung bestimmte Linie y_1 einer der sich bei kritischer Drehzahl einstellenden Linien ähnlich ist. Entsprechend der Definition muß jetzt die Drehzahl gesucht werden, bei der Gleichgewicht herrscht, bei der also die aus dem Verfahren resultierende Auslenkung y_1^* überall mit der in das Verfahren eingesetzten Auslenkung y_0 übereinstimmt.

$$y_1^* = y_0 \tag{15.25}$$

Die aus dem Verfahren resultierende Auslenkung y_1^* ist dem Quadrat der eingesetzten Drehzahl proportional. Es gilt also auch

$$y_1^* = y_1 \left(\frac{\omega_k}{\omega_0}\right)^2. \tag{15.26}$$

Durch Kombination von Gl. (15.25) und (15.26) ergibt sich die gesuchte kritische Drehzahl zu

$$\omega_k = \omega_0 \sqrt{\frac{y_0}{y_1}}. \tag{15.27}$$

Stellt die erste fliehkraftelastische Linie die Verhältnisse nicht genau genug dar und ist man deshalb gezwungen, das Verfahren zu wiederholen, so gilt sinngemäß

$$\omega_k = \omega_0 \sqrt{\frac{y_1}{y_2}}.$$

Genügende Genauigkeit ist dann erreicht, wenn die aus dem Verfahren resultierende Linie der dem Verfahren zugrunde gelegten Linie ähnlich ist. Dies ist in fast allen technischen Anwendungen mit Konstruktion der ersten fliehkraftelastischen Linie bereits erreicht.

Die kritische Drehzahl in dem durchgerechneten Beispiel ergibt sich nach Gl. (15.26) zu

$$\omega_k = 100 \sqrt{\frac{0{,}74}{0{,}475}} = 125\,,$$

$$n_k = 1195\ \mathrm{U/min}.$$

Durch Versuch wurde eine kritische Drehzahl von $n_k = 1300$ U/min festgestellt. Der Unterschied zwischen Rechnung und Versuch erklärt sich durch den versteifenden Einfluß der Wellenbüchsen und der Laufradnaben, der zweifellos vorhanden war, obwohl die Muttern auf der Welle nicht festgezogen waren.

f) Das gleiche Beispiel nach der Methode von Dunkerley. Das Gewicht der Welle wird in der gleichen Weise wie vorher aufgeteilt. Ein mittlerer Durchmesser wird zur Vereinfachung der Rechnung eingeführt:

$$d = \frac{d_1 l_1 + d_2 l_2 + \cdots}{L}.$$

Dabei sind l_i und d_i Länge und Durchmesser der Wellenabschnitte mit konstantem Durchmesser. Führt man die Mittelwertbildung durch, so ergibt sich im Beispiel $d = 69$ mm.

Die Durchbiegung unter Einzellast beträgt nach Abb. 15.5 (1)

$$y = \frac{G\,a^2\,b^2}{3\,E\,I\,L}. \tag{15.28}$$

Dann ergibt sich die kritische Drehzahl aus Gl. (15.23). Die Tabellenrechnung zur Bildung des Ausdruckes Σy ist hier wiedergegeben:

G (kg)	a (cm)	b (cm)	$(a\,b)^2$ (10^4 cm^4)	$G(a\,b)^2$ (10^6 kg cm^4)
1,9	12,5	179,5	505	10
13,5	27,8	164,2	2080	282
32,4	49,4	142,6	4950	1600
10,1	61,8	130,2	6500	655
12,1	72,2	119,8	7500	906
12,1	83,4	108,6	8200	990
12,1	94,7	97,3	8550	1033
12,1	106,0	86,0	8350	1010
12,1	117,2	74,8	7700	930
12,1	128,5	63,5	6650	804
12,6	139,8	52,2	5300	666
3,8	148,3	43,7	4200	160
11,6	164,0	28,0	2100	244
	$L = 192{,}0$			9290

$$I = \frac{\pi}{64}d^4 = \frac{\pi}{64}6{,}9^4 = 111 \text{ cm}^4,$$

$$E = 2{,}1 \cdot 10^6 \text{ kg/cm}^2,$$

$$\sum y = \frac{\Sigma G\,a^2\,b^2}{3\,E\,I\,L} = \frac{9290 \cdot 10^6}{3 \cdot 2{,}1 \cdot 10^6 \cdot 111 \cdot 192} = 0{,}069 \text{ cm},$$

$$\omega_k = \sqrt{\frac{981}{0{,}069}} = 119 \text{ s}^{-1},$$

$$n_k = 1140 \text{ U/min}.$$

g) Angenäherte Berechnung für Pumpenwellen. Wenn die Wellenstärke sowie die Art der Lagerung und der Lastverteilung in gewissen Grenzen variiert, wie dies in einer mehrstufigen Pumpe der Fall ist, so kann man zur Bestimmung der kritischen Drehzahl erster Ordnung eine schnelle Näherungsrechnung mit Hilfe eines experimentellen Faktors durchführen. Man macht den Ansatz

$$y = \frac{G\,L^3}{k\,E\,I} \quad \text{und} \quad \omega_{k1} = \sqrt{\frac{g}{y}},$$

wobei k eine numerische Konstante ist, die von der Lastverteilung, der Art der Lagerung usw. abhängt. Bei Einzellast in der Mitte der Welle ist nach Abb. 15.5 (1) $k = 48$, bei gleichförmig verteilter Last $k = 98$. Abb. 15.9 zeigt k-Werte in Abhängigkeit vom Verhältnis des Wellengewichts zum Gewicht der Einzellasten und in Abhängigkeit vom Verhältnis L_1/L. Dabei ist L_1 der Abstand zwischen den äußersten Laufrädern und L der Lagerabstand. Es ist angenommen, daß die Massen der Laufer gleichmäßig auf die Strecke L_1 verteilt sind. Je mehr Laufräder auf der Welle sitzen, um so genauer sind die Ergebnisse, die man mit dem Diagramm erzielt. Das Diagramm kann nicht auf Pumpen mit Stopfbüchspackungen angewandt werden.

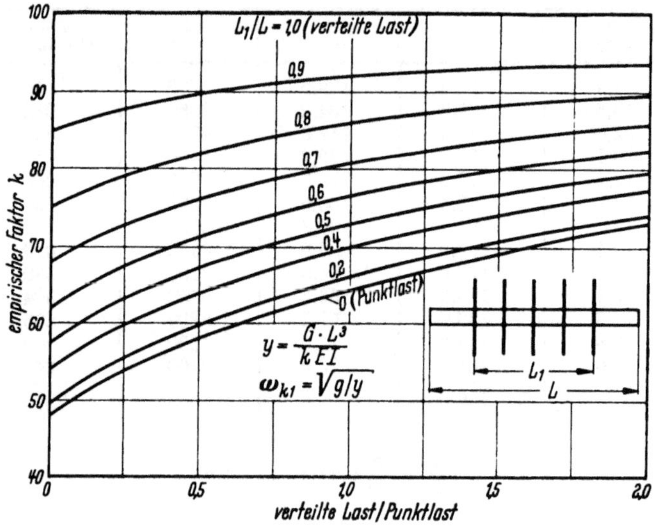

Abb. 15.9. Koeffizient der dynamischen Auslenkung bei symmetrischen Läufern

Zur Nachprüfung der kritischen Drehzahl bei angezogener Stopfbüchse wurde für eine sechsstufige Pumpe NW 50 eine besonders weiche Welle mit schweren Gewichten an Stelle der Laufräder angefertigt. Damit wurde die kritische Drehzahl herabgesetzt, so daß sie in den Bereich normaler Betriebsdrehzahlen fiel. Versuche mit diesem Ersatzläufer sowie mit einem normalen Pumpenläufer zeigten folgende Ergebnisse:

1. Bei angezogenen Stopfbüchsen ist die kritische Drehzahl die gleiche wie die einer in Stopfbüchsenmitte eingespannten Welle.

2. Wurde der Läufer in Luft ohne Stopfbüchsenpackungen betrieben, so kam er auch in einem weiten Bereich oberhalb der kritischen Drehzahl in Schwingungen. Wurde er mit Dichtungsringen montiert und mit Wasser beaufschlagt, so arbeitete der Läufer befriedigend.

3. An der erwähnten leichten Welle wurden Schwingungen mit einer Frequenz über der kritischen Drehzahl bei angezogener Stopfbüchse be-

obachtet. Es zeigte sich, daß sich die Schwingungen der Pumpenwelle überlagern. Durch Ausschalten des Getriebes und Benutzung eines kleineren Motors und einer kleineren Kupplung wurden diese Schwingungen reduziert, jedoch nicht völlig beseitigt. Beim Arbeiten in Wasser und bei engen Dichtringen wurden keine nachteiligen Schwingungen beobachtet.

Zu beachten ist dabei, daß der Ersatzläufer praktisch keine Leistung aufnahm, so daß allein dadurch und durch die Tatsache, daß die Masse dieses Versuchsläufers verhältnismäßig klein war, das Auftreten von Schwingungen begünstigt wurde.

15.5. Die Welle mit drei Lagern

Die dreifache Lagerung von Wellen wird im Pumpenbau selten oder überhaupt nicht angewandt. Man findet nur gelegentlich dreifach gelagerte Systeme, wenn Pumpen- und Motorwelle aus einem Stück bestehen; ein Lager von Pumpe oder Motor wird in diesem Falle weggelassen. Bei derartigen Konstruktionen sollten die Hersteller des Motors die Bestimmung der kritischen Drehzahl übernehmen, da sie mehr Erfahrung auf diesem Gebiete besitzen. Sind in einer Pumpe Spalte mit enger Passung vorhanden, so können Bedingungen auftreten, die bezüglich der kritischen Drehzahl einer drei- oder mehrfachen Lagerung gleichwertig sind.

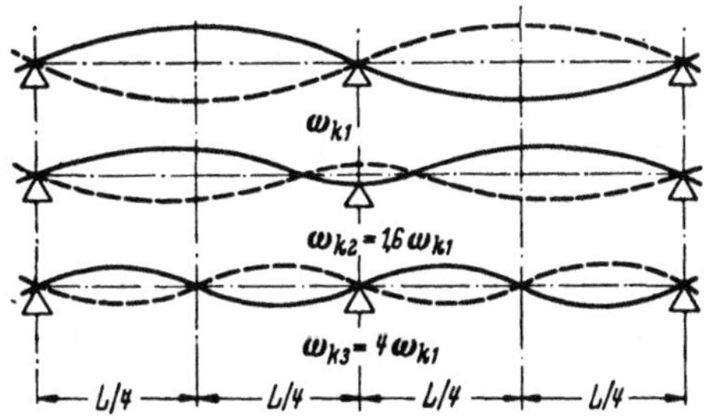

Abb. 15.10. Biegelinien einer gleichförmigen Welle mit drei Lagern

Deshalb sollen einige Bemerkungen über die dreifach gelagerte Welle gemacht werden. Abb. 15.10 zeigt die Biegelinien für die drei ersten kritischen Drehzahlen einer dreifach gelagerten Welle mit gleichmäßiger Massenverteilung.

Die erste kritische Drehzahl dieser Anordnung ist ebenso groß wie die erste einer zweifach gelagerten Welle der halben Länge oder die der gleichen Welle, die in der Mitte durchgeschnitten ist (Kimball [*3*], S. 75).

Die zweite kritische Drehzahl und die in Abb. 15.10 gezeigte dazugehörige Biegelinie ist nur durch das mittlere Lager möglich. Die Abbildung ist so gezeichnet, daß das Lager — wie in den meisten Fällen — etwas Spiel hat. Die kritische Drehzahl dritter Ordnung ist wieder derjenigen zweiter Ordnung einer Wellenhälfte allein gleich. Die kritischen

Drehzahlen verhalten sich wie 1 : 1,6 : 4. Jedoch sind kritische Drehzahlen zweiter oder höherer Ordnung bei einer Anordnung mit drei Lagern selten zu beobachten. Die Bestimmung der ersten kritischen Drehzahl nach den gegebenen Hinweisen liefert Ergebnisse guter Genauigkeit, wenn Welle und Belastung symmetrisch zum mittleren Lager angeordnet sind.

Abweichungen sind insofern zu beobachten, als die kritische Drehzahl der ganzen Welle in Wirklichkeit größer ist als die kritische Drehzahl der am mittleren Lager durchgeschnittenen Welle. Die höhere kritische Drehzahl der ganzen Welle im Vergleich zu derjenigen einer abgeschnittenen Hälfte sind durch eine gegenseitige versteifende Wirkung beider Hälften aufeinander zu erklären (Holba [*2*], S. 131.).

15.6. Kritische Drehzahlen höherer Ordnung

Eine gewichtslose Welle mit mehreren Einzellasten hat so viele kritische Drehzahlen wie Einzelmassen. Zu jeder kritischen Drehzahl gehört eine bestimmte Form der Biegelinie und ein bestimmter Wert der Federkonstanten c in Gl. (15.5). Ist die Masse kontinuierlich auf die ganze Welle verteilt, so gibt es theoretisch unendlich viele kritische Drehzahlen. Jedoch kommen kritische Drehzahlen höherer Ordnungen für den Pumpenbau kaum in Betracht. Die oben angegebene graphische Methode kann zur Ermittlung der kritischen Winkelgeschwindigkeit zweiter Ordnung nicht angewandt werden, weil sie nicht konvergiert. Anstatt sich bei mehrfacher Wiederholung des Verfahrens immer weiter einem Grenzwert zu nähern, weichen die Ergebnisse immer weiter voneinander ab. Andere, kompliziertere Methoden sollen hier nicht behandelt werden. Es ist aber in den meisten Fällen bei annähernder Symmetrie der Welle um ihre Mitte die kritische Drehzahl zweiter Ordnung aus der ersten dadurch zu erhalten, daß man sich die Welle im Knotenpunkt durchgeschnitten und frei gelagert denkt. Dies ist die gleiche Behandlungsweise, wie sie bei dem Problem der dreifach gelagerten Welle (erste kritische) angewandt wurde. Allgemein kann bei Kenntnis der Lage eines Knotens derselbe immer durch ein Lager ersetzt werden und so das Problem der kritischen Drehzahl zweiter Ordnung mit zwei Lagern auf den Fall erster Ordnung bei drei Lagern zurückgeführt werden (Methode von Hohenemser, Holba [*2*], S. 129). In einigen einfachen Fällen kann man die Last- und Lagerungsverhältnisse durch eine der in Abb. 15.5 angegebenen Verteilungen näherungsweise ersetzen. Für diese Fälle sind in Abb. 15.5 Zahlenwerte in Form von Verhältnissen der höheren kritischen Drehzahlen zu derjenigen der ersten Ordnung angegeben. Man sieht daraus, daß die zweite kritische Drehzahl mindestens dreimal so groß ist wie die erste.

15.7. Kritische Drehzahlen sekundärer Art

Hier sollen solche kritischen Geschwindigkeiten betrachtet werden, die nicht durch Fliehkräfte bedingt sind. Eine Anzahl davon wurde beobachtet und untersucht. Sie treten alle nur selten auf und sind aus diesem Grunde schwer zu erkennen; einige von ihnen sind sehr schwer zu beseitigen.

a) Störungen durch Gewichte. Eine beträchtliche Unwucht, also Exzentrizität des Schwerpunktes einer Masse, kann Schwankungen in der Drehzahl und kleine Störungen der Kreisbahn hervorrufen. Unter gewissen kritischen Bedingungen führt dies zu einer „sekundären" kritischen Drehzahl, die bei der halben kritischen Drehzahl erster Ordnung liegt. Nach FÖPPL tritt eine ähnliche sekundäre kritische Drehzahl durch Drehzahlschwankungen, die vom Antrieb ausgehen, auf.

b) Reibung zwischen Welle und Laufradnaben und Büchsen. Beim Lauf mit der kritischen Drehzahl werden die Fliehkräfte durch die Spannungen in der Welle im Gleichgewicht gehalten und eine vertikale Welle wird im ganzen herumgeschleudert, so, als ob sie bleibend verformt wäre, daß immer die gleiche Seite nach außen gekehrt ist. So ist eine relative Bewegung zwischen Welle und aufgesetzten Naben nicht möglich. Bei Drehzahlen über der ersten kritischen kann die Oberfläche der Welle abwechselnd gedehnt und zusammengedrückt werden. So entsteht eine Relativbewegung zwischen der Welle und den aufgesetzten Büchsen oder Naben, der sich die Reibung widersetzt. Es hat sich gezeigt (KIMBALL [*3*], S. 126), daß als Folge dieser Reibung eine Komponente auftritt, die die Welle in Drehrichtung zu schleudern trachtet. Die Schleudergeschwindigkeit kann die kritische Geschwindigkeit erreichen; sie befindet sich dann in Resonanz mit der Eigenfrequenz. Die so entstehenden Schwingungen haben die Frequenz der kritischen Drehzahl, obwohl die Betriebsdrehzahl darüber liegt.

Eine solche Schwingung wurde experimentell dargestellt. Bei horizontalen Wellen tritt bei jeder Umdrehung eine Periode von Zug und Druck an einer Faser auf. Sind Laufräder und Büchsen auf die Welle aufgeschrumpft, so können Schwingungen der oben beschriebenen Art durch Reibungskräfte zwischen Welle und Nabe auftreten, wenn die Welle überkritisch läuft.

Es ist vielleicht interessant, zu erwähnen, daß die eigene innere Reibung der Welle während des Wechsels zwischen Zug und Druck in den äußeren Schichten ähnliche tangentiale Komponenten hervorruft. Bei Stahlwellen können diese inneren Reibungskräfte allein jedoch keine Schleuderbewegung erzeugen bzw. aufrechterhalten.

Diese Ursache von Läuferschwingungen bei Zentrifugalkompressoren und Dampfturbinen veranlaßte die Hersteller, den Sitz zwischen Rad und Welle nur als schmalen Ring auszubilden. Lange, leicht biegsame, aus Blechen geschichtete Läufer von Elektromotoren können infolge der Reibung zwischen den Schichten trotz sorgfältiger Auswuchtung in Schwingung geraten.

c) Schwingungsanregung im Lager. Es wurde experimentell festgestellt und im Betrieb beobachtet, daß das Öl im Spalt von Gleitlagern etwa mit der halben Winkelgeschwindigkeit der Welle umläuft. Fällt diese Geschwindigkeit zusammen mit der ersten kritischen Drehzahl der Welle, so entstehen Schwingungen, die auch bei Betriebsdrehzahlen von mehr als dem doppelten der kritischen Drehzahl fortbestehen. Bei horizontalen Wellen reicht das Rotorgewicht nicht aus, die Schwingungen im Ölspalt zu unterdrücken. Im allgemeinen sind derartige Schwingungen schlecht zu beseitigen. Folgende Schritte wurden mit unterschiedlichem Erfolg ausprobiert: 1. Übergang zur Kugellagerkonstruktion; 2. Verkleinerung der Lagerlänge und damit Vergrößerung der Belastung des Ölfilms; 3. leicht exzentrische Anordnung der Lager auf der Welle.

Die beste Methode zur Vermeidung dieser Art von Schwingungen ist, die Pumpe nicht bei der doppelten kritischen Drehzahl oder darüber zu betreiben.

d) Gegenläufige Präzessionsbewegung. STODOLA [*1*] hat rechnerisch und experimentell nachgewiesen, daß unter gewissen Umständen Störmomente auftreten können, die eine gegenläufige synchrone Präzessionsbewegung verursachen. Diese kann Schwingungen bei einer Betriebsdrehzahl von der doppelten kritischen Drehzahl hervorrufen, die durch Veränderung der Stellung der Laufräder auf der Welle beseitigt werden können (HOLBA [*2*], S. 46).

e) Gleitlager oder Wälzlager. Bei Konstruktionen mit Gleitlagern können kleine Störungen von der Kupplung, vom Antrieb oder von anderen Störungsquellen leicht sekundäre Schwingungen der Welle hervorrufen, da das Wellengewicht nicht ausreicht, um eine dauernde Anlage der Welle an einer Seite des Lagers zu bewirken. Während der bereits erwähnten Versuche mit der Welle einer sechsstufigen Pumpe NW 50 lief die Welle mit verpackter Stopfbüchse ohne Wasser im Gehäuse ruhig. Ersetzte man die Stopfbüchse durch eine einfache Spaltdichtung, deren Spaltweite dem normalen Lagerspalt entsprach, so traten trotz Fettschmierung dieses Lagers Schwingungen auf. Wälzlager bieten eine vollkommenere Stützung der Welle und sind in dieser Hinsicht den Gleitlagern überlegen. GRÜN [*4*] befürwortet den Gebrauch von Wälzlagern gegenüber Gleitlagern, um der Neigung von Kesselspeisepumpen zum Schwingen zu begegnen. STODOLA [*1*] stellte fest, daß Schwingungen verschwanden, wenn die Gleitlagerspalte unter die üblichen Werte verkleinert wurden; daraus ist zu schließen, daß das normale

Gleitlager nicht immer befriedigend arbeitet. Auch die oben erwähnte Anregung durch das Öl im Lagerspalt ist charakteristisch für Gleitlager und kann bei Wälzlagern nicht auftreten.

f) Einfluß der Kupplung auf sekundäre Schwingungen. Störwirkungen von der Kupplung kommen entweder als Folge von nicht fluchtender Anordnung oder durch Übertragung von Störungen, die vom Antrieb herrühren. Wenn die Welle oberhalb der ersten kritischen Drehzahl betrieben wird, kann eine leichte Richtungsabweichung von Pumpen- und Motorwelle sogar bei elastischer Kupplung periodische Störkräfte und damit sekundäre Schwingungen hervorrufen (HOLBA [*2*], S. 168). Schwingungen, die von der Kupplung verursacht oder übertragen werden, sind nicht leicht zu beseitigen. Wenn keine anderen Mittel verfügbar sind, bringt der Austausch gegen eine starre Kupplung die Sekundärschwingungen entweder zum Verschwinden oder verlagert ihren Frequenzbereich außerhalb des normalen Drehzahlbereiches. Starre Kupplungen werden allgemein bei vertikalen Pumpen und bei horizontalen Turbogeneratoreinheiten benutzt.

g) Zusammenfassung über sekundäre kritische Drehzahlen. Eine allgemeine Folgerung, die aus dem Studium der sekundären kritischen Drehzahlen gezogen werden kann, ist die, daß man auch den Betrieb bei ganzzähligen Brüchen der kritischen Drehzahl ($^1/_2\,\omega_k$; $^1/_3\,\omega_k$) und bei Vielfachen derselben vermeiden soll. In Anbetracht der Tatsache, daß die kritische Drehzahl nicht durch einen festen Wert, sondern durch einen Drehzahlbereich dargestellt wird und daß ihre Berechnung mehr oder weniger angenähert erfolgt, erlegen die genannten Regeln eine große Einschränkung bei der Auswahl der Drehzahl auf.

Trotz der großen Erfahrung, die man auf dem Gebiete der kritischen Drehzahl bisher gesammelt hat, werden einige rätselhafte Fälle von Wellenschwingung berichtet, die sich nicht mit den genannten Gründen erklären lassen (STODOLA [*1*]). Glücklicherweise sind diese Fälle im Pumpenbau selten.

15.8. Faktoren mit sekundärem Einfluß auf die kritische Drehzahl

Unter dieser Überschrift soll eine Anzahl von Faktoren besprochen werden, die im allgemeinen einen Einfluß auf die kritische Drehzahl ausüben können, obwohl sie bei Pumpen vernachlässigt werden können.

a) Axialkräfte. In einigen Konstruktionen mehrstufiger Pumpen und in allen vertikalen Pumpen muß die Welle neben dem Drehmoment noch eine beträchtliche Axialkraft übertragen. Es hat sich gezeigt, daß die Axialkräfte die kritische Drehzahl heraufsetzen. Diese Tendenz ist um so ausgeprägter, je kleiner die kritische Drehzahl der Welle ist, das heißt, je größer die Rückstellkräfte durch Axialzug im Vergleich zu den

Rückstellkräften infolge Biegesteifigkeit sind. Bei Wellen von Kreiselpumpen sind die in Betracht kommenden Axialkräfte zu klein, um nennenswerte Unterschiede in der kritischen Drehzahl hervorzurufen (HOLBA [2], S. 27).

b) Drehmoment. Theoretisch müßte eine Welle, die ein hohes Drehmoment überträgt, eine kleinere kritische Drehzahl haben als eine unbelastete Welle, da ihre Steifigkeit kleiner ist. Jedoch ist dieser Effekt im allgemeinen zu vernachlässigen.

c) Reibung. Mechanische Reibung von Laufrad und Welle setzt die Amplitude der Welle herab, ohne einen Einfluß auf die Frequenz zu haben. Zusammen mit der Werkstoffdämpfung der Welle bewirkt sie eine endliche Amplitude bei kritischer Drehzahl. Auch die Zeit, während der die Welle mit kritischer Drehzahl läuft, wirkt sich auf die Größe der erreichten Amplitude aus.

d) Das Trägheitsmoment. Ist das Trägheitsmoment um zwei Achsen verschieden, zum Beispiel wenn in der Welle Keilnuten eingearbeitet sind, dann gibt es zwei kritische Drehzahlen erster Ordnung. Der Bereich zwischen beiden ist instabil. Dem Autor sind jedoch keine Fälle bekannt, in denen infolge von Keilnuten in einer Ebene zwei verschiedene Drehzahlen auftraten.

e) Kreiselwirkung. Sind mehrere Laufräder auf einer Welle angeordnet, so stehen bei kritischer Drehzahl die Räder unter einem Winkel zur Rotationsachse, der um so weiter von der senkrechten Richtung abweicht je weiter das betreffende Rad von der Stelle maximaler Auslenkung entfernt ist. Die Kreiselwirkung stellt eine Rückstellkraft dar, die zusätzlich zur elastischen Rückstellkraft der Welle wirkt. Durch die so erzielte Versteifung wird die Eigenfrequenz erhöht. Jedoch sind die Massen der Laufräder von Kreiselpumpen zu klein, um einen spürbaren Einfluß der Kreiselwirkung erkennen zu lassen. In großen Dampfturbinen kann die Kreiselwirkung die kritische Drehzahl um 2% bis 3% heraufsetzen (KIMBALL [3], S. 25).

f) Elastizität der Lager. Allen Berechnungen der kritischen Drehzahl liegt die Annahme vollständig starrer Lagerung zugrunde. In horizontalen Pumpen ist diese Bedingung in praktisch allen Fällen wenigstens annähernd erfüllt. In vertikalen Pumpen werden die Lager entweder von dem die Welle umgebenden Rohr getragen oder sie sind auf horizontale Träger montiert. In beiden Fällen besteht eine starke Nachgiebigkeit der Lager und es können kritische Drehzahlen auftreten, die 25% unter denjenigen bei starrer Lagerung liegen. Unter extremen Bedingungen kann die kritische Drehzahl sogar bis unter den halben Wert absinken. Bei Bohrlochpumpen ist es üblich, Speichenringe zwischen die einzelnen Schüsse zu setzen, um Schutzrohr und Lager festzulegen.

g) Elastizität und Trägheit des Fundamentes. Ist eine Pumpe auf einem Fundament angeordnet, das selbst nicht genügend starr ist, so entsteht ein gekoppeltes Schwingungssystem mit zwei oder mehr kritischen Drehzahlen, je nach Anzahl der Freiheitsgrade des Fundamentes. Kann dieses nur Auf- und Abwärtsbewegungen ausführen, so treten zwei kritische Frequenzen auf, die eine, wenn Welle und Fundament in Phase sind, die andere bei einer Phasenverschiebung um 180°. Die Berechnung der kritischen Drehzahl ist in diesen Fällen sehr schwierig. Ein starres Fundament ist eine wesentliche Voraussetzung für schwingungsfreies Arbeiten der Pumpe.

h) Versteifung durch Naben und Wellenbüchsen. Sind die Laufräder einzeln ohne dazwischenliegende Büchsen auf der Welle montiert, so kann der versteifende Einfluß der Naben auf die Welle vernachlässigt werden. Sind sie jedoch durch zwischengeschaltete Wellenbüchsen und Muttern an beiden Enden verspannt, so kann der versteifende Einfluß bedeutend werden. So wurde eine bemerkenswerte Differenz der kritischen Drehzahlen bei einem Versuch beobachtet, der einmal mit gelösten und dann mit angezogenen Muttern durchgeführt wurde. Die spezifische Drehzahl stieg in einem Fall von 1400 U/min auf 1800 U/min. Bei der Berechnung sollen nur 50% bis 65% des Trägheitsmomentes der aufgebrachten Massen berücksichtigt werden.

i) Einfluß der Temperatur. Kreiselpumpen werden heute für Flüssigkeiten mit Temperaturen bis zu 450° C eingesetzt. Bei solchen Temperaturen fällt der Elastizitätsmodul beträchtlich mit zunehmender Temperatur, wie folgende Tabelle für kohlenstoffarme Stähle zeigt:

0° C bis 150° C	$E = 2{,}1 \cdot 10^6$
250° C	$1{,}9 \cdot 10^6$
400° C	$1{,}8 \cdot 10^6$
500° C	$1{,}4 \cdot 10^6$
600° C	$0{,}9 \cdot 10^6$

Die Durchbiegung der Welle ist umgekehrt proportional dem Elastizitätsmodul [*5*], so daß die kritische Drehzahl mit zunehmender Temperatur abnimmt.

Ein anderer Temperatureinfluß kann dadurch entstehen, daß sich bei Unterschieden in der Wärmeausdehnung zwischen Welle und mit Spannung aufmontierten Teilen der versteifende Einfluß derselben ändert.

j) Verschleiß. Bei verschiedenen Gelegenheiten zeigte es sich, daß Pumpen erst nach einer gewissen Betriebsdauer Schwingungserscheinungen zeigen. Hierzu können verschiedene Gründe beitragen: 1. Abnutzung eng eingepaßter Teile, die als Lager wirkten oder genügend stark dämpften, um Laufruhe zu erzielen; 2. auftretende Unwucht des Läufers durch Verstopfen von Laufradkanälen; 3. Abnutzung der Lager.

k) Torsionsschwingungen. Ein von STODOLA [*1*] durchgeführter Versuch zeigte keinen Einfluß von Torsionsschwingungen auf die kritische Drehzahl erster Ordnung.

15.9. Wahl der kritischen Drehzahl

Ausgedehnte Versuchsreihen verschiedener Forscher haben eine sehr gute Übereinstimmung zwischen berechneten und beobachteten Werten von spezifischen Drehzahlen ergeben. Es ist daher möglich, die Abmessungen der Welle so zu wählen, daß aller Voraussicht nach keine Schwingungen derselben auftreten. Der Betrieb im unterkritischen Bereich gewährleistet am besten einen ruhigen Lauf. Jedoch führt dies oft zu Konstruktionen, die vom kaufmännischen Standpunkt aus als unpraktisch angesehen werden.

Nach den in den vorigen Abschnitten diskutierten Gesichtspunkten sollte die Welle in folgender Weise dimensioniert werden:

1. Die Betriebsdrehzahl soll kein ganzer Bruch ($^1/_2$, $^1/_3$, $^1/_4$) und kein Vielfaches (2, 3, 4, . . .) der kritischen Drehzahl sein.

2. Die Betriebsdrehzahl soll nicht zu nahe an der kritischen liegen (sowohl bei der ersten als auch bei der zweiten); folgende Bereiche bleiben danach übrig:

$$n < 0{,}8\, n_{k1}$$

oder

$$n > 1{,}3\, n_{k1}$$

und

$$n < 0{,}7\, n_{k2}.$$

3. Ein befriedigender Lauf über der kritischen Drehzahl zweiter Ordnung ist nach Eck nicht möglich (Holba [2], S. 169).

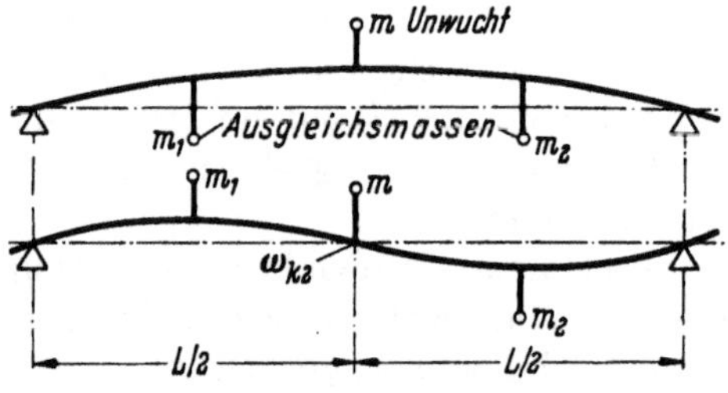

Abb. 15.11. Beispiel für eine Welle, die nur bei einer Drehzahl ausgewuchtet ist

Bei hohen Drehzahlen, besonders bei überkritischen, kann die Durchbiegung der Welle einen beträchtlichen Einfluß auf ihre Unwuchtigkeit haben. Daraus folgt, daß eine Welle nur für eine bestimmte Drehzahl unter bestimmten Umständen sogar überhaupt nicht ausgewuchtet werden kann (Holba [2], S. 179). Dies ist aus folgendem einfachen Beispiel zu ersehen. Es soll eine Welle gleichförmigen Querschnitts betrachtet werden (Abb. 15.11), die eine punktförmige Unwucht m in der Mitte hat. Diese kann durch Anbringen von Korrekturgewichten in zwei beliebigen Ebenen ausgewuchtet werden, falls es sich um die erste kritische Drehzahl handelt. Bei der zweiten kritischen Drehzahl ist aber die ursprüngliche Unwucht gerade im Knoten und die Ausgleichsgewichte wirken nunmehr als Unwucht [6].

Bei der einfachen Massenverteilung, wie sie die Welle einer mehrstufigen Pumpe darstellt, genügt bei nicht zu hohen Ansprüchen das statische Auswuchten der einzelnen Teile. In Zweifelsfällen ist aber das dynamische Auswuchten des ganzen Rotors auf der Auswuchtmaschine unter Betriebsdrehzahl vorzuziehen.

Literatur

[1] STODOLA, A.: Dampf- und Gasturbinen, 6. Auflage. Berlin: Springer 1924.
[2] HOLBA, J. J.: Berechnungsverfahren zur Bestimmung der kritischen Drehzahlen von geraden Wellen. Wien: Springer 1936.
[3] KIMBALL, A. L.: Vibration Prevention in Engineering. New York: John Wiley & Sons 1932.
[4] GRÜN, K.: Dampfkessel-Speisepumpen. S. 68. Wien: Springer 1934.
[5] TIMOSHENKO, S., u. J. M. LESSELS: Applied Elasticity. Westinghouse Techn. Night School Press 1925.
[6] KROON, R. P.: Balancing of Rotating Apparatus. Trans A. S. M. E. Bd. 65 (1943) Nr. 4, S. 228.
[7] HARTOG, J. P. DEN: Mechanical Vibrations. New York: Mc Graw-Hall Book Company 1947.
[8] TIMOSHENKO, S. P.: Vibration Problems in Engineering. New York: D. van Nostrand Company 1948.
[9] THOMSON, W. T.: Mechanical Vibrations. New York: Prentice-Hall, Inc. 1948.

16. Spezielle Probleme und Anwendungsbeispiele für vertikale Pumpen

16.1. Leistungsaufnahme bei geschlossenem Schieber

Die anzustrebende Form der Leistungskurve für alle Anwendungen ist eine Kurve, deren Maximum im Punkt besten Wirkungsgrades liegt. Eine solche Gestalt schließt die Gefahr der Überlastung des Motors in irgendeinem Betriebspunkt aus. Pumpen mittlerer spezifischer Drehzahl ($n_q = 60$ bis 80, einflutig) haben Leistungscharakteristiken dieser Art. Bei kleineren spezifischen Drehzahlen steigt die Leistungsaufnahme jenseits des Optimalpunktes mit wachsendem Durchsatz weiter an; die niedrigste Leistung wird bei Förderung Null aufgenommen. Derartige Leistungskurven befriedigen die Ansprüche in den meisten Fällen, da sie mit kleiner Leistung bei geschlossenem Schieber anlaufen, und da es nicht oft vorkommt, daß solche Pumpen bei Fördermengen, die wesentlich über der Normalmenge liegen, arbeiten müssen.

Pumpen hoher spezifischer Drehzahl, besonders Axialpumpen, haben Leistungskurven, die mit abnehmender Fördermenge steil ansteigen. Die Leistung, die die Pumpe bei geschlossenem Schieber aufnimmt, kann zweimal so groß wie die Leistung im Optimalpunkt sein oder größer. Dies ist unvorteilhaft, da sich gewöhnlich bei diesen Pumpen die Förderhöhe mit Spiegelschwankungen auf der Saug- oder Druckseite ändert; wenn Betriebspunkte mit größerer Förderhöhe vorkommen können, so muß ein entsprechend größerer Motor vorgesehen werden. Ebenso braucht man zum Anfahren gegen geschlossenen Schieber einen größeren Motor und besondere Anfahreinrichtungen. So wurde die Aufmerksamkeit der Konstrukteure auf den Bau von Propellerpumpen gelenkt, die bei geschlossenem Schieber möglichst wenig Leistung aufnehmen. Bei den ausgesprochenen Schnelläufern axialer Bauart wurde diesbezüglich wenig erreicht und die Aussichten auf Verbesserung sind nur gering. Im Bereich spezifischer Drehzahlen von $n_q = 120$ bis $n_q = 160$ wurden Pumpen hergestellt, deren Leistungsaufnahme bei geschlossenem Schieber der Leistung im Punkt besten Wirkungsgrades gleich oder nur geringfügig höher als diese ist. In diesem Fall kann die Pumpe in jedem Punkt der Charakteristik betrieben werden, ohne daß die Gefahr der Überlastung des Motors besteht. Die beste dieser neuen Pumpenkonstruktionen hat einen Wirkungsgrad, der den Wirkungsgraden der älteren Standardtypen gleich ist. In einigen Fällen wurde der Wirkungsgrad bei Teillast verbessert; in allen Fällen verläuft die Drosselkurve flacher. Abb. 16.1 zeigt typische Kurven für Standardkonstruktion und Spezialausführung bei der gleichen spezifischen Drehzahl.

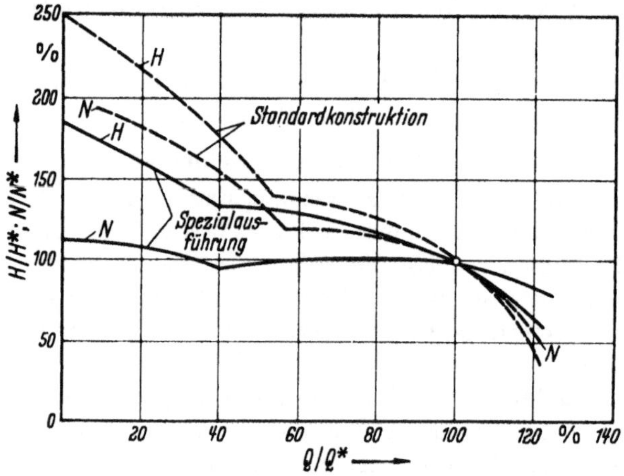

Abb. 16.1. Reduzierung der Leistungsaufnahme von Propellerpumpen, $n = 150$, im Bereich kleiner Fördermengen

a) Faktoren, die eine flache Leistungskurve bewirken. Wenn bei geschlossenem Druckschieber die im Laufrad befindliche Flüssigkeit mit der Winkelgeschwindigkeit des Rades rotiert, so ist die Leistungsaufnahme am kleinsten. Dieser Zustand ist bei Radialpumpen niedriger spezifischer Drehzahl wegen der engen Laufkanäle annähernd gegeben; der Impulsaustausch zwischen der Flüssigkeit im Laufrad und im Gehäuse ist begrenzt. Andererseits findet in halbaxialen und besonders in axialen Pumpen ein derartiger Impulsaustausch zwischen der von den Schaufeln erfaßten und der im Gehäuse befindlichen Flüssigkeit ziemlich unbeschränkt statt. Infolgedessen wird Leistung durch Wirbel verbraucht und die Leistungsaufnahme bei geschlossenem Schieber ist entsprechend hoch.

Die Gestalt der Leistungskurve kann am besten durch das Verhältnis der Leistungsaufnahme bei geschlossenem Schieber zu derjenigen im Optimalpunkt gekennzeichnet werden. Eine Verkleinerung dieses Verhältnisses kann durch Verkleinerung der Leistungsaufnahme ohne Fördermenge oder durch Vergrößerung der Leistung im Optimalpunkt zustande kommen, wobei im letzten Fall die Nutzleistung der Pumpe vergrößert werden müßte, ohne daß die Eingangsleistung ohne Fördermenge dabei ansteigt. Der Einfluß verschiedener Entwurfsgrößen auf das Leistungsverhältnis soll jetzt besprochen werden.

b) Schaufelzahl. Bei gleichem Meridianschnitt und gleicher Ausbildung der Schaufeln bedeutet eine Erhöhung der Schaufelzahl eine Abnahme der ohne Förderung aufgenommenen Leistung, wobei die Leistung im Optimalpunkt fast unverändert bleibt, so daß das Leistungsverhältnis verkleinert wird. Bei gegebenem Meridianschnitt und Austrittswinkel, also gegebener Schaufellänge, gibt es eine optimale Schaufelzahl, bei deren Überschreitung der Pumpenwirkungsgrad schnell absinkt. Tab. 16.1, die an Hand einer halbaxialen Pumpe $n_q = 160$ aufgestellt wurde, soll zur Erläuterung dienen.

Tab. 16.1. *Einfluß der Schaufelzahl auf das Verhältnis der Leistungsaufnahme bei geschlossenem Schieber und im Optimalpunkt*

Schaufelzahl z	3	4	6	8
Leistungsverhältnis N_0/N^*	1,53	1,275	1,06	1,0
Wirkungsgrad η (%)	86,5	85,0	75,5	70,0
Höhenverhältnis H_0/H^*	2,2	2,1	2,0	1,85

Eine Verkleinerung des Leistungsverhältnisses steht meistens im Zusammenhang mit einer Verkleinerung des Höhenverhältnisses.

c) Laufradaustrittswinkel. Eine Vergrößerung des Austrittswinkels bringt eine Vergrößerung der Pumpenausgangsleistung mit sich, und zwar so, daß die spezifische Drehzahl im wesentlichen unverändert bleibt. Die Förderhöhe bei geschlossenem Schieber ändert sich dabei nicht. Die aufgenommene Leistung vergrößert sich nur wenig, und das Leistungsverhältnis wird kleiner. Abb. 16.2 zeigt den Einfluß der Schaufelzahl und des Austrittswinkels auf das Leistungsverhältnis bei gleichbleibendem Meridianschnitt. Es gibt einen optimalen Austrittswinkel, bei dessen Überschreitung im Gebiet von Fördermengen unter der Auslegemenge eine Unstetigkeit in der Drosselkurve erscheint, bevor mit abnehmender Menge der Wirkungsgrad stärker abzufallen beginnt (Abb. 16.3). Diese Unstetigkeit liegt bei 50% bis 60% der Auslegemenge und stört in nicht zu krassen Fällen das Funktionieren der Pumpe nicht. Propellerpumpen werden im allgemeinen nicht in diesem Bereich von Fördermengen betrieben[1].

[1] Es wurde gezeigt [*14*], daß die Unstetigkeit in der Drosselkurve verkleinert oder beseitigt werden kann, wenn man zwei konzentrische, glockenförmige Einbauten auf der Saugseite anbringt, um die eintretende Strömung möglichst gut über die Laufradeintrittsfläche zu verteilen.

d) Meridianschnitt. Der Meridianschnitt einer halbaxialen Pumpe enthält folgende Daten, von denen jedes einen Einfluß auf die spezifische Drehzahl und das Leistungsverhältnis der Pumpe hat.

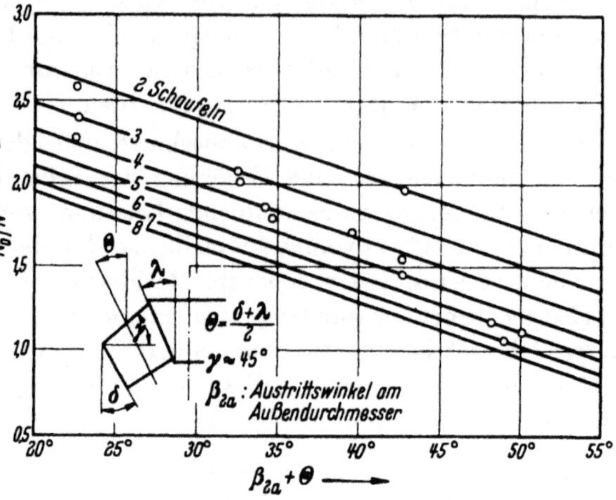

Abb. 16.2. Leistungsverhältnis als Funktion von Entwurfsgrößen

1. Das Nabenverhältnis wird ausgedrückt durch das Verhältnis des Nabendurchmessers zum Außendurchmesser am Austritt oder am Eintritt. Der Einfluß dieser Verhältnisse auf die spezifische Drehzahl kann nicht so einfach aufgestellt werden wie es bei der Axialmaschine möglich ist, da noch zwei andere Faktoren, die im folgenden genannt werden, beteiligt sind.

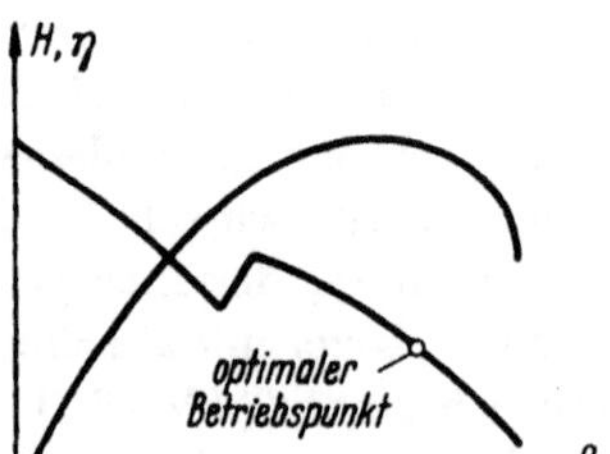

Abb. 16.3. Unstetigkeit in der Drosselkurve

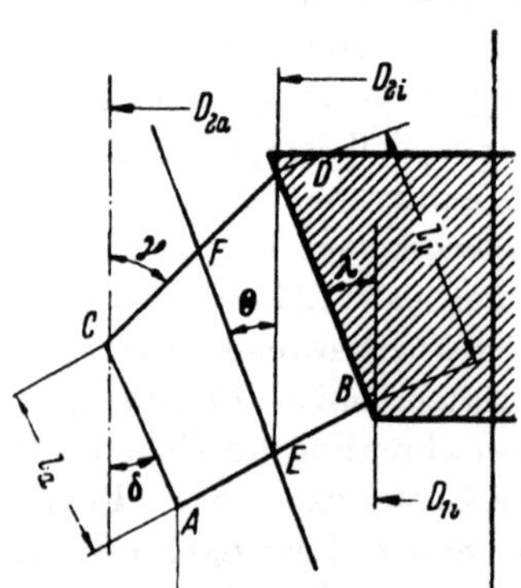

Abb. 16.4. Meridianschnitt durch halbaxiales Rad

2. Der Profilwinkel δ (Abb. 16.4) am Außendurchmesser und der Profilwinkel λ an der Nabe bestimmen durch ihr arithmetisches Mittel den Profilwinkel Θ des mittleren Stromfadens, der in dieser Diskussion benutzt wird. Je größer der Profilwinkel ist, um so kleiner ist das Lei-

stungsverhältnis und die spezifische Drehzahl. Um die spezifische Drehzahl auf dem ursprünglichen Wert zu halten, müssen kompensierende Änderungen der Konstruktion vorgenommen werden wie größere Gehäuse oder kleinere Naben.

3. Die Profiltiefe l_a ist bei festen Werten der Schaufelwinkel β_1 und β_2 proportional der Schaufellänge. Längere Schaufeln bzw. tiefere Profile im Meridianschnitt haben ein kleineres Leistungsverhältnis zur Folge, weil längere Schaufeln die Flüssigkeit besser mitnehmen als kurze und dadurch weniger Impulsaustausch bei Durchfluß Null stattfindet. Das Abdrehen der Laufschaufeln — wie in Abb. 5.12 gezeigt — mit dem Ziel, die Ausgangsleistung $Q \cdot H$ herabzusetzen, vergrößert das Leistungsverhältnis.

Es ist offensichtlich, daß die Kombination aus Schaufelzahl, Laufradaustrittswinkel und Schaufellänge (bzw. Profiltiefe l_a) die Schaufelüberdeckung bestimmt. Diese kann durch das Verhältnis der Sehnenlänge der Schaufel zur Schaufelteilung l/t ähnlich wie bei Axialmaschinen ausgedrückt werden. Bildet man das Teilungsverhältnis für den Außenradius, wobei $t = \pi D_{2a}/z$ ist, so fallen die guten Konstruktionen in einen engen Bereich von $l/t = 1$ bis 1,05 bei spezifischen Drehzahlen zwischen $n_q = 120$ bis 160 und vier Schaufeln.

e) Vordrall. In Abschn. 3.5 wurde darauf hingewiesen, daß die Flüssigkeit dem Weg des geringsten Widerstandes folgt und bei Teilbeaufschlagung einen Vordrall in Richtung der Laufraddrehung annimmt. Diese Tendenz ist bei halbaxialen und axialen Rädern ausgeprägter als bei rein radialen Pumpen. Der Effekt dieses Vordralles besteht in einer Entlastung des Läufers und in einer Verkleinerung der Nullförderhöhe und -leistung. Es ist also wichtig, im Interesse einer geringen Leistungsaufnahme, die Entstehung gleichgerichteten Vordralles zu fördern und Einbauten, die ihn verhindern oder stören, möglichst nicht vorzusehen. Wenn vertikale Pumpen ein unteres Endlager haben, dann sollte es soweit wie möglich vom Laufradeintritt entfernt angeordnet werden. Mehrere halbaxiale Pumpen wurden aus diesem Grund ohne Endlager gebaut.

Zu beachten ist dabei, daß zwar auch ein Vordrall, der durch die Ausbildung des Gehäuses entsteht, die Belastung des Läufers je nach Richtung des Vordralles nach der einen oder der anderen Seite ändern kann; jedoch findet diese Änderung bei allen Fördermengen statt, so daß sie nicht zur Verkleinerung des Leistungsverhältnisses ausgenutzt werden kann.

f) Gehäuse. Der Einfluß der Gehäuseausführung auf das Leistungsverhältnis ist indirekter Art. Eine Vergrößerung der Zahl und eine Verkleinerung des Winkels der Leitschaufeln bringen eine Verkleinerung des Leistungsverhältnisses, aber ebenso der spezifischen Drehzahl, da

20*

der Optimalpunkt sich zu kleineren Fördermengen verschiebt, während keine nennenswerte Veränderung in der Gestalt der Drosselkurve oder der Leistungskurve stattfindet. Eine Verringerung des Spaltes zwischen Laufrad und Leitrad verringert ebenfalls das Leistungsverhältnis etwas, da das bei geschlossenem Schieber verwirbelte Flüssigkeitsvolumen dabei kleiner wird.

Es muß der Geschicklichkeit des Konstrukteurs überlassen bleiben, die verschiedenen Entwurfsgrößen, die hier besprochen wurden, so zu kombinieren, daß er eine flache Leistungskurve erhält, ohne eine zu große Wirkungsgradeinbuße in Kauf zu nehmen und ohne daß die spezifische Drehzahl oder die Drosselkurve dabei unzulässig verändert werden. Die beste Kombination kann nur experimentell gefunden werden.

Bei reinen Axialpumpen oder bei halbaxialen Pumpen mit hoher Leistungsaufnahme bei geschlossenem Schieber sind verschiedene Methoden entwickelt worden, um die Pumpen ohne Motorüberlastung anfahren zu können. Viele Anlagen können bei voll geöffnetem Drosselschieber angefahren werden; in diesen Fällen sind die Vorteile einer flachen Leistungskurve weniger bedeutend.

16.2. Ausbildung des Sumpfes

Entsprechend den Eigenschaften der Propellerpumpe, nämlich hohen Relativgeschwindigkeiten, kurzen Laufradstrecken, geringen Schaufelzahlen und der geringen Führungswirkung des Saugstutzens, wird ihre Charakteristik merklich durch die Strömung im Sumpf beeinflußt. Deshalb muß seiner Ausbildung bei Propellerpumpen besondere Aufmerksamkeit geschenkt werden, wenn man die bestmögliche Charakteristik erhalten will. Die Ausführung des Sumpfes steht oft nicht mehr unter der Kontrolle des Pumpenkonstrukteurs. Obwohl es unmöglich ist, alle möglichen Einbaubedingungen vorauszuplanen, so kann man doch ein Minimum an Forderungen aufstellen, die bei der Auslegung einer Pumpstation erfüllt werden sollten, um ein normales Verhalten der Pumpe zu gewährleisten. Diese Forderungen beziehen sich auf: 1. Eintauchtiefe, 2. Abstand von Boden und Wänden, 3. Geschwindigkeitsverteilung im Sumpf, 4. Abstand zwischen den einzelnen Einheiten, 5. Siebe und Einlaufrechen.

a) Eintauchtiefe. Die Eintauchtiefe wird mit Rücksicht auf die Kavitationsgrenze gewählt. Die „Hydraulic Institute Standards" geben eine empfohlene Eintauchtiefe in Abhängigkeit von der Förderhöhe und der spezifischen Drehzahl für einen durchschnittlichen Entwurf an. Ein weiterer Punkt, der bei der Festsetzung der Eintauchtiefe berücksichtigt werden muß, ist die Vermeidung von Wirbeln im Sumpf, da sonst Luft in die Saugmündung der Pumpe gezogen werden kann. Die Ausbildung von solchen Wirbeln hängt von der Gestalt des Sumpfes, der Zuleitungsgeschwindigkeit, der Gestalt der Saugmündung, dem Einfluß benachbarter Pumpen und ähnlichen Faktoren ab. Aus diesen Gründen sollte die Eintauchtiefe von Durchschnittspumpen mindestens 1,5 m, gerechnet bis zur Kante der Saugmündung, betragen. Ist die Geschwindigkeit in der Mündung besonders niedrig (0,5 bis 1 m/s) und die Einheit selbst nicht sehr groß, so kann man bis auf $D/2$ heruntergehen, wobei D der Durchmesser des Mündungsstückes ist. Dieser ist im Durchschnitt nicht kleiner als der doppelte Pumpendurchmesser. In jedem Falle soll der niedrigste Wasserstand im Sumpf das Laufrad bedecken, um das Selbstansaugen zu ermöglichen. Erscheinen stationäre Wirbel, so können sie durch hölzerne Flöße um das Pumpenrohr herum oder durch Einbauten im Sumpf beseitigt werden. Alle Wirbel entstehen im Laufrad; deshalb neigen Pumpen mit sternförmig befestigtem Endlager weniger zur Wirbelbildung im Sumpf. Die Eintauchtiefe hat auch einen merklichen Einfluß auf die Geschwindigkeitsverteilung in der Umgebung des Mundstückes, besonders, wenn mehrere Pumpen aus einem Sumpf saugen. Bei genügender Eintauchtiefe kann das Wasser von allen Seiten mit gleichförmiger Geschwindigkeit und mit einem Minimum an Störung den Mündungsstücken mehrerer Einheiten zuströmen.

b) Bodenabstand. Die Mantelfläche zwischen der Saugmündung und dem Boden des Sumpfes soll mindestens gleich der Querschnittsfläche des Mündungsstückes sein. Dies ist dann der Fall, wenn der Abstand zwischen Mündung und Boden $D/4$ beträgt, wobei D der Mündungsdurchmesser ist. Unter dieser Bedingung wird das Wasser aber noch im Mundstück scharf umgelenkt. Ein Abstand von $D/3$ hat sich als günstig für eine normale Charakteristik erwiesen. Eine weitere wesentliche Vergrößerung des Abstandes kann kaum eine Verbesserung, eher sogar eine Verschlechterung der Geschwindigkeitsverteilung in der Zuströmung bringen. An der University of California [*1*] durchgeführte Versuche haben ergeben, daß der optimale Abstand $D/2$ beträgt. Eine Vergrößerung auf D verringerte den Gesamtwirkungsgrad der Pumpe um 1%. Das Ergebnis wurde durch spätere Versuche von KERR und MOYER [*2*] bestätigt. Die möglichen Strömungsbilder sind in Abb. 16.5 dargestellt. Mit einem Bodenabstand von $D/3$ erhält man eine gleichmäßigere Zuströmung. Beträgt der Abstand D oder mehr, so verbessert ein Verdrängungskörper nach Abb. 16.5c die Verteilung. Die Benutzung von Verdrängern hat sich auch beim Pumpen aus Kanälen, in denen hohe Strömungsgeschwindigkeit herrscht, als günstig erwiesen [*3*]. Der Wandabstand soll nicht weniger als $D/2$ betragen. Ist der Eingang zum Sumpf so, daß mehrere Einheiten aus dem gleichen Sumpf ansaugen, dann soll der Abstand zwischen den einzelnen Ansaugstutzen mindestens $2\,D$ betragen (Abb. 16.6).

c) Ausbildung des Sumpfes. Wenn das Wasser dem Sumpf durch einen Tunnel zufließt, dann ist es wichtig, daß die Flüssigkeit den einzelnen Einheiten gleichmäßig zuströmt. Unter Umständen sind Einbauten nötig, um möglichst geringe Störung zu bekommen (Abb. 16.7).

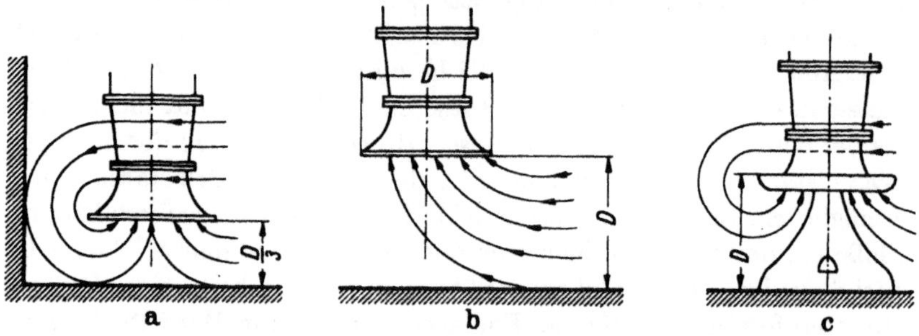

Abb. 16.5. Stromlinienbilder im Sumpf bei verschiedenem Bodenabstand des Saugmundstückes

Es sind Fälle bekannt, in denen die normale Pumpencharakteristik in der Anlage nicht erreicht werden konnte, da sich infolge ungeeigneter Ausbildung des Sumpfes die Strömung nicht gleichmäßig auf alle Pum-

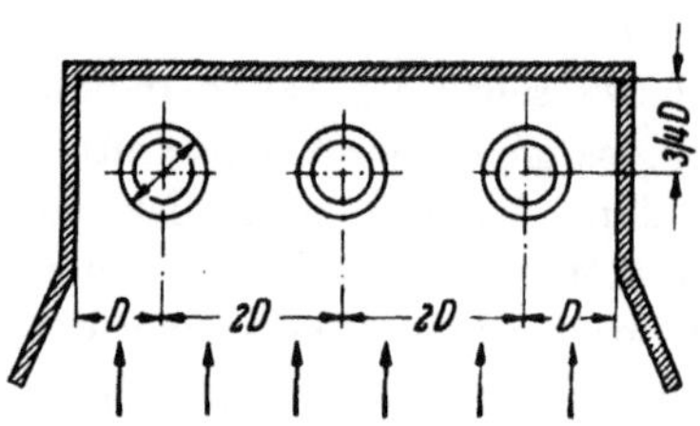

Abb. 16.6. Günstigster Abstand zwischen den Mundstücken bei gleichmäßiger Zuströmung

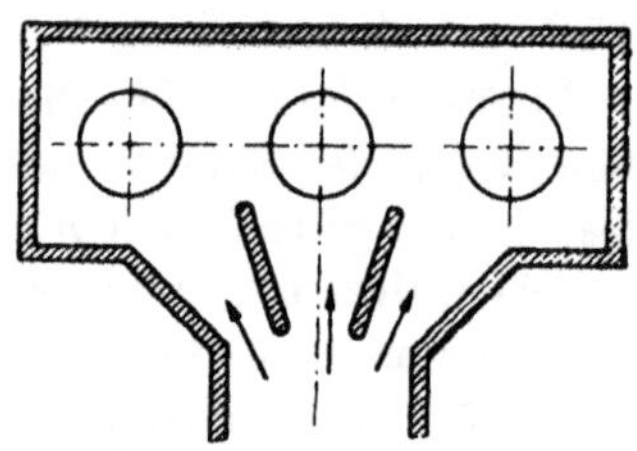

Abb. 16.7. Zufriedenstellender Tunneleintritt in den Sumpf

pen verteilte. Die erwartete Charakteristik wurde erreicht, nachdem im Modell ausprobierte Einbauten angebracht worden waren.

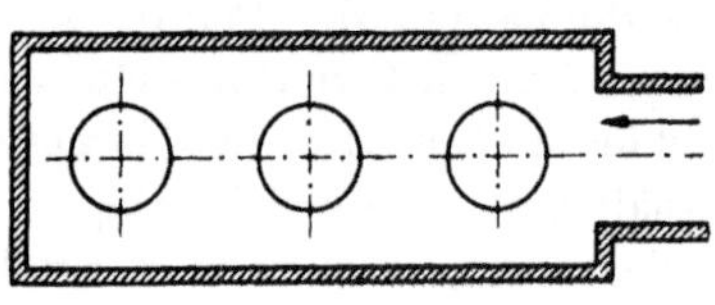

Abb. 16.8.

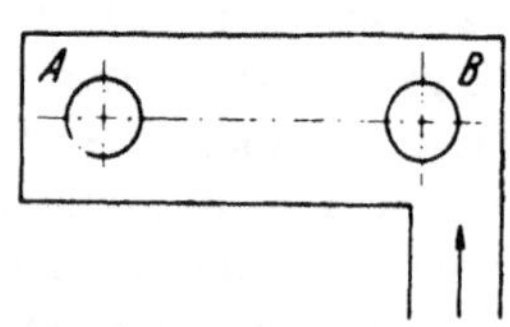

Abb. 16.9.

Unvorteilhafte Anordnungen des Sumpfes

Die in Abb. 16.8 gezeigte Anordnung des Sumpfes, bei der das Wasser an einem Ende des Sumpfes zuläuft, führt unweigerlich zu ungleichmäßiger Verteilung und zu gegenseitiger Störung der Einheiten. Die dem Einlaß am nächsten stehenden Einheiten werden am meisten gestört.

Der Autor wurde auf das in Abb. 16.9 dargestellte Beispiel aufmerksam. Jede der beiden Pumpen A und B arbeitete zufriedenstellend, wenn sie allein betrieben wurde. Arbeiteten beide Pumpen, so lief A normal, während B in Schwingungen geriet und weniger förderte, wobei möglicherweise auch der Wirkungsgrad absank. Wenn die örtlichen Verhältnisse eine für die Strömungsverteilung günstige Ausbildung des Sumpfes nicht gestatten, so ist es doch möglich, die nachteiligen Auswirkungen einer schlechten Anordnung sehr klein zu halten, indem man die Zuströmgeschwindigkeiten so klein wie möglich macht und den Zwischenraum zwischen den Pumpen über das oben genannte Minimum hinaus vergrößert.

Alle modernen Pumpstationen sind entweder mit handgereinigten Einlaufrechen oder mit auswechselbaren Sieben ausgerüstet. Man bevorzugt dieselben den Einzelsaugkörben, da die letzteren, auch wenn sie sauber sind, einen beträchtlichen Verlust an Förderhöhe bedingen. Wenn die Saugkörbe mit Schmutz verstopft sind, kann ihr Widerstand so groß werden, daß Kavitation einsetzt. Die Geschwindigkeit am Rechen soll nicht größer als 0,3 m/s sein.

d) Ausbildung des Steigrohres. Obwohl die Steigleitungen von Propellerpumpen üblicherweise kurz sind, muß doch ihr Verlust bei Pumpen mit niedriger Förderhöhe möglichst klein gehalten werden. Alle hochtourigen Propellerpumpen benötigen einen Diffusor hinter dem Leitrad. Der gesamte Öffnungswinkel soll etwa 8° betragen, um eine gute Umwandlung von Geschwindigkeitsenergie in Druckenergie zu ermöglichen. Geschweißte Segmentbogen sollen aus mindestens fünf Segmenten bestehen und einen Krümmungsradius auf der Innenseite von mindestens 1,25 d haben, wobei d der Rohrdurchmesser ist. In keinem Fall sollte ein scharfkantiger Winkel verwendet werden (s. Abb. 1.12 über die relativen Verluste von Krümmern). Die Größe des Austrittsrohres wird so gewählt, daß die Geschwindigkeitshöhe 4% bis 5% der Gesamtförderhöhe der Pumpe nicht übersteigt [*5*]. Wird in einen Behälter (Kanal oder See) mit freier Oberfläche gefördert, so soll die Austrittsöffnung unter dem Wasserspiegel liegen und die Austrittsgeschwindigkeit so klein wie möglich gemacht werden. Ist kein Ventil in der Druckleitung, so genügt auch ein Rückschlagventil. Nagler [*6*] hat gefunden, daß der Druckverlust von gewichtsbelasteten Rückschlagventilen nur etwa 0,03 m beträgt, wenn das Gewicht nicht zu groß oder ausgeglichen ist.

Bei Bewässerungs- und Entwässerungsanlagen führt das Steigrohr oft über einen Deich. Um die zum Fördern auf den Deich benötigte Energie wieder zurückzugewinnen, taucht man das Austrittsende des Rohres unter den Wasserspiegel. In diesem Falle ist kein Austrittsventil notwendig, jedoch sollte Vorsorge getroffen werden, daß das Wasser nicht durch den Heber zurückströmt. Beim Anfahren muß die Pumpe, wenn nicht besondere Maßnahmen vorgesehen sind, in der Lage sein, das Steigrohr bis zum Scheitel zu füllen. Bei einer Leistungscharakteristik, die mit abnehmender Menge ansteigt und einem Synchronometer als Antrieb sollten Anfahrmomente und Förderhöhe ohne Durchsatz groß genug sein, um den Heber zu füllen.

e) Modellversuch zur Sumpfausbildung. Im Zusammenhang mit der Ausdehnung der Kraftwerke nach dem Krieg traten einige Probleme bei dem Einbau vertikaler Propellerumwälzpumpen für Kondensatoren auf. Die grundlegende Schwierigkeit war, daß die verlangten Durchsatzmengen größer waren als die Mengen, für die die bestehenden Einlauftunnel und Saugbehälter ausgelegt waren. In einigen neuen Anlagen mit hohen Geschwindigkeiten und scharfen Umlenkungen traten ähnliche Schwierigkeiten auf, nämlich Geräuschbildung mit hydraulischer Ursache und mechanische Schwingungen.

Man war sich allgemein einig, daß die Schwingungen in diesen Fällen durch Wirbel am Pumpeneingang entstanden, die durch scharfe Umlenkung im Zuführungskanal zur Pumpe und durch ungleichmäßige Geschwindigkeitsverteilung im Mündungsstück hervorgerufen wurden. Diese Auffassung wurde durch Versuche mit Modellen der ganzen Anlage einschließlich des Eingangstunnels und des Saugrohres bestätigt. Die Pumpe selbst brauchte nicht im Modell dargestellt zu werden. Die Geschwindigkeitsverteilung konnte durch Zugabe von Sägemehl beobachtet werden. Der Einbau kleiner, einstellbarer Plättchen an wichtigen Punkten erwies sich zum Photographieren der Strömung als nützlich.

Die Modellähnlichkeit (Froudesche Zahl) erfordert, daß die Modellgeschwindigkeiten im Verhältnis der Wurzel aus den linearen Abmessungen kleiner sind als die Geschwindigkeiten in der Anlage. Da sich jedoch die Tendenz nicht mit der Durchflußmenge ändert, ist es vorteilhaft, die Versuche mit übertriebenen Geschwindigkeiten anzustellen, um das charakteristische Verhalten der Strömung besser beobachten zu können.

Durch die Modellversuche gelangte man zu einigen Erkenntnissen, die auch durch Erfahrung an bestehenden Anlagen bestätigt wurden und die beim Einbau von Vertikalpumpen berücksichtigt werden sollen.

1. Das Einhalten eines Bodenabstandes der Saugmündung von $D/3$ ist das wirksamste Mittel, um die Strömung zum Laufrad zu stabilisieren. In besonderen Fällen kann der Abstand auf $D/4$ herabgesetzt werden, ohne daß ein merklicher Effekt auf das hydraulische Verhalten der Pumpe entsteht.

2. In den einzelnen Zellen des Sumpfes sollte der Abstand zwischen der Saugkante und der Wand am Ende des Kanals nicht den Wert $D/4$ überschreiten.

3. Eine symmetrische Zuströmung zur Saugmündung ist eine wesentliche Voraussetzung für eine gleichmäßige Zuströmung zum Laufrad. Ist der Kanal 2 D breit, haben die Abstände die oben angegebenen Werte und beträgt die Kanallänge 7 D oder mehr, dann sind keine besonderen Vorkehrungen zur Stabilisierung der Strömung erforderlich. Bei kürzeren Kanälen kann es notwendig werden, Einbauten anzubringen, um ruhigen Lauf der Maschinen zu erzielen. Die Abbildungen 16.10 und 16.11 zeigen die Einbauten, die in Einzelfällen notwendig waren, um Geräuschbildung und Schwingungen zu vermeiden.

Die Abb. 16.10a und 16.11a zeigen schematisch die Wirbel, wie sie ohne Einbauten entstanden. In der Mehrzahl der Fälle war es nicht notwendig, den Einbau c anzubringen. In jedem Falle sind die Einbauten so angeordnet, daß sie von der Strömung im Tunnel den Anteil für jede Pumpe abzweigen. Die Strömung zu einer einzelnen Pumpe wird durch einen Einbau halbiert. So besteht am Ende der Zelle keine Tendenz zur Wirbelbildung, weil die beiden Teilströme aus entgegengesetzten Richtungen aufeinanderstoßen [7, 8].

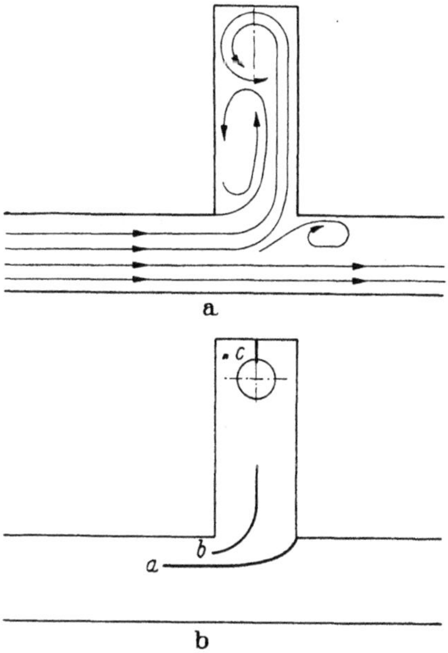

Abb. 16.10. Sumpf mit Umlenkung um 90°; *a, b, c* sind Einbauten

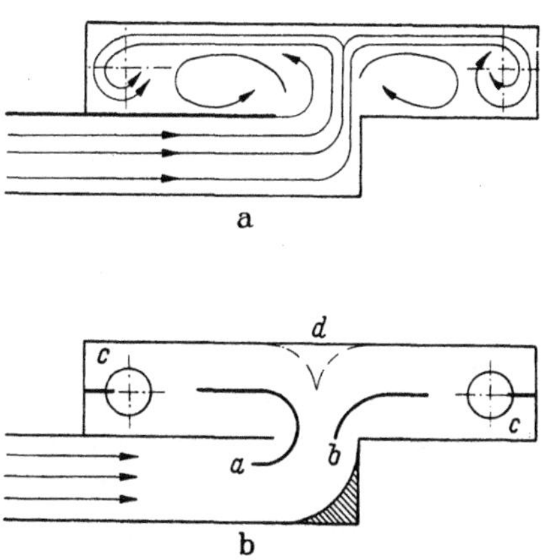

Abb. 16.11. Sumpf mit Umlenkung um 180°; *a, b, c* sind Einbauten. Tunnel steht unter Druck

16.3. Vertikale Propellerpumpen und horizontale Pumpen

a) Hydraulisches Verhalten. An Hand von Abb. 16.12 ist zu erkennen, daß bei spezifischen Drehzahlen über $n_q = 100$ vertikale halbaxiale und axiale Pumpen einen besseren Wirkungsgrad haben als horizontale Pumpen. Der Unterschied ist hauptsächlich durch die Art der Zuströmung bedingt. Die tatsächliche Charakteristik von Vertikalpumpen im Vergleich zu Radialpumpen ist sogar noch besser, als es auf dem Diagramm erscheint, da der Eintrittsverlust und der Verlust in der Steigleitung einschließlich dem Krümmer der Pumpe zur Last gelegt werden, während die Höhe von Horizontalpumpen zwischen Saug- und Druckflansch gemessen wird; bei Radialpumpen müßte eigentlich der Verlust im Saugrohr zu den Verlusten der Pumpe gerechnet werden.

Darüber hinaus erfordern horizontale Pumpen gewöhnlich einen Diffusor hinter dem Austrittssutzen, der weitere Verluste mit sich bringt,

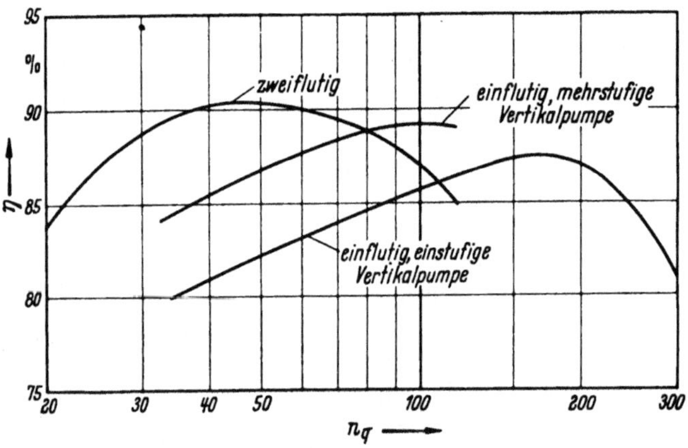

Abb. 16.12. Pumpenwirkungsgrad, abhängig von der Gehäusebauart

wogegen in Propellerpumpen die Geschwindigkeit hinter dem Krümmer bereits auf die Geschwindigkeit, die im anschließenden Rohr herrschen soll, reduziert ist.

Propellerpumpen, die in horizontaler Lage eingebaut werden, verlieren einige ihrer Vorteile, wenn ein Saugkrümmer benötigt wird oder die Pumpe mit Saughöhe arbeiten muß. Zur Zusammenarbeit mit Verbrennungsmotoren benutzte man früher waagerechte Propellerpumpen. So entwickelte sich eine niedertourige Pumpe, die unter Saughöhe arbeitet und die eine tiefe Ausschachtung erfordert, um die statische Saughöhe nicht zu hoch werden zu lassen. Die jetzige Tendenz ist auf die Entwicklung von vertikalen Unterwasserpumpen gerichtet, die über ein Kegelradgetriebe angetrieben werden. Man ist hierbei in der Wahl der Drehzahl nicht gebunden und hat die Vorteile der vertikalen Anordnung, nämlich keine Saughöhe und gleichmäßige Verteilung der Zuströmung. Die Verbrennungsmaschine kann auf jeder beliebigen Ebene angeordnet werden, und die Gesamtkosten der Pumpanlage sind niedriger.

b) Wirkungsgrad über Förderhöhe. Die Wirkungsgradkurve von Langsamläufern, aufgetragen über der Fördermenge, ist flacher als bei Propellerpumpen. Wird die Menge durch Drosseln geregelt, dann hat dies bedeutende Vorteile. Jedoch werden Pumpen mit niedriger Förderhöhe meistens da angewandt, wo die Höhe durch Veränderung des Saugwasserspiegels wechselt (Gezeiten, jahreszeitliche Schwankungen in Flüssen usw.) und wo die bei jeder Höhe maximal mögliche Menge gefördert werden soll. In diesem Fall sind Propellerpumpen mit einer steilen Drosselkurve entschieden im Vorteil; sie liefern in einem vorgegebenen Bereich von Förderhöhe mehr Wasser bei einem guten Wirkungsgrad als die Radialpumpe. Die Tatsache des günstigeren Wirkungsgrad-

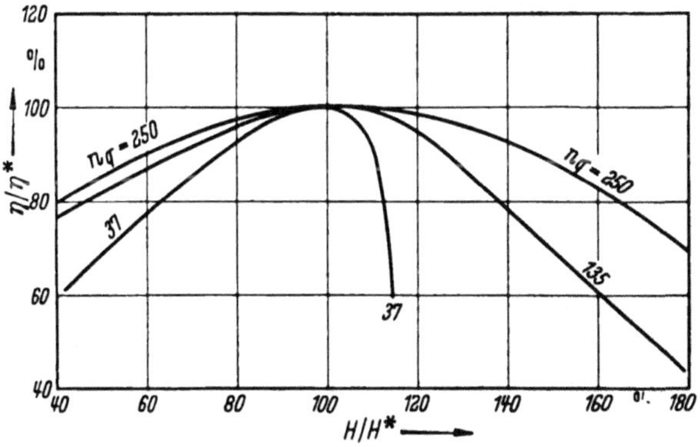

Abb. 16.13. Wirkungsgrad über Förderhöhe; Vergleich zwischen einer Radialpumpe und zwei Propellerpumpen

verlaufes bei diesem Belastungsfall wird deutlich, wenn man den Wirkungsgrad sowohl der Radial- wie der Propellerpumpe über der Höhe aufträgt (Abb. 16.13). Hier ist die Kurve der Propellerpumpe flacher als die der Radialpumpe.

16.4. Die Charakteristik der vertikalen Pumpanlage

Die Charakteristik der eingebauten vertikalen Pumpe mit langem Steigrohr kann beträchtlich von der im Laboratorium gewonnenen abweichen. Da die Motorgröße nach der Leistungsaufnahme gewählt werden muß, der Abnehmer der Pumpe aber an der Charakteristik der Anlage interessiert ist, ist es wichtig, dieselbe für die vertikale Pumpe aus der Charakteristik der Pumpe allein abzuschätzen.

Die Berechnung enthält folgende Schritte; sie wird am besten in Form einer Tabelle mit den unten angegebenen Spalten durchgeführt.

1	2	3	4	5	6	7	8
Förder-menge	Nutzhöhe der Anlage	Druckverlust in der Steigleitung	Höhe der Pumpe	Wirkungsgrad der Pumpe	Leistungsaufnahme der Pumpe	Leistungsaufnahme der Anlage	Wirkungsgrad der Anlage
m³/s	m	m	m	%	PS	PS	%

1. Eine bestimmte Fördermenge wird in Spalte 1 eingesetzt.

2. Die Nutzhöhe ist die Summe aus der geodätischen Höhe, der statischen Druckhöhe am Druckstutzen und der Geschwindigkeitshöhe am Austrittsstutzen.

3. Der hydraulische Reibungsverlust der ganzen Länge des Steigrohres wird berechnet (Diagramm *D* 3, Lit. [*9*]).

4. Die Förderhöhe der zu wählenden Pumpe muß gleich der Höhe der fertig eingebauten Pumpe (Spalte 2) zuzüglich der in Spalte 3 genannten hydraulischen Verluste sein. Die zur Erzeugung der Nettohöhe bei der geforderten Menge geeignete Pumpe wird ausgewählt und die Spalten 1, 4 und 5 werden für mehrere Fördermengen der gewählten Charakteristik ausgefüllt. Auch Spalte 3 wird ausgefüllt unter der Annahme, daß der Reibungsverlust dem Quadrat der Fördermenge proportional ist. Die endgültigen Werte für Spalte 2 erhält man als Differenz von Spalte 3 und Spalte 4.

5. Der Wirkungsgrad der Pumpe ergibt sich aus den charakteristischen Kurven der gewählten Maschine.

6. Das gleiche gilt für die aufgenommene Leistung der Pumpe.

7. Die Leistungsaufnahme der Anlage ergibt sich aus der Pumpenleistung durch Zufügen der Wellenreibung (Diagramm *D* 4, Lit. [*9*]).

8. Der Bruttowirkungsgrad kann nun gebildet werden.

Sind vertikale Pumpen für Bewässerungsanlagen bestimmt, dann ist es üblich, den Austrittsverlust als Verlust der Pumpe zu werten. Dann darf man also die Geschwindigkeitshöhe bei der Berechnung der Nutzhöhe nicht hinzurechnen. Bei industriellen Anlagen dagegen gilt die Geschwindigkeitshöhe nach den A.S.M.E.-Abnahmeregeln als Nutzhöhe.

16.5. Axialpumpen mit einstellbaren Schaufeln

Sind Axialpumpen mit einstellbaren Schaufeln ausgerüstet, dann ist es möglich, Förderhöhe und -menge mit gutem Wirkungsgrad über einen weiten Bereich zu verändern, indem man die Schaufeln in der Nabe verdreht. Diese Konstruktion ist in Kaplanturbinen weitverbreitet, auf den Pumpenbau wird sie jedoch erst seit kurzem angewandt. In der bei Wasserturbinen benutzten Form war die Konstruktion bei der Größe der Pumpen zu teuer. Trotzdem sind früher Pumpen mit einstellbaren Schaufeln nach dem Vorbild der Turbinen gebaut worden [*10*, *11*]. Hier wurde die Betätigungsstange durch die hohle Pumpen- und Motorwelle aus der Nabe herausgeführt. Der Autor hat eine Pumpe mit verstellbaren Schaufeln entworfen, bei der der Einstellmechanismus außerhalb der Pumpe angeordnet ist (Abb. 16.14). Die Einzelheiten der Nabenkonstruktion sind in Abb. 16.15 dargestellt.

Abgesehen vom Laufrad sind alle Teile derartiger Pumpen die gleichen wie bei Pumpen mit festen Laufschaufeln. Der Verstellmechanismus wird elektrisch durch Fernsteuerung von einem Schaltpult aus bedient. Die Charakteristik der dargestellten Pumpe ist in Abb. 16.16 wiedergegeben. Die Charakteristik des Systems der Anlage ändert sich je nach Jahreszeit. Es ist zu beachten, daß eine Verminderung der Menge um 25% eine Leistungsersparnis von mehr als 50% bringt. Die Pumpe kann gegen geschlossenen Schieber angefahren werden und nimmt bei flach gestellten Schaufeln nur 25% der maximalen Leistung auf. Bei Kondensatorkreisläufen wird veränderliche Menge nicht nur durch veränderliche Belastung des Kondensators, sondern auch durch wechselnde Temperatur des Wassers bedingt. Durch Anpassen des Durchsatzes an den tatsächlichen Bedarf der Anlage wird die Lebensdauer der Kondensatorrohre beträchtlich verlängert, da Mindestgeschwindigkeiten im Kondensator bei allen Belastungen aufrechterhalten werden.

Bei Regelung von Hand, besonders dann, wenn der Schaufelanstellwinkel nicht oft geändert wird und die Pumpe zur Verstellung stillgesetzt werden kann (Be- und Entwässerung), wird die Konstruktion besonders einfach. Alle äußeren

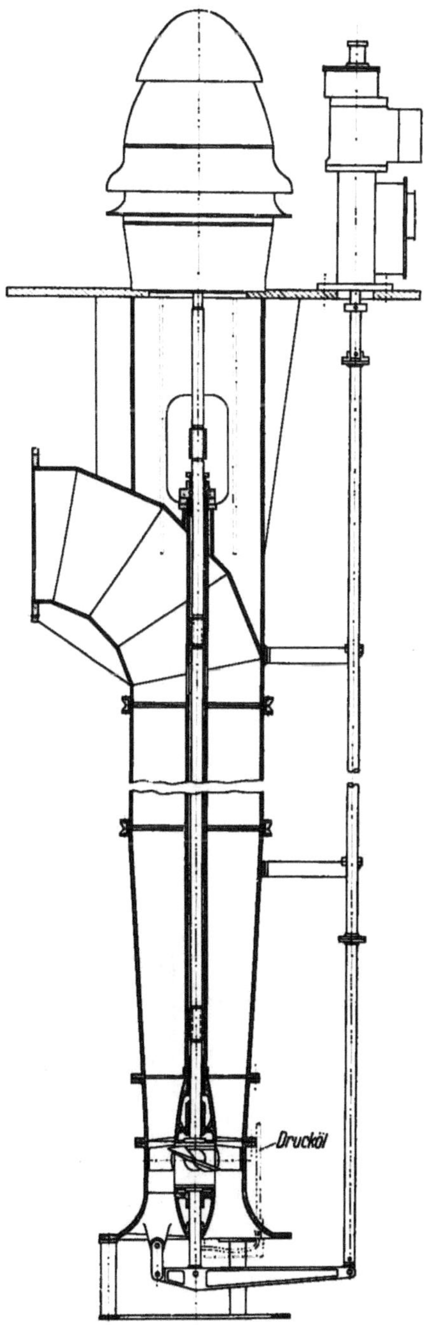

Abb. 16.14. Ingersoll-Rand-Pumpe NW 600 mit einstellbaren Schaufeln; „Central Illinois Electric and Gas Company"; $Q = 1{,}4\ m^3/s$; $H = 7{,}6\ m$; $n = 880$ U/min

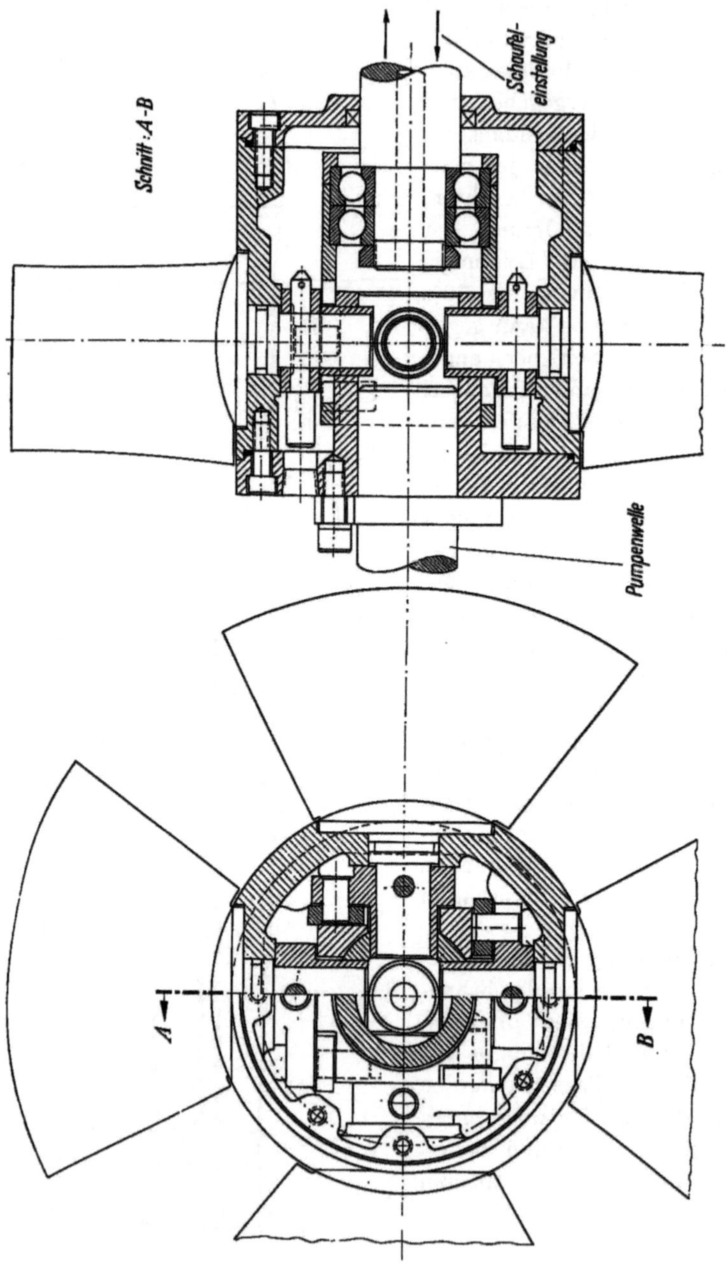

Abb. 16.15. Nabe der Pumpe nach Abb. 16.14 (Ingersoll-Rand)

Hebelkräfte werden vermieden, und die Schaufeln werden durch den umgekehrten Mechanismus verstellt, d. h. durch Auf- und Abbewegen der Welle selbst. Man benutzt einen Motor mit hohler Welle und be-

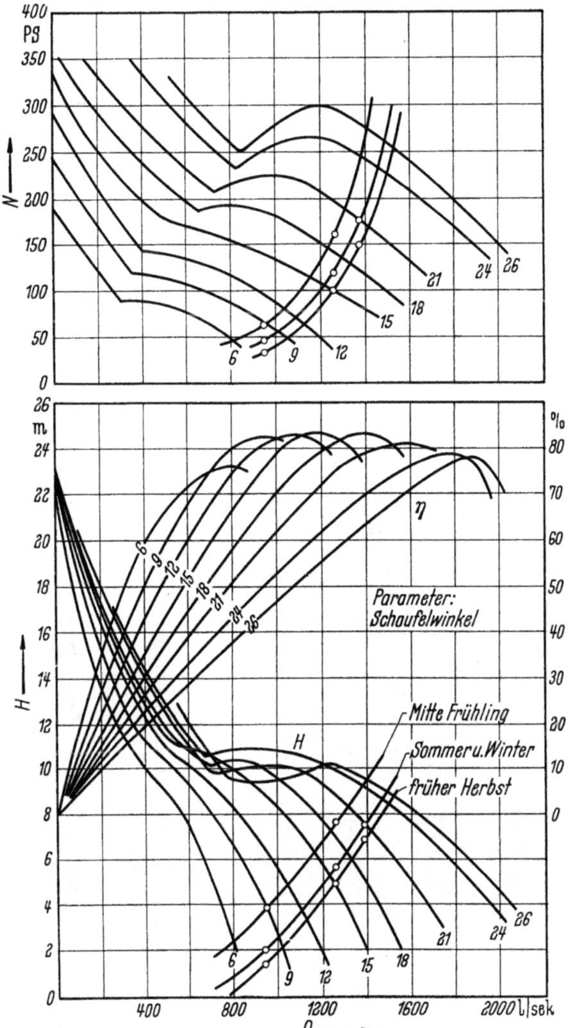

Abb. 16.16. Durch Versuch ermittelte Charakteristik der Pumpe nach Abb. 16.14

wegt die Welle mittels einer Einstellmutter am oberen Ende des Motors ebenso wie bei der Einstellung des Spaltes von halbaxialen Pumpen mit offenem Laufrad.

Die Ingersoll-Rand Company hat eine halbaxiale Pumpe NW 400, $n_q = 140$, mit einstellbaren Leitschaufeln zur Benutzung mit einem gewöhnlichen Laufrad gebaut. Man erreichte damit eine bedeutende Verbesserung des Wirkungsgrades bei Teilmengen. Jedoch stieg auch die Fördermenge gleichzeitig an, so daß die Leistung nur wenig oder überhaupt nicht abnahm.

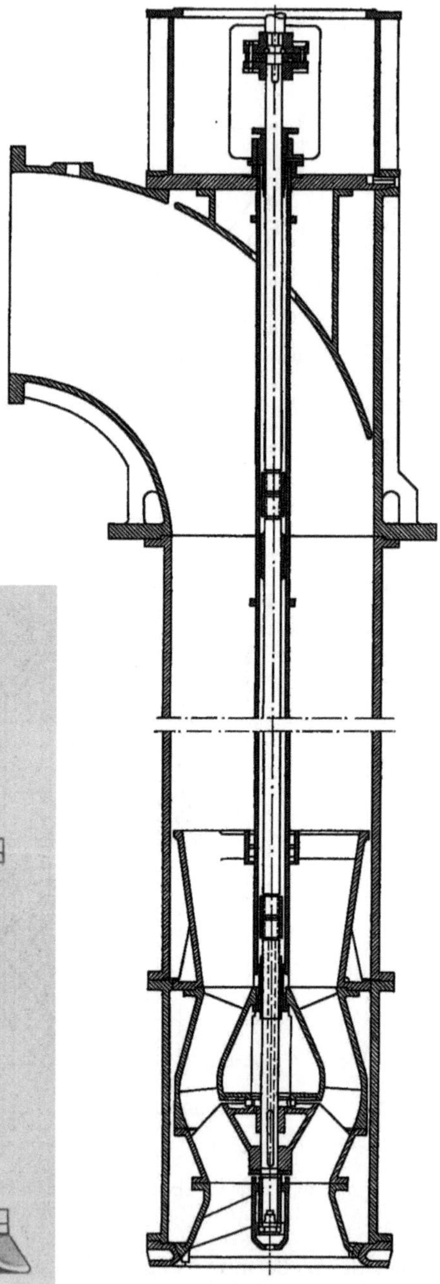

Abb. 16.17. Halbaxiale Propellerpumpe herausziehbar, $n_q = 150$, Ingersoll-Rand

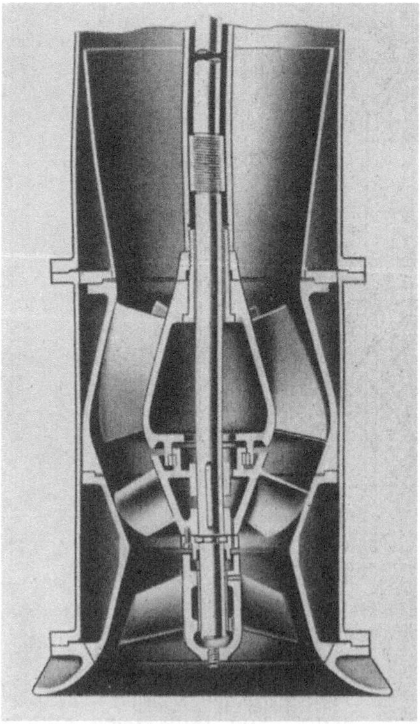

Abb. 16.18. Eigentliche Pumpe von Abb.

16.6. Beispiele vertikaler Pumpen

Abb. 16.17 zeigt einen herausziehbaren Typ einer halbaxialen Propellerpumpe, wie sie in großen Einheiten für Kondensator-Kühlkreisläufe gebaut wird. Die Pumpe selbst kann durch die Öffnung im Krümmer ohne Lösen des Austrittsflansches und Entfernen des Steigrohres herausgezogen werden. Die Pumpe selbst ist mit Ausnahme des Saugmundstückes, das hier auf dem Außenrohr aufliegt, konstruiert wie eine Pumpe, die direkt am Steigrohr festgeschraubt ist. Durch das Wellenschutzrohr und die Bohrung im untersten Teil der Welle kann dem End-

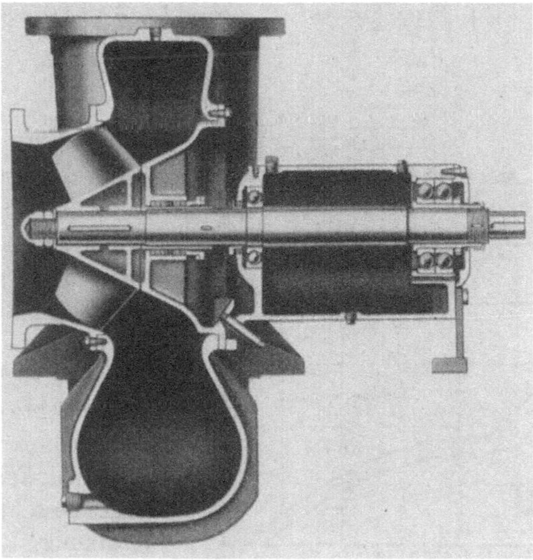

Abb. 16.19. Horizontale Propellerpumpe mit Spirale

lager reines Wasser zur Schmierung und Kühlung zugeführt werden-Abb. 16.18 zeigt eine vergrößerte Ansicht der eigentlichen Pumpe.

Abb. 16.19 zeigt eine halbaxiale horizontale Pumpe mit Spirale. Solche Pumpen sind weitverbreitet in Umwälzsystemen für Sole bei chemischen Verfahren und werden bis zu einer Größe von 600 mm Nennweite gebaut. Sie fördern bei niedriger Drehzahl auf niedrige Förderhöhen, wobei die Haltedruckgrenze recht hoch liegt. Pumpen der gleichen Bauweise werden auch in Papierfabriken eingesetzt. Größere Einheiten dieser Art können kostenmäßig und im Hinblick auf den Wirkungsgrad nicht mehr mit vertikalen Propellerpumpen (gerade Diffusor) konkurrieren. Mit dem gleichen Laufrad erhält man auch etwa gleiche Drosselkurven, gleichgültig, ob sie in ein Gehäuse mit Leitrad oder mit Spirale eingesetzt werden. Jedoch liegt der optimale Betriebspunkt beim Spiralgehäuse bei einer etwa 10% kleineren Fördermenge. Dies kann einer kleineren Durchflußzahl (spezifischer Durchfluß) des Spiralgehäuses mit

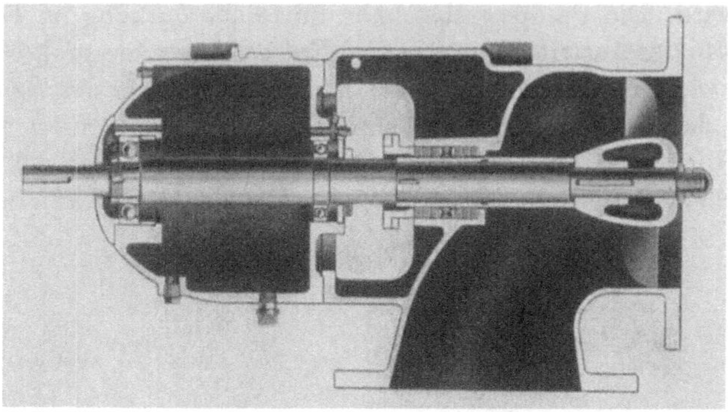

Abb. 16.20. Einfache axiale Propellerpumpe; Ingersoll-Rand

der 90°-Umlenkung gegenüber dem geraden Leitschaufelgehäuse zugeschrieben werden.

Abb. 16.20 zeigt eine waagerechte axiale Propellerpumpe in ihrer einfachsten Form. Das Gehäuse besteht nur aus einem Krümmer, Leitschaufeln sind nicht vorhanden. Auch dieser Typ wird bis zu einer Nennweite von 600 mm gebaut und in Umwälzsystemen für chemische Verfahren eingesetzt. Die Gesamthöhe geht bis 1 m herunter. Wegen der geringen Leistungsaufnahme spielt der Wirkungsgrad nur noch eine sekundäre Rolle, und die Pumpe wird nach Gesichtspunkten der mechanischen Einfachheit konstruiert. Abb. 16.21 zeigt eine typische Charakteristik. Die gestrichelte Linie gilt für eine Axialpumpe mit Leitrad. Es ist zu be-

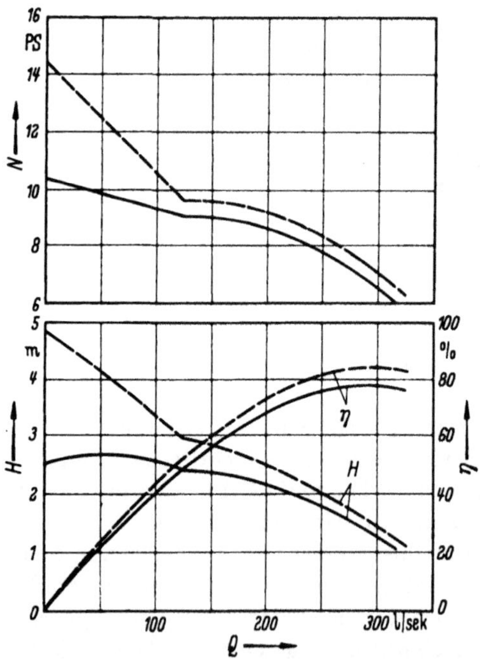

Abb. 16.21. Charakteristik einer Axialpumpe ohne Leitrad nach Abb. 16.20; NW 350, $n = 690$ U/min, zum Vergleich: gestrichelte Linie für Axialpumpe mit Leitrad

achten, daß die Abnahme von Höhe und Eingangsleistung der leitradlosen Pumpe bei Teilmengen durch die Tatsache bedingt ist, daß der Drall hinter dem Laufrad nicht durch ein Leitrad herausgenommen wird. Die Ausbildung des Zuführungsrohres hat einen spürbaren Einfluß auf die Charakteristik derartiger Pumpen. So nähern sich die Förderhöhe und die Eingangsleistung bei geschlossenem Schieber den Werten einer normalen Pumpe mit Leitrad, wenn man in der Zuführung Einbauten anbringt, die Vordrall verhindern.

Abb. 16.22 zeigt eine mehrstufige vertikale Radialpumpe zum Pumpen von Kondensat. Die eigentliche Pumpe hängt in einem Rohr, das lang genug ist, um sicheres, kavitationsfreies Arbeiten bei der Auslegemenge zu gewährleisten. Die hydraulischen Vorteile der vertikalen Kondensatpumpen können wie folgt zusammengefaßt werden:

1. Keine Kavitationsgefahr bei der Auslegemenge; 2. sehr geringe nachteilige Wirkungen durch Kavitation bei reduzierter Fördermenge; 3. kein übermäßiger Axialschub, kein Geräusch und keine Schwingungen beim Arbeiten ohne Regelung der Fördermenge; 4. besserer Gesamtwirkungsgrad durch hydraulisch günstigeres Verhalten bei geringerer Stufenhöhe. In der Regel werden alle horizontalen Pumpen zu groß ausgeführt, da man sie nicht tief genug setzen kann.

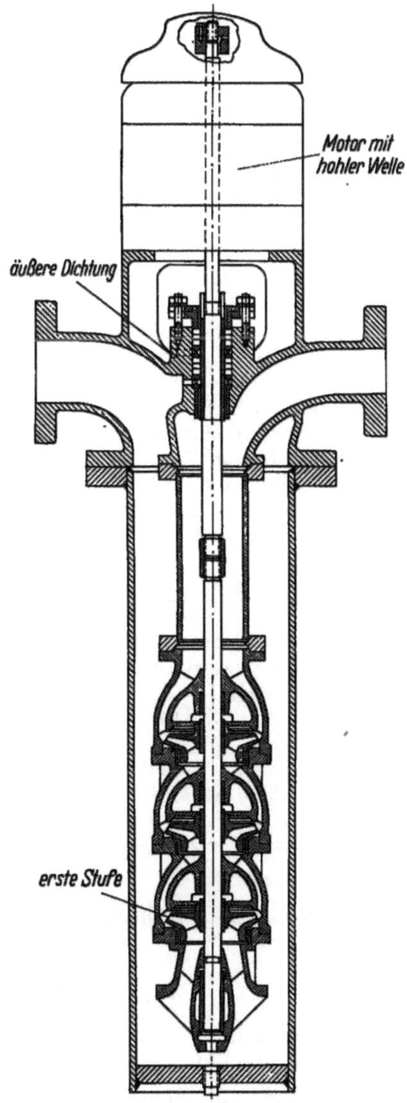

Abb. 16.22. Mehrstufige vertikale Radialpumpe für Kondensat (Ingersoll-Rand)

Vertikale Kondensatpumpen der beschriebenen Art mit geeignetem Material und Stopfbüchsenanordnung sind weitverbreitet bei der Förderung von Erdölfraktionen bei hohen Temperaturen. In Abschn. **19.5**b ist ausgeführt, daß sich die Konstruktion mit offenem Laufrad als unbefriedigend erwiesen hat, wenn Wasserschläge auftraten.

Literatur

[*1*] Univ. of Calif. Tech. Memo. VI, HP-14, 1940.

[*2*] Kerr, S. L., u. S. Moyer: Hydraulic Engineering Problems at Southwark Generating Stations. Trans. A.S.M.E. Bd. 64 (1942) Nr. 6, S. 539.

[*3*] McNulty, J. W.: Propeller-Type Pump Shows High Efficiency. Power (13. Jan. 1931) S. 63.

[*4*] Allen, R. W.: Some Experiences of the Use of Scale Models in General Engineering. Engineering (9. Sept. 1938).

[*5*] Medici, M.: Versuche an Propeller- und Kaplanpumpen. Z. VDI Bd. 87 (1943) Nr. 21/22, S. 331.

[*6*] Nagler, F. A.: Hydraulic Tests of Flap Valves on Drainage Pipe Outlets. Engng. News Rec. Bd 91, Nr. 26.

[*7*] Iversen, W. H.: Studies of Submergence Requirements of High-Specific-Speed Pumps. Trans. A.S.M.E. Bd. 75 (1953) Nr. 4. Diskussion von A. J. Stepanoff, S. 639.

[*8*] Wauchope, G. A.: The Design of Large Pumping Installations for Low and Medium Heads. Proc. Instn. mech. Engrs. Bd. 165 (1951). Diskussion von A. J. Stepanoff, S. 250.

[*9*] Standards of the National Association of Vertical Turbine Pump Manufacturers. Los Angeles 1948.

[*10*] Reeve, L. N., u. J. D. Scoville: Adjustable-Blade Axial-Flow Pumps for Circulating Water. Combustion (Mai 1943) S. 30.

[*11*] Scoville, J. D.: Comparative Characteristics of Fixed and Adjustable-Blade Axial-Flow Pumps. Trans. A.S.M.E. Bd. 64 (1942) Nr. 6, S. 599.

[*12*] Zaba, J.: Characteristics of the Submersible Electric Pumps. Oil Gas J. (3. Juni 1944).

[*13*] Pfleiderer, C.: Der Entwicklungsstand der Tauchpumpen. Z. VDI Bd. 80 (1936) Nr. 9, S. 253.

[*14*] Ponomareff, A. I.: Axial Flow Compressor for Gas Turbines. Trans. A.S.M.E. Bd. 70 (1948) Nr. 4, S. 299.

[*15*] Specifications for Deep-Well Vertical Turbine Pumps, ASA Standard B-58.1. New York: American Standards Association 1955.

17. Spezielle Probleme und Anwendungsbeispiele für Radialpumpen

17.1. Pumpen für heißes Öl

Die Anwendung von Kreiselpumpen zum Fördern von schweren Erdölfraktionen hoher Temperatur unter hohem Druck brachte schwierige Probleme, von denen einige viele Jahre lang nicht gelöst wurden. Die Entwicklung von modernen Pumpen für heißes Öl war von der Lösung folgender Probleme abhängig:

1. Eine geeignete Stopfbüchse mußte gefunden werden, die in der Lage ist, solche Pumpen bei hoher Drehzahl bei möglichst langer Lebensdauer der Packung zu dichten.

2. Das Material der Pumpen muß hohen Drücken, hohen Temperaturen und der korrodierenden Wirkung der Öle gewachsen sein.

3. Eine Konstruktion war herauszubilden, bei der keine ungleichmäßige Wärmeaufnahme oder -abgabe am Gehäuse auftritt und bei der sich keine Ablagerungen oder Anfressungen an inneren Teilen zeigen.

Die Erfahrung hat gezeigt, daß eine gute Metallpackung, gehärtete, nichtrostende Wellenbüchsen und Schwingungsfreiheit die Vorbedingungen für ein erfolgreiches Funktionieren der Stopfbüchsen sind. Das Anbringen eines Kühlwassermantels an der Stopfbüchse ist heute bei Pumpen für heißes Öl allgemein üblich.

Die Anwendung der Kreiselpumpen zur Förderung leichter Kohlenwasserstoffe bereitete andere Stopfbüchsprobleme. In diesem Fall ist die Flüssigkeit kalt und der Druck hinter der Stopfbüchse ist hoch. Die durch die Stopfbüchse hindurchtretende Flüssigkeit verdampft unter Atmosphärendruck sofort, so daß es nicht möglich ist, die Stopfbüchse mit der Förderflüssigkeit zu schmieren. Meistens dichtet man die Stopfbüchsen mit einem Öl ab, wobei der Druck etwas über dem Dampfdruck der geförderten Flüssigkeit liegt. Manchmal werden auch die Stopfbüchsen durch die Mäntel geheizt, um die Kühlwirkung des verdampfenden Mediums auszugleichen.

In den letzten Jahren sind mechanische Dichtungen erfolgreich in Hochdruckstopfbüchsen bis hinauf zu Drücken von 40 atü und Temperaturen über 170° C eingesetzt worden [*1*, *2*]. Bei noch höheren Drücken und Temperaturen benutzt man doppelte Dichtungen und setzt ein geeignetes Öl zur Kühlung und Schmierung ein.

Um widerstandsfähig gegen hohe Drücke und Temperaturen zu sein, muß das Gehäuse speziell für diese Art von Belastung ausgebildet werden. Abb. 17.1 zeigt einen Schnitt durch eine einstufige Pumpe. Die Konstruktion gestattet das Herausnehmen des Rotors einschließlich der Lagerkonsole, ohne das Leitungssystem auseinandernehmen zu müssen. Pumpen mit mehr als zwei Stufen werden mit einem inneren Gehäuse ausgeführt, das in einem Zylinder mit einer oder zwei Endscheiben (Abb. 17.2) angeordnet ist. Das innere Gehäuse ist vertikal oder horizontal geteilt. Der Raum zwischen den beiden Gehäusen steht unter Austrittsdruck. Die Konstruktion des äußeren Behälters ist die gleiche wie bei jedem Druckbehälter; zusätzlich muß man hier darauf bedacht sein, daß Spannungen klein gehalten werden, da Verformungen eine relative Verschiebung zwischen den feststehenden und umlaufenden Teilen ergeben würden. Im allgemeinen sitzen die Lagerkonsolen am äußeren Gehäuse. Pumpen mit unabhängiger Lagerabstützung erwiesen sich als unpraktisch. Die gleiche Konstruktion wird für kleine Mengen und große Förderhöhen mit großer Stufenzahl senkrecht ausgeführt.

Die Pumpe wird dabei meist unter dem Niveau des Fußbodens angebracht (Abb. 17.3).

Das innere Gehäuse besteht aus Abschnitten zu je einer Stufe und kann für jede gewünschte Stufenzahl je nach Bedarf an Höhe zusammengesetzt werden. Um einen vollständigen Ausgleich der radialen Kräfte auf den Läufer zu erhalten, werden aneinandergrenzende Stufen um 180° versetzt. Ausgleich des Axialschubes erreicht man durch Aufteilen der Gesamtstufenzahl in zwei Gruppen, wobei die Laufräder der beiden

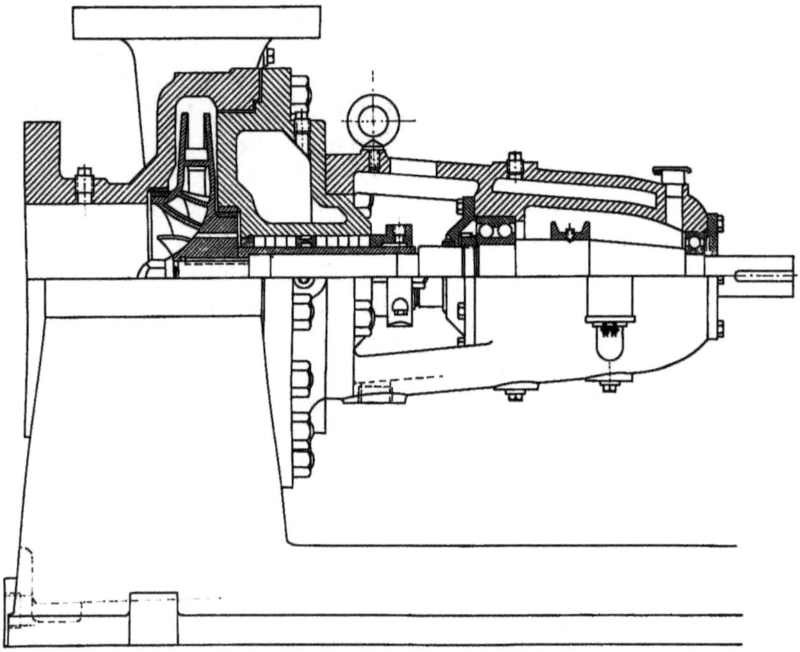

Abb. 17.1. Einstufige Pumpe für heißes Öl (Wilson-Snyder)

Gruppen gegeneinander angeordnet sind. Es spielt keine Rolle, ob die Stufenzahl in den beiden Gruppen gleich oder ungleich ist.

Dem Korrosionsproblem begegnet man am besten dadurch, daß man Materialien benutzt, die gegen die angreifenden Bestandteile der geförderten Flüssigkeit beständig sind. Das Plattieren mit Edelstahl und das Aufschweißen von Edelstahl wird nur in begrenztem Umfang ausgeführt. In allen anderen Fällen wird eine Abnahme der Materialdicke durch Korrosion zugelassen, die der Betriebsdauer entspricht, für die die Pumpe gebaut ist. In der Mehrzahl aller Fälle (einstufige und zweistufige Pumpen) braucht man dazu keine größere Materialstärke vorzusehen, als ohnehin für einwandfreie Ausführung des Gusses erforderlich ist.

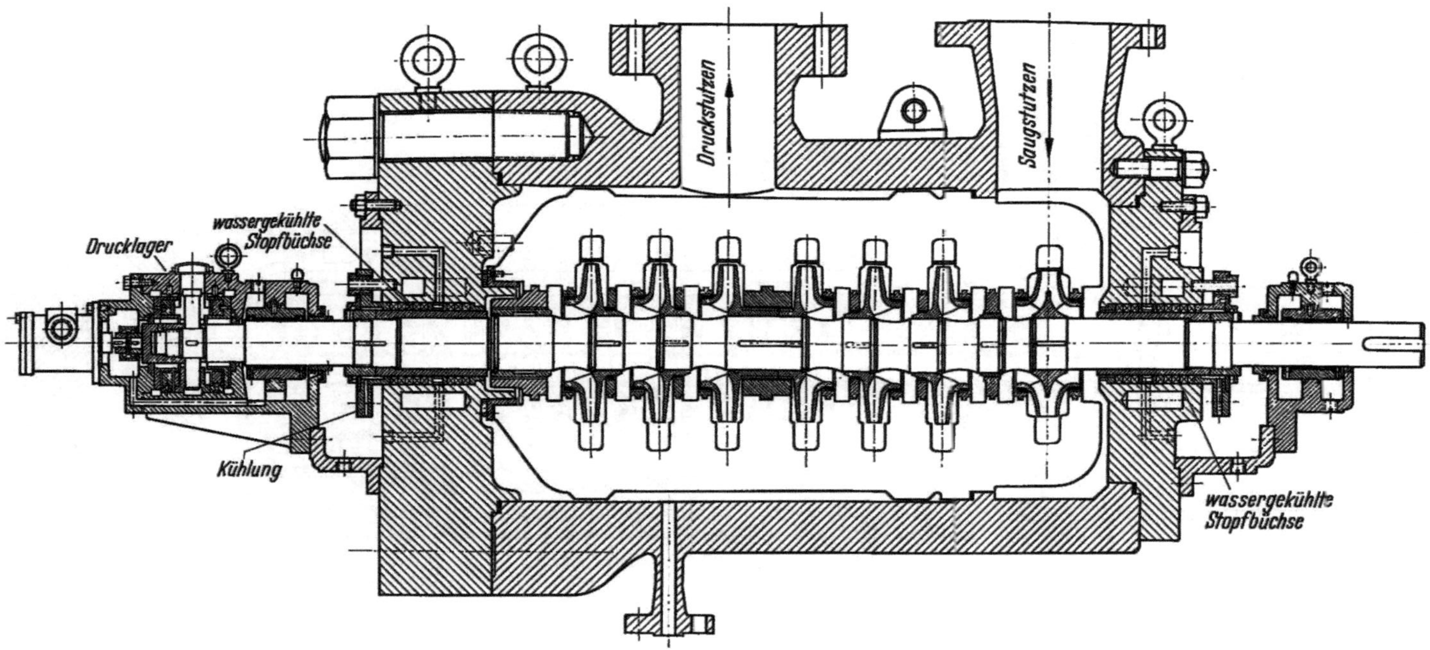

Abb. 17.2. Byron-Jackson-Kesselspeisepumpe

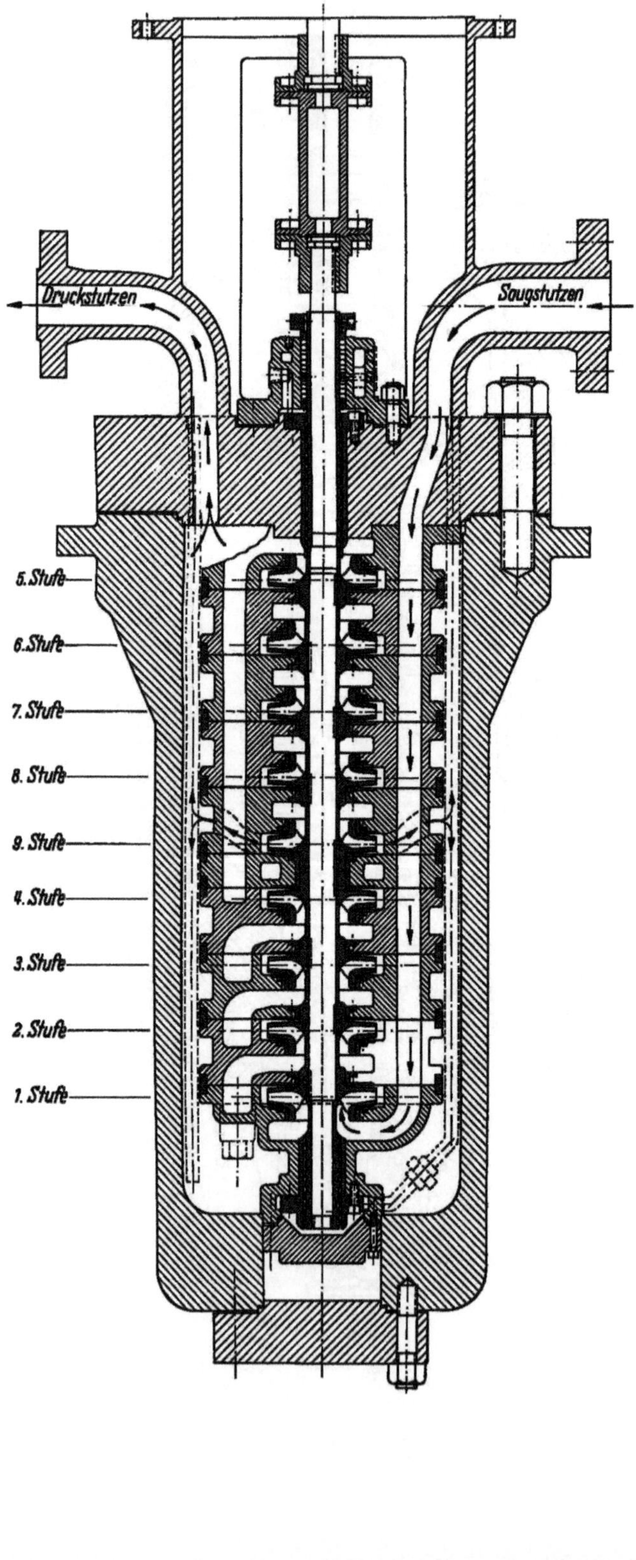

Abb. 17.3. Vertikale mehrstufige Pumpe (United Centrifugal Pumps)

Die Wärmeausdehnung der einzelnen Teile der Pumpe kann das mechanische Verhalten der Pumpe auf verschiedene Art beeinflussen:

1. Wenn die Teile des Rotors aus einem anderen Material als das Pumpengehäuse bestehen, können bei Verschiedenheit der Ausdehnungskoeffizienten die Spalte unter das zum sicheren Arbeiten erforderliche Minimum absinken. Das gleiche kann bei gleichen Materialien, jedoch verschiedenen Temperaturen von Läufer und Gehäuse eintreten.

2. Teile wie Wellenbüchsen, Laufradringe und Gehäuseringe, die fest sind, solange die Teile kalt sind, können durch Unterschiede in der Temperatur oder im Ausdehnungskoeffizient locker werden. Dehnt sich zum Beispiel das Laufrad stärker aus als der Laufradring, so kann dieser über die Fließgrenze hinaus gedehnt werden und sich beim Erkalten lösen. Das entsprechende kann beim Gehäusering eintreten, der in diesem

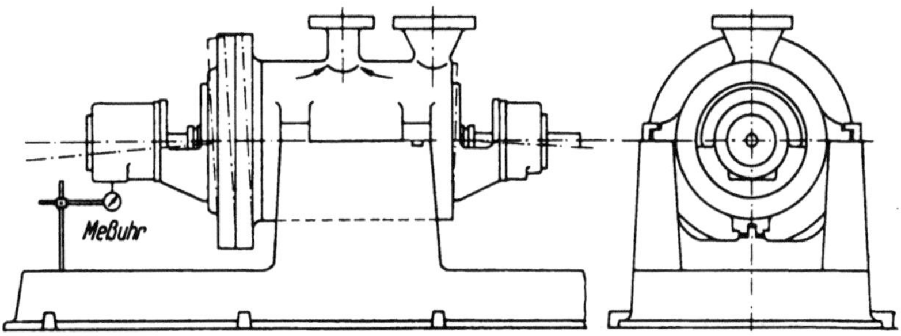

Abb. 17.4. Gehäuseverformung beim Anfahren einer kalten Pumpe mit heißem Öl

Falle über die Fließgrenze hinaus zusammengedrückt würde. In beiden Fällen verringert sich der Spalt bei kalter Pumpe unter den ursprünglichen Wert.

3. Das Gehäuse kann sich unter dem Einfluß der Temperatur verziehen, so daß die Lager nicht mehr fluchten. Um diese Erscheinung zu mildern, wird das Pumpengehäuse etwa in der Mitte des Läufers in Höhe der Wellenmittellinie auf Pratzen abgestützt und durch einen Keil festgelegt (Abb. 17.4). Diese Maßnahme reicht jedoch nicht aus, um Verformungen des Gehäuses zu vermeiden, die durch unterschiedliche Wärmeaufnahme der verschiedenen Teile beim Anfahren entstehen.

Das Kühlen der Grundplatten oder der Konsolen mit Wasser, wie es in den Anfängen des Pumpenbaues üblich war, kann sich eher ungünstig als günstig auswirken. Ohne Kühlung werden die Konsolen selten wärmer als 50° C bis 60° C. Motoren und Dampfturbinen sind meistens auf Füßen gelagert, und ihre Auflager erreichen etwa die gleichen Temperaturen. Sogar auf der Wellenmitte durch Pratzen abgestützte Dampfturbinen haben nie wassergekühlte Unterlagen. Es ist augenfällig, daß Pumpe und Antrieb, wenn sie im kalten Zustand fluchten, dies im warmen Zustand ohne Kühlung besser tun als mit Kühlung.

Ungleichmäßige Wärmeausdehnung des Pumpengehäuses ist oft der Grund für Defekte. Dies ist am stärksten ausgeprägt in großen, mehrstufigen Pumpen mit doppeltem Gehäuse (Abb. 17.4). Wird die Pumpe langsam, d. h. im Verlauf mehrerer Stunden auf Temperatur gebracht, so ist genügend Zeit zur Verfügung, um alle Teile auf gleiche Temperatur zu bringen, und es findet keine Verformung des Gehäuses statt. Wird die kalte Pumpe jedoch plötzlich mit heißem Öl beaufschlagt, dann haben verschiedene Teile der Pumpe zu einem bestimmten Zeitpunkt verschiedene Temperaturen. Gewöhnlich erreicht der obere Teil des äußeren Gehäuses seine höchste Temperatur eine oder mehrere Stunden vor dem unteren Teil. Das kommt daher, daß sowohl der Saug- als auch der Druckstutzen, die beide heiße Flüssigkeit führen, oben angebracht sind, während sich auf der Unterseite im Spalt zwischen äußerem und innerem Gehäuse kaltes Öl festsetzt. Unter diesen Bedingungen verformt sich das Gehäuse wie in Abb. 17.4 dargestellt. An einer Pumpe mit einem Lagerabstand von 2 m wurde eine Absenkung des Außenlagers von fast 5 mm gemessen. Berechnungen ergaben einen Temperaturunterschied zwischen Ober- und Unterseite des äußeren Gehäuses von 180° C. Selbst nach Erreichen des thermischen Gleichgewichts bleibt eine merkliche Temperaturdifferenz und damit eine Verformung bestehen, wenn nicht besondere Maßnahmen zur Verhütung getroffen werden. Es gibt mehrere Wege, Gehäuseverformung auszuschalten oder zu reduzieren.

1. Man läßt heißes Öl durch das Gehäuse einer Reservepumpe laufen, um sie immer für heißes Öl startbereit zu halten.

2. Man läßt während des Anfahrens Öl durch den Boden der Trommel fließen, indem man einen Umgang vom Boden zum Saugstutzen benutzt.

3. Das aus dem inneren Gehäuse austretende Medium wird so geteilt, daß die eine Hälfte nach oben, die andere nach unten austritt.

4. Das Pumpengehäuse wird gut isoliert, um den Wärmestrom durch das Gehäuse an die Atmosphäre soweit wie möglich herabzusetzen.

Es hat sich gezeigt, daß Wärmeausdehnungen sehr große Verformungen an der Welle und an den Lagern hervorrufen und gewöhnlich zu einer dauernden Beschädigung führen. Ein einstellbares Radiallager verringert die Möglichkeiten der Beschädigung der Welle unter den genannten Bedingungen.

Ein weiteres Beispiel der mechanischen Zerstörung einer Pumpe soll gezeigt werden [*3*]. Die Ursache liegt hier in der Temperaturdifferenz zwischen inneren und äußeren Gehäuseteilen, wenn das Gehäuse nicht isoliert ist. Abb. 17.5 stellt eine einstufige Pumpe für heißes Öl mit vertikal geteiltem Gehäuse dar. Die Platte, die den Saugraum vom Gehäuseraum trennt, paßt mit wenig Spiel in das Gehäuse. In einer

Pumpe dieses Typs nimmt die Platte die Temperatur des Öles an, beispielsweise 400° C, während das Gehäuse an den Stellen, die mit der Außenluft in Berührung sind, bedeutend kälter bleibt. Die Wärmespannungen in der Platte, die durch das Gehäuse an einer Ausdehnung gehindert ist, können leicht die Fließgrenze überschreiten, so daß beide Teile eine bleibende Verformung erleiden. In kaltem Zustand hat dann die Platte im Gehäuse Luft. Ist an der Dichtungsstelle zwischen Spirale und Saugraum keine weiche Dichtung, sondern nur eine metallische Dichtung vorgesehen, so tritt ein Mengenverlust auf, wenn die Pumpe bei einer Temperatur betrieben wird, die kleiner ist als die einmal

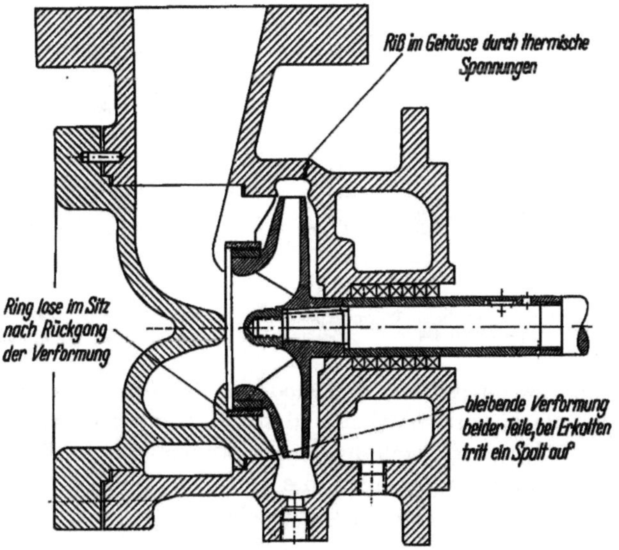

Abb. 17.5. Auswirkung von Temperaturdifferenzen von innen nach außen

maximal erreichte. Man kann die Höhe der entstehenden Spannungen an der Tatsache ermessen, daß Gehäuse aus völlig einwandfreiem Stahlguß bei normaler Wandstärke unter den genannten Umständen aufreißen (Abb. 17.5).

Eine einfache Berechnung zeigt, daß ein Stahlstab, der an der Ausdehnung gehindert wird, schon bei Erwärmung um weniger als 100° C die Fließgrenze erreicht. Bei weiterer Erwärmung verformt sich der Stab plastisch (Abb. 17.6). Beim Abkühlen zieht er sich zusammen und ist danach kürzer als vorher. Der Vorgang ist unabhängig vom Querschnitt und der Länge des Stabes.

Diese Beispiele betonen wieder die Wichtigkeit der Isolierung von Pumpen für heißes Öl, nicht um Wärme zu sparen, sondern um ein befriedigendes mechanisches Verhalten der Pumpe zu bewirken.

Es ist noch zu erwähnen, daß bereits mit Verschleißspuren behaftete Gehäuseringe von Pumpen, die kalte Flüssigkeiten fördern, lose gefunden wurden, obwohl sie vorher fest waren. Der Grund ist, daß sich der Ring durch Reibung erwärmt und dabei eine bleibende Stauchung erfährt.

Abb. 17.7 zeigt eine Büchse, die zwischen zwei Stufen einer Kesselspeisepumpe angeordnet war. Der zylindrische Teil der Büchse konnte sich durch Erwärmung nicht ausdehnen, da er in den Zwischenboden eingepreßt war, jedoch war der Bund frei. So wurde der zylindrische Teil plastisch gestaucht und riß vom Bund ab.

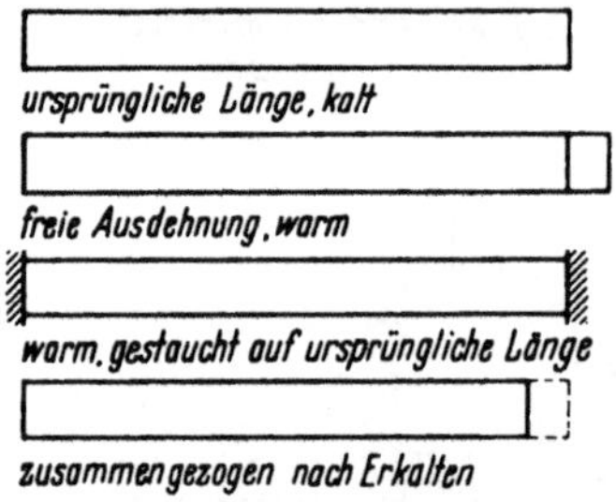

Abb. 17.6. Stahlstab, der durch Wärmeexpansion gestaucht ist

Abb. 17.7. Bruch der Büchse durch Wärmespannungen

Es kann gesagt werden, daß moderne Pumpen für heißes Öl heute genau so einfach, wirtschaftlich und zuverlässig wie Kaltwasserpumpen sind. Die höheren Herstellungskosten werden durch die besonderen Materialien und Anforderungen, die von dem Raffineriebetrieb an die Konstruktion gestellt werden, verursacht.

17.2. Kesselspeisepumpen

a) Anforderungen. Die Anforderungen, die an Pumpen im Kesselspeisedienst gestellt werden, bereiteten mehrere Probleme, die sonst auf keinem anderen Gebiet des Pumpenbetriebes einschließlich der Hochdruck- und Hochtemperaturpumpen auftreten. Diese Probleme sind:

1. Es wird eine stabile Charakteristik der Pumpe im ganzen Bereich der Fördermengen gefordert (siehe Diskussion in Kap. 14).

2. Der erforderliche Haltedruck ist größer als der der Kavitationskonstanten σ entsprechende, da sich Dampfeinschlüsse als Folge einer plötzlichen Abnahme der elektrischen Belastung der Turbine oder einer plötzlichen Zunahme des Pumpendurchsatzes bilden können (s. Abschn. 17.2b).

3. Es muß Vorsorge gegen Überhitzung bei geringem oder verschwindendem Durchfluß getroffen werden.

4. Das Material muß so gewählt werden, daß bei der gegebenen Speisewasserzusammensetzung eine normale Lebensdauer der Pumpe gewährleistet ist.

Die hydraulischen und mechanischen Probleme, die durch hohen Druck und hohe Temperatur entstehen, sind die gleichen wie bei den oben behandelten Pumpen für heißes Öl.

b) Minimal erforderlicher Haltedruck. In Kap. 12 wurde gezeigt, daß die erforderliche Druckreserve über dem Dampfdruck nicht von der Temperatur und dem Druck abhängt, wenn die Flüssigkeit den Siedepunkt erreicht hat. Die Erfahrung hat aber gezeigt, daß in der Saugleitung von Kesselspeisepumpen die Gefahr plötzlicher Verdampfung besteht, wenn die Belastung der Dampfturbine plötzlich sinkt. Der Vorgang verläuft in diesem Fall wie folgt: Wenn die elektrische Belastung des Generators herabgesetzt wird, hat die Turbine die Tendenz, sich zu beschleunigen. Der Regler drosselt daraufhin die Dampfzufuhr zur Turbine; infolgedessen fällt der Druck in allen Stufen der Turbine, auch an der Entnahmestelle für den direkten Aufheizdampf. Das Wasser im Vorratsgefäß des Aufheizers und im Saugrohr hat dann eine Temperatur, die über dem Verdampfungsgleichgewicht liegt, so daß eine kräftige Verdampfung einsetzt und so lange anhält, bis das Gleichgewicht wiederhergestellt ist.

Eine plötzliche dynamische Druckabsenkung kann in der Saugleitung auftreten, wenn das Drosselventil in der Druckleitung plötzlich geöffnet wird. Dabei muß die gesamte im Leitungssystem befindliche Flüssigkeitsmasse in kurzer Zeit beschleunigt werden. Die Druckdifferenz in der Saugleitung reicht unter Umständen nicht dazu aus, so schnell wie in der Druckleitung zu beschleunigen, so daß die zusammenhängende Flüssigkeitssäule auseinanderreißt [*4*, *5*] (Dampfpfropfen).

Die „Hydraulic Institute Standards" empfehlen Haltedrücke für Wasser von 100° C in Abhängigkeit von der Fördermenge und der Drehzahl der Pumpe (Diagramme BF-11 und 12 [*6*]). Die angegebenen Werte stellen keine absoluten Minimalwerte dar, sondern liegen auf der sicheren Seite und basieren auf Erfahrung mit gut arbeitenden Pumpen im Kraftwerksbetrieb.

c) Minimaler Durchsatz. Um Kesselspeisepumpen vor Überhitzung und deren Folgen bei Rückgang der Fördermenge unter ein Mindestmaß zu schützen, sieht man einen Umgang vor, der einen kleinen Teil der Normalmenge zum Vorwärmer zurückführt. Der zurückgeführte Teil liegt zwischen 5% und 10% der Auslegemenge. Der Mindestdurchsatz, der durch den Umgang zurückgeführt werden muß, bestimmt sich nach dem auf der Saugseite verfügbaren Haltedruck, der für die zulässige Temperatur maßgeblich ist. Wird diese Temperatur überschritten, so tritt Dampfbildung an den drosselnden Oberflächen der Ausgleichvorrichtungen ein. Der Umgang wird entweder von Hand betätigt oder automatisch über die Mengenmeßeinrichtung geregelt. In manchen Anlagen ist er dauernd geöffnet. Die von den Ausgleichsvorrichtungen herrührende Leckmenge kann einen Teil der Umgangsmenge darstellen; im allgemeinen wird dem Vorratsgefäß des Vorwärmers, nicht dem Saugstutzen der Pumpe, die Leckmenge zugeführt.

d) Temperaturanstieg. Um den Temperaturanstieg bei einer bestimmten Fördermenge zu berechnen, geht man wie folgt vor:

Die Enthalpieerhöhung des Kesselspeisewassers zwischen Saug- und Druckflansch findet man aus der Enthalpiegleichung, die für Flüssigkeiten wie für Gase gültig ist.

$$i_2 - i_1 = \frac{L - Q}{G}$$

i_2 Enthalpie am Pumpenaustritt,
i_1 Enthalpie am Pumpeneintritt,
L zugeführte mechanische Leistung,
G durchgesetztes Flüssigkeitsgewicht,
Q abgeführte Wärmemenge.

Die abgeführte Wärmemenge Q ist sehr klein im Vergleich zur zugeführten Leistung L und kann vernachlässigt werden. Ist aus der Eingangsenthalpie i_1 und der zugeführten Leistung L die Ausgangsenthalpie i_2 bekannt, so kann bei bekanntem Druck p_2 auch die zugehörige Temperatur T_2 bestimmt werden. Zur Bestimmung der Enthalpie bei gegebenem Druck und gegebener Temperatur oder umgekehrt können die Tafeln von ELLENWOOD und MACKEY (Tafel B, S. 24)[1] benutzt werden. Man erhält dabei auch gleichzeitig das spezifische Volumen des Wassers. Das spezifische Volumen am Austritt muß eigentlich zur genauen Ermittlung der Förderhöhe herangezogen werden. Wird die Änderung in der Dichte vernachlässigt, dann kann die H—Q-Kurve bei kleinen Mengen mit abnehmendem Durchsatz leicht sinken, obwohl die eigentliche Drosselkurve monoton ansteigt.

Erfolgt die Regelung durch den Austrittsdruck p_2 der Kesselspeisepumpe, so braucht man monoton verlaufende Kurven des Austrittsdruckes über dem Durchsatz. Hierdurch ist auch die Forderung begründet, daß die Nullförderhöhe einen bestimmten Wert nicht unterschreiten darf (115% der Auslegehöhe nach den Vorschriften der U.S. Navy). Ist der Hauptpumpe eine Hilfspumpe vorgeschaltet, so gilt das gleiche für den Gesamtaustrittsdruck. In der Nähe des Auslegepunktes kompensieren sich die Zusammendrückung des Wassers durch Druck und die Expansion durch Temperaturerhöhung weitgehend, so daß hier kaum eine

[1] FRANK, O., ELLENWOOD u. CH. O. MACKEY: Thermodynamic charts. New York: John Wiley and Sons 1944.

Differenz des spezifischen Volumens zwischen Eintritt und Austritt spürbar ist.

e) Auswahl des Materials. Die Wahl des Materials wird von folgenden Faktoren bestimmt: Druck, Temperatur, Wasserbehandlung und Materialkosten. Abb. 17.8a zeigt die bei verschiedenen Drücken und Temperaturen zu benutzenden Materialien. Die endgültige Auswahl hängt von der Behandlung des Kesselspeisewassers ab. Abb. 17.8b gibt die zu wählenden Materialien in Abhängigkeit vom p_H-Wert des Wassers an [7]. Ist das Wasser reines Kondensat, dann ist der p_H-Wert kein genaues Maß für die Korrosionswirkung des Wassers, und es sollte in diesem Fall korrosionsbeständiges Material benutzt werden [8].

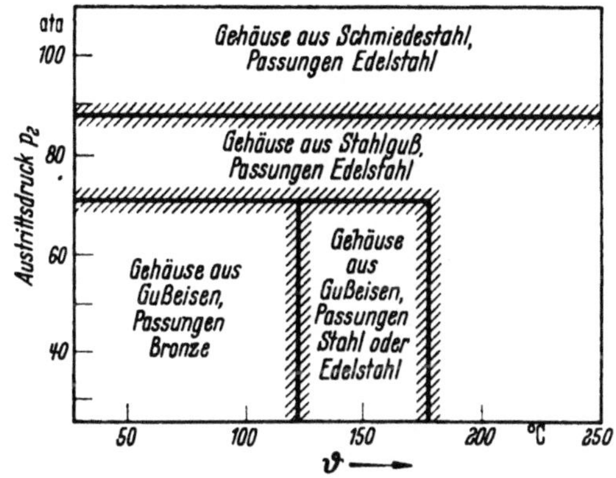

Abb. 17.8a. Wahl der Materialien für Kesselspeisepumpen nach Druck und Temperatur

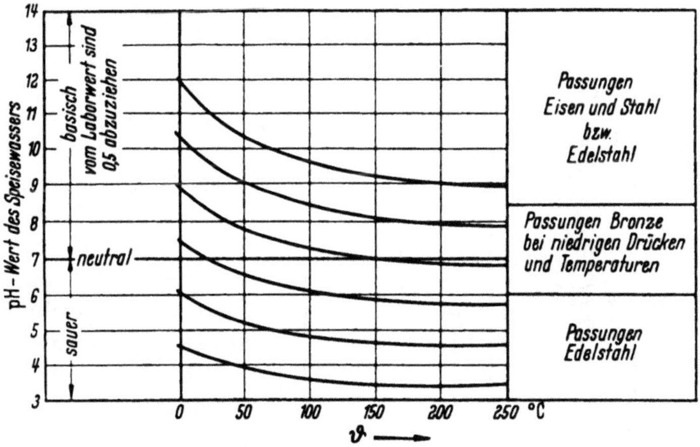

Abb. 17.8b. Wahl der Materialien für Kesselspeisepumpen nach p_H-Werten der Flüssigkeit (KARASSIK [7])

Die Drehzahl von elektrisch angetriebenen Pumpen ist zwar nach oben auf die der Netzfrequenz entsprechende Drehzahl beschränkt, jedoch werden kleine, durch Dampfturbinen angetriebene Pumpen bis zu Drehzahlen von 7500 U/min betrieben. Hohe Drehzahlen gestatten die Benutzung von Kreiselpumpen in Kesselspeiseanlagen bei sehr

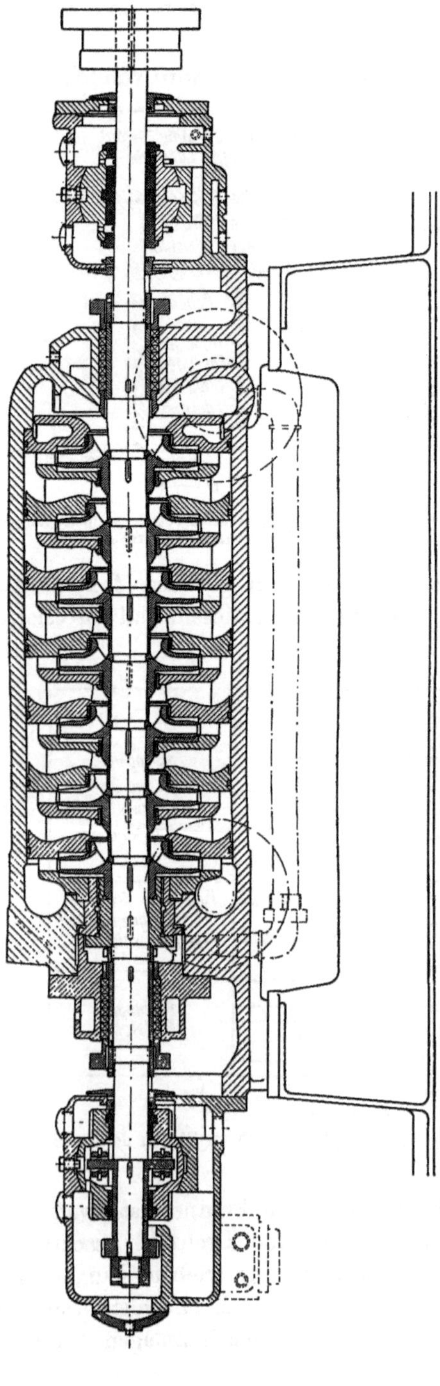

Abb. 17.9. Ingersoll-Rand-Kesselspeisepumpe für Drücke bis 85 atü

kleinen Mengen und sehr großen Höhen, da die bei solchen Drehzahlen mit den vorgegebenen Daten erreichten, spezifischen Drehzahlen wirtschaftlicher arbeitende Räder ergeben als dies bei 3600 U/min (bzw. 3000 U/min) möglich ist.

Abb. 17.9 zeigt eine Ingersoll-Rand-Kesselspeisepumpe für Drücke bis zu 85 atü. Das äußere Gehäuse ist horizontal geteilt, so daß man die gesamte eigentliche Pumpe herausnehmen kann. Die Dichtringe zwischen den Stufen bestehen aus korrosionsbeständigem Material. Der Axialschub wird durch eine Ausgleichstrommel ausgeglichen, die ohne Öffnen des äußeren Gehäuses erreichbar ist. Etwa verbleibender Restschub wird durch ein KINGSBURY-Drucklager aufgenommen, das die Last beim Anfahren und Stillsetzen trägt. Den Stopfbüchsen können einfache oder doppelte Dichtspalte vorgeschaltet werden. Die Konstruktion wird für den Bereich der Fördermengen von 8 l/s bis 100 l/s ausgeführt. Bei höheren Drücken, bis zu 200 atü, wird die Pumpe in einer Trommel angeordnet.

Abb. 17.10 stellt eine Kesselspeisepumpe von Klein, Schanzlin und

Becker dar, die aus je einem Einzelgehäuse für jede Stufe besteht; die einzelnen Stufen werden ohne Dichtungen durch schwere Ankerbolzen

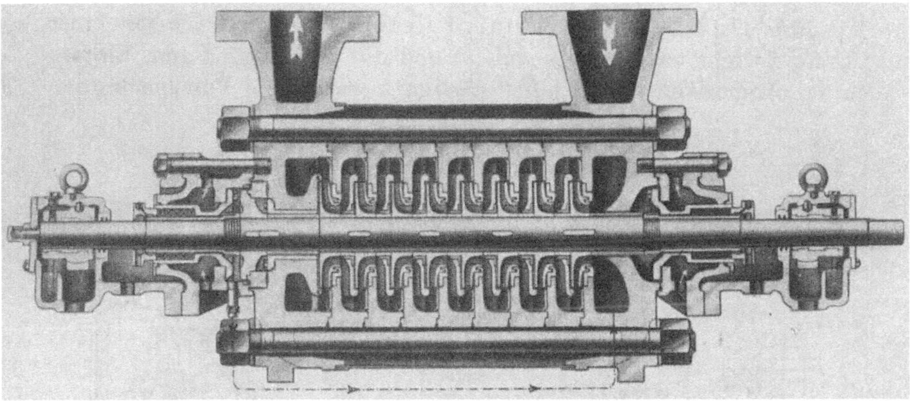

Abb. 17.10. Klein, Schanzlin und Becker-Hochdruck-Kesselspeisepumpe

zusammengezogen. Der Axialschub wird von einer automatischen Ausgleichscheibe aufgenommen, der eine eng eingepaßte Drosselstelle vorgeschaltet ist. Ein Drucklager ist nicht vorhanden. Bis vor kurzem

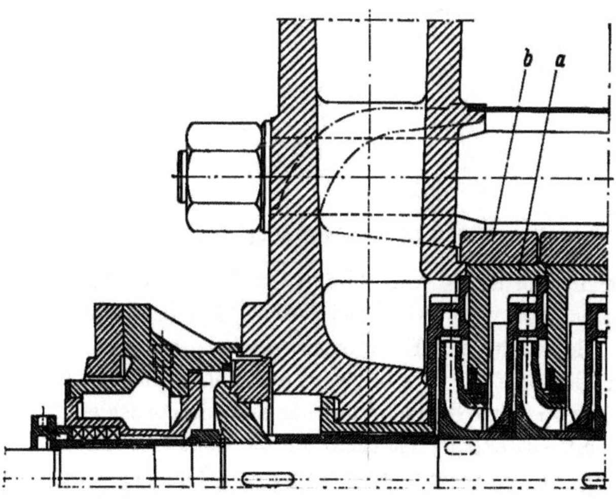

Abb. 17.11. Ausschnitt aus der K.S.B.-Hochdruck-Kesselspeisepumpe von Abb. 17.10

waren alle europäischen Kesselspeisepumpen ähnlich gebaut. Bei sehr hohen Drücken bis zu 330 atü ist auf die einzelnen Stufen (Abb. 17.11*a*) je ein Ring aus legiertem Stahl aufgeschrumpft (Abb. 17.11*b*), um die

Drücke durch die so erzielte gleichmäßigere Verteilung der Spannung in der Wand besser aufnehmen zu können. Die Dichtflächen zwischen den Stufen sind geschliffen und werden durch die Ankerbolzen angezogen und gedichtet.

Abb. 17.12 zeigt eine einstufige Kesselspeisepumpe, die mit einer Dampfturbine zusammengebaut ist und die ursprünglich zum Einsatz auf Lokomotiven und Schiffen bestimmt war. Diese Pumpen werden

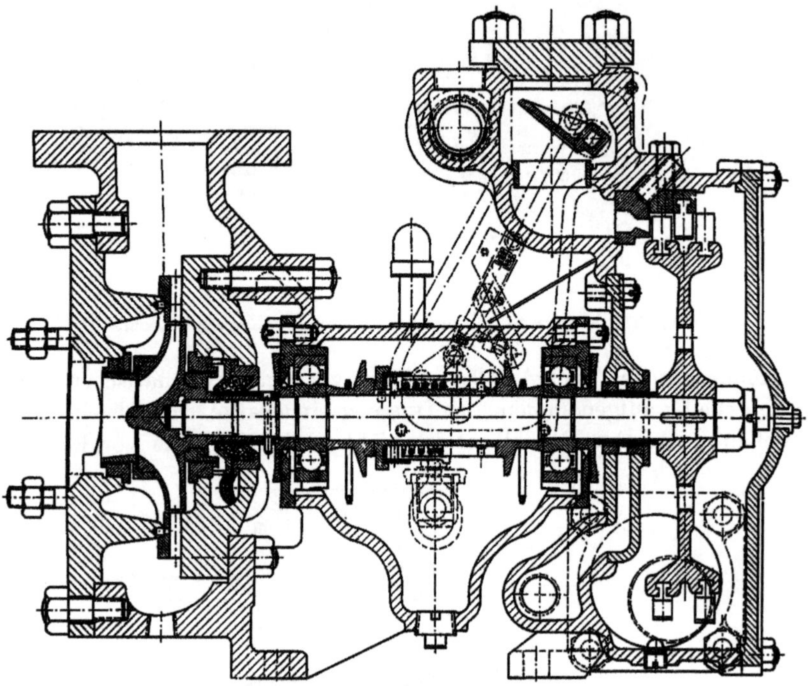

Abb. 17.12. Kesselspeisepumpe von Coffin

bis zu einer Fördermenge von 20 l/s, einem Druck von 50 atü und für eine Wassertemperatur von 150° C bei Drehzahlen bis 7400 U/min gebaut.

Abb. 17.13 stellt eine Hochdruckkesselspeisepumpe von Sulzer mit doppeltem Gehäuse dar. Die äußere Trommel ist an beiden Enden offen. Der Axialschub wird durch eine automatische Ausgleichsscheibe ausgeglichen; ein Drucklager ist nicht vorhanden. Der Unterschied in der Ausdehnung von äußerem und innerem Gehäuse wird durch zwei elastische Glieder aufgenommen. Eine wirksame Kühlung der Stopfbüchsen sorgt dafür, daß die Leckmenge flüssig und nicht dampfförmig anfällt.

In Abb. 17.14 ist eine Kesselspeisepumpe mit doppeltem Gehäuse gezeigt, deren inneres Gehäuse horizontal geteilt ist. Es hat Doppelspiralen, die beiden Hälften sind sich gleich. Die beiden Austrittsöffnungen des inneren Gehäuses tragen dazu bei, die Temperatur in der Trommel möglichst gleichmäßig zu verteilen und Wärmespannungen soweit wie möglich zu verhindern. Der Axialschub wird durch Aufteilung der Laufräder in zwei entgegengesetzt arbeitende Gruppen ausgeglichen. Ein Kingsbury-Drucklager nimmt den Restschub auf. Die Anordnung der Stufen von rechts nach links ist 1–7–8–9–10–6–5–4–3–2. Zwei Dichtstellen sind vorhanden, an denen sehr starker Druckabfall herrscht, die eine zwischen der ersten und siebenten, die andere zwischen der sechsten und zehnten Stufe. Beiden Stopfbüchsen sind lange Drosselstrecken vorgeschaltet, deren Leckmenge unter 100° C heruntergekühlt wird. Die Hochdruckdichtstellen in der Trommel sind mit einem Edelstahlüberzug geschützt.

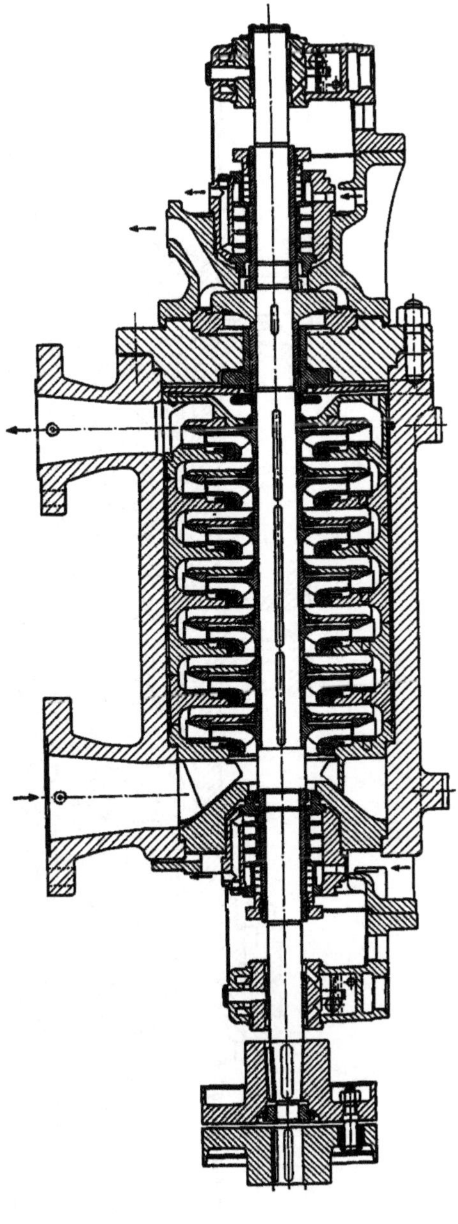

Abb. 17.13. Sulzer-Hochdruckkesselspeisepumpe

An Doppelgehäusepumpen für hohen Druck gibt es in den Vereinigten Staaten etwa gleich viele der Doppelspiralenbauart und der Bauart mit Leitrad. In Europa sind alle mehrstufigen Pumpen mit Leitrad ausgeführt, da hier dem Wirkungsgrad größere Bedeutung beigemessen wird.

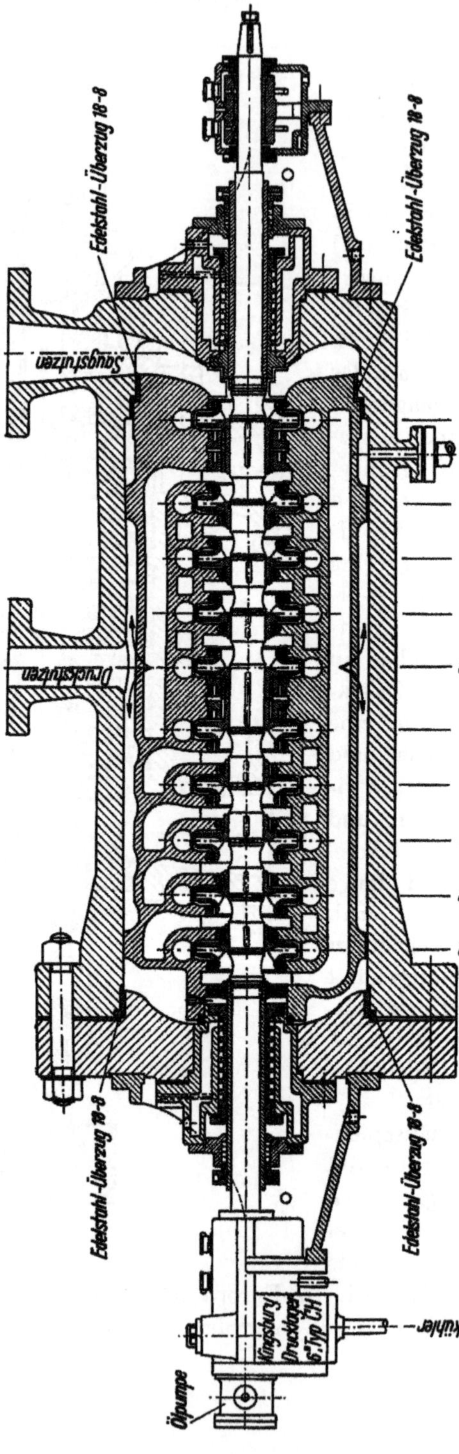

Abb. 17.14. Hochdruckkesselspeisepumpe mit horizontal geteiltem Innengehäuse (United Centrifugal Pumps)

17.3. Beispiele für Konstruktion und Einbau von Radialpumpen

Abb. 17.15 zeigt eine Kesselumwälzpumpe, die für eine Menge von 265 l/s bei einem Differenzdruck von 3 kg/cm² ausgelegt ist. Ihre Dreh-

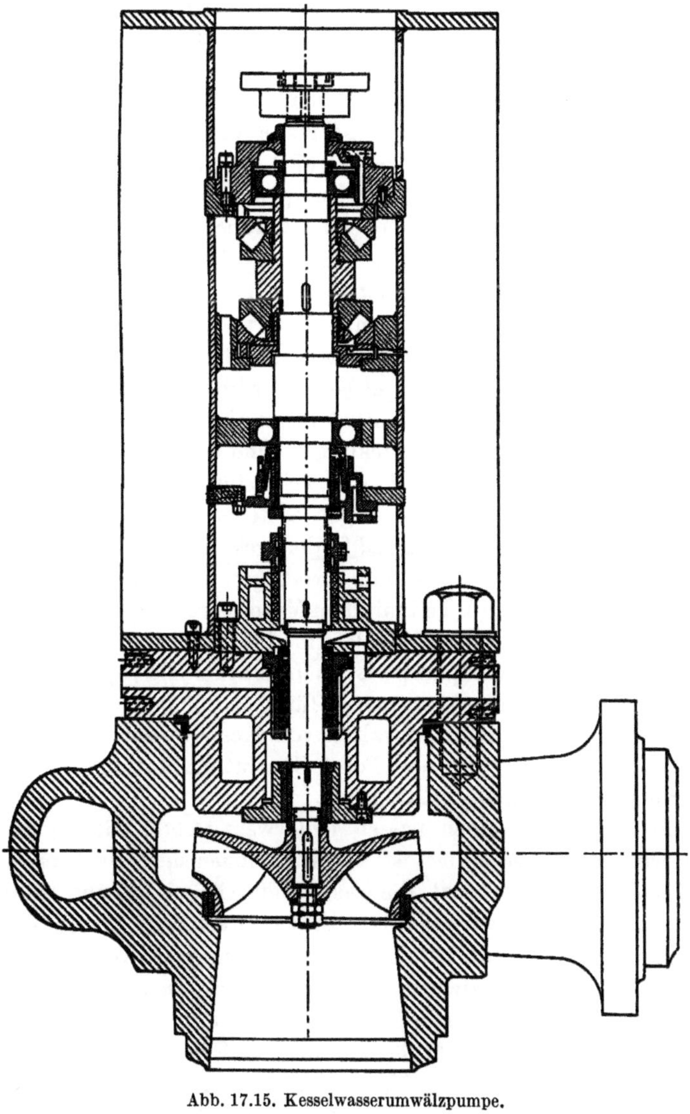

Abb. 17.15. Kesselwasserumwälzpumpe.
$Q = 265$ l/s; $\Delta p = 3$ kg/cm²; $n = 1750$ U/min (Ingersoll-Rand)

zahl beträgt 1750 U/min. Drei Pumpen werden je Kessel benutzt, wovon je zwei in der Lage sind, genügend Wasser bei voller Kesselleistung umzuwälzen. Der Eintrittsdruck ist 147 atü. Ein- und Austrittsstutzen sind zum Anschweißen an das Leitungssystem des Kessels vorgesehen, das auch die Pumpen trägt. Die Dichtung besteht aus einer Drosselstelle mit Wellenbüchse und Gehäusebüchse, die zwischen der Rückseite des Laufrades und einer Sperrwasserkammer angeordnet ist. Der Zweck dieser Dichtung ist, das heiße Kesselwasser von der eigentlichen Drosselstelle fernzuhalten. Die Sperrwasserkammer wird mit kaltem Wasser beschickt. Eine Drosselstelle zum Abbau des Druckes ist zwischen der Sperrwasserkammer und der Stopfbüchse vorgesehen. Der Differenzdruck an der ersten Dichtung wird auf 3 at geregelt. Unter dieser Bedingung braucht man für alle drei Pumpen eine Sperrwassermenge von 3,2 l/s, wovon 2,3 l/s als Leckmenge nach außen fließen [*5*].

Abb. 17.16 zeigt eine Pumpe von der gleichen Art wie sie in dem Primärkühlkreislauf des U-Bootes Nautilus (Antrieb durch Atomenergie) verwendet wird. Die Pumpe fördert Wasser extremer Reinheit, das unter einem Druck von 125 atü steht und das zur Wärmeübertragung vom Reaktor zum Dampferzeuger benutzt wird. Der Antrieb der Pumpe erfolgt durch einen Spaltrohrmotor, der in einem druckfesten Behälter eingeschlossen ist. Die Statorwicklungen sind durch einen Behälter aus einer Nickellegierung geschützt. Alle Teile sind aus korrosionsbeständigem Material hergestellt. Die Lager bestehen aus Graphit und sind wassergeschmiert; ein Hilfslaufrad fördert gekühltes Primärwasser durch den Motorspalt, die Radial- und Axiallager. Ein Niederdruckwärmeaustauscher, von dem ein Teil mit dem Motor zusammengebaut ist, führt die vom Motor erzeugte Wärme ab. Eine ins einzelne gehende Beschreibung der primären Kühlpumpe ist in Literaturstelle [*9*] gegeben.

Eine ähnliche Einheit, ausgelegt für $Q = 300$ l/s, $n = 1800$ U/min, $N = 150$ PS, 440 V, zum Umwälzen von Kesselwasser bei 310° C und 130 atü wurde in der „Possum Pcint Generating Station" der Virginia Electric Power Company installiert.

Abb. 17.17 zeigt einen nassen Unterwassermotor, der speziell für Bohrlochpumpen konstruiert ist. Die Windungen sind mit einer Spezialplastik-Isolierung geschützt, die wasserundurchlässig ist und bei den im Bohrlochbetrieb auftretenden Temperaturen elastisch bleibt. Zur Vermeidung von Korrosion ist der Motor mit einer Öl–Wasser-Emulsion gefüllt. Eine Dichtvorrichtung verhindert den freien Austausch der Motorfüllung mit dem geförderten Wasser bzw. mitgeführtem Sand. Der Außenmantel und die Welle bestehen aus Edelstahl. Das Drucklager ist ein Gleitlager mit in der Neigung verstellbaren einzelnen Schuhen, die auf einer Graphitscheibe laufen. Eine elastische Platte am Boden des Motorgehäuses gestattet die Wärmeausdehnung der Füllflüssigkeit.

Abb. 17.18 zeigt eine Spezialkonstruktion zum Fördern von Papieraufschlämmung (bis zu 10% Feststoffgehalt) und für gasbeladene

Flüssigkeiten bis 50% Gas- oder Dampfgehalt, ohne daß Dampfeinschlüsse entstehen oder die Füllung abreißt. Das Laufrad dieser Pumpe hat wenige (drei bis fünf) nicht überdeckende Schaufeln und eine im Meridianschnitt von innen nach außen vergrößerte Weite. Trotz dieser bedeutenden Abweichung von der

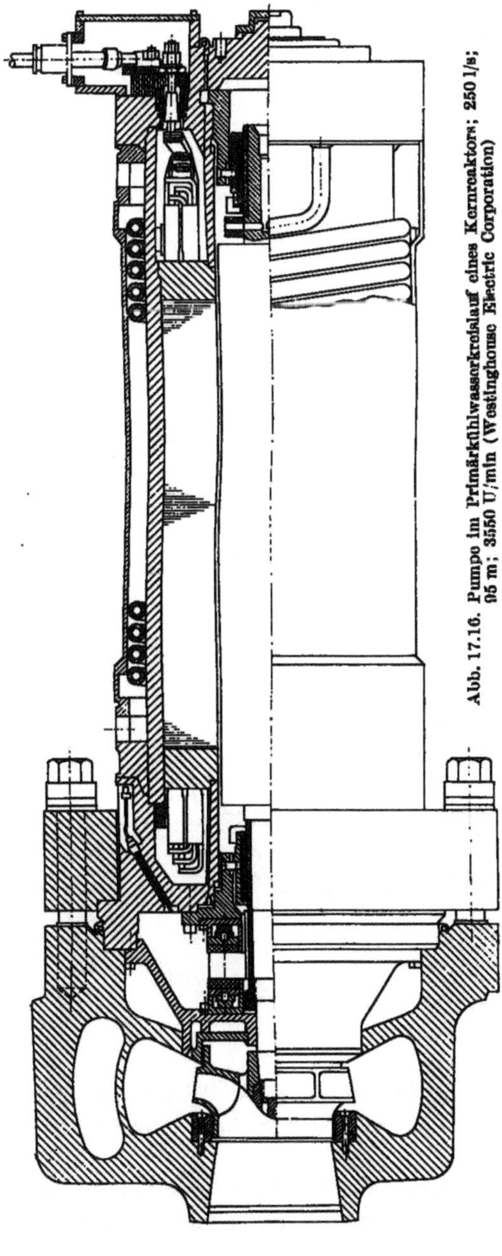

Abb. 17.16. Pumpe im Primärkühlwasserkreislauf eines Kernreaktors; 250 l/s; 95 m; 3550 U/min (Westinghouse Electric Corporation)

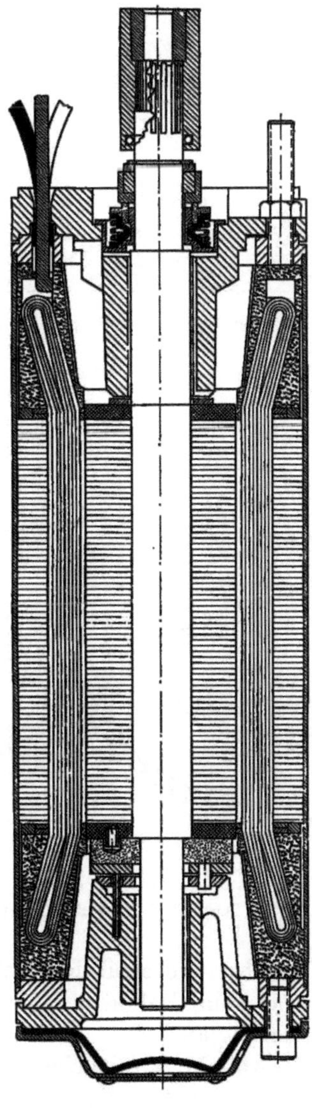

Abb. 17.17. Nasser Unterwassermotor für Bohrlochpumpe (U.S. Motors)

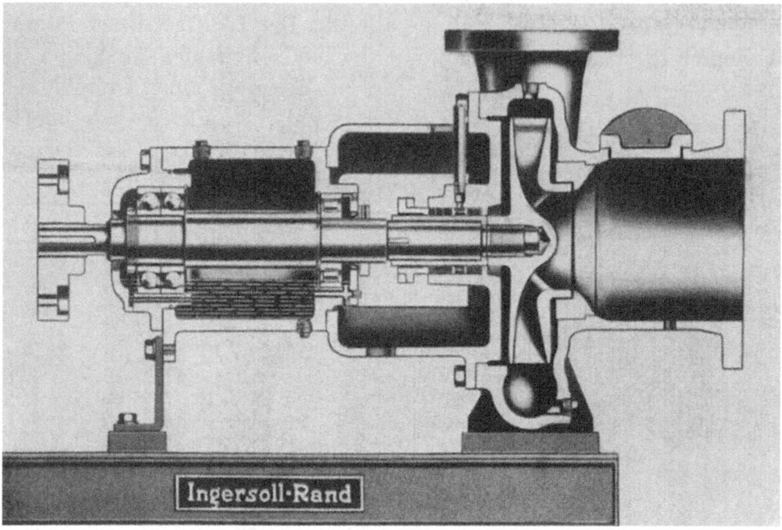

Abb. 17.18. Ingersoll-Rand-Pumpe für Papieraufschlämmung (EMIL EGGER, U.S. Patent Nr. 2566795; 1951)

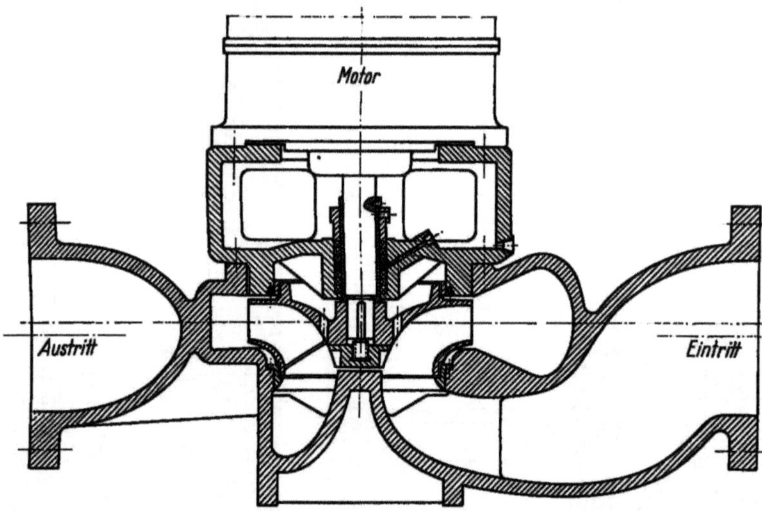

Abb. 17.19. Einstufige Hilfspumpe für Rohrleitungen (United Centrifugal Pumps)

üblichen Konstruktion weicht die Charakteristik bei Wasser mit genügendem Haltedruck nicht viel von den Kurven bei normaler Ausführung ab.

Abb. 17.19 gibt eine sehr kompakte Konstruktion einer einstufigen Pumpe wieder, die in der Petroleumindustrie zum Umladen und als

Hilfspumpe in Nennweiten von 50 mm bis 500 mm weitverbreitet ist. Bei Installation im Freien benötigt diese Pumpe weder Grundplatte noch Fundament oder Wetterschutz. In hochwasserbedrohten Gebieten wird der Motor oberhalb des zu erwartenden Wasserspiegels angeordnet, wobei eine besondere Verbindungswelle starr am Motor angebracht wird.

Abb. 17.20 stellt eine achtstufige Pumpe mit sieben äußeren Umlenkbogen, wie in Abb. 7.14 gezeigt, dar. Die Laufräder sind in vier Paare aufgeteilt, bei denen die Räder Rücken an Rücken sitzen. Theoretisch müßte wegen der Symmetrie der Axialschub ausgeglichen sein. Die Stufenfolge ist 1–2–5–6–8–7–4–3. Sollen die Umlenkbogen mit dem Gehäuse in einem Stück gegossen werden, so ist dies ein schwieriges gießtechnisches Problem. Ursprünglich wurden mehrstufige Pumpen mit äußerer Rückführung — angeschraubt oder angegossen — in den USA für den Einsatz in Ölleitungen entwikkelt, wo der Wirkungsgrad sehr hoch bewertet wurde. Neuere Verbesserungen an den Pumpen mit Leitrad und Rückführschaufeln, die sowohl in Amerika wie in Europa eingeführt wurden,

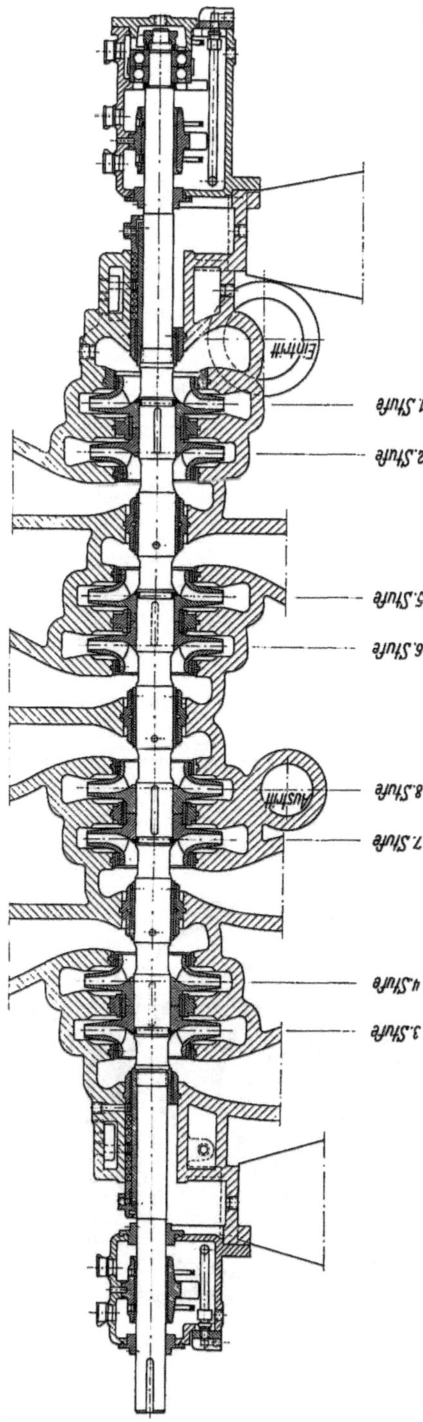

Abb. 17.20. Achtstufige Pumpe mit angegossenen äußeren Umlenkbogen

haben den Vorteil der äußeren Umlenkung praktisch aufgehoben. In Europa werden keine Pumpen mit äußerer Umführung gebaut; dort

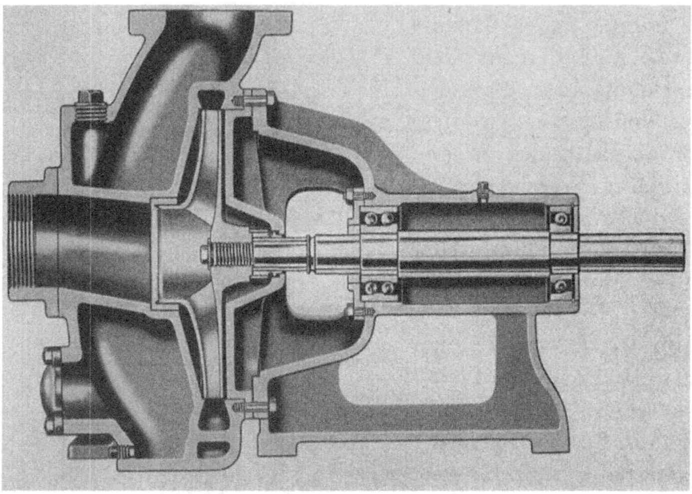

Abb. 17.21. Selbstansaugende Pumpe nach GORMANN-RUPP

sind alle mehrstufigen Pumpen mit Leit- und Rückführschaufeln ausgerüstet.

Abb. 17.21 zeigt eine einfache selbstansaugende Pumpe[1]. Das Doppelspiralgehäuse ist so angeordnet, daß der untere Teil der Spirale immer in die Flüssigkeit eingetaucht ist und daß hier der Spalt zwischen Laufrad und Zunge groß ist (Abbildung 17.22). Im oberen Teil befindet sich während des Ansaugens keine Flüssigkeit, und die Zunge sitzt nahe am Laufrad, so daß die Luft nicht zirkulieren kann. Ein um die Spirale und den Saugstutzen herumgelegte Kammer speichert genug Flüssigkeit, um die Pumpe ganz zu füllen. Das selbstansaugende Gehäuse kann gegen ein Standardgehäuse ausgetauscht werden, wenn die Pumpe nicht selbst anzusaugen

Abb. 17.22. Schnitt durch die Doppelspirale der Pumpe von Abb. 17.21

[1] RUPP, H. E.: U.S. Patent Nr. 2461925, 15. Febr. 1949.

braucht. Eine Pumpe mit einer Fördermenge von $Q = 50$ l/s mit einer Drehzahl von $n = 1750$ U/min füllt bei 6 m Saughöhe eine Strecke von 10 m Rohr NW 150 in weniger als zwei Minuten. Der Wirkungsgrad

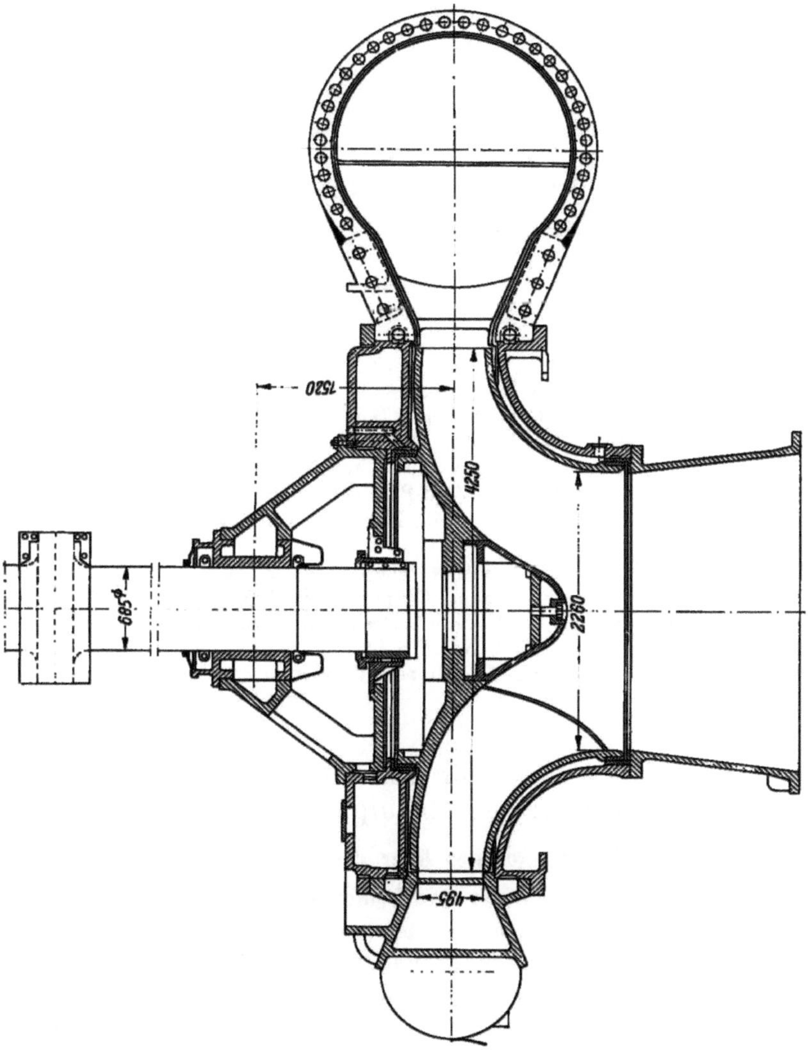

Abb. 17.23. Grand Coulee Vertikalpumpe; 38 m³/s; 95 m; 200 U/min; 65000 PS (Byron-Jackson)

dieser Pumpe, nähert sich dem der konventionellen selbstansaugenden Pumpe der gleichen Auslegedaten.

Abb. 17.23 zeigt die Pumpe des Grand-Coulee-Dammes, die in Abschn. 2,3 erwähnt wurde. Ihre Daten sind: $Q = 38\ \mathrm{m^3/s}$; $H = 93$ m; $N = 65000$ PS; $n = 200$ U/min. Die Größe der Pumpe war durch die größten herstellbaren Schmiedestücke für die Welle begrenzt. Zwei dieser Pumpen werden durch eine Wasserturbine von 165000 PS angetrieben. Einzelheiten über die Konstruktion werden vom Hersteller angegeben [*10*]. Die in Originalgröße hergestellten Einheiten boten einige mechanische und hydraulische Probleme, die auf Grund der Modellversuche nicht vorausgesehen werden konnten [*7*, *Kap. 7*].

Literatur

[*1*] Hollander, A.: Stuffing Box for Refinery Pumps. Calif. Oil World and Petroleum Ind. (März 1944).
[*2*] Hornschuch, H.: Why Mechanical Seals Improve Centrifugal Pump Operation. Power (Aug. 1943).
[*3*] Stepanoff, A. J.: Mechanical Performance of Hot Oil Centrifugal Pumps. Petroleum Refiner (Dez. 1942).
[*4*] Godshall, J. B.: Materials for Central-Station Pumps. Corrosion (Jan. 1954).
[*5*] Cadwallader, L. W., u. H. S. Frederick: Design Features, Operating Experience and Performance of 100000 kW Reheat Installation of Potomac River Station. Combustion (Mai 1955) S. 38.
[*6*] Standards of the Hydraulic Institute. New York 1955.
[*7*] Karassik, I.: So You Are Going to Buy a Boiler Feed Pump. Southern Power and Ind., S. 55, April 1942 bis Juli 1943. (Eine Serie von zwölf Artikeln, herausgegeben von der Worthington Pump and Machinery Corporation.)
[*8*] Godshall, J. B.: Prevention of Feed-Pump Corrosion, New York, Edision Electric Institute Report, 1941—1942, Neudruck von Ingersoll-Rand-Company.
[*9*] Roddis, jr., L. H., u. J. W. Simpson: The Nuclear Propulsion Plant of the USS Nautilus. Westinghouse Engng. (März und Mai 1955).
[*10*] Blom, C.: Development of the Hydraulic Design for the Grand Coulee Pumps. Trans. A.S.M.E. Bd. 72 (1950) Nr. 1, S. 53.
[*11*] Stepanoff, A. J.: Testing Hot Oil Pumps under Actual Operating Conditions. Oil Gas J. (31. Okt. 1940).

18. Die Kombination von Kreiselpumpe und Wasserstrahlpumpe

18.1. Allgemeines über die Anlage

Für Bohranlagen mit kleiner Fördermenge und nicht zu großer Saughöhe (bis 40 m) wurde eine besondere Pumpenart entwickelt, die aus einer Kombination einer Kreiselpumpe mit einer Wasserstrahlpumpe besteht. Die Kreiselpumpe steht zusammen mit dem Motor auf der Erdoberfläche und liefert die Antriebsmenge und -höhe für die auf dem Boden des Bohrloches befindliche Strahlpumpe (Abb. 18.1). Bei Bohrungen, deren Tiefe 7,5 m nicht überschreitet, kann die Strahlpumpe auch auf der Erdoberfläche angeordnet werden [*1*]. Die mechanischen Vorteile der Kombination von Kreiselpumpe und Strahlpumpe sind offensichtlich: Im Bohrloch selbst befinden sich keine bewegten Teile und die Kreiselpumpe mit ihrem Motor kann an irgendeinem beliebigen Punkt aufgestellt werden. Die hydraulischen Vorteile sind: eine steile Fördercharakteristik, wobei die Förderhöhe etwa 50% höher ist als die der Kreiselpumpe allein und eine Leistungscharakteristik, die keine Überlastung des Motors zuläßt. Der maximale Wirkungsgrad der Kombination ist gleich oder besser als der der Strahlpumpe allein, ist jedoch niedriger als der von axialen und radialen Pumpen. In kleinen Abmessungen wird diese Pumpenart oft für die Hauswasserversorgung eingesetzt. Nach den Angaben des „U.S. Department of Commerce Census (Facts for Industry, Series M 31 B–116)“ wurden in der Zeit von 1946 bis 1952 jährlich 360000 Einheiten des Strahlpumpensystems im Wert von über \$ 30000000 verkauft.

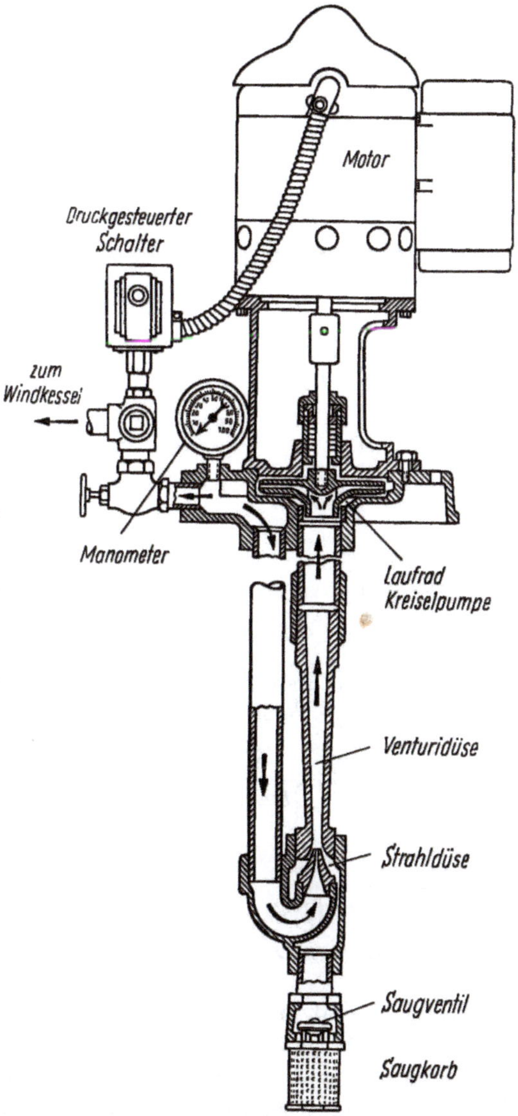

Abb. 18.1. Strahlpumpensystem für Wasser nach JACUZZI

18.2. Strahlpumpen

a) Die Charakteristik. Abb. 18.2 zeigt ein Schema einer Strahlpumpenanlage und gibt die Bezeichnungen, die im folgenden benutzt werden, an. Abb. 18.3 zeigt einen vergrößerten Schnitt durch die Strahlpumpe und Abb. 18.4 gibt die Charakteristik einer Strahlpumpe für verschiedene konstant gehaltene Treibhöhen wieder. Zu beachten ist die Ähnlichkeit der Kurven mit Charakteristiken von Kreiselpumpen bei verschiedenen

Drehzahlen. Nach GOSLINE und O'BRIEN [2] kann die Charakteristik von Strahlpumpen beschrieben werden durch die drei Verhältnisse:

$$f_F = \frac{F_1}{F_2} = \frac{\text{Querschnitt Treibdüse}}{\text{Querschnitt Saugdüse}}, \tag{18.1}$$

$$f_Q = \frac{Q_2}{Q_1} = \frac{\text{geförderte Menge netto}}{\text{Treibmenge}}, \tag{18.2}$$

$$f_H = \frac{H_d - H_s'}{H_1 - H_d} = \frac{\text{Höhe der Strahlpumpe}}{\text{Treibhöhe}}. \tag{18.3}$$

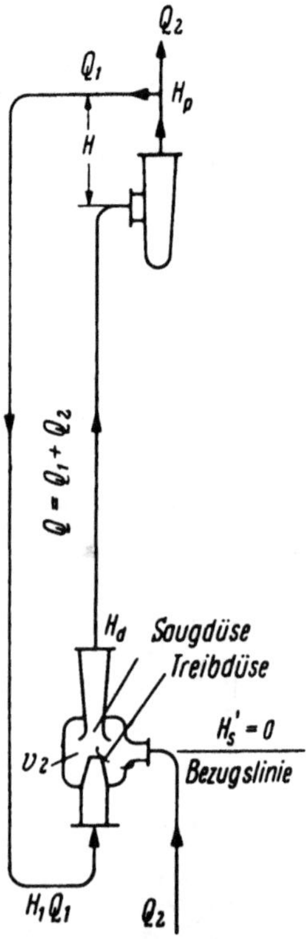

Abb. 18.2. Schema einer Wasserstrahlpumpanlage

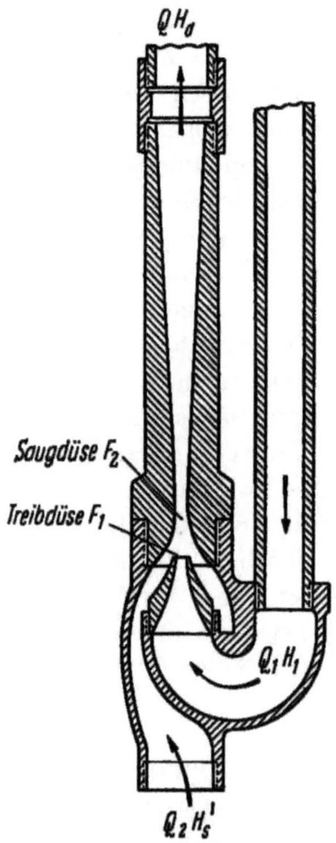

Abb. 18.3. Wasserstrahlpumpe

Treibhöhe H_1 und Treibmenge Q_1 werden der Strahlpumpe von außen geliefert. Die Menge Q_2 tritt unter der Saugdruckhöhe H_S' in die Pumpe ein. Die Menge Q, die aus der Strahlpumpe austritt, ist die Summe aus der im Kreislauf arbeitenden Treibmenge Q_1 und der Fördermenge Q_2.

$$Q = Q_1 + Q_2 . \tag{18.4}$$

In Abb. 18.5 sind einige typische Charakteristiken von Strahlpumpen durch die erwähnten Verhältnisse f_Q und f_H für vier Werte von f_F dargestellt. Abgesehen von extremen Werten für f_F sind die f_H—f_Q-

Kurven im größten Teil ihres Bereiches Geraden, die für alle ähnlichen Strahlpumpen gleich sind. Die Neigung der Kurven ($\operatorname{tg} \alpha = f_H/f_Q$) richtet sich nach dem Wert f_F, ihre Lage wird durch den Wirkungsgrad

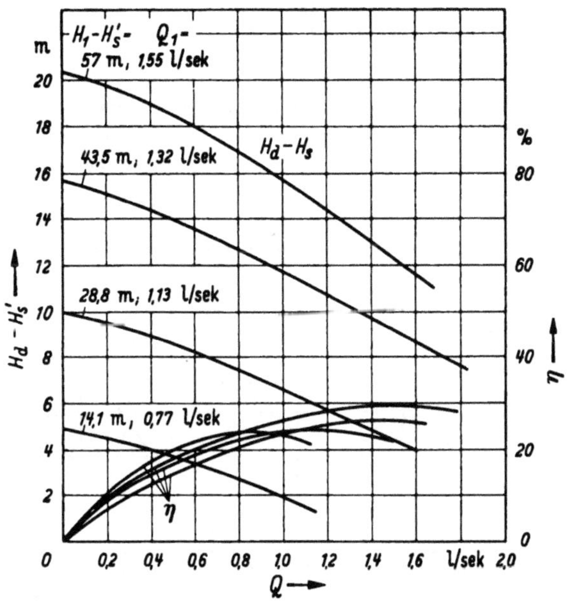

Abb. 18.4. Charakteristik einer Wasserstrahlpumpe (GOSLINE u. O'BRIEN)

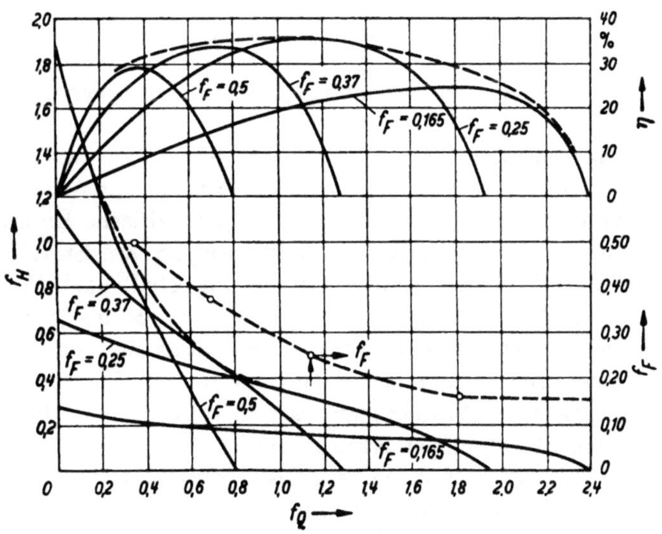

Abb. 18.5. Charakteristik einer Strahlpumpe (FLINT und WALLING).
Gestrichelte Linie: einstellbare Treibdüse

der Strahlpumpe bestimmt; Pumpen mit höherem Wirkungsgrad haben höhere Werte von f_H und f_Q, wie aus der Definition des Wirkungsgrades von Strahlpumpen ersichtlich ist.

$$\eta_S = \frac{Q_2 (H_d - H_s')}{Q_1 (H_1 - H_d)} = f_H f_Q. \tag{18.5}$$

Der angenähert geradlinige Verlauf der Kurven von f_H über f_Q im nutzbaren Bereich hat zur Folge, daß die Punkte besten Wirkungsgrades etwa in der Mitte der Kurven liegen. Bezeichnet man mit f_{HO} und f_{QO} die Schnittpunkte der Kurven mit der Abszissen- bzw. der Ordinatenachse, dann liegt der Optimalpunkt etwa bei $f_{HO}/2$ bzw. bei $f_{QO}/2$.

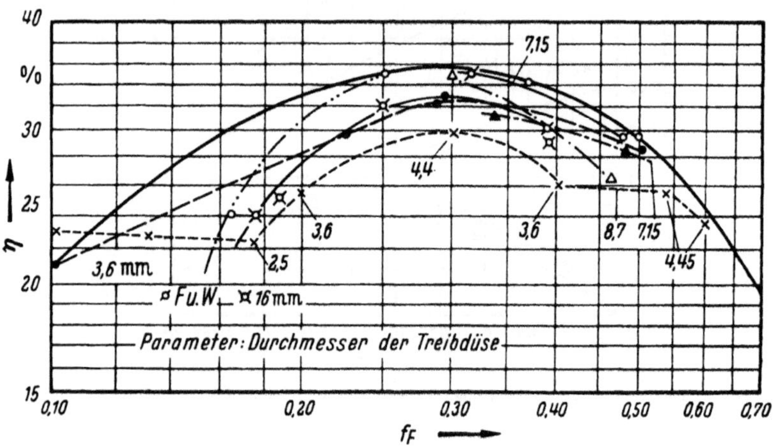

Abb. 18.6. Wirkungsgrad von Wasserstrahlpumpen

Der Wirkungsgrad von Strahlpumpen wird durch folgende Faktoren bestimmt:

1. Das Flächenverhältnis von Treibdüse zu Saugdüse ist die wichtigste Konstruktionsgröße für Strahlpumpen. Sie dient als eine Art Kriterium für den Typ der Strahlpumpe ähnlich wie die spezifische Drehzahl bei Kreiselpumpen. Abb. 18.6 zeigt den Wirkungsgrad von Strahlpumpen für verschiedene Düsenverhältnisse, zusammengestellt nach Versuchen mit handelsüblichen Strahlpumpen in Größen von 25 bis 75 mm Austrittsdurchmesser. Die Durchmesser der Treibdüsen sind auf der Zeichnung vermerkt. Das Maximum von 35% für $f_F = 0{,}28$ ist der höchste dem Autor bekannte Wirkungsgrad, der unabhängig von der Größe, überhaupt von Strahlpumpen erreicht wurde.

2. Abb. 18.7 zeigt die Abhängigkeit des Wirkungsgrades als Funktion der Reynoldsschen Zahl, die den Einfluß der Düsengröße, des Düsendruckes bzw. der Geschwindigkeit und der Zähigkeit der Flüssigkeit erfaßt. Der Einfluß der Viskosität ist besser aus Abb. 18.8 zu entnehmen,

aus dem hervorgeht, daß die Gestalt der Kurven f_H über f_Q für verschiedene REYNOLDSsche Zahlen gleich ist; sie ist charakteristisch für ein

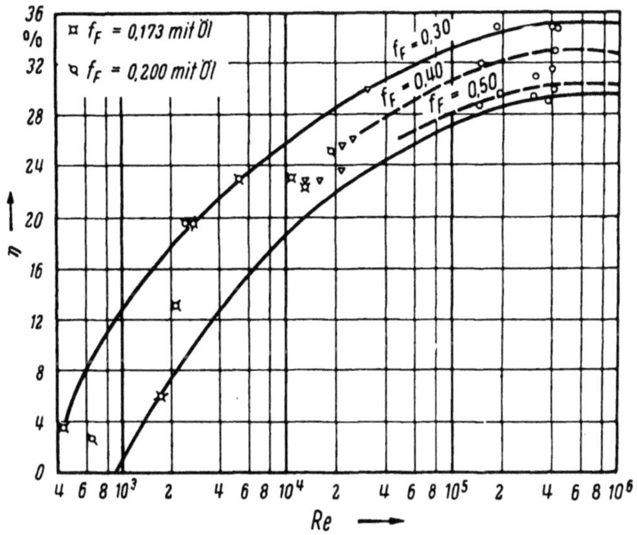

Abb. 18.7. Wirkungsgrad von Strahlpumpen in Abhängigkeit von der REYNOLDSschen Zahl

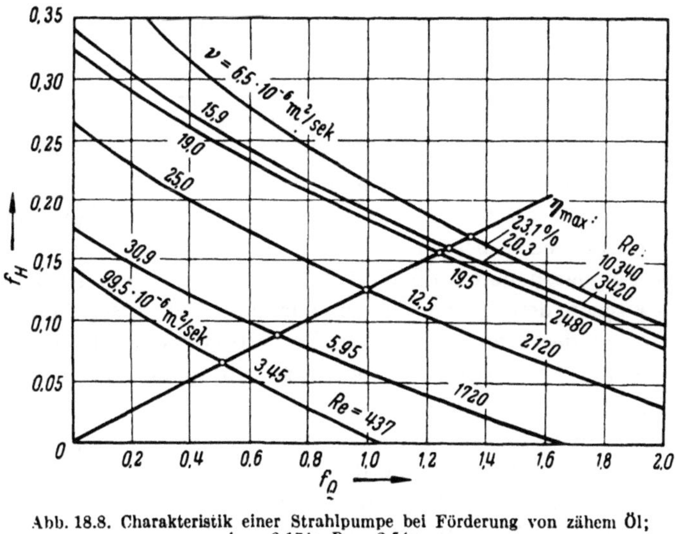

Abb. 18.8. Charakteristik einer Strahlpumpe bei Förderung von zähem Öl; f_F = 0,174; D_1 = 2,54 mm

gegebenes Flächenverhältnis f_F an der Düse. Die REYNOLDSschen Zahlen sind mit der Geschwindigkeit und dem Durchmesser der Treibdüse gebildet.

Es besteht eine feste Beziehung zwischen der REYNOLDSschen Zahl in der Treibdüse und der in der Saugdüse.

$$Re_S = Re_T (1 + f_Q) \sqrt{f_F}\,. \tag{18.6}$$

Im Punkt besten Wirkungsgrades ist $Re_S = Re_T$, so daß in diesem Punkt gilt:

$$(1 + f_Q) \sqrt{f_F} = 1\,, \tag{18.7}$$

woraus man durch eine einfache algebraische Umformung die Beziehung

$$Q_1 v_1 = (Q_1 + Q_2)\, v_s \tag{18.8}$$

erhält. Dabei ist v_1 die Geschwindigkeit in der Treibdüse und v_s die Geschwindigkeit in der Saugdüse. Gl. (18.8) sagt aus, daß der Impuls der Strömung durch die Treibdüse gleich dem Impuls in der Saugdüse ist. Das heißt, daß der vom Treibstrom verlorene Impuls an den Saugstrom übergeht, wenn man annimmt, daß der letztere ohne Geschwindigkeit zuströmt.

$$Q_1 (v_1 - v_s) = Q_2 v_s\,. \tag{18.8a}$$

Die durch Gleichung (18.8) dargestellte Beziehung wurde experimentell von WEEKS [*3, 4*] für Luft festgestellt. Seine Untersuchungen führten zur Konstruktion von Luftstrahlgebläsen zur Belüftung im Bergbau. Die Streuung der Punkte in Abb. 18.7 rührt von dem Einfluß des Durchmesserverhältnisses f_F und dem Fehlen vollständiger physikalischer Ähnlichkeit her. Ganz allgemein ist zu bedenken, daß die REYNOLDSsche Zahl für die Düsenströmung nicht die gleiche Bedeutung hat wie für das gerade Rohr und daß sie deshalb auch nicht der einzige die Charakteristik bestimmende Parameter ist [*5*].

3. Bei kleinen zur Hauswasserversorgung eingesetzten Strahlpumpen beträgt der Abstand zwischen Treibdüse und Saugdüse etwa einen Treibdüsendurchmesser. Die Länge der Saugdüse ist ungefähr sechsmal so groß wie ihr Durchmesser. Diese Verhältnisse sind Funktionen der Geschwindigkeiten in beiden Düsen und der Größe der Einheit. Höhere Geschwindigkeiten und größere Abmessungen erfordern größeren Abstand zwischen den Düsen und eine längere Saugdüse. Obwohl eine Vergrößerung der beiden genannten Verhältnisse, des relativen Düsenabstandes und der relativen Länge der Saugdüse, nur einen untergeordneten Einfluß auf die Charakteristik haben, ist eine Verringerung des relativen Düsenabstandes unter den Wert 1 nicht zu empfehlen. Man erhält sonst durch Behinderung der Saugströmung zur Düse eine Verminderung von Höhe, Menge und Wirkungsgrad.

Da die f_H—f_Q-Charakteristik einer Strahlpumpe im nutzbaren Bereich angenähert eine Gerade ist und da der Punkt besten Wirkungsgrades in der Mitte dieser Kurve liegt, kann die Charakteristik gezeichnet werden, wenn die Werte im Punkt besten Wirkungsgrades bekannt sind. Der Anstieg ist $\operatorname{tg}\alpha = f_{H0}/f_{Q0} = f_H^*/f_Q^*$, wenn wieder die mit * bezeichneten Werte den optimalen Betriebspunkt darstellen ($f_{HO} \simeq 2 f_H^*$; $f_{QO} \simeq 2 f_Q^*$).

Abb. 18.9 zeigt eine Auftragung von f_H- und f_Q-Werten für den Punkt besten Wirkungsgrades über dem Flächenverhältnis f_F der Düsen. Der beste Wirkungsgrad betrug jeweils 30%. Bei Wirkungsgraden, die von dem Wert 30% abwichen, wurden die charakteristischen Werte mit der Wurzel aus dem Wirkungsgradverhältnis reduziert, also

$$f'_Q = f_Q^* \cdot \sqrt{\frac{30}{\eta_s^*}} \quad \text{und} \quad f'_H = f_H^* \cdot \sqrt{\frac{30}{\eta_s^*}}, \tag{18.9}$$

wobei $\eta^* = f_Q^* \cdot f_H^*$ den tatsächlich gemessenen Werten entspricht und f'_H und f'_Q die in Abb. 18.9 aufgetragenen Werte sind.

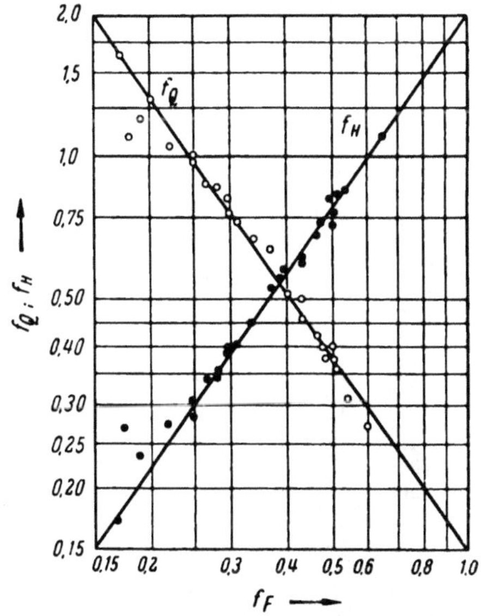

Abb. 18.9. Verhältnisse f_H und f_Q in Abhängigkeit des Flächenverhältnisses f_F, bezogen auf 30% maximalen Wirkungsgrad

b) Einstellbare Düse. Durch ein Nadelventil an der Treibdüse (Abb. 18.10 und 18.11) ist es möglich, das Flächenverhältnis f_F zu variieren und auf diese Weise den Arbeitsbereich der Strahlpumpe bzw. der Kombination Strahlpumpe—Kreiselpumpe zu vergrößern. Die Verstellung des Nadelventils kann entweder von Hand, wie in Abb. 18.10 dargestellt, oder durch eine Membran nach Abb. 18.11 erfolgen [6]. In der zuletzt genannten Anordnung verringert sich die Fläche der Treibdüse mit abnehmendem Austrittsdruck der Strahlpumpe. Damit verändert sich das Flächenverhältnis, es ergibt sich eine flachere f_H—f_Q-Kurve, eine größere Menge und ein höherer Wirkungsgrad. Die gestrichelten Linien in Abb. 18.5 stellen die Einhüllenden der f_H—f_Q-Kurven und der Wirkungsgradkurven von vier Strahlpumpen mit verschiedenen Düsenflächenverhältnissen dar. Eine derartige Charakteristik erhält man angenähert bei Strahlpumpen mit automatisch verstellbarem Nadelventil.

Arbeitet die Strahlpumpe zusammen mit einer Kreiselpumpe, so erreicht man durch eine einstellbare Düse eine Vergrößerung des Mengenbereiches bei gegebener Tauchtiefe, einen besseren Wirkungsgrad der Anlage und einen geringeren Leistungsbedarf des Kreiselpumpenmotors

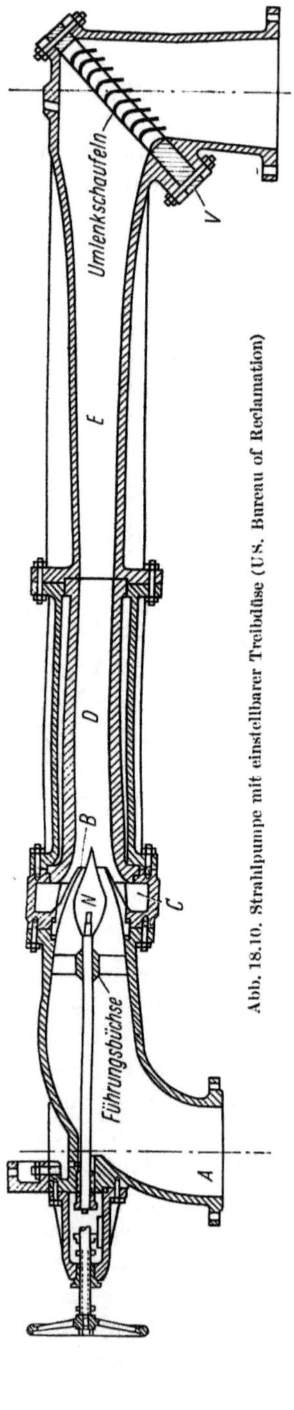

Abb. 18.10. Strahlpumpe mit einstellbarer Treibdüse (U.S. Bureau of Reclamation)

(Abb. 18.12). Die Charakteristik einer ähnlichen Einheit mit fester Düse ist zum Vergleich wiedergegeben.

Abb. 18.13 gibt die Charakteristik der in Abb. 18.10 gezeigten Strahlpumpe NW 200 wieder. Sie ist eine von mehreren großen Strahlpumpen, die vom U.S. Bureau of Reclamation[1] als Hilfspumpen

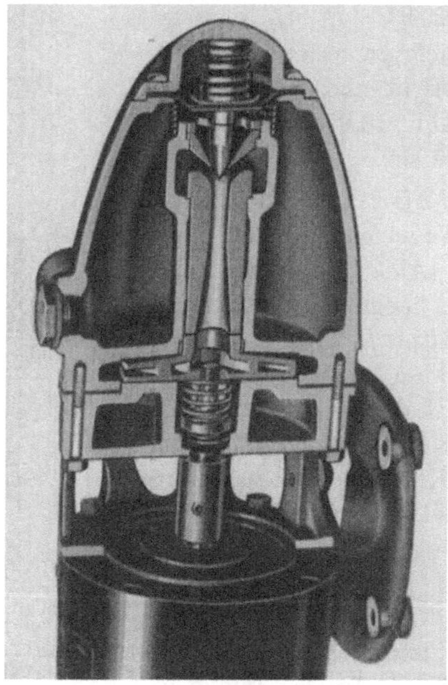

Abb. 18.11. Kombination Kreiselpumpe—Strahlpumpe mit einstellbarer Düse (FLINT u. WALLING)

in großen Wasserkraftanlagen in Größen bis zu einer Nennweite von 1800 mm eingesetzt werden. Einige Anwendungen für diese Pumpen sind: Kühlwasserzufuhr zu Generatoren, Wasser für Fischtreppen, Entleerung von Turbinengehäusen, Einsatz bei Notstand und andere. Eine Nachprüfung der Charakteristik großer Strahlpumpen ist besonders im Vergleich mit kleinen Einheiten von Interesse.

[1] U.S. Dept. of Interior, Bureau of Reclamation, Denver, Colorado, Hydraulic Machinery Branch.

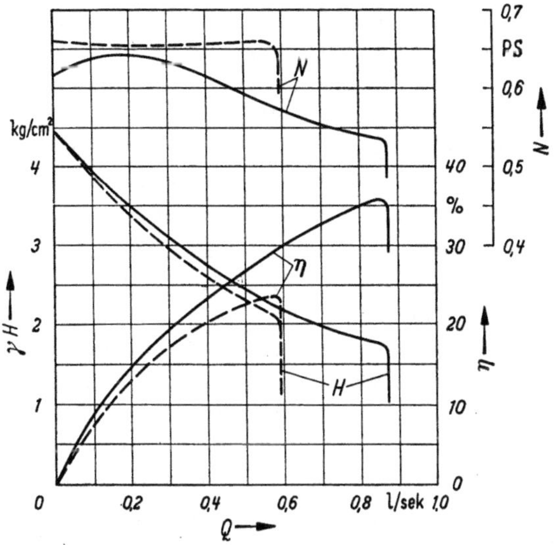

Abb. 18.12. Charakteristik einer kombinierten Kreiselstrahlpumpe; ausgezogene Linie — verstellbare Düse, gestrichelte Linie — feste Düse (FLINT und WALLING)

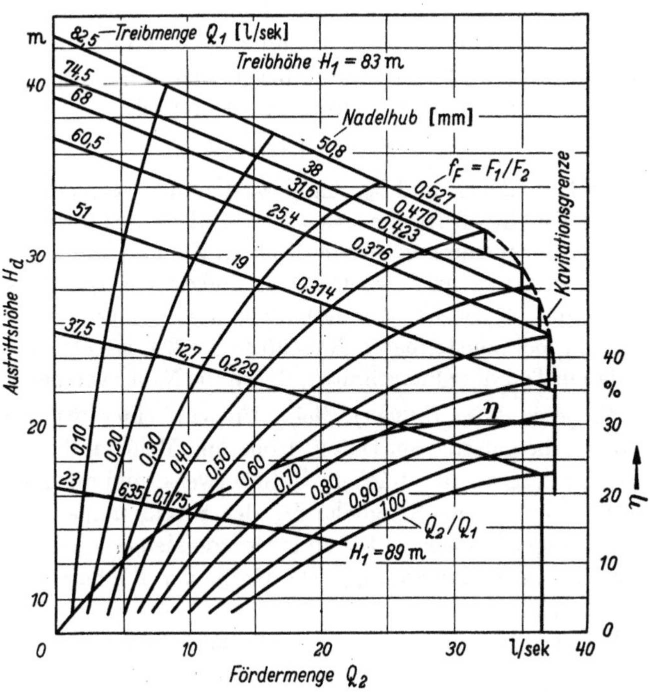

Abb. 18.13. Charakteristik einer Strahlpumpe NW 200, F_2 = 40 cm², Saughöhe H_S = 1,8 m (Bureau of Reclamation)

Folgende Beobachtungen wurden an Pumpen mit den Austrittsdurchmessern NW 200, 300, 600, 1800 gemacht.

1. Der maximale Wirkungsgrad großer Strahlpumpen liegt ebenso hoch wie bei kleinen Pumpen bis NW 75.

2. Es sind Anzeichen dafür vorhanden, daß das optimale Flächenverhältnis f_F der Düsen sich zu einem kleineren Wert als der in Abb. 18.6 erscheinende verlagert. Dies läßt vermuten, daß bei großen Düsen der mittlere Teil den Impuls nicht so gut austauschen kann.

3. Die f_H- und f_Q-Werte von großen Einheiten fügen sich zufriedenstellend in Abb. 18.9 ein.

4. Die einzelnen Kurven von f_H über f_Q nähern sich der Geraden besser an als die Kurven kleiner Strahlpumpen; die dort auftretende Tendenz wachsenden Anstieges mit abnehmendem f_Q bei kleinen Werten dieser Größe ist bei großen Einheiten nicht so ausgeprägt.

5. Beziehung (18.8) ist bei großen Pumpen sehr gut erfüllt.

c) Kavitation. Strahlpumpen sind der Kavitationsgefahr ebenso ausgesetzt wie Kreiselpumpen. Die Kavitation begrenzt die Fördermenge bei gegebener Saughöhe auf ein Maximum (Abb. 18.12). Auch in Strahlpumpen ist sie mit dem typischen Kavitationsgeräusch und mit Anfressungserscheinungen der Wände der Saugdüse verbunden. Druckmessungen in der Saugdüse bei Kavitation zeigen, daß der der Flüssigkeitstemperatur entsprechende Dampfdruck herrscht. Unter dieser Bedingung ist die maximale Fördermenge theoretisch:

$$Q_2 = (F_2 - F_1)\sqrt{2\,g\,(\varDelta H - h_{vs})}\,, \tag{18.10}$$

wobei $\varDelta H$ der Haltedruck und h_{vs} der Verlust in der Saugleitung sind. Der gemessene Durchfluß ist um etwa 10% größer; das bedeutet, daß sich der Teil der Saugströmung, der in direkten Kontakt mit dem Treibstrom kommt, mit einer größeren Geschwindigkeit bewegt, als sie der Saugdruck erzeugen kann. Es ist zu beachten, daß die maximal mögliche Fördermenge Q_2 bei einstellbarer Nadeldüse größer ist als bei fester Treibdüse, da ein Teil des Querschnittes durch die Nadel versperrt wird.

d) Das Vorgehen beim Entwurf. Beim Entwurf einer Strahlpumpe wird angestrebt, die geforderten Daten, Höhe und Menge mit dem bestmöglichen Wirkungsgrad zu erreichen. Üblicherweise sind die Treibhöhe H_1, die Höhe H_d und die Saughöhe H_s der Strahlpumpe durch die äußeren Bedingungen festgelegt. Die zu fördernde Menge Q_2 ist bekannt. Zu berechnen ist die Treibmenge Q_1. Die Größe der Treibdüse und der Saugdüse wird wie folgt bestimmt.

1. Der Wert von f_H wird nach Gl. (18.3) ausgerechnet.

2. Aus Abb. 18.9 werden die Werte für f_Q und f_F für den Optimalpunkt mit 30% Wirkungsgrad entnommen. Ist ein vom Wert 30% verschiedener Wirkungsgrad zu erwarten, dann ist f_H vor Benutzung des

Diagramms nach Gl. (18.9) umzurechnen. Der erhaltene Wert für f_Q ist ebenfalls auf den zu erwartenden Wirkungsgrad umzurechnen.

3. Die Treibmenge $Q_1 = Q_2/f_Q$ kann dann für den Optimalpunkt bestimmt werden. Ist an Stelle von Q_2 die Gesamtmenge $Q = Q_1 + Q_2$ vorgegeben, dann ergibt sich $Q_1 = Q/(f_Q + 1)$ und $Q_2 = Q - Q_1$.

4. Die Fläche F_1 der Treibdüse errechnet sich nach der unten angegebenen Gl. (18.16), wobei $C = 0{,}95$ einzusetzen ist.

5. Die Fläche F_2 der Saugdüse ist mit Hilfe des Flächenverhältnisses zu bestimmen durch

$$F_2 = F_1/f_F.$$

Es ist durch die WEEKsche Regel, Gl. (18.8) zu kontrollieren.

6. Die dimensionslose Charakteristik f_H über f_Q kann als Gerade durch den Punkt besten Wirkungsgrades gezogen werden. Die Kurve $H_d = f(Q_2)$ ist punktweise zu berechnen. Es ist $Q_2 = Q_1 f_Q$, wobei Q_1 im wesentlichen konstant bleibt, H_d geht aus Beziehung (18.3) hervor; H_1 und H_s sind ebenfalls angenähert konstant.

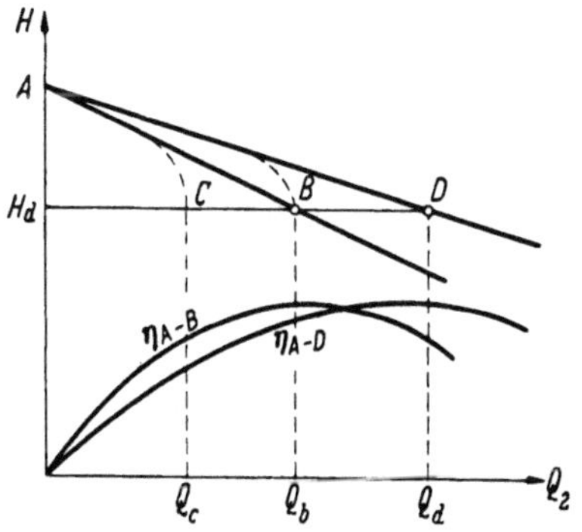

Abb. 18.14. Beeinträchtigung durch Kavitation

7. Wenn die Auslegemenge Q_b, Abb. 18.14, wegen zu großer Saughöhe nicht verwirklicht werden kann und die Förderkurve bereits bei einer kleineren Menge Q_c abbricht, muß eine größere Pumpe genommen werden. Die größere Pumpe ist für eine größere Menge Q_d ausgelegt, liefert aber nur die Menge Q_b links vom Optimalpunkt und arbeitet daher bei schlechterem Wirkungsgrad.

Die größere Pumpe hat im Punkt D die gleichen Werte f_Q und f_F wie die kleinere, da diese Größen nur von der Größe f_H abhängen, die unverändert bleibt. Gl. (18.10) und das Verhältnis $f_F = F_1/F_2$ bestimmen die erforderlichen Querschnitte. Durch die Wirkungsgradverschlechterung benötigt man eine größere Treibmenge Q_1, um die gleiche Nutzmenge Q_2 zu fördern.

Zusammenfassend ist festzustellen, daß bei zu kleinem Haltedruck eine größere Pumpe gewählt werden muß, um die gestellten Anforderungen zu erfüllen; es ist dies die gleiche Maßnahme, die bei Kreiselpumpen mit zu großer Saughöhe getroffen wird.

Bemerkungen. Es ist zu beachten, daß bei gegebenem Wert von f_H sowohl f_Q als auch f_F durch Abb. 18.9 festgelegt sind; f_Q und f_F sind also keine unabhängigen Größen. Ihre Verknüpfung ist in Beziehung 18.7 gegeben durch

$$1 + f_Q = 1/\sqrt{f_F}$$

oder
$$1 + f_Q = D_S/D_T \,, \qquad (18.11)$$
wobei D_S der Durchmesser der Saugdüse und D_T der der Treibdüse ist. Da f_Q und f_H wiederum durch die Beziehung
$$f_Q f_H = \eta_S \qquad (18.12)$$
zusammenhängen und der Wirkungsgrad bereits vor Beginn des Entwurfs bekannt oder abgeschätzt sein soll, können f_Q und f_F direkt aus Gl. (18.12) und Gl. (18.11) berechnet werden, ohne Abb. 18.9 zu benutzen. Die in Abb. 18.9 dargestellte Gesetzmäßigkeit ist ein Beweis für die Beziehungen (18.7) und (18.8), die zuerst experimentell gefunden wurden.

18.3. Die Charakteristik der Kombination Kreiselpumpe—Strahlpumpe

Um die Charakteristik der Kombination zu bestimmen, wenn die Charakteristiken der Kreiselpumpe und der Strahlpumpe bekannt sind, werden folgende Bezeichnungen eingeführt. In Abb. 18.2 sind:

H_P Druckhöhe der Kreiselpumpe (Austrittsstutzen),
H Förderhöhe der Kreiselpumpe,
H_1 Höhe vor der Treibdüse, Treibhöhe,
H_d Druckhöhe der Strahlpumpe,
H'_s Saugdruckhöhe der Strahlpumpe,
h_{v1} Reibungsverlust in der Saugleitung der Kreiselpumpe,
h_{v2} Reibungsverlust in der Falleitung für die Treibmenge.

Alle Höhen sind vom Niveau des Eintrittes in die Strahlpumpe aus gerechnet. Zur Berechnung wird angenommen, daß die Saughöhe null ist, $H'_s = H_s = 0$.

Wenn die Pumpe in das Wasser eingetaucht ist, also $H'_S \neq 0$, so muß dies im Endergebnis, Gl. (18.28), dadurch berücksichtigt werden, daß zu den Höhen H_P, H_d und H_1 die Zulaufhöhe addiert wird.

Es ist zweckmäßig, das Rohr zwischen dem Austritt aus der Strahlpumpe und dem Eintritt in die Kreiselpumpe als ein Teil derselben zu betrachten und die Verluste des Rohres zu den Verlusten der Kreiselpumpe hinzuzurechnen. Deren neue Förderhöhe wird damit
$$H_K = H - h_{v1} \,. \qquad (18.13)$$
Dies ist die zur Verfügung stehende Treibhöhe, die bei bekannter Pumpencharakteristik und gegebenem Rohr für den ganzen Förderbereich bestimmt werden kann (Abb. 18.15). Auf diese Weise wird der Reibungsverlust in der Saugleitung der Kreiselpumpe automatisch erfaßt.

Der Betriebspunkt des Systems wird durch vier Bedingungen festgelegt:

1. $$Q = Q_1 + Q_2 = Q_1 (f_Q + 1) \,, \qquad (18.14)$$

2. $$\frac{f_Q}{f_{QO}} + \frac{f_H}{f_{HO}} = 1 \,. \qquad (18.15)$$

Beziehung (18.15) ist die Gleichung der dimensionslosen Fördercharakteristik, die für ein gegebenes Düsenflächenverhältnis und einen gegebenen Wirkungsgrad wie oben gezeigt gewählt wird. f_{QO} ist f_Q an der Stelle $f_H = 0$, und f_{HO} ist f_H an der Stelle $f_Q = 0$. f_Q und f_H sind beliebige Werte auf der Geraden f_H über f_Q.

$$3. \qquad Q_1 = C F_1 \sqrt{2 g H_1}. \qquad (18.16)$$

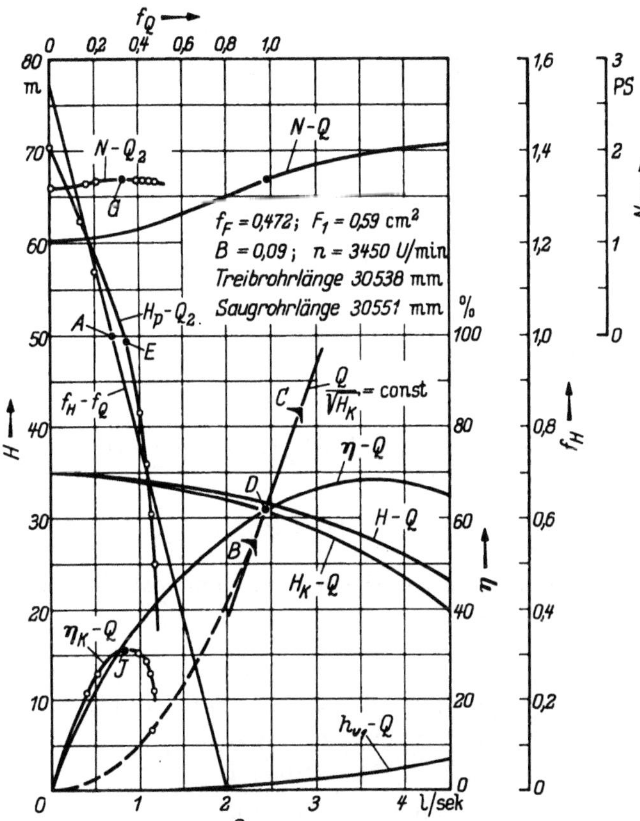

Abb. 18.15. Beispiel zur Berechnung der Charakteristik einer Kombination Kreiselpumpe—Strahlpumpe

Dies ist die Menge, die unter Einwirkung der Druckhöhe H_1 ($H_S' = 0$) durch die Treibdüse fließt. Die kleine Geschwindigkeitshöhe in der Saugkammer der Strahlpumpe wird vernachlässigt. C ist der Düsenkoeffizient, der von anderen Versuchen her bekannt ist.

$$4. \qquad H_K = \frac{H_1}{f_H + 1} [1 + B (f_H + 1)]. \qquad (18.17)$$

Die Größe B ist dabei eine numerische Konstante, die den Höhenverlust h_{v2} in der Falleitung zur Strahlpumpe durch dessen Verhältnis zur Treibhöhe H_1 angibt. Im folgenden ist die Ableitung der Beziehung (18.17) zwischen H_K und H_1 gegeben: Aus Abb. 18.2 ergibt sich:

$$H_P = H_1 + h_{v2} = H_d + H - h_{v1} = H_K + H_d, \tag{18.18}$$

$$H_K = H_1 - H_d + h_{v2}, \tag{18.19}$$

$$h_{v2} = \lambda \cdot \frac{L}{d} \cdot \frac{v_1^2}{2g} = \lambda \frac{16 L Q_1^2}{2 g \pi^2 d^5}. \tag{18.20}$$

λ ist der Reibungskoeffizient, L die Länge und d der Durchmesser des Fallrohres.

Nach Gl. (18.16) ist

$$H_1 = \frac{Q_1^2}{2 g C^2 F_1^2}.$$

Durch Kombination beider Ausdrücke erhält man

$$\frac{h_{v2}}{H_1} = \frac{16 \lambda L C^2 F_1^2}{\pi^2 d^5} = B = \text{konst}, \tag{18.21}$$

$$h_{v2} = B H_1. \tag{18.22}$$

Dann wird Gl. (18.19) zu

$$H_K = H_1 (1 + B) - H_d. \tag{18.23}$$

Durch Substitution von H_d nach Gl. (18.3) ergibt sich dann die obengenannte Beziehung (18.17).

$$H_K = \frac{H_1}{f_H + 1} [1 + B(f_H + 1)].$$

Die Zahl der Veränderlichen wird nun durch Kombination der Gln. (18.14), (18.16), (18.17) reduziert:

$$Q = C F_1 \sqrt{2 g H_1} (f_Q + 1). \tag{18.24}$$

Quadriert man Gl. (18.24) und dividiert durch Gl. (18.14), so erhält man

$$\frac{Q^2}{H_K} = \frac{2 g C^2 F_1^2 (f_Q + 1)^2 (f_H + 1)}{1 + B(f_H + 1)}. \tag{18.25}$$

Für einen beliebigen Punkt der Förderkennlinie der Kreiselpumpe (H_K über Q) sind die Beziehungen (18.15) und (18.25) zwei Gleichungen mit den beiden Unbekannten f_Q und f_H. Die Lösung der entstehenden kubischen Gleichung ist algebraisch nicht möglich. Für eine Lösung durch Probieren ist es einfacher, von Gl. (18.25) auszugehen und den Vorgang umzukehren, das heißt, für einen beliebigen Punkt auf der Kurve f_H über f_Q Werte einzusetzen (Punkt A in Abb. 18.15). Dann wird Gl. (18.25) zu

$$\frac{Q}{\sqrt{H_K}} = \text{konst}. \tag{18.26}$$

Gl. (18.26) kann von einer Kreiselpumpe bei jeder beliebigen Drehzahl und mit jedem Laufraddurchmesser erfüllt werden. Um Q und H_K für eine bestimmte Pumpendrehzahl zu finden, bestimmt man zunächst mit Hilfe von Gl. (18.26) ein beliebiges Wertepaar (Punkt B, Abb. 18.15). Punkte mit der gleichen Einheitsfördermenge $Q/\sqrt{H_K}$ liegen auf einer quadratischen Parabel mit dem Scheitel im Ursprungspunkt des Koordinatensystems. Ein weiteres Wertepaar ergibt einen Punkt C, der sich auf der dem Punkt B gegenüberliegenden Seite der Drosselkurve befinden soll. Durch Verbindung der Punkte B und C erhält man den gesuchten Punkt D auf der Drosselkurve. Liegen die Punkte B und C nicht zu weit auseinander, so kann der dazwischenliegende Parabelbogen durch eine Gerade ersetzt werden. Sind H_K und Q bekannt, so können Förderhöhe H_P und Fördermenge Q_2 des Systems (Punkt E) durch Benutzung der bereits aufgestellten Beziehungen oder der Gln. (18.28) und (18.29) bestimmt werden. Der Wirkungsgrad η_{SK} der Kombination von Strahlpumpe und Kreiselpumpe (Punkt J) ergibt sich durch Dividieren der Ausgangsleistung des Systems durch die von der Pumpe aufgenommene Leistung (Punkte F und G):

$$\eta_{SK} = \frac{Q_2 H_P}{L}. \tag{18.27}$$

Jede gewünschte Zahl von Punkten der Q_2—H_P-Kurve kann so durch Wahl verschiedener Punkte auf der Kurve f_H über f_Q konstruiert werden.

18.4. Ähnlichkeitsgesetze

a) Änderung der Pumpendrehzahl. Die Gln. (18.28) und (18.29) drücken alle Höhen und Mengen durch die Höhe H_K der Kreiselpumpe und die dimensionslosen Verhältnisse f_Q und f_H der Strahlpumpe aus.

$$\left.\begin{aligned}
H_d &= H_K \frac{f_H}{1 + B(f_H + 1)}, \\
H_1 &= H_K \frac{f_H + 1}{1 + B(f_H + 1)}, \\
H_P &= H_K \frac{(f_H + 1)(B + 1)}{1 + B(f_H + 1)} = H_1 (B + 1), \\
h_{v1} &= H_K \,\text{konst} = Q^2 \,\text{konst}, \\
h_{v2} &= B H_1,
\end{aligned}\right\} \tag{18.28}$$

$$\left.\begin{aligned}
Q_1 &= \sqrt{H_K}\, \frac{C F_1 \sqrt{2g(f_H + 1)}}{\sqrt{1 + B(f_H + 1)}} = C F_1 \sqrt{2 g H_1}, \\
Q_2 &= Q_1 f_Q, \\
Q &= Q_1 (f_Q + 1).
\end{aligned}\right\} \tag{18.29}$$

Wird die Drehzahl der Kreiselpumpe oder der Laufraddurchmesser geändert, so bleiben die Verhältnisse f_Q und f_H der Strahlpumpe gleich. An Hand von Gl. (18.28) kann festgestellt werden, daß die Höhe H_P

des Systems sowie alle anderen Höhen H_1, H_d, h_{v1} und h_{v2} sich wie das Quadrat der Drehzahl bzw. des Laufraddurchmessers oder wie die Förderhöhe der Kreiselpumpe verhalten. Ebenso geht aus Gl. (18.29) hervor, daß die Fördermenge Q_2 der Kombination sowie die Mengen Q_1 und Q der Drehzahl oder dem Durchmesser des Kreiselrades bzw. der Wurzel aus der Höhe der Kreiselpumpe $\sqrt{H_K}$ proportional sind.

b) Änderung der Größe der Strahlpumpe. Wenn bei gegebener Kreiselpumpe die Strahlpumpe durch eine geometrisch ähnliche Einheit größerer Abmessungen ersetzt wird (f_F = konst), so bleiben f_H und f_Q — abgesehen vom Wirkungsgradeinfluß — gleich. Der Wert $Q/\sqrt{H_K}$ wächst proportional der Fläche F_1 [Gl. (18.25)]. Das bedeutet, daß der Betriebspunkt der Kreiselpumpe sich in Richtung höherer Menge und kleinerer Höhe bewegt. Da f_Q gleichbleibt, wird die Fördermenge Q im gleichen Verhältnis wie vorher auf Q_1 und Q_2 aufgeteilt oder Q_1 und Q_2 verhalten sich wie Q. Alle Höhen H_P, H_d, H_1, h_{v1} und h_{v2} verhalten sich wie H_K.

c) Vergrößerung der Saugdüse. Wird bei gegebener Kreiselpumpe das Flächenverhältnis f_F der Düsen geändert, zum Beispiel durch Nachbohren der Saugdüse verkleinert, so bleibt das Produkt $f_H^* f_Q^* = \eta_S^*$ im optimalen Betriebspunkt im wesentlichen konstant, jedoch wird f_Q^* größer und f_H^* kleiner. Nach Beziehung (18.25) wächst dann die Einheitsmenge $Q/\sqrt{H_K}$ der Kreiselupmpe (der Einfachheit halber setze $B = 0$); das bedeutet, daß der Betriebspunkt der Kreiselpumpe sich zu einer größeren Menge Q und einer niedrigeren Höhe H_K verlagert. Da sowohl f_H wie H_K abnehmen, nehmen nach Gl. (18.28) alle Höhen ab. Die Menge Q_2 wird wachsen, Q_1 jedoch wegen der Abnahme von H_1 fallen.

d) Vergrößerung der Treibdüse. Vergrößert man das Flächenverhältnis f_F durch Aufbohren der Treibdüse, so verändern sich alle Daten in der in Abschn. c) besprochenen Weise, jedoch in umgekehrter Richtung; das heißt, alle Höhen nehmen zu, Q_1 nimmt ebenfalls zu, während Q_2 und Q abnehmen.

e) Änderung von Rohrweiten oder Rohrlängen. Wird die Weite oder die Länge des Saugrohres der Kreiselpumpe geändert, so daß der Druckverlust h_{v1} in diesem Rohr wächst, dann verkleinert sich H_K (Abb. 18.15). Dem Absinken von H_K folgt ein Absinken aller Höhen und Mengen. Wird die Weite oder die Länge des Fallrohres so geändert, daß der Druckverlust h_{v2} in dieser Leitung wächst, so wächst die Konstante B, so daß auch in diesem Fall Höhen und Mengen zurückgehen [Gln. (18.28) und (18.29)].

Sind bei einer flachen Bohrung Kreiselpumpe und Strahlpumpe zu einer Einheit zusammengebaut, so fallen die Leitungsverluste h_{v1} und h_{v2} fort; es ist dann $H_K = H$ und $B = 0$.

18.5. Bestimmung der Windkesselabmessungen für automatische Systeme

Kombinationen einer Kreiselpumpe mit einer Strahlpumpe werden zur Hauswasserversorgung oft zusammen mit einem Windkessel zur Vorratshaltung benutzt. Die Einheiten sind wegen ihrer steilen Kennlinie besonders geeignet für diesen Einsatz. Bei der Bestimmung der günstigsten Größe des Tanks muß man einige sich widersprechende Forderungen berücksichtigen: Die Größe des Behälters richtet sich nach der Fördermenge der Pumpe, dem Druckbereich, dem Wasserbedarf und der maximalen Schalthäufigkeit je Stunde. Alle diese Größen variieren, und eine Lösung muß aus einem befriedigendem Kompromiß dieser Bedingungen bei möglichst niedrigen Kosten bestehen [7]. Der große Tank gewährleistet größere Zuverlässigkeit bei kleinerer Schalthäufigkeit sowie größeren Wasservorrat für Notfälle.

a) Pumpengröße. Die Größe der Pumpe wird so gewählt, daß sie den maximalen Bedarf decken kann. Dieser Menge soll der mittlere Druck des Kessels entsprechen. Dadurch wird erreicht, daß auch während der Zeit des maximalen Bedarfes der mittlere Druck im Behälter aufrechtgehalten werden kann. Nimmt man eine Pumpe mit zu hoher Fördermenge, so wird der Motor zu oft ein- und ausgeschaltet.

b) Schalthäufigkeit des Motors. Die Häufigkeit des Einschaltens hängt ab von der Fördermenge der Pumpe, von der Veränderung des Druckes im Windkessel und von der Veränderung des Wasserverbrauchs und wird wie folgt abgeschätzt. Die Menge des im Behälter befindlichen Nutzwassers steht in direkter Beziehung zur Druckdifferenz und zur Behältergröße. Deshalb hat eine kleine Druckdifferenz und ein kleiner Behälter eine große Zahl von Schaltungen zur Folge. Der Zusammenhang zwischen Wasserbedarf und Schalthäufigkeit ist nicht so einfach. Ist kein Bedarf vorhanden und der Behälter hat niedrigen Druck, so schaltet sich der Motor nur einmal ein und nach einer Zeit t wieder ab. Dabei füllt die Pumpe das nutzbare Speichervolumen. Es ist

$$t = \frac{V_1 - V_2}{Q}, \tag{18.30}$$

wenn V_1 das Volumen des Luftpolsters beim Anfangsdruck p_1 und V_2 das Luftvolumen beim Enddruck p_2 ist. Q ist der Pumpendurchsatz beim Mittelwert $(p_1 + p_2)/2$ zwischen Anfangs- und Enddruck. Ist andererseits der Behälter voll Wasser und es besteht großer Bedarf (also Bedarf = Fördermenge der Pumpe), so wird in der gleichen Zeit t der Nutzinhalt des Behälters auslaufen; danach schaltet sich die Pumpe ein und fördert ständig, wobei der mittlere Behälterdruck aufrechterhalten wird. Daraus folgt, daß die größte Schalthäufigkeit bei einem mittleren Wasserbedarf liegt. Es kann gezeigt werden, daß bei konstantem Verbrauch die höchste Schalthäufigkeit bei der Hälfte des Maximalbedarfes liegt. Dann füllt die Pumpe den Behälter in einer Zeit $2\,t$ auf, da die Hälfte der Fördermenge während des Pumpens abfließt. Nach dem Abstellen reicht der Vorrat wiederum für die Zeit $2\,t$, so daß die gesamte Periode $4\,t$ dauert und die stündliche Frequenz $f = 3600/4\,t$ beträgt, wenn t in Sekunden angegeben ist.

Bei veränderlichem Verbrauch tritt der ungünstigste Fall dann ein, wenn der Bedarf zwischen null bei laufender Pumpe und dem Maximum bei stehender Pumpe schwankt. In diesem Fall ist die Periode bereits nach $2\,t$ vollendet und die Schalthäufigkeit beträgt $f = 3600/2\,t$.

Deshalb ist es gerechtfertigt, im Durchschnitt bei jedem möglichen Verbrauch eine Frequenz von

$$f = 3600/3\,t \qquad (18.31)$$

für Berechnungen von Windkesseln anzunehmen.

c) Größe des Windkessels. Zusammen mit dem maximalen Bedarf, der gleich der Fördermenge der Pumpe ist, und den Druckgrenzen p_1 und p_2 wird die Größe des Behälters festgelegt. Die Zahl der Schaltungen je Stunde, die Schaltfrequenz wird festgelegt. Die Frequenz von 5 ist als Annahme zu empfehlen. Man stellt dann das erforderliche Mindestvolumen V_1 über der Oberkante des Auslaufrohres aus den oben angegebenen Veränderlichen wie folgt fest.

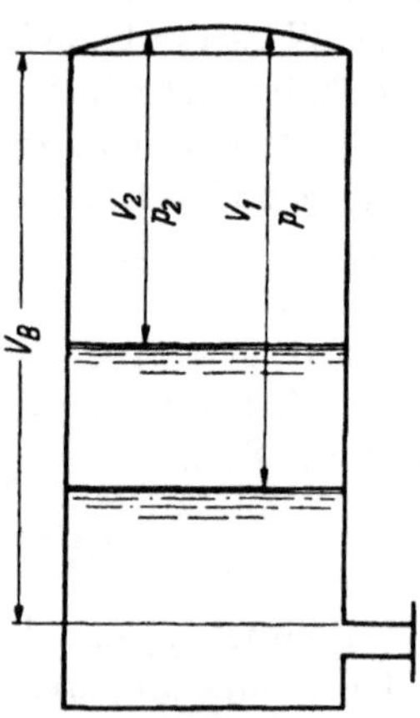

Abb. 18.16. Berechnung der Größe des Windkessels

Volumen und Druck des Luftpolsters sind verknüpft durch die Beziehung

$$p_1 V_1 = p_2 V_2$$

oder

$$\frac{V_1 - V_2}{V_1} = \frac{p_2 - p_1}{p_2}. \qquad (18.32)$$

Durch Kombination mit den Gln. (18.30) und (18.31) und durch Auflösung nach V_1 erhält man

$$V_1 = \frac{1200\,Q\,p_2}{f(p_2 - p_1)}. \qquad (18.33)$$

Dieser Wert des berechneten Mindestvolumens über dem Austrittsstutzen sollte um etwa 25% vergrößert werden, um einen Sicherheitsbereich, um einer möglichen Verzögerung im Regelsystem zu begegnen und um das Einziehen von Luft in das Austrittsrohr zu verhindern.

Nimmt man dann fünf Schaltungen je Stunde an, so wird das Gesamtvolumen des Behälters (V_B in Abb. 18.16)

$$V_B = \frac{300\,Q\,p_2}{p_2 - p_1}. \qquad (18.34)$$

Mit $p_2 \simeq 2\,p_1$ erhält man

$$V_B = 600\,Q\,, \tag{18.35}$$

eine Daumenregel, die in der Industrie gebräuchlich ist. Dabei ist Q in l/s einzusetzen und V_B ergibt sich in l.

Ein Teil der Luft geht immer in Lösung, ein Teil wird mit in das Austrittsrohr gezogen; deshalb werden Pumpen, die zur Hauswasserversorgung eingesetzt werden, mit einfachen, automatischen Vorrichtungen ausgestattet, die Luftzutritt gestatten, so daß das für befriedigendes Arbeiten notwendige Luftvolumen immer im Behälter gehalten wird. Jede Reduzierung des Luftvolumens unter diese Grenze hat eine höhere Schalthäufigkeit als ursprünglich geplant zur Folge. Wenn ein System eine Bohrlochpumpe ohne Eingangsventil enthält, erhält der Tank ohnehin bei jedem Anfahren der Pumpe eine gewisse Luftzufuhr. In diesem Fall muß ein Schwimmerventil zur Luftentspannung vorgesehen werden, um die Mindestwasserhöhe im Behälter aufrechtzuerhalten.

Literatur

[1] Manual of Water Supply Equipment, The National Association of Domestic and Farm Pumping Equipment (1946) S. 37.
[2] Gosline, J. E., u. M. P. O'Brien: The Water Jet Pump. Univ. Calif. Publ. Bd. 3 (1934) Nr. 3, S. 167.
[3] Weeks, W. S.: The Air Injector for Auxiliary Ventilation Underground. Engng. Min. J. Bd. 138 (1937) S. 196.
[4] McEllroy, G. E.: Design of Injectors for Low-Pressure Air Flow, Paper 678, U.S. Dept. of Interior. Bur. Mines 1945.
[5] Cunningham, R. G.: The Jet Pump as a Lubrication Scavenge Pump for Aircraft Engines, Report, Penn. State Univ., 20. Juli 1954.
[6] Lung, K. R.: Patent Nr. 2457388, 28. Dez. 1948.
[7] Okolicsanyi, A. v.: Bemessung des Windkessels bei selbsttätigen Pumpenanlagen. Z. VDI Bd. 75 (1931) Nr. 21, S. 657.
[8] Nickelsporn, H.: Hydropneumatic Tank Operation. Pwr. Engr. (April 1951).

19. Wasserschlag in Kreiselpumpensystemen

19.1. Wasserschlag in einfachen Rohren

a) Einführung. Mit Wasserschlag bezeichnet man eine Druckwelle in geschlossenen Rohrleitungen als Folge einer plötzlichen Geschwindigkeitsänderung. Obwohl die analytische Lösung des Wasserschlagproblems ziemlich verwickelt ist, erfordert die hier dargestellte graphische Methode keine exakte Kenntnis aller theoretischen Grundlagen und vermittelt gleichzeitig eine klare Vorstellung von den Vorgängen, die den Konstrukteur in die Lage versetzt, die Methode zur Lösung praktischer Probleme anzuwenden. Das Verständnis für den Mechanismus von Druckwellen, ihre Fortpflanzung, Reflexion und Addition ist für den sinnvollen Gebrauch der graphischen Methode selbst in ihrer einfachsten Form unerläßlich.

b) Das Joukowskysche Gesetz. JOUKOWSKY hat gefunden, daß der maximale Druckanstieg h_{max} über den normalen Druck H_0 in einer Rohrleitung durch plötzliches Schließen des Ventils durch den Ausdruck

$$h_{max} = \frac{a V_0}{g} \tag{19.1}$$

gegeben ist. Dabei sind V_0 die Rohrgeschwindigkeit vor dem Abschließen,

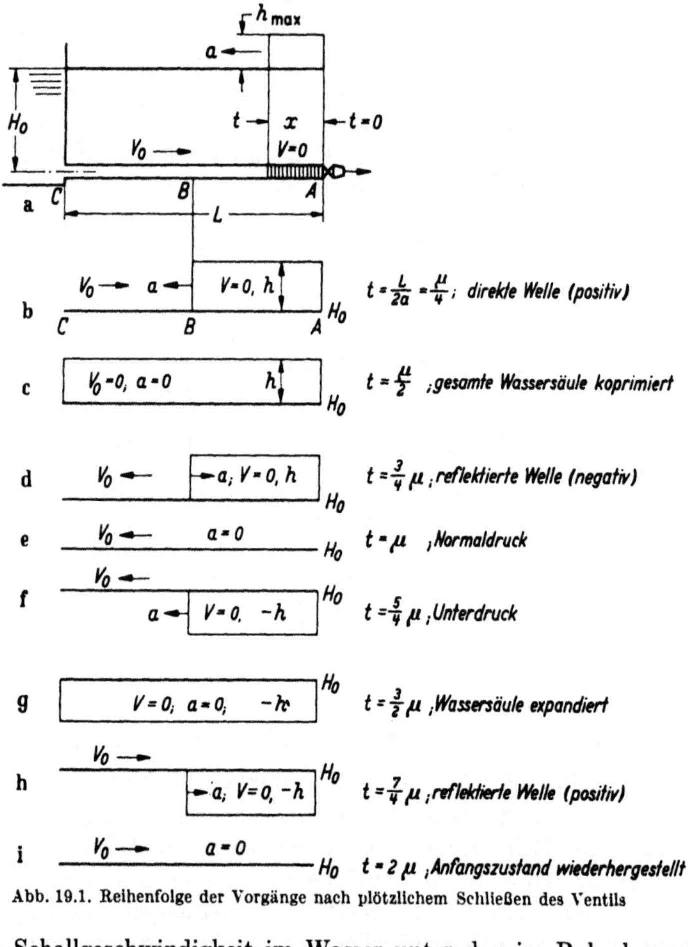

Abb. 19.1. Reihenfolge der Vorgänge nach plötzlichem Schließen des Ventils

a die Schallgeschwindigkeit im Wasser unter den im Rohr herrschenden Beziehungen, die auch gleichzeitig die Fortpflanzungsgeschwindigkeit der Druckwelle ist, und g die Erdbeschleunigung.

Diese Gleichung folgt aus der Anwendung des zweiten NEWTONschen Gesetzes, welches aussagt, daß die Kraft (Druckanstieg am Ventil) gleich der zeitlichen Änderung der Bewegungsgröße der Masse ist. In Abb. 19.1a strömt Flüssigkeit in einem langen Rohr mit einheitlicher

Geschwindigkeit V_0 unter der Druckhöhe H_0. Wird das Ventil am Ende des Rohres plötzlich geschlossen, dann ist nach der Zeit t die Geschwindigkeit des Abschnittes x der Flüssigkeitssäule zu null geworden.

$$P = \frac{F \gamma x}{g t} V_0 .$$

Da außerdem

$$P = F \gamma h_{max}$$

ist, folgt

$$h_{max} = \frac{a V_0}{g} . \tag{19.1}$$

F ist der Rohrquerschnitt und γ das spezifische Gewicht der Flüssigkeit. Der Ausdruck x/t ist die Geschwindigkeit, mit der die Druckwelle stromaufwärts wandert. Da die Geschwindigkeit V_0 im Rohr vor Abschluß des Ventils konstant war und die Geschwindigkeit der Druckwelle konstant ist, bleibt auch der Druck am Ventil konstant. Der Druckanstieg hängt nicht vom Rohrdurchmesser und dem ursprünglichen Druck im Rohr ab. Das Wasser zwischen dem Ventil A und der Wellenfront (Abb. 19.1b) befindet sich in Ruhe und steht unter konstantem Überdruck von h_{max} über H_0, wogegen das Wasser zwischen der Wellenfront im Punkt B (Abb. 19.1b) und dem offenen Ende C des Rohres überall unter dem ursprünglichen Druck H_0 steht und sich mit konstanter Geschwindigkeit V_0 auf das Ventil zu bewegt. Erreicht die Wellenfront das offene Ende C, so ist das ganze Rohr mit ruhendem Wasser gefüllt und steht unter dem zusätzlichen Druck h_{max}, der auf der ganzen Rohrlänge konstant ist (Abb. 19.1c). In diesem Augenblick ist die ganze kinetische Energie der Strömung in elastische Energie des Rohres und der Wassersäule umgewandelt.

In dem Augenblick, in dem die Druckwelle das offene Ende erreicht, beginnt das im Rohr befindliche Wasser durch das Rohrende zu expandieren und mit einer Geschwindigkeit V_0 in entgegengesetzter Richtung zu strömen. Der Druck im Rohr sinkt dabei auf den ursprünglichen Wert ab (Abb. 19.1d). Der Druckrückgang bildet ebenfalls eine Front, die mit der Geschwindigkeit a vom offenen Ende auf das Ventil zu läuft. Sie erreicht das Ventil nach Ablauf der Zeit $2\,L/a$ nach dem Schließen. In diesem Augenblick steht das Rohr wieder unter dem normalen Druck und das Wasser strömt mit der Geschwindigkeit V_0 rückwärts (Abb. 19.1e). Durch das Beharrungsvermögen entsteht am Ventil ein Unterdruck, der auch wieder den Betrag h_{max} hat. Es wiederholt sich der ganze Vorgang mit umgekehrten Vorzeichen des Zusatzdruckes. Die Wellenfront läuft zum offenen Ende (Abb. 10.1f), das sie bei $t = 3\,L/a$ erreicht, wenn sich die ganze Wassersäule in Ruhe befindet und unter dem Druck $H_0 - h_{max}$ steht (Abb. 19.1). Daraufhin fließt Wasser mit der Geschwindigkeit V_0 in das Rohr (Abb. 19.1h), um den ursprünglichen Zustand wiederherzustellen. Am Ende des zweiten Intervalls $2\,L/a$, also nach Ablauf der Gesamtzeit von $4\,L/a$, sind die Bedingungen genau die gleichen wie vor dem Schließen des Ventils (Abb. 19.1i). Danach beginnt eine neue Periode. Der ganze Vorgang wiederholt sich so lange, bis die ursprüngliche kinetische Energie der Strömung durch Reibung an der Wand, innere Reibung und Energieabgabe an das Reservoir in Wärme umgewandelt ist. Unter üblichen Bedingungen hat jedoch die Dämpfung wenig Einfluß auf die Druckwellen mehrerer aufeinanderfolgender Perioden.

Während der eine Teil der Wassersäule komprimiert wird oder expandiert, ist der übrige Teil entspannt und bewegt sich mit gleichförmiger Geschwindigkeit V_0. Der Vorgang ist also nicht mit der Schwingung einer unveränderlichen Masse zu vergleichen wie etwa bei Kesselspeiseanlagen mit instabiler Charakteristik, die Druckschwankungen in der Druckleitung hervorruft. Es muß herausgestellt werden, daß sich beim Wasserschlag der Impuls bei konstanter Geschwindigkeit V_0 durch die konstante Massenänderung (a/g) ändert. In der Mechanik fester Körper ist die Masse konstant und eine Impulsänderung kann nur durch Geschwindigkeitsänderung realisiert werden.

Die Zeit, $\mu = 2\,L/a$, die die Druckwelle benötigt, um zum Ausgangspunkt zurückzukehren, wird als „Periode der Leitung", „kritische Zeit" oder „Laufzeit" bezeichnet. Der zuletzt genannte Ausdruck soll in diesem Kapitel benutzt werden. Die negative Druckwelle, die am offenen Ende der Leitung entsteht, soll als reflektierte Welle bezeichnet werden.

c) Plötzliches Öffnen des Ventils. Die Vorgänge beim Öffnen entsprechen genau denjenigen beim Schließen. Die Größe des Drucksprunges ist auch hier durch die Gleichung von Joukowsky gegeben. Während der ersten Periode μ herrscht Unterdruck am Ventil, während der Überdruck in der zweiten Periode auftritt. Die Geschwindigkeit schwankt zwischen 0 und $2\,V$ um die mittlere Geschwindigkeit V, welche sich als Endgeschwindigkeit einstellt.

d) Teilweises Schließen des Ventils. Ein teilweises plötzliches Schließen des Ventils ruft die gleichen Vorgänge hervor wie ein vollständiger Abschluß. Druckanstieg und -abfall sind gegeben durch die Gleichung

$$h = \frac{a}{g}(V_0 - V) = \frac{a}{g}\Delta V\,, \tag{19.2}$$

wobei V_0 die Anfangsgeschwindigkeit der Strömung und V die Endgeschwindigkeit bedeuten. Der Druckverlauf ist der gleiche wie in Abb. 19.1 mit dem Unterschied, daß die Geschwindigkeit zwischen V_0 und $V_0 - 2\,\Delta V$ um ihren Mittelwert $V_0 - \Delta V$ schwankt, der sich als Endwert der Geschwindigkeit einstellt.

e) Allmähliches Schließen des Ventils. Dieser Fall wird gewöhnlich durch eine Reihe aufeinanderfolgender Teilvorgänge ersetzt, bei denen jeweils das Ventil plötzlich weiter geschlossen wird. Jeder Teilabschluß ruft eine Druckwelle hervor, die zwischen dem Ventil und dem Rohrende hin und her läuft. Der Druck an jedem Punkt ist die algebraische Summe aller Druckwellen, der direkten und reflektierten. Infolgedessen steigt der Druck am Ventil während der ganzen ersten Laufzeit $2\,L/a$, bis also die erste reflektierte Welle zum Ventil zurückgekehrt ist.

f) Änderung des Druckanstieges längs des Rohres. Erfolgt das Abschließen momentan, so wandert die Druckwelle unvermindert das Rohr hinauf zum offenen Ende, wie im Schema (Abb. 19.1) gezeigt. Abbildung 19.2 zeigt die zeitliche Änderung des Druckes am Ventil A, in der Nähe des offenen Rohrendes C und an einem dazwischenliegenden Punkt B. Am offenen Ende C bleibt die ursprüngliche Druckhöhe H_0 erhalten. Bei allmählichem Abschluß tritt der größte Druckanstieg am Ventil ein, der nach dem Ventil zu stetig abfällt, wenn die Schließzeit größer als die Laufzeit ist (Abb. 19.3, ausgezogene Linie). Bei jedem Teilschließvorgang wandert die Druckwelle in unverminderter Stärke bis zum offenen Ende, so daß es — abgesehen vom Ventil — Zeiten gibt, an denen der ursprüngliche Druck herrscht. So besteht im Punkt B (Abb. 192) die Höhe H_0 für die Zeit $\mu/2$ zwischen jeder positiven und negativen Druckwelle. Wandert eine ganze Reihe von Druckwellen durch das Rohr, von denen jede einem Teilschließvorgang entspricht, so ergänzen sich die einzelnen Wellen zu dem in Abb. 19.3 gezeigten Verlauf. Ist die Schließzeit kleiner als die Laufzeit, $T < 2\,L/a$, so wandert die unverminderte Druckwelle bis zu einem vom offenen Ende $Ta/2$ entfernten Punkt B (Abb. 19.3, gestrichelter Verlauf) und nimmt erst von diesem Punkt an kontinuierlich gegen null ab.

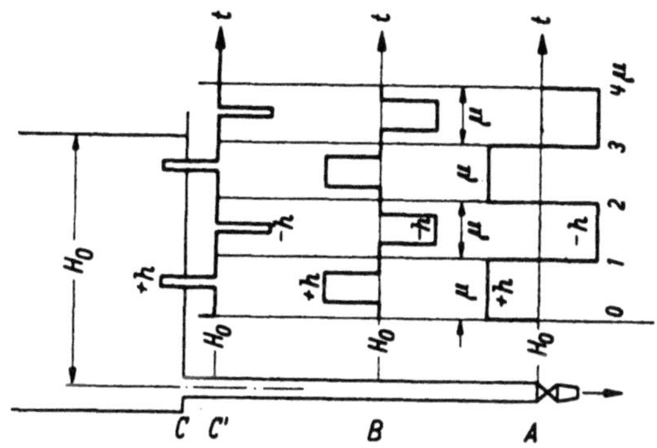

Abb. 19.2. Zeitlicher Druckverlauf an verschiedenen Stellen des Rohres; Laufzeit $\mu = 2\,L/a$

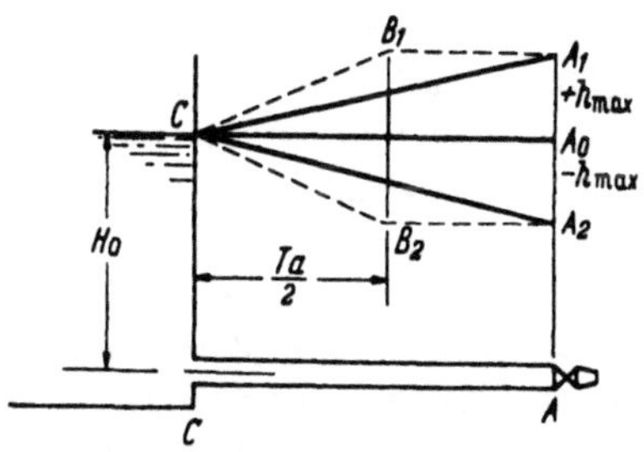

Abb. 19.3. Druckverteilung längs des Rohres; ausgezogene Linie $T > \mu$, gestrichelte Linie $T < \mu$

Sobald die Ventilbewegung aufhört, folgt dem Überdruck ein Unterdruck, und der Druck schwankt zwischen diesen Grenzen, bis er durch Reibung gedämpft ist (Abb. 19.7).

g) Geschwindigkeit der Druckwelle. Kennt man die Rohrweite, die Materialdicke, die Materialeigenschaften und den Kompressibilitätskoeffizienten der Flüssigkeit, so kann die Geschwindigkeit der Druckwelle durch die Gleichung

$$a = \frac{1}{\sqrt{\frac{\gamma}{g}\left(\frac{1}{k} + \frac{d}{s E}\right)}} \tag{19.3}$$

berechnet werden.

Dabei ist:

γ das spezifische Gewicht der Flüssigkeit,
k der Kompressibilitätskoeffizient,
d Der Rohrdurchmesser,
s die Rohrwandstärke,
E der Elastizitätsmodul des Rohrmaterials.

Für kaltes Wasser ist $k = 21000$ kg/cm² im Bereich von Drücken bis 35 atü, dieser Wert erhöht sich bei zunehmender Temperatur und zunehmendem Druck des Wassers. Der Elastizitätsmodul von Stahl ist $2{,}1 \cdot 10^6$ kg/cm², so daß sich für kaltes Wasser ergibt:

$$a = \frac{1440}{\sqrt{1 + \frac{d}{100\, s}}}. \tag{19.4}$$

Nach Wasser sind Erdölprodukte die am häufigsten gepumpten Stoffe. Die Kompressibilität von Rohöl liegt je nach Art des Öles zwischen 16500 und 18000 kg/cm². Die Kompressibilität von Benzin beträgt etwa 11000 kg/cm². Bei Erdölprodukten fällt der Koeffizient mit wachsender Temperatur und wächst geringfügig mit ansteigendem Druck [*1*].

Die Herleitung der Beziehung (19.3) soll hier erläutert werden [*2*]. Nach dem plötzlichen Abschluß des Ventils entsteht eine Zone komprimierten Wassers vor dem Ventil, die sich in der Zeit t auf den Abstand x stromaufwärts vergrößert (Abb. 19.1a). Gleichzeitig wird das Rohr auf der Strecke x unter dem Druckanstieg h_{max} von d auf d_1 geweitet. Die Wassermenge, die vom Augenblick des Schließens an bis zum Zeitpunkt t durch den Querschnitt F im Abstand x vom Ventil fließt, ist $F V_0 t$. Da keine Flüssigkeit aus dem Rohr entweichen kann, muß dieses Volumen durch Kompression des Wassers und Aufweitung des Rohres auf der Strecke x unterhalb des Querschnittes F aufgenommen werden.

$$F V_0 t = \frac{x F p}{k} + \frac{x \pi (d_1^2 - d^2)}{4}. \tag{19.5}$$

Dabei ist p der Druckanstieg γh_{max} und xFp/k die Volumenverminderung des Wassers durch Kompression.

Der letzte Ausdruck von Gl. (19.5), der die Vergrößerung des Rohrvolumens darstellt, wird umgeformt, indem der Durchmesserzuwachs durch den Elastizitätsmodul und den Druckanstieg p ausgedrückt wird.

$$\frac{\sigma}{E} = \frac{d_1 - d}{d}, \tag{19.6}$$

$$\sigma = \frac{p \cdot d}{2\,s}, \tag{19.7}$$

$$\frac{p \cdot d}{2\,E\,s} = \frac{d_1 - d}{d}. \tag{19.8}$$

In Gl. (19.5) kann an Stelle von $(d_1^2 - d^2)$ geschrieben werden $(d_1 - d)$ $(d_1 + d)$; da die Durchmesserdifferenz sehr klein ist, ist $d_1 + d \simeq 2\,d$. Durch Einsetzen von (19.8) erhält der letzte Term der Beziehung (19.5) die Form

$$\frac{\pi\,x\,(d_1^2 - d^2)}{4} = \frac{x\,F\,p\,d}{s\,E}. \tag{19.9}$$

Damit wird Gl. (19.5) zu

$$V_0 t = x\,p\left(\frac{1}{k} + \frac{d}{s\,E}\right)$$

und die Wellengeschwindigkeit

$$a = \frac{x}{t} = \frac{V_0}{p\left(\frac{1}{k} + \frac{d}{s\,E}\right)}. \tag{19.10}$$

Substituiert man noch V_0 nach Gl. (19.1) durch $V_0 = p\,g/\gamma\,a$, so erhält man die unter Gl. (19.3) angegebene Beziehung

$$a = \frac{1}{\sqrt{\frac{\gamma}{g}\left(\frac{1}{k} + \frac{d}{s\,E}\right)}}. \tag{19.3}$$

Es soll noch darauf hingewiesen werden, daß ein endlicher Druckanstieg bei plötzlichem Abschluß nur durch die federnde Wirkung der kompressiblen Flüssigkeit und des elastischen Rohres zustande kommt. Wäre die Flüssigkeit vollständig inkompressibel und das Rohrmaterial starr, so würde ein unendlich hoher Druck entstehen. [Gl. (19.3): $k \to \infty$ und $E \to \infty$ bedeutet $h_{max} \to \infty$ und $a \to \infty$].

h) Rohr mit veränderlichem Durchmesser. Hat man es mit einem zusammengesetzten Rohr unterschiedlichen Durchmessers zu tun, so benutzt man eine äquivalente Geschwindigkeit zur Berechnung des maximalen Druckanstieges nach Gl. (19.1). Die äquivalente Geschwindigkeit ist

$$V = \frac{L_1 V_1 + L_2 V_2 + \cdots}{L}, \tag{19.11}$$

wobei L_i und V_i die Länge bzw. die Geschwindigkeit in einem Rohrabschnitt sind. L ist die Länge des ganzen Rohres. Man erhält Gl. (19.11), indem man die gesamte kinetische Energie der Strömung in den einzelnen Rohrabschnitten (L_i; F_i; V_i) derjenigen eines Rohres mit dem äquivalenten Querschnitt und der äquivalenten Geschwindigkeit (L; F; V) gleichsetzt.

$$L F \gamma \frac{V^2}{2g} = L_1 F_1 \gamma \frac{V_1^2}{2g} + L_2 F_2 \gamma \frac{V_2^2}{2g} \cdots, \tag{19.12}$$

$$F = \frac{Q}{V}; \quad F_1 = \frac{Q_1}{V_1}; \quad F_2 = \frac{Q_2}{V_2}; \cdots. \tag{19.13}$$

Setzt man die Werte für F_i und F aus Gl. (19.13) in Gl. (19.12) ein, so ergibt sich

$$L V = L_1 V_1 + L_2 V_2 + \cdots \tag{19.14}$$

und damit Gl. (19.11).

Die Wellengeschwindigkeit für eine zusammengesetzte Rohrleitung bestimmt sich nach folgender Beziehung:

$$\frac{L}{a} = \frac{L_1}{a_1} + \frac{L_2}{a_2} + \cdots, \tag{19.15}$$

wobei a_1 die Fortpflanzungsgeschwindigkeiten in den einzelnen Abschnitten sind. Der Wert a wird als die effektive Fortpflanzungsgeschwindigkeit bezeichnet. Gl. (19.15) sagt aus, daß die halbe Gesamtlaufzeit gleich der Summe der einzelnen halben Laufzeiten ist. Ist die Schließzeit bedeutend größer als die Laufzeit ($T > 4\,\mu$), so erhält man bei Benutzung der äquivalenten Geschwindigkeit der Strömung und der effektiven Wellengeschwindigkeit sehr genaue Ergebnisse.

i) Rohrreibung und Geschwindigkeitshöhe. In der bis hier geführten Diskussion wurde angenommen, daß der Rohrreibungsverlust und die Geschwindigkeitshöhe sehr klein im Verhältnis zur statischen Druckhöhe H_0 sind. Deshalb war die Größe H_0 vor dem Schließen des Ventils an allen Punkten des Rohres gleich. Bei Turbinenanlagen ist die Regelung der Durchflußmenge durch Wehre möglich, ohne daß sich der Druck in der Leitung wesentlich ändert; die Reibung in der Rohrleitung spielt hier nur eine geringe Rolle.

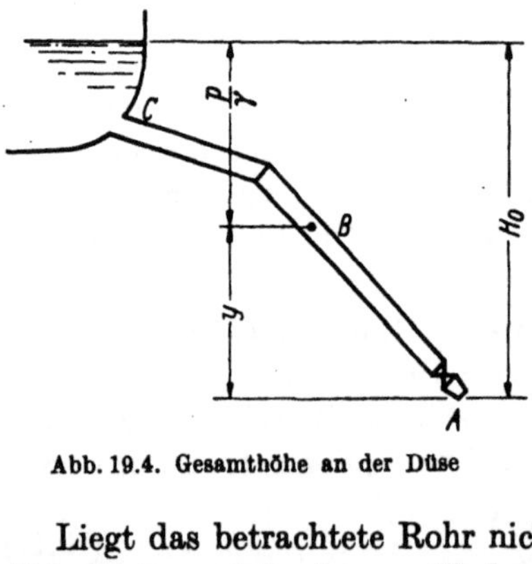

Abb. 19.4. Gesamthöhe an der Düse

Liegt das betrachtete Rohr nicht horizontal, sondern hat es, wie in Abb. 19.4 gezeigt, eine vertikale Komponente, dann ist der Niveauunterschied zwischen Oberwasserspiegel und der Düse gleich der Gesamthöhe H_0. Vernachlässigt man Reibungsverlust und Geschwindigkeitshöhe, so ist $H_0 = p/\gamma + y$, wobei y die geodätische Höhe der Druckmeßstelle über der Düse ist.

19.2. Graphische Lösung

Wird das Ventil plötzlich geschlossen oder ist die Schließzeit kleiner bzw. gleich der Laufzeit $\mu = 2\,L/a$, so gibt die JOUKOWSKYsche Gleichung den genauen Druckanstieg am Ventil einer einfachen Leitung an. Negative, reflektierte Wellen können im letzteren Fall das Ventil noch nicht erreichen und der maximale Druckanstieg erfolgt allmählich bis zur gleichen Höhe wie bei plötzlichem Ventilabschluß. Ist die Schließzeit größer als die Laufzeit, so resultiert der Druckanstieg aus der Summe der einzelnen positiven Druckwellen, die als Folge der gedachten Teilschließvorgänge entstehen und der negativen Druckwellen, die vom offenen Ende her zurücklaufen. Der maximale Druckanstieg ist durch Bestimmung der Drücke an einem festen Punkt, beispielsweise dem Ventil, bei einer beliebigen Laufzeit zu finden, wie es in der rechnerischen Methode von GIBSON [3] oder QUICK [4] und der analytischen Methode von ALLIEVI [5] angegeben ist; eine andere Möglichkeit ist das Verfolgen der Veränderung des Druckes bei einer beliebigen Druckwelle auf ihrem Weg vom Ventil zum offenen Rohrende und zurück. Das letztere Prinzip ist von BERGERON in seiner graphischen Methode angewandt worden [5, 6]. Bei der graphischen Methode wird der Druckanstieg an den Endpunkten als Schnittpunkt der „Druckwellencharakteristik" mit der „Systemcharakteristik" bestimmt. Die Systemcharakteristik ist durch die Randbedingungen der Rohrleitung bestimmt. Es sei daran erinnert, daß auch der Betriebspunkt von Kreiselpumpen als Schnittpunkt der Pumpencharakteristik mit der Charakteristik des Systems bestimmt wurde.

a) Die Systemcharakteristik. In jedem Rohr, das bezüglich Wasserschlag untersucht werden soll, ist die Systemcharakteristik entweder bekannt oder sie kann abgeschätzt werden. Unter der Charakteristik des Systems versteht man hier den Zusammenhang zwischen Höhe und Durchsatz bzw. Geschwindigkeit vor Abschluß des Ventils. Eine solche Beziehung kann für jede Ventilstellung angegeben werden; sie ist auch während des Schließvorganges in jedem Augenblick gültig. Als Beispiel soll eine ins Freie fördernde Düse betrachtet werden (Abb. 19.5a). Die Charakteristik des Systems ist eine quadratische Parabel, die bei voll geöffnetem Ventil für den Punkt A (das Ventil) durch die Kurve O in Abb. 19.5b dargestellt wird. Aufgetragen ist dabei die Höhe H vor der Düse über der zugehörigen Geschwindigkeit im Rohr (nicht in der Düse!). Die Kurve entspricht der stationären Strömung vor Abschluß des Ventils, sie kann aber auch ebenso gut auf jede beliebige beschleunigte oder verzögerte Strömung angewandt werden, wenn man die augenblickliche Höhe H vor dem Ventil aufträgt. Für jede Ventilstellung kann eine solche Parabel gezeichnet werden.

Wird das Ventil zum Beispiel so geschlossen, daß die Querschnittsabnahme je Zeiteinheit konstant ist, und die Schließzeit $T = 3\mu$ beträgt, so ist die Düse zur Zeit $t = \mu$ noch zu $^2/_3$ geöffnet, und die Rohrgeschwindigkeit bei gleicher Höhe H_0 beträgt noch $^2/_3\ V_0$. Das Verhalten wird dargestellt durch die mit μ bezeichnete Parabel, Abb. 19.5b, die bei gleichen Ordinaten $^2/_3$ der Abszissen der Kurve O hat. Entsprechend ist nach Ablauf der Zeit $t = 2\mu$ die Düse nur noch zu $^1/_3$ geöffnet und die Systemcharakteristik ist dargestellt durch die Parabel 2μ. Zur Zeit $t = 3\mu$ besteht kein Durchfluß mehr, und die Systemcharakteristik fällt mit der Ordinate zusammen. Die konstante Abnahme des Querschnitts beim Schließen wurde nur der Einfachheit halber angenommen. Das Verfahren kann ebenso leicht für jeden anderen Verlauf des Düsenquerschnittes über der Zeit durchgeführt werden. In diesem Falle liegen die Parabeln für 0, 2μ, 3μ nicht in gleichem Abstand voneinander.

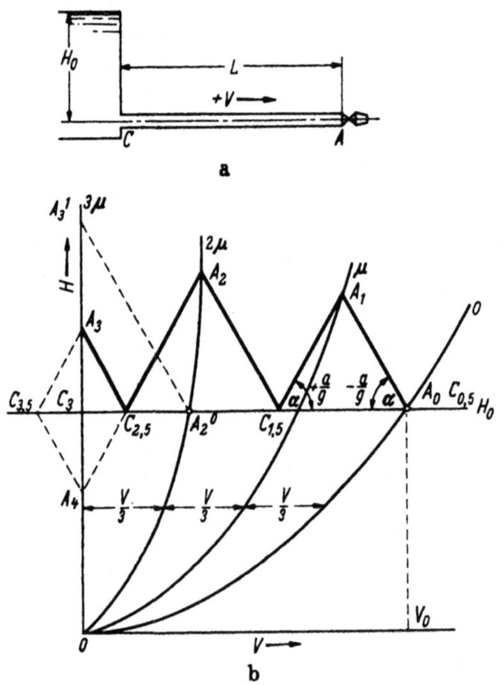

Abb. 19.5. Allmählicher Schließvorgang, zerlegt in drei Stufen

Eine weitere Eigenschaft des Systems ist die Tatsache, daß der Druck am Punkt C unabhängig vom Durchsatz γH_0 beträgt. Die Linie $H_0 =$ konst ist eine charakteristische Linie des Systems für den Punkt C. Die Parabeln $0, \mu, 2\mu, 3\mu$ stellen einen Zeitmaßstab für die Vorgänge im Punkt A dar. Eine derartige Zeitlinie kann für jede beliebige Zeitspanne $\mu/2$ oder $\mu/4$ usw. gezeichnet werden. Die beiden Systemcharakteristiken, die Parabeln für den Punkt A und die Linie $H_0 =$ konst für den Punkt C stellen die Randbedingungen der Rohrleitung zu jedem Zeitpunkt dar. Rohrreibung und Geschwindigkeitshöhe sollen der Einfachheit halber vernachlässigt werden und werden später diskutiert.

b) Die Charakteristik der Druckwelle. Durch Anwendung der Joukowskyschen Gleichung auf einen teilweisen Abschluß erhält man für die Drucksteigerung

$$H_0 - H = -\frac{a}{g}(V_0 - V)\,. \qquad (19.16)$$

Der Druckanstieg ist also proportional der Geschwindigkeitsabnahme, wobei $-a/g$ der Proportionalitätsfaktor ist. Gl. (19.16) ist die Gleichung einer Geraden mit dem Anstieg $-a/g$. (Der Ausdruck a/g ist aber nicht direkt der Tangens des Winkels zwischen der Geraden und der V-Achse, da H und V nicht die gleiche Dimension haben und da deshalb auch a/g nicht dimensionslos ist.) Gl. (19.16) ist eine für die Druckwelle charakteristische Linie und stellt den Druckanstieg am Ventil in Abhängigkeit von der Rohrgeschwindigkeit dar (Punkt A, Abb. 19.5).

Punkt A_0 in Abb. 19.5b stellt die Anfangsbedingung dar. Der Druck steigt während des ersten Intervalles, bis der Punkt A_1 auf der mit μ bezeichneten Parabel erreicht ist. In diesem Augenblick erreicht die erste reflektierte negative Welle (Abb. 19.1d) den Punkt A.

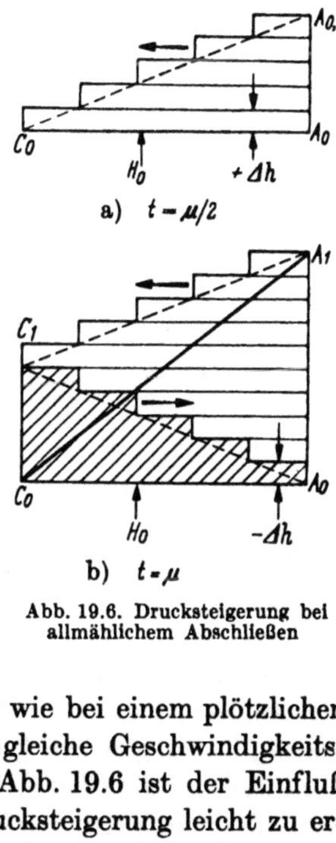

Abb. 19.6. Drucksteigerung bei allmählichem Abschließen

Abb. 19.6a gibt eine vereinfachte Darstellung der Position der einzelnen Druckwellen zur Zeit $\mu/2$. Abb. 19.6b zeigt den Verlauf des Druckes über dem Rohr zur Zeit $t=\mu$. Die gestrichelte Linie A_1C_1 stellt die in A entstehenden Überdrücke dar. Diese werden zum Teil durch die in C reflektierte negative Druckwelle kompensiert (Linie C_1A_0, Abb. 19.6b). Alle in der Zeit $\mu/2$ entstandenen positiven Teildruckwellen werden während der zweiten halben Laufzeit $\mu/2$ in C negativ reflektiert, so daß der Überdruck an diesem Punkt immer null ist. Der Gesamtdruck längs des Rohres ist der Differenz der beiden Drücke gleich; die Differenz wird durch die Linie A_1C_0 dargestellt. Die Drucksteigerung A_0A_1 nach Ablauf der ersten Laufzeit μ ist ebenso groß wie bei einem plötzlichen teilweisen Abschluß des Ventils, wobei die gleiche Geschwindigkeitsenergie momentan umgewandelt wird. Aus Abb. 19.6 ist der Einfluß der Rohrlänge auf die maximal erreichte Drucksteigerung leicht zu erkennen. Je länger das Rohr ist, um so länger baut sich der Druck am Ventil auf, bis die erste negative Welle wieder in A ankommt, da μ der Rohrlänge L direkt proportional ist.

Ebenso zeigt Abb. 19.6b anschaulich, daß man den maximal möglichen Druckanstieg dann erhält, wenn die Schließzeit kleiner als die Laufzeit oder derselben gleich ist. Der Druckanstieg ist in diesem Falle ebenso groß wie bei plötzlichem Abschluß, wobei im allgemeinen die größte Steigerung auftritt.

In Wirklichkeit wird der Vorgang dadurch kompliziert, daß durch den Druckanstieg die Strömung durch die Düse instationär ist, so daß die auf Grund der Annahme stationärer Strömung (Parabeln) errechnete Düsengeschwindigkeit und damit auch die Rohrgeschwindigkeit nicht exakt richtig ist. Die lineare Beziehung zwischen Geschwindigkeit und Druckanstieg ist aber exakt richtig.

Vom Beginn der zweiten Laufperiode an ist es leichter, die Änderung der Druckwelle, die zur Zeit $t = \mu$ vom Punkt A losläuft, zu verfolgen, als den Druck im Punkt A selbst zu betrachten. Die Druckwelle, die in diesem Augenblick von Punkt A ausgeht und sich in Richtung C bewegt, trifft auf die in C reflektierten negativen Wellen. Die negativen Drücke treten in C im gleichen Betrag auf, wie sie in der ersten Laufperiode μ als positive Drücke in A erzeugt wurden. Die nach C wandernde Druckwelle bleibt daher nicht konstant, sondern wird im gleichen Maße wie sie vorher anstieg, reduziert. Die Charakteristik kehrt ihr Vorzeichen um, wobei der Betrag der Steigerung der gleiche bleibt wie vorher. Ihre Gleichung ist

$$H_0 - H = \frac{a}{g}(V_0 - V). \tag{19.17}$$

Gl. (19.17) ist in Abb. 19.5b durch die Gerade $A_1C_{1,5}$ dargestellt. Der Druck an der Wellenfront fällt, bis diese zur Zeit $t = 1{,}5\,\mu$ den Punkt C erreicht hat; an diesem Punkt ist der Überdruck auf den Wert null abgefallen. Die Welle wird reflektiert und läuft nun wieder von C nach A. Sie trifft dabei auf Überdrücke, so daß der Druck an der Wellenfront ansteigt, daß also der Anstieg wieder positiv wird. Die Charakteristik der Druckwelle wechselt also das Vorzeichen ihres Anstieges jede halbe Laufperiode, das heißt beim Schnitt mit den charakteristischen Linien des Systems für den Punkt A, den Parabeln μ, $2\,\mu$, $3\,\mu$ in A_1, A_2 und A_3 und beim Schnitt mit der Systemcharakteristik für den Punkt C in $C_{1,5}$, $C_{2,5}$, $C_{3,5}$. Die Geschwindigkeit in der Rohrleitung sinkt während des ganzen Schließvorganges von V_0 auf 0, d. h. bis die Charakteristik die Ordinate schneidet. Danach schwankt der Druck in A zwischen A_3 und A_4 in der gleichen Weise wie nach einem plötzlichen Schließen des Ventils. Wird die Charakteristik über den Zeitpunkt der Vollendung des Schließvorganges hinaus fortgesetzt, so erhält man den Linienzug $A_3C_{3,5}$ $A_4C_{2,5}$, wobei auch jetzt noch nach Ablauf jeder halben Laufzeit $\mu/2$ das Vorzeichen des Anstieges wechselt. Die Geschwindigkeit ist abwechselnd positiv und negativ. Ihre Richtung wechselt im Zeitabstand einer Laufzeit μ.

Die Punkte A_1, A_2, A_3 und A_4 stellen den Druck am Ventil zur Zeit μ, $2\,\mu$, $3\,\mu$ und $4\,\mu$ nach Schließbeginn dar. Zu beachten ist die Bezeichnungsweise im Diagramm Abb. 19.5b. Die großen Buchstaben A und C zeigen den Druck in den Punkten A und C des Rohres zur Zeit des Eintreffens der Wellenfront an dieser Stelle. Die Zeiten sind durch Indizes, die das entsprechende Vielfache der Laufzeit μ ausdrücken, angegeben (A_0, A_1, A_2, ... $C_{0,5}$, $C_{1,5}$, ...).

Bild 19.7 zeigt den Verlauf des Druckes am Punkt A über der Zeit, wie er aus Abb. 19.5b hervorgeht. Will man diese Kurve mit mehr Punkten belegen, so zeichnet man die charakteristischen Linien des Systems im Abstand je einer halben Laufzeit (Abb. 19.8) und verfolgt den Druckverlauf von zwei Wellen; die eine davon läuft zur Zeit $t = \mu$ in A los (ausgezogene Linie), die andere zur Zeit $t = \mu/2$ (gestrichelte Linie). Die charakteristischen Punkte der Druckwelle sind A_0; $A_{0,5}$; C_1; $A_{1,5}$; C_2; $A_{2,5}$; C_3. Die Charakteristik wird in der gleichen Weise gezeichnet wie vorher; die Gerade wechselt das Vorzeichen des Anstieges jedesmal, wenn die Welle in C oder in A ankommt. So entstehen weitere Punkte $A_{0,5}$; $A_{1,5}$; $A_{2,5}$. Allgemein kann man jede beliebige Einzelwelle verfolgen, die zwischen 0 und μ vom Punkt A ausgeht, und die zugehörige Charakteristik zeichnen. Man benötigt dazu Parabeln, die für Zeiten im Abstand μ voneinander gezeichnet werden, wobei die Zeit von dem Augenblick an gezählt wird, in dem die betreffende Welle von A ausgeht. In dieser Weise kann der Druck im Punkt A in jedem gewünschten Augenblick bestimmt werden.

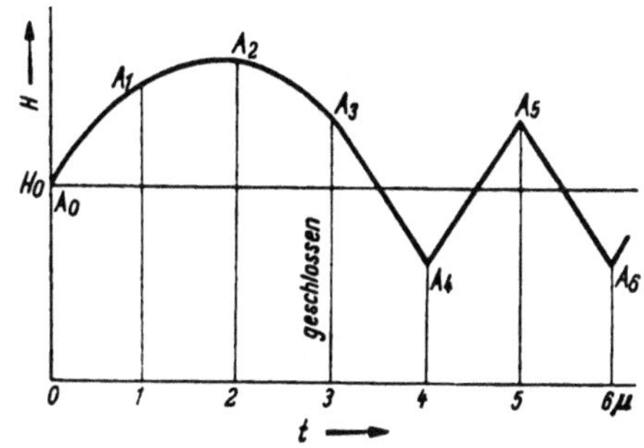

Abb. 19.7. Druckverlauf am Ventil über der Zeit

Der Anstieg der Wellencharakteristik ist positiv ($+ a/g$), wenn die Druckwelle der ursprünglichen Strömungswelle entgegenläuft, also von A nach C; er ist negativ ($-a/g$), wenn die Welle von C nach A wandert.

c) Drucksteigerung an irgendeinem Punkt des Rohres. Für die Praxis ist nur das Maximum der Drucksteigerung interessant. In unserem Beispiel tritt es am Ventil auf. Um jedoch die Möglichkeiten des graphischen Verfahrens zu zeigen, soll es auch zur Bestimmung des Druckverlaufs für einen Punkt zwischen A und C angewandt werden. Der Einfachheit halber soll der Punkt B (Abb. 19.8) in der Mitte zwischen A und C betrachtet werden. Die Drucksteigerung, die durch die Schließbewegung des Ventils in A entsteht, ist erst nach Ablauf der Zeit $\mu/4$ in B spürbar. Deshalb stellt der Punkt A_0 die Verhältnisse in B bis zur Zeit $t = 0{,}25\,\mu$ dar (bezeichnet mit $B_{0,25}$). Befindet sich die Welle auf dem Weg von A nach C, so trifft sie $0{,}25\,\mu$ nach Abgang von A in B ein, läuft sie dagegen von C nach A, dann erreicht sie den Punkt B $0{,}25\,\mu$ vor Eintreffen in A. Im Diagramm in Abb. 19.8 sind die Punkte für B zwischen denjenigen für A und C eingezeichnet, und zwar im Zeitabstand von $0{,}25\,\mu$ von beiden. Sie sind bezeichnet mit $B_{0,75}$; $B_{1,25}$; $B_{1,75}$; $B_{2,25}$; $B_{2,75}$ und ergeben sich als Schnittpunkte der beiden um $0{,}5\,\mu$ verschobenen Charakteristiken der Druckwelle. Will man die Verhältnisse in einem anderen Punkt, zum Beispiel in dem $L/4$ von A entfernten Punkt D, bestimmen, so ist die Wellencharakteristik auf der Linie A_0A_1, und zwar im Schnittpunkt mit der Parabel für $0{,}75\,\mu$ (näher an A_1) zu beginnen. Die Knickpunkte liegen auf der Linie H_0 = konst und auf den Parabeln $1{,}75\,\mu$ und $2{,}75\,\mu$. Offensichtlich liegen die Drücke in D höher als in B und niedriger als in A.

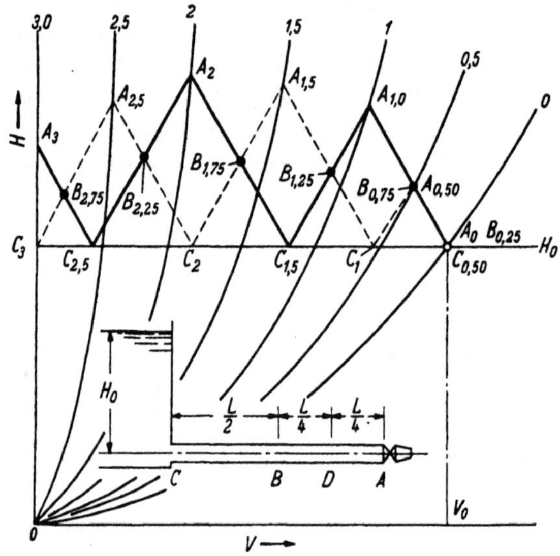

Abb. 19.8. Drucksteigerung in den Punkten A und B

d) Schließen des Ventils aus einer halbgeöffneten Stellung. Wird ein Ventil vollständig oder teilweise aus einer halbgeöffneten Stellung heraus geschlossen, so kann die Drucksteigerung bedeutend höher sein als diejenige, die bei Schließen mit gleicher Geschwindigkeit aus voll geöffneter Stellung auftritt. In der ursprünglichen Stellung soll das Ventil zum Beispiel zwei Drittel geschlossen sein. Der Betriebspunkt liegt dann auf dem Schnittpunkt der Kurve $2\,\mu$ und H_0. Wird das Ventil nun in der Zeit μ vollständig geschlossen, also mit der gleichen Geschwindigkeit wie vorher, so steigt der Druck in A während der ganzen Laufzeit μ und erreicht den Punkt A^1_3 auf der Geraden $A^0_2A^1_3$. Der maximale Druck ist höher als der vorher erreichte. Beginnt der Schließvorgang mit voll geöffneter Ausgangsstellung, so steigt der Druck ebenfalls während der ganzen ersten Laufzeit μ an (A_0A_1), jedoch ist die zugehörige Systemparabel flacher, so daß der Schnittpunkt tiefer liegt. Beim Schließen aus einer Mittelstellung entsteht immer ein höherer Druck als beim Schließen aus der Anfangsstellung mit gleicher Geschwindigkeit.

e) Einfluß der Rohrreibung. Es gibt verschiedene Methoden, um die Rohrreibung bei der graphischen Behandlung von Wasserschlagproblemen zu berücksichtigen. Sie sind alle nur angenähert richtig, sind jedoch genügend genau zur Bestimmung der maximalen Drucksteigerung auf einer der Systemparabeln.

1. In dem in Abb. 19.5 gezeigten Beispiel soll der Höhenverlust durch Reibung auf der Strecke AC h_v betragen. Über der Geschwindigkeit im Rohr aufgetragen ergibt der Reibungsverlust die mit h_v bezeichnete Parabel in Abb. 19.9. Bei der Methode von SCHNYDER wird der Reibungsverlust von der Systemcharakteristik für den Punkt C subtrahiert, und die resultierende Kurve H_C zur Konstruktion des Diagramms benutzt (Abb. 19.9). Diese Behandlungsweise ist gleichbedeutend mit der Annahme, daß die Reibung im Punkt C konzentriert ist, daß sich dort also eine Drosselstelle befindet.

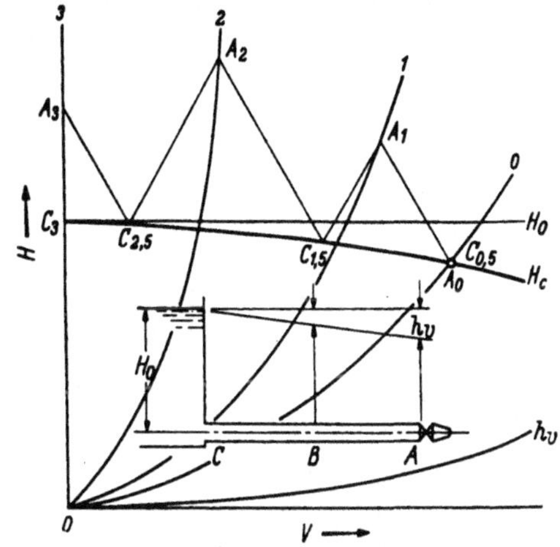

Abb. 19.9. Drucksteigerung bei Annahme eines Reibungsverlustes in C

2. Bei der zweiten Methode wird angenommen, daß der ganze Reibungsverlust am Ventil konzentriert ist. Das bedeutet, daß die Drücke auf den Systemparabeln (0; 1; 2; ... ; Abb. 19.10) um den Betrag des Reibungsverlustes erhöht werden müssen, um die gleichen Geschwindigkeiten wie bei reibungsfreier Strömung zu erreichen (Kurven 0; 1; 2). Das Diagramm ist unter Benutzung der neuen Systemkurven für A und der Linie H_0 = konst zu vervollständigen. Diese Methode ist im wesentlichen die von BERGERON [5, 6] benutzte.

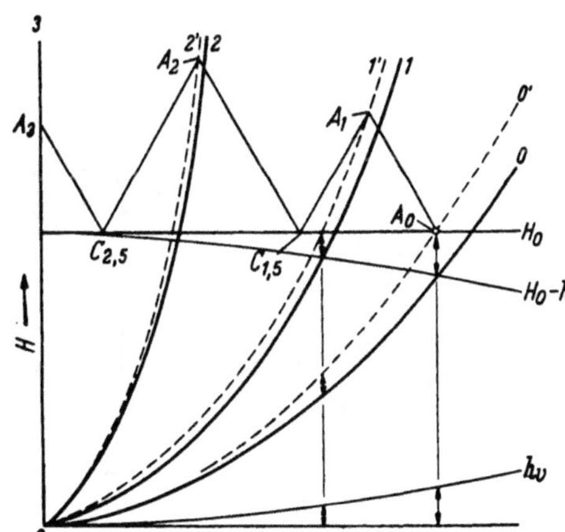

Abb. 19.10. Drucksteigerung bei Annahme eines Reibungsverlustes in A

Bei gegebener Anfangsgeschwindigkeit ist die Drucksteigerung unabhängig davon, ob Reibung vorhanden ist oder nicht, wenn die Schließzeit kleiner als die Laufzeit μ ist. Bei vorgegebener Höhe H_0 jedoch ist die Anfangsgeschwindigkeit in dem Fall mit Reibung kleiner und der Anfangsdruck vor dem Ventil niedriger. Bei Abschluß innerhalb einer Zeitspanne, die größer als die Schließzeit ist, wird bei jeder Periode ein Teil der Energie durch Rohrreibung aufgezehrt.

Durch die Vereinigung der ganzen Reibung auf einen der beiden Endpunkte an Stelle der tatsächlich vorhandenen gleichmäßig über das ganze Rohr verteilten Reibung entsteht ein Fehler in dem berechneten Druckabfall für alle Punkte zwischen A und C. Die Drucksteigerung am Ende wird durch die Vereinfachung nur sehr wenig beeinflußt.

19.3. Beispiele für Wasserschlagprobleme in Systemen mit Kreiselpumpen

a) Ausfall der Leistung – kein Ventil. Eine Pumpe A (Abb. 19.11) fördert in einen Behälter C, wobei die statische Höhe H_{St} und die Reibungshöhe h_v zu überwinden sind. Die Systemkurve für den Punkt A, die Pumpe, ist H_{A0} für den stationären Zustand vor dem Leistungsausfall. Es befindet sich kein Ventil zwischen Behälter und Pumpe. Wir nehmen an, daß sich die Pumpe bei Ausfall der Antriebsleistung innerhalb einer Zeitspanne, die kleiner als die Laufzeit μ ist, verzögert, zum Stillstand kommt und sich in entgegengesetzter Richtung in Bewegung setzt. Die Pumpe arbeitet dann als Turbine unter der Höhe H_{St} mit Durchgangsdrehzahl. Die Pumpencharakteristik ist H_{A1} und der endgültige Gleichgewichtspunkt D. Für den Zustand vor dem Leistungsausfall sind die charakteristischen Kurven des Systems die Drosselkurve H_{A0} der Pumpe und die Widerstandskurve H_C der Rohrleitung, die den Betriebspunkt A_0 festlegen. Die Rohrgeschwindigkeit wird zur Darstellung der Menge benutzt. Im Augenblick des Leistungsausfalls beginnen Druck und Geschwindigkeit in Punkt A für die Dauer einer Laufzeit zu sinken. Die

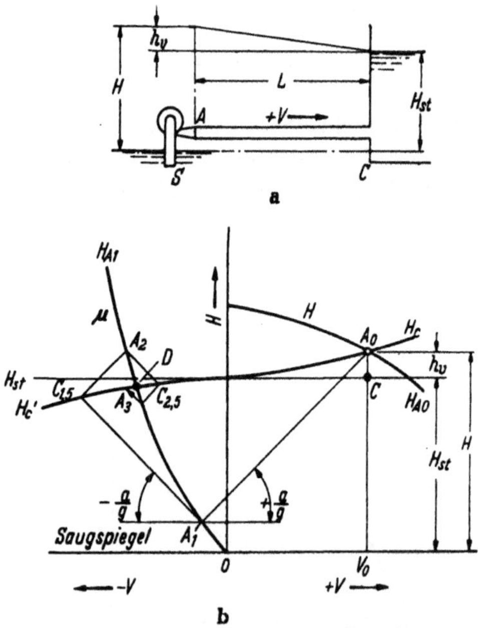

Abb. 19.11. Leistungsausfall ohne Rückschlagventil

Charakteristik der Druckwelle wird, ausgehend vom Punkt A_C, mit dem Anstieg $+ a/g$ eingezeichnet. Die Wellengeschwindigkeit wird an Hand der Gl. (19.4) berechnet. Nach Ablauf der Zeit μ oder früher hat die Pumpe voraussetzungsgemäß bereits ihre Drehrichtung umgekehrt, so daß ihre Charakteristik jetzt durch die Kurve H_{A1} dargestellt wird. Alle weiteren Punkte für A liegen auf dieser Kurve. Den ersten Punkt A_1 erhält man als Schnittpunkt zwischen H_{A1} und dem von A_0 ausgehenden Strahl unter der Neigung a/g.

Nach Umkehrung der Drehrichtung ist die Geschwindigkeit im Rohr negativ, und die Systemcharakteristik für den Punkt C ist die Kurve H'_C. Alle Punkte für C liegen auf dieser Kurve.

Beim Zeichnen des Diagramms ist folgendermaßen zu verfahren:

1. Die Druckverminderung im Punkt A während einer Laufperiode wird gezeichnet (Linie A_0A_1).

2. Danach wird wieder, ebenso wie beim Rohr mit Ventil, die Änderung des Druckes an der Front einer einzelnen Druckwelle auf der Wanderung von A nach C und zurück von C nach A verfolgt. Der Anstieg der charakteristischen Geraden wechselt bei jeder Ankunft der Welle in C und A seine Richtung.

3. Der Anstieg der Geraden ist negativ ($-a/g$), wenn die Druckwelle in Richtung der ursprünglichen Strömungsrichtung fortschreitet (von A nach C), und positiv ($+ a/g$), wenn sie in umgekehrter Richtung läuft.

4. Danach ist von A_1 eine Gerade unter dem Anstieg $-a/g$ zu ziehen, die die Kurve H'_C bei $C_{1,5}$ schneidet; diese Kurve kennzeichnet die Drücke und Geschwindigkeiten an der Wellenfront während ihres Laufes von A nach C. Von $C_{1,5}$ aus wird wieder mit positivem Anstieg eine Gerade gezogen, die die Kurve H_{A1} in A_2 schneidet, usw.

Die Erfahrung hat gezeigt, daß selbst bei geringer oder verschwindender Reibung keine gefährliche Drucksteigerung in Anlagen der hier besprochenen Art auftritt. Ist das Saugrohr sehr lang, so sollte sein Widerstand bei Rückwärtsströmung in der Pumpencharakteristik H_{A1} berücksichtigt werden, die dadurch steiler wird.

b) Veränderung der Spiegelhöhe im Behälter. Geht das Niveau im Behälter zurück, wenn die Strömung durch die Pumpe rückläufig ist, so müssen die Spiegelhöhen zu den Zeiten $1{,}5\,\mu$; $2{,}5\,\mu$ usw. bekannt sein oder abgeschätzt werden. Man erhält dann für jeden Durchgang der Welle durch C eine gesonderte Charakteristik H'_C. Im übrigen bleibt das Verfahren das gleiche wie im vorhergehenden Beispiel.

c) *Rückschlagventil an der Pumpe.* Wenn ein Rückschlagventil sofort schließt, kann kein Wasser zurückfließen. Das bedeutet, daß die Systemcharakteristik H_A für den Punkt A mit der Ordinate (Abb. 19.12) zusammenfällt. Die Charakteristik der Welle $A_0\,A_1\,C_{1,5}\,A_2\,C_{2,5}$ usw. wird wie im vorigen Beispiel gezeichnet. Wenn das Ventil nicht schnell genug schließt, um Rückströmung durch die Pumpe zu vermeiden, so ist die Gerade A_0A_1 zu verlängern, bis sie die Systemparabel der Kombination Pumpe—Ventil (teilweise offen) trifft; dabei entsteht eine höhere Druckdifferenz. Unter Umständen kann, je nach dem Wert des Ausdruckes a/g, die Gerade A_0A_1 die Abszisse schneiden, bevor sie die Ordinate erreicht (Abb. 19.13). Das bedeutet, daß die Höhe bis auf die Höhe des Saugspiegels gefallen ist und nicht mehr weiter fallen kann. Das Rückschlagventil öffnet dann wieder und läßt Wasser durch die Pumpe strömen. Am Ende der ersten Laufzeit μ ist nur ein Teil ΔV der Anfangsgeschwindigkeit abgefangen worden, während eine Restgeschwindigkeit V_1 in der alten Richtung bestehenbleibt. Das Rückschlagventil ist noch offen. Die weitere Konstruktion des Diagramms geht aus der Abbildung hervor. Zu beachten ist, daß man in diesem Fall mit kleinerer Anfangsgeschwindigkeit V_0' die größere Drucksteigerung erhält, da die abgebremste Geschwindigkeit größer ist. Diese hat ihr Maximum, wenn A_1' mit dem Koordinatenursprung zusammenfällt.

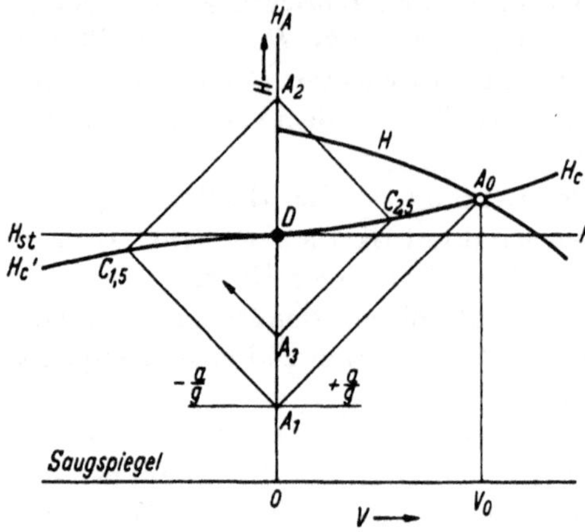

Abb. 19.12. Leistungsausfall mit Rückschlagventil

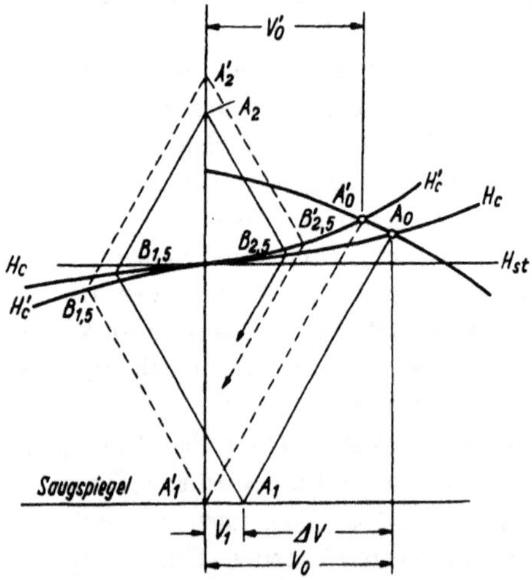

Abb. 19.13. Absenkung des Druckes bis auf Saugspiegelhöhe

d) Entlastungsventil. Um die hohen Drucksteigerungen, die beim Einbau eines Rückschlagventils auftreten, zu verhindern, kann man ein Entlastungsventil im Nebenschluß vorsehen, das hydraulisch, mechanisch oder elektrisch gesteuert werden kann. Eine Reihe von Anlagen wurde mit solchen Entlastungsventilen ausgerüstet, teils um gegensinnige Drehung zu vermeiden, teils um die Drucksteigerung im Rohr herabzusetzen. Die Arbeitsweise des Ventils soll an Hand des in Abb. 19.14 dargestellten Beispieles erläutert werden. Hier ist ein Rückschlagventil und ein Entlastungsventil vorhanden. Die Systemkurve des Entlastungsventils wird durch die Parabel H_{AS} dargestellt. Das Ventil öffnet in der Zeitspanne zwischen μ und $1{,}5\,\mu$. Dann verläuft der erste Teil der Charakteristik bis zum Punkt $C_{1,5}$ wie im Beispiel Abb. 19.12. Die nachher durchlaufenen Punkte A, nämlich A_2, A_3 usw., liegen auf der Parabel H_{AS}. Auf diese Weise wird die Drucksteigerung fast vollständig unterdrückt. Nachdem sich die Strömung auf den Punkt D eingestellt hat, wird das Ventil allmählich geschlossen, so daß der Zustandspunkt des Systems von D nach D', dem Nullpunkt, wandert.

In neueren Anlagen übernehmen gesteuerte Ventile die kombinierte Funktion von Rückschlag- und Entlastungsventil.

e) Wirkung der Schwungmassen. Hat die Pumpe des ersten Beispieles eine nennenswerte Schwungmasse, so verlangsamt sich durch ihre Trägheit der Vorgang der Umkehrung der Drehrichtung bei ausfallender Leistung. Die Zeit, die der Umkehrvorgang erfordert, ist dann größer als die Laufzeit μ. Dem Autor sind Fälle bekannt, in denen Kreiselpumpen mit Schwungmassen ausgerüstet wurden, so daß bei Ausfall der elektrischen Leistung eine Dampfturbine eingesetzt werden kann, ohne daß der Austrittsdruck stärker abfällt. In einem solchen Fall ist die Pumpencharakteristik am Ende der ersten Laufperiode eine normale Drosselkurve bei verminderter Drehzahl (H_{A1}, Abb. 19.15). Es können verschiedene solcher Charakteristiken zu den Drehzahlen gezeichnet werden, die den Zeiten μ, 2μ, usw., gerechnet vom Zeitpunkt des Leistungsausfalles, zugeordnet sind.

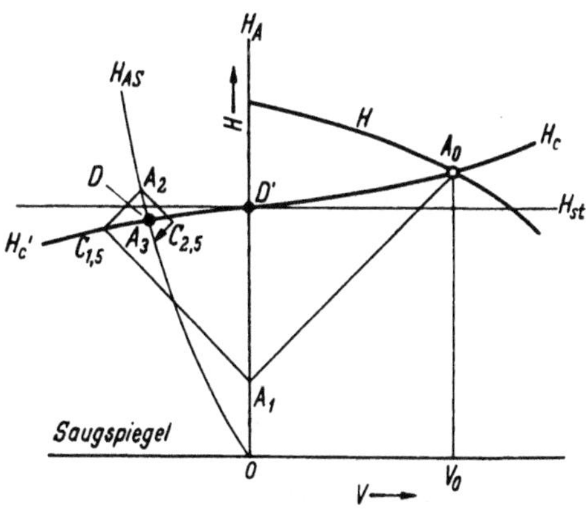

Abb. 19.14. Pumpe mit Rückschlagventil und Entlastungsventil

Diese Drehzahlen werden nach der Beziehung

$$M = \Theta \frac{\delta\omega}{\delta t} \tag{19.18}$$

bestimmt.

Das Drehmoment M_0 zur Zeit $t = 0$ ist bekannt. Θ ist das Trägheitsmoment der rotierenden Massen einschließlich des Motorläufers. $\delta\omega$ ist die Zunahme der Winkelgeschwindigkeit ω während der Zeit δt. Man setzt $\delta t = \mu$ und bestimmt mit M_0 und Θ das zugehörige $\delta\omega$ und damit die Drehzahl n_1 nach Ablauf der Zeit μ. Dann kann die Drosselkurve H_{A1} der Pumpe bei der Drehzahl n_1 gezeichnet werden. Der Punkt A_1 wird bestimmt und das Drehmoment M_1 berechnet. Ebenso können die Drehzahl der Pumpe zur Zeit 2μ festgestellt und die Geraden $A_{1,5}\,C_{1,5}$ und $C_{1,5}\,A_2$ gezeichnet werden.

Die Pumpe erreicht die Drehzahl Null zwischen 2μ und 3μ. Danach läuft sie in umgekehrter Richtung, wobei sie ihre Drehzahl allmählich vergrößert. Die Charakteristik ist ihre Leerlaufkennlinie H_{A3}. Der Rest des Diagramms wird in der gleichen Weise gezeichnet wie im ersten Beispiel.

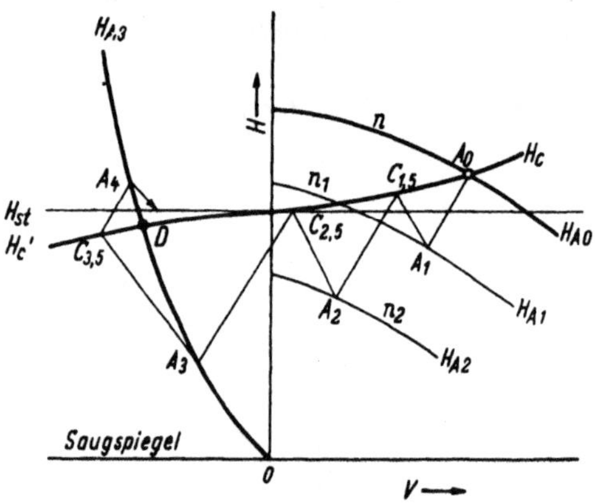

Abb. 19.15. Pumpe mit Schwungmasse; Anordnung nach Abb. 19.11a

Wenn mehr Punkte für die Kurve des Druckes an der Pumpe über der Zeit verlangt werden, sind die Drosselkurven für einen Abstand $\mu/2$ aufzuzeichnen und die Drucksteigerungen von zwei Wellen zu beobachten; die eine Welle beginnt zur Zeit $t = \mu$ im Punkt A, die andere bei $t = \mu/2$. Die beiden Wellen ergeben Punkte für den Druck in A und C im Zeitabstand von $\mu/2$.

Als Mittel zur Verringerung der Drucksteigerung ist die Schwungmasse nicht sehr wirkungsvoll. Folgender Fall soll als Beispiel gegeben werden: Eine Pumpe mit $Q = 590$ l/s, $H = 86$ m, $n = 1200$ U/min, $N = 800$ PS fördert in eine Rohrleitung von 1060 mm Durchmesser und 280 m Länge. Bei einem Schwungmoment von $GD^2 = 17\,000$ kg cm² kehrte sich die Drehrichtung innerhalb von 0,8 s um. Dabei entstand eine Drucksteigerung von 33 m. Nach Ausrüstung mit einem Schwungrad mit $GD^2 = 65\,000$ kg cm² wuchs die Umkehrzeit auf 2,42 s, und der Druckanstieg verringerte sich auf 14,6 m [7]. So mußte zur Verminderung desselben auf 44,5% das Trägheitsmoment 3,8mal vergrößert werden.

f) Öffnen des Ventils. Abb. 19.16 zeigt die graphische Darstellung eines Wasserschlages, der bei plötzlichem Öffnen des Ventils einer bei geschlossenem Schieber angefahrenen Pumpe entsteht. Die Charakteristik der Druckwelle wird vom Punkt A_0 aus zwischen der Drosselkurve H_A der Pumpe und der Widerstandskurve H_C der Rohrleitung gezeichnet, bis der Punkt D erreicht ist.

g) Geregelte Ventile. Um Wasserschläge infolge des plötzlichen Ansprechens von Rückschlagventilen zu vermeiden, werden automatisch geregelte Absperrventile benutzt. Die günstigste Schließzeit kann durch Aufzeichnen des Diagramms festgestellt werden.

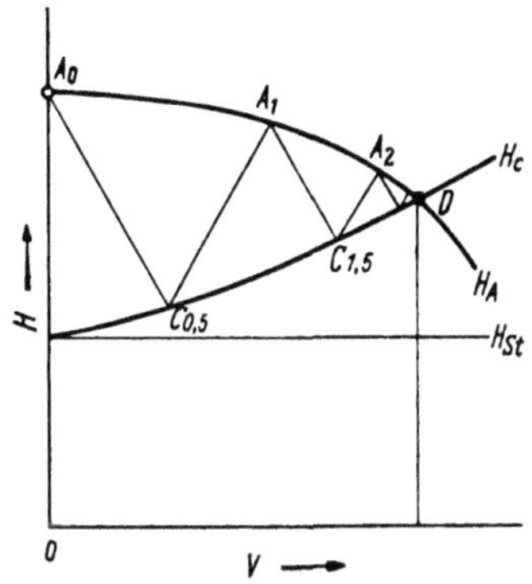

Abb. 19.16. Plötzliches Öffnen des Ventils

In dem in Abb. 19.17 dargestellten Beispiel fördert die Pumpe gegen die aus statischer und dynamischer Höhe bestehende Leitungskennlinie H_C. Die Kurve H_A ist die Charakteristik der Pumpe bei gegenläufiger Drehrichtung und Drehmoment Null; H_{V1} ist der Ventilwiderstand zur Zeit μ, H_{V2} derselbe zur Zeit 2μ. Bei $t = 3\mu$ ist das Ventil vollständig geschlossen (Abbildung 19.17b). Zur Konstruktion des Druckwellendiagramms werden die Systemcharakteristiken H_{A1} und H_{A2} für die Zeitpunkte μ und 2μ durch Addition der Widerstände von Pumpe und Ventil gewonnen. H_{A3} fällt mit der Ordinatenachse zusammen. Die Geraden für die Druckwelle werden dann in der üblichen Weise eingezeichnet (Abb. 19.17c). Die Punkte A_0, A_1, A_2 und A_3 . . . D geben die Drücke in A im Zeitabstand μ an.

h) Abschluß eines Ventils am Rohrende. In dem Beispiel nach Abbildung 19.18 fördert eine Pumpe in A Wasser in einen Behälter bei C gegen die aus statischer Höhe H_{St} und dynamischer Höhe bestehende Gesamthöhe H_C. Bei C befindet sich ein Ventil, das während des Laufes der Pumpe in einem Zeitraum von 3μ geschlossen werden soll. Die Systemcharakteristik für den Punkt C besteht dann aus den Kurven H_{C0}, H_{C1}, H_{C2} und H_{C3} für die Zeiten $0, \mu, 2\mu$ bzw. 3μ. Die Charak-

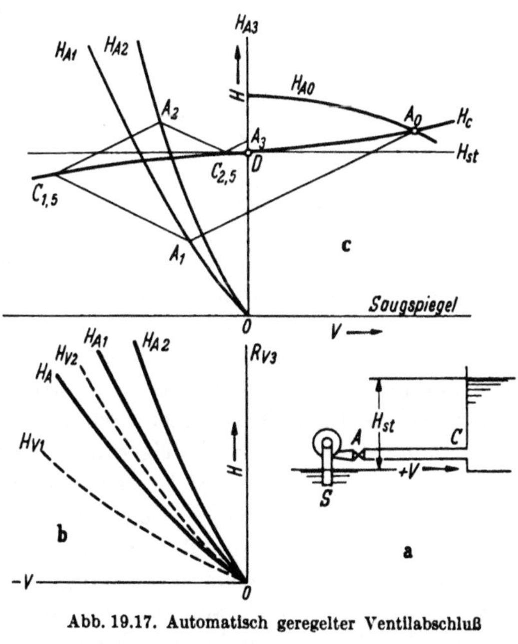

Abb. 19.17. Automatisch geregelter Ventilabschluß

teristik der Pumpe wird durch die Kurve H_{A1} für negativen Durchfluß (Pumpe läuft weiter) dargestellt. Der Geradenzug $A_{0,5}\, C_1\, A_{1,5}\, C_2\, A_{2,5}\, C_3$ wird in der üblichen Weise gezeichnet, wobei der maximale Druckanstieg im Punkt C_3 erreicht wird. Wird das Ventil in einer Zeitspanne $T \leq \mu$ geschlossen, so entsteht der gestrichelte Verlauf $A_{0,5} C'_1 A'_{1,5} C'_2$.

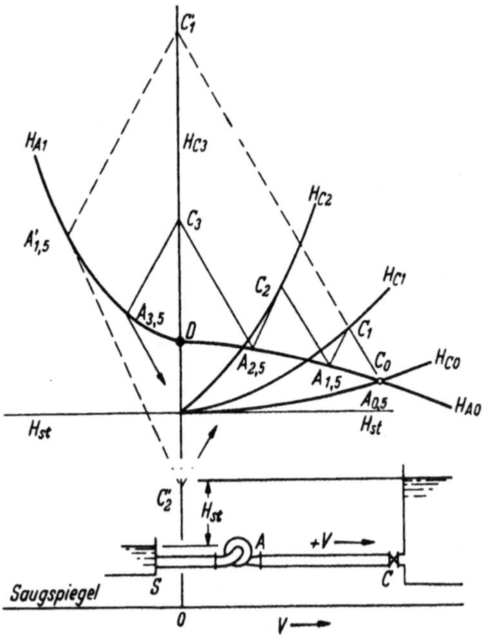

Abb. 19.18. Ventil am Ende der Druckleitung; Schließzeit bei laufender Pumpe $T = 3\,\mu$ (ausgezogen) und $T = 0$ (gestrichelt)

19.4. Spezielle Probleme

a) Wasserschlag in der Saugleitung. In allen bisher betrachteten Beispielen wurde der Wasserschlag in der Druckleitung zwischen den Punkten A (Austrittsflansch der Pumpe) und C (offenes Ende der Leitung) behandelt (Abb. 19.11, 19.17 und 19.18). Jedoch haben alle Geschwindigkeitsänderungen in der Druckleitung auch Änderungen der Geschwindigkeit in der Saugleitung zur Folge; infolgedessen tritt der Wasserschlag auch im Saugrohr und im Pumpengehäuse auf.

Mechanisch gesehen können die Saugleitung und das Pumpengehäuse die am leichtesten verwundbaren Teile der Anlage sein. Andererseits werden lange Saugrohre selten benutzt und die Sauggeschwindigkeiten sind niedriger als die Geschwindigkeiten in der Druckleitung. Deshalb treten gefährliche Drucksteigerungen als Folge von Wasserschlägen in Saugrohren nur selten auf. Trotzdem sind Fälle von Zerstörung der Saugleitung aufgezeichnet [*8*]. Dem Autor sind mehrere Fälle bekannt, in denen das Gehäuse von Benzinpumpen riß, als das Schnellschlußventil am Ende der Druckleitung betätigt wurde. Mehrstufige vertikale Pumpen der in Trommeln angeordneten Bauart zeigten verschiedentlich ausgeknickte Wellen (infolge Druckspannung) und gerissene Austrittsstutzen. Daran ist zu erkennen, daß auf der Saugseite ein höherer Druck herrschte als auf der Druckseite. ANGUS [*9*] berichtet von hydraulischen Turbinen, deren Läufer durch Druckanstieg im Saugrohr [*3*] (entsprechend dem Saugrohr der Pumpe) hochgehoben wurden.

Das Saugrohr einschließlich des Pumpengehäuses bis zum Druckflansch kann in der gleichen Weise bezüglich Wasserschlag untersucht werden wie die Druckrohre. Die Randbedingungen sind wieder durch die Systemcharakteristik festgelegt. Der Saugspiegel für den Eintritt in das Saugrohr (Punkt S, Abb. 19.11; 19.17; 19.18) und der Punkt A für das andere Ende sind gleich für Saugrohr und Druckrohr. Der Anfangspunkt A_0 ist durch die Anfangsbedingungen gegeben und ist in beiden Rohren gleich.

Wenn die Bestimmung des maximal auftretenden Druckanstieges der Zweck der Untersuchung ist, so ist es nicht notwendig, ein Druckwellendiagramm für das Saugrohr zu zeichnen, da die maximale Steigerung im Druckrohr auftritt. Jedoch wandert der am Druckflansch der Pumpe erzeugte Druck auch durch diese hindurch in die Saugleitung, wenn nicht ein Rückschlagventil oder ein Regelventil vorgesehen ist. Bei Anordnung nach Abb. 19.18 und plötzlichem Abschluß wandert der Druck C_1' das ganze Saugrohr in unverminderter Höhe (abgesehen vom Reibungsverlust) entlang, wobei die Dauer, während der Über- oder Unterdruck herrscht, von μ am Punkt C auf Null am offenen Ende des Saugrohres zurückgeht. Abb. 19.2 veranschaulicht dieses Verhalten. Zu bestimmten Zeiten kann der Druck an einem nahe dem offenen Ende gelegenen Punkt C' um den vollen Betrag h größer sein als der Druck am Ventil. Dies ist zum Beispiel in der Zeit von μ bis $1{,}25\,\mu$ der Fall, in der am Ventil bereits Unterdruck herrscht, während bei C' noch der Mittelwert besteht. Diese Tatsache erklärt, wie im Saugrohr ein höherer Druck als am Ventil entstehen kann, wenn die Förderhöhe der Pumpe kleiner ist als die Drucksteigerung. Wird das Austrittsventil C, Abb. 19.18, allmählich geschlossen, so ist die Drucksteigerung im Gehäuse und im Saugrohr kleiner als am Ventil (s. Abb. 19.3).

Wenn die Unterdruckwelle durch die Pumpe geht, kann der Druck am Laufradeintritt bis auf den Dampfdruck absinken, so daß eine Dampfblase entsteht. Die nachfolgende Überdruckwelle bewirkt dann ein momentanes Zusammenfallen der Dampfblase, das, ebenso wie bei Kavitation, mit einem empfindlichen Schlag verbunden ist. Die entstehende Dampfblase stört die Fortpflanzung der Druckwellen und kompliziert die Lösung des Problems beträchtlich. Kavitation und Abreißen der Wassersäule können auch auf der Druckseite der Pumpe an einigen Punkten der Leitung eintreten, wenn deren Topographie so beschaffen ist, daß die Unterdruckwelle höher als die Druckreserve bis zum Dampfdruck ist. Bergeron [*5*] und Angus [*9*] geben graphische Lösungen für solche Systeme an, jedoch fehlt die experimentelle Bestätigung ihrer Ergebnisse. Die Reihenfolge der Vorgänge und die Art, in der sich die Druckwelle unter Kavitationsbedingungen verhält, sind in dem folgenden Beispiel dargestellt.

b) Abreißen der Wassersäule oder Kavitation. In einem System nach Abb. 19.19a soll der bei plötzlichem Abschluß des Ventils A am Austrittsflansch entstehende Wasserschlag untersucht werden. In dem zugehörigen Diagramm, Abb. 19.19b, ist A_0 der ursprüngliche Betriebspunkt und V_0 die Rohrgeschwindigkeit. Der plötzliche Abschluß verursacht eine plötzliche Druckabnahme bei A bis auf den Dampfdruck und eine plötzliche Geschwindigkeitsabnahme von V_0 auf V_0', die durch den Neigungskoeffizienten a/g der Linie A_0A_0' bestimmt wird. Von die-

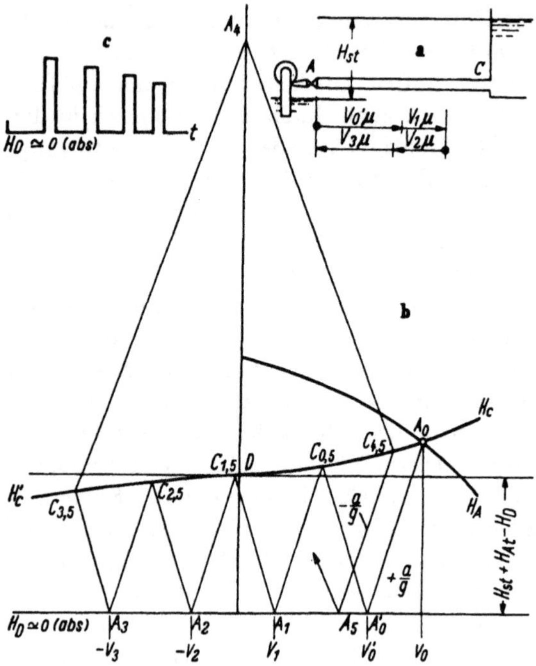

Abb. 19.19. Abreißen der Flüssigkeitssäule

sem Augenblick an bis zur Zeit $t = \mu$ bewegt sich das Wasser bei A mit der Geschwindigkeit V_0'; die entstandene Wassersäule legt dabei einen Weg von $V_0'\mu$ zurück und läßt hinter sich einen ebenso langen dampfgefüllten Raum zurück. Zur Zeit μ fällt die Geschwindigkeit bei A plötzlich auf V_1, und das Wasser entfernt sich um eine weitere Strecke $V_1\mu$. Die Geschwindigkeit V_1 wird durch den für die Druckwelle charakteristischen Linienzug $A_0'C_{0,5}A_1$ bestimmt, der in der üblichen Weise gezeichnet wird. Bei plötzlichem Abschluß des Ventils ist aber die Bedeutung des Linienzuges verschieden von der Bedeutung bei allmählichem Schließen. Die Geraden stellen nicht den Druckverlauf an einem mit der Welle bewegten Punkt dar, da sich ja der Druck hier mit konstanter Höhe fortpflanzt und Änderungen von Druck und Geschwindigkeit nur plötzlich vor sich gehen; sie liefern einen Zeitmaßstab für die Verzögerung und Beschleunigung der hinter dem Ventil befindlichen Wassersäule. Zur Zeit $t = 2\mu$ wechselt die Geschwindigkeit abermals und springt von $+V_1$ auf $-V_2$, das heißt, die Wassersäule bewegt sich wieder zum Ventil hin. Zur Zeit $t = 3\mu$ hat sich der dampferfüllte Raum zwischen Ventil und Wassersäule um die Strecke $V_2\mu$ verringert. Ebenso springt die Geschwindigkeit bei $t = 3\mu$ von $-V_2$ auf $-V_3$, worauf hin sich der freie Raum um die Länge $V_3\mu$ verringert. Der Einfachheit halber wird angenommen, daß der dampferfüllte Raum zur Zeit $t = 4\mu$ gerade wieder auf Null zusammengefallen ist. Wenn die Geschwindigkeit $-V_3$ plötzlich abgebremst wird, wächst der Druck plötzlich bis auf den durch A_4 gekennzeichneten Druck an (Geradenzug $A_3C_{3,5}A_4$). Dieser Druck bleibt in A für eine Zeit μ bestehen und fällt dann sprungweise auf A_5, von wo sich der ganze Zyklus mit verkleinerten Geschwindigkeiten wiederholt, bis die ganze Energie der Wassersäule durch die hydraulischen Verluste aufgezehrt und der endgültige Gleichgewichtspunkt D erreicht. Die Druckänderung in A über der Zeit ist in Abb. 19.19c dargestellt. Die Höhe der Druckspitze und die Zeiträume zwischen den Spitzen werden mit der Zeit kleiner, da die Energie der Wassersäule verbraucht wird. Solche Kurven wurden experimentell von Le Conte [*10*] festgestellt.

Aus Abb. 19.19b geht hervor, daß der maximale Druckanstieg zur Zeit $t = 4\mu$ ungefähr genau so groß ist wie der Druckanstieg, der durch plötzliches Abbremsen der Anfangsgeschwindigkeit entsteht. Er liegt nur tiefer als dieser, weil ein Teil der Energie bereits im ersten Durchgang verbraucht wurde. Bei reibungsloser Strömung würden die beiden Drücke exakt gleich groß sein. Die maximale Rücklaufgeschwindigkeit der Wassersäule wäre in diesem Falle ebenso groß wie die Anfangsgeschwindigkeit V_0 und die Rücklaufzeit der Säule gleich ihrer Vorlaufzeit. Dies ist dadurch begründet, daß die rückwärts gerichtete Strömung durch den gleichen Druck $H_{St} + H_{At} - H_D$ hervorgebracht wird, der die Strömung am Anfang verzögerte. Die kinetische Energie der Wassersäule im Rohr wird während der Verzögerung in Energie der Lage verwandelt, die bei Umkehr der Strömungsrichtung wieder zur Beschleunigung verbraucht wird. Fällt der Augenblick des Zusammenfallens des Dampfraumes nicht mit dem Ende einer Laufperiode zusammen, so wird der Verlauf des Druckes über der Zeit unregelmäßig (Abb. 19.19c). Wird das Ventil allmählich innerhalb der Laufzeit μ geschlossen, so entsteht die gleiche Drucksteigerung, jedoch hat Kurve (*c*), Abb. 19.19, Spitzen an Stelle der konstanten Stücke.

Läßt man im Punkt A Luft einströmen, so wird die Druckabsenkung begrenzt auf den Atmosphärendruck. Dadurch wird die Zeit für die Verzögerung und Umkehrung der Wassersäule verlängert, da die Kraft auf dieselbe nur noch der Höhe H_{St} entspricht. Das Luftpolster wirkt außerdem verzögernd beim Aufprall der Wassersäule und reduziert so den Druckanstieg abermals.

LISCHER [*11*] berichtet von der Zerstörung von drei gußeisernen Rohren von 500, 600 und 900 mm Durchmesser, die von einer Pumpanlage über den Kamm einer Hügelkette in ein Reservoir führte. Die Wassersäule riß auf dem höchsten Punkt jedesmal ab, wenn die Leistung ausfiel. Nachdem schnell öffnende, langsam schließende Luftventile an dem höchsten Punkt angebracht worden waren und ebenfalls schnell öffnende, langsam schließende Entlastungsventile in der Nähe der Pumpstation eingebaut waren, traten keine Zerstörungen mehr auf.

Da die verzögernde und beschleunigende Kraft auf die Wassersäule (Abb. 19.19) konstant ist ($H_{St} + H_{At} - H_D$), könnte man annehmen, daß die Geschwindigkeitsänderung entsprechend dem NEWTONschen Gesetz Kraft = Masse mal Beschleunigung allmählich vor sich gehen müßte. Im Falle eines festen Körpers trifft dies zu, da die Kraft auf einen Körper konstanter Masse wirkt. Bei einem kompressiblen Medium, das Wasser in diesem Falle darstellt, kann die Kraft nicht die ganze Masse auf einmal erfassen; die Beschleunigung erfolgt sprungweise in Zeitabständen von μ, wobei die Geschwindigkeitsänderung ΔV einer sich dauernd mit der Geschwindigkeit der Druckwelle vergrößernden Masse mitgeteilt wird.

19.5. Beispiele für Schäden durch Wasserschlag

a) Anfahren und Stillsetzen von Pumpen. Wasserschläge können in Kreiselpumpen selbst beim Stillsetzen und Anfahren entstehen. Vertikale mehrstufige Pumpen mit offenen Laufrädern, die durch enge Spalte vom Gehäuse abgegrenzt sind, bieten Beispiele für Schäden an Pumpen durch Wasserschlag. In einem Fall wurde eine vertikale Pumpe dieses Typs benutzt, um geschmolzenes Salz in einem Raffinerieprozeß für Erdöl umzuwälzen. Beim Start mit geschlossenem Austrittsventil und mit luft- oder dampfgefülltem Druckrohr entstand ein schwerer Stoß, der einen Knick der 100 mm starken Welle zur Folge hatte. Die Schwierigkeit wurde beseitigt, indem man die Pumpe mit teilweise geöffnetem Druckschieber anfuhr, wobei sich die Welle in umgekehrter Drehrichtung bewegte. Für eine durchschnittliche Anlage reicht das Füllen des Steigrohres mit Flüssigkeit aus, um einen gefährlichen Wasserschlag während des Anfahrvorganges zu vermeiden. Dem Stillsetzen von Bohrlochpumpen der offenen Bauart folgen immer Druckwellen, die ein Hämmern der Laufräder während der Rückwärtsdrehung auf ihren Sitzen bewirken. Es ist unmöglich, unter solchen Bedingungen enge Laufspalte zwischen Laufrad und Gehäuse aufrechtzuerhalten. Die Einführung von Sperrkupplungen in Verbindung mit Hohlwellenmotoren vermied zwar das Abnutzen der Laufräder beim Drehen, jedoch nicht die Druckwellen und Schwingungen selbst.

Das Stillsetzen von Pumpen bei offenem Austrittsventil (automatisch oder durch Leistungsausfall) kann unangenehme Wasserschläge erzeugen, die zur Zerstörung des Rückschlagventils, zur Lockerung der Muffenverbindung, zu Schäden an der Stopfbüchse oder an anderen Einrichtungen, die an das Drucksystem angeschlossen sind, führen können. Manchmal sind Geräusche und Schwingungen allein, die durch das Zuschlagen des Rückschlagventils entstehen, unerwünscht. Es wird allgemein angenommen, daß Wasserschlag grundsätzlich mit einem deutlich hörbaren Geräusch verbunden sein müsse. Es wurden aber auch schwere Druckwellen beobachtet, bei denen sich der Druck aufbaute, nachdem das Ventil sich völlig ruhig geschlossen hatte.

b) Durch das System verursachte Wasserschläge. In verschiedenen Arten hydraulischer Systeme wie hydraulischen Pressen, Ladestationen von Raffinerien und Kesselspeiseanlagen muß die Druckleitung oft plötzlich abgeschlossen werden, während die Pumpe läuft. Wenn keine Vorsichtsmaßnahmen getroffen werden, können gefährliche Wasserschläge auftreten. Im Fall von hydraulischen Pressen dienen Windkessel zur Abmilderung des Stoßes[1]. Bei langen Saugrohren werden Windkessel auch auf der Saugseite eingesetzt, um das Auseinanderreißen der Wassersäule am Pumpeneingang zu vermeiden. Ein Umgang vom Ausgang der Pumpe zum Eingang dient oft nicht nur zum Schutz vor übermäßiger Erwärmung bei verschwindender Fördermenge, sondern verringert auch den hydraulischen Stoß. Die mehrstufigen vertikalen Pumpen der in der Trommel eingebauten Art sind bei Einsatz zum Fördern von Erdölprodukten besonders empfindlich auf hydraulischen Stoß. In verschiedenen Fällen knickte die Welle durch Zusammendrücken aus und riß der Austrittsstutzen (gußeiserner Diffusor), als das Austrittsventil plötzlich geschlossen wurde. Pumpen mit geschlossenen Laufrädern, die mehr axiales Spiel zwischen Läufer und Gehäuse haben, sind besser geeignet für Systeme, in denen leicht Wasserschläge auftreten.

Es gibt zahlreiche Beispiele für Gehäuserisse von Spiralpumpen mit geschlossenen Laufrädern, die zum Beladen eingesetzt waren. Ein plötzliches Aufreißen des Druckrohres hat die gleiche Wirkung wie das plötzliche Öffnen des Ventils, nämlich hohe Drucksteigerung, wie oben besprochen.

---

[1] In einem solchen System ist die Reibung und nicht die Pufferwirkung des Luftpolsters in erster Linie für die Verminderung der Drucksteigerung verantwortlich. Bei Systemen mit wenig Reibung bieten Windkessel nur wenig Schutz gegen Wasserschlag [*12*].

c) Möglichkeiten zur Verminderung des Stoßes. Die Drucksteigerung kann nur durch Verminderung der Verzögerung der Rohrgeschwindigkeit herabgesetzt werden. Dies ist durch eine oder mehrere der folgenden Maßnahmen zu erreichen:

1. Die Rohrleitung soll von Anfang an für kleine Geschwindigkeiten ausgelegt werden.

2. Gesteuerte Ventile, die die Funktion eines Rückschlagventils und eines Absperrschiebers übernehmen, sind vorzusehen. Je langsamer das Schließen erfolgt, um so geringer ist der resultierende Druckanstieg. Verlust von Wasser und Rückwärtslauf der Pumpe werden selten als störend empfunden.

3. Spezielle Rückschlagventile, „ausgeglichene“ oder „belastete“ oder ein Umgang, um das Rückschlagventil, das nach dessen Abschluß langsam geschlossen wird, können benutzt werden.

4. Windkessel, Speicher und Wasserschlösser stehen zur Dämpfung zur Verfügung. Das Wasserschloß ist die teuerste derartige Einrichtung und ist unter gewöhnlichen Umständen kaum gerechtfertigt.

5. Entlastungsventile, auch gesteuerter Art, sind zum Schutz verschiedener hydraulischer Einrichtungen weit verbreitet.

6. Ist das Auseinanderreißen der Wassersäule in einer Leitung unvermeidlich, so sind Ventile einzubauen, die bei Unterdruck Luft einströmen lassen. Dadurch wird der Druckanstieg, der beim Zusammenschlagen der zurückkehrenden Wassersäulen entstehen würde, abgemildert.

d) Bemerkungen. Die graphischen Lösungen des Wasserschlagproblems sind ebenso genau wie die analytischen. Es gibt zahlreiche experimentelle Beweise für die Richtigkeit der Grundlagen der Wasserschlagtheorie. Die unregelmäßige Gestalt der Kurven für die Drucksteigerung, die man durch die Theorie erhält, wurde von guten Meßinstrumenten mit erstaunlicher Genauigkeit reproduziert. Die Genauigkeit der Lösungen hängt nur von der Genauigkeit ab, mit der die Strömungsgeschwindigkeit während der Schließzeit bekannt ist und mit der die Systemcharakteristik angegeben werden kann. Eine klare Vorstellung über die Vorgänge, die zum Wasserschlag führen und die dem Mechanismus der Ausbreitung und Reflexion der Druckwellen zugrunde liegen, ist unerläßlich für die sinnvolle Anwendung graphischer oder analytischer Methoden zur Lösung des Wasserschlagproblems. Das Zeichnen des Diagrammes wird dann zu einer einfachen schematischen Angelegenheit. Auf dem Gebiete der Kreiselpumpen kommt es selten vor, daß eine genaue Bestimmung der maximalen Drucksteigerung gefordert wird. Allein die Erkenntnis, daß Bedingungen vorliegen, die zu Wasserschlägen führen können, reicht oft aus, um Vorkehrungen zu ihrer Vermeidung zu treffen.

e) Wasserschlag-Diagramm. Parmakian [*13*] hat zur näherungsweisen Bestimmung von Druckanstieg und -abfall bei Ausfall der Leistung einer

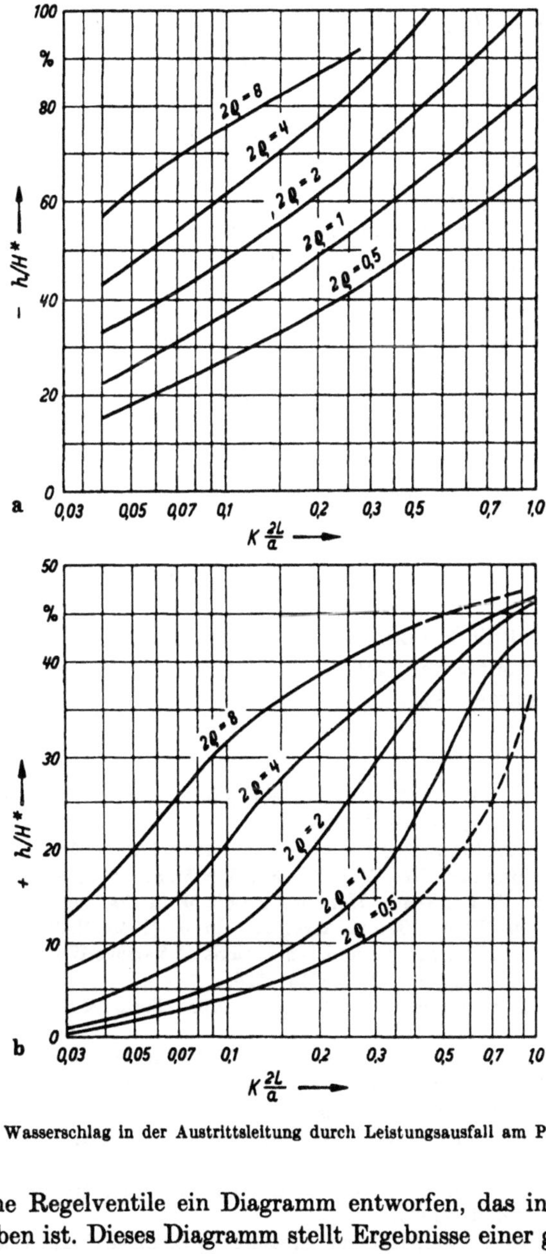

Abb. 19.20. Wasserschlag in der Austrittsleitung durch Leistungsausfall am Pumpenmotor

Pumpe ohne Regelventile ein Diagramm entworfen, das in Abb. 19.20 wiedergegeben ist. Dieses Diagramm stellt Ergebnisse einer großen Zahl von Lösungen des Wasserschlagproblems dar. Diese beruhen auf den in

Abb. 13.2 angegebenen Daten der Pumpe außerhalb des normalen Betriebsbereiches, da entsprechende Angaben für die hier betrachtete Pumpenart nicht zu erhalten waren. Die Drucksteigerung und die Absenkung sind in Prozent der normalen Höhe in Abhängigkeit der unten definierten Parameter ϱ und $K\mu$ dargestellt.

$$2\varrho = \frac{a\,V_0}{g\,H_0} = \frac{h_{max}}{H_0}, \tag{19.19}$$

dabei gilt wie bisher:

a Wellengeschwindigkeit,
V_0 ursprüngliche Geschwindigkeit im Rohr,
H_0 ursprüngliche Höhe, meist statisch,
h_{max} nach Gl. (19.1).

Der als Abszisse benutzte Parameter enthält den wie folgt definierten Faktor K

$$K = \frac{75\,N}{2\,\Theta\,\omega^2}. \tag{19.20}$$

Dabei sind:

N die Leistung in PS unter ursprünglichen Bedingungen,
Θ Trägheitsmoment der rotierenden Massen in kg m s².
$\omega = \frac{n\,\pi}{30}$ die Winkelgeschwindigkeit des Pumpenrades.

Die Größe μ ist die Laufzeit der Welle in s; $\mu = 2\,L/a$. Druckanstieg und -abfall in der Mitte der Leitung sind etwa halb so groß wie die für die Pumpe errechneten Werte.

Literatur

[1] Kerr, S. L., et al.: New Method for Bulk Modulus Determination. Trans. A.S.M.E. Bd. 72 (1950) S. 1143.
[2] Moody, L. F.: Simplified Derivation of Water-Hammer Formula, Symposium on Water Hammer, New York. Trans. A.S.M.E. (1933) S. 25.
[3] Strowger, E. B.: Water-Hammer Problems in Connection with Design of Hydroelectric Plants. Trans. A.S.M.E. Bd. 67 (1945) S. 377, 389.
[4] Quick, R. S.: Comparison and Limitations of Various Water-Hammer Theories. Mech. Engng. Bd. 49 (1927) S. 524.
[5] Allievi, L.: Air Chambers for Discharge Pipes. Trans. A.S.M.E. Bd. 59 (1937) S. 657.
Bergeron, L.: Discussion. Trans. A.S.M.E. Bd. 61 (1939) S. 444.
[6] —: Étude des coups de belier dans les conduits. Techn. mod. Bd. 28 (1936) Nr. 2, S. 33; ebenso Bd. 27 (1935) Nr. 5, S. 8.
[7] Flywheel on Pumps Soft-Pedals Pipe Line Surges. Power Bd. 84 (Jan. 1940) S. 57.
[8] Ball, E. B.: Methods Employed to Remedy Water Hammer, Etc. Trans. A.S.M.E. Bd. 61 (1939) S. 6.
[9] Angus, R. W.: Water-Hammer Pressures in Compound and Branched Pipes. Trans. A.S.M.E. Bd. 104 (1939) S. 340.

[*10*] Le Conte, J. N.: Experiments and Calculations on the Resurge Phase of Water Hammer. Trans. A. S. M. E. Bd. 59 (1937) S. 691.

[*11*] Lischer, V. C.: Water. J. Amer. Water Works Ass. Bd. 29 (März 1937) Nr. 3, S. 343.

[*12*] Stepanoff, A. J.: Elements of Graphical Solution of Water-Hammer Problems in Centrifugal Pump Systems. Trans. A. S. M. E. (Juli 1949) S. 515.

[*13*] Parmakian, J.: Pressure Surges at Large Pump Installations. Trans. A. S. M. E. Bd. 75 (1953) S. 995.

[*14*] Bergeron, L.: Du coup de belier en hydraulique un coup de foudre en électricité. Paris: Dunod 1950.

[*15*] Peabody, R. M.: Typical Analysis of Water-Hammer in a Pumping Plant of the Colorado River Aqueduct. Trans. A. S. M. E. (Febr. 1939).

[*16*] Parmakian, J.: Water-Hammer Analysis. New York: Prentice-Hall, Inc. 1955.

Sachverzeichnis

Ablösung 135, 184
Absolut-geschwindigkeit 23
— -strömung 2
Ähnlichkeitsgesetz 21, 53, 262
—, System Kreisel-Strahlpumpe 363
Anfahren von Pumpen 241
Anfressung durch Kavitation 190
Anstellwinkel 114
Anstieg der Biegelinie 290
Aufschlämmung 53
Auftriebsbeiwert 115
Ausdehnung, Wärme- 329
Ausgleich des Axialschubes 168
Austritts-dreieck 23, 141
— -winkel 27, 61
Auswuchten, dynamisches 302
Axial-pumpen 67, 112, 228
— -rad 18, 45, 67, 112
—, Entwurf 112, 123
Axialschub 168
— offener Räder 180
Axialspiel 232

Beeinflussung, gegenseitige, der Schaufeln 127
Beiwert siehe Koeffizient
BERNOULLIsche Gleichung 1
Betriebspunkt 253
Biege-linie 290
— -moment 287
Bodenabstand des Saugstutzens 309

Charakteristik 20, 27, 133, 136
—, Autor, Diagramm des 141
—, dimensionslose 34
—, EULERsche 34
—, instabile 247
— der Kombination Kreisel-Strahlpumpe 360
— der Strahlpumpe 349
— der verlustlosen Pumpe 27, 36
—, vollständige 225
— der wirklichen Pumpe 133, 136

Dämpfung, Schwingungs- 283
Diagramm des Autors 141
Dichtringe 149
Dimensionsanalyse 53
dimensionslose Charakteristik 34
Doppelspirale 95
Dreh-impuls 25
— -richtung 52, 227
— -zahl, kritische 277, 297
— —, regelbare 274
— —, spezifische 18, 22, 56, 66, 210, 245
— —, veränderliche 258, 274
Dreieck, Geschwindigkeits- 23, 30, 34
Drosselkurve 133, 136
Drosseln, saugseitig 188
Druck-abfallzahl 4, 149, 362
— -absenkung, dynamische 196
— -energie 10
— -schwankung 248
— -verlauf 8
— -verteilung im Krümmer 6
— — im Laufrad 36
— — in der Spirale 92
Druckwelle 232, 367
DUNKERLEYsche Formel 285
Durchbiegung 280, 290
Durchfluß, Einheits- 60
— Kenngröße des 63
— -koeffizient 35, 141, 259
— -regelung 270
— spezifischer 57
Durchmesser, mittlerer wirksamer 63
dynamisches Auswuchten 302
dynamische Biegelinie 291
dynamische Druckabsenkung 196

Eigenfrequenz 281
Eingangsleistung 21, 70, 258, 266, 303
Einheits-drehzahl 60
— -fördermenge 60
einstellbare Schaufel 122, 272, 316
Einstellwinkel 122

Eintauchtiefe des Saugstutzens 308
Eintrittsdreieck 24, 32, 47
Elastizitätsmodul 373
—, Einfluß der Temperatur 301
Energiegefälle 8
Entgasung von Flüssigkeit 184, 188
Entlastete Schaufelenden 39
Entwurf des Axialrades 112, 123
— des Leitrades 84, 101, 128
— der Pumpen 58
— des Radialrades 71, 76
Entwurfskenngrößen 62, 90, 110
Ermüdung von Werkstoffen 95, 190
EULERsche Charakteristik 27, 34
— Förderhöhe 27, 42
— -s Geschwindigkeitsdreieck 27, 34
— Gleichung 26

Feststoffaufschlämmung 53
Flächenverhältnis Strahlpumpe 350
Flügelgitter 113
Flügellängenverhältnis 114
Förderhöhe, EULERsche 27, 42
—, Gesamt- 20
—, Koeffizient der 35, 57, 63, 126, 141
— entsprechend Moment 26
—, negative 223
—, Null 70, 303
—, spezifische 57
—, theoretische 24, 40
— der wirklichen Pumpe 133, 136
Fördermenge, Kenngröße der 63
—, Koeffizient der 35, 64, 141
—, Regelung der 270
—, spezifische 57
Fortschrittsgrad s. Koeffizient der Fördermenge

Ganghöhe der Schaufelneigung 47
Gasabgabe 184, 188
Gehäuse 86
— der Axialpumpe 128
—, Kreisring- 96
— und Leitrad 19, 84, 101
— der Radialpumpe 86
—, Spiral- 19, 87
—, Verwindung 329
Geräusch, Kavitations- 185
Gesamtförderhöhe 20
Geschwindigkeiten 23
Geschwindigkeitsdreieck 23
—, EULERsches 30, 34
—, tatsächliches 30
Geschwindigkeitsverteilung, Krümmer 6
—, Laufrad 37
—, Rohr 5
—, Spirale 89, 142
Gesperre 231
Grundkreis der Spirale 91

Haltedruck 202, 333
Höhe siehe Förderhöhe
Höhenschwankung 248
Höhenverhältnis Strahlpumpe 350
Hydraulic Institute 210, 333
hydraulischer Radius 3, 149
— Verlust 13, 132

Impulssatz 25
instabile Charakteristik 247

JOUKOWSKYsches Gesetz 368

Kanalradpumpe 344
KAPLANsche Methode, Schaufelentwurf 71, 76
Kavitation 184
— durch Schwingungen 195
—, Thermodynamik der 211
Kegelabwicklung 71, 76
Kenngröße der Fördermenge 63
— der Umfangsgeschwindigkeit 61
— -n für Entwurf 62, 90, 110
Kesselspeisepumpe 249, 232
—, Werkstoffe für 335
kinematische Zähigkeit 55, 263
kinetische Energie 26
Knoten, Schwingungs- 282
Koeffizient, Auftriebs- 115
—, Durchfluß- 35, 141
— der Förderhöhe 35, 57, 63, 126, 141
— der Fördermenge 35, 64, 141
—, Reibungs- 3, 149, 362
—, Widerstands- 115
Kondensatpumpe 179
Korrekturfaktoren für viskose Flüssigkeiten 268
Korrosion 190
Kreiseleffekt, kritische Drehzahl 300
kritische Drehzahl 277
— —, graphische Bestimmung 286
— —, Kreiseleffekt 300
— —, rechnerische Bestimmung 286, 292
— — sekundäre 297
Krümmer, hintereinandergeschaltete 8
—, Strömung durch 6

Krümmer, Übergangs- 99
—, Verluste in 14
Kupplung 229, 286
— für stufenlose Drehzahlregelung 274

Längenverhältnis, Tragflügel 114
Lagerverlust 158
Laufrad, axiales 18, 45, 69, 112, 123
—-einlauf 31
—-entwurf 71, 76, 112, 123
—-formen 18
—, offenes 18, 165, 180
—, radiales 18, 41, 71, 76
Laufschaufel, Entwurf 71, 76, 112
Leckverlust 148, 178
Leistungsaufnahme 21, 258, 266
— bei geschlossenem Schieber 303
Leistungsbilanz 160
Leit-rad 19, 84, 101, 128
—-schaufel, Entwurf 84, 101

Mechanische Verluste 30, 158
mechanischer Wirkungsgrad 30
Mengenregelung 270
Mengenverhältnis Strahlpumpe 350
Modellversuche 275, 312
Moment über Drehzahl 242
—, Einfluß auf kritische Drehzahl 300
Moodysche Gleichung 276
Motor, Unterwasser- 343

Nabenverhältnis 118
N.A.C.A. 115
Null-Förderhöhe 303
Nutzleistung 21

Ölpumpen 324
offenes Laufrad 18, 165, 180

Papiermasse, Pumpe für 344
Parallelbetrieb von Pumpen 251, 253
Propellerpumpen 18, 112, 303
Pumpspeicherwerk 234

Querschnittsverengung 15

Radialkraft 92
Radialpumpe, Theorie 23, 41
Radialrad 18, 41
—, Entwurf 71, 76
Radialrippen 169
Radius, hydraulischer 3, 149
regelbare Drehzahl 258, 274
Regelung 270
Reibung, Scheiben- 155
—, Stopfbüchs- 159
Reibungskoeffizient 3, 149, 362
Reynoldssche Zahl 3, 56, 149, 156, 267
Rippen, Radial- 169
Rohrströmung 3, 5, 253
Rotierende Kanäle, Verluste in 134
Rotometer 32
Rückführkanal 104
Rückwärtsdrehung 52, 227
Rückwirkung, Turbinen- 43

Saugrohr 86
saugseitiges Drosseln 188
Saugstutzen 308, 309
Schaufel 71, 76, 112
—-dicke 122
— ebene 73, 83
—, einstellbare 272, 316
—-einstellung 121
—-krümmung 113, 121
—-winkel 30, 34
—, wirkungsloses Ende 39
Scheibenreibung 155
Schlupf 49
Schub, Axial- 168
Schwankung, Druck- 248
Schwingungen, Kavitation durch 195
Schwungrad 385
Sehne, Tragflügelprofil 113
sekundäre kritische Drehzahl 297
Skelettlinie 114
Spaltrohrmotor 343
Spalt, Axial- 167
spezifische Drehzahl 18, 22, 56, 66, 210, 245
spezifische Förderhöhe 57
spezifische Fördermenge 57
Spirale 19, 87
—, Doppel- 95
—, Druckverteilung in 92
—, Geschwindigkeitsverteilung in 89, 142
—-nwinkel 90
Stopf-büchse 158, 283
—-büchsreibung 159
Stoßverlust 135
Strahlpumpe 349
—, System mit 348, 360
Strömung, Absolut- 2
—, Krümmer- 6
—, Rohr- 3, 253
—, Spalt- 149

Strömungswinkel 30
Stromlinie 3
Sumpf 308
System Pumpe — Rohrleitung 253
— Kreiselpumpe — Strahlpumpe 360

Tauchmotor 343
Teilungsverhältnis, Flügelgitter 118
Theorie der Radialpumpe 23, 41
THOMAsche Kavitationskonstante 201
Torsionsschwingung 301
Tragflügel 113
— theorie der Kreiselmaschinen 124
Turbine 52, 233
— -nrückwirkung 43

Umfangsgeschwindigkeit 24
—, Kenngröße 61
Umkehrung der Drehrichtung 52, 227
Umrechnung der Zähigkeitsmaße 263
Unterwassermotor 343

Variable Drehzahl 258, 274
Verhältnis, Größen- se an der Strahlpumpe 350
—, Naben- 118
—, Teilungs-, Tragflügel 118
Verkleinerung des Laufraddurchmessers 67
Verluste, Gesamt- der Pumpe 161
—, hydraulische 132
—, Leck- 148
—, mechanische 158
—, Rückström- 162
—, Scheibenreibungs- 155
verstellbare Schaufel 122, 272, 316
Verschleißringe 149
Versuche, Modell- 275, 312
Verwindung des Gehäuses 329
viskose Flüssigkeiten 261
Viskosität siehe Zähigkeit
Vordrall 31, 143

Wärmeausdehnung 329
Wasserschlag 367
—, graphische Lösung 375
Welle, Auswuchten der 302
—, Biegelinie der 290
—, Druck- 232, 367
Wellenleistung 21, 258, 266
Werkstoff, Kesselspeisepumpen 335
—, Korrosionsbeständigkeit 190
— -ermüdung 95, 191
Widerstand, Prinzip des kleinsten 31
— -sbeiwert 115
Winkel, Anstell- 115
—, Austritts- 27, 61
—, Einstell- 122
—, Eintritts- 27, 66, 211, 221
—, Spiralen- 90
— -geschwindigkeit 11, 48, 130
Wirbel 11, 50
— -verlust 135
Wirkungsgrad, hydraulischer 21, 29, 138
—, mechanischer 30, 158
—, Schaufel- 29
— der Strahlpumpe 351
—, volumetrischer 30, 148

Zähe Flüssigkeiten 261
Zähigkeit 55, 263
— -smaße, Umrechnung 263
Zirkulation 37

721/40/58 III 18/97

Berichtigung

Seite 30, Zeile 23:	statt	am Saugstutzen gemessene
	lies:	vom Laufrad geförderte
Seite 40, Gl. (3.26):	statt	c_1^3 lies: c_1^2
Seite 58, Zeile 5 (Klammer):	statt	D, n, ν, g konst
	lies:	D, n, ν, ϱ konst
Seite 67, Gl. (5.36):	statt	$\omega_s = \Phi^{1/2}\,\Psi^{3/4}$
	lies:	$\omega_s = \Phi^{1/2}/\Psi^{3/4}$
Seite 83, Zeile 3 von unten:	statt	$\beta_1 = \sphericalangle CDB = \sphericalangle MDA = \sphericalangle MDC$
	lies:	$\beta_1 = \sphericalangle CDB - \sphericalangle MDA = \sphericalangle MDC$
Seite 113, Gl. (8.3), 2:	statt	$\beta_2 = \beta_1 = \Phi$
	lies:	$\beta_2 - \beta_1 = \Phi$
Seite 125, Zeile 7:	statt	$A = c_A = \gamma\, w_{1,2}^2\, dF/2\,g$
	lies:	$A = c_A\, \gamma\, w_{1,2}^2\, dF/2\,g$
Seite 131, Kap. 9, Zeile 11:	statt	90° lies: 90%
Seite 256, Zeile 5:	statt	B_1 lies: BC
Seite 262, Gl. (14.2):	statt	$\frac{Q_1^*}{Q}$ lies: $\frac{Q_1^*}{Q^*}$
Seite 287, Zeile 17:	statt	Drehmomentenlinie
	lies:	Momentenlinie
Seite 387, Abb. 19.17b:	statt	R_{V3} lies: H_{V3}

GPSR Compliance

The European Union's (EU) General Product Safety Regulation (GPSR) is a set of rules that requires consumer products to be safe and our obligations to ensure this.

If you have any concerns about our products, you can contact us on ProductSafety@springernature.com

In case Publisher is established outside the EU, the EU authorized representative is:

Springer Nature Customer Service Center GmbH
Europaplatz 3
69115 Heidelberg, Germany

Batch number: 10682323

Printed by Printforce, the Netherlands